검토진

강영주 [월드오브에듀케이션]
구평완 [구평완수학전문학원]
김경남 [유앤아이학원]
김문경 [구주이배학원]
김여란 [상위권수학]
김현석 [엔솔학원]
박경아 [뿌리깊은 봉선 수학학원]
박지현 [상위권수학 이촌점]
서원준 [시그마수학학원]
안소연 [거산학원 목동본원]
오광재 [미퍼스트학원]
유혜주 [엔솔학원]
이송이 [인재와고수학원]
이은희 [한솔학원]
이충안 [분당수이학원]
장미선 [형설학원]
정수인 [분당 수학에 미치다]
정혜림 [일비충천]
최현진 [세종학원]
황미경 [황쌤수학]

강유미 [대성 엔 학원]
권순재 [리더스학원]
김경진 [경진수학학원]
김방래 [비전매쓰학원]
김영태 [박찬민수학학원]
김환철 [수학의 모토 김환철 수학학원]
박병휘 [다원교육]
백은아 [함께하는수학학원]
설주홍 [공신수학학원]
양구근 [매쓰피아 수학학원]
오수환 [삼삼공학원]
윤인영 [브레인수학학원]
이승훈 [미래탐구학원]
이재영 [이석호수학연구소]
이혜진 [엔솔학원]
장재혁 [거산학원 목동본원]
정양수 [와이즈만수학학원]
천경목 [미래탐구학원]
하수진 [정상수학학원]

곽민수 [청라 현수학 학원]
권승미 [대성N학원(새롬)]
김국철 [필즈영수전문학원]
김서린 [dys학원]
김진미 [개념폴리아학원]
류재권 [GMS학원]
박언호 [유명입시학원]
변경주 [수학의아침학원]
성은수 [브레인수학학원]
양지은 [진수학전문학원]
위한결 [거산학원 목동본원]
이동훈 [일등급학원]
이유미 [엔솔학원]
이정환 [거산학원 목동본원]
이흥식 [흥샘학원]
정귀영 [거산학원 목동본원]
정재도 [네오올림수학학원]
최광섭 [성북엔콕학원]
하원우 [엔솔학원]

곽병무 [미래탐구학원]
권혁동 [청탑학원]
김남진 [산본파스칼수학학원]
김세정 [엔솔학원]
김하영 [포항 이룸 초중등 종합학원]
류현주 [최강수학학원]
박영근 [성재학원]
서용준 [성심학원]
송은지 [상위권수학 이촌점]
양철웅 [거산학원 목동본원]
유민정 [파란수학학원]
이만재 [매쓰로드학원]
이윤주 [yj수학]
이지영 [선재수학학원]
장경미 [휘경수학학원]
정미진 [맞춤수학학원]
정진아 [정선생수학]
최수정 [정준 영어 수학학원]
한정수 [페르마수학]

유형을 꽉 잡는

유형 더블 체크 유형북 더블북

유형 더블

❶ '답'의 채점이 아닌 '풀이'의 채점을 한다.
- ◯ 정확하게 알고 답을 맞혔다.
- △ 답은 맞혔지만 뭔가 찜찜함이 남아 있다.
- ✓ 틀렸다.
- ⊗ 틀렸지만 단순 계산 실수이다.

❷ 유형북과 더블북의 채점 결과를 확인한 후 셀프 코칭을 한다.
- 예 다시 보기, 시험 기간에 다시 보기, 질문하기, 완성! 등

Ⅰ. 소인수분해

01 소인수분해

유형	문제	유형북	더블북	셀프 코칭
01	01			
	02			
	03			
	04			
02	05			
	06			
	07			
03	08			
	09			
	10			
	11			
04	12			
	13			
	14			
	15			
05	16			
	17			
	18			
06	19			
	20			
	21			
	22			
07	23			
	24			
	25			
	26			
08	27			
	28			
	29			
	30			
09	31			
	32			
	33			
	34			
10	35			
	36			
	37			
	38			
11	39			
	40			
	41			
12	42			
	43			
	44			

02 최대공약수와 최소공배수

유형	문제	유형북	더블북	셀프 코칭
01	01			
	02			
	03			
	04			
02	05			
	06			
	07			
	08			
03	09			
	10			
	11			
	12			
04	13			
	14			
	15			
	16			
05	17			
	18			
	19			
	20			
06	21			
	22			
	23			
07	24			
	25			
	26			
	27			
08	28			
	29			
	30			
09	31			
	32			
	33			
10	34			
	35			
	36			
11	37			
	38			
	39			
12	40			
	41			
13	42			
	43			
14	44			
	45			
	46			
15	47			
	48			
	49			
16	50			
	51			
	52			
17	53			
	54			
	55			
	56			

Ⅱ. 정수와 유리수

03 정수와 유리수

유형	문제	유형북	더블북	셀프 코칭
01	01			
	02			
	03			
02	04			
	05			
	06			
03	07			
	08			
	09			
04	10			
	11			
	12			
05	13			
	14			
	15			
	16			
06	17			
	18			
	19			
	20			
07	21			
	22			
	23			
08	24			
	25			
	26			
09	27			
	28			
	29			
	30			
10	31			
	32			
	33			
11	34			
	35			
	36			
12	37			
	38			
	39			
	40			

04 정수와 유리수의 계산 (1)

유형	문제	유형북	더블북	셀프 코칭
01	01			
	02			
	03			
02	04			
	05			
03	06			
	07			
	08			
04	09			
	10			
	11			
05	12			
	13			
	14			
	15			
06	16			
	17			
	18			
	19			
07	20			
	21			
	22			
	23			
08	24			
	25			
	26			
	27			
09	28			
	29			
	30			
	31			
10	32			
	33			
	34			
	35			
11	36			
	37			
	38			
12	39			
	40			
	41			

05 정수와 유리수의 계산 (2)

유형	문제	유형북	더블북	셀프 코칭
01	01			
	02			
	03			
02	04			
	05			
03	06			
	07			
04	08			
	09			
05	10			
	11			
	12			
	13			
06	14			
	15			
	16			
	17			
07	18			
	19			
	20			
08	21			
	22			
	23			
09	24			
	25			
	26			
	27			
10	28			
	29			
	30			
	31			
11	32			
	33			
	34			
12	35			
	36			
	37			
	38			
13	39			
	40			
14	41			
	42			

Ⅲ. 일차방정식

⓺ 문자의 사용과 식의 계산

유형	문제	유형북	더블북	셀프 코칭
01	01	☐	☐	
	02	☐	☐	
	03	☐	☐	
02	04	☐	☐	
	05	☐	☐	
	06	☐	☐	
03	07	☐	☐	
	08	☐	☐	
	09	☐	☐	
04	10	☐	☐	
	11	☐	☐	
	12	☐	☐	
05	13	☐	☐	
	14	☐	☐	
	15	☐	☐	
06	16	☐	☐	
	17	☐	☐	
	18	☐	☐	
07	19	☐	☐	
	20	☐	☐	
	21	☐	☐	
	22	☐	☐	
08	23	☐	☐	
	24	☐	☐	
	25	☐	☐	
	26	☐	☐	
09	27	☐	☐	
	28	☐	☐	
	29	☐	☐	
10	30	☐	☐	
	31	☐	☐	
	32	☐	☐	
	33	☐	☐	
11	34	☐	☐	
	35	☐	☐	
	36	☐	☐	
	37	☐	☐	
12	38	☐	☐	
	39	☐	☐	
	40	☐	☐	
	41	☐	☐	
13	42	☐	☐	
	43	☐	☐	
	44	☐	☐	
	45	☐	☐	
14	46	☐	☐	
	47	☐	☐	
15	48	☐	☐	
	49	☐	☐	
16	50	☐	☐	
	51	☐	☐	
	52	☐	☐	
	53	☐	☐	
17	54	☐	☐	
	55	☐	☐	
	56	☐	☐	
	57	☐	☐	

⓻ 일차방정식의 풀이

유형	문제	유형북	더블북	셀프 코칭
01	01	☐	☐	
	02	☐	☐	
	03	☐	☐	
02	04	☐	☐	
	05	☐	☐	
	06	☐	☐	
03	07	☐	☐	
	08	☐	☐	
	09	☐	☐	
04	10	☐	☐	
	11	☐	☐	
	12	☐	☐	
	13	☐	☐	
05	14	☐	☐	
	15	☐	☐	
	16	☐	☐	
	17	☐	☐	
06	18	☐	☐	
	19	☐	☐	
	20	☐	☐	
07	21	☐	☐	
	22	☐	☐	
	23	☐	☐	
08	24	☐	☐	
	25	☐	☐	
	26	☐	☐	
	27	☐	☐	
09	28	☐	☐	
	29	☐	☐	
	30	☐	☐	
10	31	☐	☐	
	32	☐	☐	
	33	☐	☐	
	34	☐	☐	
11	35	☐	☐	
	36	☐	☐	
	37	☐	☐	
	38	☐	☐	
12	39	☐	☐	
	40	☐	☐	
	41	☐	☐	
	42	☐	☐	
13	43	☐	☐	
	44	☐	☐	
	45	☐	☐	
	46	☐	☐	
14	47	☐	☐	
	48	☐	☐	
	49	☐	☐	
	50	☐	☐	
15	51	☐	☐	
	52	☐	☐	
	53	☐	☐	
	54	☐	☐	
16	55	☐	☐	
	56	☐	☐	
	57	☐	☐	
	58	☐	☐	

⓼ 일차방정식의 활용

유형	문제	유형북	더블북	셀프 코칭
01	01	☐	☐	
	02	☐	☐	
	03	☐	☐	
	04	☐	☐	
02	05	☐	☐	
	06	☐	☐	
	07	☐	☐	
	08	☐	☐	
03	09	☐	☐	
	10	☐	☐	
	11	☐	☐	
	12	☐	☐	
04	13	☐	☐	
	14	☐	☐	
	15	☐	☐	
	16	☐	☐	
05	17	☐	☐	
	18	☐	☐	
	19	☐	☐	
	20	☐	☐	
06	21	☐	☐	
	22	☐	☐	
	23	☐	☐	
07	24	☐	☐	
	25	☐	☐	
	26	☐	☐	
08	27	☐	☐	
	28	☐	☐	
	29	☐	☐	
	30	☐	☐	
09	31	☐	☐	
	32	☐	☐	
	33	☐	☐	
10	34	☐	☐	
	35	☐	☐	
	36	☐	☐	
11	37	☐	☐	
	38	☐	☐	
	39	☐	☐	
12	40	☐	☐	
	41	☐	☐	
	42	☐	☐	
	43	☐	☐	
13	44	☐	☐	
	45	☐	☐	
	46	☐	☐	
	47	☐	☐	
14	48	☐	☐	
	49	☐	☐	
	50	☐	☐	
15	51	☐	☐	
	52	☐	☐	
	53	☐	☐	
	54	☐	☐	
16	55	☐	☐	
	56	☐	☐	
	57	☐	☐	
	58	☐	☐	

Ⅳ. 좌표평면과 그래프

⓽ 좌표평면과 그래프

유형	문제	유형북	더블북	셀프 코칭
01	01	☐	☐	
	02	☐	☐	
	03	☐	☐	
	04	☐	☐	
02	05	☐	☐	
	06	☐	☐	
	07	☐	☐	
03	08	☐	☐	
	09	☐	☐	
	10	☐	☐	
	11	☐	☐	
04	12	☐	☐	
	13	☐	☐	
	14	☐	☐	
	15	☐	☐	
05	16	☐	☐	
	17	☐	☐	
	18	☐	☐	
	19	☐	☐	
06	20	☐	☐	
	21	☐	☐	
	22	☐	☐	
	23	☐	☐	
07	24	☐	☐	
	25	☐	☐	
	26	☐	☐	
	27	☐	☐	
08	28	☐	☐	
	29	☐	☐	
	30	☐	☐	
	31	☐	☐	
09	32	☐	☐	
	33	☐	☐	
10	34	☐	☐	
	35	☐	☐	
11	36	☐	☐	
	37	☐	☐	
12	38	☐	☐	
	39	☐	☐	

⓾ 정비례와 반비례

유형	문제	유형북	더블북	셀프 코칭
01	01	☐	☐	
	02	☐	☐	
	03	☐	☐	
02	04	☐	☐	
	05	☐	☐	
	06	☐	☐	
03	07	☐	☐	
	08	☐	☐	
	09	☐	☐	
04	10	☐	☐	
	11	☐	☐	
	12	☐	☐	
05	13	☐	☐	
	14	☐	☐	
	15	☐	☐	
06	16	☐	☐	
	17	☐	☐	
	18	☐	☐	
	19	☐	☐	
07	20	☐	☐	
	21	☐	☐	
	22	☐	☐	
08	23	☐	☐	
	24	☐	☐	
	25	☐	☐	
09	26	☐	☐	
	27	☐	☐	
	28	☐	☐	
10	29	☐	☐	
	30	☐	☐	
	31	☐	☐	
11	32	☐	☐	
	33	☐	☐	
	34	☐	☐	
12	35	☐	☐	
	36	☐	☐	
	37	☐	☐	
13	38	☐	☐	
	39	☐	☐	
	40	☐	☐	
	41	☐	☐	
14	42	☐	☐	
	43	☐	☐	
	44	☐	☐	
15	45	☐	☐	
	46	☐	☐	
	47	☐	☐	
16	48	☐	☐	
	49	☐	☐	
	50	☐	☐	

유형
더블
중등수학
1-1

유형북

구성과 특징

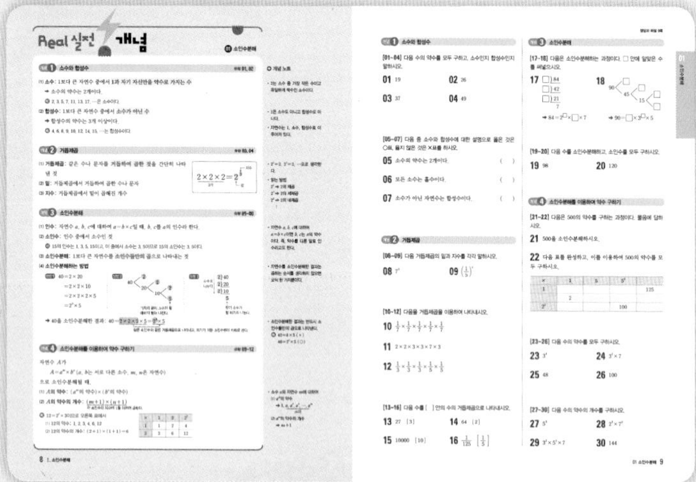

개념

실전에 꼭 필요한 개념을 단원별로 모아 정리하고 기본 문제로 확인할 수 있습니다.

예, **참고**, **주의**, **⊕ 개념 노트**를 통하여 탄탄한 개념 학습을 할 수 있으며, 개념과 관련된 유형의 번호를 바로 확인할 수 있습니다.

유형

전국 학교 시험에 출제된 모든 문제를 분석하여 엄선된 유형과 최적화된 문제 배열로 구성하였습니다.

내신 출제 비율 70 % 이상인 유형의 경우 **집중** 유형으로 표시하였고, 꼭 풀어 봐야 하는 문제는 **중요** 표시를 하여 효율적인 학습을 하도록 하였습니다.

모든 문제를 더블북의 문제와 1 : 1 매칭시켜서 반복 학습을 통한 확실한 복습과 실력 향상을 기대할 수 있습니다.

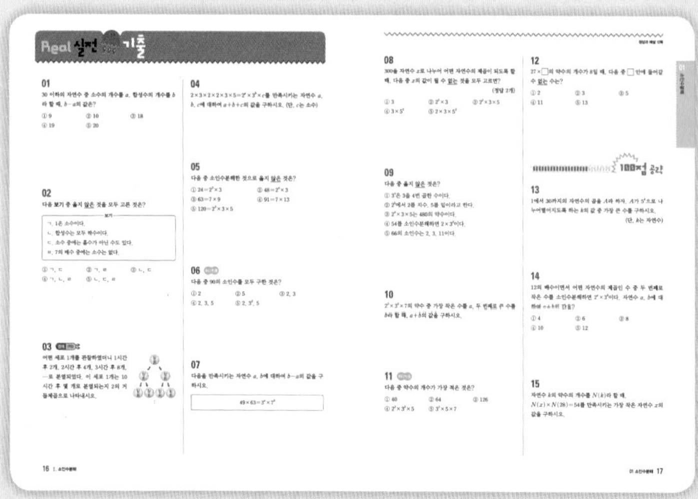

기출

단원별로 학교 시험 형태로 연습하고 **창의 역량**, **최다빈출**, 서술형 문제를 풀어 봄으로써 실전 감각을 최대로 끌어올릴 수 있습니다.

또한 **100점 공략** 문제를 해결함으로써 학교 시험 고난도 문제까지 정복할 수 있습니다.

유형북 Real 실전 유형의 모든 문제를 복습할 수 있습니다.

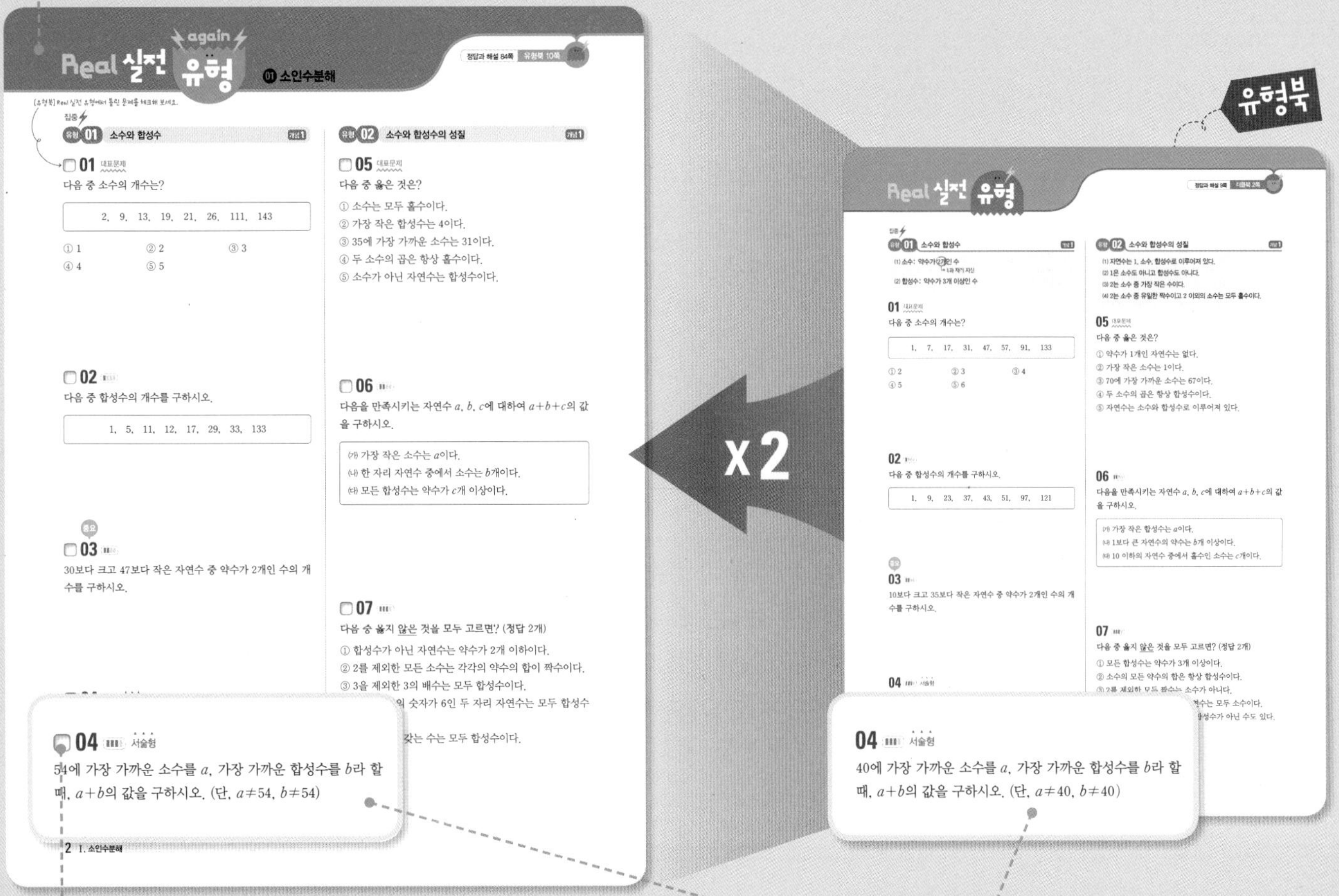

Real 실전 again 유형 01 소인수분해

유형 01 소수와 합성수

01 대표문제
다음 중 소수의 개수는?

2, 9, 13, 19, 21, 26, 111, 143

① 1 ② 2 ③ 3 ④ 4 ⑤ 5

02
다음 중 합성수의 개수를 구하시오.

1, 5, 11, 12, 17, 29, 33, 133

03
30보다 크고 47보다 작은 자연수 중 약수가 2개인 수의 개수를 구하시오.

04 서술형
54에 가장 가까운 소수를 a, 가장 가까운 합성수를 b라 할 때, $a+b$의 값을 구하시오. (단, $a\neq54$, $b\neq54$)

유형 02 소수와 합성수의 성질

05 대표문제
다음 중 옳은 것은?
① 소수는 모두 홀수이다.
② 가장 작은 합성수는 4이다.
③ 35에 가장 가까운 소수는 31이다.
④ 두 소수의 곱은 항상 홀수이다.
⑤ 소수가 아닌 자연수는 합성수이다.

06
다음을 만족시키는 자연수 a, b, c에 대하여 $a+b+c$의 값을 구하시오.

(가) 가장 작은 소수는 a이다.
(나) 한 자리 자연수 중에서 소수는 b개이다.
(다) 모든 합성수는 약수가 c개 이상이다.

07
다음 중 옳지 않은 것을 모두 고르면? (정답 2개)
① 합성수가 아닌 자연수는 약수가 2개 이하이다.
② 2를 제외한 모든 소수는 각각의 약수의 합이 짝수이다.
③ 3을 제외한 3의 배수는 모두 합성수이다.

x 2

유형북

Real 실전 유형

04 서술형
40에 가장 가까운 소수를 a, 가장 가까운 합성수를 b라 할 때, $a+b$의 값을 구하시오. (단, $a\neq40$, $b\neq40$)

체크박스 ☐ 에는 유형북에서 틀린 문제를 체크해 보세요.
한 번 더 풀어 보면서 맞혔던 문제는 잘 알고 풀었던 것인지, 틀렸던 문제는 이제 완전히 이해하였는지 점검할 수 있습니다.

유형북과 더블북의 모든 문제의 위치가 동일하여 문제를 매칭해 보기 용이합니다.

더블북 활용법

아는 문제도 다시 풀면 다르다!

유형 더블은 수학 문제를 온전히 자기 것으로 만드는 방법으로 '반복'을 제시합니다.
가장 효율적인 반복 학습을 위해 자신에게 맞는 더블북 활용 방법을 찾아보고
다음 페이지에서 학습 계획을 세워 보세요!

유형별 복습형

- 유형 단위로 끊어서 오늘 푼 유형북 범위를 더블북으로 바로 복습하는 방법입니다.
- 해당 범위의 내용이 아직 온전히 내 것으로 느껴지지 않는 경우에 적합합니다.
- 유형 단위로 바로바로 복습하다 보면 조금 더 빠르게 유형을 내 것으로 만들 수 있습니다.

단원별 복습형

- 유형북에서 단원 1~3개를 먼저 다 푼 뒤, 해당 범위의 더블북을 푸는 방법입니다.
- 분명 풀 때는 이해한 것 같은데 조금만 시간이 지나면 내용이 잘 생각이 나지 않거나 잘 이해하고 푼 것이 맞는지 의심이 되는 경우에 적합합니다.
- 좀 더 넓은 시야를 가지고 유형을 파악하게 되어 문제해결력을 높일 수 있습니다.

- 유형북만 먼저 풀고 시험 기간에 더블북을 푸는 방법입니다.
- 유형북을 풀 때 이미 어느 정도 내용을 잘 이해한 경우에 적합합니다.
- 유형북을 풀 때, 어려웠던 문제나 실수로 틀린 문제 또는 나중에 다시 복습하고 싶은 문제 등을 더블북에 미리 표시해 두면 좀 더 효율적으로 복습할 수 있습니다.

학습 계획표

대단원	중단원	분량	유형북 학습일	더블북 학습일
Ⅰ. 소인수분해	01 소인수분해	개념 2쪽		
		유형 6쪽		
		기출 3쪽		
	02 최대공약수와 최소공배수	개념 4쪽		
		유형 8쪽		
		기출 3쪽		
Ⅱ. 정수와 유리수	03 정수와 유리수	개념 4쪽		
		유형 6쪽		
		기출 3쪽		
	04 정수와 유리수의 계산 (1)	개념 2쪽		
		유형 6쪽		
		기출 3쪽		
	05 정수와 유리수의 계산 (2)	개념 2쪽		
		유형 6쪽		
		기출 3쪽		
Ⅲ. 일차방정식	06 문자의 사용과 식의 계산	개념 4쪽		
		유형 8쪽		
		기출 3쪽		
	07 일차방정식의 풀이	개념 2쪽		
		유형 8쪽		
		기출 3쪽		
	08 일차방정식의 활용	개념 2쪽		
		유형 8쪽		
		기출 3쪽		
Ⅳ. 좌표평면과 그래프	09 좌표평면과 그래프	개념 2쪽		
		유형 6쪽		
		기출 3쪽		
	10 정비례와 반비례	개념 2쪽		
		유형 8쪽		
		기출 3쪽		

유형북의 차례

I. 소인수분해

01 소인수분해

Real 실전 개념

01 소인수분해

개념 1 소수와 합성수 (유형 01, 02)

(1) **소수**: 1보다 큰 자연수 중에서 1과 자기 자신만을 약수로 가지는 수

➡ 소수의 약수는 2개이다.

예 2, 3, 5, 7, 11, 13, 17, …은 소수이다.

(2) **합성수**: 1보다 큰 자연수 중에서 소수가 아닌 수

➡ 합성수의 약수는 3개 이상이다.

예 4, 6, 8, 9, 10, 12, 14, 15, …는 합성수이다.

개념 2 거듭제곱 (유형 03, 04)

(1) **거듭제곱**: 같은 수나 문자를 거듭하여 곱한 것을 간단히 나타낸 것

(2) **밑**: 거듭제곱에서 거듭하여 곱한 수나 문자

(3) **지수**: 거듭제곱에서 밑이 곱해진 개수

$$\underbrace{2\times2\times2}_{3\text{개}}=2^3$$

(2: 밑, 3: 지수)

개념 3 소인수분해 (유형 05~08)

(1) **인수**: 자연수 a, b, c에 대하여 $a=b\times c$일 때, b, c를 a의 인수라 한다.

(2) **소인수**: 인수 중에서 소수인 것

예 15의 인수는 1, 3, 5, 15이고, 이 중에서 소수는 3, 5이므로 15의 소인수는 3, 5이다.

(3) **소인수분해**: 1보다 큰 자연수를 소인수들만의 곱으로 나타내는 것

(4) **소인수분해하는 방법**

방법 1
$40=2\times20$
$=2\times2\times10$
$=2\times2\times2\times5$
$=2^3\times5$

방법 2

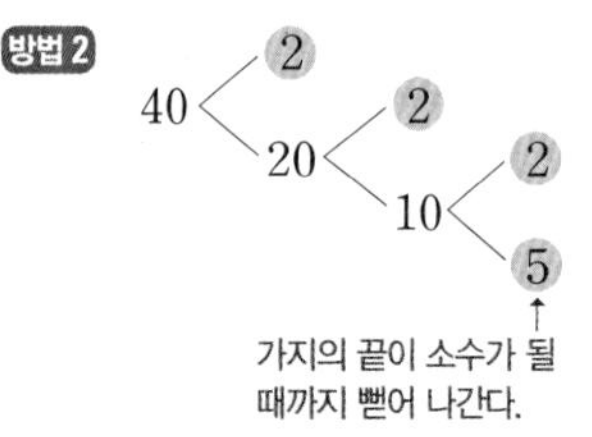

가지의 끝이 소수가 될 때까지 뻗어 나간다.

방법 3

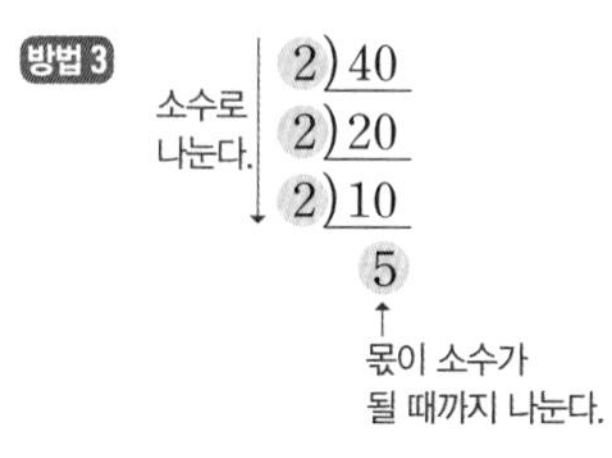

몫이 소수가 될 때까지 나눈다.

➡ 40을 소인수분해한 결과: $40=2\times2\times2\times5=2^3\times5$

같은 소인수의 곱은 거듭제곱으로 나타내고, 크기가 작은 소인수부터 차례로 쓴다.

개념 4 소인수분해를 이용하여 약수 구하기 (유형 09~12)

자연수 A가

$A=a^m\times b^n$ (a, b는 서로 다른 소수, m, n은 자연수)

으로 소인수분해될 때,

(1) **A의 약수**: (a^m의 약수)$\times$(b^n의 약수)

(2) **A의 약수의 개수**: $(m+1)\times(n+1)$

각 소인수의 지수에 1을 더하여 곱한다.

예 $12=2^2\times3$이므로 오른쪽 표에서

(1) 12의 약수: 1, 2, 3, 4, 6, 12

(2) 12의 약수의 개수: $(2+1)\times(1+1)=6$

$\times$	1	2	2^2
1	1	2	4
3	3	6	12

⊕ 개념 노트

- 2는 소수 중 가장 작은 수이고 유일하게 짝수인 소수이다.
- 1은 소수도 아니고 합성수도 아니다.
- 자연수는 1, 소수, 합성수로 이루어져 있다.
- $2^1=2$, $3^1=3$, …으로 생각한다.
- 읽는 방법
  2^2 ➡ 2의 제곱
  2^3 ➡ 2의 세제곱
  2^4 ➡ 2의 네제곱
  ⋮
- 자연수 a, b, c에 대하여 $a=b\times c$이면 b, c는 a의 약수이다. 즉, 약수를 다른 말로 인수라고도 한다.
- 자연수를 소인수분해한 결과는 곱하는 순서를 생각하지 않으면 오직 한 가지뿐이다.
- 소인수분해한 결과는 반드시 소인수들만의 곱으로 나타낸다.
  예 $40=8\times5$ (×)
  $40=2^3\times5$ (○)
- 소수 a와 자연수 m에 대하여
  (1) a^m의 약수
  ➡ $1, \underbrace{a, a^2, a^3, \cdots, a^m}_{m\text{개}}$
  (2) a^m의 약수의 개수
  ➡ $m+1$

개념 1 소수와 합성수

[01~04] 다음 수의 약수를 모두 구하고, 소수인지 합성수인지 말하시오.

01 19

02 26

03 37

04 49

[05~07] 다음 중 소수와 합성수에 대한 설명으로 옳은 것은 ○표, 옳지 않은 것은 ×표를 하시오.

05 소수의 약수는 2개이다. ( )

06 모든 소수는 홀수이다. ( )

07 소수가 아닌 자연수는 합성수이다. ( )

개념 2 거듭제곱

[08~09] 다음 거듭제곱의 밑과 지수를 각각 말하시오.

08 7^3

09 $\left(\frac{1}{5}\right)^4$

[10~12] 다음을 거듭제곱을 이용하여 나타내시오.

10 $\frac{1}{7}\times\frac{1}{7}\times\frac{1}{7}\times\frac{1}{7}\times\frac{1}{7}$

11 $2\times2\times3\times3\times7\times3$

12 $\frac{1}{3}\times\frac{1}{3}\times\frac{1}{3}\times\frac{1}{5}\times\frac{1}{5}$

[13~16] 다음 수를 [ ] 안의 수의 거듭제곱으로 나타내시오.

13 27 [3]

14 64 [2]

15 10000 [10]

16 $\frac{1}{125}$ $\left[\frac{1}{5}\right]$

개념 3 소인수분해

[17~18] 다음은 소인수분해하는 과정이다. □ 안에 알맞은 수를 써넣으시오.

17

$$\begin{array}{r|l} \square & 84 \\ \square & 42 \\ \square & 21 \\ & 7 \end{array}$$

→ $84=2^{\square}\times\square\times7$

18 90 ⟨ □, 45 ⟨ □, 15 ⟨ □, □

→ $90=\square\times3^{\square}\times5$

[19~20] 다음 수를 소인수분해하고, 소인수를 모두 구하시오.

19 98

20 120

개념 4 소인수분해를 이용하여 약수 구하기

[21~22] 다음은 500의 약수를 구하는 과정이다. 물음에 답하시오.

21 500을 소인수분해하시오.

22 다음 표를 완성하고, 이를 이용하여 500의 약수를 모두 구하시오.

×	1	5	5^2	
1				125
	2			
2^2			100	

[23~26] 다음 수의 약수를 모두 구하시오.

23 3^4

24 $3^2\times7$

25 48

26 100

[27~30] 다음 수의 약수의 개수를 구하시오.

27 5^3

28 $2^3\times7^2$

29 $3^2\times5^4\times7$

30 144

집중

유형 01 소수와 합성수

개념 1

(1) 소수: 약수가 2개인 수
→ 1과 자기 자신
(2) 합성수: 약수가 3개 이상인 수

01 대표문제

다음 중 소수의 개수는?

1, 7, 17, 31, 47, 57, 91, 133

① 2 ② 3 ③ 4
④ 5 ⑤ 6

02

다음 중 합성수의 개수를 구하시오.

1, 9, 23, 37, 43, 51, 97, 121

중요

03

10보다 크고 35보다 작은 자연수 중 약수가 2개인 수의 개수를 구하시오.

04 서술형

40에 가장 가까운 소수를 a, 가장 가까운 합성수를 b라 할 때, $a+b$의 값을 구하시오. (단, $a \neq 40$, $b \neq 40$)

유형 02 소수와 합성수의 성질

개념 1

(1) 자연수는 1, 소수, 합성수로 이루어져 있다.
(2) 1은 소수도 아니고 합성수도 아니다.
(3) 2는 소수 중 가장 작은 수이다.
(4) 2는 소수 중 유일한 짝수이고 2 이외의 소수는 모두 홀수이다.

05 대표문제

다음 중 옳은 것은?

① 약수가 1개인 자연수는 없다.
② 가장 작은 소수는 1이다.
③ 70에 가장 가까운 소수는 67이다.
④ 두 소수의 곱은 항상 합성수이다.
⑤ 자연수는 소수와 합성수로 이루어져 있다.

06

다음을 만족시키는 자연수 a, b, c에 대하여 $a+b+c$의 값을 구하시오.

(가) 가장 작은 합성수는 a이다.
(나) 1보다 큰 자연수의 약수는 b개 이상이다.
(다) 10 이하의 자연수 중에서 홀수인 소수는 c개이다.

07

다음 중 옳지 않은 것을 모두 고르면? (정답 2개)

① 모든 합성수는 약수가 3개 이상이다.
② 소수의 모든 약수의 합은 항상 합성수이다.
③ 2를 제외한 모든 짝수는 소수가 아니다.
④ 일의 자리의 숫자가 7인 자연수는 모두 소수이다.
⑤ 소수가 아닌 자연수 중에는 합성수가 아닌 수도 있다.

집중

유형 03 곱을 거듭제곱으로 나타내기 개념2

(1) $\underbrace{5\times5\times\cdots\times5}_{n\text{개}}=5^n$

(2) $\underbrace{3\times3\times\cdots\times3}_{m\text{개}}\times\underbrace{5\times5\times\cdots\times5}_{n\text{개}}=3^m\times5^n$

08 대표문제

다음 중 옳은 것은?

① $2+2+2=2^3$

② $\frac{1}{3}\times\frac{1}{3}\times\frac{1}{3}\times\frac{1}{3}=\frac{1}{3^4}$

③ $3\times3\times3\times5\times5=3^3+5^2$

④ $a\times a\times a+a=a^4$

⑤ $\frac{1}{2\times2\times2\times5\times5}=\frac{1}{2^3+5^2}$

09

$3\times3\times3\times3\times3$을 거듭제곱으로 나타내면 밑은 a, 지수는 b일 때, 자연수 a, b의 값을 각각 구하시오. (단, a는 소수)

10

$2\times2\times2\times2\times5\times5$를 거듭제곱을 사용하여 나타내면?

① $2^2\times5^2$ ② $2^2\times5^3$ ③ $2^4\times5^2$
④ $2^4\times5^3$ ⑤ $2^4\times5^4$

11

세 자연수 x, y, z에 대하여

$$a\times a\times a\times b\times a\times b\times b\times c\times b\times c=a^x\times b^y\times c^z$$

일 때, $x+y-z$의 값을 구하시오.

(단, a, b, c는 서로 다른 소수)

유형 04 수를 거듭제곱으로 나타내기 개념2

(1) $2^{\square}=8$ ➔ $8=2\times2\times2$이므로 $\square=3$

(2) $3^4=\square$ ➔ $3\times3\times3\times3=81$이므로 $\square=81$

12 대표문제

$2^6=a$, $5^b=125$를 만족시키는 자연수 a, b에 대하여 $a-b$의 값은?

① 27 ② 29 ③ 59
④ 60 ⑤ 61

13

$3^x=243$일 때, 자연수 x의 값은?

① 3 ② 4 ③ 5
④ 6 ⑤ 7

14

두 자연수 a, b에 대하여 $27\times\frac{49}{100}=3^a\times\left(\frac{b}{10}\right)^2$일 때, $a+b$의 값은? (단, b는 소수)

① 7 ② 8 ③ 9
④ 10 ⑤ 11

15 서술형

다음을 만족시키는 자연수 a, b에 대하여 $a+b$의 값을 구하시오.

$$10^a\text{ cm}=1\text{ km},\ 10^b\text{ g}=10\text{ kg}$$

유형 05 소인수분해 개념3

(1) 소인수분해: 1보다 큰 자연수를 소인수들만의 곱으로 나타내는 것

예 소수로 나눈다.

2) 12 → $12=2^2\times3$

2) 6

3 ← 몫이 소수가 될 때까지 나눈다.

(2) 소인수분해한 결과는 반드시 소인수들만의 곱으로 나타내야 한다.

예 $12=2^2\times3$ (○), $12=2\times6$ (×), $12=3\times4$ (×)

16 대표문제

다음 중 소인수분해한 것으로 옳은 것은?

① $30=2\times15$ ② $42=2\times3\times7$

③ $54=3^2\times6$ ④ $96=2^4\times6$

⑤ $108=2^2\times3\times9$

17

다음 중 450을 소인수분해한 것은?

① 2×15^2 ② $2\times3^2\times5$

③ $2\times3^2\times5^2$ ④ $2^2\times3^2\times5^2$

⑤ $2\times3\times5\times15$

18

다음 **보기** 중 소인수분해한 것으로 옳지 않은 것을 모두 고른 것은?

보기

ㄱ. $52=2^2\times13$ ㄴ. $92=2^2\times13$

ㄷ. $126=3\times6\times7$ ㄹ. $250=2^2\times5^3$

① ㄱ, ㄷ ② ㄴ, ㄷ ③ ㄴ, ㄹ

④ ㄱ, ㄴ, ㄹ ⑤ ㄴ, ㄷ, ㄹ

유형 06 소인수 구하기 개념3

자연수 A를 소인수분해한 결과가

$A=a^m\times b^n$ (a, b는 서로 다른 소수, m, n은 자연수)

일 때, A의 소인수는 a, b이다.

예 $20=2^2\times5$이므로 20의 소인수는 2, 5이다.

19 대표문제

다음 중 660의 소인수가 아닌 것은?

① 2 ② 3 ③ 5

④ 7 ⑤ 11

20

다음 중 소인수가 나머지 넷과 다른 하나는?

① 12 ② 18 ③ 36

④ 60 ⑤ 72

21

다음 **보기** 중 소인수가 같은 것끼리 짝 지은 것은?

보기

ㄱ. 26 ㄴ. 39 ㄷ. 78 ㄹ. 104

① ㄱ, ㄴ ② ㄱ, ㄹ ③ ㄴ, ㄷ

④ ㄴ, ㄹ ⑤ ㄷ, ㄹ

22 서술형

294의 모든 소인수의 합을 구하시오.

집중

유형 07 소인수분해한 결과에서 밑과 지수 구하기 개념 3

주어진 수를 소인수분해한 후 각 거듭제곱의 밑과 지수를 비교한다.

예 48을 소인수분해하면 $2^a \times 3^b$일 때, 자연수 a, b의 값

➜ $48=2^4 \times 3$이므로 $a=4$, $b=1$

23 대표문제

400을 소인수분해하면 $2^a \times 5^b$일 때, 자연수 a, b에 대하여 $a+b$의 값은?

① 4 ② 5 ③ 6
④ 7 ⑤ 8

24

264를 소인수분해하면 $2^a \times 3^b \times c$일 때, 자연수 a, b, c에 대하여 $a-b+c$의 값은? (단, c는 소수)

① 13 ② 14 ③ 15
④ 16 ⑤ 17

25

32×50을 소인수분해하면 $2^a \times 5^b$일 때, 자연수 a, b에 대하여 $a-b$의 값은?

① 2 ② 3 ③ 4
④ 5 ⑤ 6

26 서술형

다음을 만족시키는 자연수 a, b, m, n에 대하여 $a \times b - m \times n$의 값을 구하시오. (단, a, b는 소수)

$$392=a^m \times b^n$$

집중

유형 08 제곱인 수 만들기 개념 3

(1) 어떤 자연수의 제곱인 수

➜ 소인수분해하였을 때 모든 소인수의 지수가 짝수이다.

예 $6^2=36=2^2 \times 3^2$

(2) 45에 자연수를 곱하여 제곱인 수 만들기

❶ 45를 소인수분해한다. ➜ $45=3^2 \times 5$

❷ 모든 지수가 짝수가 되도록 적당한 수를 곱한다.

➜ $45 \times \square = 3^2 \times 5 \times \square$가 (자연수)^{2}이 되려면

$\square = 5 \times$(자연수)^2 꼴이 되어야 한다.

따라서 $\square$가 될 수 있는 수는 5×1^2, 5×2^2, 5×3^2, …이다.

27 대표문제

90에 자연수를 곱하여 어떤 자연수의 제곱이 되도록 할 때, 곱할 수 있는 가장 작은 자연수를 구하시오.

28

350을 자연수로 나누어 어떤 자연수의 제곱이 되도록 할 때, 나눌 수 있는 가장 작은 자연수를 구하시오.

29

$180 \times a = b^2$을 만족시키는 가장 작은 자연수 a, b에 대하여 $a+b$의 값은?

① 11 ② 25 ③ 31
④ 35 ⑤ 60

30

360에 자연수를 곱하여 어떤 자연수의 제곱이 되도록 할 때, 곱할 수 있는 자연수 중 세 번째로 작은 자연수를 구하시오.

유형 09 소인수분해를 이용하여 약수 구하기 개념 4

(1) 2^6의 약수 ➔ $1, 2, 2^2, \cdots, 2^6$

(2) $3^2\times5$의 약수 ➔ (3^2의 약수)×(5의 약수)
↳ 1, 3, 3^2 ↳ 1, 5

➔ $1\times1, 1\times5, 3\times1, 3\times5, 3^2\times1, 3^2\times5$

31 대표문제

다음 중 270의 약수인 것을 모두 고르면? (정답 2개)

① $2^2\times5$ ② $2^2\times3^2$ ③ 2×5^2
④ $2\times3^2\times5$ ⑤ $3^3\times5$

32

다음 중 $2^2\times3\times5$의 약수가 아닌 것은?

① 6 ② 15 ③ 30
④ 45 ⑤ 60

중요

33

아래 표를 이용하여 108의 약수를 구하려고 한다. 다음 중 옳지 않은 것은?

×	1	3	3^2	(가)
1	1	3	3^2	3^3
2	2	2×3	2×3^2	
2^2	2^2	(나)		(다)

① 108을 소인수분해하면 $2^2\times3^3$이다.
② (가)에 들어갈 수는 3^3이다.
③ (나)에서 18이 108의 약수임을 알 수 있다.
④ (다)는 108의 약수 중 가장 큰 수이다.
⑤ 108의 약수는 12개이다.

34

$2\times3^2\times7$의 약수 중 두 번째로 큰 수를 구하시오.

집중

유형 10 약수의 개수 구하기 개념 4

a, b는 서로 다른 소수이고, m, n은 자연수일 때,

(1) a^m의 약수의 개수 ➔ $m+1$

(2) $a^m\times b^n$의 약수의 개수 ➔ $(m+1)\times(n+1)$
↳ 각 소인수의 지수에 1을 더하여 곱한다.

35 대표문제

다음 중 약수가 가장 많은 것은?

① $2^2\times3^2$ ② $2\times3\times7$ ③ 56
④ 120 ⑤ 198

36

다음 **보기** 중 $2^2\times3^3$과 약수의 개수가 같은 것을 모두 고르시오.

보기

ㄱ. $3\times5\times11$ ㄴ. 2×3^4 ㄷ. $2^5\times7$
ㄹ. $2\times7\times9$ ㅁ. $2\times3^2\times5^2$

37

다음 중 옳지 않은 것은?

① 3×3^2의 약수는 4개이다.
② $2^5\times11$의 약수는 6개이다.
③ $2\times3^2\times5^3$의 약수는 24개이다.
④ 252의 약수는 18개이다.
⑤ 7^6의 약수는 7개이다.

중요

38 서술형

$\dfrac{150}{x}$이 자연수가 되도록 하는 자연수 x의 개수를 구하시오.

유형 11 약수의 개수가 주어질 때 지수 구하기 개념 4

$2^2\times3^a$의 약수의 개수가 9일 때, 자연수 a의 값 구하기

➜ $(2+1)\times(a+1)=9$ $\therefore a=2$

39 대표문제

$3^a\times5^3$의 약수의 개수가 20일 때, 자연수 a의 값은?

① 2 ② 3 ③ 4
④ 5 ⑤ 6

중요

40

$2^a\times9\times25$의 약수의 개수가 36일 때, 자연수 a의 값은?

① 3 ② 5 ③ 7
④ 8 ⑤ 10

41 서술형

132와 $2^a\times7^2$의 약수의 개수가 같을 때, 자연수 a의 값을 구하시오.

유형 12 약수의 개수가 주어질 때 곱해지는 수 구하기 개념 4

$2^2\times\square$의 약수의 개수가 6이면 $2^2\times\square$는 다음과 같이 두 가지 꼴로 나타난다.

(i) $2^2\times\square=2^5$ ← $5+1=6$

(ii) $2^2\times\square=2^2\times a^1$ (a는 2가 아닌 소수) ← $(2+1)\times(1+1)=6$

42 대표문제

$28\times a$의 약수의 개수가 12일 때, 다음 중 자연수 a의 값이 될 수 없는 것은?

① 3 ② 4 ③ 5
④ 13 ⑤ 14

43

$2^2\times3^2\times\square$의 약수의 개수가 18일 때, 다음 중 $\square$ 안에 들어갈 수 있는 수는?

① 2 ② 3 ③ 4
④ 5 ⑤ 6

44

$2^4\times\square$의 약수의 개수가 15일 때, $\square$ 안에 들어갈 수 있는 가장 작은 자연수를 구하시오.

Real 실전 기출

01

30 이하의 자연수 중 소수의 개수를 a, 합성수의 개수를 b라 할 때, $b-a$의 값은?

① 9　② 10　③ 18
④ 19　⑤ 20

02

다음 **보기** 중 옳지 <u>않은</u> 것을 모두 고른 것은?

보기

ㄱ. 1은 소수이다.
ㄴ. 합성수는 모두 짝수이다.
ㄷ. 소수 중에는 홀수가 아닌 수도 있다.
ㄹ. 7의 배수 중에는 소수는 없다.

① ㄱ, ㄷ　② ㄱ, ㄹ　③ ㄴ, ㄷ
④ ㄱ, ㄴ, ㄹ　⑤ ㄴ, ㄷ, ㄹ

03 창의 역량

어떤 세포 1개를 관찰하였더니 1시간 후 2개, 2시간 후 4개, 3시간 후 8개, …로 분열되었다. 이 세포 1개는 10시간 후 몇 개로 분열되는지 2의 거듭제곱으로 나타내시오.

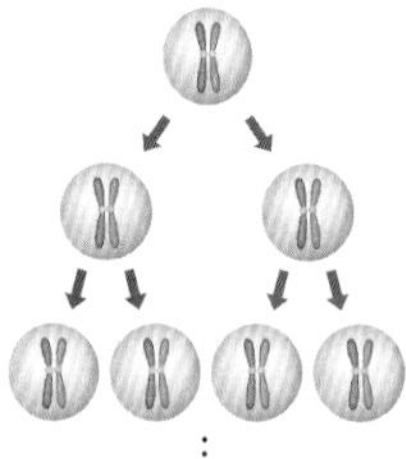

04

$2\times3\times2\times2\times3\times5=2^a\times3^b\times c$를 만족시키는 자연수 a, b, c에 대하여 $a+b+c$의 값을 구하시오. (단, c는 소수)

05

다음 중 소인수분해한 것으로 옳지 <u>않은</u> 것은?

① $24=2^3\times3$　② $48=2^4\times3$
③ $63=7\times9$　④ $91=7\times13$
⑤ $120=2^3\times3\times5$

06 최다빈출

다음 중 90의 소인수를 모두 구한 것은?

① 2　② 5　③ 2, 3
④ 2, 3, 5　⑤ 2, 3^2, 5

07

다음을 만족시키는 자연수 a, b에 대하여 $b-a$의 값을 구하시오.

$$49\times63=3^a\times7^b$$

08

300을 자연수 x로 나누어 어떤 자연수의 제곱이 되도록 할 때, 다음 중 x의 값이 될 수 없는 것을 모두 고르면? (정답 2개)

① 3 ② $2^2\times3$ ③ $2^2\times3\times5$
④ 3×5^2 ⑤ $2\times3\times5^2$

09

다음 중 옳지 않은 것은?

① 3^4은 3을 4번 곱한 수이다.
② 2^5에서 2를 지수, 5를 밑이라고 한다.
③ $2^4\times3\times5$는 480의 약수이다.
④ 54를 소인수분해하면 2×3^3이다.
⑤ 66의 소인수는 2, 3, 11이다.

10

$2^3\times3^2\times7$의 약수 중 가장 작은 수를 a, 두 번째로 큰 수를 b라 할 때, $a+b$의 값을 구하시오.

11 최다빈출

다음 중 약수의 개수가 가장 적은 것은?

① 40 ② 64 ③ 126
④ $2^2\times3^2\times5$ ⑤ $3^2\times5\times7$

12

$27\times\square$의 약수의 개수가 8일 때, 다음 중 $\square$ 안에 들어갈 수 없는 수는?

① 2 ② 3 ③ 5
④ 11 ⑤ 13

100점 공략

13

1에서 30까지의 자연수의 곱을 A라 하자. A가 5^k으로 나누어떨어지도록 하는 k의 값 중 가장 큰 수를 구하시오. (단, k는 자연수)

14

12의 배수이면서 어떤 자연수의 제곱인 수 중 두 번째로 작은 수를 소인수분해하면 $2^a\times3^b$이다. 자연수 a, b에 대하여 $a+b$의 값은?

① 4 ② 6 ③ 8
④ 10 ⑤ 12

15

자연수 k의 약수의 개수를 $N(k)$라 할 때, $N(x)\times N(28)=54$를 만족시키는 가장 작은 자연수 x의 값을 구하시오.

정답과 해설 13쪽

서술형

16

다음 물음에 답하시오.

(1) 228을 소인수분해하시오.

(2) 228의 소인수를 모두 구하시오.

17

$\frac{450}{a}=b^2$을 만족시키는 자연수 a, b에 대하여 $b-a$의 값 중 가장 큰 수를 구하시오.

18

200의 약수 중 어떤 자연수의 제곱이 되는 모든 수의 합을 구하시오.

19

340의 약수의 개수와 $2^a\times5\times9$의 약수의 개수가 같을 때, 자연수 a의 값을 구하시오.

20 100점

다음 조건을 모두 만족시키는 자연수를 구하시오.

(가) 50보다 크고 60보다 작은 자연수이다.

(나) 2개의 소인수를 가지며, 두 소인수의 합은 22이다.

21 100점

168의 약수 중 7의 배수의 개수를 구하시오.

풀이

답 ____

I. 소인수분해

02 최대공약수와 최소공배수

유형북 19 ~ 34쪽

더블북 8 ~ 15쪽

개념 1 공약수와 최대공약수

유형 01, 02

(1) **공약수**: 두 개 이상의 자연수의 공통인 약수

(2) **최대공약수**: 공약수 중 가장 큰 수

(3) **최대공약수의 성질**: 두 개 이상의 자연수의 공약수는 그 수들의 최대공약수의 약수이다.

예 8과 12의 최대공약수는 4이다.
➡ 8과 12의 공약수는 4의 약수인 1, 2, 4이다.

(4) **서로소**: 최대공약수가 1인 두 자연수 ← 공약수가 1뿐인 두 자연수

예 3과 10은 최대공약수가 1이므로 서로소이다.

개념 2 소인수분해를 이용하여 최대공약수 구하기

유형 03, 07, 17

❶ 주어진 자연수를 각각 소인수분해한다.

❷ 공통인 소인수의 거듭제곱에서 지수가 같거나 작은 것을 택하여 곱한다.

예

$18 = 2 \times 3^2$

$42 = 2 \times 3 \times 7$

(최대공약수) $= 2 \times 3 = 6$

↑ 공통인 소인수의 거듭제곱에서 지수가 같거나 작은 것

참고 나눗셈을 이용하여 최대공약수 구하기

❶ 1이 아닌 공약수로 각 수를 나눈다.

❷ 몫에 1 이외의 공약수가 없을 때까지 계속 나눈다.

❸ 나누어 준 공약수를 모두 곱한다.

예

```
1이 아닌 →2 ) 18  42
공약수로   3 )  9  21
나누기          3   7  ← 1 이외의 공약수가 없을 때까지 나누기
```

(최대공약수) $= 2 \times 3 = 6$

↑ 나누어 준 공약수 모두 곱하기

개념 3 공배수와 최소공배수

유형 04

(1) **공배수**: 두 개 이상의 자연수의 공통인 배수

(2) **최소공배수**: 공배수 중 가장 작은 수

(3) **최소공배수의 성질**

① 두 개 이상의 자연수의 공배수는 그 수들의 최소공배수의 배수이다.

예 3과 4의 최소공배수는 12이다.
➡ 3과 4의 공배수는 12의 배수인 12, 24, 36, …이다.

② 서로소인 두 자연수의 최소공배수는 그 두 자연수의 곱과 같다.

예 3과 4는 서로소이므로 두 수의 최소공배수는 $3 \times 4 = 12$

개념 노트

- 공약수 중에서 가장 작은 수는 항상 1이므로 최소공약수는 생각하지 않는다.
- 두 자연수의 공약수를 구할 때, 최대공약수를 먼저 구하고 그 약수로 공약수를 구할 수 있다.
- ① 서로 다른 두 소수는 항상 서로소이다.
  ② 두 수가 소수가 아니어도 서로소가 될 수 있다.
- 최대공약수를 구할 때 공통이 아닌 소인수는 곱하지 않는다.
- 세 수 이상의 최대공약수를 구할 때도 두 수의 최대공약수를 구할 때와 같은 방법으로 한다.
- 공배수는 무수히 많아서 가장 큰 공배수를 알 수 없기 때문에 최대공배수는 생각하지 않는다.
- 두 자연수의 공배수를 구할 때, 최소공배수를 먼저 구하고 그 배수로 공배수를 구할 수 있다.

개념 1 공약수와 최대공약수

[01~05] 다음을 구하시오.

01 16의 약수

02 24의 약수

03 16과 24의 공약수

04 16과 24의 최대공약수

05 16과 24의 최대공약수의 약수

[06~09] 최대공약수가 다음과 같은 두 자연수의 공약수를 모두 구하시오.

06 9

07 15

08 21

09 26

[10~14] 다음 두 자연수가 서로소인 것은 ○표, 서로소가 아닌 것은 ×표를 하시오.

10 2, 8 (　　)

11 12, 33 (　　)

12 13, 15 (　　)

13 22, 35 (　　)

14 49, 91 (　　)

개념 2 소인수분해를 이용하여 최대공약수 구하기

[15~20] 다음 수들의 최대공약수를 소인수분해 꼴로 나타내시오.

15 $2^2\times3$, 2×3^2

16 $2^2\times3\times5^2$, $2\times3^2\times5$

17 $2\times3^3\times5^2$, $2\times3^2\times5^2$

18 $3^2\times5\times7^2$, 3×5^2

19 $2^2\times3^2\times5^2$, $2^3\times3^3\times5$, $2^4\times3^2\times5$

20 2×3, $2\times3^2\times5$, 3×5

개념 3 공배수와 최소공배수

[21~25] 다음을 구하시오.

21 6의 배수

22 9의 배수

23 6과 9의 공배수

24 6과 9의 최소공배수

25 6과 9의 최소공배수의 배수

[26~27] 다음 물음에 답하시오.

26 두 자연수의 최소공배수가 14일 때, 두 수의 공배수를 작은 것부터 4개 구하시오.

27 두 자연수의 최소공배수가 27일 때, 두 수의 공배수 중 100보다 작은 것을 모두 구하시오.

Real 실전 개념

개념 4 소인수분해를 이용하여 최소공배수 구하기

유형 05~07, 17

❶ 주어진 자연수를 각각 소인수분해한다.

❷ 공통인 소인수의 거듭제곱에서 지수가 같거나 큰 것을 택하고, 공통이 아닌 소인수의 거듭제곱도 모두 택하여 곱한다.

예

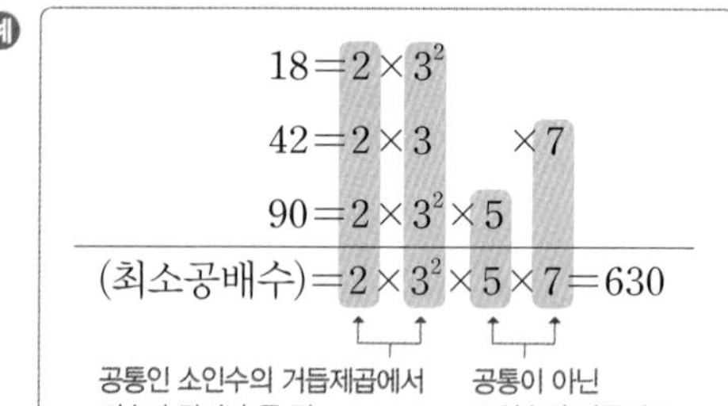

참고 나눗셈을 이용하여 최소공배수 구하기

❶ 1이 아닌 공약수로 각 수를 나눈다.

❷ 세 수의 공약수가 없으면 두 수의 공약수로 나누고, 공약수가 없는 수는 그대로 아래로 내린다.

❸ 나누어 준 공약수와 마지막 몫을 모두 곱한다.

예

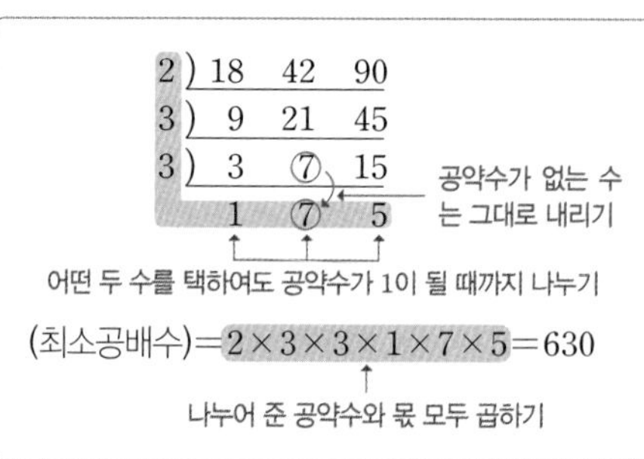

⊕ 개념 노트

• 최대공약수를 구할 때는 공통인 소인수만 곱하지만 최소공배수를 구할 때는 공통인 소인수와 공통이 아닌 소인수를 모두 곱한다.

개념 5 최대공약수와 최소공배수의 관계

유형 08

두 자연수 A, B의 최대공약수가 G이고 최소공배수가 L일 때,

$A=a\times G$, $B=b\times G$ (a, b는 서로소)

라 하면 다음이 성립한다.

(1) $L=a\times b\times G$

(2) $A\times B=L\times G$ → (두 자연수의 곱)=(두 자연수의 최소공배수)×(두 자연수의 최대공약수)

참고 $A\times B=(a\times G)\times(b\times G)=(a\times b\times G)\times G=L\times G$

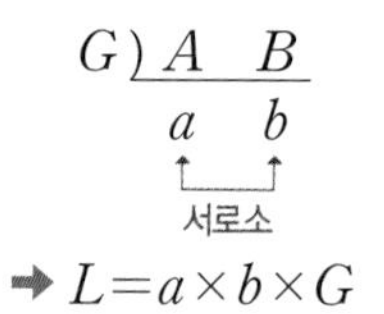

➡ $L=a\times b\times G$

• $L=a\times b\times G$이므로

① 최대공약수(G)는 최소공배수(L)의 약수이다.

② 최소공배수(L)는 최대공약수(G)의 배수이다.

개념 6 최대공약수와 최소공배수의 활용

유형 09~16

(1) **최대공약수의 활용**: 주어진 문제의 문장에

'가능한 한 많은', '가능한 한 큰', '가장 큰', '최대의', '되도록 많은'

등의 표현이 있는 경우에는 최대공약수를 이용한다.

참고 {• 가능한 한(되도록) 많은 / • 가능한 한(되도록) 큰 / • 가장 큰} 최대 + {• 남김없이 똑같이 나누어 줄 때 / • 정사각형 모양을 빈틈없이 붙일 때 / • 나누어떨어질 때} 공약수 ➡ 최대공약수 활용

(2) **최소공배수의 활용**: 주어진 문제의 문장에

'가능한 한 작은', '가장 작은', '최소의', '동시에', '처음으로 다시', '되도록 적은'

등의 표현이 있는 경우에는 최소공배수를 이용한다.

참고 {• 가능한 한(되도록) 적은 / • 가능한 한(되도록) 작은 / • 처음으로 다시} 최소 + {• 빈틈없이 쌓을 때 / • 동시에 출발할 때} 공배수 ➡ 최소공배수 활용

• 활용 문제에서 구하는 수가

① 최대공약수이면 구하는 수가 주어진 수보다 작거나 같다.

② 최소공배수이면 구하는 수가 주어진 수보다 크거나 같다.

개념 4 소인수분해를 이용하여 최소공배수 구하기

[28~33] 다음 수들의 최소공배수를 소인수분해 꼴로 나타내시오.

28 2×3, 2×3^2

29 $2^2\times3\times5^2$, $2\times3\times5$

30 $2^2\times5^2$, $2\times3^2\times5$

31 $2^2\times3\times7$, $3^3\times5$

32 $2\times3\times5$, $2\times3^3\times5$, $2^2\times3^2\times5^3$

33 3×5^2, $2\times3\times5$, 3×7

[34~36] 소인수분해를 이용하여 다음 수들의 최대공약수와 최소공배수를 구하시오.

34 15, 45

35 140, 350

36 75, 110, 180

개념 5 최대공약수와 최소공배수의 관계

37 두 자연수 A와 B의 최대공약수는 5이고 최소공배수는 40일 때, $A\times B$의 값을 구하시오.

38 두 자연수 A와 30의 최대공약수는 6이고 최소공배수는 120일 때, A의 값을 구하시오.

39 곱이 270인 두 자연수 A와 B의 최대공약수가 3일 때, A와 B의 최소공배수를 구하시오.

개념 6 최대공약수와 최소공배수의 활용

[40~42] 초콜릿 42개와 사탕 14개를 가능한 한 많은 학생들에게 남김없이 똑같이 나누어 주려고 한다. 다음 물음에 답하시오.

40 소인수분해를 이용하여 42와 14의 최대공약수를 구하시오.

41 나누어 줄 수 있는 학생 수를 구하시오.

42 한 학생에게 초콜릿과 사탕을 각각 몇 개씩 나누어 줄 수 있는지 구하시오.

[43~45] 가로의 길이가 125 cm, 세로의 길이가 150 cm인 직사각형 모양의 종이에 같은 크기의 정사각형 모양의 색종이를 겹치지 않게 빈틈없이 붙이려고 한다. 되도록 큰 색종이를 붙이려고 할 때, 다음 물음에 답하시오.

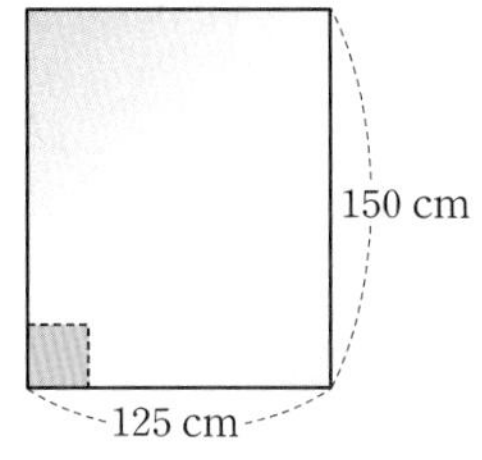

43 소인수분해를 이용하여 125와 150의 최대공약수를 구하시오.

44 붙이려고 하는 색종이의 한 변의 길이를 구하시오.

45 필요한 색종이의 장 수를 구하시오.

[46~48] 가로의 길이가 10 cm, 세로의 길이가 15 cm인 직사각형 모양의 타일을 겹치지 않게 빈틈없이 붙여서 가능한 한 작은 정사각형 모양을 만들려고 한다. 다음 물음에 답하시오.

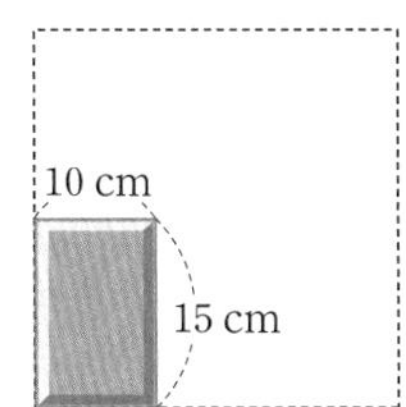

46 소인수분해를 이용하여 10과 15의 최소공배수를 구하시오.

47 만들려고 하는 정사각형 모양의 한 변의 길이를 구하시오.

48 필요한 직사각형 모양의 타일의 개수를 구하시오.

유형 01 최대공약수의 성질 개념 1

두 자연수의 공약수 ➡ 두 자연수의 최대공약수의 약수

예 18의 약수: 1, 2, 3, 6, 9, 18
27의 약수: 1, 3, 9, 27
18과 27의 공약수: 1, 3, 9 → 최대공약수
➡ 18과 27의 공약수는 두 수의 최대공약수인 9의 약수와 같다.

01 대표문제

두 자연수 A, B의 최대공약수가 12일 때, 다음 중 A, B의 공약수가 아닌 것은?

① 1 ② 2 ③ 4
④ 6 ⑤ 8

02

두 자연수 A, B의 최대공약수가 36일 때, 다음 중 A, B의 공약수를 모두 고르시오.

1, 2, 3, 4 6, 8, 16, 36

03 서술형

두 자연수의 최대공약수가 $2^2 \times 7$일 때, 이 두 수의 모든 공약수의 합을 구하시오.

04

두 자연수 A, B의 최대공약수가 168일 때, A, B의 공약수의 개수를 구하시오.

집중

유형 02 서로소 개념 1

(1) 서로소: 최대공약수가 1인 두 자연수 ← 공약수가 1뿐인 두 자연수
(2) 항상 서로소인 수 ➡ 두 소수 / 연속하는 두 자연수

05 대표문제

다음 중 두 수가 서로소인 것을 모두 고르면? (정답 2개)

① 9, 10 ② 13, 39 ③ 16, 25
④ 22, 38 ⑤ 48, 51

06

다음 중 42와 서로소인 것은?

① 3 ② 6 ③ 13
④ 21 ⑤ 49

07

다음 중 옳지 않은 것을 모두 고르면? (정답 2개)

① 27과 43은 서로소이다.
② 1은 모든 자연수와 서로소이다.
③ 서로 다른 두 홀수는 항상 서로소이다.
④ 두 수가 서로소이면 두 수 중 하나는 소수이다.
⑤ 두 자연수가 서로소이면 두 수의 공약수는 1뿐이다.

08

10 이상 30 이하의 자연수 중 10과 서로소인 수의 개수를 구하시오.

집중

유형 03 공약수와 최대공약수 개념2

(1) 소인수분해를 이용하여 최대공약수 구하기
➡ 주어진 자연수를 각각 소인수분해한 후 공통인 소인수의 거듭제곱에서 지수가 같거나 작은 것을 택하여 곱한다.

$24=2^3\times3$
$36=2^2\times3^2$
$2^2\times3=12$ 최대공약수

(2) 공약수 구하기
➡ 최대공약수의 약수를 구한다.

09 대표문제

다음 중 두 수 $2^2\times3\times5$, $2^3\times3\times5^2$의 공약수가 아닌 것은?

① 3 ② 2^2 ③ $2^2\times5$
④ $2^3\times3$ ⑤ $2^2\times3\times5$

중요

10

다음 중 세 수 48, 72, 120의 공약수가 아닌 것은?

① 3 ② 2×3 ③ $2^2\times3$
④ $2^3\times3$ ⑤ $2\times3\times5$

11 서술형

두 수 $2^2\times3^3$, $2^3\times3^2\times5$의 공약수의 개수를 구하시오.

12

두 자연수 24, a의 공약수가 6의 약수와 같을 때, 다음 중 a의 값이 될 수 있는 것을 모두 고르면? (정답 2개)

① 12 ② 16 ③ 18
④ 40 ⑤ 90

유형 04 최소공배수의 성질 개념3

두 자연수의 공배수 ➡ 두 자연수의 최소공배수의 배수

예 2의 배수: 2, 4, 6, 8, 10, 12, 14, 16, 18, …
3의 배수: 3, 6, 9, 12, 15, 18, …
2와 3의 공배수: 6, 12, 18, …
(6: 최소공배수)
➡ 2와 3의 공배수는 두 수의 최소공배수인 6의 배수와 같다.

13 대표문제

두 자연수의 최소공배수가 32일 때, 이 두 수의 공배수 중 300 이하의 자연수의 개수는?

① 5 ② 6 ③ 7
④ 8 ⑤ 9

14

두 자연수 A, B의 최소공배수가 26일 때, 다음 중 A, B의 공배수가 아닌 것은?

① 52 ② 78 ③ 124
④ 156 ⑤ 182

15

두 자연수 A, B의 최소공배수가 $3^2\times5$일 때, 다음 **보기** 중 A, B의 공배수를 모두 고르시오.

보기
ㄱ. 3×5 ㄴ. $2\times3^2\times5$
ㄷ. $2^3\times3^2\times5$ ㄹ. $3\times5^2\times7$

16

세 자연수 A, B, C의 최소공배수가 18일 때, A, B, C의 공배수 중 200에 가장 가까운 자연수를 구하시오.

집중

유형 05 공배수와 최소공배수 개념 4

(1) 소인수분해를 이용하여 최소공배수 구하기

➜ 주어진 자연수를 각각 소인수분해 한 후 공통인 소인수의 거듭제곱에서 지수가 같거나 큰 것을 택하고, 공통이 아닌 소인수의 거듭제곱도 모두 택하여 곱한다.

$24=2^3\times3$
$30=2\times3\times5$
$2^3\times3\times5=120$ ← 최소공배수

(2) 공배수 구하기 ➜ 최소공배수의 배수를 구한다.

17 대표문제

다음 중 세 수 $2^3\times3$, $2\times3^2\times5$, $2^2\times3\times5$의 공배수가 아닌 것은?

① $2^3\times3^2\times5^2$ ② $2^3\times3^3\times5$
③ $2^4\times3^3\times5$ ④ $2^2\times3^3\times5\times7$
⑤ $2^3\times3^2\times5\times7$

18

다음 중 두 수 60, 945의 최소공배수는?

① 3×5 ② $3^3\times5$
③ $2^2\times3\times5\times7$ ④ $2^2\times3^3\times5\times7$
⑤ $2^3\times3^3\times5^2\times7$

19

두 수 2×5, $2^3\times7$의 공배수 중 600 이하의 자연수의 개수를 구하시오.

20 서술형

세 수 12, 15, 21의 공배수 중 가장 큰 세 자리 자연수를 구하시오.

유형 06 최소공배수가 주어질 때 미지수 구하기 개념 4

인수에 미지수가 있는 세 수의 최소공배수는 공약수로 나누는 방법을 이용하여 미지수를 사용한 식으로 나타낼 수 있다.

예 세 자연수 $2\times x$, $3\times x$, $5\times x$의 최소공배수가 120이면

$x\,)\ 2\times x\quad 3\times x\quad 5\times x$
$\quad\ \ 2\qquad\ 3\qquad\ 5$

➜ (최소공배수)$=x\times2\times3\times5=120$ $\therefore x=4$

21 대표문제

세 자연수 $3\times x$, $6\times x$, $10\times x$의 최소공배수가 210일 때, x의 값은?

① 2 ② 5 ③ 7
④ 11 ⑤ 13

22

세 자연수 $4\times x$, $6\times x$, $18\times x$의 최소공배수가 252일 때, 이 세 자연수의 최대공약수를 구하시오.

중요

23

세 자연수의 비가 4 : 5 : 6이고 최소공배수가 300일 때, 세 자연수 중 가장 작은 수는?

① 16 ② 20 ③ 24
④ 28 ⑤ 32

집중

유형 07 최대공약수 또는 최소공배수가 주어질 때 밑과 지수 구하기 개념 2, 4

두 개 이상의 자연수에서

	최대공약수	최소공배수
소인수	공통인 소인수만 택한다.	공통인 소인수와 공통이 아닌 소인수를 모두 택한다.
지수	작거나 같은 것을 택한다.	크거나 같은 것을 택한다.

24 대표문제

두 수 $2^a\times5$, $2^4\times3^b\times5$의 최대공약수는 40이고 최소공배수는 720일 때, 자연수 a, b에 대하여 $a+b$의 값은?

① 2 ② 3 ③ 4
④ 5 ⑤ 6

25

두 수 $2^a\times3\times7^2$, $2^3\times7^b$의 최대공약수가 $2^2\times7$일 때, 두 수의 최소공배수를 소인수분해 꼴로 나타내시오.

(단, a, b는 자연수)

26

세 수 $2\times5^2\times7^2$, $2\times5^a\times7^2$, $2^2\times5^2\times7^b$의 최대공약수는 $2\times5^2\times7$이고 최소공배수는 $2^c\times5^3\times7^2$일 때, 자연수 a, b, c에 대하여 $a+b-c$의 값을 구하시오.

27

세 수 $2^2\times3\times a$, $2^b\times a$, $2^2\times3\times a^2$의 최소공배수가 600일 때, 세 수의 최대공약수를 구하시오.

(단, a는 2, 3이 아닌 소수, b는 자연수)

집중

유형 08 최대공약수와 최소공배수의 관계 개념 5

두 자연수 A, B의 최대공약수가 G이고 최소공배수가 L일 때, $A=a\times G$, $B=b\times G$ (a, b는 서로소)이면

(1) $L=a\times b\times G$

(2) $A\times B=L\times G$

$G\,)\,\underline{A\quad B}$
$\quad a\quad b$
a, b는 서로소

28 대표문제

두 자연수 A, B의 곱은 $2^4\times3^3\times5^3\times7$이고 최소공배수는 $2^4\times3^2\times5^2\times7$일 때, A, B의 최대공약수는?

① 8 ② 9 ③ 12
④ 15 ⑤ 20

29

두 자연수 A, $2^2\times3\times5$의 최대공약수는 $2^2\times3$이고, 최소공배수는 540일 때, A의 값은?

① 54 ② 72 ③ 108
④ 120 ⑤ 156

30 서술형

두 자연수 A, B의 최대공약수는 6이고 최소공배수는 210일 때, $A-B$의 값을 모두 구하시오. (단, $A>B$)

02 최대공약수와 최소공배수

집중

유형 09 최대공약수의 활용; 일정한 양으로 나누기 개념6

(1) a개를 여러 사람에게 똑같이 나누어 줄 때, 사람 수
➜ a의 약수

(2) a개, b개를 여러 사람에게 똑같이 나누어 줄 때, 사람 수
➜ a, b의 공약수

(3) a개, b개를 여러 사람에게 똑같이 나누어 줄 때, 최대 사람 수
➜ a, b의 최대공약수

31 대표문제

볼펜 64자루, 형광펜 40자루, 공책 24권을 가능한 한 많은 학생들에게 남김없이 똑같이 나누어 주려고 한다. 이때 나누어 줄 수 있는 학생 수는?

① 4 ② 5 ③ 6
④ 8 ⑤ 10

32

사탕 48개, 초콜릿 72개를 학생들에게 남김없이 똑같이 나누어 주려고 한다. 다음 중 학생 수가 될 수 <u>없는</u> 것은?

① 6 ② 8 ③ 10
④ 12 ⑤ 24

33 서술형

오렌지 36개, 키위 90개, 바나나 54개를 바구니에 남김없이 똑같이 나누어 담아 과일 바구니를 만들어 판매하였다. 최대한 많은 과일 바구니를 만들었을 때, 다음 물음에 답하시오.

(1) 만들어진 과일 바구니의 개수를 구하시오.

(2) 각 바구니에 담은 오렌지, 키위, 바나나의 개수를 각각 a, b, c라 할 때, $a+b+c$의 값을 구하시오.

유형 10 최대공약수의 활용; 일정한 간격으로 놓기 개념6

둘레에 일정한 간격으로

물건 사이의 간격이 최대가 되도록 / 가능한 한 적은 수의 } 물건을 놓을 때

➜ 최대공약수 이용

34 대표문제

가로의 길이가 540 cm, 세로의 길이가 600 cm인 직사각형 모양의 화단의 둘레에 일정한 간격으로 화분을 놓으려고 한다. 화단의 네 모퉁이에는 반드시 화분을 놓고, 화분 사이의 간격이 최대가 되도록 할 때, 화분 사이의 간격을 구하시오.

35

가로의 길이가 56 m, 세로의 길이가 48 m인 직사각형 모양의 땅의 둘레에 일정한 간격으로 나무를 심으려고 한다. 땅의 네 모퉁이에는 반드시 나무를 심고, 땅의 둘레에 나무를 가능한 한 적게 심으려고 할 때, 필요한 나무의 수를 구하시오.

36 서술형

세 변의 길이가 각각 63 m, 90 m, 45 m인 삼각형 모양의 공원의 둘레에 일정한 간격으로 기둥을 설치하여 울타리를 만들려고 한다. 공원의 세 모퉁이에는 반드시 기둥을 설치하고, 기둥 사이의 간격이 최대가 되도록 할 때, 다음 물음에 답하시오.

(1) 기둥 사이의 간격을 구하시오.

(2) 울타리를 만들기 위해 필요한 기둥의 개수를 구하시오.

유형 11 최대공약수의 활용; 어떤 자연수로 나누기 개념6

(1) 어떤 수 x로 a를 나누면 나머지가 m이다. $(x>m)$
→ x로 $a-m$을 나누면 나누어떨어진다.
→ x는 $a-m$의 약수이다.
(2) 어떤 수 x로 a를 나누면 n이 부족하다.
→ x로 $a+n$을 나누면 나누어떨어진다.
→ x는 $a+n$의 약수이다.

37 대표문제

어떤 자연수로 27을 나누면 3이 남고, 45를 나누면 5가 남고, 54를 나누면 2가 부족하다. 이러한 자연수 중 가장 큰 수를 구하시오.

38

사과 76개와 바나나 124개를 학생들에게 똑같이 나누어 주었더니 사과와 바나나가 모두 4개씩 남았다. 다음 중 학생 수가 될 수 없는 것은?

① 6 ② 8 ③ 12
④ 15 ⑤ 24

39 서술형

초콜릿 93개, 사탕 197개, 젤리 300개를 학생들에게 똑같이 나누어 주려고 하였더니 초콜릿은 3개가 부족하고, 사탕과 젤리는 각각 5개, 12개가 남았다. 학생 수가 최대일 때, 각 학생들에게 나누어 주려고 한 젤리의 개수를 구하시오.

유형 12 최대공약수의 활용; 직사각형, 직육면체 채우기 개념6

직사각형(또는 직육면체)을
가장 큰 정사각형(또는 정육면체)으로 / 정사각형(또는 정육면체)을 되도록 적게 사용하여 채울 때
→ 최대공약수 이용

40 대표문제

같은 크기의 정육면체 모양의 블록을 빈틈없이 쌓아서 가로, 세로의 길이가 각각 54 cm, 30 cm이고 높이가 42 cm인 직육면체 모양을 만들려고 한다. 블록을 되도록 적게 사용할 때, 블록의 한 모서리의 길이를 구하시오.

41

가로의 길이가 135 cm, 세로의 길이가 210 cm인 직사각형 모양의 바닥에 같은 크기의 정사각형 모양의 타일을 빈틈없이 붙이려고 한다. 되도록 큰 타일을 붙이려고 할 때, 타일의 한 변의 길이를 구하시오.

유형 13 최소공배수의 활용; 정사각형, 정육면체 만들기 개념6

직사각형을 붙여서 가장 작은 정사각형을 / 직육면체를 쌓아서 가장 작은 정육면체를 만들 때 → 최소공배수 이용

42 대표문제

가로, 세로의 길이가 각각 8 cm, 7 cm이고 높이가 14 cm인 직육면체 모양의 벽돌을 빈틈없이 쌓아서 가장 작은 정육면체 모양을 만들 때, 필요한 벽돌의 개수를 구하시오.

43

가로의 길이가 12 cm, 세로의 길이가 9 cm인 직사각형 모양의 색종이를 빈틈없이 붙여서 가장 작은 정사각형 모양을 만들려고 한다. 정사각형의 한 변의 길이를 구하시오.

집중

유형 14 최소공배수의 활용; 동시에 출발하여 다시 만나는 경우 개념 6

A는 a분 간격으로 출발하고, B는 b분 간격으로 출발하는 경우

(1) A, B가 동시에 출발한 후 처음으로 다시 동시에 출발할 때까지 걸리는 시간 ➜ a, b의 최소공배수 이용

(2) A, B가 동시에 출발한 후 처음으로 다시 동시에 출발하는 시각 ➜ 동시에 출발한 시각에서 (a, b의 최소공배수)만큼 지난 시각

44 대표문제

어느 버스 정류장에서는 노선이 다른 세 종류의 버스가 각각 5분, 8분, 10분 간격으로 출발한다. 오전 9시 30분에 세 종류의 버스가 동시에 출발하였을 때, 세 종류의 버스가 처음으로 다시 동시에 출발하는 시각은?

① 오전 9시 50분　② 오전 10시
③ 오전 10시 10분　④ 오전 10시 20분
⑤ 오전 10시 30분

45

어느 테마파크 입구에서는 동물원으로 가는 셔틀버스가 25분 간격으로 출발하고, 놀이동산으로 가는 셔틀버스가 15분 간격으로 출발한다. 두 셔틀버스가 동시에 출발한 후 처음으로 다시 동시에 출발할 때까지 걸리는 시간은?

① 25분　② 40분　③ 50분
④ 75분　⑤ 90분

46 서술형

공원을 한 바퀴 도는 데 승준이는 12분, 재호는 21분이 걸린다고 한다. 이와 같은 속력으로 두 사람이 출발점을 동시에 출발하여 같은 방향으로 돌 때, 처음으로 다시 출발점에서 만나게 되는 것은 승준이가 공원을 몇 바퀴 돌았을 때인지 구하시오.

유형 15 최소공배수의 활용; 톱니바퀴 개념 6

톱니의 개수가 각각 a, b인 두 톱니바퀴가 회전하기 시작하여 처음으로 다시 같은 톱니에서 맞물리는 경우

(1) 맞물려 돌아간 톱니의 개수 ➜ a, b의 최소공배수 이용

(2) 각 톱니바퀴의 회전수 ➜ (a, b의 최소공배수)$\div a$ (또는 b)

참고 톱니의 개수의 비가 $a : b$인 두 톱니바퀴의 회전수의 비 ➜ $b : a$

47 대표문제

서로 맞물려 도는 두 톱니바퀴 A, B가 있다. A의 톱니의 개수는 36, B의 톱니의 개수는 45일 때, 두 톱니바퀴가 회전하기 시작하여 처음으로 다시 같은 톱니에서 맞물리는 것은 톱니바퀴 A가 몇 바퀴 회전한 후인가?

① 2바퀴　② 3바퀴　③ 4바퀴
④ 5바퀴　⑤ 6바퀴

48

톱니의 개수가 각각 40, 56인 두 톱니바퀴 A, B가 서로 맞물려 돌아가고 있다. 두 톱니바퀴가 회전하기 시작하여 처음으로 다시 같은 톱니에서 맞물릴 때까지 돌아간 톱니바퀴 B의 톱니의 개수를 구하시오.

중요

49

톱니의 개수가 각각 21, 35, 42인 세 톱니바퀴 A, B, C가 서로 맞물려 돌아가고 있다. 세 톱니바퀴가 회전하기 시작하여 처음으로 다시 모두 같은 톱니에서 맞물릴 때까지 톱니바퀴 B는 몇 바퀴 회전하는지 구하시오.

유형 16 최소공배수의 활용; 어떤 자연수를 나누기 개념 6

(1) 어떤 수 x를 a로 나누면 나머지가 m이다.
→ $x-m$은 a로 나누어떨어진다.
→ $x-m$은 a의 배수이다.
→ $x=(a$의 배수$)+m$

(2) 어떤 수 x를 a로 나누면 n이 부족하다.
→ $x+n$은 a로 나누어떨어진다.
→ $x+n$은 a의 배수이다.
→ $x=(a$의 배수$)-n$

50 대표문제

세 수 4, 6, 7 중 어떤 수로 나누어도 항상 3이 남는 세 자리 자연수 중 가장 작은 수를 구하시오.

51

7로 나누면 5가 남고 10으로 나누면 8이 남고 14로 나누면 12가 남는 자연수 중 가장 작은 수를 구하시오.

52 서술형

어느 중학교에서 체육대회를 하려고 한다. 1학년 전체 학생을 운동장에 9열로 세우면 5명이 남고, 10열로 세우면 6명이 남고, 12열로 세우면 4명이 부족할 때, 1학년 전체 학생을 14열로 세우려면 몇 명이 부족한지 구하시오.

(단, 1학년 전체 학생은 200명 이하이다.)

유형 17 분수를 자연수로 만들기 개념 2, 4

(1) 두 분수 $\frac{a}{n}$, $\frac{b}{n}$가 모두 자연수가 되도록 하는 자연수 n의 값
→ n은 a, b의 공약수

(2) 두 분수 $\frac{1}{a}$, $\frac{1}{b}$의 어느 것에 곱해도 그 결과가 자연수가 되는 n의 값
→ n은 a, b의 공배수

(3) 두 분수 $\frac{b}{a}$, $\frac{d}{c}$의 어느 것에 곱해도 그 결과가 자연수가 되는 가장 작은 분수
→ $\frac{(a\text{와 } c\text{의 최소공배수})}{(b\text{와 } d\text{의 최대공약수})}$

53 대표문제

두 분수 $\frac{42}{n}$, $\frac{78}{n}$이 모두 자연수가 되도록 하는 자연수 n의 값 중 가장 큰 수를 구하시오.

54

두 분수 $\frac{1}{16}$, $\frac{1}{20}$의 어느 것에 곱해도 그 결과가 자연수가 되는 가장 작은 자연수를 구하시오.

55

두 분수 $\frac{35}{12}$, $\frac{21}{10}$의 어느 것에 곱해도 그 결과가 자연수가 되는 가장 작은 기약분수를 $\frac{a}{b}$라 할 때, $a+b$의 값을 구하시오.

56 서술형

세 분수 $\frac{1}{4}$, $\frac{1}{6}$, $\frac{1}{9}$의 어느 것에 곱해도 그 결과가 자연수가 되는 수 중에서 200 이하의 자연수의 개수를 구하시오.

Real 실전 기출

01

두 자연수 A, B의 최대공약수가 $2\times3^2\times7$일 때, 다음 **보기** 중 A, B의 공약수를 모두 고른 것은?

보기

ㄱ. 6	ㄴ. 9	ㄷ. 14
ㄹ. 28	ㅁ. 42	ㅂ. 66

① ㄱ, ㄴ, ㄷ ② ㄱ, ㄹ, ㅂ ③ ㄴ, ㄷ, ㅂ
④ ㄷ, ㅁ, ㅂ ⑤ ㄱ, ㄴ, ㄷ, ㅁ

02

다음 중 옳지 않은 것을 모두 고르면? (정답 2개)

① 13과 37은 항상 서로소이다.
② 짝수와 홀수는 항상 서로소이다.
③ 서로 다른 두 소수는 항상 서로소이다.
④ 최대공약수가 1인 두 자연수는 서로소이다.
⑤ 두 수가 서로소이면 두 수는 모두 소수이다.

03

어떤 자연수에 14를 곱하여 두 수 24와 42의 공배수가 되게 하려고 할 때, 어떤 자연수가 될 수 있는 가장 작은 수는?

① 8 ② 10 ③ 12
④ 14 ⑤ 16

04

세 자연수의 비가 2 : 4 : 7이고 최소공배수가 196일 때, 이 세 자연수의 최대공약수는?

① 3 ② 4 ③ 6
④ 7 ⑤ 14

05

두 자연수 N과 54의 최소공배수가 $2^2\times3^3\times5$일 때, 다음 중 N의 값이 될 수 없는 것은?

① 20 ② 60 ③ 90
④ 180 ⑤ 540

06 최다빈출

두 자연수 A, B의 곱은 $2^6\times5^3\times7^2$이고 최대공약수는 $2^2\times5\times7$일 때, A, B의 최소공배수는?

① $2^2\times5\times7$ ② $2^2\times5^2\times7$
③ $2^3\times5\times7$ ④ $2^4\times5^2\times7$
⑤ $2^4\times3\times5^2\times7$

07

자연수 a로 141을 나누어도 나머지가 6이고, 186을 나누어도 나머지가 6이다. $10<a<20$일 때, a의 값을 구하시오.

08

가로의 길이가 105 cm, 세로의 길이가 75 cm인 직사각형 모양의 게시판에 같은 크기의 정사각형 모양의 색종이를 빈틈없이 붙이려고 한다. 색종이를 되도록 적게 사용할 때, 필요한 색종이는 몇 장인지 구하시오.

09 최다빈출

현태는 3일 운동하고 하루를 쉬고, 은규는 5일 운동하고 하루를 쉰다. 두 사람 모두 4월 2일에 쉬었을 때, 이후 처음으로 다시 두 사람 모두 쉬게 되는 날은?

① 4월 10일 ② 4월 12일 ③ 4월 14일
④ 4월 17일 ⑤ 4월 19일

10

톱니의 개수가 각각 72, 48인 두 톱니바퀴 A, B가 서로 맞물려 돌아가고 있다. 두 톱니바퀴가 회전하기 시작하여 처음으로 다시 같은 톱니에서 맞물릴 때까지 두 톱니바퀴 A, B가 각각 a바퀴, b바퀴 회전하였다고 할 때, $a+b$의 값은?

① 4 ② 5 ③ 6
④ 7 ⑤ 8

11

어떤 자연수를 4로 나누면 3이 남고, 6으로 나누면 5가 남고, 9로 나누면 1이 부족할 때, 이러한 수 중 100에 가장 가까운 수를 구하시오.

12

두 분수 $\frac{36}{n}$, $\frac{54}{n}$가 모두 자연수가 되도록 하는 자연수 n의 개수를 구하시오.

100점 공략

13

세 자연수 24, 40, A의 최대공약수가 8, 최소공배수가 240일 때, 다음 중 A의 값이 될 수 없는 것은?

① 16 ② 48 ③ 80
④ 160 ⑤ 240

14 창의 역량

한 개에 1500원인 백설기 30개, 한 개에 1000원인 한과 45개, 한 개에 500원인 경단 75개를 남김없이 작은 상자에 나누어 담아 판매하려고 한다. 각 떡 상자에 들어 가는 백설기, 한과, 경단의 개수는 각각 같게 하고 최대한 많은 떡 상자를 만들 때, 떡 한 상자의 가격을 구하시오. (단, 떡 한 상자의 가격은 상자에 들어 있는 떡의 가격의 합과 같다.)

15

다음 그림과 같이 두 점 A, B와 두 점 B, C를 각각 연결하는 선분 위에 점을 찍으려고 한다. 세 점 A, B, C를 포함하여 점 사이의 간격을 일정하게 하고, 점의 개수가 최소가 되도록 점을 찍을 때, 세 점 A, B, C를 제외한 나머지 점의 개수를 구하시오.

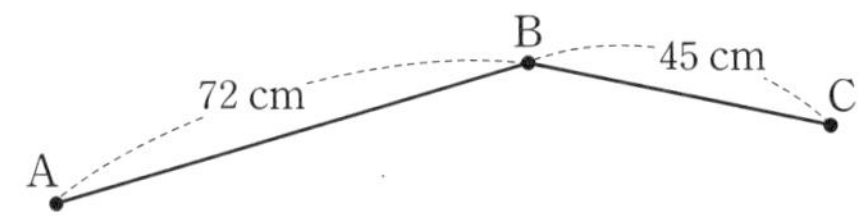

정답과 해설 23쪽

서술형

16

세 수 180, $2^3\times3^2\times5$, $2\times3^3\times5\times7$에 대하여 다음 물음에 답하시오.

(1) 세 수의 공약수의 개수를 구하시오.

(2) 세 수의 공약수 중 두 번째로 큰 수를 구하시오.

풀이

답

17

두 수 $2^3\times3\times a$, $2^b\times3^c$의 최대공약수는 24이고 최소공배수는 240일 때, 자연수 a, b, c에 대하여 $a+b-c$의 값을 구하시오. (단, a는 소수)

풀이

답

18

남학생 90명, 여학생 75명을 보트에 나누어 태워 강을 건너려고 한다. 각 보트에 남학생과 여학생을 각각 똑같이 나누어 태우고, 보트에 되도록 적은 수의 학생을 태우려고 할 때, 보트 한 대에 남학생과 여학생을 각각 몇 명씩 태워야 하는지 구하시오.

19

가로의 길이가 12 cm, 세로의 길이가 15 cm, 높이가 6 cm인 직육면체 모양의 블록을 빈틈없이 쌓아서 가장 작은 정육면체를 만들 때, 정육면체의 한 모서리의 길이는 a cm, 필요한 블록은 b개라 하자. $a+b$의 값을 구하시오.

20 100점

두 자리 자연수 A, B의 곱은 960이고 최대공약수는 8일 때, $2\times A+B$의 값을 구하시오. (단, $A<B$)

21 100점

오늘 수확한 옥수수를 상자에 10개씩 담으면 5개가 남고, 12개씩 담으면 7개가 남고, 16개씩 담으면 11개가 남는다고 한다. 이 옥수수를 상자에 15개씩 담으면 몇 개가 남는지 구하시오. (단, 오늘 수확한 옥수수는 300개 이하이다.)

풀이

답

Ⅱ. 정수와 유리수

03 정수와 유리수

35 ~ 48쪽
16 ~ 21쪽

Real 실전 개념

개념 1 양수와 음수 유형 01

(1) **부호를 가진 수:** 어떤 기준에 대하여 서로 반대가 되는 성질을 가진 두 수량을 나타낼 때, 기준이 되는 수량을 0으로 두고 한쪽 수량에는 +부호를, 다른 쪽 수량에는 −부호를 붙여서 나타낼 수 있다.

➡ + : 양의 부호, − : 음의 부호

예 영상 10 ℃: +10 ℃, 영하 5 ℃: −5 ℃

(2) **양수와 음수**

① **양수:** 0보다 큰 수 ➡ 양의 부호 +를 붙인 수

② **음수:** 0보다 작은 수 ➡ 음의 부호 −를 붙인 수

(0은 양수도 아니고 음수도 아니다.)

예 0보다 1만큼 큰 수 ➡ +1, 0보다 3만큼 작은 수 ➡ −3

개념 2 정수 유형 02

양의 정수, 0, 음의 정수를 통틀어 정수라 한다.

(1) **양의 정수:** 자연수에 양의 부호 +를 붙인 수

예 +1, +2, +3, ⋯

(2) **음의 정수:** 자연수에 음의 부호 −를 붙인 수

예 −1, −2, −3, ⋯

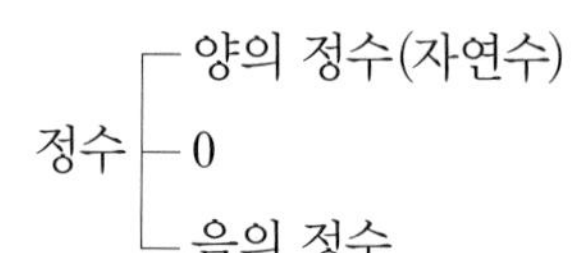

개념 3 유리수 유형 03~05

(1) 양의 유리수, 0, 음의 유리수를 통틀어 유리수라 한다.

① **양의 유리수:** 분모, 분자가 자연수인 분수에 양의 부호 +를 붙인 수

② **음의 유리수:** 분모, 분자가 자연수인 분수에 음의 부호 −를 붙인 수

(2) **유리수의 분류**

- 유리수
  - 정수
    - 양의 정수(자연수): +1, +2, +3, ⋯
    - 0
    - 음의 정수: −1, −2, −3, ⋯
  - 정수가 아닌 유리수: $+\frac{1}{3}$, $-\frac{1}{2}$, +0.5, −1.2, ⋯

개념 4 수직선 유형 04, 05

직선 위에 기준이 되는 점을 정하여 그 점에 0을 대응시키고, 그 점의 오른쪽의 점에는 양수를, 왼쪽의 점에는 음수를 대응시킨 직선을 수직선이라 한다.

이때 0을 나타내는 기준이 되는 점을 원점 O라 한다.

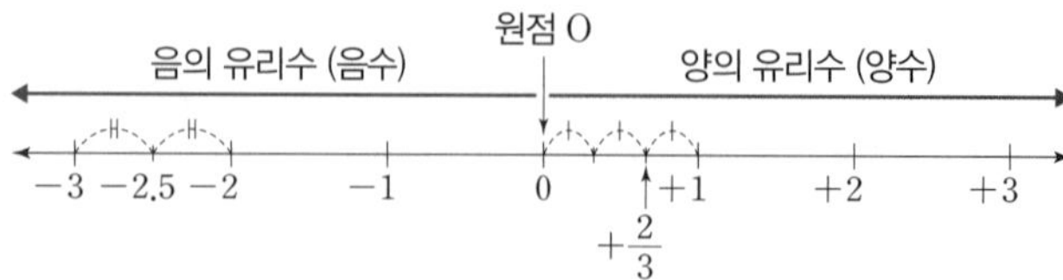

개념 노트

- 양의 부호 +와 음의 부호 −는 각각 덧셈, 뺄셈 기호와 모양은 같지만 그 뜻은 다르다.
- 양의 정수 +1, +2, +3, ⋯은 양의 부호 +를 생략하여 1, 2, 3, ⋯과 같이 나타내기도 한다. 즉, 양의 정수는 자연수와 같다.
- 양의 유리수도 양의 정수와 같이 양의 부호 +를 생략하여 나타낼 수 있다.
- 정수는 분수로 나타낼 수 있으므로 모든 정수는 유리수이다.
  예 $2=\frac{2}{1}=\frac{4}{2}=\cdots$
- 모든 유리수는 수직선 위의 점에 대응시킬 수 있다.

개념 1 양수와 음수

[01~04] 다음을 부호 + 또는 −를 사용하여 차례대로 나타내시오.

01 해발 200 m, 해저 150 m

02 지하 3층, 지상 6층

03 2500원 이익, 1000원 손해

04 3 kg 증가, 5 kg 감소

[05~08] 다음 수를 부호 + 또는 −를 사용하여 나타내고, 양수와 음수로 구분하시오.

05 0보다 7만큼 큰 수

06 0보다 5만큼 작은 수

07 0보다 $\frac{1}{2}$만큼 작은 수

08 0보다 4.5만큼 큰 수

개념 2 정수

[09~11] 다음 수에 대하여 물음에 답하시오.

$-6,\quad +\frac{2}{3},\quad -2,\quad 0,\quad 12,\quad +3.4,\quad -\frac{5}{4},\quad +\frac{10}{5}$

09 양의 정수를 모두 고르시오.

10 음의 정수를 모두 고르시오.

11 정수를 모두 고르시오.

개념 3 유리수

[12~16] 다음 수에 대하여 물음에 답하시오.

$3,\quad -7,\quad -4,\quad +5,\quad -\frac{6}{3},\quad +2\frac{1}{2},\quad 0,\quad -3.2$

12 양의 정수를 모두 고르시오.

13 자연수가 아닌 정수를 모두 고르시오.

14 양의 유리수를 모두 고르시오.

15 음의 유리수를 모두 고르시오.

16 정수가 아닌 유리수를 모두 고르시오.

[17~20] 다음 중 옳은 것은 ○표, 옳지 않은 것은 ×표를 하시오.

17 0은 정수가 아니다. (　　)

18 모든 정수는 유리수이다. (　　)

19 유리수는 양의 유리수와 음의 유리수로 이루어져 있다. (　　)

20 모든 유리수는 $\frac{(\text{정수})}{(0\text{이 아닌 정수})}$ 꼴로 나타낼 수 있다. (　　)

개념 4 수직선

[21~22] 다음 수직선에 대하여 물음에 답하시오.

A, B, C
−2, −1, 0, +1, +2, +3, +4

21 세 점 A, B, C가 나타내는 수를 구하시오.

22 두 수 $-\frac{3}{4}$, $\frac{5}{3}$를 수직선 위에 나타내시오.

Real 실전 개념

개념 5 절댓값 유형 06~09

(1) **절댓값:** 수직선 위에서 어떤 수를 나타내는 점과 원점 사이의 거리

→ 유리수 a의 절댓값을 $|a|$와 같이 나타낸다.

예 (+3의 절댓값)$=|+3|=3$

(−3의 절댓값)$=|-3|=3$

(2) **절댓값의 성질**

① 양수, 음수의 절댓값은 그 수의 부호 +, −를 떼어낸 수와 같다.

② 0의 절댓값은 0이다. 즉, $|0|=0$이다.

③ 절댓값은 항상 0 또는 양수이다.

④ 수를 수직선 위에 점으로 나타낼 때, 원점으로부터 멀리 떨어질수록 절댓값이 커진다.

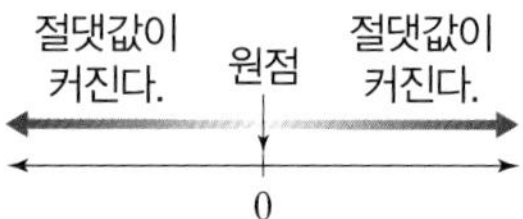

개념 노트

- 절댓값은 거리를 나타내므로 항상 0 또는 양수이고, 절댓값이 가장 작은 수는 0이다.
- 절댓값이 a $(a>0)$인 수는 $+a$, $-a$의 2개이다.

개념 6 수의 대소 관계 유형 10

수직선 위에서 오른쪽에 있는 수가 왼쪽에 있는 수보다 크다.

① 양수는 0보다 크고, 음수는 0보다 작다. → (음수)<0<(양수) 예 $0<2$, $-3<0$

② 양수는 음수보다 크다. 예 $-3<2$

③ 양수끼리는 절댓값이 큰 수가 더 크다. 예 $|+3|<|+5|$ → $+3<+5$

④ 음수끼리는 절댓값이 큰 수가 더 작다. 예 $|-5|>|-3|$ → $-5<-3$

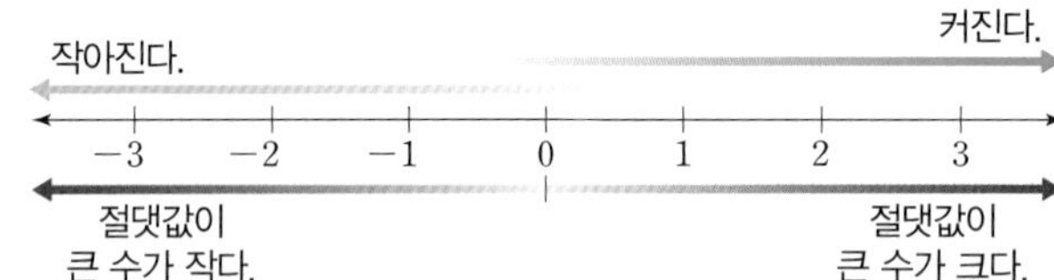

- 여러 개의 수가 주어진 경우의 대소 비교
  ❶ 주어진 수를 양수, 0, 음수로 분류한다.
  ❷ 양수는 양수끼리, 음수는 음수끼리 크기를 비교한다.
  ❸ (음수)<0<(양수)임을 이용하여 주어진 수의 대소를 비교한다.

개념 7 부등호의 사용 유형 11, 12

기호 >, <, ≥, ≤를 부등호라 한다.

$x>a$	• x는 a보다 크다. • x는 a 초과이다.	예 x는 5보다 크다. x는 5 초과이다. → $x>5$
$x<a$	• x는 a보다 작다. • x는 a 미만이다.	예 x는 5보다 작다. x는 5 미만이다. → $x<5$
$x\ge a$	• x는 a보다 크거나 같다. • x는 a보다 작지 않다. • x는 a 이상이다.	예 x는 5보다 크거나 같다. x는 5보다 작지 않다. x는 5 이상이다. → $x\ge5$
$x\le a$	• x는 a보다 작거나 같다. • x는 a보다 크지 않다. • x는 a 이하이다.	예 x는 5보다 작거나 같다. x는 5보다 크지 않다. x는 5 이하이다. → $x\le5$

- 기호 ≥는 '> 또는 ='를 의미하고 기호 ≤는 '< 또는 ='를 의미한다.
- 세 수 이상의 대소 관계도 부등호를 사용하여 나타낼 수 있다.
  예 x는 −3보다 크고 5보다 작거나 같다.
  → $-3<x\le5$

개념 5 절댓값

[23~28] 다음 수의 절댓값을 구하시오.

23 $+6$

24 -5

25 $-\frac{2}{3}$

26 0

27 $+1.5$

28 -5.2

[29~32] 다음 값을 구하시오.

29 $|+10|$

30 $|-7|$

31 $\left|+\frac{5}{6}\right|$

32 $|-3.2|$

[33~36] 다음을 구하시오.

33 절댓값이 0인 수

34 절댓값이 8인 수

35 절댓값이 2.5인 수

36 절댓값이 $\frac{7}{10}$인 수

37 절댓값이 2인 수를 다음 수직선 위에 점으로 모두 나타내시오.

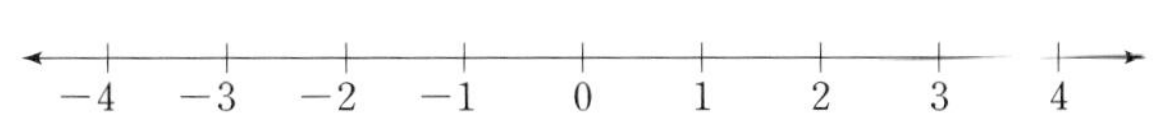

개념 6 수의 대소 관계

[38~41] 다음 □ 안에 $>$, $<$ 중 알맞은 것을 써넣으시오.

38 $+3 \square 0$

39 $-6 \square 0$

40 $0 \square -1.2$

41 $+\frac{3}{5} \square 0$

[42~49] 다음 □ 안에 $>$, $<$ 중 알맞은 것을 써넣으시오.

42 $+1 \square -5$

43 $-3.5 \square +2$

44 $-2.3 \square +\frac{1}{2}$

45 $+\frac{3}{4} \square -\frac{7}{10}$

46 $-4 \square -6$

47 $+2.5 \square +3.7$

48 $-1 \square -\frac{4}{5}$

49 $+\frac{1}{2} \square +\frac{1}{4}$

개념 7 부등호의 사용

[50~53] 다음을 부등호를 사용하여 나타내시오.

50 x는 -2 초과이다.

51 x는 1.7보다 작다.

52 x는 $\frac{1}{6}$ 이하이다.

53 x는 -4보다 작지 않다.

[54~56] 다음을 부등호를 사용하여 나타내시오.

54 x는 $-\frac{1}{3}$ 이상 5 미만이다.

55 x는 -3보다 크고 $\frac{1}{5}$보다 작거나 같다.

56 x는 2보다 크거나 같고 7보다 작다.

[57~58] 다음 조건을 만족시키는 수를 모두 구하시오.

57 -2보다 크고 2 이하인 정수

58 $-\frac{3}{2}$보다 작지 않고 $\frac{5}{3}$보다 작은 정수

Real 실전 유형

정답과 해설 25쪽 더블북 16쪽

유형 01 양의 부호와 음의 부호 개념1

어떤 기준에 대하여 서로 반대되는 성질을 가진 두 수량을 나타낼 때, 기준이 되는 수량을 0으로 두고 다음과 같이 양의 부호 +와 음의 부호 −를 사용하여 나타낼 수 있다.

+	증가	지상	이익	해발	영상	수입	~후
−	감소	지하	손해	해저	영하	지출	~전

01 대표문제

다음 중 밑줄 친 부분을 부호 + 또는 −를 사용하여 나타낸 것으로 옳지 않은 것은?

① 키가 2 cm 증가하였다. ➡ +2 cm
② 주차장은 지하 3층에 있다. ➡ −3층
③ 언덕의 높이가 해발 150 m이다. ➡ −150 m
④ 학교에 도착하기 5분 전이다. ➡ −5분
⑤ 용돈이 10000원 인상되었다. ➡ +10000원

02

다음을 부호 + 또는 −를 사용하여 나타낼 때, 부호가 나머지 넷과 다른 하나는?

① 영하 7 ℃　② 10점 득점
③ 해저 300 m　④ 700원 손해
⑤ 120 m 하강

03

다음 글에서 밑줄 친 부분을 부호 + 또는 −를 사용하여 나타낼 때, 부호 +를 사용하는 것은 모두 몇 개인지 구하시오.

> 오늘 전국 대부분의 한낮 기온이 영상 33 ℃ 이상 치솟아 폭염주의보가 발효 중이다. 때 이른 무더위에 여름 상품 주문 건수가 평년보다 70 % 증가하였고, 이에 유통업계에서는 여름 상품을 예정보다 15일 전에 출시할 것이라고 한다. 각 학교에는 냉난방비를 10 % 추가로 지급함에 따라 냉난방일수가 작년보다 20일 증가될 것으로 예상된다.

유형 02 정수의 분류 개념2

정수
- 양의 정수(자연수): +1, +2, +3, ⋯
- 0
- 음의 정수: −1, −2, −3, ⋯

참고 0은 양의 정수도 아니고 음의 정수도 아니다.

04 대표문제

다음 수 중 정수의 개수는?

> $-2.3,\quad \frac{20}{4},\quad 0,\quad +4,\quad -\frac{2}{5},\quad 10$

① 1　② 2　③ 3
④ 4　⑤ 5

05 서술형

다음 수 중 양의 정수의 개수를 a, 음의 정수의 개수를 b라 할 때, $a-b$의 값을 구하시오.

> $+3,\quad -8,\quad -1.2,\quad \frac{15}{5},\quad -3,\quad -0.8,\quad 1$

06

다음 중 음수가 아닌 정수를 모두 고르면? (정답 2개)

① -5　② $-\frac{6}{3}$　③ 0
④ $+\frac{3}{5}$　⑤ $\frac{8}{2}$

집중

유형 03 유리수의 분류 개념 3

유리수
- 정수
  - 양의 정수(자연수): $+1, +2, +3, \cdots$
  - 0
  - 음의 정수: $-1, -2, -3, \cdots$
- 정수가 아닌 유리수: $+\frac{1}{3}, -\frac{1}{2}, +0.5, -1.2, \cdots$

07 대표문제

다음 수에 대한 설명으로 옳지 않은 것은?

$$+\frac{10}{3},\quad 6,\quad 0,\quad -0.2,\quad -\frac{12}{4},\quad +4.3,\quad \frac{14}{2}$$

① 양수는 4개이다.
② 정수는 2개이다.
③ 양의 정수는 2개이다.
④ 음의 유리수는 2개이다.
⑤ 정수가 아닌 유리수는 3개이다.

08 서술형

다음 수 중 양의 유리수의 개수를 a, 음의 유리수의 개수를 b, 정수가 아닌 유리수의 개수를 c라 할 때, $a+b+c$의 값을 구하시오.

$$-2.1,\quad 0,\quad -\frac{12}{3},\quad +3\frac{1}{2},\quad 7,\quad -\frac{9}{4}$$

중요
09

다음 중 옳은 것을 모두 고르면? (정답 2개)

① 0은 정수가 아닌 유리수이다.
② 모든 정수는 유리수이다.
③ 유리수는 양의 유리수와 음의 유리수로 이루어져 있다.
④ 서로 다른 두 유리수 사이에는 무수히 많은 유리수가 존재한다.
⑤ 양의 정수 중 가장 작은 수는 0이다.

유형 04 수를 수직선 위에 나타내기 개념 3, 4

수직선 위에서 0을 나타내는 점을 기준으로 오른쪽에는 양수를, 왼쪽에는 음수를 대응시킨다.

10 대표문제

다음 수직선 위의 점 A, B, C, D, E가 나타내는 수로 옳지 않은 것은?

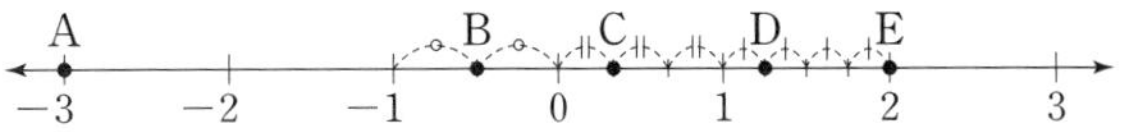

① A: -3 ② B: -1.5 ③ C: $\frac{1}{3}$
④ D: $+\frac{5}{4}$ ⑤ E: 2

11

다음 수를 수직선 위에 나타낼 때, 왼쪽에서 두 번째에 있는 수를 구하시오.

$$3.5,\quad 0,\quad -\frac{4}{3},\quad -4,\quad \frac{1}{2},\quad -1$$

12

다음 수직선 위의 점 A, B, C, D가 나타내는 수에 대한 설명으로 옳은 것은?

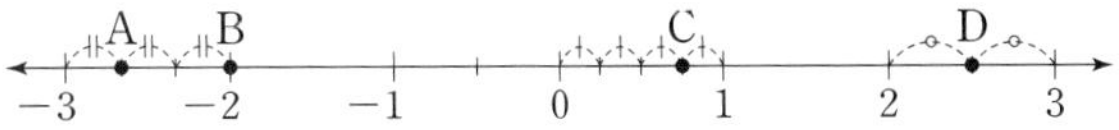

① 유리수는 3개이다.
② 음의 정수는 2개이다.
③ 점 A가 나타내는 수는 $-\frac{7}{3}$이다.
④ 점 D가 나타내는 수는 3.5이다.
⑤ 세 점 A, C, D가 나타내는 수는 모두 정수가 아닌 유리수이다.

유형 05 수직선 위에서 같은 거리에 있는 점 개념 3, 4

수직선 위에서 두 수를 나타내는 두 점으로부터 같은 거리에 있는 점이 나타내는 수

→ 두 점의 한가운데에 있는 점이 나타내는 수

예 수직선 위에서 -3과 $+1$을 나타내는 두 점으로부터 같은 거리에 있는 점이 나타내는 수는 -1이다.

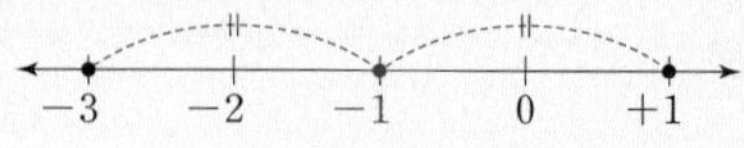

13 대표문제

수직선 위에서 -3과 7을 나타내는 두 점으로부터 같은 거리에 있는 점이 나타내는 수를 구하시오.

14

수직선 위에서 -2를 나타내는 점으로부터 거리가 3인 두 점이 나타내는 수를 모두 구하시오.

15

수직선 위에서 $-\frac{3}{4}$을 나타내는 점을 A, $\frac{5}{4}$를 나타내는 점을 B, 두 점 A, B의 한가운데에 있는 점을 M이라 할 때, 점 M이 나타내는 수를 구하시오.

16

다음 수직선 위에서 점 A가 나타내는 수는 -2이고, 점 C가 나타내는 수는 6이다. 네 점 A, B, C, D 사이의 거리가 모두 같을 때, 점 D가 나타내는 수를 구하시오.

A B C D
-2 6

집중

유형 06 절댓값 개념 5

(1) 유리수 a의 절댓값 → $|a|$

(2) 절댓값이 $a(a>0)$인 ┌ 양수 → $+a$ └ 음수 → $-a$

예 ($+1$의 절댓값)$=|+1|=1$, (-1의 절댓값)$=|-1|=1$
절댓값이 1인 양수 → $+1$, 절댓값이 1인 음수 → -1

17 대표문제

절댓값이 $\frac{1}{5}$인 음수를 a라 하고, $-\frac{3}{2}$의 절댓값을 b라 할 때, a, b의 값을 각각 구하시오.

18

$a=-3$, $b=\frac{5}{3}$일 때, $|a|+|b|$의 값을 구하시오.

19

수직선 위에서 절댓값이 7인 수를 나타내는 두 점 사이의 거리를 구하시오.

중요

20 서술형

수직선 위에서 두 수 a, b를 나타내는 두 점으로부터 같은 거리에 있는 점이 나타내는 수가 -1이고, a는 절댓값이 5인 음의 정수일 때, a, b의 값을 각각 구하시오.

(단, b는 양수)

유형 07 절댓값의 성질 개념 5

(1) $a>0$일 때, $|a|=a$, $|-a|=a$

(2) $|0|=0$

(3) 절댓값은 항상 0 또는 양수이다.

(4) 수를 수직선 위에 점으로 나타낼 때, 원점으로부터 멀리 떨어질수록 절댓값이 커진다.

21 대표문제

다음 중 옳지 않은 것을 모두 고르면? (정답 2개)

① $a<0$이면 $|a|=a$이다.

② $a>0$이면 절댓값이 a인 수는 a와 $-a$이다.

③ 절댓값이 같은 두 수는 서로 같은 수이다.

④ 절댓값이 작을수록 수직선 위에서 원점에 가까워진다.

⑤ 수직선에서 절댓값이 같은 수를 나타내는 두 점은 원점으로부터 같은 거리에 있다.

22

다음 **보기** 중 옳은 것을 모두 고르시오.

보기

ㄱ. 절댓값은 항상 양수이다.

ㄴ. $|a|=a$이면 a는 양수이다.

ㄷ. 절댓값이 가장 작은 정수는 -1과 1이다.

ㄹ. 절댓값이 클수록 수직선 위에서 원점으로부터 멀리 떨어진다.

23

네 수 a, b, c, d를 수직선 위에 나타내면 다음과 같을 때, 옳은 것은?

① $|a|<2$이다.

② $|a|=a$, $|b|=b$이다.

③ a, c의 절댓값은 같다.

④ 절댓값이 가장 작은 수는 a이다.

⑤ d의 절댓값이 a의 절댓값보다 작다.

유형 08 절댓값이 같고 부호가 반대인 두 수 개념 5

수직선 위에서 절댓값이 같고 부호가 반대인 두 수를 나타내는 두 점 사이의 거리가 a이다. ← 두 수의 차가 a이다.

➡ 두 수를 나타내는 두 점과 원점 사이의 거리가 각각 $a\times\frac{1}{2}$이다.

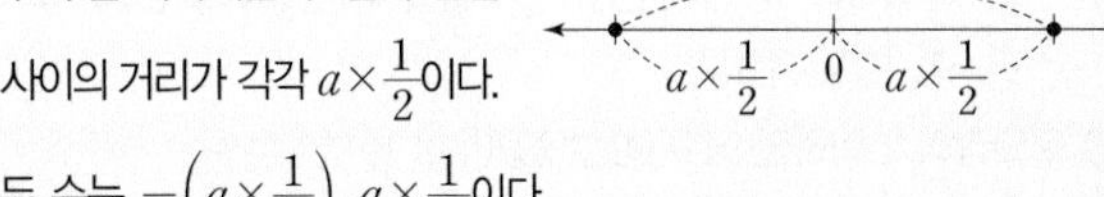

➡ 두 수는 $-\left(a\times\frac{1}{2}\right)$, $a\times\frac{1}{2}$이다.

24 대표문제

절댓값이 같고 부호가 반대인 두 수를 수직선 위에 나타내었더니 두 점 사이의 거리가 12이었다. 이 두 수를 구하시오.

25

두 수 a, b에 대하여 $|a|=|b|$이고, 수직선 위에서 a, b를 나타내는 두 점 사이의 거리가 $\frac{5}{2}$일 때, $|a|$의 값을 구하시오.

26 서술형

다음 조건을 모두 만족시키는 a, b의 값을 각각 구하시오.

(가) 수직선 위에서 두 수 a, b를 나타내는 두 점 사이의 거리가 $\frac{14}{5}$이다.

(나) a와 b의 절댓값이 같다.

(다) a는 b보다 크다.

유형 09 절댓값의 범위가 주어진 수 개념5

절댓값이 a 이상 b 미만인 정수 구하기

❶ 조건을 만족시키는 절댓값을 구한다.

❷ 절댓값이 $n(n>0)$인 수는 n, $-n$임을 이용하여 조건을 만족시키는 정수를 모두 구한다.

예 절댓값이 2 이하인 정수 ➜ 절댓값이 0, 1, 2인 정수
➜ -2, -1, 0, 1, 2

27 대표문제

절댓값이 2 이상 $\frac{9}{2}$ 미만인 정수의 개수를 구하시오.

28

다음 중 절댓값이 $\frac{11}{3}$보다 작은 정수를 모두 고르면? (정답 2개)

① -4 ② -3 ③ -2
④ 4 ⑤ 5

29

다음 수 중 절댓값이 $\frac{13}{5}$ 이하인 수를 모두 고르시오.

$-\frac{7}{2}$, 0, 2, $\frac{5}{3}$, 3, -1

30 서술형

수직선 위에서 원점과 정수 a를 나타내는 점 사이의 거리가 $\frac{21}{5}$ 미만인 a의 개수를 구하시오.

집중

유형 10 수의 대소 관계 개념6

(1) (음수)$<0<$(양수)

(2) 두 양수끼리는 절댓값이 큰 수가 더 크다.

(3) 두 음수끼리는 절댓값이 작은 수가 더 크다.

참고 절댓값의 대소 관계

① 절댓값이 가장 작은 수는 0이다.

② 절댓값의 대소 관계는 부호를 뗀 수끼리 비교한다.

31 대표문제

다음 중 옳은 것은?

① $-6<-10$ ② $2<\frac{7}{3}$
③ $0>|-3|$ ④ $1.3<-2$
⑤ $\left|-\frac{2}{3}\right|<\left|\frac{3}{5}\right|$

32

다음 중 □ 안에 알맞은 부등호가 나머지 넷과 다른 하나는?

① $\frac{3}{4}$ □ $\frac{4}{5}$ ② $-\frac{3}{5}$ □ $-\frac{2}{5}$
③ 0.3 □ $\left|-\frac{1}{4}\right|$ ④ $-\frac{5}{3}$ □ $\frac{1}{7}$
⑤ $-\frac{5}{6}$ □ $-\frac{7}{9}$

33

다음 수에 대한 설명으로 옳은 것은?

3.5, $-\frac{1}{2}$, $\frac{10}{3}$, -4, -2, $\frac{17}{4}$

① 가장 작은 수는 $-\frac{1}{2}$이다.
② 가장 큰 음수는 -4이다.
③ 가장 큰 수는 3.5이다.
④ $\frac{10}{3}$보다 작은 수는 4개이다.
⑤ 절댓값이 가장 큰 수는 $\frac{17}{4}$이다.

유형 11 부등호의 사용 개념 7

$x>a$	x는 a보다 크다. ← 초과
$x<a$	x는 a보다 작다. ← 미만
$x\geq a$	x는 a보다 크거나 같다. (작지 않다.) ← 이상
$x\leq a$	x는 a보다 작거나 같다. (크지 않다.) ← 이하

34 대표문제

다음 중 부등호를 사용하여 나타낸 것으로 옳지 않은 것은?

① a는 -2보다 크다. ➡ $a>-2$

② a는 $\frac{3}{2}$보다 크지 않다. ➡ $a<\frac{3}{2}$

③ a는 3보다 크거나 같고 5보다 작다. ➡ $3\leq a<5$

④ a는 0보다 작지 않고 $\frac{1}{4}$ 미만이다. ➡ $0\leq a<\frac{1}{4}$

⑤ a는 $-\frac{1}{2}$ 이상이고 1보다 작거나 같다. ➡ $-\frac{1}{2}\leq a\leq 1$

35

다음 문장을 부등호를 사용하여 바르게 나타낸 것은?

> a는 -2보다 크거나 같고 $\frac{5}{2}$보다 크지 않다.

① $-2<a<\frac{5}{2}$ ② $-2<a\leq\frac{5}{2}$

③ $-2\leq a<\frac{5}{2}$ ④ $-2\leq a\leq\frac{5}{2}$

⑤ $2\leq a\leq\frac{5}{2}$

36

다음 중 $-1<x\leq 2$를 나타내는 것을 모두 고르면? (정답 2개)

① x는 -1 이상이고 2 미만이다.

② x는 -1보다 크거나 같고 2보다 작다.

③ x는 -1보다 크고 2보다 크지 않다.

④ x는 -1보다 작지 않고 2 이하이다.

⑤ x는 -1 초과이고 2보다 작거나 같다.

유형 12 주어진 범위에 속하는 수 개념 7

주어진 두 유리수 사이에 있는 정수를 찾을 때, 주어진 유리수가 가분수인 경우 가분수를 대분수나 소수로 고친 후 생각하면 두 유리수 사이에 있는 정수를 찾기가 더 편리하다.

예 1과 $\frac{9}{2}$ 사이에 있는 정수

➡ $\frac{9}{2}=4\frac{1}{2}=4.5$이므로 1과 $\frac{9}{2}$ 사이에 있는 정수는 2, 3, 4이다.

37 대표문제

다음 중 $-\frac{7}{3}<x\leq 3$을 만족시키는 정수 x의 개수는?

① 3 ② 4 ③ 5

④ 6 ⑤ 7

중요

38

다음 중 $-4\leq x<2$를 만족시키는 유리수 x의 값이 될 수 없는 것은?

① -4 ② $-\frac{7}{5}$ ③ 0.5

④ $\frac{4}{3}$ ⑤ 2

39 서술형

-2보다 작지 않고 2.5 미만인 정수의 개수를 a, $-\frac{7}{2}$보다 큰 음의 정수의 개수를 b라 할 때, $a-b$의 값을 구하시오.

40

두 유리수 $-\frac{1}{4}$과 $\frac{4}{3}$ 사이에 있는 수 중 분모가 12인 기약분수의 개수는?

① 4 ② 5 ③ 6

④ 7 ⑤ 8

Real 실전 기출

01

다음 중 부호 + 또는 −를 사용하여 나타낸 것으로 옳은 것을 모두 고르면? (정답 2개)

① 해발 300 m ➡ −300 m
② 3000원 이익 ➡ +3000원
③ 5시간 후 ➡ −5시간
④ 20점 실점 ➡ +20점
⑤ 15000원 지출 ➡ −15000원

02

다음은 유리수의 분류를 나타낸 것이다. □ 안에 들어갈 수로 알맞은 것을 모두 고르면? (정답 2개)

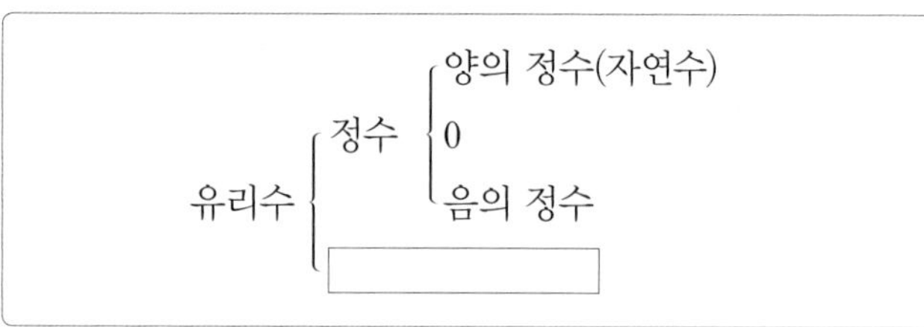

① -7　② $-\frac{4}{3}$　③ $\frac{24}{6}$
④ 0　⑤ 5.7

03

수직선 위에서 $-\frac{12}{5}$에 가장 가까운 정수를 a, $\frac{10}{3}$에 가장 가까운 정수를 b라 할 때, a, b의 값을 각각 구하시오.

04 최다빈출

수직선 위에서 −8을 나타내는 점을 A, 4를 나타내는 점을 B라 할 때, 두 점 A, B로부터 같은 거리에 있는 점이 나타내는 수를 구하시오.

05

$a=\frac{1}{6}$, $b=-2$, $c=-\frac{3}{4}$일 때, $|a|+|b|+|c|$의 값은?

① $\frac{11}{4}$　② $\frac{17}{6}$　③ $\frac{35}{12}$
④ $\frac{37}{12}$　⑤ $\frac{19}{6}$

06

다음 중 옳지 않은 것을 모두 고르면? (정답 2개)

① $|a|=|b|$이면 $a=b$이다.
② $a>0$일 때, $|-a|=a$이다.
③ 절댓값이 가장 작은 수는 0이다.
④ 절댓값이 같은 수는 항상 2개이다.
⑤ 절댓값이 $\frac{2}{5}$인 수는 $-\frac{2}{5}$와 $\frac{2}{5}$의 2개이다.

07

절댓값이 같고 $a>b$인 두 수 a, b가 있다. 수직선 위에서 a, b를 나타내는 두 점 사이의 거리가 $\frac{10}{3}$일 때, 두 수 a, b의 값을 각각 구하시오.

08

다음 수를 절댓값이 큰 수부터 차례대로 나열할 때, 세 번째에 오는 수를 구하시오.

$4,\ 0,\ -1.6,\ \frac{2}{3},\ -2,\ \frac{1}{2}$

09

$|x|<\frac{14}{3}$ 를 만족시키는 정수 x의 개수는?

① 5 ② 6 ③ 7
④ 8 ⑤ 9

10 창의 역량

오른쪽 그림과 같은 전개도를 접어 정육면체를 만들었을 때, 마주 보는 면에 있는 두 수는 절댓값이 같고, 부호가 반대인 수이다. 이때 A, B, C를 작은 수부터 차례대로 나열하시오.

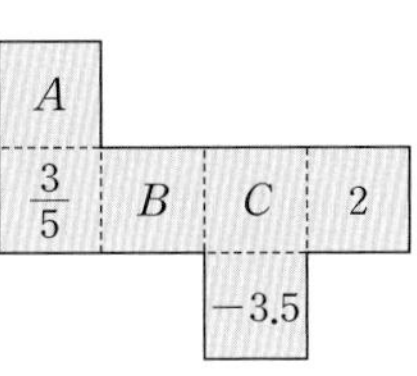

11 최다빈출

다음 중 부등호를 사용하여 나타낸 것으로 옳은 것은?

① a는 -5보다 작지 않다. ➡ $a\le-5$
② a는 4보다 크거나 같다. ➡ $a\le4$
③ a는 1보다 크고 $\frac{5}{2}$ 미만이다. ➡ $1<a<\frac{5}{2}$
④ a는 $-\frac{1}{3}$ 이상이고 2보다 크지 않다. ➡ $-\frac{1}{3}\le a<2$
⑤ a는 -1 초과이고 3보다 작거나 같다. ➡ $-1\le a\le3$

12

x는 절댓값이 $\frac{6}{5}$인 음수보다 작지 않고 절댓값이 5인 양의 정수보다 작을 때, 정수 x의 개수를 구하시오.

100점 공략

13

다음 조건을 모두 만족시키는 두 수 a, b의 값을 각각 구하시오.

> (가) 수직선 위에서 두 수 a, b를 나타내는 두 점 사이의 거리가 16이다.
> (나) $a<b$이고 a의 절댓값이 b의 절댓값의 3배이다.
> (다) $|a|+|b|=32$

14

절댓값이 서로 다른 두 유리수 a, b에 대하여

$$a\triangle b=\begin{cases}a & (|a|>|b|)\\ b & (|a|<|b|)\end{cases}$$

라 할 때, $\left\{\left(-\frac{6}{5}\right)\triangle\frac{7}{6}\right\}\triangle\left(-\frac{4}{3}\right)$의 값을 구하시오.

15

다음을 만족시키는 정수 a 중 가장 작은 수를 구하시오.

$$\frac{8}{9}<\left|\frac{a}{3}\right|<\frac{13}{9}$$

서술형

16

다음 수직선 위의 점 A, B, C, D에 대하여 물음에 답하시오.

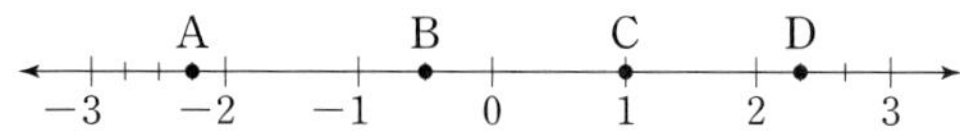

(1) 네 점 A, B, C, D가 나타내는 수를 각각 구하시오.

(2) 네 점 A, B, C, D가 나타내는 수 중 양의 정수의 개수를 a, 양수가 아닌 유리수의 개수를 b라 할 때, $a\times b$의 값을 구하시오.

17

$|a|=8$, $|b|=3$이고 수직선 위에서 a, b를 나타내는 두 점 사이의 거리가 11일 때, a, b의 값을 각각 구하시오. (단, $a<b$)

18

수직선 위에서 절댓값이 $\frac{11}{3}$인 두 수를 나타내는 두 점 사이에 나타낼 수 있는 정수를 모두 구하시오.

19

다음 조건을 만족시키는 정수 x의 개수를 구하시오.

> (가) x는 -6보다 크고 2보다 크지 않다.
> (나) $|x|\geq 3$

20 100점

다음 조건을 모두 만족시키는 서로 다른 두 정수 a, b의 값을 각각 구하시오.

> (가) $a<0$ (나) $|b|=4$
> (다) a, b의 절댓값의 합이 8이다.

21 100점

유리수 a에 대하여

$[a]=(a$보다 크지 않은 최대의 정수$)$

라 하자. $x=[-5]$, $y=\left[\frac{7}{3}\right]$일 때, $|x|-|y|$의 값을 구하시오.

Ⅱ. 정수와 유리수

04 정수와 유리수의 계산 (1)

49 ~ 60쪽

22 ~ 27쪽

유형 01 유리수의 덧셈

유형 02 덧셈의 계산 법칙

유형 03 유리수의 뺄셈

유형 04 수직선으로 설명하는 계산식

집중 유형 05 덧셈과 뺄셈의 혼합 계산; 부호가 있는 경우

집중 유형 06 덧셈과 뺄셈의 혼합 계산; 부호가 생략된 경우

집중 유형 07 ○보다 □만큼 큰(작은) 수

유형 08 덧셈과 뺄셈 사이의 관계

유형 09 절댓값이 주어진 두 수의 덧셈과 뺄셈

유형 10 덧셈과 뺄셈의 활용; 수직선

집중 유형 11 덧셈과 뺄셈의 활용; 도형

유형 12 덧셈과 뺄셈의 활용; 실생활

개념 1 유리수의 덧셈 유형 01, 02, 04, 07~09

(1) **부호가 같은 두 수의 덧셈:** 두 수의 절댓값의 합에 공통인 부호를 붙인다.

공통인 부호 / 절댓값의 합

예 $(+1)+(+2)=+(1+2)=+3$, $(-1)+(-2)=-(1+2)=-3$

(2) **부호가 다른 두 수의 덧셈:** 두 수의 절댓값의 차에 절댓값이 큰 수의 부호를 붙인다.

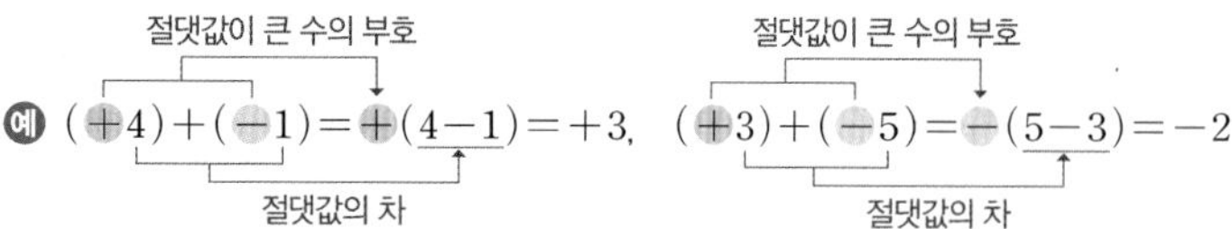

(3) **덧셈의 계산 법칙**

세 수 a, b, c에 대하여

① 덧셈의 교환법칙: $a+b=b+a$

② 덧셈의 결합법칙: $(a+b)+c=a+(b+c)$

예 ① $(+2)+(-3)=(-3)+(+2)$

② $\{(+3)+(-4)\}+(-2)=(+3)+\{(-4)+(-2)\}$

개념 2 유리수의 뺄셈 유형 03~12

(1) **유리수의 뺄셈**

두 수의 뺄셈은 빼는 수의 부호를 바꾸어 더한다.

뺄셈을 덧셈으로 / 부호를 반대로

예 $(+6)-(+4)=(+6)+(-4)=+2$, $(-5)-(-7)=(-5)+(+7)=+2$

(2) **덧셈과 뺄셈의 혼합 계산**

❶ 뺄셈을 덧셈으로 고친다.

❷ 덧셈의 교환법칙과 결합법칙을 이용하여 계산한다. 이때 양수는 양수끼리, 음수는 음수끼리 모아서 먼저 계산하면 편리하다.

예
$(+6)+(-5)-(-4)$
$=(+6)+(-5)+(+4)$ ← 뺄셈을 덧셈으로
$=(+6)+(+4)+(-5)$ ← 덧셈의 교환법칙
$=\{(+6)+(+4)\}+(-5)$ ← 덧셈의 결합법칙
$=(+10)+(-5)$ ← 양수는 양수끼리
$=+5$

(3) **부호가 생략된 수의 덧셈과 뺄셈**

생략된 양의 부호 +와 괄호를 다시 써넣고 뺄셈을 덧셈으로 고친 후 계산한다.

뺄셈을 덧셈으로

예 $-3-7=(-3)-(+7)=(-3)+(-7)=-10$

└ 생략된 +부호 넣기

⊕ 개념 노트

- 어떤 수와 0의 합은 그 수 자신이다.
- 절댓값이 같고 부호가 다른 두 수의 합은 0이다.
- $(a+b)+c$와 $a+(b+c)$의 계산 결과가 같으므로 괄호를 사용하지 않고 $a+b+c$와 같이 나타낼 수 있다.
- 뺄셈을 덧셈으로 고칠 때
  $-(+▲) \rightarrow +(-▲)$
  $-(-▲) \rightarrow +(+▲)$
- 뺄셈에서는 교환법칙과 결합법칙이 성립하지 않으므로 반드시 덧셈으로 고친 후 덧셈의 계산 법칙을 이용한다.
- 양수는 양의 부호 +와 괄호를 생략하여 나타낼 수 있다. 또, 음수가 식의 맨 앞에 올 때는 괄호를 생략하여 나타낼 수 있다.

개념 1 유리수의 덧셈

[01~08] 다음을 계산하시오.

01 $(+7)+(+3)$

02 $(-6)+(-10)$

03 $(+2)+(-7)$

04 $(-5)+(+11)$

05 $\left(+\frac{3}{5}\right)+\left(+\frac{1}{4}\right)$

06 $\left(-\frac{5}{12}\right)+\left(+\frac{3}{8}\right)$

07 $(-5.8)+(+2.5)$

08 $(-1.6)+(-8.4)$

[09~12] 다음을 계산하시오.

09 $(-4)+(+9)+(-6)$

10 $\left(+\frac{7}{2}\right)+\left(+\frac{5}{4}\right)+\left(+\frac{3}{2}\right)$

11 $\left(-\frac{2}{9}\right)+\left(+\frac{1}{5}\right)+\left(-\frac{4}{15}\right)$

12 $(+0.6)+(-2.2)+(+1.4)$

개념 2 유리수의 뺄셈

[13~20] 다음을 계산하시오.

13 $(+8)-(+4)$

14 $(-3)-(-7)$

15 $(-5)-(+3)$

16 $(+2)-(-9)$

17 $\left(+\frac{3}{2}\right)-\left(+\frac{9}{7}\right)$

18 $\left(-\frac{3}{8}\right)-\left(+\frac{2}{3}\right)$

19 $(-3.7)-(+2.1)$

20 $(+0.8)-(-2.7)$

[21~23] 다음을 계산하시오.

21 $(+6)-(-11)-(+8)$

22 $\left(-\frac{6}{5}\right)-\left(-\frac{1}{4}\right)-\left(+\frac{14}{5}\right)$

23 $(-4.7)-(+2.3)-(-2.5)$

[24~26] 다음을 계산하시오.

24 $(+18)-(-12)+(-11)$

25 $\left(-\frac{7}{4}\right)+\left(+\frac{1}{6}\right)-\left(-\frac{5}{12}\right)$

26 $(+4.5)-(+1.2)+(-3)$

[27~29] 다음을 계산하시오.

27 $7-12-8$

28 $-\frac{7}{8}-\frac{3}{4}+\frac{5}{8}$

29 $-5.6-3.4+2.6$

유형 01 유리수의 덧셈 개념1

(양수)+(양수) ➜ + (절댓값의 합)
(음수)+(음수) ➜ − (절댓값의 합)
(양수)+(음수), (음수)+(양수) ➜ (절댓값의 차)
└ 절댓값이 큰 수의 부호

01 대표문제

다음 중 계산 결과가 옳은 것은?

① $(+6)+(-3)=-3$
② $(-2)+(+9)=-7$
③ $(-2.3)+(-4.5)=6.8$
④ $\left(-\frac{3}{4}\right)+\left(-\frac{1}{6}\right)=\frac{11}{12}$
⑤ $(+1.5)+\left(-\frac{1}{2}\right)=1$

02

다음 중 계산 결과가 나머지 넷과 다른 하나는?

① $(+2)+(+4)$ ② $(-3)+(+9)$
③ $(-7)+(+1)$ ④ $(-6)+(+12)$
⑤ $(+5)+(+1)$

03 서술형

$a=\left(-\frac{1}{5}\right)+\left(-\frac{7}{10}\right)$, $b=\left(+\frac{7}{8}\right)+\left(-\frac{5}{4}\right)$일 때, $a+b$의 값을 구하시오.

유형 02 덧셈의 계산 법칙 개념1

세 수 a, b, c에 대하여
(1) 덧셈의 교환법칙: $a+b=b+a$
(2) 덧셈의 결합법칙: $(a+b)+c=a+(b+c)$

04 대표문제

다음 계산에서 ㉠, ㉡에 이용된 계산 법칙을 말하시오.

$$\begin{aligned}&\left(-\frac{3}{4}\right)+(+3)+\left(-\frac{1}{4}\right)\\ &=\left(-\frac{3}{4}\right)+\left(-\frac{1}{4}\right)+(+3) \quad ㉠\\ &=\left\{\left(-\frac{3}{4}\right)+\left(-\frac{1}{4}\right)\right\}+(+3) \quad ㉡\\ &=(-1)+(+3)=2\end{aligned}$$

중요 05

다음 계산 과정에서 (가)~(라)에 알맞은 것은?

$$\begin{aligned}&(+1.7)+(-5)+(+4.3)\\ &=(-5)+(+1.7)+(+4.3) \quad \text{덧셈의 (가) 법칙}\\ &=(-5)+\{(+1.7)+(+4.3)\} \quad \text{덧셈의 (나) 법칙}\\ &=(-5)+(\text{(다)})=\text{(라)}\end{aligned}$$

	(가)	(나)	(다)	(라)
①	교환	결합	−6	−1
②	교환	결합	+6	+1
③	교환	결합	+6	−1
④	결합	교환	−6	−1
⑤	결합	교환	+6	+1

유형 03 유리수의 뺄셈 개념 2

빼는 수의 부호를 바꾸어 더한다.

예 $(+3)-(+2) \rightarrow (+3)+(-2)$
$(+3)-(-2) \rightarrow (+3)+(+2)$

06 대표문제

다음 중 계산 결과가 옳지 않은 것은?

① $(-4)-(+9)=-13$
② $(+1.7)-(-5.3)=7$
③ $(+0.8)-(+1)=-\frac{1}{5}$
④ $\left(+\frac{4}{7}\right)-\left(-\frac{5}{7}\right)=\frac{9}{7}$
⑤ $\left(-\frac{3}{4}\right)-\left(-\frac{5}{8}\right)=-\frac{11}{8}$

07

다음 **보기** 중 계산 결과가 음수인 것을 모두 고르시오.

보기

ㄱ. $(+7)-(-4)$
ㄴ. $\left(-\frac{1}{5}\right)-\left(+\frac{4}{5}\right)$
ㄷ. $\left(+\frac{5}{6}\right)-\left(+\frac{4}{3}\right)$
ㄹ. $(+2.6)-(-3.4)$

08 서술형

다음 수 중 절댓값이 가장 큰 수를 a, 절댓값이 가장 작은 수를 b라 할 때, $a-b$의 값을 구하시오.

$-\frac{1}{2}$, $+\frac{5}{8}$, $-\frac{3}{2}$, $+\frac{1}{4}$, $-\frac{3}{8}$

유형 04 수직선으로 설명하는 계산식 개념 1, 2

수직선 위의 한 점에서 오른쪽으로 이동하는 것을 $+$, 왼쪽으로 이동하는 것을 $-$로 생각하면 수직선 위의 a를 나타내는 점에서

(1) 오른쪽으로 m만큼 이동
➡ $a+(+m)$

(2) 왼쪽으로 n만큼 이동
➡ $a+(-n)$

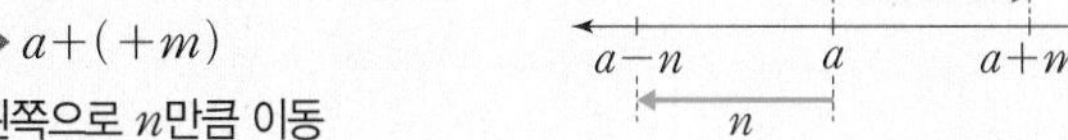

09 대표문제

다음 수직선으로 설명할 수 있는 덧셈식은?

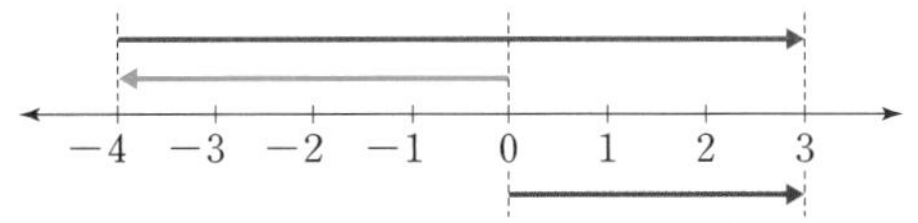

① $(-4)+(-3)=-7$
② $(-4)+(+7)=3$
③ $(+3)+(-4)=-1$
④ $(+3)+(-7)=-4$
⑤ $(+7)+(+3)=10$

중요 10

다음 수직선으로 설명할 수 있는 계산식을 모두 고르면? (정답 2개)

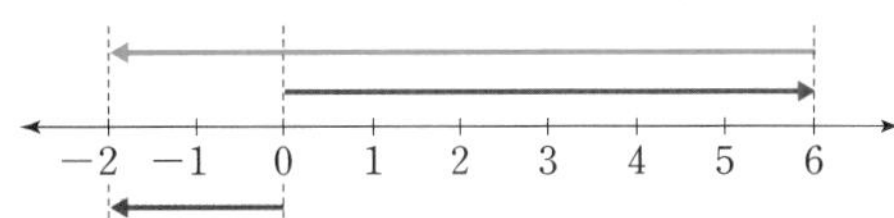

① $(-2)+(+6)=4$
② $(-2)-(-6)=4$
③ $(+6)-(-2)=8$
④ $(+6)+(-8)=-2$
⑤ $(+6)-(+8)=-2$

11

다음 수직선으로 설명할 수 있는 덧셈식을 쓰시오.

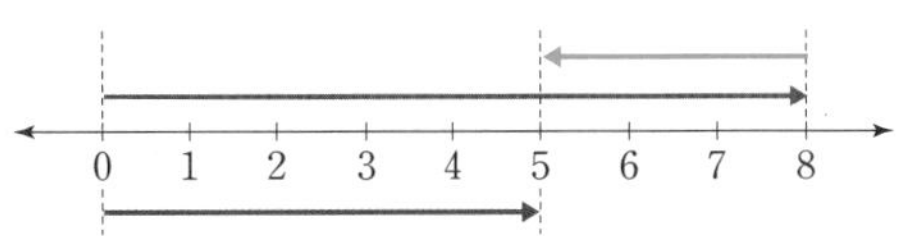

집중

유형 05 덧셈과 뺄셈의 혼합 계산; 부호가 있는 경우 개념 2

❶ 뺄셈을 덧셈으로 고친다.
❷ 덧셈의 교환법칙과 결합법칙을 이용하여 계산한다. 이때 양수는 양수끼리, 음수는 음수끼리 모아서 계산하면 편리하다.

12 대표문제

다음 중 계산 결과가 옳은 것은?

① $(-8)-(+3)+(+2)=-3$
② $\left(+\frac{2}{7}\right)-\left(+\frac{1}{3}\right)+\left(-\frac{5}{3}\right)=\frac{16}{7}$
③ $\left(+\frac{7}{4}\right)+\left(-\frac{1}{6}\right)-\left(+\frac{5}{12}\right)=\frac{7}{6}$
④ $(+6)-\left(-\frac{9}{7}\right)+(-8)=\frac{5}{7}$
⑤ $(-1.7)-(-3.3)+(-5)=0$

13

$(+2)+(-4)-(-6)-(+13)$을 계산하시오.

14

다음을 계산하시오.

$$\left(+\frac{4}{5}\right)+\left(+\frac{2}{3}\right)-\left(-\frac{5}{6}\right)-\left(+\frac{11}{5}\right)$$

15 서술형

$\left(-\frac{3}{2}\right)-(-3)+\left(+\frac{9}{5}\right)+(-2.7)$의 계산 결과를 기약분수로 나타내면 $\frac{b}{a}$일 때, $a+b$의 값을 구하시오.

집중

유형 06 덧셈과 뺄셈의 혼합 계산; 부호가 생략된 경우 개념 2

❶ 생략된 양의 부호 +와 괄호를 써넣는다.
❷ 뺄셈을 덧셈으로 고친 후 덧셈의 계산 법칙을 이용하여 계산한다.

16 대표문제

다음 중 계산 결과가 가장 큰 것은?

① $-2+8-10$
② $-\frac{9}{5}+\frac{3}{2}-\frac{7}{10}$
③ $7-11-6+12$
④ $-5+4-9+14$
⑤ $-1.8-3.2+3$

17

$5+\frac{1}{6}-\frac{10}{3}-3$을 계산하시오.

18 서술형

$a=-3+5+7-11$, $b=-\frac{1}{2}+\frac{4}{3}+\frac{1}{6}-2$일 때, $a-b$의 값을 구하시오.

19

다음을 계산하시오.

$$51-52+53-54+55-\cdots+99-100$$

집중

유형 07 ○보다 □만큼 큰(작은) 수

개념 1, 2

(1) ●보다 ■만큼 큰 수 ➜ ●+■

(2) ●보다 ■만큼 작은 수 ➜ ●−■

20 대표문제

$\frac{9}{4}$보다 -3만큼 큰 수를 a, $-\frac{5}{8}$보다 -2만큼 작은 수를 b라 할 때, $a+b$의 값을 구하시오.

중요

21

다음 중 가장 작은 수는?

① -1보다 -9만큼 큰 수

② 2보다 -7만큼 작은 수

③ 3보다 -8만큼 큰 수

④ -6보다 5만큼 작은 수

⑤ 5보다 6만큼 작은 수

22

$-\frac{3}{2}$보다 $\frac{5}{4}$만큼 큰 수를 a라 할 때, a보다 $-\frac{1}{3}$만큼 작은 수를 구하시오.

23 서술형

2보다 $-\frac{4}{3}$만큼 큰 수를 a, -3보다 $-\frac{1}{2}$만큼 작은 수를 b라 할 때, b보다 크고 a보다 작은 정수의 개수를 구하시오.

유형 08 덧셈과 뺄셈 사이의 관계

개념 1, 2

(1) ●+▲=■ ➜ ●=■−▲, ▲=■−●

(2) ●−▲=■ ➜ ●=■+▲, ▲=●−■

24 대표문제

$\square-\frac{5}{6}=-\frac{2}{3}$일 때, □ 안에 알맞은 수는?

① $-\frac{7}{6}$　② -1　③ $-\frac{1}{2}$

④ $\frac{1}{6}$　⑤ $\frac{1}{2}$

25

$-\frac{7}{5}-\square=-1.5$일 때, □ 안에 알맞은 수를 구하시오.

26

두 유리수 a, b에 대하여 $a-(-2)=\frac{1}{3}$, $b+\left(-\frac{3}{2}\right)=-1$일 때, $a+b$의 값을 구하시오.

27

다음 □ 안에 알맞은 수를 구하시오.

$$-\frac{9}{4}+2-\square=-1$$

유형 09 절댓값이 주어진 두 수의 덧셈과 뺄셈 개념 1, 2

(1) $|a|=m$ $(m>0)$이면 $a=+m$ 또는 $a=-m$

(2) $|a|=m$, $|b|=n$ $(m>0, n>0)$일 때

	가장 큰 값	가장 작은 값
$a+b$	$(+m)+(+n)$	$(-m)+(-n)$
$a-b$	$(+m)-(-n)$	$(-m)-(+n)$

28 대표문제

두 수 a, b에 대하여 $|a|=4$, $|b|=6$일 때, $a+b$의 값 중 가장 작은 수는?

① -10 ② -2 ③ 0
④ 2 ⑤ 10

29

두 정수 a, b에 대하여 $|a|<7$, $|b|<9$일 때, $a+b$의 값 중 가장 큰 수를 구하시오.

30

부호가 서로 다른 두 수의 절댓값이 각각 2, 8이고 두 수의 합이 양수일 때, 이 두 수의 합은?

① 3 ② 4 ③ 6
④ 10 ⑤ 16

31 서술형

두 수 a, b에 대하여 a의 절댓값은 3, b의 절댓값은 5일 때, $a-b$의 값 중 가장 큰 수를 M, 가장 작은 수를 m이라 하자. 이때 $M-m$의 값을 구하시오.

유형 10 덧셈과 뺄셈의 활용; 수직선 개념 2

오른쪽 수직선에서 m, n이 거리를 나타낼 때

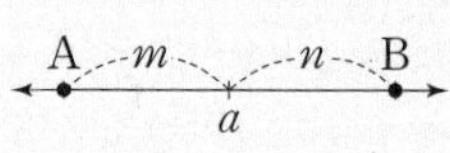

(1) 점 A가 나타내는 수 ➡ $a-m$

(2) 점 B가 나타내는 수 ➡ $a+n$

(3) 두 점 A, B 사이의 거리 ➡ $(a+n)-(a-m)=m+n$

32 대표문제

오른쪽 수직선에서 점 A가 나타내는 수는?

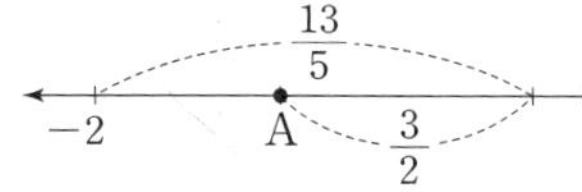

① $-\frac{3}{5}$ ② $-\frac{7}{10}$ ③ $-\frac{4}{5}$
④ $-\frac{9}{10}$ ⑤ -1

33

오른쪽 수직선에서 두 점 A, B가 나타내는 두 수의 합을 구하시오.

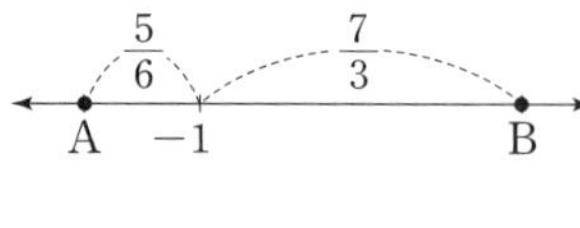

34

수직선 위의 두 점 A, B가 나타내는 수가 각각 $-\frac{3}{5}$, 3.4일 때, 두 점 A, B 사이의 거리는?

① $\frac{18}{5}$ ② $\frac{37}{10}$ ③ $\frac{19}{5}$
④ 4 ⑤ $\frac{41}{10}$

35

수직선 위에서 $-\frac{5}{3}$를 나타내는 점으로부터의 거리가 2인 점이 나타내는 수 중 작은 수를 구하시오.

집중

유형 11 덧셈과 뺄셈의 활용; 도형 개념2

각 줄(또는 변)에 있는 수의 합이 모두 같을 때

❶ 합을 구할 수 있는 줄(또는 변)의 합을 구한다.

❷ ❶에서 구한 합을 이용하여 나머지 줄(또는 변)의 빈칸에 알맞은 수를 구한다.

36 대표문제

오른쪽 표에서 가로, 세로, 대각선에 있는 세 수의 합이 모두 같을 때, a, b의 값을 각각 구하시오.

a	3	
	-1	
2	-5	b

중요

37

오른쪽 그림의 삼각형에서 세 변에 놓인 네 수의 합이 모두 같을 때, $a+b$의 값은?

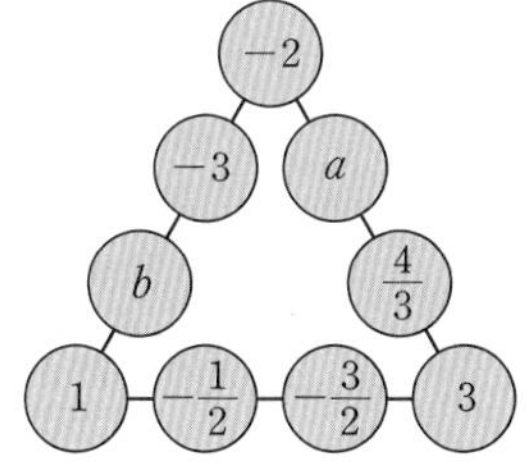

① 5　② $\frac{17}{3}$　③ $\frac{19}{3}$　④ 7　⑤ $\frac{23}{3}$

38 서술형

오른쪽 그림과 같은 전개도를 접어 정육면체를 만들 때, 마주 보는 면에 적힌 두 수의 합이 $-\frac{1}{2}$이다. 이때 $a+b-c$의 값을 구하시오.

	$-\frac{5}{6}$		
a	$\frac{1}{4}$	$\frac{1}{2}$	c
	b		

유형 12 덧셈과 뺄셈의 활용; 실생활 개념2

어떤 기준값으로부터 반대되는 성질을 가진 두 양을 각각 +부호, −부호를 사용하여 나타낸 후, 주어진 상황에 맞는 유리수의 계산식으로 나타낸다.

39 대표문제

다음 표는 어느 전시관의 월별 관람객 수의 변화를 전월과 비교하여 증가하면 부호 +, 감소하면 부호 −를 사용하여 나타낸 것이다. 1월의 관람객이 7500명이었을 때, 5월의 관람객은 몇 명인가?

2월	3월	4월	5월
+1800명	+500명	−200명	−850명

① 8450명　② 8600명　③ 8750명　④ 8900명　⑤ 9050명

40

다음 표는 어느 학생의 하루 스마트폰 사용 시간의 변화를 전날과 비교하여 증가하면 부호 +, 감소하면 부호 −를 사용하여 나타낸 것이다. 월요일의 사용 시간이 40분이었을 때, 금요일의 사용 시간은 몇 분인지 구하시오.

화요일	수요일	목요일	금요일
−15분	+8분	+21분	−13분

41

다음 표는 어느 해 4월의 1 g당 금 가격의 변화를 전날과 비교하여 증가하면 부호 +, 감소하면 부호 −를 사용하여 나타낸 것이다. 4월 4일에 금 1 g을 구입한 사람은 4월 1일에 금 1 g을 구입한 사람보다 얼마를 더 주고 구입하였는지 구하시오.

4월 2일	4월 3일	4월 4일
−33.41원	+130.76원	+102.62원

Real 실전 기출

01

다음 중 계산 결과가 가장 큰 것은?

① $(-6)+(+8)$　② $(+11)-(+9)$
③ $(+4.3)+(-2.1)$　④ $\left(-\frac{7}{6}\right)-\left(-\frac{5}{3}\right)$
⑤ $\left(-\frac{3}{5}\right)+\left(+\frac{9}{10}\right)$

02

다음 계산 과정에서 (가)~(마)에 들어갈 것으로 옳지 <u>않은</u> 것은?

$$\left(-\frac{3}{5}\right)+\left(-\frac{2}{3}\right)+\left(+\frac{8}{5}\right)$$
$$=\left(-\frac{3}{5}\right)+\left(+\frac{8}{5}\right)+\left(-\frac{2}{3}\right)$$
$$=\left\{\left(-\frac{3}{5}\right)+\left(+\frac{8}{5}\right)\right\}+(\boxed{(나)})$$
$$=\boxed{(라)}+\left(-\frac{2}{3}\right)=\boxed{(마)}$$

덧셈의 (가) 법칙
덧셈의 (다) 법칙

① (가): 교환　② (나): $-\frac{2}{3}$　③ (다): 결합
④ (라): 1　⑤ (마): $-\frac{1}{3}$

03

$a=\left(-\frac{1}{2}\right)-\left(+\frac{5}{6}\right)$, $b=\left(-\frac{5}{4}\right)-\left(-\frac{2}{3}\right)$일 때, $a-b$의 값은?

① $-\frac{5}{6}$　② $-\frac{3}{4}$　③ $-\frac{2}{3}$
④ $-\frac{1}{2}$　⑤ $-\frac{1}{4}$

04

다음 수직선으로 설명할 수 있는 덧셈식은?

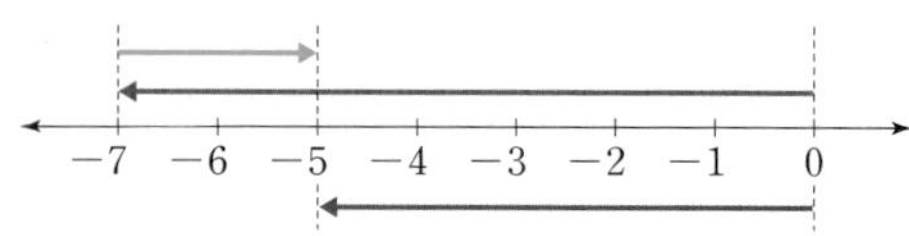

① $(-7)+(-5)=-12$　② $(-7)+(+2)=-5$
③ $(-5)+(+2)=-3$　④ $(-2)+(+5)=+3$
⑤ $(-7)-(+2)=-9$

05 최다빈출

다음 세 수 A, B, C 중 가장 작은 것을 말하시오.

$$A=(-10)+(+5)-(-11)$$
$$B=\left(-\frac{7}{15}\right)+\left(-\frac{1}{5}\right)-(-2)$$
$$C=(-2.3)-(+4.7)+(-3)$$

06

$7-\frac{8}{3}+\frac{7}{4}-6$의 계산 결과를 기약분수로 나타내면 $\frac{b}{a}$일 때, $a-b$의 값을 구하시오.

07

다음 중 가장 큰 수는?

① 3보다 -6만큼 큰 수　② -5보다 8만큼 작은 수
③ -7보다 9만큼 큰 수　④ 4보다 -1만큼 작은 수
⑤ -2보다 -10만큼 작은 수

08

두 수 a, b에 대하여 $a-2=\frac{3}{2}$, $\left(-\frac{5}{2}\right)-b=-1$일 때, $a-b$의 값은?

① 5 ② $\frac{11}{2}$ ③ 6
④ $\frac{13}{2}$ ⑤ 7

09 최다빈출

두 수 a, b에 대하여 $|a|=5$, $|b|=7$일 때, 다음 중 $a+b$의 값이 될 수 없는 것은?

① -12 ② -8 ③ -2
④ 2 ⑤ 12

10

다음 수직선에서 점 A가 나타내는 수를 구하시오.

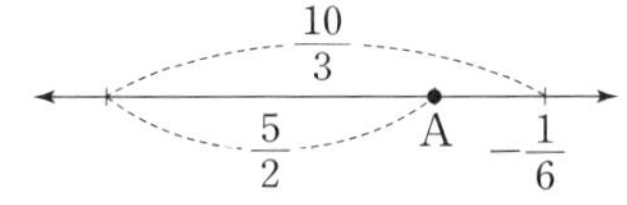

11 창의 역량

다음 표는 어느 날 A, B, C, D 네 도시의 최고 기온과 최저 기온을 조사하여 나타낸 것이다. 일교차가 가장 큰 도시와 가장 작은 도시를 차례대로 말하시오.

도시	A	B	C	D
최고 기온(°C)	$+1.5$	-1	-2.1	$+2$
최저 기온(°C)	-4.3	-6.2	-5.7	-3.7

12

다음 그림에서 이웃하는 네 수의 합이 모두 같을 때, $b-a$의 값을 구하시오.

-1	a	$\frac{5}{4}$	3	-1	$-\frac{1}{4}$	b

100점 공략

13

다음은 길이가 서로 다른 네 개의 줄 A, B, C, D의 길이를 비교한 것이다. 다음 물음에 답하시오.

- A는 D보다 54 cm만큼 짧다.
- B는 A보다 73 cm만큼 길다.
- C는 B보다 81 cm만큼 짧다.

(1) A, B, C, D를 길이가 짧은 것부터 차례대로 나열하시오.
(2) A와 C의 길이의 차를 구하시오.

14

어떤 정수에 -6을 더하면 음의 정수가 되고, -4를 더하면 양의 정수가 될 때, 어떤 정수를 구하시오.

15

두 유리수 a, b에 대하여 $[a, b]=|a-b|$라 하자. $[3, [\square, 5]]=2$일 때, $\square$ 안에 알맞은 모든 유리수의 합을 구하시오.

정답과 해설 37쪽

서술형

16

다음 수를 수직선 위에 나타낼 때, 원점으로부터 가장 멀리 떨어진 수를 a, 원점에 가장 가까운 수를 b라 하자. 이때 $a+b$의 값을 구하시오.

$-2,\ \frac{7}{4},\ 3.1,\ -\frac{1}{10},\ -\frac{13}{5}$

17

두 수 a, b에 대하여 $|a|=4$, $|b|=\frac{3}{2}$일 때, $a-b$의 값 중 가장 큰 수를 M, 가장 작은 수를 m이라 하자. 이때 $M-m$의 값을 구하시오.

풀이

답

18

오른쪽 그림에서 색칠한 부분의 가로, 세로에 있는 세 수의 합이 모두 같을 때, $a-b+c$의 값을 구하시오.

a	$\frac{1}{3}$	$\frac{5}{3}$
$\frac{5}{2}$		$-\frac{2}{3}$
b	c	-2

풀이

답

19

다음 표는 어느 의류 매장의 연간 매출액의 변화를 전년과 비교하여 증가하면 부호 $+$, 감소하면 부호 $-$를 사용하여 나타낸 것이다. 2018년의 매출액이 8500만 원이었을 때, 2015년의 매출액을 구하시오.

2016년	2017년	2018년
-1800만 원	$+1400$만 원	-500만 원

20 100점

다음 식의 ㉠, ㉡, ㉢에 세 수 $-\frac{1}{2}$, $\frac{1}{4}$, $\frac{1}{6}$을 한 번씩 넣어 계산한 결과 중 가장 작은 값을 구하시오.

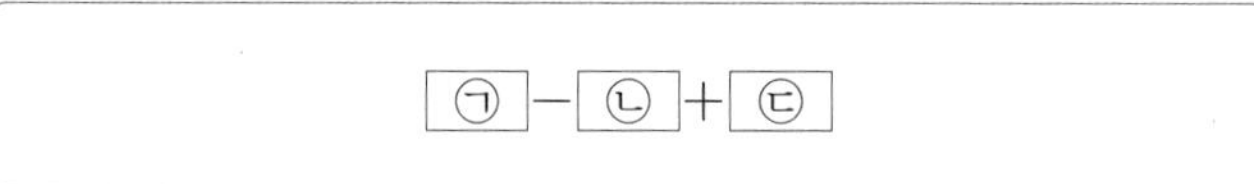

풀이

답

21 100점

$\frac{7}{6}$보다 $-\frac{1}{4}$만큼 큰 수를 a, $\frac{3}{2}$보다 -2만큼 작은 수를 b라 할 때, $a<|x|<b$를 만족시키는 정수 x의 개수를 구하시오.

풀이

답

Ⅱ. 정수와 유리수

05 정수와 유리수의 계산 (2)

61 ~ 72쪽

28 ~ 33쪽

Real 실전 개념

⑮ 정수와 유리수의 계산 (2)

개념 1 유리수의 곱셈 유형 01~05, 10~13

(1) **부호가 같은 두 수의 곱셈**: 두 수의 절댓값의 곱에 양의 부호 +를 붙인다.

예 $(+2)\times(+6)=+(2\times6)=+12$, $(-2)\times(-6)=+(2\times6)=+12$

(양의 부호 / 절댓값의 곱)

(2) **부호가 다른 두 수의 곱셈**: 두 수의 절댓값의 곱에 음의 부호 −를 붙인다.

예 $(+2)\times(-6)=-(2\times6)=-12$, $(-2)\times(+6)=-(2\times6)=-12$

(음의 부호 / 절댓값의 곱)

(3) **곱셈의 계산 법칙**: 세 수 a, b, c에 대하여

① 곱셈의 교환법칙: $a\times b=b\times a$ ② 곱셈의 결합법칙: $(a\times b)\times c=a\times(b\times c)$

(4) **세 개 이상의 수의 곱셈**

❶ 부호를 결정한다. ➜ 음수가 $\begin{cases}\text{짝수 개} \rightarrow +\\ \text{홀수 개} \rightarrow -\end{cases}$

❷ 각 수의 절댓값의 곱에 ❶에서 결정된 부호를 붙인다.

(5) **분배법칙**: 세 수 a, b, c에 대하여

① $a\times(b+c)=a\times b+a\times c$ ② $(a+b)\times c=a\times c+b\times c$

개념 2 유리수의 나눗셈 유형 06, 07, 10~13

(1) **부호가 같은 두 수의 나눗셈**: 두 수의 절댓값의 나눗셈의 몫에 양의 부호 +를 붙인다.

예 $(+8)\div(+2)=+(8\div2)=+4$, $(-8)\div(-2)=+(8\div2)=+4$

(양의 부호 / 절댓값의 나눗셈의 몫)

(2) **부호가 다른 두 수의 나눗셈**: 두 수의 절댓값의 나눗셈의 몫에 음의 부호 −를 붙인다.

예 $(+8)\div(-2)=-(8\div2)=-4$, $(-8)\div(+2)=-(8\div2)=-4$

(음의 부호 / 절댓값의 나눗셈의 몫)

(3) **역수를 이용한 나눗셈**

① 역수: 두 수의 곱이 1일 때, 한 수를 다른 수의 역수라 한다.

② 역수를 이용한 나눗셈: 나누는 수의 역수를 이용하여 곱셈으로 고쳐서 계산한다.

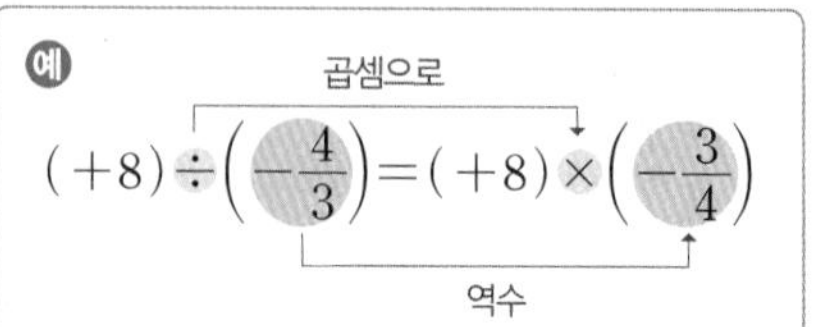

개념 3 덧셈, 뺄셈, 곱셈, 나눗셈의 혼합 계산 유형 08~14

❶ 거듭제곱이 있으면 거듭제곱을 먼저 계산한다.

❷ 괄호가 있으면 괄호 안을 먼저 계산한다. → (소괄호) ➜ {중괄호} ➜ [대괄호]의 순서로 계산한다.

❸ 곱셈과 나눗셈을 계산한 후, 덧셈과 뺄셈을 계산한다.

⊕ 개념 노트

- $(+)\times(+)$, $(-)\times(-)$ ➜ $(+)$; $(+)\times(-)$, $(-)\times(+)$ ➜ $(-)$
- 어떤 수와 0의 곱은 항상 0이다.
- 음수의 거듭제곱의 부호
  ① (음수)$^{(\text{짝수})}$ ➜ +
  ② (음수)$^{(\text{홀수})}$ ➜ −
- $(+)\div(+)$, $(-)\div(-)$ ➜ $(+)$; $(+)\div(-)$, $(-)\div(+)$ ➜ $(-)$
- 0을 0이 아닌 수로 나눈 몫은 0이다.

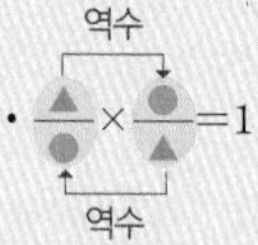

- 0에 어떤 수를 곱해도 1이 될 수 없으므로 0의 역수는 생각하지 않는다.
- 어떤 수와 그 수의 역수의 부호는 서로 같다.
- 곱셈과 나눗셈의 혼합 계산
  ❶ 나눗셈을 곱셈으로 고친다.
  ❷ 부호를 결정하고 각 수의 절댓값의 곱에 결정된 부호를 붙인다.

개념 1 유리수의 곱셈

[01~08] 다음을 계산하시오.

01 $(+3)\times(+5)$

02 $(-4)\times(-7)$

03 $(+6)\times(-8)$

04 $(-9)\times(+2)$

05 $(+20)\times\left(+\frac{3}{4}\right)$

06 $\left(-\frac{4}{3}\right)\times\left(-\frac{9}{8}\right)$

07 $(+2.2)\times(-0.6)$

08 $(-1.4)\times\left(+\frac{3}{7}\right)$

[09~10] 다음을 계산하시오.

09 $(-6)\times(+7)\times(-5)$

10 $\left(-\frac{5}{4}\right)\times\left(-\frac{7}{9}\right)\times\left(+\frac{8}{3}\right)\times\left(-\frac{9}{7}\right)$

[11~14] 다음을 계산하시오.

11 $(-2)^4$

12 $\left(-\frac{1}{3}\right)^3$

13 -3^2

14 $-\left(-\frac{1}{2}\right)^5$

[15~16] 분배법칙을 이용하여 다음을 계산하시오.

15 $20\times\left(\frac{7}{5}+\frac{3}{4}\right)$

16 $(-31)\times\frac{4}{5}+26\times\frac{4}{5}$

개념 2 유리수의 나눗셈

[17~20] 다음을 계산하시오.

17 $(+48)\div(+6)$

18 $(-21)\div(+7)$

19 $(+5.1)\div(-3)$

20 $(-9.6)\div(-3.2)$

[21~24] 다음 수의 역수를 구하시오.

21 $\frac{4}{7}$

22 $-\frac{3}{8}$

23 -12

24 2.5

[25~28] 다음을 계산하시오.

25 $\left(-\frac{7}{12}\right)\div\left(-\frac{7}{3}\right)$

26 $\left(+\frac{5}{27}\right)\div\left(-\frac{20}{9}\right)$

27 $\left(-\frac{6}{5}\right)\div(+8)$

28 $(+21)\div\left(+\frac{7}{3}\right)$

개념 3 덧셈, 뺄셈, 곱셈, 나눗셈의 혼합 계산

[29~31] 다음을 계산하시오.

29 $\frac{16}{5}\div\left(-\frac{15}{2}\right)\times\frac{25}{12}$

30 $-3-\{4+(-2)^2\times3\}$

31 $-4-\frac{7}{2}\div\left\{3\times\left(-\frac{1}{2}\right)+1\right\}$

유형 01 유리수의 곱셈 개념1

(1) (양수)×(양수), (음수)×(음수) → + (절댓값의 곱)
(2) (양수)×(음수), (음수)×(양수) → − (절댓값의 곱)

01 대표문제

다음 중 계산 결과가 옳지 않은 것은?

① $\left(+\frac{5}{12}\right)\times\left(-\frac{2}{5}\right)=-\frac{1}{6}$

② $\left(-\frac{8}{25}\right)\times\left(+\frac{15}{4}\right)=-\frac{6}{5}$

③ $\left(-\frac{9}{28}\right)\times\left(-\frac{14}{3}\right)=\frac{3}{2}$

④ $\left(+\frac{7}{10}\right)\times\left(-\frac{6}{13}\right)\times\left(+\frac{5}{7}\right)=\frac{3}{13}$

⑤ $\left(-\frac{2}{3}\right)\times(-6)\times\left(+\frac{9}{4}\right)=9$

02

다음 중 계산 결과가 나머지 넷과 다른 하나는?

① $\left(+\frac{5}{7}\right)\times(-28)$

② $\left(-\frac{10}{3}\right)\times(+6)$

③ $(+1)\times(-4)\times(+5)$

④ $(-2)\times(-2)\times(-5)$

⑤ $(+12)\times\left(-\frac{1}{2}\right)\times\left(+\frac{8}{3}\right)$

03 서술형

$a=\left(+\frac{4}{3}\right)\times\left(-\frac{9}{16}\right)$, $b=\left(-\frac{1}{3}\right)\times\left(+\frac{2}{5}\right)\times(-30)$일 때, $a\times b$의 값을 구하시오.

유형 02 곱셈의 계산 법칙 개념1

세 수 a, b, c에 대하여
(1) 곱셈의 교환법칙: $a\times b=b\times a$
(2) 곱셈의 결합법칙: $(a\times b)\times c=a\times(b\times c)$

04 대표문제

다음 계산에서 ㉠, ㉡에 이용된 계산 법칙을 말하시오.

$$\left(-\frac{20}{7}\right)\times\left(-\frac{1}{8}\right)\times(+28)$$
$$=\left(-\frac{20}{7}\right)\times(+28)\times\left(-\frac{1}{8}\right) \quad ㉠$$
$$=\left\{\left(-\frac{20}{7}\right)\times(+28)\right\}\times\left(-\frac{1}{8}\right) \quad ㉡$$
$$=(-80)\times\left(-\frac{1}{8}\right)=10$$

05

다음 계산 과정에서 (가)~(라)에 알맞은 것은?

$$\left(+\frac{7}{10}\right)\times\left(+\frac{3}{4}\right)\times\left(-\frac{5}{21}\right)$$
$$=\left(+\frac{3}{4}\right)\times\left(+\frac{7}{10}\right)\times\left(-\frac{5}{21}\right) \quad \text{곱셈의 (가) 법칙}$$
$$=\left(+\frac{3}{4}\right)\times\left\{\left(+\frac{7}{10}\right)\times\left(-\frac{5}{21}\right)\right\} \quad \text{곱셈의 (나) 법칙}$$
$$=\left(+\frac{3}{4}\right)\times(\text{(다)})=\text{(라)}$$

	(가)	(나)	(다)	(라)
①	교환	결합	$-\frac{1}{6}$	$-\frac{1}{8}$
②	교환	결합	$-\frac{1}{6}$	$+\frac{1}{8}$
③	교환	결합	$+\frac{1}{6}$	$-\frac{1}{8}$
④	결합	교환	$-\frac{1}{6}$	$-\frac{1}{8}$
⑤	결합	교환	$+\frac{1}{6}$	$+\frac{1}{8}$

집중

유형 03 거듭제곱의 계산 개념1

자연수 n에 대하여
(1) (양수)^{n}의 부호 ➡ $+$
(2) (음수)^{n}의 부호 ➡ n이 짝수이면 ➡ $+$, n이 홀수이면 ➡ $-$

06 대표문제

다음 중 계산 결과가 옳지 않은 것은?

① $(-3)^3=-27$ ② $-(-3)^2=-9$
③ $\left(-\frac{1}{2}\right)^2=\frac{1}{4}$ ④ $-\frac{1}{2^3}=-\frac{1}{8}$
⑤ $-\left(-\frac{1}{2}\right)^3=-\frac{1}{8}$

07 서술형

다음 수 중 가장 큰 수를 a, 가장 작은 수를 b라 할 때, $a\times b$의 값을 구하시오.

$$-\left(-\frac{1}{3}\right)^2,\quad -\left(-\frac{1}{3^2}\right),\quad -\left(\frac{1}{3}\right)^4,\quad -\frac{1}{3^3}$$

유형 04 $(-1)^n$이 포함된 식의 계산 개념1

자연수 n에 대하여 $(-1)^n=\begin{cases}1 & (n\text{이 짝수})\\ -1 & (n\text{이 홀수})\end{cases}$

08 대표문제

다음 중 계산 결과가 나머지 넷과 다른 하나는?

① $(-1)^5$ ② $-(-1)^6$ ③ -1^8
④ $\{-(-1)\}^9$ ⑤ $-(-1)^{10}$

09

다음을 계산하시오.

$$(-1)+(-1)^2+(-1)^3+(-1)^4+\cdots+(-1)^{101}$$

유형 05 분배법칙 개념1

세 수 a, b, c에 대하여
(1) $a\times(b+c)=a\times b+a\times c$, $(a+b)\times c=a\times c+b\times c$
(2) $a\times b+a\times c=a\times(b+c)$, $a\times c+b\times c=(a+b)\times c$

10 대표문제

세 유리수 a, b, c에 대하여 $a\times b=-8$, $a\times c=5$일 때, $a\times(b+c)$의 값을 구하시오.

11

다음은 분배법칙을 이용하여 7.5×990을 계산하는 과정이다. 세 유리수 a, b, c에 대하여 $a-b+c$의 값을 구하시오.

$$\begin{aligned}7.5\times990&=7.5\times(1000-a)\\&=7.5\times1000-7.5\times a\\&=7500-b=c\end{aligned}$$

12

다음 식을 만족시키는 유리수 a, b에 대하여 $a-b$의 값을 구하시오.

$$(-13)\times3+(-13)\times7=(-13)\times a=b$$

13 서술형

분배법칙을 이용하여 다음을 계산하시오.

$$3.25\times28+3.25\times78-3.25\times6$$

05 정수와 유리수의 계산 (2)

집중

유형 06 역수 개념2

$\frac{▲}{●}$의 역수 → $\frac{▲}{●}$와 곱하여 1이 되는 수

→ $\frac{●}{▲}$

역수
$\frac{▲}{●}\times\frac{●}{▲}=1$
역수

예 $\frac{3}{4}$의 역수 → $\frac{4}{3}$

$-\frac{1}{2}$의 역수 → -2 ← 역수를 구할 때 부호는 바뀌지 않는다.

3의 역수 → $\frac{1}{3}$

14 대표문제

-5의 역수를 a, $\frac{5}{6}$의 역수를 b라 할 때, $a+b$의 값을 구하시오.

15

다음 중 두 수가 서로 역수가 아닌 것은?

① $0.4,\ \frac{5}{2}$ ② $\frac{5}{14},\ 2\frac{4}{5}$ ③ $-\frac{1}{2},\ 2$

④ $-0.1,\ -10$ ⑤ $-\frac{2}{3},\ -\frac{3}{2}$

16

$-\frac{5}{12}$의 역수는 $\frac{a}{5}$, b의 역수는 $\frac{1}{4}$일 때, $a\times b$의 값은?

① -48 ② -20 ③ -3

④ 12 ⑤ 48

중요

17 서술형

$2\frac{1}{6}$의 역수를 a, 1.3의 역수를 b라 할 때, $a-b$의 값을 구하시오.

집중

유형 07 유리수의 나눗셈 개념2

(1) 정수의 나눗셈

① (양수)÷(양수), (음수)÷(음수) → + (절댓값의 나눗셈의 몫)

② (양수)÷(음수), (음수)÷(양수) → − (절댓값의 나눗셈의 몫)

(2) 유리수의 나눗셈 → 나누는 수의 역수를 곱하여 계산한다.

→ $■\div\frac{▲}{●}=■\times\frac{●}{▲}$

18 대표문제

다음 중 계산 결과가 옳지 않은 것은?

① $(+36)\div(-4)=-9$

② $(-9)\div\left(+\frac{3}{2}\right)=-6$

③ $\left(-\frac{12}{5}\right)\div(-6)=\frac{2}{5}$

④ $\left(+\frac{4}{9}\right)\div\left(+\frac{11}{6}\right)\div\left(-\frac{8}{9}\right)=\frac{3}{11}$

⑤ $\left(-\frac{5}{4}\right)\div(-7)\div\left(+\frac{5}{2}\right)=\frac{1}{14}$

19

다음 중 계산 결과가 가장 큰 것은?

① $(-56)\div(+8)$

② $\left(+\frac{14}{3}\right)\div\left(-\frac{1}{3}\right)$

③ $\left(-\frac{5}{3}\right)\div(-1)\div(-5)$

④ $\left(-\frac{7}{2}\right)\div(+7)\div\left(+\frac{1}{10}\right)$

⑤ $\left(+\frac{13}{2}\right)\div(+26)\div\left(-\frac{1}{16}\right)$

20

다음을 계산하면?

$$\left(+\frac{8}{15}\right)\div\left(-\frac{3}{5}\right)\div\left(-\frac{2}{9}\right)\div\left(+\frac{1}{3}\right)$$

① -12 ② -4 ③ 4

④ 8 ⑤ 12

유형 08 곱셈과 나눗셈의 혼합 계산 개념3

❶ 나눗셈을 곱셈으로 고친다.
❷ 부호를 결정한다.

음수가 $\begin{cases} \text{짝수 개} \Rightarrow + \\ \text{홀수 개} \Rightarrow - \end{cases}$

❸ 각 수의 절댓값의 곱에 결정된 부호를 붙인다.

21 대표문제

$(-2)^3\times\left(+\frac{5}{2}\right)\div(-12)$를 계산하면?

① $-\frac{5}{3}$ ② $-\frac{5}{6}$ ③ $\frac{1}{6}$
④ $\frac{5}{3}$ ⑤ 2

22

다음 중 계산 결과가 옳지 않은 것은?

① $\left(-\frac{7}{6}\right)\div\left(+\frac{21}{10}\right)\times\frac{9}{5}=-1$
② $\left(-\frac{3}{11}\right)\div(-9)\times33=1$
③ $\left(-\frac{16}{7}\right)\div\left(-\frac{2}{3}\right)\times\left(-\frac{7}{12}\right)=-\frac{1}{2}$
④ $\left(-\frac{1}{2}\right)^3\div\left(+\frac{1}{6}\right)\times\left(+\frac{4}{15}\right)=-\frac{1}{5}$
⑤ $\left(-\frac{3}{4}\right)^2\div(-1)^5\times\left(-\frac{4}{9}\right)=\frac{1}{4}$

23 서술형

다음 두 수 A, B에 대하여 $A\div B$의 값을 구하시오.

$$A=\left(-\frac{4}{5}\right)\times\left(+\frac{1}{12}\right)\div\left(-\frac{2}{15}\right)$$
$$B=(-0.4)^2\div(-2)^4\times(-5)$$

집중

유형 09 덧셈, 뺄셈, 곱셈, 나눗셈의 혼합 계산 개념3

❶ 거듭제곱이 있으면 거듭제곱을 먼저 계산한다.
❷ 괄호가 있으면 괄호 안을 먼저 계산한다.
➡ (소괄호) → {중괄호} → [대괄호]
❸ 곱셈과 나눗셈을 계산한다.
❹ 덧셈과 뺄셈을 계산한다.

24 대표문제

$(-4)^2\div\frac{8}{3}-\left[\left\{\left(-\frac{1}{8}\right)+3\right\}\times4-\frac{15}{2}\right]$를 계산하시오.

25

다음 식의 계산 순서를 차례대로 나열한 것은?

$$8\underset{㉠}{-}6\underset{㉡}{\times}\left[\left(-\frac{7}{4}\right)\underset{㉢}{\div}\left\{\frac{3}{2}\underset{㉣}{+}(-3)^{\underset{㉤}{2}}\right\}\underset{㉥}{+}2\right]$$

① ㉠, ㉡, ㉢, ㉣, ㉤, ㉥ ② ㉡, ㉢, ㉤, ㉣, ㉥, ㉠
③ ㉣, ㉤, ㉢, ㉥, ㉡, ㉠ ④ ㉤, ㉣, ㉢, ㉥, ㉡, ㉠
⑤ ㉤, ㉣, ㉥, ㉢, ㉡, ㉠

26

다음을 계산하시오.

(1) $11-[9-\{2^2\div2-(-5)\}]\times\frac{1}{2}$
(2) $-[(-3^2)-\{(7-3)\div2-5\}]-10$

27 서술형

$A=\left(-\frac{1}{3}\right)^2\times\left[(-1)^{101}+\left\{6-2\div\left(-\frac{1}{2}\right)\right\}\right]-5$일 때, A의 역수를 구하시오.

집중

유형 10 곱셈과 나눗셈 사이의 관계 개념 1~3

(1) ●×▲=■ ➡ ●=■÷▲, ▲=■÷●

(2) ●÷▲=■ ➡ ●=■×▲, ▲=●÷■

예 $\square\times(-3)=12$에서 $\square=12\div(-3)=-4$

$\square\div(-3)=12$에서 $\square=12\times(-3)=-36$

28 대표문제

다음 □ 안에 알맞은 수를 구하시오.

$$\left(-\frac{4}{3}\right)\div\square=\frac{2}{9}$$

29 서술형

두 수 a, b에 대하여

$$a\div\frac{3}{2}=\frac{4}{9},\ \frac{3}{5}\times b=-\frac{1}{10}$$

일 때, $a\div b$의 값을 구하시오.

30

$\square\div\left(-\frac{5}{3}\right)\times\frac{1}{6}=-\frac{1}{5}$일 때, □ 안에 알맞은 수를 구하시오.

31

다음 □ 안에 알맞은 수를 구하시오.

$$\left(-\frac{3}{10}\right)\div\square\times\frac{4}{3}=\frac{1}{3}$$

유형 11 바르게 계산한 답 구하기 개념 1~3

❶ 어떤 수를 □로 놓는다.

❷ 잘못 계산한 결과를 이용하여 식을 세워 □의 값을 구한다.

❸ 바르게 계산한 답을 구한다.

32 대표문제

어떤 수에 $-\frac{5}{6}$를 곱해야 할 것을 잘못하여 나누었더니 그 결과가 $\frac{9}{5}$가 되었다. 바르게 계산한 답은?

① $-\frac{3}{2}$ ② $-\frac{1}{4}$ ③ $\frac{1}{2}$
④ $\frac{5}{4}$ ⑤ $\frac{8}{5}$

중요

33

어떤 수 A를 3으로 나누어야 할 것을 잘못하여 곱했더니 그 결과가 $-\frac{9}{5}$가 되었다. 이때 A의 값과 바르게 계산한 답을 차례대로 구하시오.

34

어떤 수 A에 $-\frac{1}{6}$을 더해야 할 것을 잘못하여 뺐더니 그 결과가 $\frac{3}{4}$이 되었다. 바르게 계산한 답이 B일 때, $A\div B$의 값은?

① $\frac{6}{5}$ ② $\frac{7}{5}$ ③ $\frac{8}{5}$
④ $\frac{9}{5}$ ⑤ 2

유형 12 문자로 주어진 수의 부호 (1)

개념 1~3

	$a+b$	$a-b$	$a\times b$	$a\div b$
$a>0, b>0$	$+$	알 수 없음.	$+$	$+$
$a<0, b<0$	$-$	알 수 없음.	$+$	$+$
$a>0, b<0$	알 수 없음.	$+$	$-$	$-$
$a<0, b>0$	알 수 없음.	$-$	$-$	$-$

35 대표문제

$a>0$, $b<0$일 때, 다음 중 항상 양수인 것은?

① $a+b$ ② $a-b$ ③ $-a-b$
④ $a\times b$ ⑤ $a\div b$

36

$a<0$, $b>0$일 때, 다음 중 옳은 것은?

① $a-b>0$ ② $a-b^2>0$
③ $a^2+b<0$ ④ $(-a)\times b>0$
⑤ $a\div(-b)<0$

37

$a<0$, $b<0$, $c>0$일 때, 다음 중 옳지 않은 것은?

① $a+b-c<0$ ② $-a-b+c>0$
③ $a\times b\times(-c)>0$ ④ $(-a)\times b\div c<0$
⑤ $a\times(-b)\div c<0$

38

$a>0$, $b<0$이고 $|a|>|b|$일 때, 다음 중 옳지 않은 것을 모두 고르면? (정답 2개)

① $a+b>0$ ② $a-b<0$
③ $-a+b>0$ ④ $-a-b<0$
⑤ $a\times(-b)>0$

유형 13 문자로 주어진 수의 부호 (2)

개념 1~3

(1) $a\times b>0$ 또는 $a\div b>0$ ➡ a, b는 서로 같은 부호
(2) $a\times b<0$ 또는 $a\div b<0$ ➡ a, b는 서로 다른 부호

39 대표문제

세 수 a, b, c에 대하여 $a\times b>0$, $b-c<0$, $b\div c<0$일 때, 다음 중 옳은 것은?

① $a>0$, $b>0$, $c<0$ ② $a>0$, $b<0$, $c<0$
③ $a<0$, $b>0$, $c>0$ ④ $a<0$, $b<0$, $c>0$
⑤ $a<0$, $b<0$, $c<0$

40 서술형

세 수 a, b, c에 대하여 $a\times b>0$, $a+b>0$, $b\div c<0$일 때, $a+b-c$의 부호를 구하시오.

유형 14 수직선에서 두 점 사이의 거리

개념 3

오른쪽 그림에서 점 P가 두 점 A, B의 한가운데에 있는 점일 때

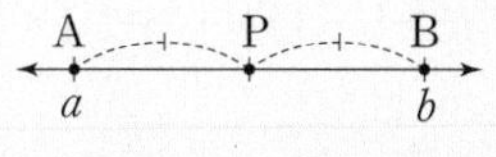

(1) 두 점 A, B 사이의 거리 ➡ $b-a$
(2) 두 점 A, P 사이의 거리 ➡ $(b-a)\times\frac{1}{2}$
(3) 점 P가 나타내는 수 ➡ $a+(b-a)\times\frac{1}{2}$

41 대표문제

수직선 위에서 두 수 $-\frac{1}{2}$과 $\frac{5}{3}$를 나타내는 점으로부터 같은 거리에 있는 점이 나타내는 수를 구하시오.

42

오른쪽 수직선에서 두 점 P, Q는 두 점 A, B 사이를 삼등분하는 점일 때, 점 P가 나타내는 수를 구하시오.

A P Q B
$-\frac{5}{6}$ $\frac{1}{3}$

05 정수와 유리수의 계산 (2)

Real 실전 기출

01

다음 중 계산 결과가 옳은 것은?

① $(+7)\times\left(-\frac{7}{2}\right)=-2$

② $\left(+\frac{5}{6}\right)\times\left(+\frac{3}{2}\right)=-\frac{5}{4}$

③ $\left(-\frac{11}{3}\right)\times\left(-\frac{15}{22}\right)=\frac{5}{2}$

④ $(-12)\div\frac{4}{3}=-16$

⑤ $\left(-\frac{2}{5}\right)\div\left(-\frac{4}{15}\right)=\frac{2}{3}$

02

다음 계산 과정에서 (가)~(마)에 들어갈 것으로 옳지 않은 것은?

$\left(-\frac{8}{7}\right)\times(-4)\times\left(+\frac{21}{16}\right)$
$=(-4)\times\left(-\frac{8}{7}\right)\times\left(+\frac{21}{16}\right)$ ← 곱셈의 (가) 법칙
$=(\text{(나)})\times\left\{\left(-\frac{8}{7}\right)\times\left(+\frac{21}{16}\right)\right\}$ ← 곱셈의 (다) 법칙
$=(-4)\times(\text{(라)})=\text{(마)}$

① (가): 교환 ② (나): -4 ③ (다): 결합
④ (라): $\frac{3}{2}$ ⑤ (마): 6

03 최다빈출

다음 수를 작은 수부터 차례대로 나열할 때, 세 번째에 오는 수는?

$-2^3,\quad -(-2)^2,\quad (-3)^2,\quad -(-3)^3,\quad (-1)^{99}$

① -2^3 ② $-(-2)^2$ ③ $(-3)^2$
④ $-(-3)^3$ ⑤ $(-1)^{99}$

04

$a=0.57\times7.2+0.57\times2.8$일 때, a보다 작은 자연수의 개수를 구하시오.

05 창의 역량

오른쪽 그림과 같은 정육면체 모양의 주사위에서 마주 보는 면에 적힌 두 수가 서로 역수일 때, 보이지 않는 세 면에 적힌 수의 곱을 구하시오.

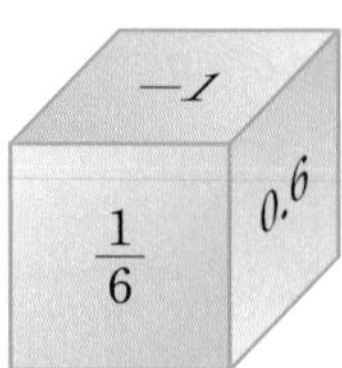

06

다음 중 계산 결과가 가장 큰 것은?

① $(-2)^3\times(-5^2)\div(-5)$

② $-2^2\div\left(-\frac{1}{10}\right)\times\frac{1}{2}$

③ $(-2)^3\times\frac{1}{6}\div\left(-\frac{2}{15}\right)$

④ $(-1)^4\times\left(-\frac{5}{2}\right)\div10$

⑤ $(-1)^5\div\left(-\frac{1}{12}\right)\times\left(-\frac{5}{3}\right)$

07

다음을 계산하시오.

$$\left(-\frac{1}{2}\right)^3-\frac{2}{5}\times\left\{\left(-\frac{1}{4}\right)\div\left(-\frac{1}{2}\right)^4-\frac{1}{4}\div0.25\right\}$$

08 최다빈출

다음 □ 안에 알맞은 수를 구하시오.

$$\left(-\frac{5}{4}\right)\times\square\div\left(-\frac{1}{6}\right)=-3$$

09 창의 역량

다음과 같은 규칙으로 계산되는 두 프로그램 A, B가 있다. A에 -8을 입력하여 계산된 값을 B에 입력하였을 때, 최종적으로 계산된 값을 구하시오.

A: 입력된 수에 $\frac{3}{4}$을 곱하고 $\frac{5}{2}$를 더한다.

B: 입력된 수를 $-\frac{1}{4}$로 나누고 5를 뺀다.

10

$-1<a<0$일 때, 다음 중 가장 큰 수는?

① $|-a|$ ② $-(-a)$ ③ $-a^3$
④ $\frac{1}{a}$ ⑤ $\left(-\frac{1}{a}\right)^2$

11

두 수 a, b에 대하여 $a\div b>0$, $a+b<0$일 때, 다음 **보기** 중 옳은 것을 모두 고른 것은?

보기

ㄱ. $a+b>0$ ㄴ. $-a-b>0$
ㄷ. $a\times(-b)<0$ ㄹ. $(-a)\times b>0$

① ㄱ, ㄴ ② ㄱ, ㄷ ③ ㄱ, ㄹ
④ ㄴ, ㄷ ⑤ ㄷ, ㄹ

12

다음 수직선에서 세 점 P, Q, R는 두 점 A, B 사이를 사등분하는 점이다. 세 점 P, Q, R가 나타내는 수를 각각 p, q, r라 할 때, $p\div(q-r)$의 값을 구하시오.

A P Q R B
-3 $\frac{1}{2}$

100점 공략

13

다음을 계산하시오.

$$\left(+\frac{1}{2}\right)\div\left(-\frac{3}{2}\right)\div\left(+\frac{4}{3}\right)\div\left(-\frac{5}{4}\right)\div\cdots\div\left(+\frac{30}{29}\right)$$

14

n이 홀수일 때, 다음을 계산하시오.

$$(-1)^n-(-1)^{n+1}+(-1)^{n+2}-(-1)^{n+3}$$

15

세 수 a, b, $-b$를 수직선 위에 나타내면 아래 그림과 같을 때, 다음 중 옳은 것은?

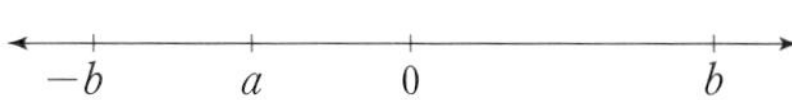

① $a+b<0$, $a-b<0$ ② $a+b>0$, $a\times b<0$
③ $a+b>0$, $a\div b>0$ ④ $a-b>0$, $a\times b>0$
⑤ $a-b>0$, $a\div b<0$

05 정수와 유리수의 계산 (2)

서술형

16

네 수 $-\frac{3}{5}$, $-\frac{5}{6}$, $\frac{1}{2}$, -4 중에서 서로 다른 세 수를 뽑아 곱한 값 중 가장 큰 수를 a, 가장 작은 수를 b라 할 때, $a+b$의 값을 구하시오.

풀이

답

17

$a=11\div\left\{10\times\left(\frac{1}{8}-\frac{3}{10}\right)-1\right\}$, $b=\frac{3}{7}\div\left\{1-\left(\frac{3}{7}-\frac{1}{14}\right)\right\}$ 일 때, $a<x<b$를 만족시키는 정수 x의 개수를 구하시오.

풀이

답

18

어떤 수 A에 $\frac{3}{2}$을 더해야 할 것을 잘못하여 곱했더니 그 결과가 $-\frac{9}{8}$가 되었다. 바르게 계산한 답을 B라 할 때, $A\div B$의 값을 구하시오.

풀이

답

19

지니와 이한이가 가위바위보를 하여 이기면 $+5$점, 지면 -3점을 받는 놀이를 하였다. 0점에서 시작하여 10번 가위바위보를 했더니 지니가 6번 이겼다고 할 때, 지니와 이한이의 점수의 차를 구하시오. (단, 비기는 경우는 없다.)

풀이

답

20 100점

두 유리수 a, b에 대하여

$$a◎b=a\times b-1,\ a\triangle b=a\div b+a$$

라 할 때, $\left\{\left(-\frac{8}{3}\right)◎\frac{9}{4}\right\}\triangle\left\{\frac{8}{15}◎\left(-\frac{5}{2}\right)\right\}$를 계산하시오.

풀이

답

21 100점

두 수 a, b에 대하여 $a\times b<0$이고 $|a|=\frac{9}{7}$, $|b|=\frac{3}{14}$일 때, $a\div b$의 값을 구하시오.

풀이

답

Ⅲ. 일차방정식

06 문자의 사용과 식의 계산

73 ~ 88쪽

34 ~ 41쪽

- 집중 유형 01 곱셈 기호와 나눗셈 기호의 생략
- 유형 02 문자를 사용한 식; 비율, 단위, 수
- 유형 03 문자를 사용한 식; 도형
- 유형 04 문자를 사용한 식; 가격
- 집중 유형 05 문자를 사용한 식; 속력
- 유형 06 문자를 사용한 식; 농도
- 집중 유형 07 식의 값 구하기
- 집중 유형 08 식의 값의 활용
- 유형 09 다항식
- 유형 10 일차식
- 유형 11 (일차식)×(수), (일차식)÷(수)
- 유형 12 동류항
- 집중 유형 13 일차식의 덧셈과 뺄셈
- 유형 14 괄호가 여러 개인 일차식의 덧셈, 뺄셈
- 유형 15 분수 꼴인 일차식의 덧셈, 뺄셈
- 유형 16 문자에 일차식 대입하기
- 집중 유형 17 어떤 식 구하기

개념 1 문자를 사용한 식 유형 02~06

(1) 문자를 사용하면 수량 사이의 관계를 간단히 나타낼 수 있다.

➡ 수량을 나타내는 문자로 보통 a, b, c, x, y, z 등을 사용한다.

(2) **문자를 사용하여 식 세우기**

❶ 문제의 뜻을 파악하여 수량 사이의 관계를 찾는다.

❷ 문자를 사용하여 ❶에서 찾은 관계에 맞도록 식을 세운다.

예 300원짜리 연필 a자루의 가격 ➡ $(300\times a)$원

개념 2 곱셈 기호와 나눗셈 기호의 생략 유형 01~06

(1) **곱셈 기호의 생략**

① (수)×(문자): 곱셈 기호 ×를 생략하고 수를 문자 앞에 쓴다.

예 $5\times x=x\times 5=5x$, $(-3)\times y=y\times(-3)=-3y$

② $1\times$(문자) 또는 $(-1)\times$(문자): 곱셈 기호 ×와 1을 생략한다.

예 $1\times a=a\times 1=a$, $(-1)\times a=a\times(-1)=-a$

③ (문자)×(문자): 곱셈 기호 ×를 생략하고 알파벳 순서로 쓴다.

예 $x\times a\times y=axy$

④ 같은 문자의 곱: 곱셈 기호 ×를 생략하고 거듭제곱으로 나타낸다.

예 $x\times x\times x=x^3$, $a\times b\times a=a^2b$

⑤ 괄호가 있는 식과 수의 곱: 곱셈 기호 ×를 생략하고 수를 괄호 앞에 쓴다.

예 $(a+b)\times 4=4(a+b)$

(2) **나눗셈 기호의 생략**

나눗셈 기호 ÷를 생략하고 분수 꼴로 나타낸다.

예 $x\div(-5)=\frac{x}{-5}=-\frac{x}{5}$, $(x+2)\div 3=\frac{x+2}{3}$

참고 $x\div 2$는 다음과 같이 두 가지 방법으로 나타낼 수 있다.

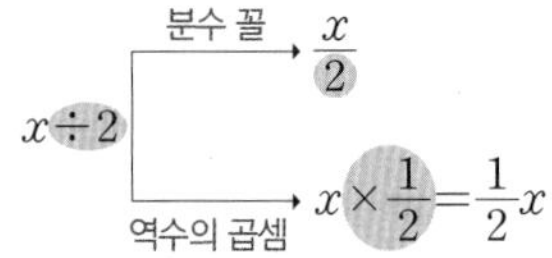

개념 3 식의 값 유형 07, 08

(1) **대입**: 문자를 사용한 식에서 문자에 어떤 수를 바꾸어 넣는 것

(2) **식의 값**: 문자를 사용한 식에서 문자에 어떤 수를 대입하여 계산한 결과

(3) **식의 값을 구하는 방법**

❶ 주어진 식에서 생략된 곱셈 기호를 다시 쓴다.

❷ 문자에 주어진 수를 대입하여 계산한다.

특히 음수를 대입할 때는 반드시 괄호를 사용한다.

예 ① $x=2$일 때, $3x-1$의 값 ➡ $3x-1=3\times x-1=3\times 2-1=5$

② $x=-2$일 때, $5x+1$의 값 ➡ $5x+1=5\times x+1=5\times(-2)+1=-9$

$3x+1$ (x에 2를 대입)
$=3\times 2+1$
$=7$ ← 식의 값

⊕ 개념 노트

• 문자를 사용하여 식을 세울 때는 단위를 빠뜨리지 않도록 주의한다.

• 문자를 사용한 식에서 자주 쓰이는 수량 사이의 관계

① (물건의 총 가격) =(물건 1개의 가격) ×(물건의 개수)

② (거리)=(속력)×(시간)

③ (소금물의 농도) $=\frac{(\text{소금의 양})}{(\text{소금물의 양})}\times 100(\%)$

• $x\times\frac{1}{3}$은 $\frac{1}{3}x$ 또는 $\frac{x}{3}$로 나타낸다.

• 0.1, 0.01 등과 같은 소수와 문자의 곱에서는 1을 생략하지 않는다.

➡ $0.1\times a=0.a$ (×), $0.1\times a=0.1a$ (○)

• ① $x\div 1=\frac{x}{1}=x$

② $x\div(-1)=\frac{x}{-1}=-x$

• 분모에 분수를 대입할 때는 생략된 나눗셈 기호를 다시 쓴다.

➡ $x=\frac{1}{3}$일 때, $\frac{3}{x}$의 값은

$\frac{3}{x}=3\div x=3\div\frac{1}{3}$
$=3\times 3=9$

개념 1 문자를 사용한 식

[01~08] 다음을 문자를 사용한 식으로 나타내시오.

01 한 개에 800원인 우유 x개의 가격

02 한 변의 길이가 a cm인 정사각형의 둘레의 길이

03 십의 자리의 숫자가 x, 일의 자리의 숫자가 y인 두 자리 자연수

04 500원짜리 볼펜 x자루와 1000원짜리 공책 y권의 총 가격

05 한 개에 600원인 초콜릿 a개를 사고 10000원을 지불했을 때의 거스름돈

06 자동차가 시속 70 km로 x시간 동안 달린 거리

07 a원의 7 %

08 농도가 x %인 소금물 y g에 들어 있는 소금의 양

개념 2 곱셈 기호와 나눗셈 기호의 생략

[09~12] 다음 식을 곱셈 기호 ×를 생략하여 나타내시오.

09 $a\times0.01\times b$

10 $a\times a\times3\times b$

11 $(-2)\times x+4\times y$

12 $(x+y)\times5\times a+z$

[13~16] 다음 식을 나눗셈 기호 ÷를 생략하여 나타내시오.

13 $(-7)\div a$

14 $a\div(-2b)$

15 $(x-y)\div3$

16 $x+y\div4$

[17~20] 다음 식을 기호 ×, ÷를 생략하여 나타내시오.

17 $a\times b\div5$

18 $a\times(-4)\div b$

19 $2\times x+y\div(-3)$

20 $6\div(x-y)\times z$

[21~24] 다음 식을 곱셈 기호 ×를 사용하여 나타내시오.

21 $8xyz$

22 x^2y^2

23 $-ab+3c$

24 $0.1(a+2b)$

[25~28] 다음 식을 나눗셈 기호 ÷를 사용하여 나타내시오.

25 $\frac{x}{4}$

26 $\frac{x+y}{2}$

27 $\frac{a}{3}-\frac{b}{5}$

28 $\frac{c}{a-b}$

개념 3 식의 값

[29~32] $x=-3$일 때, 다음 식의 값을 구하시오.

29 $x+1$

30 $-2x^2$

31 $2x-1$

32 $\frac{x}{6}$

[33~36] 다음 식의 값을 구하시오.

33 $x=\frac{1}{2}$일 때, $2x+\frac{4}{x}+3$의 값

34 $x=2$, $y=1$일 때, $x+2y$의 값

35 $a=-4$, $b=3$일 때, a^2-ab-b의 값

36 $a=\frac{1}{4}$, $b=5$일 때, $\frac{1}{a}-\frac{10}{b}$의 값

개념 4 다항식과 일차식 (유형 09, 10)

(1) **항**: 수 또는 문자의 곱으로 이루어진 식

(2) **상수항**: 문자 없이 수로만 이루어진 항

(3) **계수**: 수와 문자의 곱으로 이루어진 항에서 문자 앞에 곱해진 수

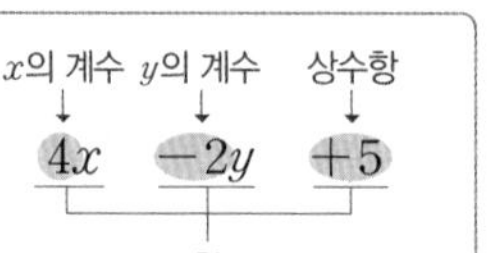

(4) **다항식**: 한 개의 항 또는 두 개 이상의 항의 합으로 이루어진 식

예 $-2x$, $3y+1$

(5) **단항식**: 다항식 중 한 개의 항으로만 이루어진 식

예 $-2x$, $\frac{1}{3}y$

(6) **차수**: 어떤 항에서 곱해진 문자의 개수

$5x^{2}$ ← 차수

예 $3x^2$의 차수는 2, $4x^3$의 차수는 3이다.

(7) **다항식의 차수**: 다항식에서 차수가 가장 큰 항의 차수

예 다항식 $-3x^2+5x+7$에서 차수가 가장 큰 항은 $-3x^2$이고, 그 차수는 2이므로 $-3x^2+5x+7$의 차수는 2이다.

(8) **일차식**: 차수가 1인 다항식

예 $3x+1$, $\frac{2}{3}x$, $4y-5$

개념 5 일차식과 수의 곱셈, 나눗셈 (유형 11)

(1) **(일차식)×(수), (수)×(일차식)**: 분배법칙을 이용하여 일차식의 각 항에 수를 곱한다.

예 $-2(3x+1)=(-2)\times3x+(-2)\times1=-6x-2$

참고 괄호 앞에 음수가 있으면 숫자뿐만 아니라 부호 −도 괄호 안의 모든 항에 곱해 주어야 한다.

(2) **(일차식)÷(수)**: 나누는 수의 역수를 일차식에 곱하여 계산한다.

예 $(-4x+6)\div2=(-4x+6)\times\frac{1}{2}=(-4x)\times\frac{1}{2}+6\times\frac{1}{2}=-2x+3$

역수를 곱한다.

개념 6 일차식의 덧셈과 뺄셈 (유형 12~17)

(1) **동류항**: 다항식에서 문자와 차수가 각각 같은 항

예 $2x$와 $-7x$, 4와 -1, $3x^2$과 $5x^2$은 각각 동류항이다.

(2) **동류항의 계산**: 동류항끼리 모은 후 분배법칙을 이용하여 간단히 한다.

예 $2x+7x=(2+7)x=9x$, $2x-7x=(2-7)x=-5x$

(3) **일차식의 덧셈과 뺄셈**

일차식의 덧셈과 뺄셈은 다음과 같은 순서로 계산한다.

❶ 괄호가 있으면 분배법칙을 이용하여 괄호를 푼다.

❷ 동류항끼리 모아서 계산한다.

예 ① $(2x+3)+2(4x-1)=2x+3+8x-2=2x+8x+3-2=(2+8)x+(3-2)=10x+1$

② $(5x-2y)-(3x+4y)=5x-2y-3x-4y=5x-3x-2y-4y$
$=(5-3)x+(-2-4)y=2x-6y$

개념 노트

- 상수항이 없을 때는 상수항이 0인 것으로 생각한다.
- $\frac{1}{x}$과 같이 분모에 문자가 있는 식은 다항식이 아니다.
- 단항식도 다항식이다.
- 상수항은 곱해진 문자가 없으므로 상수항의 차수는 0이다.
- 분배법칙: 세 수 a, b, c에 대하여
  ① $a(b+c)=ab+ac$
  ② $(a+b)c=ac+bc$
- (단항식)×(수), (수)×(단항식)
  ➡ 수끼리 곱한 후 수를 문자 앞에 쓴다.
- (단항식)÷(수)
  ➡ 나누는 수의 역수를 단항식에 곱한다.
- 괄호 앞에 +가 있으면 괄호 안의 각 항의 부호를 그대로
  ➡ $A+(B-C)=A+B-C$
- 괄호 앞에 −가 있으면 괄호 안의 각 항의 부호를 반대로
  ➡ $A-(B-C)=A-B+C$

개념 4 다항식과 일차식

[37~40] 다음 다항식에서 항을 모두 구하시오.

37 $a-2$

38 $3a+\frac{1}{2}b-12$

39 x^2+5x+3

40 $-3x^2-y+7$

[41~44] 다음 다항식에서 상수항을 모두 구하시오.

41 $\frac{1}{2}a+8$

42 $a-3b-4$

43 $\frac{1}{3}x^2-2x-\frac{1}{4}$

44 $-y^2+4y+1$

[45~48] 다음 다항식에서 각 문자의 계수를 구하시오.

45 $a+2b-3$

46 $0.5a-0.2b+1$

47 $-3x^2+y+8$

48 $9y^2-\frac{1}{2}x$

[49~52] 다음 다항식의 차수를 구하시오.

49 $a+10$

50 $\frac{1}{7}a-7$

51 $2x^2-3x-6$

52 $5x^3+x+2$

[53~56] 다음 중 일차식인 것은 ○표, 일차식이 아닌 것은 ×표를 하시오.

53 $3a-4$ (　　)

54 $\frac{4}{a}-5$ (　　)

55 $\frac{x+3}{5}$ (　　)

56 x^2-x+3 (　　)

개념 5 일차식과 수의 곱셈, 나눗셈

[57~60] 다음 식을 간단히 하시오.

57 $2a\times7$

58 $\left(-\frac{2}{3}x\right)\times6$

59 $9b\div3$

60 $16y\div\left(-\frac{4}{5}\right)$

[61~64] 다음 식을 간단히 하시오.

61 $2(5a-2)$

62 $-\frac{1}{4}(3a+12)$

63 $(10x+15)\div5$

64 $(2y-5)\div\left(-\frac{1}{3}\right)$

개념 6 일차식의 덧셈과 뺄셈

[65~68] 다음 식을 간단히 하시오.

65 $3a+6a$

66 $7b-4b$

67 $\frac{1}{2}x+\frac{1}{4}x$

68 $0.7y-0.2y$

[69~72] 다음 식을 간단히 하시오.

69 $-2a+3a-6a$

70 $8x-7x+9$

71 $3x+4-5x-13$

72 $-\frac{2}{3}y+2+\frac{5}{3}y-\frac{1}{2}$

[73~76] 다음 식을 간단히 하시오.

73 $6(x-3)+3(-3x+4)$

74 $-(5x+2)-(2x-1)$

75 $3(-2x+5)-6(x+3)$

76 $6\left(\frac{2}{3}x-\frac{1}{2}\right)-8\left(-\frac{1}{2}x+\frac{3}{4}\right)$

Real 실전 유형

집중

유형 01 곱셈 기호와 나눗셈 기호의 생략 개념 2

(1) 곱셈 기호의 생략: 수는 문자 앞에, 문자는 알파벳 순으로, 같은 문자의 곱은 거듭제곱으로 나타내고 $1\times$(문자) 또는 $(-1)\times$(문자)에서는 1을 생략한다.
(2) 나눗셈 기호의 생략: 분수 꼴로 나타내거나 나눗셈을 역수의 곱셈으로 고친 후 곱셈 기호를 생략한다.
(3) 괄호가 있을 때는 괄호 안을 먼저 계산한다.

01 대표문제

다음 중 옳은 것을 모두 고르면? (정답 2개)

① $x\times(-5)\times y=-5xy$
② $2\times x\times x\times y\div(-3)\times x=\frac{2}{3}x^3y$
③ $x-y\div6=\frac{x-y}{6}$
④ $0.1\times x\times x+y=0.x^2+y$
⑤ $x\times y\div\frac{4}{5}\times y=\frac{5xy^2}{4}$

02

다음 중 옳지 않은 것을 모두 고르면? (정답 2개)

① $(x-y)\times4=4(x-y)$
② $x\times8-y\div a=8x-\frac{y}{a}$
③ $x\div y\div3=\frac{x}{3y}$
④ $(x-4)\div y\times z=\frac{x-4}{yz}$
⑤ $x\times x\div(y+1)+y\div\frac{1}{2}=\frac{x^2}{y}+1+2y$

03

다음 중 $\frac{xy}{z}$와 같은 것은?

① $x\times y\times z$ ② $x\div y\div z$ ③ $x\div y\times z$
④ $x\div(y\div z)$ ⑤ $x\times y\div z$

유형 02 문자를 사용한 식; 비율, 단위, 수 개념 1, 2

(1) $x\ \% \rightarrow \frac{x}{100}$
(2) 십의 자리의 숫자가 x, 일의 자리의 숫자가 y인 두 자리 자연수
$\rightarrow 10x+y$
(3) (평균)$=\frac{\text{(자료의 총합)}}{\text{(자료의 개수)}}$

04 대표문제

다음 중 옳지 않은 것을 모두 고르면? (정답 2개)

① 3000원의 $x\ \%$는 $30x$원이다.
② a분 20초는 $(60a+20)$초이다.
③ 25 kg의 $x\ \%$는 $4x$ kg이다.
④ 현재 나이가 40세인 사람의 a년 전의 나이는 $(40+a)$세이다.
⑤ 백의 자리의 숫자가 a, 십의 자리의 숫자가 b, 일의 자리의 숫자가 c인 세 자리 자연수는 $100a+10b+c$이다.

05

다음 중 옳은 것을 모두 고르면? (정답 2개)

① x원의 10 %는 $10x$원이다.
② 세 수 a, b, c의 평균은 $\frac{a\times b\times c}{3}$이다.
③ 물 2 L의 $x\ \%$는 물 $2x$ mL이다.
④ 1시간 a초는 $(3600+a)$초이다.
⑤ x km y m는 $(1000x+y)$m이다.

06 서술형

어느 중학교의 남학생은 250명, 여학생은 300명이다. 이 중 안경을 쓴 학생은 남학생의 $x\ \%$와 여학생의 $y\ \%$이다. 안경을 쓰지 않은 학생 수를 문자를 사용한 식으로 나타내시오.

유형 03 문자를 사용한 식; 도형 개념 1, 2

(1) (정다각형의 둘레의 길이)=(한 변의 길이)×(변의 개수)
(2) (직사각형의 둘레의 길이)=2×{(가로의 길이)+(세로의 길이)}
(직사각형의 넓이)=(가로의 길이)×(세로의 길이)
(3) (삼각형의 넓이)=$\frac{1}{2}$×(밑변의 길이)×(높이)
(4) (사다리꼴의 넓이)=$\frac{1}{2}$×{(윗변의 길이)+(아랫변의 길이)}×(높이)

07 대표문제

다음 **보기** 중 옳지 않은 것을 모두 고르시오.

보기

ㄱ. 한 변의 길이가 x cm인 정삼각형의 둘레의 길이는 $3x$ cm이다.
ㄴ. 가로의 길이가 10 cm, 세로의 길이가 a cm인 직사각형의 둘레의 길이는 $(20+a)$ cm이다.
ㄷ. 밑변의 길이가 x cm, 높이가 x cm인 평행사변형의 넓이는 $\frac{1}{2}x^2$ cm^{2}이다.
ㄹ. 윗변의 길이가 6 cm, 아랫변의 길이가 x cm, 높이가 h cm인 사다리꼴의 넓이는 $\frac{1}{2}(6+x)h$ cm^{2}이다.

08

둘레의 길이가 a cm인 정사각형의 넓이를 문자를 사용한 식으로 나타내시오.

09

오른쪽 그림의 색칠한 부분의 넓이를 문자를 사용한 식으로 나타내시오.

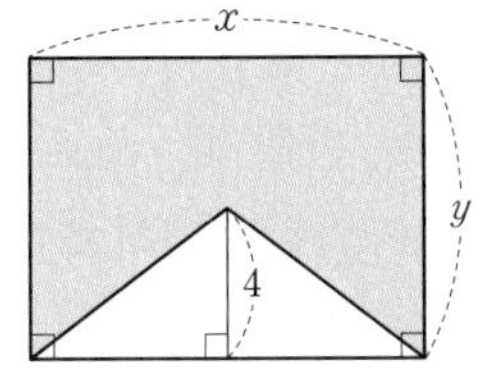

유형 04 문자를 사용한 식; 가격 개념 1, 2

(1) (물건의 총 가격)=(물건 1개의 가격)×(물건의 개수)
(2) 정가가 a원인 물건을 x % 할인한 가격
➡ (정가)−(할인 금액)=$a-\frac{x}{100}a$(원)=$\left(1-\frac{x}{100}\right)a$(원)
(3) (거스름돈)=(낸 돈)−(판매 가격)

10 대표문제

어느 제과점에서 한 개에 800원인 빵을 x % 할인하여 판매하고 있다. 이 빵을 10개 사고 지불해야 할 금액을 문자를 사용한 식으로 나타내면?

① $(800-8x)$원 ② $(800-80x)$원
③ $(8000-8x)$원 ④ $10(800-8x)$원
⑤ $10(800-80x)$원

11 서술형

8개에 x원인 복숭아를 y개 샀을 때 지불해야 할 금액을 문자를 사용한 식으로 나타내시오.

12

정가가 15000원인 책을 x % 할인 받아 사고 y원을 냈을 때, 받아야 할 거스름돈을 문자를 사용한 식으로 나타내면?

① $(y-150x)$원 ② $(y-15000x)$원
③ $(y-15000-150x)$원 ④ $\{y-(15000-150x)\}$원
⑤ $\{y+(15000-150x)\}$원

집중

유형 05 문자를 사용한 식; 속력 개념 1, 2

(속력)$=\dfrac{(거리)}{(시간)}$, (시간)$=\dfrac{(거리)}{(속력)}$, (거리)$=$(속력)$\times$(시간)

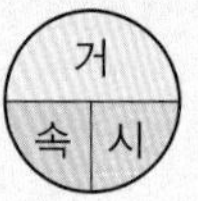

예 2시간 동안 100 km를 갔을 때의 속력은 $\dfrac{100}{2}=50$, 즉 시속 50 km이다.

13 대표문제

A지점에서 출발하여 96 km 떨어진 B지점을 향하여 자전거를 타고 시속 30 km로 x시간 동안 갔을 때, B지점까지 남은 거리를 문자를 사용한 식으로 나타내면?

① $(96-3x)$ km ② $(96-30x)$ km
③ $\left(96-\dfrac{x}{3}\right)$ km ④ $\left(96-\dfrac{x}{30}\right)$ km
⑤ $\left(96-\dfrac{x}{300}\right)$ km

14

a km의 거리를 일정한 속력으로 2시간 15분 동안 달렸다. 이때 속력을 문자를 사용한 식으로 나타내시오.

(단, 속력은 시속으로 나타낸다.)

15

A지점을 출발하여 시속 60 km로 x km만큼 떨어진 B지점까지 가다가 도중에 20분 동안 휴식을 취하였다. A지점을 출발하여 B지점에 도착할 때까지 걸린 시간을 문자를 사용한 식으로 나타내시오.

유형 06 문자를 사용한 식; 농도 개념 1, 2

(1) (소금물의 농도)$=\dfrac{(소금의\ 양)}{(소금물의\ 양)}\times 100(\%)$

(2) (소금의 양)$=\dfrac{(소금물의\ 농도)}{100}\times$(소금물의 양)

예 소금 2 g이 녹아 있는 소금물 50 g의 농도는 $\dfrac{2}{50}\times 100=4(\%)$이다.

16 대표문제

x %의 소금물 200 g과 y %의 소금물 100 g을 섞었을 때, 이 소금물에 들어 있는 소금의 양을 문자를 사용한 식으로 나타내면?

① $\left(\dfrac{x}{2}+y\right)$ g ② $(2x+y)$ g
③ $(20x+y)$ g ④ $2xy$ g
⑤ $(20x+10y)$ g

17

a %의 소금물 400 g에 물 200 g을 더 넣었을 때, 이 소금물의 농도를 문자를 사용한 식으로 나타내면?

① $\dfrac{a}{3}$ % ② $\dfrac{a}{2}$ % ③ $\dfrac{2a}{3}$ %
④ $\dfrac{3a}{2}$ % ⑤ $2a$ %

18 서술형

a %의 설탕물 300 g과 b %의 설탕물 400 g을 섞어 설탕물을 만들 때, 새로 만든 설탕물의 농도를 문자를 사용한 식으로 나타내시오.

집중

유형 07 식의 값 구하기 개념3

(1) 문자에 수를 대입할 때는 생략된 곱셈 기호나 나눗셈 기호를 다시 쓴다.
(2) 문자에 음수를 대입할 때는 반드시 괄호를 사용한다.

19 대표문제

$a=1$, $b=-3$일 때, $ab-\frac{8}{a-b}$의 값은?

① -5　② -4　③ 2
④ 4　⑤ 5

20

$x=-2$일 때, 다음 중 [ ] 안의 수가 식의 값인 것은?

① $9-x$ [7]　② $3x+7$ [13]
③ $\frac{4}{x}-x$ [0]　④ x^2-2x [0]
⑤ $\frac{5x}{2}+1$ [6]

21

$x=-\frac{1}{4}$일 때, 다음 중 식의 값이 가장 큰 것은?

① $\frac{1}{x}$　② $-x^2$　③ $(-x)^2$
④ x^3　⑤ $-\left(\frac{1}{x}\right)^2$

22

$x=\frac{1}{2}$, $y=-\frac{2}{3}$, $z=\frac{1}{5}$일 때, $\frac{x-y}{xy}+\frac{2}{z}$의 값을 구하시오.

집중

유형 08 식의 값의 활용 개념3

어떤 문자에 어떤 값을 대입해야 하는지 먼저 파악해야 한다.

23 대표문제

기온이 x ℃일 때, 소리는 1초에 $(331+0.6x)$ m를 움직인다고 한다. 기온이 20 ℃일 때, 소리는 1초에 몇 m를 움직이는가?

① 337 m　② 338 m　③ 340 m
④ 343 m　⑤ 353 m

24

섭씨온도 x ℃는 화씨온도 $\left(\frac{9}{5}x+32\right)$ °F이다. 섭씨온도 30 ℃는 화씨온도 몇 °F인지 구하시오.

25

지면에서 초속 40 m로 똑바로 위로 던져 올린 물체의 t초 후의 높이는 $(40t-5t^2)$ m라 한다. 이 물체의 2초 후의 높이는?

① 20 m　② 30 m　③ 40 m
④ 50 m　⑤ 60 m

26 서술형

윗변의 길이가 x cm, 아랫변의 길이가 y cm, 높이가 z cm인 사다리꼴의 넓이를 S cm^{2}라 할 때, 다음 물음에 답하시오.

(1) S를 x, y, z를 사용한 식으로 나타내시오.

(2) $x=7$, $y=9$, $z=4$일 때, S의 값을 구하시오.

유형 09 다항식 개념 4

(1) 다항식: 한 개의 항 또는 두 개 이상의 항의 합으로 이루어진 식
(2) 단항식: 다항식 중 한 개의 항으로만 이루어진 식

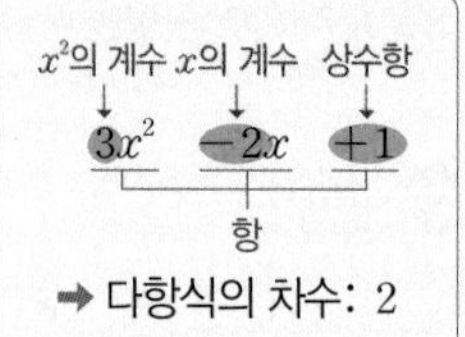

27 대표문제

다음 중 $\frac{a^2}{4}+7a-5$에 대한 설명으로 옳지 않은 것은?

① 다항식이다.
② 항은 모두 3개이다.
③ 다항식의 차수는 2이다.
④ a의 계수는 7이다.
⑤ a^2의 계수와 상수항의 곱은 $\frac{5}{4}$이다.

28 서술형

다항식 $-5x^3+3x^2+6x-11$에서 다항식의 차수를 A, x의 계수를 B, 상수항을 C라 할 때, $AB-C$의 값을 구하시오.

29

다음 중 옳은 것은?

① $\frac{a+b}{2}$는 단항식이다.
② $x-5y$에서 항은 x, $5y$로 모두 2개이다.
③ $-3x^2+\frac{6}{x}+1$은 다항식이다.
④ x^2-2x+2에서 x의 계수와 상수항의 합은 4이다.
⑤ $\frac{3}{5}a^2+10a-\frac{1}{6}$에서 a^2의 계수와 a의 계수의 곱은 6이다.

유형 10 일차식 개념 4

일차식: 차수가 1인 다항식
➡ x에 대한 일차식: $ax+b$ (a, b는 상수, $a\neq0$)
예 $x+3$, $2x$, $-1-x$ ➡ 일차식이다.
x^2+x, $0\times x+5$, $\frac{2}{x}$ ➡ 일차식이 아니다.

30 대표문제

다음 중 일차식인 것을 모두 고르면? (정답 2개)

① $x-x^2$ ② $-2x+1$ ③ $\frac{4+x^2}{x}$
④ $\frac{x}{3}+5$ ⑤ $0\times x-10$

31

다음 중 $\frac{2x-1}{3}$에 대한 설명으로 옳지 않은 것을 모두 고르면? (정답 2개)

① 다항식이다. ② 일차식이다.
③ 항이 1개이다. ④ x의 계수는 $\frac{2}{3}$이다.
⑤ 상수항은 -1이다.

32

다음 보기 중 일차식을 모두 고르시오.

보기
ㄱ. $-\frac{9}{10}x$ ㄴ. $-0.1x+0.8$
ㄷ. $7-\frac{5}{x}$ ㄹ. $0\times x^2+4x-3$
ㅁ. $\frac{1}{2}x^2+1$ ㅂ. $\frac{x+11}{6}$

33

다항식 $(a-5)x^2-(a+2)x+4a+1$이 x에 대한 일차식이 되도록 하는 상수 a의 값을 구하시오.

유형 11 (일차식)×(수), (일차식)÷(수) 개념5

(1) (일차식)×(수), (수)×(일차식): 분배법칙을 이용하여 일차식의 각 항에 수를 곱한다.

예 $2(x+1)=2\times x+2\times 1=2x+2$

(2) (일차식)÷(수): 나누는 수의 역수를 일차식에 곱하여 계산한다.

예 $(2x-2)\div 2=(2x-2)\times\frac{1}{2}=2x\times\frac{1}{2}-2\times\frac{1}{2}=x-1$

34 대표문제

다음 중 옳지 않은 것은?

① $(-3x)\times 4=-12x$ ② $(-18x)\div(-6)=3x$
③ $3(7x-2)=21x-6$ ④ $(15x+10)\div 5=3x+2$
⑤ $\left(\frac{1}{3}x-\frac{1}{2}\right)\times(-6)=-2x-3$

35

$(6-9x)\div\left(-\frac{3}{4}\right)$을 간단히 하시오.

중요

36

다음 중 식을 간단히 한 결과가 $(2x-1)\div\left(-\frac{1}{12}\right)$과 다른 것은?

① $3(4-8x)$ ② $12(1-2x)$
③ $(3-6x)\div 4$ ④ $(6x-3)\div\left(-\frac{1}{4}\right)$
⑤ $(1-2x)\div\frac{1}{12}$

37 서술형

$-10\left(-\frac{3}{5}x+3\right)$을 간단히 하였을 때 x의 계수를 a라 하고, $(9x-4)\div\left(-\frac{1}{3}\right)$을 간단히 하였을 때 상수항을 b라 하자. 이때 $\frac{b}{a}$의 값을 구하시오.

유형 12 동류항 개념6

(1) 동류항: 문자와 차수가 각각 같은 항

(2) 상수항끼리는 모두 동류항이다.

예 동류항: $4x$와 $-x$, $3y$와 $2y$, 4와 7 등

38 대표문제

다음 중 동류항끼리 짝 지은 것은?

① $-2x,\ 2x^2$ ② $\frac{1}{4}b,\ \frac{2}{3}$ ③ $8xy,\ 9y$
④ $5a,\ \frac{2}{7}a$ ⑤ $\frac{1}{x},\ x$

39

다음 중 $3x$와 동류항인 것은?

① 0 ② $-3y$ ③ $\frac{1}{8}x$
④ $-6y^2$ ⑤ $4x^2$

40

다음 중 $-5y$와 동류항인 것의 개수를 구하시오.

$-\frac{3}{y}$ $8z$ $0.6y$ $7y^2$ $-\frac{10y^2}{y}$

41

다음 **보기** 중 동류항끼리 짝 지은 것을 모두 고르시오.

보기

ㄱ. $y,\ 4x$ ㄴ. $xy,\ 6xz$
ㄷ. $1,\ -\frac{1}{2}$ ㄹ. $6a^2,\ -\frac{a^2}{10}$
ㅁ. $-0.3x,\ 0.5x^3$ ㅂ. $3xy^2,\ -2xy^2$

집중

유형 13 일차식의 덧셈과 뺄셈 개념 6

❶ 괄호가 있으면 분배법칙을 이용하여 괄호를 푼다.
❷ 동류항끼리 모아서 계산한다.
예 $2x+1-(3x+2)=2x+1-3x-2$
$=(2x-3x)+(1-2)=-x-1$

42 대표문제

$2(3x+4)-(2x-7)=ax+b$일 때, 상수 a, b에 대하여 $b-a$의 값을 구하시오.

43

$-3(5a-2)+(6a-1)$을 간단히 하였을 때, 상수항을 구하시오.

중요
44

다음 중 옳지 않은 것은?

① $(4x+3)+(7x+1)=11x+4$
② $(6x+4)-2(-2x-1)=10x+6$
③ $2(2x-5)-3(3x-8)=-5x+14$
④ $2(3x-4)+\frac{4}{5}(20x-15)=22x-20$
⑤ $\frac{1}{2}(8x-2)-8\left(\frac{1}{4}x-\frac{1}{2}\right)=2x-5$

45

$\frac{2}{3}(6x-9)-(10x-4)\div\frac{2}{5}$를 간단히 하였을 때, x의 계수를 a, 상수항을 b라 하자. 이때 $a+5b$의 값을 구하시오.

유형 14 괄호가 여러 개인 일차식의 덧셈, 뺄셈 개념 6

(1) (소괄호) → {중괄호} → [대괄호] 순으로 괄호를 푼다.
(2) 괄호를 풀 때 괄호 앞의 부호에 주의한다.
① $A+(B-C)=A+B-C$
② $A-(B-C)=A-B+C$

46 대표문제

다음 식을 간단히 하시오.

$$8x-[7y-\{4x+2y-(-2x+5y)\}]$$

47 서술형

$5x-[x-\{2x-6-(5-x)\}]=ax+b$일 때, 상수 a, b에 대하여 ab의 값을 구하시오.

유형 15 분수 꼴인 일차식의 덧셈, 뺄셈 개념 6

분모를 통분한 후 식을 간단히 한다.
예 $\frac{x+1}{2}+\frac{2x-3}{3}=\frac{3(x+1)}{6}+\frac{2(2x-3)}{6}$
$=\frac{3x+3+4x-6}{6}=\frac{7x-3}{6}=\frac{7}{6}x-\frac{1}{2}$

48 대표문제

$\frac{3x+2}{4}-\frac{x-5}{3}$를 간단히 하시오.

49

$\frac{4x+7}{5}-\frac{1-3x}{2}-2x=ax+b$일 때, 상수 a, b에 대하여 $\frac{b}{a}$의 값을 구하시오.

유형 16 문자에 일차식 대입하기 개념 6

(1) 문자에 일차식을 대입할 때는 괄호를 사용한다.

예 $A=x+1$, $B=2x-1$일 때,

$A-B=(x+1)-(2x-1)=x+1-2x+1=-x+2$

(2) 주어진 식이 복잡한 경우에는 먼저 식을 간단히 한 후 대입한다.

50 대표문제

$A=3x+\frac{1}{2}$, $B=\frac{3}{4}x-1$일 때, $2(A-B)+6B$를 간단히 하면?

① $-9x-3$ ② $-9x+4$ ③ $-9x+6$
④ $9x-3$ ⑤ $9x+3$

51

$A=-x+4$, $B=3x-4$일 때, $3A-2B$를 간단히 하면?

① $-20x+9$ ② $-9x-20$ ③ $-9x+20$
④ $9x-20$ ⑤ $9x+20$

중요

52

$A=4(3x-1)-2x$, $B=5-4x$일 때,
$-(-3A+B)-5A$를 간단히 하시오.

53

$A=\left(\frac{3}{2}x+\frac{1}{2}\right)\div\left(-\frac{1}{4}\right)$, $B=\frac{2x+1}{3}-\frac{x-6}{6}$일 때,
$4-\{-8A-3(-A+2B)\}$를 간단히 하시오.

집중

유형 17 어떤 식 구하기 개념 6

어떤 식에서 $-x+1$을 빼야 할 것을 잘못하여 더했더니 $2x+3$이 되었을 때 어떤 식 구하기

➡ 어떤 식을 □라 하면 $\square+(-x+1)=2x+3$이므로

$\square=2x+3-(-x+1)=2x+3+x-1=3x+2$

54 대표문제

어떤 식에서 $4(3x-2)$를 빼야 할 것을 잘못하여 더했더니 $2x+5$가 되었다. 이때 어떤 식은?

① $-10x-10$ ② $-10x-13$ ③ $-10x+13$
④ $10x-10$ ⑤ $10x+13$

55

다음 □ 안에 알맞은 식은?

$\square+(8-4a)=5a-9$

① $-17a-17$ ② $-17a+9$ ③ $-9a-17$
④ $9a-17$ ⑤ $9a+17$

56

어떤 식에 $3(2x-1)$을 더해야 할 것을 잘못하여 뺐더니 $-\frac{1}{2}(6-5x)$가 되었다. 이때 어떤 식을 구하시오.

중요

57 서술형

어떤 식에서 $2(1-6x)$를 빼야 할 것을 잘못하여 더했더니 $-(3x+4)$가 되었다. 이때 바르게 계산한 식을 구하시오.

Real 실전 기출

01

다음 중 옳은 것을 모두 고르면? (정답 2개)

① $a\times(-1)=a-1$

② $a\div b\div 4=\frac{ab}{4}$

③ $(a+5)\div b\div c=\frac{a+5}{bc}$

④ $(-0.1)\times y\times x+x\times x=-0.xy+x^2$

⑤ $x\times x\div\frac{2}{3}\times y\times 4\times y=6x^2y^2$

02

다음 중 계산 결과가 $a\times b\div c$와 같은 것은?

① $a\div(b\times c)$　② $a\div(b\div c)$

③ $a\div(c\div b)$　④ $a\div(b+c)$

⑤ $a\times b+c$

03

다음 중 옳지 않은 것은?

① 오렌지 주스 3 L의 x %는 $30x$ mL이다.

② 십의 자리의 숫자가 a, 일의 자리의 숫자가 7인 두 자리 자연수는 $10a+7$이다.

③ 국어가 x점, 수학이 y점일 때, 두 과목의 점수의 평균은 $\frac{x+y}{2}$점이다.

④ 밑변의 길이가 4 cm, 높이가 h cm인 삼각형의 넓이는 $2h$ cm^{2}이다.

⑤ 시속 6 km의 속력으로 x시간 동안 간 거리는 $\frac{x}{6}$ km이다.

04

정가가 x원인 공책을 20 % 할인 받아 사고, 정가가 y원인 볼펜을 10 % 할인 받아 산 다음 10000원을 지불하였다. 이때 받아야 할 거스름돈을 문자를 사용한 식으로 나타내시오.

05

$a=-1$, $b=5$일 때, 다음 중 식의 값이 가장 작은 것은?

① $-2ab$　② $-\frac{ab}{5}$　③ a^3

④ $\frac{b^3}{5}$　⑤ $-a^2+b$

06

귀뚜라미는 온도가 x ℃일 때, 1분 동안 $\left(\frac{36}{5}x-32\right)$회 운다고 한다. 온도가 25 ℃일 때, 귀뚜라미가 1분 동안 우는 횟수를 구하시오.

07 최다빈출

다음 중 다항식 $\frac{1}{2}x^2-\frac{1}{3}x-6$에 대한 설명으로 옳은 것은?

① 항은 $\frac{1}{2}x^2$, $\frac{1}{3}x$, 6이다.

② 일차식이다.

③ x의 계수는 $\frac{1}{3}$이다.

④ x^2의 계수는 $-\frac{1}{2}$이다.

⑤ x^2의 계수와 상수항의 곱은 -3이다.

08

다음 중 일차식인 것을 모두 고르면? (정답 2개)

① x^2-1　② $-0.4x+3$

③ $\frac{2x+3}{7}$　④ $\frac{5}{x}+2$

⑤ $-2x-(3-2x)$

09 최다빈출

$\frac{1}{2}(2x+4y)-\frac{1}{3}(6x-12y)=ax+by$일 때, 상수 a, b에 대하여 $a-b$의 값은?

① -7　② -5　③ -3

④ 5　⑤ 7

10

$A=4-x$, $B=2x-3$일 때, $3A-2B+4$를 간단히 하면?

① $-7x-22$　② $-7x+22$　③ $7x-22$

④ $7x+12$　⑤ $7x+22$

11

어떤 식에 $3(x-2y)$를 더해야 할 것을 잘못하여 빼었더니 $-\frac{2}{3}(6x+9y)$가 되었다. 이때 바르게 계산한 식을 구하시오.

12

오른쪽 그림과 같이 세 개의 원으로 이루어진 도형에 대하여 다음 물음에 답하시오. (단, 원주율은 3.14로 계산한다.)

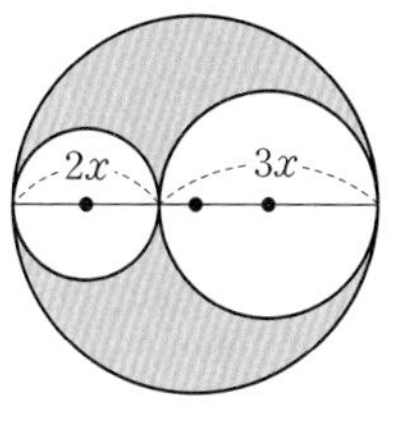

(1) 색칠한 부분의 둘레의 길이를 x를 사용한 식으로 나타내시오.

(2) $x=5$일 때, 색칠한 부분의 둘레의 길이를 구하시오.

13 창의 역량

어떤 상품을 운송하는데 1개를 운반하면 1000원의 운반비를 받지만 운송 중에 상품이 파손되면 운반비를 받지 못하고 오히려 3000원을 배상해야 한다. x개의 상품 중 운송 과정에서 y개가 파손되었다면 운송 후 받게 될 금액을 문자를 사용한 식으로 나타내시오.

14

$A=1-3x$, $B=x-5$, $C=4x-3$일 때,

$\frac{A-B}{2}-\frac{B-C}{3}+\frac{C-A}{6}$를 간단히 하시오.

15

x의 계수가 5인 일차식이 있다. $x=2$일 때의 식의 값을 A, $x=-3$일 때의 식의 값을 B라 할 때, $A-B$의 값을 구하시오.

정답과 해설 53쪽

서술형

16

x %의 설탕물 200 g에 물 100 g을 섞은 후 다시 설탕 8 g을 넣었을 때, 이 설탕물의 농도를 문자를 사용한 식으로 나타내시오.

풀이

답

17

$a=-\frac{1}{2}$, $b=\frac{2}{3}$, $c=\frac{4}{3}$일 때, $\frac{2}{a}-\frac{2}{b}+\frac{4}{c}$의 값을 구하시오.

18

$3x-[6x-2\{1-4(2x-3)+3(x-2)\}]=ax+b$일 때, 상수 a, b에 대하여 $a+b$의 값을 구하시오.

19

다음 조건을 만족시키는 두 일차식 A, B에 대하여 $A+B$를 간단히 하시오.

> (가) 식 A에 $4x-9$를 더했더니 $2x+6$이 되었다.
> (나) 식 B에서 $3x-7$을 빼었더니 식 A가 되었다.

20 100점

지면으로부터 10 km까지는 100 m 올라갈 때마다 기온이 0.5 ℃ 내려간다고 한다. 다음 물음에 답하시오.

(1) 지면의 기온이 a ℃일 때, 높이가 x km인 지점의 기온을 문자를 사용한 식으로 나타내시오.

(2) 지면의 기온이 15 ℃일 때, 높이가 2 km인 지점의 기온을 구하시오.

21 100점

n이 자연수일 때, 다음 식을 간단히 하시오.

$$(-1)^{2n-1}\times\frac{2x-3}{5}+(-1)^{2n+1}\times\frac{1-4x}{3}$$

풀이

답

III. 일차방정식

07 일차방정식의 풀이

유형북 89 ~ 102쪽
더블북 42 ~ 49쪽

유형 01 등식
집중 유형 02 문장을 등식으로 나타내기
유형 03 방정식의 해
유형 04 방정식과 항등식
유형 05 항등식이 될 조건
집중 유형 06 등식의 성질
유형 07 등식의 성질을 이용한 방정식의 풀이
유형 08 이항
유형 09 일차방정식
유형 10 일차방정식의 풀이
유형 11 계수가 소수 또는 분수인 일차방정식의 풀이
유형 12 비례식으로 주어진 일차방정식의 풀이
집중 유형 13 일차방정식의 해가 주어진 경우
집중 유형 14 해가 같은 두 일차방정식
유형 15 해에 대한 조건이 주어진 일차방정식
유형 16 특수한 해를 갖는 방정식

개념 1 등식과 방정식

유형 01~07

(1) **등식**: 등호(=)를 사용하여 수 또는 식이 서로 같음을 나타낸 식

① **좌변**: 등식에서 등호의 왼쪽 부분

② **우변**: 등식에서 등호의 오른쪽 부분

③ **양변**: 등식에서 등호의 양쪽 부분, 즉 좌변과 우변을 통틀어 말한다.

등식: $3x+2=x-4$ (좌변, 우변 → 양변)

예 $3\times(1+2)=9$, $x+4=8$ ➡ 등식이다.
$4+3>6$, $3x-1$ ➡ 등식이 아니다.

(2) **방정식**: 미지수의 값에 따라 참이 되기도 하고 거짓이 되기도 하는 등식

① **미지수**: 방정식에 있는 문자

② **방정식의 해(근)**: 방정식을 참이 되게 하는 미지수의 값

③ **방정식을 푼다**: 방정식의 해를 구하는 것

(3) **항등식**: 미지수에 어떤 값을 대입하여도 항상 참이 되는 등식

(4) **등식의 성질**

① 등식의 양변에 같은 수를 더해도 등식은 성립한다.
➡ $a=b$이면 $a+c=b+c$

② 등식의 양변에서 같은 수를 빼도 등식은 성립한다.
➡ $a=b$이면 $a-c=b-c$

③ 등식의 양변에 같은 수를 곱해도 등식은 성립한다.
➡ $a=b$이면 $ac=bc$

④ 등식의 양변을 0이 아닌 같은 수로 나누어도 등식은 성립한다.
➡ $a=c$이면 $\frac{a}{c}=\frac{b}{c}$ (단, $c\neq0$)

개념 2 일차방정식의 풀이

유형 08~16

(1) **이항**: 등식의 성질을 이용하여 등식의 한 변에 있는 항을 부호를 바꾸어 다른 변으로 옮기는 것

$x-2=4$ ➡ $x=4+2$ (이항)

(2) **일차방정식**: 방정식의 모든 항을 좌변으로 이항하여 정리한 식이
(x에 대한 일차식)=0, 즉 $ax+b=0$ $(a\neq0)$
꼴로 나타나는 방정식을 x에 대한 일차방정식이라 한다.

(3) **일차방정식의 풀이**

일차방정식은 다음과 같은 순서로 푼다.

❶ 괄호가 있으면 분배법칙을 이용하여 괄호를 푼다.

❷ 미지수 x를 포함하는 항은 좌변으로, 상수항은 우변으로 이항한다.

❸ 양변을 정리하여 $ax=b$ $(a\neq0)$ 꼴로 나타낸다.

❹ 양변을 x의 계수 a로 나누어 해를 구한다.

(4) **계수가 소수 또는 분수인 일차방정식의 풀이**

① 계수가 소수인 경우: 양변에 10, 100, 1000, … 중 적당한 수를 곱한다.

② 계수가 분수인 경우: 양변에 분모의 최소공배수를 곱한다.

개념 노트

- 등식에서 좌변과 우변의 값이 같으면 참, 같지 않으면 거짓이다.
- 방정식과 항등식은 모두 등식이다.
- 항등식을 나타내는 표현
  - x에 대한 항등식
  - x의 값에 관계없이 항상 참
  - 모든 x에 대하여 항상 성립
- $a=b$이면 $ac=bc$이지만 $ac=bc$라 해서 반드시 $a=b$인 것은 아니다. 단, $c\neq0$이라는 조건이 있으면 $ac=bc$이면 $a=b$이다.
- 등식의 성질 중 양변에서 c를 빼는 것은 양변에 $-c$를 더하는 것과 같고, 양변을 c로 나누는 것은 양변에 $\frac{1}{c}$을 곱하는 것과 같다.
- $+a$를 이항하면 ➡ $-a$
  $-a$를 이항하면 ➡ $+a$
- 일차방정식에서 미지수 x 대신 다른 문자를 쓸 수도 있다.
  예 $y+4=2$
  ➡ y에 대한 일차방정식
- 계수가 소수 또는 분수이면 양변에 적당한 수를 곱하여 계수를 정수로 고쳐서 푼다.

개념 1 등식과 방정식

[01~04] 다음 중 등식인 것은 ○표, 등식이 아닌 것은 ×표를 하시오.

01 $4x-7$ ( )

02 $5x+1=6$ ( )

03 $x+3<2$ ( )

04 $2+8=10$ ( )

[05~07] 다음 문장을 등식으로 나타내시오.

05 x를 3배한 후 7을 빼면 8이다.

06 x에 4를 더한 후 2배하면 12이다.

07 한 변의 길이가 x인 정사각형의 둘레의 길이는 16이다.

[08~10] 다음 중 [ ] 안의 수가 방정식의 해인 것은 ○표, 방정식의 해가 아닌 것은 ×표를 하시오.

08 $4x=7$ [0] ( )

09 $1-3x=-5$ [2] ( )

10 $3x+6=2x+5$ [1] ( )

[11~14] 다음 중 항등식인 것은 ○표, 항등식이 아닌 것은 ×표를 하시오.

11 $3x-9=0$ ( )

12 $6x-4x=2x$ ( )

13 $3x+3=2+x$ ( )

14 $2x+3=3(x+1)-x$ ( )

개념 2 일차방정식의 풀이

[15~18] 다음 등식에서 밑줄친 항을 이항하시오.

15 $x\underline{+2}=7$

16 $6x=8\underline{-2x}$

17 $5x\underline{-9}=\underline{4x}+1$

18 $x\underline{+4}=5\underline{-3x}$

[19~22] 다음 중 일차방정식인 것은 ○표, 일차방정식이 아닌 것은 ×표를 하시오.

19 $x-4=3$ ( )

20 $x-3=x+1$ ( )

21 $x^2-x=6$ ( )

22 $\frac{1}{2}x+2=x$ ( )

[23~26] 다음 방정식을 푸시오.

23 $2+x=8$

24 $-4x+1=-3+2x$

25 $3(x-1)=-x+5$

26 $-2(3-2x)=7(2-x)+2$

[27~29] 다음 방정식을 푸시오.

27 $x-0.6=1.2x-2$

28 $0.7(x-2)=x+0.1$

29 $0.4(x+3)=-0.1(x-2)$

[30~32] 다음 방정식을 푸시오.

30 $\frac{2}{3}x+1=-\frac{1}{3}x+5$

31 $\frac{3x-2}{4}=7$

32 $\frac{x}{2}-\frac{2x-3}{5}=\frac{3}{2}$

유형 01 등식 개념1

등식: 등호(=)를 사용하여 수 또는 식이 서로 같음을 나타낸 식
예 $x-1=0$ ➡ 등식이다.
$7>3$, $x-2$ ➡ 등식이 아니다.

01 대표문제

다음 중 등식이 아닌 것은?

① $5-2x=7$ ② $-2\times5+4=6$
③ $\frac{1}{3}x+5=\frac{3}{4}$ ④ $x-5=1-2x$
⑤ $2(3-2x)+4(1-4x)$

02

다음 중 등식인 것을 모두 고르면? (정답 2개)

① $3x-5$ ② $8-2=7$
③ $5x\geq0$ ④ $2x+1=x$
⑤ $2-x^2+x<9$

03

다음 **보기** 중 등식인 것을 모두 고르시오.

보기
ㄱ. $4+x>1$ ㄴ. $4-5=1$
ㄷ. $5x+2x$ ㄹ. $3x+4=2$
ㅁ. $6-4x\leq\frac{1}{2}x-1$ ㅂ. $-2(x+1)=3-2x$

집중

유형 02 문장을 등식으로 나타내기 개념1

좌변과 우변에 해당하는 식을 구한 후, 등호를 사용하여 나타낸다.
예 어떤 수 x에 6을 더하면 8이다. ➡ $x+6=8$

04 대표문제

다음 중 문장을 등식으로 나타낸 것이 옳지 않은 것은?

① x에 4를 더한 값은 x를 5배한 후 7을 뺀 값과 같다.
➡ $x+4=5x-7$
② 길이가 40 cm인 리본을 x등분하였더니 한 도막의 길이가 8 cm가 되었다. ➡ $40\div x=8$
③ x에서 3을 빼어 4배한 값은 x보다 9만큼 크다.
➡ $4(x-3)+9=x$
④ 귤 20개를 5명에게 x개씩 나누어 주었더니 5개가 남았다. ➡ $20-5x=5$
⑤ 가로의 길이가 x cm, 세로의 길이가 6 cm인 직사각형의 둘레의 길이는 18 cm이다. ➡ $2(x+6)=18$

05

다음 중 문장을 등식으로 나타낼 수 없는 것은?

① x의 7배에 8을 더하면 30이다.
② x에 5를 더한 값은 10에서 x를 뺀 값보다 작다.
③ 시속 60 km로 x시간 동안 이동한 거리는 150 km이다.
④ 한 개에 x원인 사과 6개의 가격은 9000원이다.
⑤ 한 변의 길이가 x cm인 정사각형의 넓이는 36 cm^{2}이다.

06 서술형

다음 문장을 등식으로 나타내시오.

한 자루에 400원인 연필을 10 % 할인 받아 $(x+10)$자루 사고 지불한 금액은 한 권에 800원인 공책을 x권 사고 지불한 금액보다 80원 많다.

유형 03 방정식의 해

개념 1

방정식의 해(근)는 방정식을 참이 되게 하는 미지수의 값이다.

예 방정식 $x-4=1$에서

① $x=5$일 때, (좌변)$=5-4=1$, (우변)$=1$ ➡ (좌변)$=$(우변)
따라서 $x=5$는 방정식의 해이다.

② $x=1$일 때, (좌변)$=1-4=-3$, (우변)$=1$ ➡ (좌변)$\neq$(우변)
따라서 $x=1$은 방정식의 해가 아니다.

07 대표문제

다음 중 [ ] 안의 수가 주어진 방정식의 해인 것을 모두 고르면? (정답 2개)

① $3x+4=-2$ $[-1]$
② $15-2x=3x$ $[3]$
③ $4(x-1)=5x+4$ $[3]$
④ $-\frac{4}{7}x=2$ $\left[-\frac{7}{2}\right]$
⑤ $\frac{5}{6}x=\frac{1}{3}$ $[2]$

08

다음 방정식 중 해가 $x=-2$가 아닌 것은?

① $-x-2=0$
② $\frac{1}{3}x-\frac{1}{3}=-1$
③ $-2(x-1)=6$
④ $6-\frac{4x+7}{3}=1$
⑤ $\frac{3x+5}{2}-\frac{3}{2}=-2$

09

다음 중 [ ] 안의 수가 주어진 방정식의 해가 아닌 것은?

① $7-5x=-3$ $[2]$
② $7x=-3x+20$ $[2]$
③ $x-2(x-2)=1$ $[3]$
④ $6x-13=5(x-2)$ $[3]$
⑤ $-3(x-3)=4(x+5)$ $[2]$

유형 04 방정식과 항등식

개념 1

(1) 방정식: 미지수의 값에 따라 참이 되기도 하고 거짓이 되기도 하는 등식
(2) 항등식: 미지수에 어떤 값을 대입하여도 항상 참이 되는 등식

10 대표문제

다음 중 항등식인 것은?

① $x-4=2$
② $-6x=18$
③ $9-3x=11$
④ $5x+2x=6x$
⑤ $3(x-2)+1=3x-5$

11

다음 중 x의 값에 따라 참이 되기도 하고 거짓이 되기도 하는 등식은?

① $2x-5x=-3x$
② $8+5x$
③ $-2(x+7)<9x$
④ $\frac{x}{6}+5=3x$
⑤ $-\frac{1}{4}(x-1)=\frac{1}{4}-\frac{1}{4}x$

12

다음 **보기** 중 항등식인 것을 모두 고르시오.

보기

ㄱ. $x+9$
ㄴ. $4x-3x=2x$
ㄷ. $3x+6=11-x$
ㄹ. $5(x-2)=5x-10$
ㅁ. $7-x=-x+7$
ㅂ. $8-2(x+3)=1-2x$

중요

13

다음 중 x의 값에 관계없이 항상 참인 등식을 모두 고르면? (정답 2개)

① $x-1=8$
② $3x+1=2x-5$
③ $11-5x=-5x+11$
④ $6x+2=2(3x-1)+4$
⑤ $3(x+4)-2(x-5)=2x-(5-3x)$

07 일차방정식의 풀이

유형 05 항등식이 될 조건 개념1

(1) $ax+b=0$이 x에 대한 항등식이 될 조건 ➔ $a=0$, $b=0$
(2) $ax+b=cx+d$가 x에 대한 항등식이 될 조건 ➔ $a=c$, $b=d$

14 대표문제

등식 $3x+7=ax-2+b$가 x에 대한 항등식일 때, 상수 a, b의 값은?

① $a=-3$, $b=-9$ ② $a=-3$, $b=9$
③ $a=3$, $b=-9$ ④ $a=3$, $b=9$
⑤ $a=9$, $b=3$

15

등식 $2(7-2x)=14-ax$가 x에 대한 항등식일 때, 상수 a의 값은?

① -4 ② -2 ③ 2
④ 4 ⑤ 5

16

등식 $-2(x+3)+1=-(x-5)+A$가 x에 대한 항등식일 때, 일차식 A를 구하시오.

중요

17 서술형

등식 $\frac{2-ax}{3}=\frac{1}{2}(x-b)$가 x의 값에 관계없이 항상 성립할 때, 상수 a, b에 대하여 ab의 값을 구하시오.

집중

유형 06 등식의 성질 개념1

(1) $a=b$이면 $a+c=b+c$
(2) $a=b$이면 $a-c=b-c$
(3) $a=b$이면 $ac=bc$
(4) $a=b$이면 $\frac{a}{c}=\frac{b}{c}$ (단, $c\neq0$)

18 대표문제

다음 중 옳은 것은?

① $2a=3b$이면 $\frac{a}{2}=\frac{b}{3}$이다.
② $a=b+4$이면 $a+4=b$이다.
③ $2a=b+1$이면 $4a=2b+1$이다.
④ $a=b$, $c=d$이면 $a+b=c+d$이다.
⑤ $a-c=b-d$이면 $a+d=b+c$이다.

중요

19

다음 중 옳지 않은 것은?

① $a=b$이면 $ac=bc$이다.
② $ac=bc$이면 $a=b$이다.
③ $a=b$이면 $\frac{a}{3}+c=\frac{b}{3}+c$이다.
④ $a=b$이면 $a-2c=b-2c$이다.
⑤ $a=3b$이면 $\frac{a}{6}=\frac{b}{2}$이다.

20

다음 **보기** 중 옳은 것을 모두 고르시오.

보기

ㄱ. $a=b$이면 $a-7=b-7$이다.
ㄴ. $\frac{a}{4}=\frac{b}{5}$이면 $4a=5b$이다.
ㄷ. $a=2b$이면 $a+3=2(b+3)$이다.
ㄹ. $a-2=b-1$이면 $a=b+1$이다.
ㅁ. $2(a-3)=2(b-3)$이면 $a=b$이다.
ㅂ. $5a=4b$이면 $\frac{a}{4}+\frac{b}{5}=0$이다.

유형 07 등식의 성질을 이용한 방정식의 풀이 개념1

x에 대한 방정식은 등식의 성질을 이용하여 $x=$(수) 꼴로 바꾸어 해를 구한다.

예
$2x-4=6$
$2x-4+4=6+4$) 양변에 4를 더한다.
$2x=10$
$2x\div2=10\div2$) 양변을 x의 계수 2로 나눈다.
$\therefore x=5$

21 대표문제

오른쪽은 방정식 $\frac{x-1}{5}=2$를 등식의 성질을 이용하여 푸는 과정이다. (가), (나)에서 이용된 등식의 성질을 다음 **보기**에서 찾아 짝 지으시오.

$\frac{x-1}{5}=2$) (가)
$x-1=10$) (나)
$\therefore x=11$

보기

$a=b$이고 c는 자연수일 때

ㄱ. $a+c=b+c$ ㄴ. $a-c=b-c$

ㄷ. $ac=bc$ ㄹ. $\frac{a}{c}=\frac{b}{c}$

22

방정식 $7x-4=3$을 풀기 위해 등식의 성질 '$a=b$이면 $a+c=b+c$이다.'를 한 번만 이용하여 좌변에 x를 포함하는 항만 남기려고 한다. 이때 c의 값을 구하시오.

23

다음 중 방정식을 변형하는 과정에서 이용된 등식의 성질이 나머지 넷과 다른 하나는?

① $x+5=7$ ➡ $x=2$

② $-3x=6$ ➡ $x=-2$

③ $4x=x-7$ ➡ $3x=-7$

④ $8x+2=1$ ➡ $8x=-1$

⑤ $\frac{1}{3}x+9=-1$ ➡ $\frac{1}{3}x=-10$

유형 08 이항 개념2

이항: 등식의 한 변에 있는 항을 부호를 바꾸어 다른 변으로 옮기는 것
➡ $+a$를 이항하면 $-a$, $-a$를 이항하면 $+a$

24 대표문제

다음 중 이항을 바르게 한 것은?

① $x-2=3$ ➡ $x=3-2$

② $3+x=-5$ ➡ $3x=-5$

③ $x=5x-1$ ➡ $x-5x=-1$

④ $-2x-15=-6x$ ➡ $-2x+6x=-15$

⑤ $7x-6=x-4$ ➡ $7x+x=-4+6$

중요

25

다음 **보기** 중 등식 $3-2x=5x$에서 좌변의 3을 이항한 것과 결과가 같은 것을 모두 고르시오.

보기

ㄱ. 양변에서 3을 뺀다. ㄴ. 양변에 3을 더한다.

ㄷ. 양변에 -3을 더한다. ㄹ. 양변에 3을 곱한다.

ㅁ. 양변을 3으로 나눈다. ㅂ. 양변에 -3을 곱한다.

26

다음 중 밑줄 친 항을 바르게 이항한 것은?

① $3x\underline{+4}=-1$ ➡ $3x=-1+4$

② $5x\underline{-6}=\underline{-2x}$ ➡ $5x-2x=-6$

③ $\underline{11}-2x=\underline{7x}+4$ ➡ $-2x+7x=4-11$

④ $-x\underline{+9}=\underline{-3x}+10$ ➡ $-x+3x=10-9$

⑤ $-6x\underline{+7}=1\underline{-2x}$ ➡ $-6x+2x=1+7$

27 서술형

등식 $6x-5=-2x+7$을 이항만을 이용하여 $ax=b$ $(a>0)$ 꼴로 고쳤을 때, 상수 a, b에 대하여 $a+b$의 값을 구하시오.

유형 09 일차방정식 개념2

방정식의 모든 항을 좌변으로 이항하여 정리한 식이

(x에 대한 일차식)$=0$, 즉 $ax+b=0$ $(a\neq0)$

꼴로 나타나면 x에 대한 일차방정식이다.

예 $2x-1=0$, $x+1=5x$ ➡ 일차방정식이다.

$x+2=x$, $x^2+x=0$ ➡ 일차방정식이 아니다.

28 대표문제

다음 중 일차방정식인 것을 모두 고르면? (정답 2개)

① $x+5$　② $\frac{1}{x}=3x-1$

③ $x(x+1)=x^2-9$　④ $-3x+2=4x-3$

⑤ $4(x-2)=4x+3$

29

다음 **보기** 중 일차방정식의 개수는?

보기

ㄱ. $3x=0$　ㄴ. $2(x-2)=5x$

ㄷ. $x-4=-x+3$　ㄹ. $x^2+4x=x-3$

ㅁ. $-\frac{1}{2}x=3+2x$　ㅂ. $2x^2-3=2x^2+1$

① 1　② 2　③ 3

④ 4　⑤ 5

중요

30 서술형

다음 등식이 일차방정식이 되기 위한 조건을 구하시오.

(단, a, b는 상수)

$$3x^2+3ax-2=-bx^2+6x$$

유형 10 일차방정식의 풀이 개념2

❶ 분배법칙을 이용하여 괄호를 푼다.

❷ $ax+b=0$ $(a\neq0)$ 꼴로 나타낸다.

❸ 양변을 x의 계수 a로 나누어 해를 구한다.

31 대표문제

다음 일차방정식 중 해가 가장 작은 것은?

① $-(x+2)=2x-3$

② $4x+6=2(6-x)$

③ $3(x-3)=7-(x+4)$

④ $10-(2x-3)=5x-8$

⑤ $-2(x-1)+5=4(3-2x)+1$

32

일차방정식 $-2(x-4)=-x+3(x+2)$를 풀면?

① $x=-2$　② $x=-\frac{1}{2}$　③ $x=-\frac{1}{4}$

④ $x=\frac{1}{2}$　⑤ $x=2$

33

다음 중 일차방정식 $2(x-5)-2(3-x)=8$과 해가 같은 것은?

① $6x+5=-1$　② $5(x-2)+7=2x$

③ $-(2-x)+3x=6$　④ $3(x+2)=2(x+6)$

⑤ $2(x-7)=4-3(x+5)$

34 서술형

일차방정식 $5(6-x)+3x=1-3(2x+1)$의 해가 $x=a$일 때, a^2+2a의 값을 구하시오.

유형 11 계수가 소수 또는 분수인 일차방정식의 풀이 개념 2

(1) 계수가 소수인 일차방정식의 풀이: 양변에 10, 100, 1000, ⋯ 중 적당한 수를 곱하여 계수를 정수로 고쳐서 푼다.
(2) 계수가 분수인 일차방정식의 풀이: 양변에 분모의 최소공배수를 곱하여 계수를 정수로 고쳐서 푼다.

35 대표문제

일차방정식 $3.5x+2.5=-2+0.5(x-5)$의 해는?

① $x=-\frac{7}{3}$ ② $x=-\frac{5}{3}$ ③ $x=-\frac{5}{7}$
④ $x=-\frac{3}{7}$ ⑤ $x=-\frac{1}{3}$

36

다음 일차방정식을 푸시오.

$$\frac{1}{3}-\frac{2-x}{2}=\frac{3}{4}x$$

37

일차방정식 $\frac{1}{2}x+\frac{2-x}{6}=0.25(x+3)$의 해는?

① $x=-5$ ② $x=-3$ ③ $x=-1$
④ $x=3$ ⑤ $x=5$

38 서술형

일차방정식 $\frac{2}{3}x+0.8=\frac{1}{6}x+1.4$의 해를 $x=a$, 일차방정식 $\frac{3(x-2)}{2}=1.2x-\frac{2(4-x)}{5}$의 해를 $x=b$라 할 때, $-5ab$의 값을 구하시오.

유형 12 비례식으로 주어진 일차방정식의 풀이 개념 2

비례식 $a:b=c:d$에서 $ad=bc$임을 이용한다.
예 비례식 $2x:(x+3)=1:2$에서
$4x=x+3$, $3x=3$ $\therefore x=1$

39 대표문제

비례식 $(0.5x+3):6=\frac{1}{6}(x-3):4$를 만족시키는 x의 값은?

① -15 ② -10 ③ -5
④ 10 ⑤ 15

40

비례식 $(x+7):(2x-3)=2:3$을 만족시키는 x의 값을 구하시오.

41

비례식 $\frac{3-x}{4}:\frac{1-x}{3}=2:1$을 만족시키는 x의 값은?

① -5 ② $-\frac{3}{5}$ ③ $-\frac{1}{5}$
④ $\frac{1}{5}$ ⑤ $\frac{3}{5}$

42

다음 비례식을 만족시키는 x의 값을 a라 할 때, $2a-1$의 값을 구하시오.

$$0.4(x-2):3=\frac{1}{4}(2x-1):5$$

집중

유형 13 일차방정식의 해가 주어진 경우 개념2

$x=a$가 일차방정식의 해일 때, $x=a$를 일차방정식에 대입하면 등식이 성립한다.

예 일차방정식 $2x+a=0$의 해가 $x=1$일 때, 상수 a의 값 구하기
$2x+a=0$에 $x=1$을 대입하면
$2+a=0$ $\therefore a=-2$

43 대표문제

일차방정식 $5(x-2a)=3(x-a)+4$의 해가 $x=4$일 때, 상수 a의 값은?

① $-\frac{7}{4}$ ② -1 ③ $-\frac{4}{7}$
④ $\frac{4}{7}$ ⑤ $\frac{7}{4}$

44

일차방정식 $2(x+a)=4x-2$의 해가 $x=3$일 때, 상수 a의 값을 구하시오.

중요

45

일차방정식 $\frac{5x+2a}{4}-\frac{2}{3}=\frac{7x-a}{3}$의 해가 $x=-1$일 때, 상수 a의 값은?

① $-\frac{1}{2}$ ② $-\frac{1}{3}$ ③ 1
④ $\frac{1}{3}$ ⑤ $\frac{1}{2}$

46 서술형

일차방정식 $x-\frac{2x-a}{3}=a+2$의 해가 $x=2$일 때, 일차방정식 $4(5-ax)-x=-1$의 해를 구하시오. (단, a는 상수)

집중

유형 14 해가 같은 두 일차방정식 개념2

❶ 한 방정식의 해를 구한다.
❷ 구한 해를 다른 방정식에 대입한다.

47 대표문제

두 일차방정식 $0.2(x-3)=0.3(x+2)-1$, $\frac{1}{3}(x+3)=\frac{x-2}{4}+a$의 해가 같을 때, 상수 a의 값은?

① $-\frac{3}{2}$ ② $-\frac{4}{3}$ ③ $\frac{4}{3}$
④ $\frac{3}{2}$ ⑤ $\frac{5}{2}$

48

두 일차방정식 $ax+5=x+3a$, $\frac{x+3}{2}=3(x-1)+2$의 해가 같을 때, 상수 a의 값을 구하시오.

49

다음 두 일차방정식의 해가 같을 때, 상수 a의 값은?

$2(x-a)=3x+1$ $\qquad$ $\frac{1}{2}x-1=\frac{x-4}{3}$

① -2 ② $-\frac{1}{2}$ ③ $\frac{1}{2}$
④ $\frac{3}{2}$ ⑤ 2

50

두 일차방정식 $0.2x+0.4=-0.17(x+2)$, $a-\frac{x}{2}-\frac{ax+4}{4}=-3$의 해가 같을 때, 상수 a의 값을 구하시오.

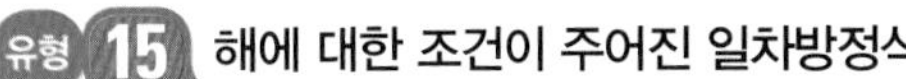

유형 15 해에 대한 조건이 주어진 일차방정식 개념2

❶ 주어진 일차방정식의 해를 미지수를 포함한 식으로 나타낸다.
❷ 해의 조건을 만족시키는 미지수의 값을 구한다.
→ 해 $\frac{b}{a}$가 자연수이면 b는 a의 배수이다.

51 대표문제

x에 대한 일차방정식 $2x-(x+a)=4x-10$의 해가 자연수가 되도록 하는 가장 큰 자연수 a의 값은?

① 4 ② 5 ③ 6
④ 7 ⑤ 8

52

x에 대한 일차방정식 $3(x-7)=2x-a$의 해가 자연수가 되도록 하는 자연수 a의 개수를 구하시오.

53

x에 대한 일차방정식 $2x-\frac{1}{3}(x+5a)=-5$의 해가 음의 정수가 되도록 하는 자연수 a의 값을 모두 구한 것은?

① 1, 2 ② 1, 3 ③ 2, 3
④ 2, 4 ⑤ 4, 5

54 서술형

x에 대한 일차방정식 $2(8-x)=a+x$의 해가 자연수가 되도록 하는 모든 자연수 a의 값의 합을 구하시오.

유형 16 특수한 해를 갖는 방정식 개념2

(1) x에 대한 방정식 $ax=b$에서
① 해가 없을 조건: $a=0$, $b\neq0$
② 해가 무수히 많을 조건: $a=0$, $b=0$
(2) x에 대한 방정식 $ax+b=cx+d$, 즉 $(a-c)x=d-b$에서
① 해가 없을 조건: $a=c$, $b\neq d$
② 해가 무수히 많을 조건: $a=c$, $b=d$

55 대표문제

방정식 $ax-4=x+b$의 해가 무수히 많을 때, 상수 a, b에 대하여 $a-b$의 값은?

① -5 ② -3 ③ -1
④ 3 ⑤ 5

56

방정식 $7-ax=3x-b$의 해가 무수히 많을 조건은? (단, a, b는 상수)

① $a\neq-3$, $b=-7$ ② $a=-3$, $b\neq-7$
③ $a=-3$, $b=-7$ ④ $a=3$, $b\neq7$
⑤ $a=3$, $b=7$

중요

57

다음 방정식의 해가 존재하지 않을 때, 상수 a의 값을 구하시오.

$$\frac{3x+2}{3}-\frac{3-ax}{2}=-x+\frac{1}{6}$$

58 서술형

방정식 $\frac{x-1}{2}-\frac{1}{4}=\frac{ax+4}{4}$의 해는 없고, 방정식 $3(bx-1)=-2(3x-c)$의 해는 무수히 많을 때, 상수 a, b, c에 대하여 abc의 값을 구하시오.

07 일차방정식의 풀이

Real 실전 기출

01

다음 중 문장을 등식으로 나타낸 것이 옳지 않은 것은?

① 귤 40개를 x명에게 3개씩 나누어 주면 귤 2개가 부족하다. ➔ $40-3x=-2$

② 4개에 x원 하는 과자 3개의 값과 5개에 3000원 하는 귤 7개의 값을 합하면 6600원이다. ➔ $\frac{3}{4}x+4200=6600$

③ 한 변의 길이가 x cm인 정삼각형의 둘레의 길이는 24 cm이다. ➔ $3x=24$

④ 시속 20 km로 x시간 동안 간 거리는 140 km이다. ➔ $20x=140$

⑤ 물 200 g에 소금 x g을 넣으면 8 %의 소금물이 된다. ➔ $\frac{x}{200}\times 100=8$

02 최다빈출

다음 방정식 중 해가 $x=1$인 것은?

① $x-7=-8$　　② $\frac{3}{5}x-\frac{1}{5}=\frac{4}{5}$

③ $x-\frac{1}{4}=-\frac{3}{4}$　　④ $2x-1=-3$

⑤ $x-6=-2x-3$

03

다음 중 항등식인 것을 모두 고르면? (정답 2개)

① $x-3=3x-1$

② $x-1=2x+1-x$

③ $2(4x-1)=8x-1$

④ $6x-4(1+x)=2x-4$

⑤ $2(3x-5)=3(2x-3)-1$

04

다음 중 옳지 않은 것은?

① $a=b$이면 $3a-3b=0$이다.

② $a=4b$이면 $\frac{a}{4}-2=b-2$이다.

③ $\frac{a}{2}=\frac{b}{5}$이면 $5a=2b$이다.

④ $a-7=b-7$이면 $a=b$이다.

⑤ $ac=bc$이면 $a+1=b+1$이다.

05 창의 역량

오른쪽 그림은 두 종류의 추 ▭, ◯와 접시저울을 이용하여 등식의 성질 중 어느 한 가지를 설명한 것이다. 다음 일차방정식의 풀이 과정 중 이 등식의 성질이 이용된 곳을 고르시오.

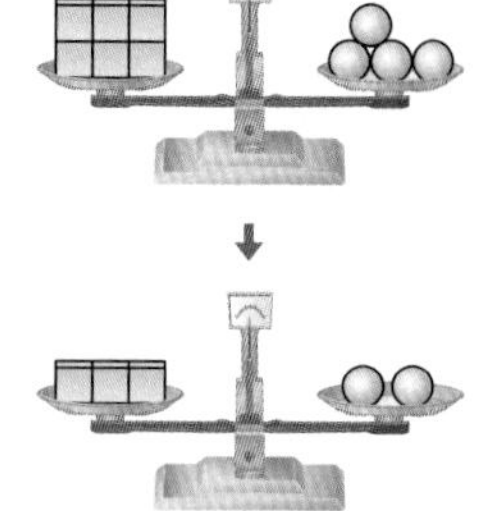

$2(4x-3)=12-x$
　(가)
$8x-6=12-x$
　(나)
$8x+x=12+6$
　(다)
$9x=18$
　(라)
$\therefore x=2$

06

다음 중 일차방정식인 것은?

① $x(x+2)=x-8$　　② $x+3=x+5$

③ $x^2+x=x-6$　　④ $x-1=-x+1$

⑤ $4(x-1)=4x-3$

07

일차방정식 $0.3(x+2)-0.5=0.4x+1$을 풀면?

① $x=-11$ ② $x=-9$ ③ $x=-8$
④ $x=9$ ⑤ $x=11$

08

일차방정식 $\frac{x+1}{2}-\frac{5-2x}{3}=\frac{5x-4}{4}$를 풀면?

① $x=-2$ ② $x=-1$ ③ $x=1$
④ $x=2$ ⑤ $x=3$

09

비례식 $(x-6):2=(5-2x):3$을 만족시키는 x의 값은?

① -4 ② -3 ③ -2
④ 2 ⑤ 4

10 최다빈출

일차방정식 $4x+a=5(x-3)$의 해가 $x=2$일 때, 상수 a의 값은?

① -13 ② -11 ③ -9
④ -7 ⑤ -5

11

두 일차방정식 $x-4=0.2(x-4)$, $3a(x-2)=5+x$의 해가 같을 때, 상수 a의 값을 구하시오.

100점 공략

12

일차방정식 $1-x=a-3(x+2)$의 해가 일차방정식 $x+2=\frac{x}{3}$의 해의 2배일 때, 상수 a의 값을 구하시오.

13

x에 대한 일차방정식 $2kx+3b=4ak-5x$가 상수 k의 값에 관계없이 항상 $x=-2$를 해로 가질 때, 상수 a, b에 대하여 $3ab$의 값을 구하시오.

14

일차방정식 $ax-8=-2(5x+2)$의 해가 양의 정수일 때, 이를 만족시키는 모든 정수 a의 값의 합을 구하시오.

정답과 해설 61쪽

서술형

15

등식 $4x+6=a(x-2)$가 x에 대한 일차방정식이 되기 위한 상수 a의 조건을 구하시오.

풀이

답

16

$4-ax+3b=5x+1$이 모든 x에 대하여 항상 참일 때, 일차방정식 $2(x-a)+b=0$의 해를 구하시오.

17

일차방정식 $0.9(x+2)-0.4(2x-1)=1$의 해를 $x=a$, $\frac{5x-3}{4}-\frac{2x+1}{2}=\frac{x+1}{12}$의 해를 $x=b$라 할 때, $a+3b$의 값을 구하시오.

18

방정식 $3(5-2x)+a=bx-3$의 해가 무수히 많을 때, 상수 a, b에 대하여 $\frac{a}{b}$의 값을 구하시오.

19 100점

x에 대한 일차방정식 $5x-2a=2(x+b)$의 해가 $x=b$일 때, $\frac{7a-2b}{b+a}$의 값을 구하시오. (단, $a\neq0$)

풀이

답

20 100점

두 수 a, b에 대하여 $a◎b=3(a+b)-ab$라 할 때, $(2◎x)◎(-1)=5$를 만족시키는 x의 값을 구하시오.

풀이

답

III. 일차방정식

08 일차방정식의 활용

유형북 103 ~ 116쪽
더블북 50 ~ 57쪽

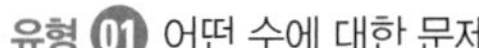

개념 1 일차방정식의 활용 (1)

유형 01~11

(1) 일차방정식의 활용 문제 풀이

일차방정식의 활용 문제는 다음과 같은 순서로 푼다.

❶ 미지수 정하기: 문제의 뜻을 파악하고 구하려는 값을 미지수 x로 놓는다.

❷ 방정식 세우기: 문제의 뜻에 맞게 x에 대한 일차방정식을 세운다.

❸ 방정식 풀기: 일차방정식을 풀어 해를 구한다.

❹ 확인하기: 구한 해가 문제의 뜻에 맞는지 확인한다.

(2) 연속하는 수에 대한 문제: 연속하는 수를 다음과 같이 놓는다.

① 연속하는 두 정수 ➡ x, $x+1$ (또는 $x-1$, x)

② 연속하는 세 정수 ➡ $x-1$, x, $x+1$ (또는 x, $x+1$, $x+2$)

③ 연속하는 두 홀수 (짝수) ➡ x, $x+2$ (또는 $x-2$, x)

④ 연속하는 세 홀수 (짝수) ➡ $x-2$, x, $x+2$ (또는 x, $x+2$, $x+4$)

(3) 자리의 숫자에 대한 문제

십의 자리의 숫자가 a, 일의 자리의 숫자가 b인 두 자리 자연수 ➡ $10a+b$

(4) 나이에 대한 문제

① (x년 후의 나이)=(현재 나이)$+x$ (세)

② (x년 전의 나이)=(현재 나이)$-x$ (세)

(5) 과부족에 대한 문제: 물건을 나누어 주는 방법에 관계없이 물건의 전체 개수는 일정함을 이용한다.

(6) 일에 대한 문제: 전체 일의 양을 1로 놓고 (하루에 하는 일의 양)$=\dfrac{1}{(\text{일한 날수})}$임을 이용한다.

+ 개념 노트

- 문제의 답을 구할 때는 반드시 단위를 함께 쓴다.
- 연속하는 수에 대한 문제에서는 어떤 수를 미지수로 정해도 상관없지만 답을 구할 때는 문제에서 구하라는 수가 무엇인지 꼭 확인한다.

개념 2 일차방정식의 활용 (2)

유형 12~16

(1) 거리, 속력, 시간에 대한 문제

거리, 속력, 시간에 대한 문제는 다음 관계를 이용하여 방정식을 세운다.

① (거리)=(속력)×(시간)　② (속력)$=\dfrac{(\text{거리})}{(\text{시간})}$　③ (시간)$=\dfrac{(\text{거리})}{(\text{속력})}$

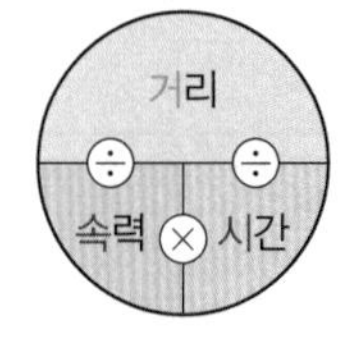

예 • 시속 5 km로 x시간 동안 걸은 거리 ➡ $5x$ km

• x km의 거리를 일정한 속력으로 2시간 동안 달렸을 때의 속력 ➡ 시속 $\dfrac{x}{2}$ km

• 시속 6 km로 x km를 가는 데 걸리는 시간 ➡ $\dfrac{x}{6}$시간

(2) 농도에 대한 문제

소금물의 농도에 대한 문제는 다음 관계를 이용하여 방정식을 세운다.

① (소금물의 농도)$=\dfrac{(\text{소금의 양})}{(\text{소금물의 양})}\times100(\%)$

② (소금의 양)$=\dfrac{(\text{소금물의 농도})}{100}\times$(소금물의 양)

예 • 물 150 g에 소금 50 g을 넣었을 때, 소금물의 농도 ➡ $\dfrac{50}{150+50}\times100=25(\%)$

• 농도가 8 %인 소금물 200 g에 들어 있는 소금의 양 ➡ $\dfrac{8}{100}\times200=16(\text{g})$

- 거리, 속력, 시간에 대한 문제를 풀 때는 방정식을 세우기 전에 단위를 통일하도록 한다.
  ➡ 1 km=1000 m
  1시간=60분
  1분$=\dfrac{1}{60}$시간
- 농도는 어떤 물질이 물에 녹아 있는 정도를 수치로 나타낸 것이다.
- 소금물에 물을 더 넣거나 증발시키면 농도는 변하지만 소금의 양은 변하지 않으므로 소금물의 농도에 대한 문제를 풀 때는 소금의 양이 일정함을 이용하여 방정식을 세워서 푼다.

개념 1 일차방정식의 활용 (1)

01 다음은 일차방정식을 활용하여 어떤 수를 구하는 과정이다. □ 안에 알맞은 것을 써넣으시오.

> 어떤 수를 3배 한 수는 어떤 수에서 4를 뺀 수와 같다.

❶ 미지수 정하기	어떤 수를 미지수 x라 하자.
❷ 방정식 세우기	어떤 수를 3배 한 수는 □ … ㉠ 어떤 수에서 4를 뺀 수는 □ … ㉡ ㉠, ㉡이 같으므로 방정식을 세우면 □
❸ 방정식 풀기	방정식을 풀면 $x=$□ 따라서 어떤 수는 □이다.
❹ 확인하기	어떤 수를 3배 한 수는 3×(□)=□ 어떤 수에서 4를 뺀 수는 □−4=□ 두 값이 같으므로 구한 해는 문제의 뜻에 맞는다.

[02~07] 다음 문장을 방정식으로 나타내고, x의 값을 구하시오.

02 어떤 수 x의 4배는 x에 6을 더한 것과 같다.

03 사과 20개를 x명에게 3개씩 나누어 주었더니 2개가 남았다.

04 십의 자리의 숫자가 x, 일의 자리의 숫자가 5인 두 자리 자연수는 각 자리의 숫자의 합의 5배와 같다.

05 가로의 길이가 x cm, 세로의 길이가 4 cm인 직사각형의 둘레의 길이는 22 cm이다.

06 올해 아버지의 나이는 45세이고, 아들의 나이는 14세이다. x년 후에 아버지의 나이는 아들의 나이의 2배가 된다.

07 한 개에 500원 하는 빵 x개와 한 개에 800원 하는 우유를 합하여 모두 10개를 사고 6200원을 지불하였다.

개념 2 일차방정식의 활용 (2)

[08~09] 두 지점 A, B를 왕복하는데 갈 때는 시속 3 km로, 올 때는 시속 2 km로 걸어서 총 5시간이 걸렸다. 두 지점 A, B 사이의 거리를 x km라 할 때, 다음 물음에 답하시오.

	거리(km)	속력(km/h)	걸린 시간(시간)
갈 때	x	3	
올 때	x		

08 표를 완성하고, 왕복하는 데 걸린 시간을 이용하여 방정식을 세우시오.

09 두 지점 A, B 사이의 거리를 구하시오.

[10~11] 10 %의 소금물 200 g에 물을 더 넣어서 4 %의 소금물을 만들려고 한다. 더 넣은 물의 양을 x g이라 할 때, 다음 물음에 답하시오.

	물을 넣기 전	물을 넣은 후
농도(%)	10	4
소금물의 양(g)	200	
소금의 양(g)	$\frac{10}{100}\times 200$	

10 표를 완성하고, 물을 더 넣어도 소금의 양은 변하지 않음을 이용하여 방정식을 세우시오.

11 더 넣은 물의 양을 구하시오.

유형 01 어떤 수에 대한 문제 개념 1

❶ 어떤 수를 x로 놓는다.
❷ 주어진 조건에 맞게 x에 대한 방정식을 세운다.
❸ x에 대한 방정식을 푼다.

01 대표문제

어떤 수를 $\frac{1}{2}$배 한 수는 어떤 수에서 5를 뺀 후 2배 한 수보다 2만큼 작을 때, 어떤 수는?

① 4　② 6　③ 8　④ 10　⑤ 12

02

어떤 수에서 2를 빼어 5배 한 수는 어떤 수를 3배 한 수와 같을 때, 어떤 수를 구하시오.

중요

03

서로 다른 두 자연수에 대하여 큰 수를 작은 수로 나누면 몫이 4, 나머지가 5이다. 큰 수와 작은 수의 합이 40일 때, 작은 수를 구하시오.

04 서술형

어떤 수의 4배에서 6을 빼야 할 것을 잘못하여 어떤 수의 6배에서 4를 뺐더니 처음 구하려고 했던 수보다 10만큼 커졌다. 다음을 구하시오.

(1) 어떤 수
(2) 처음 구하려고 했던 수

집중

유형 02 연속하는 자연수에 대한 문제 개념 1

(1) 연속하는 두 자연수: $x, x+1$ 또는 $x-1, x$
(2) 연속하는 두 홀수(짝수): $x, x+2$ 또는 $x-2, x$
(3) 연속하는 세 자연수: $x-1, x, x+1$ 또는 $x, x+1, x+2$
(4) 연속하는 세 홀수(짝수): $x-2, x, x+2$ 또는 $x, x+2, x+4$

05 대표문제

연속하는 세 자연수의 합이 123일 때, 세 수 중 가장 큰 수는?

① 39　② 40　③ 41　④ 42　⑤ 43

06

연속하는 두 자연수의 합이 39일 때, 두 자연수의 곱을 구하시오.

07

연속하는 두 짝수의 합이 작은 수의 4배보다 6만큼 작을 때, 두 짝수 중 작은 수는?

① 2　② 4　③ 6　④ 8　⑤ 10

08 서술형

연속하는 세 홀수 중 가장 작은 수의 3배는 다른 두 수의 합보다 1만큼 작을 때, 가장 큰 수를 구하시오.

집중

유형 03 자리의 숫자에 대한 문제 개념1

십의 자리의 숫자가 x, 일의 자리의 숫자가 y인 두 자리 자연수는 $10x+y$이고, 이 자연수의 십의 자리의 숫자와 일의 자리의 숫자를 바꾼 수는 $10y+x$이다.

09 대표문제

일의 자리의 숫자가 6인 두 자리 자연수가 있다. 이 자연수의 십의 자리의 숫자와 일의 자리의 숫자를 바꾼 수는 처음 수보다 18만큼 작다고 할 때, 처음 수를 구하시오.

10

십의 자리의 숫자가 4인 두 자리 자연수가 있다. 이 자연수가 각 자리의 숫자의 합의 4배와 같을 때, 이 자연수는?

① 42 ② 44 ③ 46
④ 48 ⑤ 49

11

십의 자리의 숫자가 일의 자리의 숫자보다 3만큼 큰 두 자리 자연수가 있다. 이 자연수는 각 자리의 숫자의 합의 5배보다 17만큼 크다고 할 때, 이 자연수를 구하시오.

12 서술형

일의 자리의 숫자와 십의 자리의 숫자의 합이 14인 두 자리 자연수가 있다. 이 자연수의 일의 자리의 숫자와 십의 자리의 숫자를 바꾼 수는 처음 수보다 36만큼 클 때, 처음 수를 구하시오.

집중

유형 04 나이에 대한 문제 개념1

올해 a세인 사람의 $\begin{cases} x\text{년 후의 나이} \rightarrow (a+x)\text{세} \\ x\text{년 전의 나이} \rightarrow (a-x)\text{세} \end{cases}$

13 대표문제

현재 아버지와 딸의 나이의 합은 56세이다. 14년 후 아버지의 나이는 딸의 나이의 2배가 된다고 할 때, 현재 아버지의 나이를 구하시오.

14

올해 어머니의 나이는 41세이고, 아들의 나이는 11세이다. 어머니의 나이가 아들의 나이의 3배가 되는 것은 몇 년 후인가?

① 2년 후 ② 3년 후 ③ 4년 후
④ 5년 후 ⑤ 6년 후

중요

15

현재 지수의 이모의 나이는 지수의 나이의 3배이다. 9년 후 이모의 나이가 지수의 나이의 2배가 된다고 할 때, 현재 지수의 나이를 구하시오.

16 서술형

준호의 아버지와 준호의 나이의 차는 30세이다. 현재로부터 11년 후 아버지의 나이는 준호의 나이의 3배보다 4세 적다고 할 때, 현재 준호의 나이를 구하시오.

유형 05 개수의 합이 일정한 문제 개념1

A, B의 개수의 합이 a로 일정한 경우
❶ A의 개수를 x라 하면 B의 개수는 $a-x$이다.
❷ x에 대한 일차방정식을 세워 푼다.

17 대표문제

농장에 오리와 돼지가 합하여 68마리 있다. 다리의 수를 세어 보니 216이었을 때, 오리는 몇 마리 있는지 구하시오.

18

농구 시합에서 어떤 선수가 2점짜리 슛과 3점짜리 슛을 합하여 12개를 넣어 30점을 득점하였을 때, 이 선수가 넣은 2점짜리 슛의 개수를 구하시오.

중요

19

한 송이에 800원인 튤립과 한 송이에 1000원인 장미를 합하여 모두 15송이를 사고 15000원을 내었더니 1800원을 거슬러 주었다. 이때 구입한 장미의 수는?

① 3 ② 4 ③ 5
④ 6 ⑤ 7

20 서술형

한 개에 500원인 초콜릿과 한 개에 300원인 사탕을 합하여 20개를 사서 800원짜리 선물 상자에 담았더니 9200원이 되었다. 초콜릿과 사탕을 각각 몇 개씩 샀는지 구하시오.

유형 06 예금에 대한 문제 개념1

(1) 매월 a원씩 x개월 동안 예금할 때, x개월 후의 예금액
➜ ax원
(2) 현재의 예금액이 b원, 매월 예금액이 c원일 때, x개월 후의 예금액
➜ (현재의 예금액)$+$(매월 예금액)$\times$(기간)$=b+cx$(원)

21 대표문제

현재 언니의 저금통에는 5000원, 동생의 저금통에는 3600원이 들어 있다. 내일부터 언니는 매일 400원, 동생은 매일 600원씩 저금통에 넣는다면 며칠 후에 언니와 동생의 저금통에 들어 있는 금액이 같아지겠는가?

① 3일 후 ② 4일 후 ③ 5일 후
④ 6일 후 ⑤ 7일 후

22

현재 은지의 예금액은 12000원, 태민이의 예금액은 39000원이다. 다음 달부터 두 사람이 매달 3000원씩 예금을 한다면 몇 개월 후에 태민이의 예금액이 은지의 예금액의 2배가 되는지 구하시오. (단, 이자는 생각하지 않는다.)

23

현재 민우는 40000원, 수아는 32000원의 돈을 가지고 있다. 내일부터 두 사람이 매일 2000원씩 사용한다면 며칠 후에 민우가 가지고 있는 돈이 수아가 가지고 있는 돈의 3배가 되겠는가?

① 11일 후 ② 12일 후 ③ 13일 후
④ 14일 후 ⑤ 15일 후

집중

유형 07 원가와 정가에 대한 문제 개념1

(1) 원가 a원에 x %의 이익을 붙인 정가

➡ (정가)=(원가)+(이익)$=a+\frac{x}{100}a$(원)$=\left(1+\frac{x}{100}\right)a$(원)

(2) 정가 b원의 y %를 할인한 판매 가격

➡ (판매 가격)=(정가)−(할인 금액)$=b-\frac{y}{100}b$(원)

$=\left(1-\frac{y}{100}\right)b$(원)

(3) (이익)=(판매 가격)−(원가)

24 대표문제

원가에 10 %의 이익을 붙여서 정가를 정한 상품이 팔리지 않아 정가에서 500원을 할인하여 팔았더니 1개를 팔 때마다 원가의 5 %의 이익을 얻었다고 한다. 이 상품의 원가는?

① 8000원 ② 9000원 ③ 10000원
④ 11000원 ⑤ 12000원

25

원가가 6000원인 상품이 있다. 이 상품을 정가의 25 %를 할인하여 팔았더니 1개를 팔 때마다 원가의 10 %의 이익이 생겼다. 이 상품의 정가는?

① 8200원 ② 8400원 ③ 8600원
④ 8800원 ⑤ 9000원

26

원가가 20000원인 상품이 있다. 원가에 x %의 이익을 붙여서 정가를 정했다가 다시 정가에서 20 % 할인하여 팔았더니 1개를 팔 때마다 800원의 이익이 생겼다. 이때 x의 값을 구하시오.

집중

유형 08 증가와 감소에 대한 문제 개념1

작년 학생 수가 a일 때

(1) 올해 학생 수가 작년에 비해 x % 감소한 경우

➡ (올해 학생 수)$=a-\frac{x}{100}a=\left(1-\frac{x}{100}\right)a$

(2) 올해 학생 수가 작년에 비해 x % 증가한 경우

➡ (올해 학생 수)$=a+\frac{x}{100}a=\left(1+\frac{x}{100}\right)a$

27 대표문제

어느 중학교의 작년 전체 학생은 600명이었다. 올해는 작년에 비해 남학생 수는 3 % 증가하고, 여학생 수는 5 % 감소하여 전체 학생이 6명 감소하였다. 올해 남학생 수는?

① 305 ② 307 ③ 309
④ 310 ⑤ 312

28

어느 회사의 올해 입사 지원자 수가 작년보다 10 % 증가하여 2530명이 되었다. 작년 입사 지원자 수를 구하시오.

29

어느 동호회의 작년 전체 회원은 200명이었다. 올해는 작년에 비해 남자 회원은 10명 감소하고, 여자 회원 수는 15 % 증가하여 전체 회원 수가 1 % 증가하였다. 올해 여자 회원 수를 구하시오.

30 서술형

어느 중학교의 작년 전체 학생은 1250명이었다. 올해는 작년에 비해 남학생 수는 4 % 감소하고, 여학생 수는 2 % 증가하여 전체 학생이 1239명이 되었다. 올해 남학생 수를 구하시오.

집중

유형 09 과부족에 대한 문제 개념 1

(1) 사람들에게 물건을 나누어 줄 때
➡ 사람 수를 x로 놓고, 물건의 수를 x에 대한 식으로 나타낸다.
(2) 사람이 긴 의자에 앉거나 텐트에서 잘 때
➡ 긴 의자 또는 텐트의 수를 x로 놓고, 사람 수를 x에 대한 식으로 나타낸다.

31 대표문제

학생들에게 초콜릿을 나누어 주는데 3개씩 나누어 주면 6개가 남고, 5개씩 나누어 주면 2개가 부족하다. 이때 초콜릿의 수는?

① 16 ② 17 ③ 18
④ 19 ⑤ 20

32 서술형

지우네 반 학생들이 운동장에서 야영을 하려고 텐트를 설치하였다. 한 텐트에 4명씩 자면 4명이 잘 곳이 없고, 한 텐트에 5명씩 자면 남는 텐트는 없고 마지막 텐트에는 3명이 자게 된다. 다음을 구하시오.

(1) 텐트의 수
(2) 지우네 반 학생 수

33

강당의 긴 의자에 학생들이 앉는데 한 의자에 6명씩 앉으면 3명의 학생이 앉지 못하고, 한 의자에 8명씩 앉으면 의자 하나가 완전히 비어 있고 마지막 의자에는 1명이 앉는다고 한다. 이때 학생 수를 구하시오.

유형 10 일에 대한 문제 개념 1

❶ 전체 일의 양을 1로 놓는다.
❷ 단위시간 (1일, 1시간, 1분 등)에 할 수 있는 일의 양을 구한다.
예 어떤 일을 혼자서 완성하는 데 3일이 걸린다고 할 때, 전체 일의 양을 1이라 하면 하루 동안 하는 일의 양은 $\frac{1}{3}$이다.
❸ (각자 한 일의 양의 합)=1임을 이용하여 방정식을 세워 푼다.

34 대표문제

대청소를 하는 데 형이 혼자서 하면 2시간이 걸리고, 동생이 혼자서 하면 3시간이 걸린다고 한다. 청소를 형이 혼자 1시간 동안 한 후에 형과 동생이 함께하여 끝냈을 때, 형과 동생이 함께 청소한 시간은 몇 분인지 구하시오.

35

어떤 일을 완성하는 데 A가 혼자서 하면 12일이 걸리고, B가 혼자서 하면 18일이 걸린다고 한다. A가 4일 동안 한 후, B가 나머지를 하여 완성하였다면 B는 며칠 동안 일하였는지 구하시오.

36

수영장에 물을 가득 채우는 데 A 호스로는 6시간, B 호스로는 2시간이 걸린다고 한다. 이 수영장에 물을 가득 채우기 위해 A 호스로만 2시간 동안 물을 받다가 A, B 두 호스로 동시에 물을 받기로 하였다. 이때 두 호스로 동시에 물을 받는 시간은?

① 1시간 ② 1시간 30분 ③ 2시간
④ 2시간 30분 ⑤ 3시간

유형 11 도형에 대한 문제 개념 1

도형의 둘레의 길이와 넓이에 대한 공식을 이용하여 방정식을 세운다.

(1) (직사각형의 둘레의 길이)$=2\times${(가로의 길이)+(세로의 길이)}
(직사각형의 넓이)=(가로의 길이)×(세로의 길이)

(2) (삼각형의 넓이)$=\frac{1}{2}\times$(밑변의 길이)×(높이)

37 대표문제

길이가 42 cm인 철사를 구부려 겹치는 부분이 없도록 모두 사용하여 직사각형을 만들려고 한다. 가로의 길이와 세로의 길이의 비가 5 : 2일 때, 이 직사각형의 넓이는?

① 90 cm^2 ② 91 cm^2 ③ 92 cm^2
④ 93 cm^2 ⑤ 94 cm^2

38 서술형

둘레의 길이가 28 cm인 정사각형이 있다. 이 정사각형의 가로를 x cm 줄이고, 세로를 5 cm 늘였더니 넓이가 60 cm^2인 직사각형이 되었다. 이때 x의 값을 구하시오.

39

오른쪽 그림과 같이 길이가 6 m인 철망으로 직사각형 모양의 닭장을 만들려고 한다. 이 닭장의 가로의 길이를 세로의 길이보다 90 cm 더 길게 하려고 할 때, 이 닭장의 가로의 길이는 몇 m인지 구하시오.

(단, 닭장의 한 변은 담장이다.)

집중

유형 12 거리, 속력, 시간에 대한 문제 (1) 개념 2

(1) 각 구간에서의 속력이 다르고 총 걸린 시간이 주어지는 경우
➡ (각 구간에서 걸린 시간의 합)=(총 걸린 시간)

(2) 같은 거리를 가는데 속력이 달라 걸린 시간이 차이가 날 때
➡ (느린 속력으로 이동한 시간)−(빠른 속력으로 이동한 시간)
=(걸린 시간 차)

40 대표문제

은지와 동생이 동시에 집에서 자전거를 타고 출발하여 박물관까지 가는데 은지는 분속 120 m로 가고, 동생은 분속 100 m로 갔다. 은지가 동생보다 1시간 빨리 도착했을 때, 은지네 집에서 박물관까지의 거리는?

① 32 km ② 34 km ③ 36 km
④ 38 km ⑤ 40 km

41

두 지점 A, B 사이를 왕복하는데 갈 때는 시속 4 km로 걷고, 올 때는 시속 2 km로 걸어서 총 6시간이 걸렸다. 두 지점 A, B 사이의 거리를 구하시오.

42

등산을 하는데 올라갈 때는 시속 3 km로 걷고, 내려올 때는 올라갈 때보다 1 km 더 먼 거리를 시속 4 km로 걸어서 모두 3시간 10분이 걸렸다. 내려올 때 걸은 거리를 구하시오.

43

은수가 집에서 출발하여 마트에 다녀오는데 갈 때는 시속 3 km로 걷고 마트에서 40분 동안 물건을 산 후 올 때는 시속 2 km로 걸어서 총 2시간이 걸렸다. 은수네 집에서 마트까지의 거리를 구하시오.

집중

유형 13 거리, 속력, 시간에 대한 문제 (2) 개념2

(1) A, B가 시간 차를 두고 같은 지점에서 출발하여 만나는 경우
➡ (A가 이동한 거리)=(B가 이동한 거리)
(2) A, B가 서로 다른 지점에서 동시에 출발하여 마주 보고 이동하다가 처음으로 만나는 경우
➡ (A, B가 이동한 거리의 합)=(두 지점 사이의 거리),
(A가 이동한 시간)=(B가 이동한 시간)
(3) A, B가 같은 지점에서 동시에 출발하여 호수 둘레를 반대/같은 방향으로 이동하다가 만나는 경우
➡ (A, B가 이동한 거리의 합/차)=(호수 둘레의 길이)

44 대표문제

둘레의 길이가 2.6 km인 호숫가를 지우와 승호가 같은 지점에서 서로 반대 방향으로 동시에 출발하여 걸어갔다. 지우는 분속 60 m로 걷고, 승호는 분속 70 m로 걸었다면 두 사람이 처음으로 다시 만나는 것은 출발한 지 몇 분 후인지 구하시오.

45

형이 집을 출발한 지 8분 후에 동생이 따라 나섰다. 형은 분속 80 m로 걷고, 동생은 분속 240 m로 자전거를 타고 따라간다고 할 때, 동생은 출발한 지 몇 분 후에 형을 만나게 되는지 구하시오.

46

둘레의 길이가 400 m인 트랙을 언니와 동생이 서로 같은 방향으로 동시에 출발하여 걸어갔다. 언니는 분속 120 m로 걷고, 동생은 분속 80 m로 걸을 때, 언니와 동생이 처음으로 다시 만나는 것은 출발한 지 몇 분 후인지 구하시오.

47 서술형

A, B 두 사람이 3.2 km 떨어진 곳에서 서로 마주 보고 동시에 출발하였다. A는 시속 3 km로 걷고, B는 시속 5 km로 달려서 중간에 만났을 때, B가 달린 거리를 구하시오.

유형 14 거리, 속력, 시간에 대한 문제 (3) 개념2

(1) 열차가 다리(또는 터널)를 완전히 통과한다는 것은 열차의 맨 앞부분이 다리(또는 터널)에 들어서기 시작하여 열차의 맨 뒷부분이 다리(또는 터널)를 완전히 빠져나오는 것을 말한다.
(2) 길이가 a m인 열차가 길이가 b m인 다리(또는 터널)를 완전히 통과하려면 $(a+b)$ m를 달려야 한다.
➡ (열차의 속력)$=\dfrac{a+b}{(\text{완전히 통과하는 데 걸린 시간})}$

48 대표문제

일정한 속력으로 달리는 열차가 길이가 1600 m인 터널을 완전히 통과하는 데는 90초가 걸리고, 길이가 800 m인 철교를 완전히 통과하는 데는 50초가 걸린다. 이 열차의 길이를 구하시오.

49

초속 45 m로 달리는 열차가 길이가 1500 m인 다리를 완전히 통과하는 데 36초가 걸렸다. 이 열차의 길이를 구하시오.

50

일정한 속력으로 달리는 기차가 있다. 길이가 120 m인 다리를 완전히 통과하는 데는 5초가 걸리고, 길이가 300 m인 다리를 완전히 통과하는 데는 10초가 걸린다. 이 기차의 속력을 구하시오.

집중

유형 15 농도에 대한 문제 (1)

개념 2

(1) 소금물에 물을 더 넣는 경우
→ (물을 넣기 전의 소금의 양)=(물을 넣은 후 소금의 양)

(2) 소금물에서 물을 증발시키는 경우
→ (물을 증발시키기 전 소금의 양)=(물을 증발시킨 후 소금의 양)

(3) 소금물에 소금을 더 넣는 경우
→ (처음 소금물의 양)+(더 넣은 소금의 양)=(나중 소금물의 양),
(처음 소금물의 소금의 양)+(더 넣은 소금의 양)
=(나중 소금물의 소금의 양)

51 대표문제

8 %의 소금물 200 g이 있다. 이 소금물에 몇 g의 물을 더 넣으면 5 %의 소금물이 되겠는가?

① 80 g ② 90 g ③ 100 g
④ 110 g ⑤ 120 g

중요

52

10 %의 소금물 300 g이 있다. 이 소금물에서 몇 g의 물을 증발시키면 12 %의 소금물이 되는지 구하시오.

53 서술형

15 %의 소금물에 소금 50 g을 더 넣어서 20 %의 소금물을 만들려고 한다. 이때 15 %의 소금물은 몇 g인지 구하시오.

54

설탕물 300 g에 설탕 100 g을 더 넣었더니 처음 농도의 2배가 되었다. 처음 설탕물의 농도를 구하시오.

유형 16 농도에 대한 문제 (2)

개념 2

농도가 다른 두 소금물 A, B를 섞는 경우
→ (섞기 전 소금물 A에 들어 있는 소금의 양)
+(섞기 전 소금물 B에 들어 있는 소금의 양)
=(섞은 후 소금물에 들어 있는 소금의 양)

55 대표문제

4 %의 소금물과 8 %의 소금물을 섞어서 5 %의 소금물 400 g을 만들려고 한다. 이때 4 %의 소금물의 양은?

① 100 g ② 150 g ③ 200 g
④ 250 g ⑤ 300 g

56

x %의 소금물 300 g과 12 %의 소금물 200 g을 섞어서 9 %의 소금물을 만들려고 한다. 이때 x의 값을 구하시오.

57

10 %의 소금물과 15 %의 소금물을 섞어서 12 %의 소금물 200 g을 만들려고 한다. 이때 15 %의 소금물의 양을 구하시오.

58 서술형

8 %의 소금물 100 g과 10 %의 소금물을 섞은 후 물을 더 부어서 7 %의 소금물 280 g을 만들었다. 이때 더 부은 물의 양을 구하시오.

Real 실전 기출

01

어떤 자연수에서 3을 뺀 후 4배 한 것은 어떤 자연수를 3배 한 것보다 1만큼 크다고 한다. 어떤 자연수는?

① 10　② 11　③ 12
④ 13　⑤ 14

02 최다빈출

연속하는 세 자연수의 합이 63일 때, 세 자연수 중 가장 작은 수는?

① 20　② 21　③ 22
④ 23　⑤ 24

03 창의 역량

다음과 같은 방법으로 달력에서 'ㄴ'자 형태로 4개의 수를 선택하였더니 그 합이 88이었다. 선택한 수 중 가장 작은 수는?

월	화	수	목	금	토	일
		1	2	3	4	5
6	7	8	9	10	11	12
13	14	15	16	17	18	19
20	21	22	23	24	25	26
27	28	29	30			

① 13　② 14　③ 15
④ 16　⑤ 17

04

지호의 15년 후의 나이는 현재 나이의 3배보다 7세가 적다고 할 때, 현재 지호의 나이는?

① 9세　② 10세　③ 11세
④ 12세　⑤ 13세

05

은비는 국어 시험에서 4점짜리 문제와 5점짜리 문제를 합하여 20문제를 맞혀서 82점을 받았다. 은비가 맞힌 4점짜리 문제의 수는?

① 14　② 15　③ 16
④ 17　⑤ 18

06

현재 형과 동생의 예금액은 각각 20000원, 10000원이다. 다음 달부터 형은 매달 4000원씩, 동생은 매달 x원씩 예금한다면 10개월 후에 형의 예금액의 2배와 동생의 예금액의 3배가 같아진다고 할 때, x의 값을 구하시오.

(단, 이자는 생각하지 않는다.)

07

어떤 물건에 원가의 20 %의 이익을 붙여서 정가를 정하였더니 잘 팔리지 않아서 정가의 10 %를 할인하여 팔았다. 이 물건 1개를 팔 때마다 2000원의 이익이 생겼을 때, 이 물건의 원가는?

① 10000원　② 15000원　③ 20000원
④ 25000원　⑤ 30000원

08

A 중학교의 작년 전체 학생은 850명이었다. 올해는 작년에 비해 남학생 수는 7 % 증가하고 여학생 수는 4 % 감소하여 전체 학생이 10명 증가하였다고 한다. 올해 남학생 수는?

① 420　② 422　③ 424
④ 426　⑤ 428

09

연극 관람을 위해 극장의 긴 의자에 앉으려고 한다. 한 의자에 20명씩 앉으면 10명이 앉지 못하고, 21명씩 앉으면 마지막 의자에는 8명이 앉고 완전히 빈 의자 2개가 남는다. 이때 사람 수를 구하시오.

10

등산을 하는데 올라갈 때는 시속 2 km로 걷고, 정상에서 30분 휴식 후 내려올 때는 올라올 때와 다른 길로 시속 3 km로 걸었더니 모두 6시간이 걸렸다. 올라간 길과 내려간 길의 거리의 합이 13 km일 때, 내려올 때 걸린 시간을 구하시오.

11

다은이는 오전 7시 30분에 집에서 출발하여 학교를 향해 분속 60 m로 걸어갔다. 동생이 오전 7시 50분에 출발하여 자전거를 타고 분속 180 m로 다은이를 따라갈 때, 다은이와 동생이 만나는 시각을 구하시오.

(단, 다은이와 동생은 학교에 도착하기 전에 만난다.)

12

소금물 300 g에 물 40 g과 소금 60 g을 더 넣었더니 농도가 처음 소금물의 농도의 2배가 되었다. 처음 소금물의 농도를 구하시오.

13

윤지와 영준이가 매달 초 받는 용돈의 비는 3 : 4이고, 한 달 동안의 지출한 금액의 비는 3 : 5이다. 말일인 현재 두 사람에게 남은 용돈은 각각 6000원이다. 이때 윤지가 매달 받는 용돈은 얼마인지 구하시오.

14

입장료가 어른은 5000원, 학생은 2000원인 어느 미술관의 어제 관람객은 300명이었다. 오늘은 어제에 비해 관람객 수가 어른은 10 % 증가하고, 학생은 20 % 감소하여 오늘의 총 관람료 수입이 870000원이었다. 오늘 관람한 학생 수를 구하시오.

15

A, B 두 개의 병이 있다. A 병에는 20 %의 소금물 400 g이 들어 있고, B 병에는 12 %의 소금물 300 g이 들어 있다. A 병의 소금물 100 g을 B 병에 넣고 섞은 다음 다시 B 병의 소금물 x g을 A 병에 넣고 섞었더니 A 병의 소금물의 농도가 18 %가 되었다. 이때 x의 값을 구하시오.

정답과 해설 70쪽

서술형

16

일의 자리의 숫자가 6인 두 자리 자연수가 있다. 이 자연수의 십의 자리의 숫자와 일의 자리의 숫자를 바꾼 수는 처음 수보다 9만큼 크다고 한다. 처음 자연수를 구하시오.

풀이

답

17

공책을 한 학생에게 5권씩 나누어 주면 4권이 부족하고, 4권씩 나누어 주면 2권이 남는다. 이때 공책의 수를 구하시오.

풀이

답

18

어떤 일을 완성하는 데 언니는 20일, 동생은 25일이 걸린다고 한다. 이 일을 언니가 혼자 2일 동안 한 후 언니와 동생이 같이 하여 일을 끝냈다. 언니와 동생이 같이 일한 날은 며칠 동안인지 구하시오.

풀이

답

19

집에서 학교까지 가는데 시속 12 km로 자전거를 타고 가면 시속 4 km로 걸어가는 것보다 30분 빨리 도착한다고 한다. 집에서 학교까지의 거리를 구하시오.

풀이

답

20 100점

일정한 속력으로 달리는 열차가 길이가 520 m인 다리를 통과하는 데는 40초가 걸렸고, 길이가 1100 m인 터널을 통과할 때는 열차가 1분 동안 보이지 않았다. 이 열차의 길이를 구하시오.

풀이

답

21 100점

10 %의 소금물 500 g에서 소금물 일부를 퍼내고 퍼낸 소금물만큼의 물을 채운 후 다시 6 %의 소금물을 섞어서 8 %의 소금물 620 g을 만들었다. 처음 퍼낸 소금물의 양을 구하시오.

풀이

답

IV. 좌표평면과 그래프

09 좌표평면과 그래프

Real 실전 개념

개념 1 순서쌍과 좌표평면 유형 01~04

(1) **수직선 위의 점의 좌표**

① 좌표: 수직선 위의 한 점에 대응하는 수

② 수직선에서 점 P의 좌표가 a일 때, 기호로 P(a)와 같이 나타낸다.

P
a
점 P의 좌표

(2) **좌표평면**: 두 수직선이 점 O에서 서로 수직으로 만날 때, 가로의 수직선을 x축, 세로의 수직선을 y축, 두 좌표축이 만나는 점 O를 원점이라 하고, 좌표축이 정해져 있는 평면을 좌표평면이라 한다.

(3) **좌표평면 위의 점의 좌표**

① 순서쌍: 두 수의 순서를 정하여 짝 지어 나타낸 것 예 (2, 3), (−1, 2)

② 좌표평면 위의 점의 좌표: 좌표평면 위의 한 점 P에서 x축, y축에 각각 수선을 그어 이 수선이 x축, y축과 만나는 점에 대응하는 수가 각각 a, b일 때, 순서쌍 (a, b)를 점 P의 좌표라 하고, 기호로 P(a, b)와 같이 나타낸다.

이때 a를 점 P의 x좌표, b를 점 P의 y좌표라 한다.

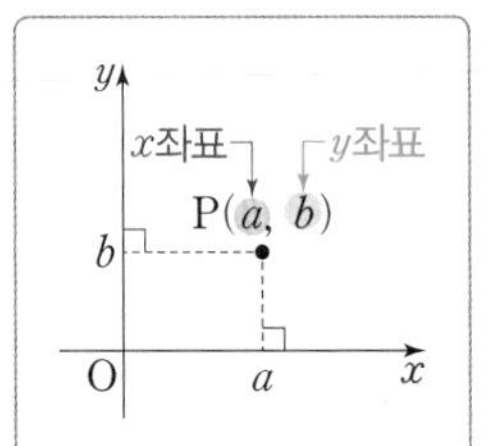

개념 2 사분면 유형 05~08

(1) **사분면**: 좌표축에 의하여 네 부분으로 나누어지는 좌표평면의 각 부분을 제1사분면, 제2사분면, 제3사분면, 제4사분면이라 한다.

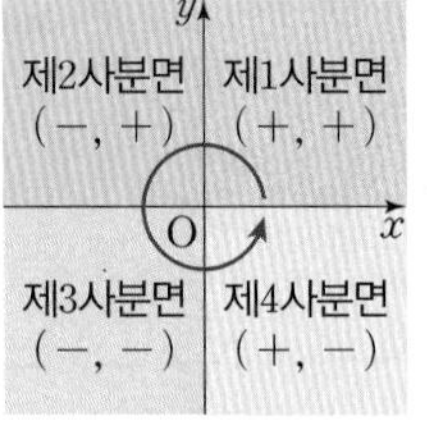

(2) **각 사분면 위의 점의 좌표의 부호**

	제1사분면	제2사분면	제3사분면	제4사분면
x좌표의 부호	+	−	−	+
y좌표의 부호	+	+	−	−

(3) **대칭인 점의 좌표**: 점 P(a, b)와

① x축에 대칭인 점의 좌표: (a, $-b$) ← y좌표의 부호만 바뀜

② y축에 대칭인 점의 좌표: ($-a$, b) ← x좌표의 부호만 바뀜

③ 원점에 대칭인 점의 좌표: ($-a$, $-b$) ← x좌표, y좌표의 부호가 모두 바뀜

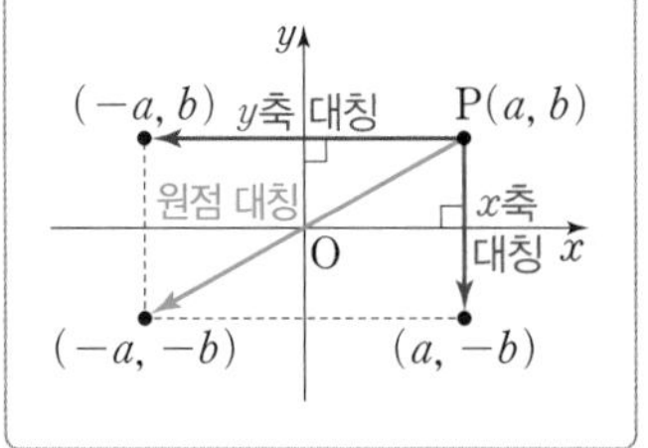

개념 3 그래프의 이해 유형 09~12

(1) **그래프**

① 변수: x, y와 같이 여러 가지로 변하는 값을 나타내는 문자

② 그래프: 두 변수 x, y 사이의 관계를 좌표평면 위에 그림으로 나타낸 것

(2) **그래프의 이해**: 두 변수 사이의 관계를 좌표평면 위에 그래프로 나타내면 두 변수 사이의 변화 관계를 알아보기 쉽다.

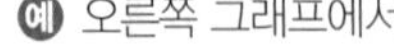
예 오른쪽 그래프에서

㉠: x의 값이 증가할 때 y의 값도 증가한다.

㉡: x의 값이 증가하여도 y의 값은 변하지 않는다.

㉢: x의 값이 증가할 때 y의 값은 감소한다.

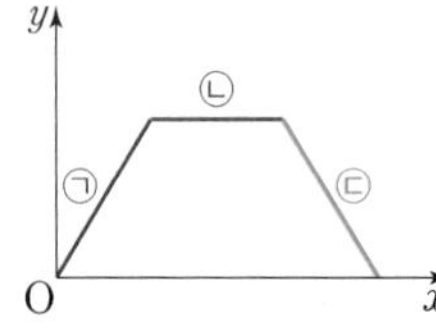

개념 노트

- 원점 O에서 O는 영어 Origin의 첫 글자이다.
- $a \neq b$일 때, 순서쌍 (a, b)와 (b, a)는 서로 다르다.
- 원점의 좌표는 (0, 0)이다.
- x축 위의 점의 좌표 ➡ (x좌표, 0) ← y좌표가 항상 0
- y축 위의 점의 좌표 ➡ (0, y좌표) ← x좌표가 항상 0
- 좌표축 위의 점은 어느 사분면에도 속하지 않는다.
- 변수와 다르게 일정한 값을 갖는 수나 문자를 상수라 한다.
- 그래프는 점, 직선, 곡선 등으로 표현된다.
- 그래프의 모양에 따라 두 변수 사이의 증가 또는 감소의 정도도 알 수 있다.

개념 1 순서쌍과 좌표평면

01 다음 수직선 위의 네 점 A, B, C, D의 좌표를 기호로 나타내시오.

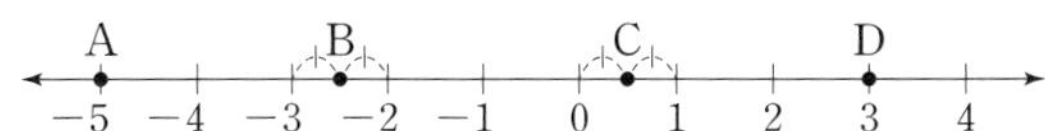

02 다음 수직선 위에 세 점 A(-2), B$\left(\frac{1}{3}\right)$, C(5)를 나타내시오.

03 오른쪽 좌표평면 위의 점 A, B, C, D, E의 좌표를 기호로 나타내시오.

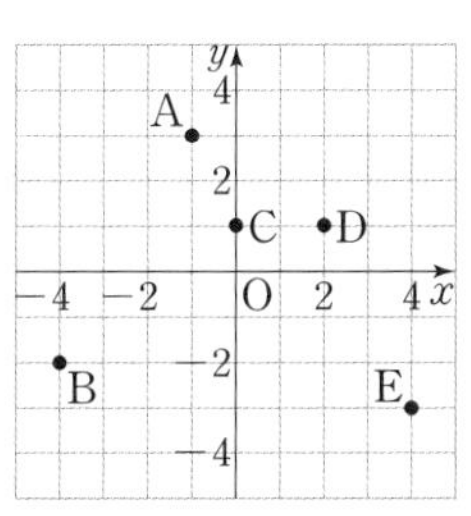

04 다음 점 A, B, C, D, E, F를 오른쪽 좌표평면 위에 나타내시오.

A$(1, 4)$,	B$(-2, 3)$,
C$(3, 0)$,	D$(2, 2)$,
E$(-1, -3)$,	F$(3, -4)$

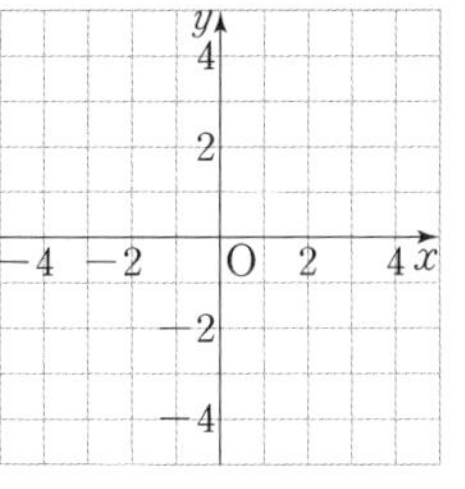

[05~08] 다음 점의 좌표를 구하시오.

05 x좌표가 2, y좌표가 -6인 점

06 x좌표가 -9, y좌표가 -3인 점

07 x축 위에 있고, x좌표가 7인 점

08 y축 위에 있고, y좌표가 -4인 점

개념 2 사분면

[09~14] 다음 점은 제몇 사분면 위의 점인지 구하시오.

09 A$(-5, 1)$

10 B$(3, 3)$

11 C$(1, -6)$

12 D$(-4, -8)$

13 E$(-8, 3)$

14 F$(4, -2)$

[15~17] 점 P$(5, -7)$에 대하여 다음 점의 좌표를 구하시오.

15 점 P와 x축에 대칭인 점 Q

16 점 P와 y축에 대칭인 점 R

17 점 P와 원점에 대칭인 점 S

개념 3 그래프의 이해

[18~20] 지우가 집에서 2 km 떨어진 마트에 가서 물건을 사고 집으로 돌아왔다. 오른쪽 그래프는 지우가 출발한 지 x분 후에 집으로부터의 거리를 y m라 할 때, x와 y 사이의 관계를 나타낸 것이다. 물음에 답하시오.

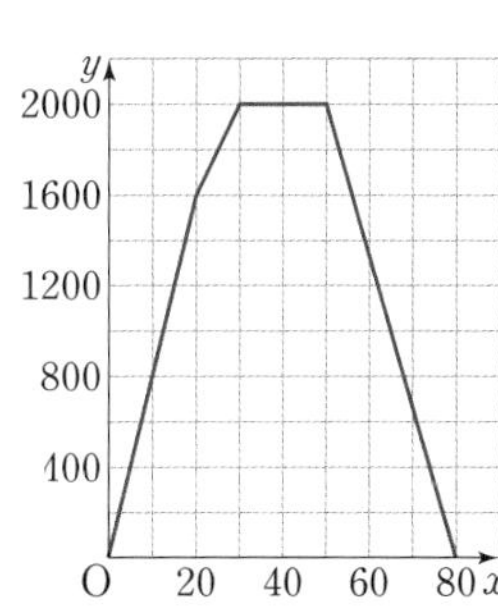

18 지우가 출발한 지 10분 후의 집으로부터의 거리를 구하시오.

19 지우가 마트에 도착한 후 물건을 사고 나올 때까지 걸린 시간을 구하시오.

20 지우가 마트에 가서 물건을 사고 집으로 돌아올 때까지 걸린 총 시간을 구하시오.

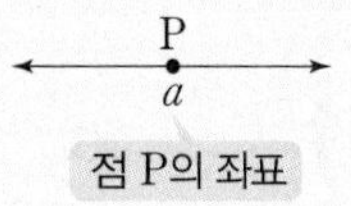

유형 01 수직선 위의 점의 좌표 개념 1

수직선 위의 점 P의 좌표가 a이면
➡ P(a)

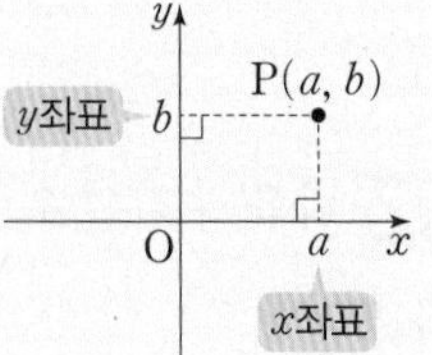

01 대표문제

다음 수직선 위의 두 점 A(a), B(b)에 대하여 $6ab$의 값은?

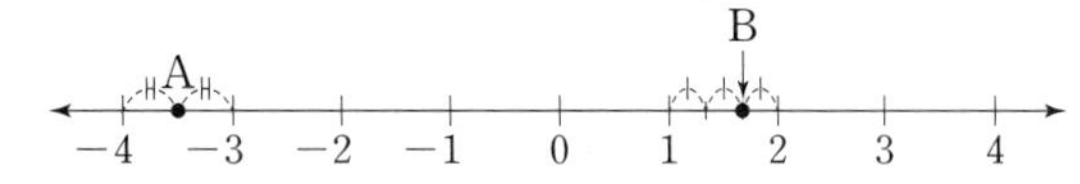

① -45　② -35　③ -28
④ 35　⑤ -45

02

다음 중 아래 수직선 위의 점의 좌표를 나타낸 것으로 옳지 않은 것은?

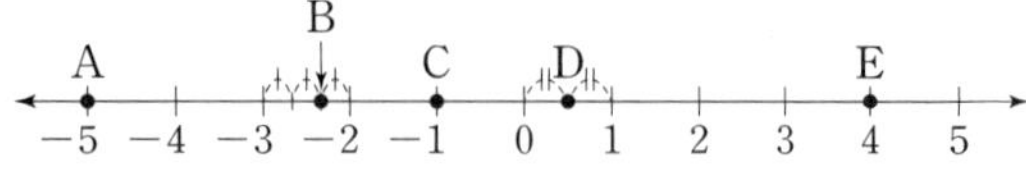

① A(-5)　② B$\left(-\frac{11}{3}\right)$　③ C(-1)
④ D$\left(\frac{1}{2}\right)$　⑤ E(4)

03

다음 수직선 위의 점 P에서 왼쪽으로 6만큼 떨어져 있는 점 Q의 좌표를 기호로 나타내시오.

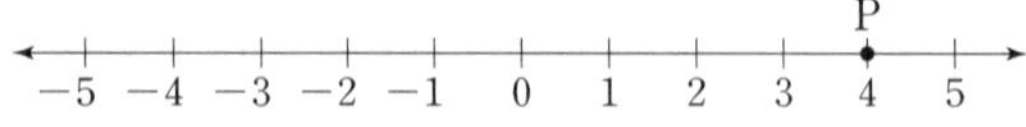

04

수직선 위에서 두 점 A(-8), B(2)로부터 같은 거리에 있는 점 C의 좌표를 기호로 나타내시오.

집중

유형 02 순서쌍과 좌표평면 개념 1

(1) 두 순서쌍 (a, b)와 (c, d)가 서로 같으면 $a=c$, $b=d$이다.
(2) 좌표평면 위의 점 P의 좌표 구하기
❶ 점 P에서 x축, y축에 각각 수선을 긋는다.
❷ 수선과 x축, y축이 만나는 점에 대응하는 수를 각각 찾아 순서쌍으로 나타낸다.

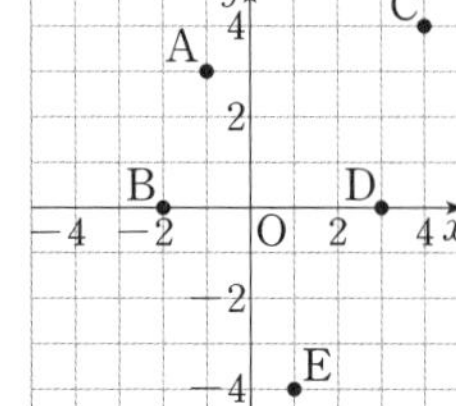

05 대표문제

다음 중 오른쪽 좌표평면 위의 점의 좌표를 나타낸 것으로 옳지 않은 것은?

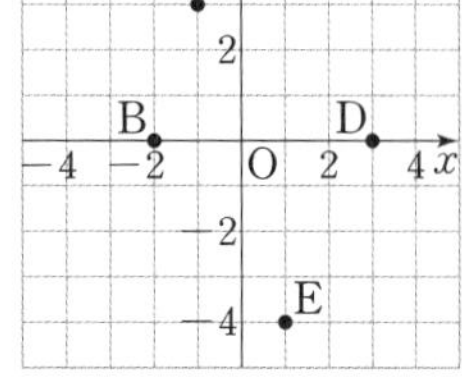

① A(-1, 3)　② B(0, -2)
③ C(4, 4)　④ D(3, 0)
⑤ E(1, -4)

중요

06 서술형

두 순서쌍 $(2a-3, 8-b)$, $(5-3a, 2b-1)$이 서로 같을 때, $5a-b$의 값을 구하시오.

07

오른쪽 좌표평면에서 다음 좌표가 나타내는 점의 알파벳을 차례로 나열할 때, 만들어지는 영어 단어를 구하시오.

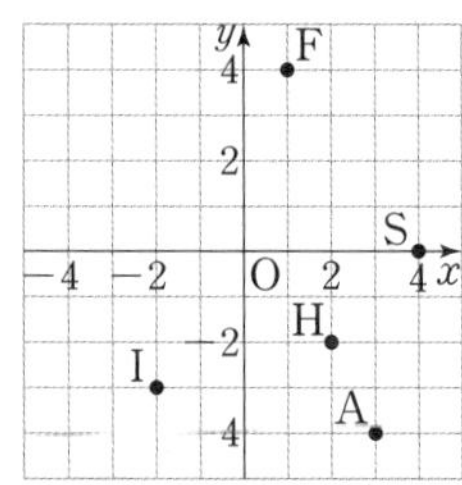

(1, 4) ➡ (-2, -3) ➡ (4, 0) ➡ (2, -2)

집중

유형 03 좌표축 위의 점의 좌표 구하기 개념1

(1) x축 위의 점의 좌표 → y좌표가 항상 0이다.
→ (x좌표, 0)

(2) y축 위의 점의 좌표 → x좌표가 항상 0이다.
→ (0, y좌표)

08 대표문제

x축 위에 있고 x좌표가 5인 점의 좌표를 (a, b), y축 위에 있고 y좌표가 -7인 점의 좌표를 (c, d)라 할 때, $a+b+c+d$의 값을 구하시오.

09

y축 위에 있고 y좌표가 -9인 점의 좌표는?

① $(-9, -9)$ ② $(-9, 0)$ ③ $(9, 0)$
④ $(0, -9)$ ⑤ $(0, 9)$

10 서술형

두 점 $A(-1-3a, 4-6a)$, $B(3b+4, 5-b)$가 각각 x축, y축 위에 있을 때, $a+b$의 값을 구하시오.

중요

11

원점이 아닌 점 $A(a, b)$가 x축 위에 있을 때, 다음 중 옳은 것은?

① $a\neq0$, $b\neq0$ ② $a\neq0$, $b=0$
③ $a=0$, $b\neq0$ ④ $a=0$, $b=0$
⑤ $a>0$, $b>0$

집중

유형 04 좌표평면 위의 도형의 넓이 구하기 개념1

❶ 주어진 점을 좌표평면 위에 나타낸다.
❷ 각 점을 선분으로 연결하여 도형을 그린다.
❸ 도형의 넓이를 구한다.

12 대표문제

세 점 $A(-3, 2)$, $B(-3, -3)$, $C(1, 1)$을 꼭짓점으로 하는 삼각형 ABC의 넓이는?

① 6 ② 8 ③ 10
④ 12 ⑤ 14

13

네 점 $A(0, 4)$, $B(-2, 0)$, $C(0, -4)$, $D(2, 0)$을 꼭짓점으로 하는 사각형 ABCD의 넓이는?

① 12 ② 13 ③ 14
④ 15 ⑤ 16

중요

14

네 점 $A(-4, 3)$, $B(-4, -1)$, $C(2, -1)$, $D(2, 1)$을 꼭짓점으로 하는 사각형 ABCD의 넓이를 구하시오.

15 서술형

세 점 $P(-2, -1)$, $Q(1, -3)$, $R(4, 1)$을 꼭짓점으로 하는 삼각형 PQR의 넓이를 구하시오.

유형 05 사분면 개념2

(1) 사분면 위의 점의 좌표의 부호
- 제1사분면 위의 점 ➡ $(+, +)$
- 제2사분면 위의 점 ➡ $(-, +)$
- 제3사분면 위의 점 ➡ $(-, -)$
- 제4사분면 위의 점 ➡ $(+, -)$

제2사분면 $(-, +)$ | 제1사분면 $(+, +)$
제3사분면 $(-, -)$ | 제4사분면 $(+, -)$

(2) 원점과 좌표축 위의 점은 어느 사분면에도 속하지 않는다.

16 대표문제

다음 중 점이 속하는 사분면이 옳지 않은 것은?

① $(5,\ -1)$ ➡ 제4사분면 ② $(-3,\ 6)$ ➡ 제2사분면
③ $(0,\ 7)$ ➡ 제4사분면 ④ $(-9,\ -2)$ ➡ 제3사분면
⑤ $(3,\ 1)$ ➡ 제1사분면

17

다음 중 제2사분면 위의 점인 것은?

① $(-2,\ -10)$ ② $(5,\ 8)$ ③ $(7,\ -6)$
④ $(-4,\ 9)$ ⑤ $(-2,\ 0)$

18

다음 중 옳은 것은?

① 점 $A(-1,\ -7)$은 제2사분면 위에 있다.
② 점 $B(0,\ 5)$는 제3사분면 위에 있다.
③ 점 $C(-1,\ 1)$은 제1사분면 위에 있다.
④ 점 $D(5,\ 5)$는 제4사분면 위에 있다.
⑤ 점 $E(-11,\ 4)$는 제2사분면 위에 있다.

19

다음 중 제4사분면에 속하는 점끼리 짝 지은 것은?

① $(3,\ 0),\ (0,\ 3)$ ② $(2,\ 4),\ (-2,\ 4)$
③ $(-6,\ 5),\ (-2,\ 1)$ ④ $(2,\ -7),\ (1,\ -2)$
⑤ $(-2,\ -3),\ (1,\ -10)$

유형 06 사분면; 두 수의 부호를 이용하는 경우 개념2

사분면 위의 점 (a, b)에 대하여

(1) $ab>0$이면 a, b의 부호가 같다.

➡ $a+b>0$이면 $a>0, b>0$ ➡ 제1사분면
　 $a+b<0$이면 $a<0, b<0$ ➡ 제3사분면

(2) $ab<0$이면 a, b의 부호가 다르다.

➡ $a-b>0$이면 $a>0, b<0$ ➡ 제4사분면
　 $a-b<0$이면 $a<0, b>0$ ➡ 제2사분면

20 대표문제

$ab>0$이고 $a+b<0$일 때, 점 $(-a,\ b)$는 제몇 사분면 위의 점인가?

① 제1사분면 ② 제2사분면
③ 제3사분면 ④ 제4사분면
⑤ 어느 사분면에도 속하지 않는다.

21

$ab<0$이고 $a>b$일 때, 다음 중 제2사분면 위의 점은?

① $(a,\ b)$ ② $(a,\ -b)$ ③ $(-a,\ -b)$
④ $(b,\ -a)$ ⑤ $(-b,\ a)$

22 서술형

$ab>0$이고 $a+b>0$일 때, 두 점 $P\left(\frac{b}{a},\ -a\right)$, $Q(-b,\ a)$는 각각 제몇 사분면 위의 점인지 구하시오.

23

$a<b$이고 $ab<0$일 때, 다음 중 점 $\left(-\frac{a}{b},\ -a\right)$와 같은 사분면 위의 점은?

① $(-1,\ 7)$ ② $(2,\ 1)$ ③ $(-5,\ -10)$
④ $(8,\ -9)$ ⑤ $(0,\ -6)$

집중

유형 07 사분면; 점이 속한 사분면이 주어진 경우 개념 2

점 $(a,\ -b)$가 제2사분면 위의 점일 때, 점 $(-a,\ b)$가 속한 사분면 구하기

❶ 점 $(a,\ -b)$가 제2사분면 위의 점이므로
$a<0,\ -b>0$ ➡ $a<0,\ b<0$

❷ $a<0,\ b<0$이므로 $-a>0,\ b<0$

❸ 따라서 점 $(-a,\ b)$가 속한 사분면은 제4사분면이다.

24 대표문제

점 $(a,\ -b)$가 제3사분면 위의 점일 때, 다음 중 제2사분면 위의 점은?

① $(-a,\ -b)$ ② $(-a,\ b)$ ③ $(-b,\ -a)$
④ $(b,\ -a)$ ⑤ $(-ab,\ b)$

25

점 $(a,\ b)$가 제4사분면 위의 점일 때, 다음 중 항상 옳은 것은?

① $a-b<0$ ② $a+b>0$ ③ $ab<0$
④ $\frac{b}{a}>0$ ⑤ $b-a>0$

중요

26

점 $A(5,\ a)$는 제1사분면, 점 $B(-3,\ b)$는 제3사분면 위의 점일 때, 점 $P(-a,\ -b)$는 제몇 사분면 위의 점인지 구하시오.

27

점 $(-a,\ b)$가 제2사분면 위의 점일 때, 점 $\left(a+b,\ \frac{a}{b}\right)$는 제몇 사분면 위의 점인가?

① 제1사분면 ② 제2사분면
③ 제3사분면 ④ 제4사분면
⑤ 어느 사분면에도 속하지 않는다.

유형 08 대칭인 점의 좌표 개념 2

점 $(a,\ b)$와

(1) x축에 대칭인 점 ➡ y좌표의 부호만 바뀐다.
➡ $(a,\ -b)$

(2) y축에 대칭인 점 ➡ x좌표의 부호만 바뀐다.
➡ $(-a,\ b)$

(3) 원점에 대칭인 점 ➡ x좌표, y좌표의 부호가 모두 바뀐다.
➡ $(-a,\ -b)$

28 대표문제

두 점 $(a-5,\ 2b+7)$, $(4,\ -2-b)$가 y축에 대칭일 때, a, b의 값은?

① $a=-3,\ b=-1$ ② $a=-1,\ b=-3$
③ $a=1,\ b=-3$ ④ $a=1,\ b=3$
⑤ $a=3,\ b=1$

29

다음 중 점 $(3,\ -5)$와 원점에 대칭인 점의 좌표는?

① $(-5,\ -3)$ ② $(-5,\ 3)$ ③ $(-3,\ -5)$
④ $(-3,\ 5)$ ⑤ $(3,\ 5)$

중요

30

점 $(7-a,\ 2)$와 x축에 대칭인 점의 좌표가 점 $(-8,\ 2b)$와 y축에 대칭인 점의 좌표와 같을 때, $a+b$의 값을 구하시오.

31 서술형

두 점 $(2-a,\ 7b+4)$, $(6,\ 10)$이 x축에 대칭일 때, 점 $P(-b,\ a)$는 제몇 사분면 위의 점인지 구하시오.

집중

유형 09 그래프 해석하기 개념 3

(1) x와 y 사이의 관계를 나타낸 그래프에서 x의 값에 따른 y의 값을 읽는다.
(2) x의 값에 따른 y의 값의 증가, 감소, 주기적 변화 등을 파악한다.

32 대표문제

윤호와 은지는 원 모양의 호수의 둘레를 같은 지점에서 동시에 같은 속력으로 출발하여 서로 반대 방향으로 걸어서 각자 2바퀴를 돌아 처음 지점으로 돌아왔다. 오른쪽 그래프는 출발한 지 x분 후의 두 사람 사이의 직선거리를 y m라 할 때, x와 y 사이의 관계를 나타낸 것이다. 다음 물음에 답하시오.

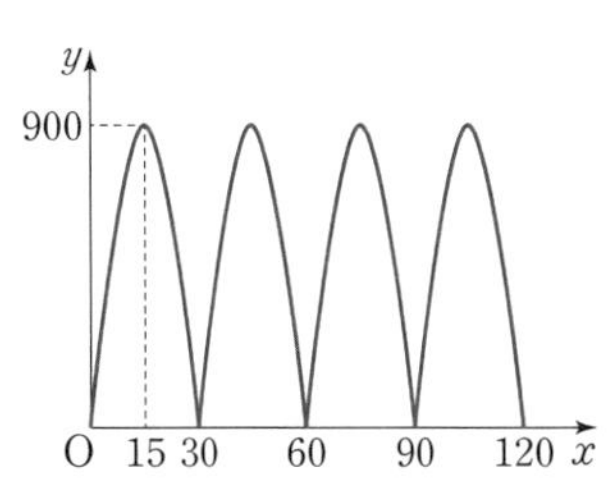

(1) 윤호와 은지는 동시에 출발한 지 몇 분 후에 처음으로 다시 만나는지 구하시오.
(2) 윤호와 은지는 호수 둘레를 2바퀴 도는 동안 몇 번 만났는지 구하시오. (단, 출발할 때와 돌아왔을 때 만난 것은 제외한다.)

중요

33

양초에 불을 붙였다가 중간에 불을 끈 후 다시 불을 붙였다. 오른쪽 그래프는 양초에 처음 불을 붙인 지 x시간 후의 양초의 길이를 y cm라 할 때, x와 y 사이의 관계를 나타낸 것이다. **보기**에서 옳지 않은 것을 모두 고르시오.
(단, 양초에 불을 붙이면 양초의 길이는 일정하게 줄어든다.)

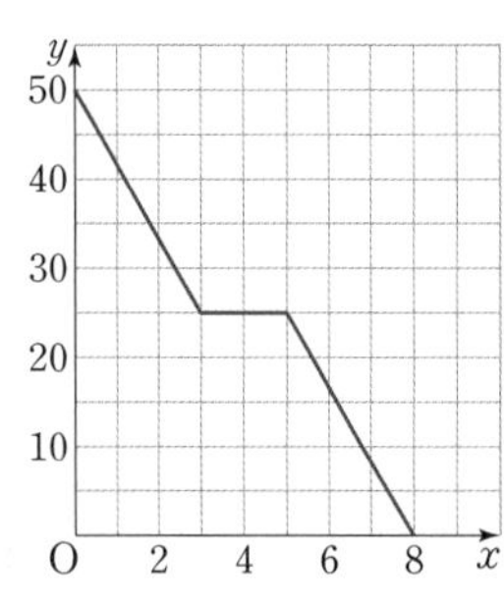

보기

ㄱ. 처음 양초의 길이는 50 cm이다.
ㄴ. 양초에 다시 불을 붙인 것은 불을 끄고 2시간 후이다.
ㄷ. 양초가 없어질 때까지 불을 붙였던 시간은 8시간이다.

유형 10 그래프 비교하기 개념 3

2개 이상의 그래프에서
(1) x의 값 또는 y의 값의 차를 이용하여 문제를 해결한다.
(2) 두 그래프가 만나는 점이 있으면 그 점의 x의 값 또는 y의 값을 이용하여 문제를 해결한다.

34 대표문제

집에서 4 km 떨어진 서점까지 가는데, 형은 자전거를 타고 가고 동생은 걸어갔다. 오른쪽 그래프는 두 사람이 집에서 동시에 출발하여 x분 동안 이동한 거리를 y km라 할 때, x와 y 사이의 관계를 나타낸 것이다. 형이 서점에 도착한 지 몇 분 후에 동생이 서점에 도착하였는지 구하시오.

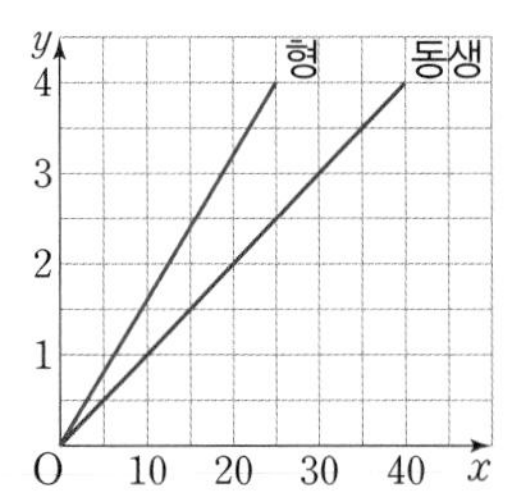

35 서술형

준영이와 진수가 200 m 달리기 시합을 했다. 오른쪽 그래프는 두 사람이 동시에 출발한 지 x초 후의 출발점으로부터의 거리를 y m라 할 때, x와 y 사이의 관계를 나타낸 것이다. 다음 물음에 답하시오.

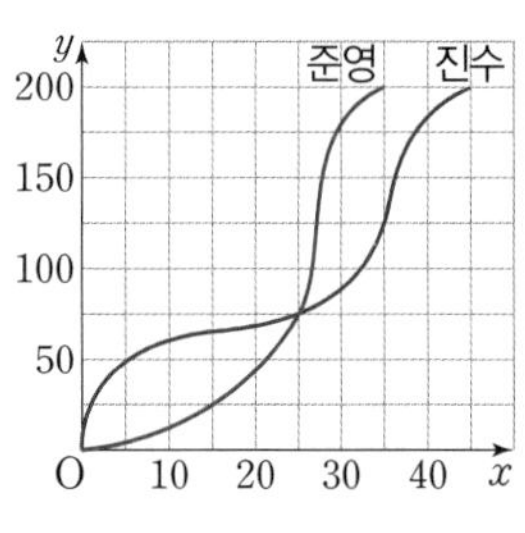

(1) 두 사람의 순위가 바뀌는 것은 출발한 지 몇 초 후인지 구하시오.
(2) 출발한 지 35초 후 두 사람 사이의 거리를 구하시오.
(3) 결승점에 먼저 도착한 사람을 말하시오.

유형 11 상황에 맞는 그래프 찾기 개념 3

다음을 파악하여 주어진 상황에 맞는 그래프를 찾을 수 있다.
(1) 두 변수 x, y가 나타내는 것
(2) 두 변수 x와 y 사이의 관계
(3) x의 값에 따른 y의 값의 증가, 감소, 주기적 변화와 빠르기

36 대표문제

수빈이는 집에서 출발하여 일정한 속력으로 걸어 수영장까지 가서 수영을 한 후 일정한 속력으로 걸어 집으로 돌아왔다. 이때 경과 시간 x와 집으로부터의 거리 y 사이의 관계를 나타낸 그래프로 알맞은 것을 **보기**에서 고르시오.

보기

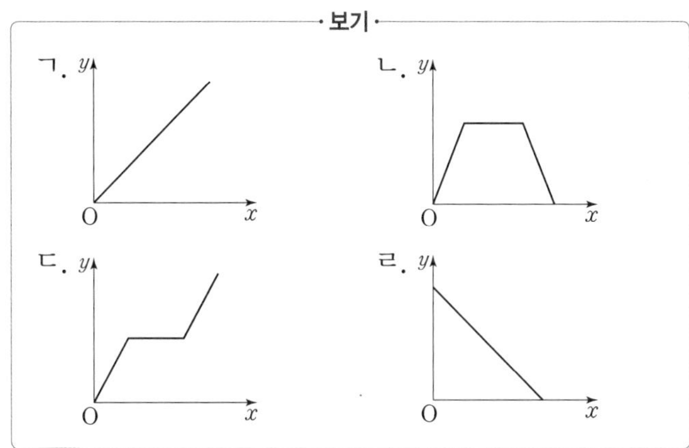

중요

37

지면에서 하늘을 향해 공을 던졌을 때, 다음 중 경과 시간 x에 따른 지면으로부터의 높이 y 사이의 관계를 나타낸 그래프로 알맞은 것은?

① 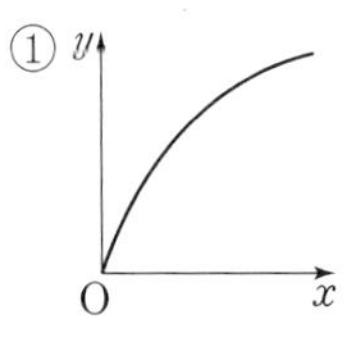
② 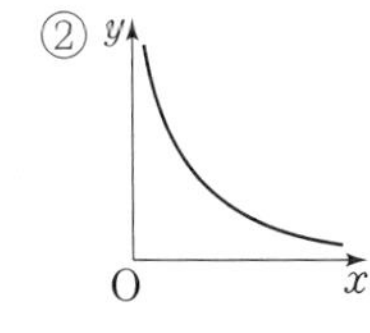
③ 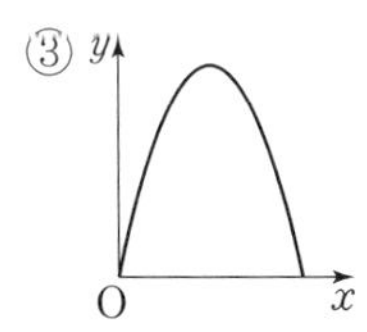
④ 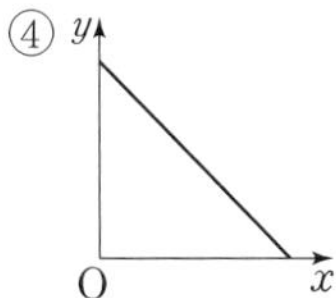
⑤ 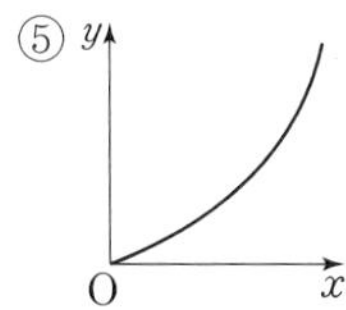

유형 12 그래프의 변화 파악하기 개념 3

그래프에서 x의 값이 증가함에 따른 y의 값의 변화

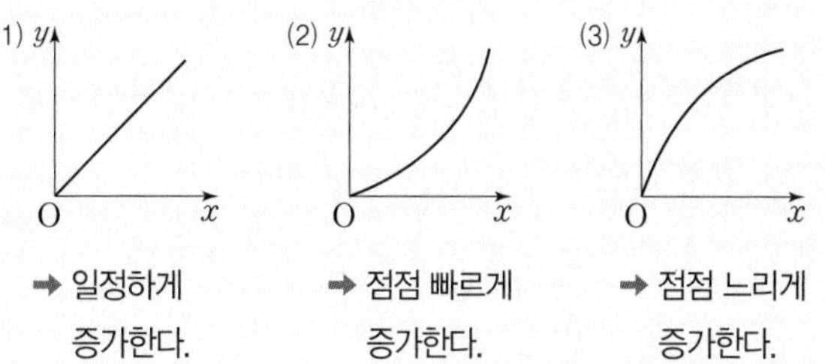

➜ 일정하게 증가한다. ➜ 점점 빠르게 증가한다. ➜ 점점 느리게 증가한다.

38 대표문제

오른쪽 그림과 같은 그릇에 시간당 일정한 양의 물을 넣을 때, 다음 중 경과 시간 x와 물의 높이 y 사이의 관계를 나타낸 그래프로 알맞은 것은?

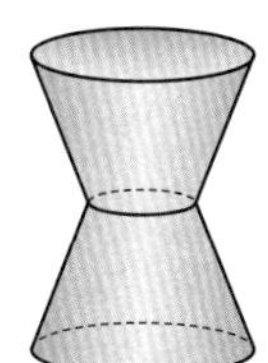

① 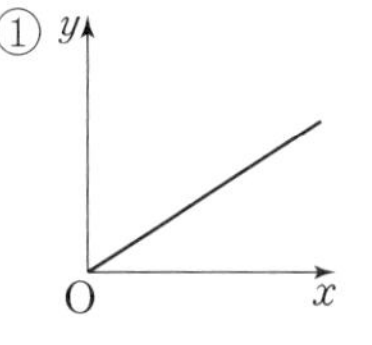
② 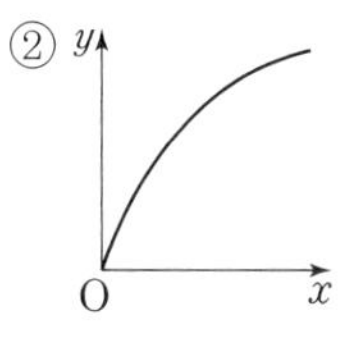
③ 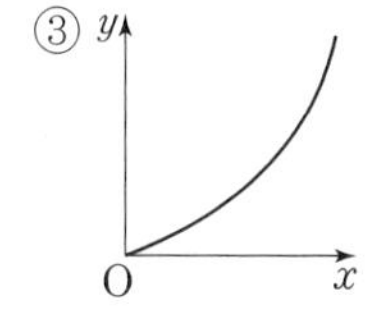
④ 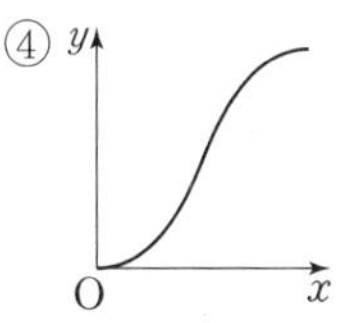
⑤ 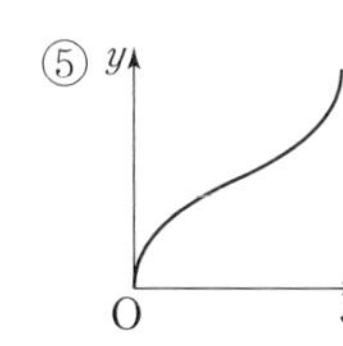

39

오른쪽 그림과 같이 부피가 모두 같은 원기둥 모양의 세 그릇 A, B, C에 주스가 가득 차 있다. 일정한 속력으로 세 그릇에서 주스를 모두 빼내려고 할 때, 경과 시간 x에 따른 주스의 높이를 y라 하자. 각 그릇에 해당하는 그래프를 **보기**에서 골라 짝 지으시오.

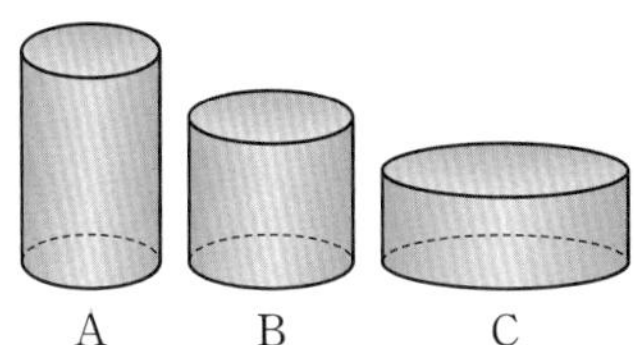

보기

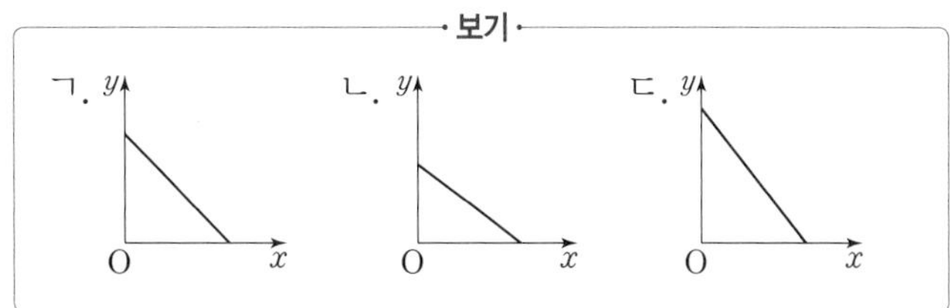

Real 실전 기출

01

두 순서쌍 $(6-5a,\ 2+3b)$, $(3a-10,\ 7-2b)$가 서로 같을 때, $a-b$의 값은?

① -2　② -1　③ 0
④ 1　⑤ 2

02 최다빈출

다음 중 오른쪽 좌표평면 위의 점의 좌표를 바르게 나타낸 것은?

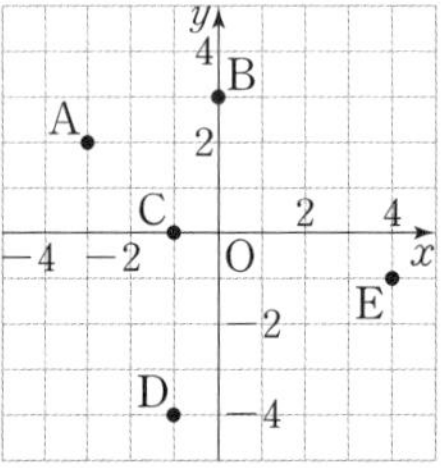

① A$(2,\ -3)$　② B$(3,\ 0)$
③ C$(0,\ -1)$　④ D$(-1,\ -4)$
⑤ E$(-1,\ 4)$

03

다음 중 y축 위에 있는 점은?

① $(9,\ 0)$　② $(-4,\ -5)$　③ $(-8,\ 0)$
④ $(0,\ -7)$　⑤ $(6,\ 1)$

04 최다빈출

세 점 A$(-4,\ 0)$, B$(6,\ 0)$, C$(0,\ 3)$을 꼭짓점으로 하는 삼각형 ABC의 넓이는?

① 9　② 10　③ 12
④ 14　⑤ 15

05

다음 중 옳지 않은 것을 모두 고르면? (정답 2개)

① 원점은 x축과 y축의 교점이다.
② 점 $(-13,\ 0)$은 x축 위에 있다.
③ 점 $(-2,\ -2)$는 제2사분면 위에 있다.
④ 점 $(3,\ -6)$은 제4사분면 위에 있다.
⑤ 점 $(5,\ 0)$은 제1사분면 위에 있다.

06

$ab<0$, $a-b>0$일 때, 점 $\left(-\frac{a}{2},\ -b\right)$는 제몇 사분면 위의 점인가?

① 제1사분면　② 제2사분면
③ 제3사분면　④ 제4사분면
⑤ 어느 사분면에도 속하지 않는다.

07

점 $(a,\ b)$가 제3사분면 위의 점일 때, 다음 중 제4사분면 위의 점인 것은?

① $(-a,\ b)$　② $(a,\ ab)$　③ $(-b,\ -a)$
④ $(b,\ a)$　⑤ $(-ab,\ b)$

08 창의 역량

민주는 동네의 지도를 우체국을 원점 O로 하여 좌표평면 위에 나타내었더니 민주네 집의 좌표는 $(5,\ -2)$이었다. 민주네 집과 원점에 대칭인 위치에 지수네 집이 있을 때, 지수네 집의 좌표는?

① $(-5,\ -2)$　② $(-5,\ 2)$　③ $(-2,\ 5)$
④ $(2,\ 5)$　⑤ $(5,\ 2)$

09

점 A$(-5, 3)$과 x축에 대칭인 점을 B, 원점에 대칭인 점을 C라 할 때, 삼각형 ABC의 넓이를 구하시오.

10

민호네 학교 운동장의 하루 동안의 기온 변화를 조사하였다. 다음 그래프는 x시일 때의 기온을 y ℃라 할 때, x와 y 사이의 관계를 나타낸 것이다. 오전 10시의 운동장의 기온을 구하시오.

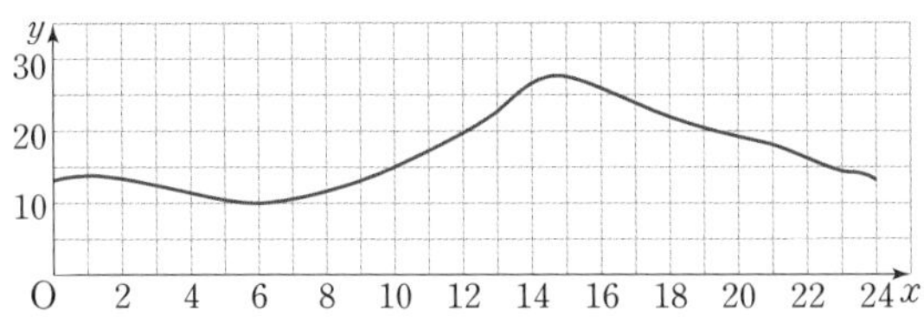

11

오른쪽 그래프는 x세 때의 몸무게를 y kg이라 할 때, 수진이와 민정이의 5세부터 12세까지의 몸무게의 변화를 나타낸 것이다. 다음 **보기** 중 옳은 것을 모두 고르시오.

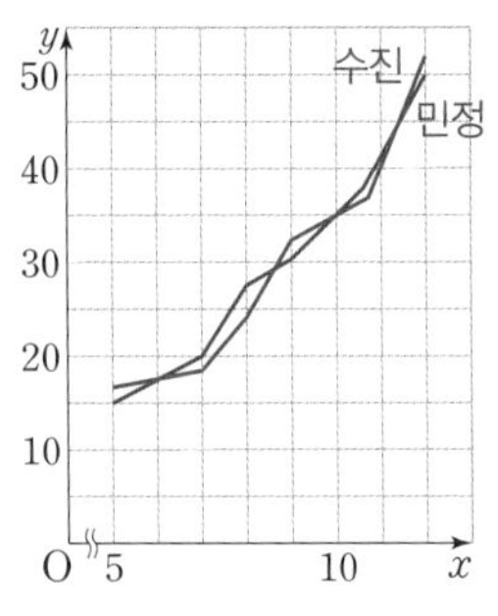

보기

ㄱ. 5세 때 민정이의 몸무게가 수진이의 몸무게보다 더 무겁다.

ㄴ. 10세 때 수진이와 민정이의 몸무게는 35 kg으로 같았다.

ㄷ. 5세부터 12세까지 수진이와 민정이의 몸무게가 같았을 때는 3번 있었다.

12

오른쪽 그림과 같은 그릇에 시간당 일정한 양의 물을 넣을 때, 다음 중 경과 시간 x와 물의 높이 y 사이의 관계를 나타낸 그래프로 알맞은 것은?

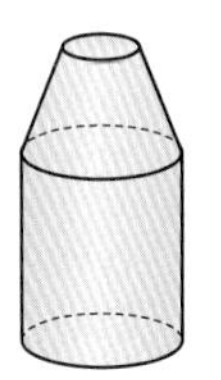

①
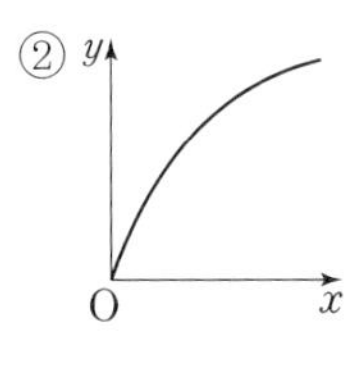

②
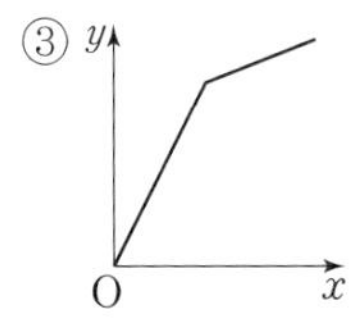

③

④
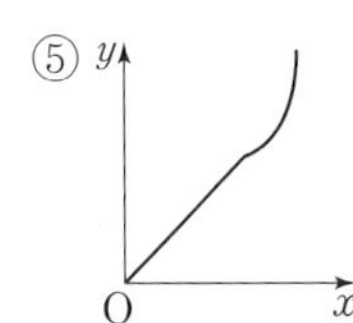

⑤

100점 공략

13

점 $(ab, a+b)$가 제4사분면 위의 점이고 $|a|<|b|$일 때, 점 $(a-b, -a)$는 제몇 사분면 위의 점인지 구하시오.

14

어느 주차장에서는 이용요금을 기본요금과 추가요금으로 구성한다. x시간 이용할 때의 요금을 y원이라 할 때, x와 y 사이의 관계를 그래프로 나타내면 오른쪽과 같다. 이 주차장을 4시간 40분 이용했을 때 내야 할 금액을 구하시오.

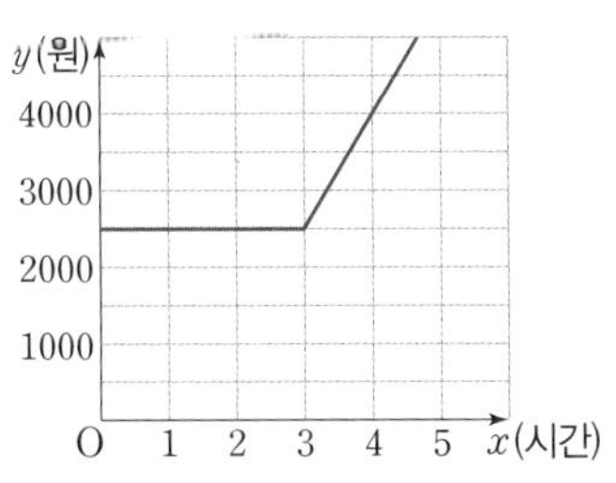

서술형

15

점 $(a-2,\ 4a-1)$은 x축 위의 점이고, 점 $(3-2b,\ b-3)$은 y축 위의 점일 때, $8ab$의 값을 구하시오.

풀이

답

16

원점 O와 세 점 A$(3,\ 0)$, B$(3,\ 4)$, C$(-1,\ 4)$를 꼭짓점으로 하는 사각형 OABC의 넓이를 구하시오.

17

점 $(5,\ a-2)$와 y축에 대칭인 점의 좌표가 $(2b-3,\ 5-3a)$일 때, $4a-b$의 값을 구하시오.

18

오른쪽 그래프는 30 ℃의 물을 가열한 지 x분 후의 온도를 y ℃라 할 때, x와 y 사이의 관계를 나타낸 것이다. 물을 끓이기 시작한 지 3분 후와 5분 후의 물의 온도의 차를 구하시오.

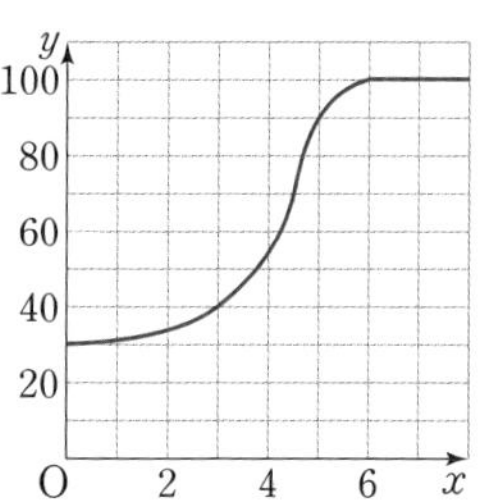

풀이

답

19 100점

네 점 A$(1,\ 1)$, B$(5,\ 1)$, C$(6,\ a)$, D$(2,\ a)$를 꼭짓점으로 하는 평행사변형의 넓이가 12일 때, 가능한 모든 a의 값의 합을 구하시오.

풀이

답

20 100점

점 $(-a,\ 3a)$가 제2사분면 위의 점이고,
점 $(-|b|,\ ab+b)$가 제3사분면 위의 점일 때,
점 $\left(\dfrac{b-a}{3},\ -2ab\right)$는 제몇 사분면 위의 점인지 구하시오.

Ⅳ. 좌표평면과 그래프

10 정비례와 반비례

유형북 129 ~ 142쪽
더블북 64 ~ 71쪽

개념 1 정비례 관계와 그 그래프 유형 01~07, 15, 16

(1) 정비례 관계

① 정비례: 두 변수 x, y에 대하여 x의 값이 2배, 3배, 4배, …로 변함에 따라 y의 값도 2배, 3배, 4배, …로 변하는 관계가 있을 때, y는 x에 정비례한다고 한다.

② 정비례 관계식: 일반적으로 y가 x에 정비례할 때, x와 y 사이의 관계식은 $y=ax\ (a\neq0)$로 나타낼 수 있다.

(2) 정비례 관계 $y=ax\ (a\neq0)$의 그래프

x의 값의 범위가 수 전체일 때, 정비례 관계 $y=ax\ (a\neq0)$의 그래프는 원점을 지나는 직선이다.

	$a>0$	$a<0$
그래프	$y=ax$, $(1, a)$, a, O, 1, x, y	$y=ax$, $(1, a)$, a, O, 1, x, y
그래프의 모양	오른쪽 위로 향하는 직선	오른쪽 아래로 향하는 직선
지나는 사분면	제1사분면, 제3사분면	제2사분면, 제4사분면
증가 · 감소	x의 값이 증가하면 y의 값도 증가	x의 값이 증가하면 y의 값은 감소

개념 2 반비례 관계와 그 그래프 유형 08~16

(1) 반비례 관계

① 반비례: 두 변수 x, y에 대하여 x의 값이 2배, 3배, 4배, …로 변함에 따라 y의 값은 $\frac{1}{2}$배, $\frac{1}{3}$배, $\frac{1}{4}$배, …로 변하는 관계가 있을 때, y는 x에 반비례한다고 한다.

② 반비례 관계식: 일반적으로 y가 x에 반비례할 때, x와 y 사이의 관계식은 $y=\frac{a}{x}\ (a\neq0)$로 나타낼 수 있다.

(2) 반비례 관계 $y=\frac{a}{x}\ (a\neq0)$의 그래프

x의 값의 범위가 0이 아닌 수 전체일 때, 반비례 관계 $y=\frac{a}{x}\ (a\neq0)$의 그래프는 좌표축에 한없이 가까워지는 한 쌍의 매끄러운 곡선이다.

	$a>0$	$a<0$
그래프	$y=\frac{a}{x}$, $(1, a)$, a, O, 1, x, y	$y=\frac{a}{x}$, $(1, a)$, a, O, 1, x, y
지나는 사분면	제1사분면, 제3사분면	제2사분면, 제4사분면
증가 · 감소	각 사분면에서 x의 값이 증가하면 y의 값은 감소	각 사분면에서 x의 값이 증가하면 y의 값도 증가

⊕ 개념 노트

- y가 x에 정비례할 때, x의 값에 대한 y의 값의 비 $\frac{y}{x}\ (x\neq0)$의 값은 항상 a로 일정하다.
  ➡ $y=ax$에서 $\frac{y}{x}=a$ (일정)
- 정비례 관계 $y=ax\ (a\neq0)$의 그래프는
  ① a의 값에 관계없이 점 $(1, a)$를 지난다.
  ② a의 절댓값이 클수록 y축에 가깝고, a의 절댓값이 작을수록 x축에 가깝다.
- 그래프가 점 (p, q)를 지난다.
  ➡ 점 (p, q)가 그래프 위에 있다.
  ➡ x와 y 사이의 관계식에 $x=p$, $y=q$를 대입하면 등식이 성립한다.
- y가 x에 반비례할 때, xy의 값은 항상 a로 일정하다.
  ➡ $y=\frac{a}{x}$에서 $xy=a$ (일정)
- $y=\frac{a}{x}$에서 분모는 0이 될 수 없으므로 반비례 관계에서 $x=0$인 경우는 생각하지 않는다.
- 반비례 관계 $y=\frac{a}{x}\ (a\neq0)$의 그래프는
  ① a의 값에 관계없이 점 $(1, a)$를 지난다.
  ② a의 절댓값이 클수록 원점에서 멀고, a의 절댓값이 작을수록 원점에 가깝다.

개념 1 정비례 관계와 그 그래프

01 y가 x에 정비례할 때, 다음 물음에 답하시오.

(1) 다음 표를 완성하시오.

x	1	2	3	4	5
y	6				

(2) x와 y 사이의 관계식을 구하시오.

[02~05] 다음 중 y가 x에 정비례하는 것은 ○표, 정비례하지 않는 것은 ×표를 하시오.

02 $y=4x$ (　　)

03 $y=-x+1$ (　　)

04 $y=-8x$ (　　)

05 $y=\frac{5}{x}$ (　　)

[06~07] x의 값의 범위가 수 전체일 때, 다음 정비례 관계의 그래프를 좌표평면 위에 그리시오.

06 $y=2x$

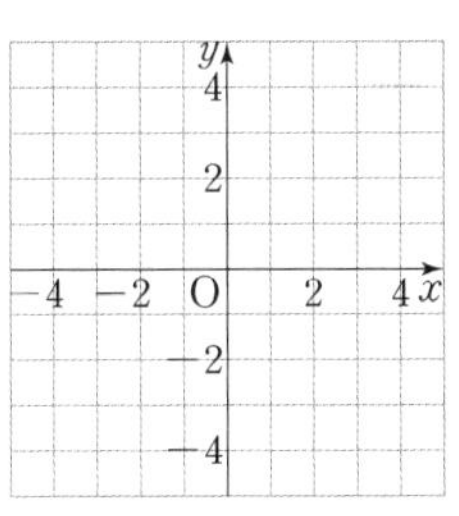

07 $y=-3x$

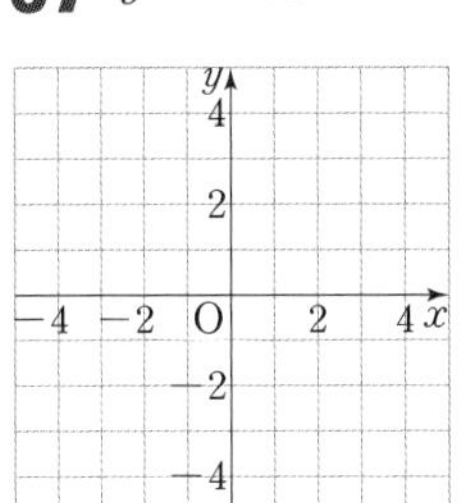

[08~09] 정비례 관계의 그래프가 다음 그림과 같을 때, x와 y 사이의 관계식을 구하시오.

08

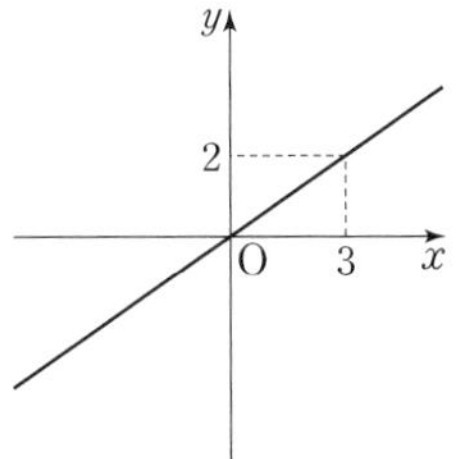

09

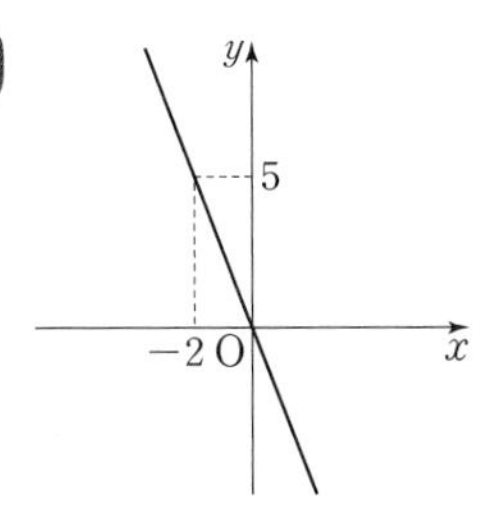

개념 2 반비례 관계와 그 그래프

10 y가 x에 반비례할 때, 다음 물음에 답하시오.

(1) 다음 표를 완성하시오.

x	1	2	3	4	5
y	-8		$-\frac{8}{3}$ 		

(2) x와 y 사이의 관계식을 구하시오.

[11~14] 다음 중 y가 x에 반비례하는 것은 ○표, 반비례하지 않는 것은 ×표를 하시오.

11 $y=-7x$ (　　)

12 $y=\frac{2}{x}$ (　　)

13 $y=-\frac{10}{x}$ (　　)

14 $y=\frac{1}{6}x$ (　　)

[15~16] x의 값의 범위가 0이 아닌 수 전체일 때, 다음 반비례 관계의 그래프를 좌표평면 위에 그리시오.

15 $y=\frac{4}{x}$

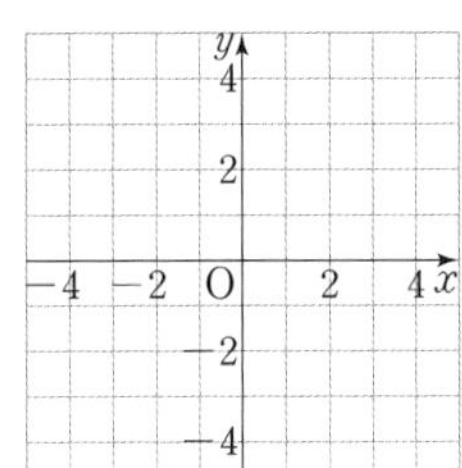

16 $y=-\frac{3}{x}$

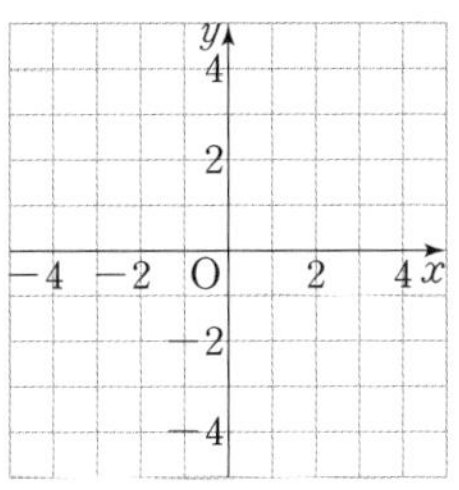

[17~18] 반비례 관계의 그래프가 다음 그림과 같을 때, x와 y 사이의 관계식을 구하시오.

17

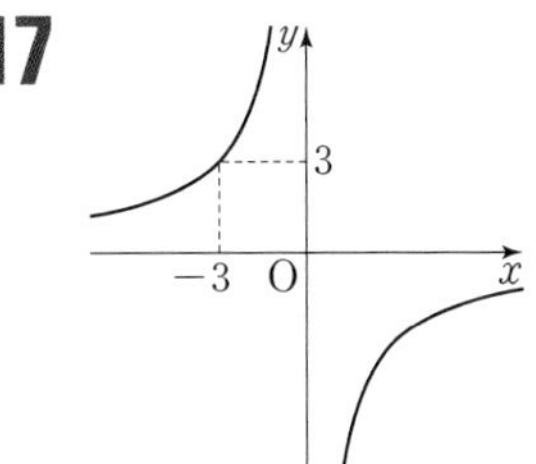

18

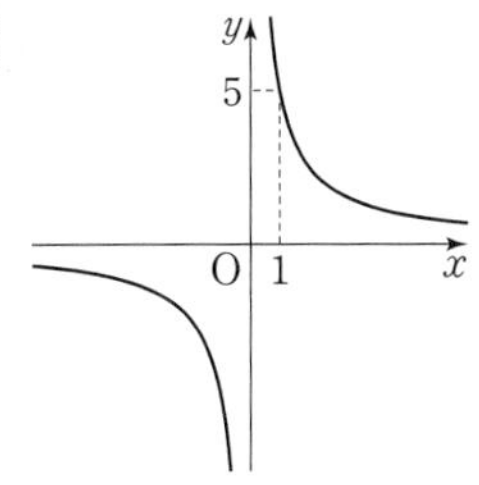

Real 실전 유형

정답과 해설 76쪽 | 더블북 64쪽

유형 01 정비례 관계 개념1

두 변수 x, y에 대하여 x의 값이 2배, 3배, 4배, …로 변함에 따라 y의 값도 2배, 3배, 4배, …로 변하는 관계가 있을 때, y는 x에 정비례한다고 한다.

➡ $y=ax$ 또는 $\frac{y}{x}=a\ (a\neq0)$

01 대표문제

다음 **보기** 중 y가 x에 정비례하는 것을 모두 고르시오.

보기

ㄱ. $y=\frac{3}{2}$　　ㄴ. $y=7-4x$　　ㄷ. $y=-\frac{1}{12}x$

ㄹ. $xy=20$　　ㅁ. $\frac{y}{x}=\frac{1}{4}$　　ㅂ. $y=\frac{x-2}{6}$

02

x의 값이 2배, 3배, 4배, …가 될 때, y의 값도 2배, 3배, 4배, …가 되는 x와 y 사이의 관계식이 아닌 것을 모두 고르면? (정답 2개)

① $y=6x$　② $y=-2x-1$　③ $xy=9$

④ $\frac{y}{x}=11$　⑤ $y=-\frac{3}{8}x$

03

다음 중 y가 x에 정비례하는 것은?

① 한 개의 무게가 x g인 구슬 y개의 무게는 200 g이다.

② 한 변의 길이가 x cm인 정삼각형의 둘레의 길이는 y cm이다.

③ 밑변의 길이가 x cm이고 높이가 y cm인 평행사변형의 넓이는 100 cm^2이다.

④ 40 km의 거리를 시속 x km로 달리면 y시간이 걸린다.

⑤ 주스 2 L를 x명이 똑같이 나누어 마실 때, 한 사람이 마시는 주스의 양은 y L이다.

유형 02 정비례 관계식 구하기 개념1

y가 x에 정비례하고, $x=3$일 때 $y=-12$이다. 이때 x와 y 사이의 관계식은 다음 순서로 구한다.

❶ y가 x에 정비례하므로 관계식을 $y=ax\ (a\neq0)$로 놓는다.

❷ $y=ax$에 $x=3$, $y=-12$를 대입하면

$-12=3a$, $a=-4$　　$\therefore y=-4x$

04 대표문제

y가 x에 정비례하고, $x=\frac{1}{2}$일 때 $y=-4$이다. $x=2$일 때 y의 값은?

① -16　② -8　③ -4

④ 8　⑤ 16

05

y가 x에 정비례하고, $x=-5$일 때 $y=15$이다. 이때 x와 y 사이의 관계식은?

① $y=-3x$　② $y=-\frac{1}{3}x$　③ $y=\frac{1}{3}x$

④ $y=3x$　⑤ $y=6x$

06 서술형

y가 x에 정비례하고, x와 y 사이의 관계를 나타내면 다음 표와 같다. 이때 ABC의 값을 구하시오.

x	-3	$\frac{1}{4}$	6	C
y	A	1	B	$-\frac{1}{2}$

집중

유형 03 정비례 관계의 활용 개념 1

❶ 변하는 두 양을 변수 x, y로 놓는다.

❷ y가 x에 정비례하거나 $\frac{y}{x}$의 값이 일정한 경우

➡ x와 y 사이의 관계식 $y=ax$ $(a\neq0)$를 구한다.

❸ ❷의 식에 주어진 조건 $(x=p, y=q)$을 대입하여 필요한 값을 구한다.

❹ 구한 값이 문제의 뜻에 맞는지 확인한다.

07 대표문제

서로 맞물려 돌아가는 두 톱니바퀴 A, B의 톱니는 각각 40개, 30개이다. 톱니바퀴 A가 x바퀴 회전하는 동안 톱니바퀴 B는 y바퀴 회전한다고 할 때, 다음을 구하시오.

(1) x와 y 사이의 관계식

(2) 톱니바퀴 A가 6바퀴 회전하는 동안 톱니바퀴 B가 회전하는 바퀴 수

08

같은 종류의 초콜릿 5개의 무게가 100 g이다. 이 초콜릿 x개의 무게를 y g이라 할 때, x와 y 사이의 관계식을 구하시오.

09 서술형

강인이와 효주가 전체 일의 양이 1인 어떤 일을 하는데, 강인이가 혼자서 하면 4시간이 걸리고 효주가 혼자서 하면 5시간이 걸린다고 한다. 강인이와 효주가 함께 x시간 동안 하는 일의 양을 y라 할 때, 다음을 구하시오.

(1) x와 y 사이의 관계식

(2) 강인이와 효주가 함께 2시간 동안 하는 일의 양

집중

유형 04 정비례 관계 $y=ax$ $(a\neq0)$의 그래프 개념 1

(1) 원점을 지나는 직선이다.

(2) $a>0$일 때, 제1사분면과 제3사분면을 지난다.
$a<0$일 때, 제2사분면과 제4사분면을 지난다.

(3) $a>0$일 때, x의 값이 증가하면 y의 값도 증가한다.
$a<0$일 때, x의 값이 증가하면 y의 값은 감소한다.

10 대표문제

다음 중 정비례 관계 $y=-\frac{3}{4}x$의 그래프에 대한 설명으로 옳지 않은 것은?

① 원점을 지나는 직선이다.

② 오른쪽 아래로 향하는 직선이다.

③ 제2사분면과 제4사분면을 지난다.

④ 점 $\left(2, \frac{3}{2}\right)$을 지난다.

⑤ x의 값이 증가하면 y의 값은 감소한다.

중요

11

다음 중 정비례 관계 $y=\frac{2}{3}x$의 그래프는?

①
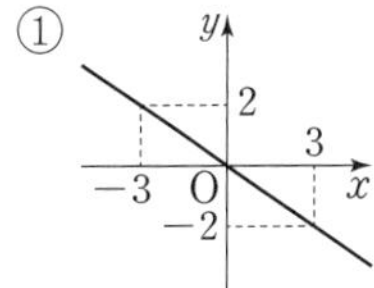

②
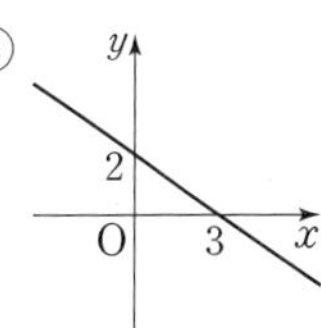

③
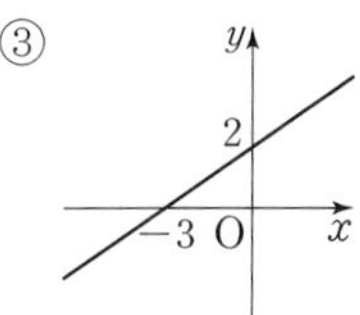

④
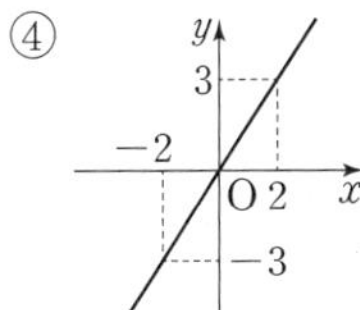

⑤
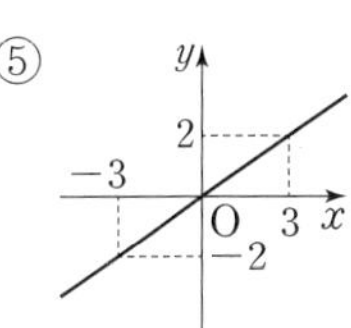

12

다음 **보기** 중 정비례 관계 $y=ax$ $(a\neq0)$의 그래프에 대한 설명으로 옳은 것을 모두 고르시오.

보기

ㄱ. 점 $(a, 1)$을 지난다.

ㄴ. $a<0$일 때, 오른쪽 아래로 향하는 직선이다.

ㄷ. $a>0$일 때, 제1사분면과 제3사분면을 지난다.

ㄹ. $a>0$일 때, x의 값이 증가하면 y의 값은 감소한다.

유형 05 정비례 관계 $y=ax\ (a\neq0)$의 그래프와 a의 값 사이의 관계 개념1

정비례 관계 $y=ax\ (a\neq0)$의 그래프는
(1) a의 절댓값이 클수록 y축에 가깝다.
(2) a의 절댓값이 작을수록 x축에 가깝다.

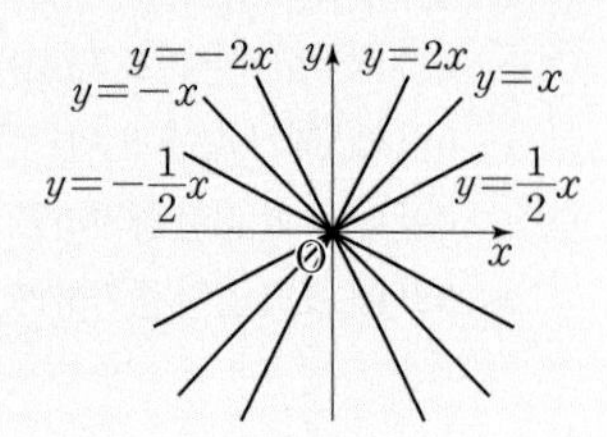

13 대표문제

정비례 관계 $y=3x$, $y=ax$, $y=\frac{2}{5}x$의 그래프가 오른쪽 그림과 같을 때, 다음 중 상수 a의 값이 될 수 있는 것을 모두 고르면? (정답 2개)

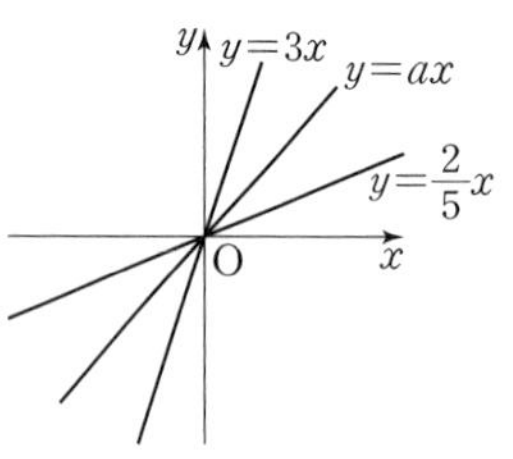

① -2　② $\frac{1}{5}$　③ $\frac{3}{4}$
④ 2　⑤ 4

14

다음 정비례 관계의 그래프 중 x축에 가장 가까운 것은?

① $y=-5x$　② $y=-\frac{5}{3}x$　③ $y=-x$
④ $y=\frac{1}{4}x$　⑤ $y=3x$

중요
15

오른쪽 그림은 정비례 관계 $y=ax$의 그래프이다. 이때 상수 a의 값이 가장 작은 것은?

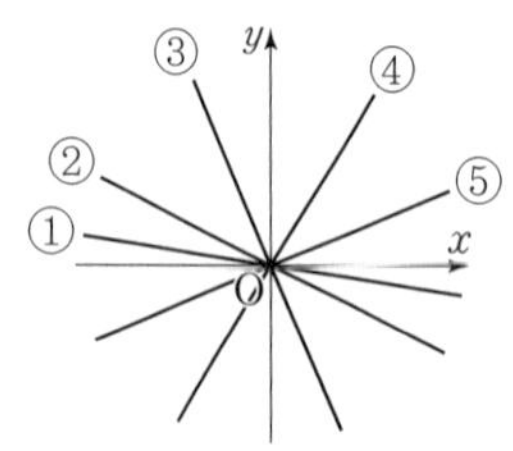

집중
유형 06 정비례 관계 $y=ax\ (a\neq0)$의 그래프 위의 점 개념1

점 (p, q)가 정비례 관계 $y=ax\ (a\neq0)$의 그래프 위의 점이다.
➡ $y=ax$에 $x=p$, $y=q$를 대입하면 등식이 성립한다.

16 대표문제

정비례 관계 $y=-\frac{3}{2}x$의 그래프가 점 $(a, -4-a)$를 지날 때, a의 값을 구하시오.

17

다음 중 정비례 관계 $y=5x$의 그래프 위의 점이 아닌 것은?

① $(-2, -10)$　② $\left(-\frac{1}{5}, -1\right)$　③ $(1, 5)$
④ $\left(\frac{2}{3}, \frac{10}{3}\right)$　⑤ $(3, 12)$

중요
18

점 $(2, -4)$가 정비례 관계 $y=ax\ (a\neq0)$의 그래프 위의 점일 때, 다음 중 이 그래프 위의 점인 것은?

① $(-4, 5)$　② $(-1, -2)$　③ $\left(-\frac{1}{2}, 2\right)$
④ $\left(\frac{1}{4}, -\frac{1}{2}\right)$　⑤ $(3, 6)$

19 서술형

두 점 $(-2, a)$, $(b, -8)$이 정비례 관계 $y=-\frac{1}{2}x$의 그래프 위의 점일 때, $a-b$의 값을 구하시오.

집중

유형 07 그래프를 이용하여 정비례 관계식 구하기 개념1

원점을 지나는 직선과 직선 위의 한 점이 주어진 경우

❶ 그래프가 나타내는 식을 $y=ax\ (a\neq0)$로 놓는다.

❷ $y=ax$에 원점이 아닌 직선 위의 점의 좌표를 대입하여 a의 값을 구한다.

20 대표문제

오른쪽 그림과 같은 그래프가 나타내는 식을 구하시오.

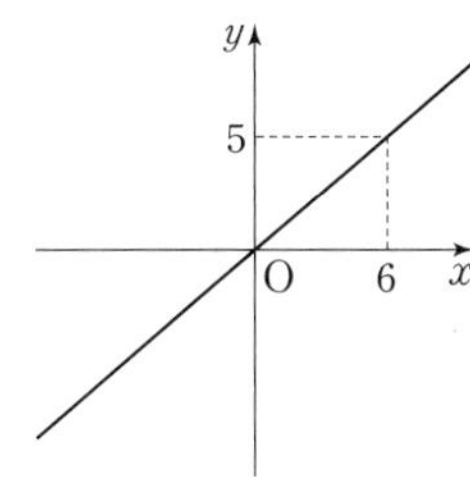

중요

21

다음 중 오른쪽 그림과 같은 그래프 위의 점이 아닌 것을 모두 고르면? (정답 2개)

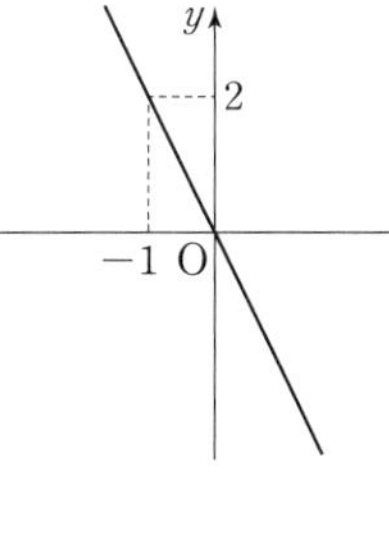

① $(-4,\ 8)$ ② $\left(-\frac{3}{4},\ \frac{3}{2}\right)$

③ $\left(\frac{1}{2},\ 1\right)$ ④ $\left(\frac{5}{2},\ -5\right)$

⑤ $(3,\ 6)$

22 서술형

오른쪽 그림과 같은 그래프가 점 $(m,\ -2)$를 지날 때, m의 값을 구하시오.

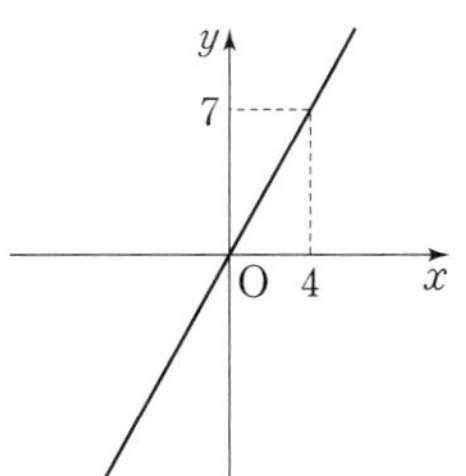

유형 08 반비례 관계 개념2

두 변수 x, y에 대하여 x의 값이 2배, 3배, 4배, …로 변함에 따라 y의 값은 $\frac{1}{2}$배, $\frac{1}{3}$배, $\frac{1}{4}$배, …로 변하는 관계가 있을 때, y는 x에 반비례한다고 한다.

➜ $y=\frac{a}{x}$ 또는 $xy=a\ (a\neq0)$

23 대표문제

다음 **보기** 중 y가 x에 반비례하는 것을 모두 고르시오.

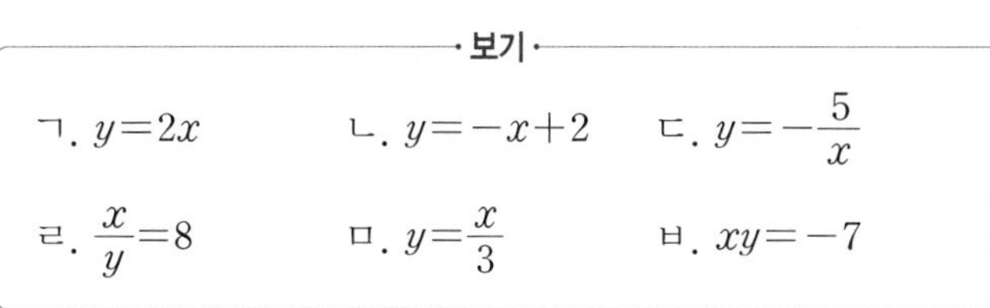

보기

ㄱ. $y=2x$ ㄴ. $y=-x+2$ ㄷ. $y=-\frac{5}{x}$

ㄹ. $\frac{x}{y}=8$ ㅁ. $y=\frac{x}{3}$ ㅂ. $xy=-7$

24

x의 값이 2배, 3배, 4배, …가 될 때, y의 값은 $\frac{1}{2}$배, $\frac{1}{3}$배, $\frac{1}{4}$배, …가 되는 x와 y 사이의 관계식이 아닌 것을 모두 고르면? (정답 2개)

① $y=\frac{x}{3}$ ② $y=-\frac{10}{x}$ ③ $xy=-1$

④ $\frac{y}{x}=-15$ ⑤ $y=\frac{5}{4x}$

중요

25

다음 중 y가 x에 반비례하는 것은?

① 한 권에 x원인 공책 5권의 값은 y원이다.

② 두 대각선의 길이가 각각 x cm, y cm인 마름모의 넓이는 20 cm^2이다.

③ 길이가 10 cm이고 무게가 30 g인 철사 x cm의 무게는 y g이다.

④ 시속 x km로 4시간 동안 이동한 거리는 y km이다.

⑤ 소금 x g이 들어 있는 소금물 200 g의 농도는 y %이다.

유형 09 반비례 관계식 구하기 개념2

y가 x에 반비례하고, $x=2$일 때 $y=3$이다. 이때 x와 y 사이의 관계식은 다음 순서로 구한다.

❶ y가 x에 반비례하므로 관계식을 $y=\frac{a}{x}\ (a\neq0)$로 놓는다.

❷ $y=\frac{a}{x}$에 $x=2$, $y=3$을 대입하면

$3=\frac{a}{2}$, $a=6$ $\quad\therefore y=\frac{6}{x}$

26 대표문제

y가 x에 반비례하고, $x=-6$일 때 $y=-2$이다. $x=3$일 때 y의 값은?

① -4 ② -3 ③ -2
④ 3 ⑤ 4

27

y가 x에 반비례하고, $x=5$일 때 $y=-4$이다. 다음 **보기** 중 옳지 않은 것을 모두 고르시오.

보기

ㄱ. x의 값이 2배가 되면 y의 값은 $\frac{1}{2}$배가 된다.
ㄴ. $\frac{y}{x}$의 값이 항상 일정하다.
ㄷ. x와 y 사이의 관계를 식으로 나타내면 $y=\frac{20}{x}$이다.
ㄹ. $y=2$일 때, $x=-10$이다.

28 서술형

y가 x에 반비례하고, x와 y 사이의 관계를 나타내면 다음 표와 같다. 이때 $\frac{B}{A}$의 값을 구하시오.

x	2	4	B
y	-8	A	$-\frac{4}{5}$

집중

유형 10 반비례 관계의 활용 개념2

❶ 변하는 두 양을 변수 x, y로 놓는다.
❷ y가 x에 반비례하거나 xy의 값이 일정한 경우
➡ x와 y 사이의 관계식 $y=\frac{a}{x}\ (a\neq0)$를 구한다.
❸ ❷의 식에 주어진 조건 $(x=p,\ y=q)$을 대입하여 필요한 값을 구한다.
❹ 구한 값이 문제의 뜻에 맞는지 확인한다.

29 대표문제

240 L 들이의 수족관에 물을 가득 채우려고 한다. 매분 x L씩 물을 넣어 수족관에 물을 가득 채우는 데 y분이 걸린다고 할 때, 다음을 구하시오.

(1) x와 y 사이의 관계식
(2) 매분 5 L씩 흘러나오는 수돗물을 이용하여 수족관에 물을 가득 채우는 데 걸리는 시간

30

서로 맞물려 돌아가는 두 톱니바퀴 A, B가 있다. 톱니가 12개인 톱니바퀴 A가 매분 3바퀴 회전할 때, 톱니가 x개인 톱니바퀴 B는 매분 y바퀴 회전한다고 한다. x와 y 사이의 관계식을 구하시오.

31

소금이 4 g 녹아 있는 소금물 y g의 농도를 x %라 할 때, 다음을 구하시오.

(1) x와 y 사이의 관계식
(2) 소금물이 200 g일 때의 농도

집중

유형 11 반비례 관계 $y=\frac{a}{x}\ (a\neq0)$의 그래프 개념2

(1) 좌표축에 한없이 가까워지는 한 쌍의 매끄러운 곡선이다.
(2) $a>0$일 때, 제1사분면과 제3사분면을 지난다.
$a<0$일 때, 제2사분면과 제4사분면을 지난다.
(3) $a>0$일 때, 각 사분면에서 x의 값이 증가하면 y의 값은 감소한다.
$a<0$일 때, 각 사분면에서 x의 값이 증가하면 y의 값도 증가한다.

32 대표문제

다음 중 반비례 관계 $y=\frac{4}{x}$의 그래프에 대한 설명으로 옳지 않은 것을 모두 고르면? (정답 2개)

① 원점을 지나는 직선이다.
② 좌표축에 한없이 가까워지는 한 쌍의 매끄러운 곡선이다.
③ 제1사분면과 제3사분면을 지난다.
④ 점 $(-2,\ -2)$를 지난다.
⑤ 각 사분면에서 x의 값이 증가하면 y의 값도 증가한다.

33

다음 중 반비례 관계 $y=-\frac{8}{x}$의 그래프는?

① 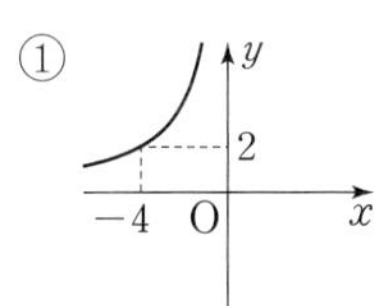

② 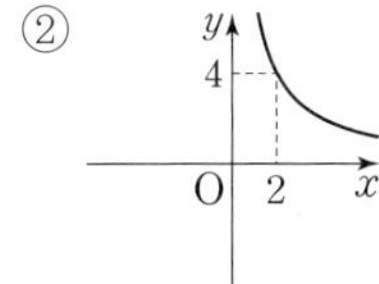

③ 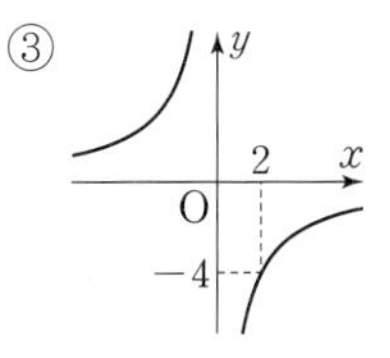

④ 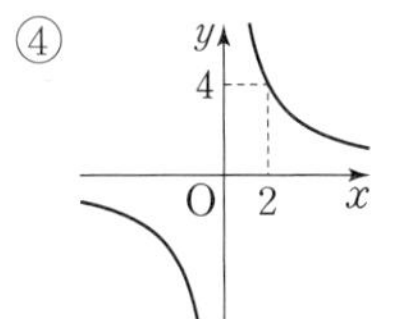

⑤ 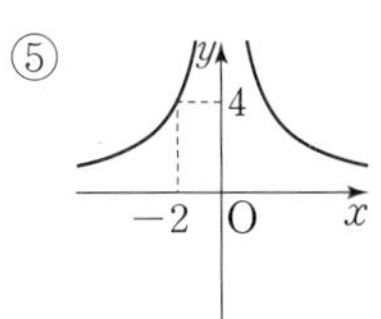

34

다음 **보기** 중 반비례 관계 $y=\frac{a}{x}\ (a\neq0)$의 그래프에 대한 설명으로 옳은 것을 모두 고르시오.

보기
ㄱ. 점 $(1,\ a)$를 지나는 직선이다.
ㄴ. 점 $(a,\ 1)$을 지나면서 좌표축에 한없이 가까워지는 한 쌍의 매끄러운 곡선이다.
ㄷ. $a<0$일 때, 제2사분면과 제4사분면을 지난다.
ㄹ. $a>0$일 때, $x<0$에서 x의 값이 증가하면 y의 값은 감소한다.

유형 12 반비례 관계 $y=\frac{a}{x}\ (a\neq0)$의 그래프와 a의 값 사이의 관계 개념2

반비례 관계 $y=\frac{a}{x}\ (a\neq0)$의 그래프는
(1) a의 절댓값이 클수록 원점에서 멀다.
(2) a의 절댓값이 작을수록 원점에 가깝다.

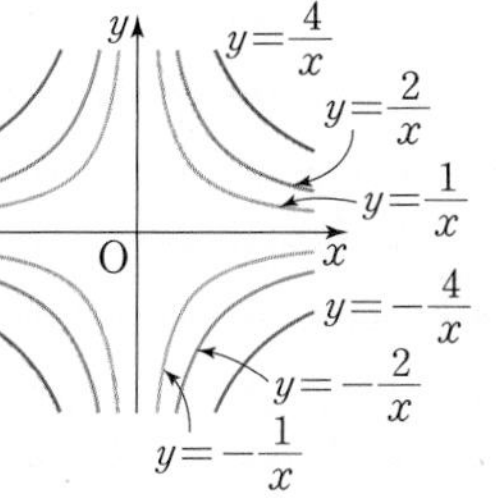

35 대표문제

반비례 관계 $y=\frac{a}{x}\ (a\neq0)$, $y=\frac{3}{x}$의 그래프가 오른쪽 그림과 같을 때, 상수 a의 값의 범위는?

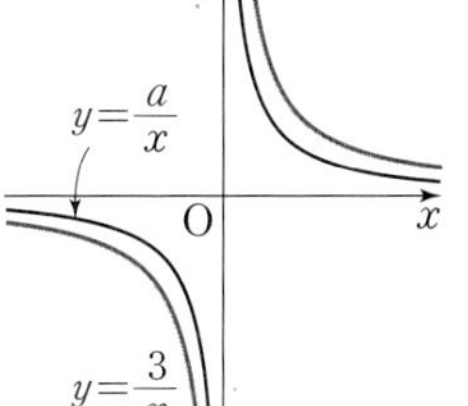

① $a<-3$　② $a>-3$
③ $-3<a<0$　④ $0<a<3$
⑤ $a>3$

36

다음 반비례 관계의 그래프 중 원점에 가장 가까운 것은?

① $y=-\frac{12}{x}$　② $y=-\frac{7}{x}$　③ $y=-\frac{3}{x}$
④ $y=\frac{1}{x}$　⑤ $y=\frac{10}{x}$

37 서술형

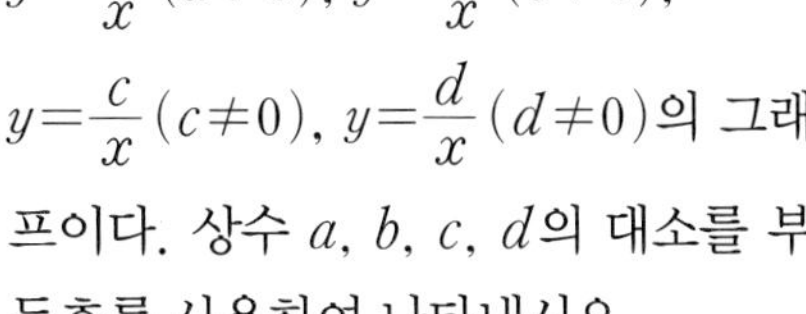

오른쪽 그림은 반비례 관계 $y=\frac{a}{x}\ (a\neq0)$, $y=\frac{b}{x}\ (b\neq0)$, $y=\frac{c}{x}\ (c\neq0)$, $y=\frac{d}{x}\ (d\neq0)$의 그래프이다. 상수 $a,\ b,\ c,\ d$의 대소를 부등호를 사용하여 나타내시오.

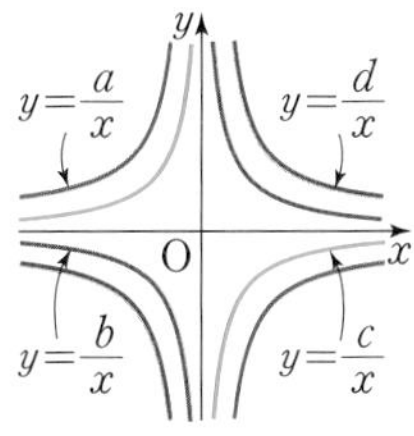

집중

유형 13 반비례 관계 $y=\frac{a}{x}$ $(a\neq0)$의 그래프 위의 점 개념2

점 (p, q)가 반비례 관계 $y=\frac{a}{x}$ $(a\neq0)$의 그래프 위의 점이다.
→ $y=\frac{a}{x}$에 $x=p$, $y=q$를 대입하면 등식이 성립한다.

38 대표문제

반비례 관계 $y=\frac{9}{x}$의 그래프가 점 $\left(-3,\ \frac{1}{4}a-1\right)$을 지날 때, a의 값을 구하시오.

39

다음 중 반비례 관계 $y=-\frac{6}{x}$의 그래프 위의 점이 아닌 것은?

① $(-6,\ 1)$ ② $\left(-12,\ \frac{1}{2}\right)$ ③ $(1,\ -6)$
④ $\left(18,\ \frac{1}{3}\right)$ ⑤ $\left(4,\ -\frac{3}{2}\right)$

중요

40

점 $(4,\ -7)$이 반비례 관계 $y=\frac{a}{x}$ $(a\neq0)$의 그래프 위의 점일 때, 다음 중 이 그래프 위의 점인 것은?

① $(-3,\ -2)$ ② $(-5,\ 4)$ ③ $(-2,\ 14)$
④ $(6,\ -8)$ ⑤ $\left(14,\ -\frac{1}{2}\right)$

41 서술형

두 점 $(4,\ a)$, $(-b,\ 5)$가 반비례 관계 $y=-\frac{10}{x}$의 그래프 위의 점일 때, ab의 값을 구하시오.

집중

유형 14 그래프를 이용하여 반비례 관계식 구하기 개념2

한 쌍의 매끄러운 곡선과 곡선 위의 한 점이 주어진 경우
❶ 그래프가 나타내는 식을 $y=\frac{a}{x}$ $(a\neq0)$로 놓는다.
❷ $y=\frac{a}{x}$에 곡선 위의 점의 좌표를 대입하여 a의 값을 구한다.

42 대표문제

오른쪽 그림에서 m의 값을 구하시오.

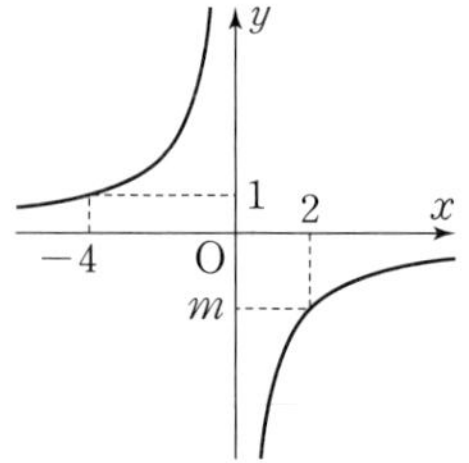

중요

43

다음 중 오른쪽 그림과 같은 그래프 위의 점을 모두 고르면? (정답 2개)

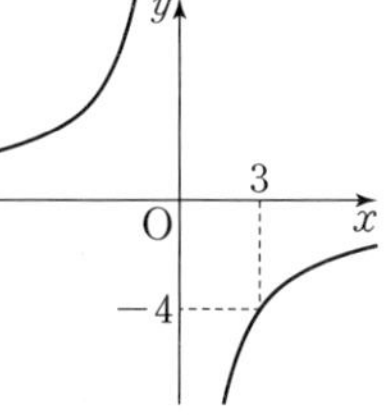

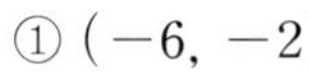
① $(-6,\ -2)$ ② $(-4,\ 3)$
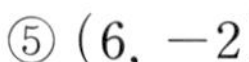
③ $(-2,\ 5)$ ④ $(2,\ -8)$
⑤ $(6,\ -2)$

44 서술형

오른쪽 그림과 같은 그래프 위의 두 점 A, B의 y좌표의 차가 2일 때, 그래프가 나타내는 식을 구하시오.

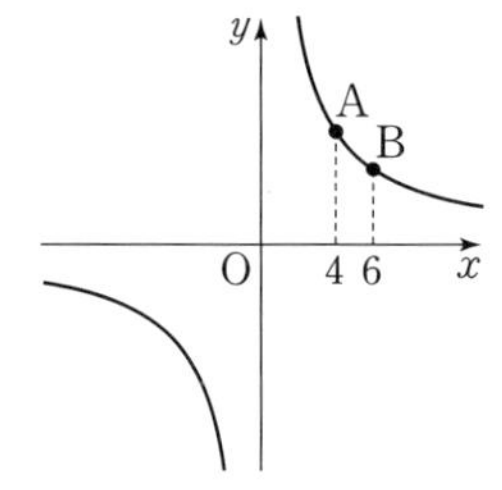

집중

유형 15 $y=ax$, $y=\frac{b}{x}$ $(a\neq0,\ b\neq0)$의 그래프가 만나는 점 개념 1, 2

$y=ax$, $y=\frac{b}{x}$ $(a\neq0,\ b\neq0)$의 그래프가 점 $(m,\ n)$에서 만난다.

➡ $y=ax$, $y=\frac{b}{x}$에 $x=m$, $y=n$을 대입하면 등식이 모두 성립한다.

45 대표문제

오른쪽 그림과 같이 정비례 관계 $y=3x$의 그래프와 반비례 관계 $y=\frac{a}{x}$의 그래프가 만나는 점 A의 x좌표가 3일 때, 상수 a의 값은?

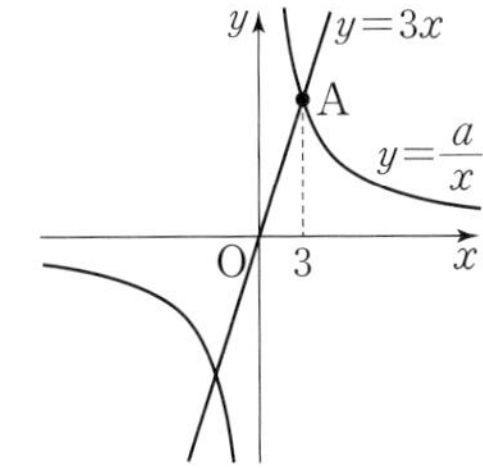

① -32 ② -27 ③ -18 ④ 18 ⑤ 27

46 서술형

오른쪽 그림과 같이 정비례 관계 $y=-\frac{5}{2}x$의 그래프와 반비례 관계 $y=\frac{a}{x}$의 그래프가 점 $(b,\ 5)$에서 만날 때, $a+b$의 값을 구하시오. (단, a는 상수)

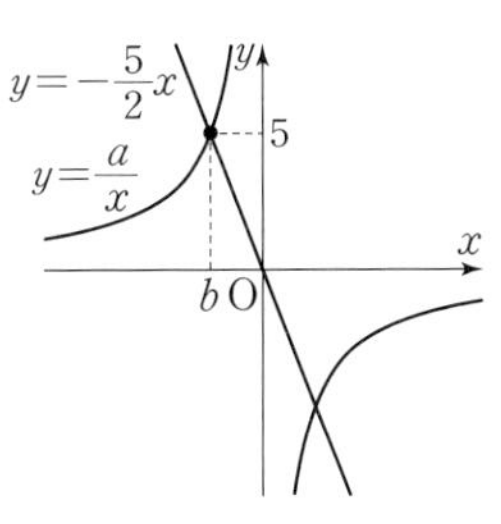

47

오른쪽 그림과 같이 정비례 관계 $y=\frac{4}{3}x$의 그래프와 반비례 관계 $y=\frac{a}{x}$의 그래프가 점 A$(3,\ b)$에서 만나고, 점 B$(c,\ 2)$가 $y=\frac{a}{x}$의 그래프 위의 점일 때, $a-b-c$의 값을 구하시오. (단, a는 상수)

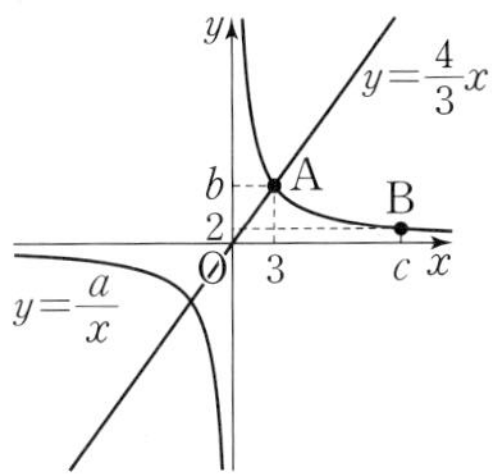

집중

유형 16 $y=ax$, $y=\frac{b}{x}$ $(a\neq0,\ b\neq0)$의 그래프와 도형의 넓이 개념 1, 2

정비례 관계 $y=ax$ $(a\neq0)$의 그래프 위의 한 점 P$(k,\ ak)$에 대하여

(삼각형 POA의 넓이)

$=\frac{1}{2}\times$(선분 OA의 길이)$\times$(선분 PA의 길이)

$=\frac{1}{2}\times|k|\times|ak|$

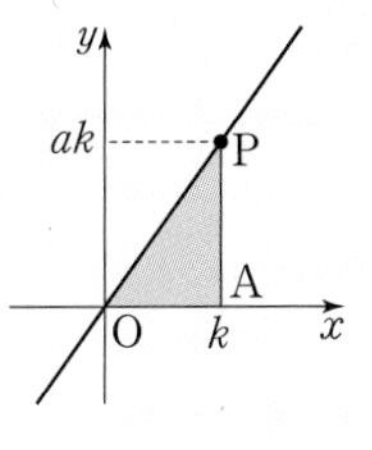

48 대표문제

오른쪽 그림과 같이 정비례 관계 $y=-\frac{1}{2}x$의 그래프 위의 점 A의 y좌표와 정비례 관계 $y=2x$의 그래프 위의 점 B의 y좌표가 모두 4일 때, 삼각형 AOB의 넓이는? (단, O는 원점)

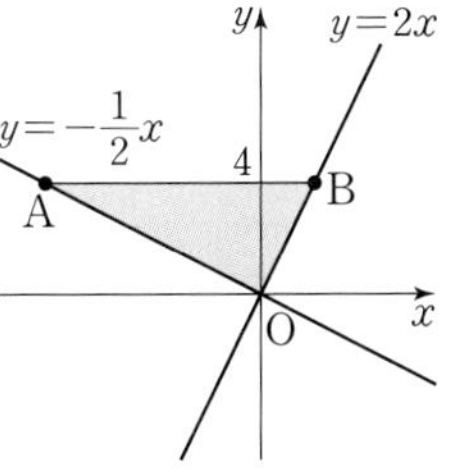

① 10 ② 14 ③ 18 ④ 20 ⑤ 24

49

오른쪽 그림과 같이 반비례 관계 $y=\frac{a}{x}$ $(x>0)$의 그래프 위에 점 P가 있다. 점 A의 좌표가 $(3,\ 0)$이고, 직사각형 OAPB의 넓이가 8일 때, 상수 a의 값을 구하시오. (단, O는 원점)

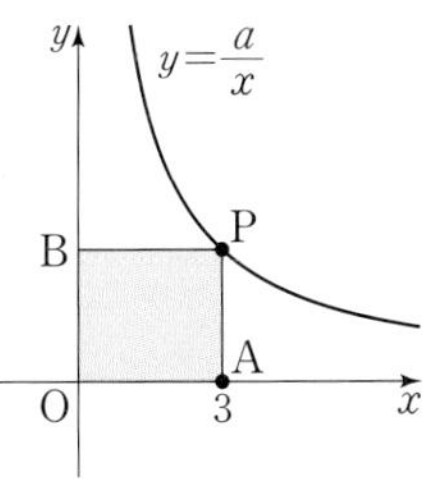

50

오른쪽 그림은 반비례 관계 $y=\frac{a}{x}$의 그래프이다. 그래프 위의 두 점 A, C는 원점에 대칭이고, 직사각형 ABCD의 넓이가 28일 때, 상수 a의 값을 구하시오.

(단, 직사각형의 모든 변은 각각 좌표축과 평행하다.)

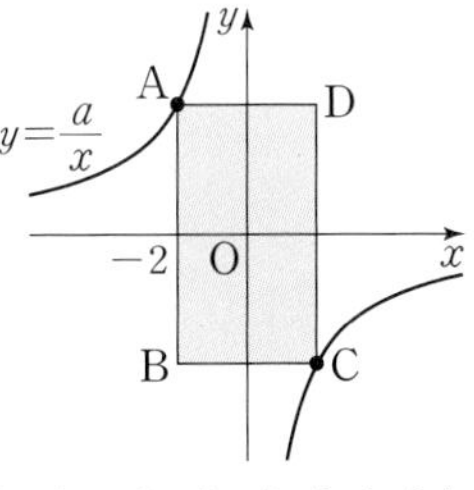

10 정비례와 반비례

Real 실전 기출

01

다음 중 y가 x에 정비례하는 것을 모두 고르면? (정답 2개)

① $y=-\frac{11}{x}$ ② $y=-x+1$ ③ $y=-\frac{1}{4}x$

④ $xy=-6$ ⑤ $\frac{y}{x}=\frac{3}{8}$

02 창의 역량

다음 그림은 1단 계단, 2단 계단, 3단 계단, 4단 계단, …을 옆에서 본 모양이다. 이 계단은 한 계단의 폭과 높이가 모두 1일 때, 25단 계단을 옆에서 본 모양의 둘레의 길이는?

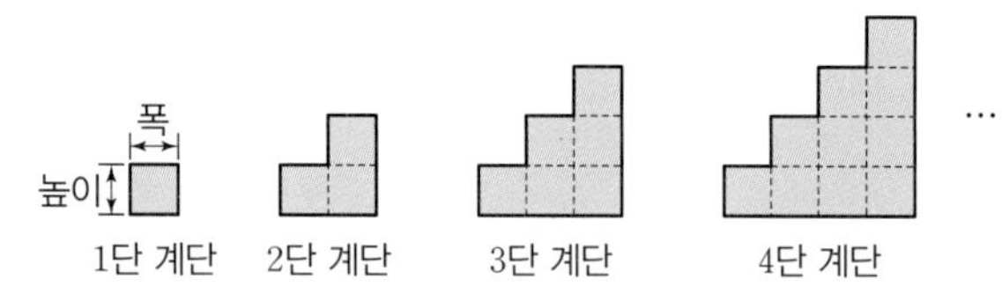

① 50 ② 75 ③ 100

④ 125 ⑤ 150

03 최다빈출

y가 x에 정비례하고, $x=7$일 때 $y=2$이다. x와 y 사이의 관계를 나타내는 그래프에 대하여 다음 **보기** 중 옳은 것을 모두 고르시오.

보기

ㄱ. 원점을 지나는 매끄러운 곡선이다.

ㄴ. 점 (14, 4)를 지난다.

ㄷ. 제2사분면과 제4사분면을 지난다.

ㄹ. x의 값이 증가하면 y의 값도 증가한다.

04

오른쪽 정비례 관계의 그래프에서 다음 중 옳은 것은?

(단, a, b, c, d는 상수)

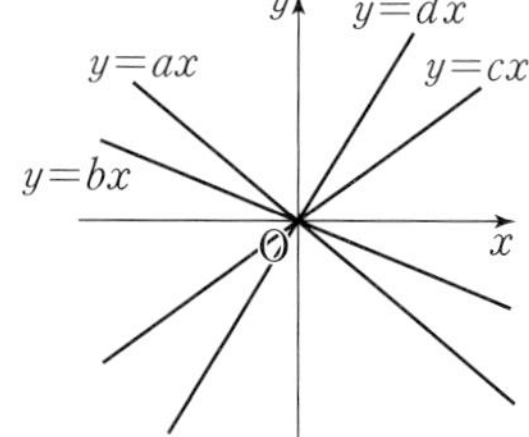

① $a<b<c<d$

② $b<a<c<d$

③ $b<a<d<c$

④ $c<d<a<b$

⑤ $d<c<b<a$

05

다음 중 y가 x에 반비례하는 것은?

① 밑변의 길이가 x cm, 높이가 8 cm인 삼각형의 넓이 y cm^2

② 한 개 500원짜리 과자 x개의 값 y원

③ 가로의 길이가 x cm, 세로의 길이가 10 cm인 직사각형의 넓이 y cm^2

④ 시속 x km로 24 km를 달리는 데 걸리는 시간 y시간

⑤ 가로의 길이가 4 cm, 세로의 길이가 5 cm, 높이가 x cm인 직육면체의 부피 y cm^3

06

다음 **보기**의 그래프 중 $x<0$일 때 x의 값이 증가하면 y의 값도 증가하는 것을 모두 고르시오.

보기

ㄱ. $y=5x$ ㄴ. $y=-9x$

ㄷ. $y=\frac{2}{x}$ ㄹ. $y=-\frac{7}{x}$

07

오른쪽 그래프를 나타내는 식으로 옳지 않은 것은?

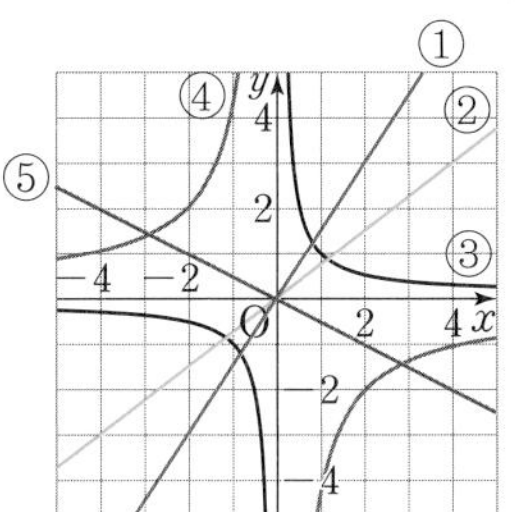

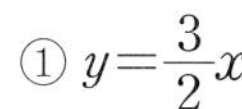

① $y=\frac{3}{2}x$

② $y=\frac{3}{4}x$

③ $y=\frac{1}{x}$

④ $y=-\frac{4}{x}$

⑤ $y=-2x$

08

온도가 일정할 때, 기체의 부피 y는 압력 x에 반비례한다. 압력이 4기압일 때 부피가 6 mL인 기체의 압력이 8기압일 때의 부피를 구하시오.

09

오른쪽 그림과 같이 정비례 관계 $y=\frac{2}{3}x$의 그래프와 반비례 관계 $y=\frac{a}{x}$의 그래프가 점 A(6, b)에서 만난다. 점 B(8, c)가 반비례 관계 $y=\frac{a}{x}$의 그래프 위의 점일 때, $\frac{a}{bc}$의 값을 구하시오.

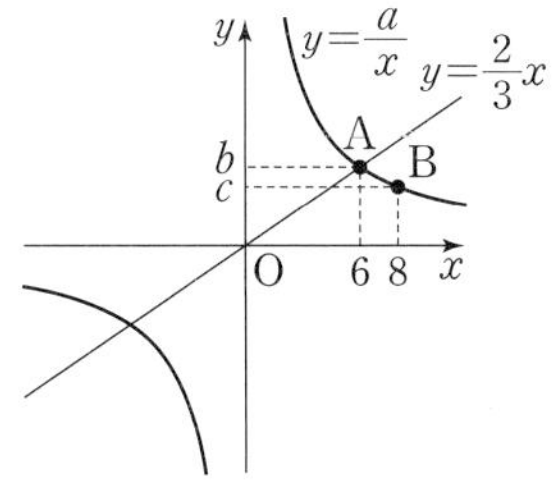

10

집에서 4 km 떨어진 공원까지 누나는 걸어가고, 동생은 자전거로 가기로 하였다. 오른쪽 그림은 두 사람이 동시에 집에서 출발한 지 x분 후 이동한 거리를 y m라 할 때, x와 y 사이의 관계를 나타낸 그래프이다. 동생은 누나보다 몇 분 먼저 공원에 도착했는지 구하시오.

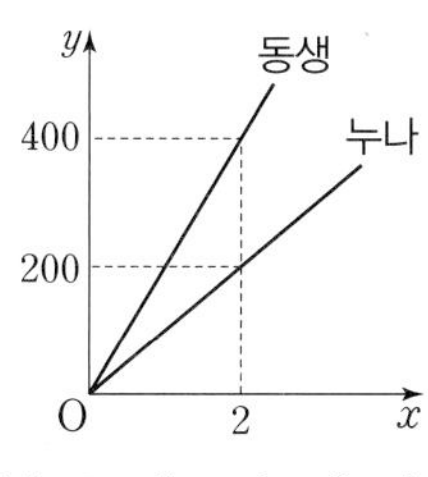

11

오른쪽 그림은 두 점 A(a, 3), B(6, 1)을 지나는 반비례 관계 $y=\frac{6}{x}$ $(x>0)$의 그래프와 정비례 관계 $y=mx$의 그래프이다. $y=mx$의 그래프가 선분 AB를 지나도록 하는 상수 m의 값의 범위를 구하시오.

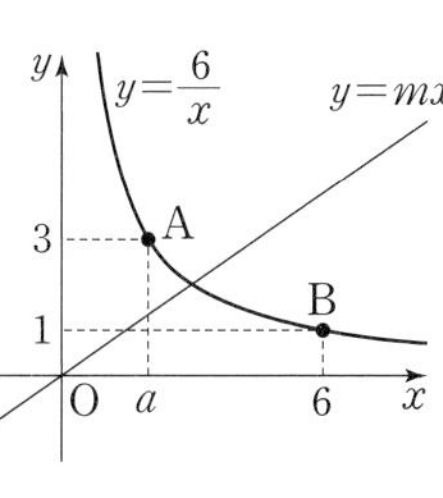

12

오른쪽 그림과 같이 좌표평면 위의 네 점 A(2, 5), O(0, 0), B(8, 0), C(8, 6)을 꼭짓점으로 하는 사각형 AOBC의 넓이를 정비례 관계 $y=ax$의 그래프가 이등분할 때, 상수 a의 값을 구하시오. (단, $x>0$)

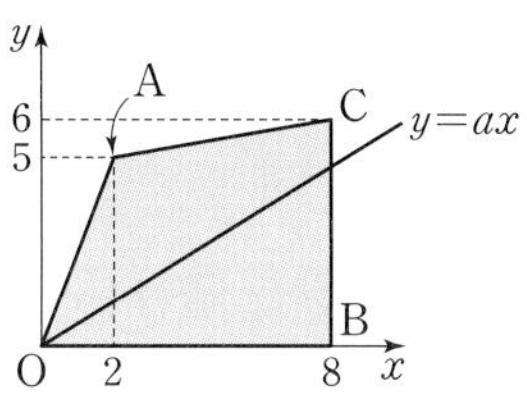

서술형

13

10분 동안 20 L의 물을 받을 수 있는 약수터가 있다. 이 약수터에서 x분 동안 받을 수 있는 물의 양을 y L라 할 때, 다음을 구하시오.

(1) x와 y 사이의 관계식

(2) 60 L 들이의 물통에 물을 가득 채우는 데 걸리는 시간

풀이

답

14

y가 x에 반비례하고 $x=9$일 때 $y=-\frac{1}{3}$이다. $y=-\frac{1}{6}$일 때 x의 값을 구하시오.

풀이

답

15

정비례 관계 $y=ax$의 그래프는 점 $(2, -2)$를 지나고, 반비례 관계 $y=\frac{a}{x}$의 그래프는 점 $(-4, b)$를 지날 때, $a+b$의 값을 구하시오. (단, a는 상수)

16

오른쪽 그림과 같이 정비례 관계 $y=\frac{2}{3}x$의 그래프와 반비례 관계 $y=\frac{a}{x}$의 그래프가 점 P$(3, b)$에서 만날 때, $\frac{a}{b}$의 값을 구하시오.

(단, a는 상수)

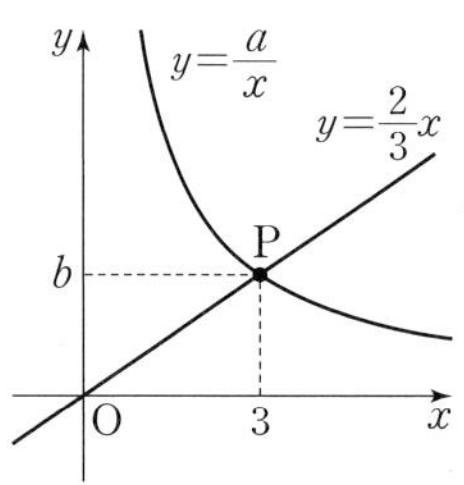

풀이

답

17 100점

반비례 관계 $y=\frac{a}{x}$ $(a\neq0)$의 그래프가 점 $(-2, -8)$을 지날 때, 이 그래프 위의 점 (m, n) 중 m, n이 모두 정수인 점의 개수를 구하시오.

18 100점

오른쪽 그림과 같이 점 A$(b, 10)$은 정비례 관계 $y=2x$의 그래프 위의 점이고, 점 C는 정비례 관계 $y=ax$의 그래프 위의 점이다. 사각형 ABCD는 한 변의 길이가 4인 정사각형일 때, 상수 a의 값을 구하시오. (단, 직사각형의 모든 변은 각각 좌표축과 평행하다.)

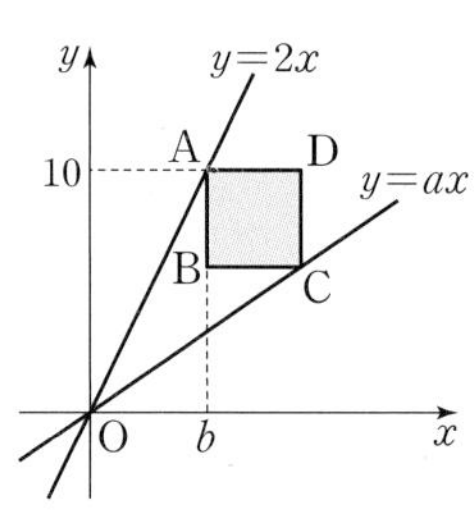

풀이

답

• Memo •

• Memo •

유형 더블

중등수학 1-1

[유형북] Real 실전 유형에서 틀린 문제를 체크해 보세요.

집중

유형 01 소수와 합성수 개념 1

01 대표문제

다음 중 소수의 개수는?

2, 9, 13, 19, 21, 26, 111, 143

① 1 ② 2 ③ 3
④ 4 ⑤ 5

02

다음 중 합성수의 개수를 구하시오.

1, 5, 11, 12, 17, 29, 33, 133

중요

03

30보다 크고 47보다 작은 자연수 중 약수가 2개인 수의 개수를 구하시오.

04 서술형

54에 가장 가까운 소수를 a, 가장 가까운 합성수를 b라 할 때, $a+b$의 값을 구하시오. (단, $a \neq 54$, $b \neq 54$)

유형 02 소수와 합성수의 성질 개념 1

05 대표문제

다음 중 옳은 것은?

① 소수는 모두 홀수이다.
② 가장 작은 합성수는 4이다.
③ 35에 가장 가까운 소수는 31이다.
④ 두 소수의 곱은 항상 홀수이다.
⑤ 소수가 아닌 자연수는 합성수이다.

06

다음을 만족시키는 자연수 a, b, c에 대하여 $a+b+c$의 값을 구하시오.

(가) 가장 작은 소수는 a이다.
(나) 한 자리 자연수 중에서 소수는 b개이다.
(다) 모든 합성수는 약수가 c개 이상이다.

07

다음 중 옳지 않은 것을 모두 고르면? (정답 2개)

① 합성수가 아닌 자연수는 약수가 2개 이하이다.
② 2를 제외한 모든 소수는 각각의 약수의 합이 짝수이다.
③ 3을 제외한 3의 배수는 모두 합성수이다.
④ 십의 자리의 숫자가 6인 두 자리 자연수는 모두 합성수이다.
⑤ 2를 약수로 갖는 수는 모두 합성수이다.

집중

유형 03 곱을 거듭제곱으로 나타내기 개념2

08 대표문제

다음 중 옳은 것은?

① $4\times4\times4=3^4$

② $\frac{1}{7}\times\frac{1}{7}\times\frac{1}{7}\times\frac{1}{7}\times\frac{1}{7}=\frac{5}{7}$

③ $2\times3\times3\times5\times2\times3=2^2\times3^3\times5$

④ $a+a+a+a=a^4$

⑤ $\frac{1}{3\times3\times3}+\frac{1}{5\times5}=\frac{1}{3^3\times5^2}$

09

$5\times5\times5\times5$를 거듭제곱으로 나타내면 밑은 a, 지수는 b일 때, 자연수 a, b의 값을 각각 구하시오. (단, a는 소수)

10

$3\times5\times5\times7\times5\times7\times5$를 거듭제곱을 사용하여 나타내면?

① $3^3\times5^4$ ② $3\times5^3\times7^2$ ③ $3\times5^4\times7$
④ $3\times5^4\times7^2$ ⑤ $3\times5^4\times7^3$

11

세 자연수 x, y, z에 대하여

$$a\times a\times b\times c\times a\times b\times b\times a=a^x\times b^y\times c^z$$

일 때, $x-y+z$의 값을 구하시오.

(단, a, b, c는 서로 다른 소수)

유형 04 수를 거듭제곱으로 나타내기 개념2

12 대표문제

$3^4=a$, $2^b=128$을 만족시키는 자연수 a, b에 대하여 $a-b$의 값은?

① 20 ② 48 ③ 61
④ 74 ⑤ 90

13

$4^x=256$일 때, 자연수 x의 값은?

① 4 ② 5 ③ 6
④ 7 ⑤ 8

14

두 자연수 a, b에 대하여 $\frac{16}{121}\times125=\left(\frac{4}{a}\right)^2\times5^b$일 때, $a+b$의 값은? (단, a는 소수)

① 8 ② 11 ③ 14
④ 17 ⑤ 20

중요

15 서술형

다음을 만족시키는 자연수 a, b에 대하여 $a+b$의 값을 구하시오.

10^a mm$=1$ m, 10^b mL$=100$ L

유형 05 소인수분해 개념3

16 대표문제

다음 중 소인수분해한 것으로 옳은 것은?

① $14=3+11$ ② $18=2\times9$
③ $24=2^2\times6$ ④ $72=8\times9$
⑤ $90=2\times3^2\times5$

17

다음 중 792를 소인수분해한 것은?

① $2^3\times3^4$ ② $2^2\times3^3\times11$ ③ $2^3\times3^2\times7$
④ $2^3\times3^2\times11$ ⑤ $2^3\times3\times33$

18

다음 **보기** 중 소인수분해한 것으로 옳지 않은 것을 모두 고른 것은?

보기

ㄱ. $20=4\times5$ ㄴ. $50=2^2\times5$
ㄷ. $76=2^2\times19$ ㄹ. $120=2^3\times3\times5$

① ㄱ, ㄴ ② ㄱ, ㄷ ③ ㄱ, ㄹ
④ ㄴ, ㄷ ⑤ ㄴ, ㄹ

유형 06 소인수 구하기 개념3

19 대표문제

다음 중 420의 소인수가 아닌 것은?

① 2 ② 3 ③ 5
④ 7 ⑤ 11

20

다음 중 소인수가 2개인 것은?

① 30 ② 66 ③ 80
④ 105 ⑤ 154

중요

21

다음 **보기** 중 소인수가 같은 것끼리 짝 지은 것은?

보기

ㄱ. 28 ㄴ. 84 ㄷ. 126 ㄹ. 147

① ㄱ, ㄴ ② ㄱ, ㄷ ③ ㄱ, ㄹ
④ ㄴ, ㄷ ⑤ ㄴ, ㄹ

22 서술형

1001의 모든 소인수의 합을 구하시오.

집중

유형 07 소인수분해한 결과에서 밑과 지수 구하기 개념3

23 대표문제

189를 소인수분해하면 $3^a \times 7^b$일 때, 자연수 a, b에 대하여 $a+b$의 값은?

① 3 ② 4 ③ 5
④ 6 ⑤ 7

중요

24

6500을 소인수분해하면 $2^a \times 5^b \times c$일 때, 자연수 a, b, c에 대하여 $a+b+c$의 값은? (단, c는 소수)

① 14 ② 15 ③ 16
④ 17 ⑤ 18

25

243×12를 소인수분해하면 $2^a \times 3^b$일 때, 자연수 a, b에 대하여 $b-a$의 값은?

① 2 ② 3 ③ 4
④ 5 ⑤ 6

26 서술형

다음을 만족시키는 자연수 a, b, m, n에 대하여 $m \times n - a \times b$의 값을 구하시오. (단, a, b는 소수)

$$432 = a^m \times b^n$$

집중

유형 08 제곱인 수 만들기 개념3

27 대표문제

945에 자연수를 곱하여 어떤 자연수의 제곱이 되도록 할 때, 곱할 수 있는 가장 작은 자연수를 구하시오.

중요

28

540을 자연수로 나누어 어떤 자연수의 제곱이 되도록 할 때, 나눌 수 있는 가장 작은 자연수를 구하시오.

29

$\frac{300}{a} = b^2$을 만족시키는 가장 작은 자연수 a와 그때의 자연수 b에 대하여 $a+b$의 값은?

① 3 ② 13 ③ 23
④ 33 ⑤ 43

30

495에 자연수를 곱하여 어떤 자연수의 제곱이 되도록 할 때, 곱할 수 있는 자연수 중 세 번째로 작은 자연수를 구하시오.

유형 09 소인수분해를 이용하여 약수 구하기 개념 4

31 대표문제

다음 중 360의 약수인 것을 모두 고르면? (정답 2개)

① $2^3\times5$ ② 3×5^2 ③ $3^3\times5$
④ $2^2\times3\times5$ ⑤ $2^3\times3^3\times5$

32

다음 중 $3\times5^2\times7^3$의 약수가 아닌 것은?

① 15 ② 105 ③ 245
④ 525 ⑤ 675

33

아래 표를 이용하여 112의 약수를 구하려고 한다. 다음 중 옳지 않은 것은?

×	1	2	2^2	(가)	2^4
1	1	2	2^2		2^4
7	7	2×7	(나)		(다)

① 112를 소인수분해하면 $2^4\times7$이다.
② (가)에 들어갈 수는 2^3이다.
③ (나)에서 28이 112의 약수임을 알 수 있다.
④ (다)에 들어갈 수는 32이다.
⑤ 112의 약수는 10개이다.

34

$2\times3^3\times5$의 약수 중 세 번째로 큰 수를 구하시오.

유형 10 약수의 개수 구하기 개념 4

35 대표문제

다음 중 약수의 개수가 나머지 넷과 다른 하나는?

① 2×3^{11} ② $2^2\times3^3\times7$ ③ $3^3\times5^5$
④ 160 ⑤ 630

36

다음 **보기** 중 288과 약수의 개수가 같은 것을 모두 고르시오.

보기

ㄱ. 2^{18} ㄴ. $2^2\times5^9$
ㄷ. $3^3\times5^2\times9$ ㄹ. $2^2\times3^2\times11$

37

다음 중 옳지 않은 것은?

① 3^2의 약수는 1, 3, 3^2이다.
② $2^2\times3$의 약수는 1, 2, 3, 2^2, 2×3, $2^2\times3$이다.
③ 5^4의 약수는 5개이다.
④ $2^4\times3^2\times7^3$의 약수는 60개이다.
⑤ 260의 약수는 13개이다.

38 서술형

$\frac{240}{x}$이 자연수가 되도록 하는 자연수 x의 개수를 구하시오.

유형 11 약수의 개수가 주어질 때 지수 구하기 개념 4

39 대표문제

$2^7\times5^a$의 약수의 개수가 24일 때, 자연수 a의 값은?

① 1 ② 2 ③ 3
④ 4 ⑤ 5

중요

40

$8\times49\times11^a$의 약수의 개수가 36일 때, 자연수 a의 값은?

① 1 ② 2 ③ 3
④ 4 ⑤ 5

41 서술형

600과 $2^a\times3^2\times5$의 약수의 개수가 같을 때, 자연수 a의 값을 구하시오.

유형 12 약수의 개수가 주어질 때 곱해지는 수 구하기 개념 4

42 대표문제

$24\times a$의 약수의 개수가 16일 때, 다음 중 자연수 a의 값이 될 수 없는 것은?

① 5 ② 9 ③ 16
④ 19 ⑤ 24

43

$3^4\times5^2\times\square$의 약수의 개수가 30일 때, 다음 중 $\square$ 안에 들어갈 수 있는 수는?

① 2 ② 3 ③ 4
④ 5 ⑤ 6

44

$27\times\square$의 약수의 개수가 10일 때, $\square$ 안에 들어갈 수 있는 가장 작은 자연수를 구하시오.

02 최대공약수와 최소공배수

[유형북] Real 실전 유형에서 틀린 문제를 체크해 보세요.

유형 01 최대공약수의 성질 개념1

01 대표문제

두 자연수 A, B의 최대공약수가 28일 때, 다음 중 A, B의 공약수가 아닌 것은?

① 1 ② 4 ③ 8
④ 14 ⑤ 28

02

두 자연수 A, B의 최대공약수가 26일 때, 다음 중 A, B의 공약수를 모두 나타낸 것은?

① 1, 26 ② 1, 13, 26
③ 1, 2, 13, 26 ④ 1, 2, 3, 13, 26
⑤ 1, 2, 3, 6, 13, 26

03 서술형

두 자연수의 최대공약수가 $2^2 \times 3^2$일 때, 이 두 수의 모든 공약수의 합을 구하시오.

중요
04

두 자연수 A, B의 최대공약수가 72일 때, A, B의 공약수의 개수를 구하시오.

집중
유형 02 서로소 개념1

05 대표문제

다음 중 두 수가 서로소가 아닌 것은?

① 4, 7 ② 8, 9 ③ 11, 31
④ 17, 51 ⑤ 49, 64

06

다음 중 56과 서로소인 것은?

① 4 ② 6 ③ 14
④ 27 ⑤ 42

07

다음 중 옳은 것은?

① 23과 46은 서로소이다.
② 서로소인 두 자연수의 공약수는 없다.
③ 서로 다른 두 짝수는 서로소일 수도 있다.
④ 서로 다른 두 소수는 항상 서로소이다.
⑤ 서로 다른 두 자연수가 서로소이면 두 수 중 하나는 1이다.

08

1 이상 15 이하의 자연수 중 15와 서로소인 수의 개수를 구하시오.

집중

유형 03 공약수와 최대공약수 개념2

09 대표문제

다음 중 두 수 $2\times3\times5^2$, $2^2\times5^3\times7$의 공약수가 아닌 것은?

① 1 ② 5 ③ 15
④ 25 ⑤ 50

중요

10

다음 중 세 수 180, 252, 540의 공약수가 아닌 것은?

① 2 ② 3^2 ③ 2×3
④ 2×3^2 ⑤ $2^2\times3^2\times5$

11 서술형

두 수 $2\times3^2\times5^2$, $3\times5^3\times7$의 공약수 중 두 번째로 큰 자연수를 구하시오.

12

두 자연수 54, a의 공약수가 18의 약수와 같을 때, 다음 중 a의 값이 될 수 없는 것을 모두 고르면? (정답 2개)

① 36 ② 72 ③ 84
④ 90 ⑤ 108

유형 04 최소공배수의 성질 개념3

13 대표문제

두 자연수의 최소공배수가 14일 때, 이 두 수의 공배수 중 두 자리 자연수의 개수는?

① 5 ② 6 ③ 7
④ 8 ⑤ 9

14

두 자연수 A, B의 최소공배수가 16일 때, 다음 중 A, B의 공배수를 모두 고르시오.

1, 4, 8, 18, 32, 40, 48, 54

15

두 자연수 A, B의 최소공배수가 $2^2\times7$일 때, 다음 **보기** 중 A, B의 공배수를 모두 고르시오.

보기

ㄱ. 2×7 ㄴ. $2^2\times7^2$
ㄷ. $2\times3\times7$ ㄹ. $2^3\times5\times7^2$
ㅁ. $3\times5\times7\times11$

16

세 자연수 A, B, C의 최소공배수가 12일 때, A, B, C의 공배수 중 200에 가장 가까운 자연수를 구하시오.

집중

유형 05 공배수와 최소공배수 개념 4

17 대표문제

다음 중 세 수 2×5, $2^3\times3^2$, $2^2\times3^2\times7$의 공배수는?

① $2^3\times3^2$ ② $2^3\times3^2\times5$
③ $2^3\times3^2\times7$ ④ $2^2\times3^2\times5\times7$
⑤ $2^4\times3^2\times5^2\times7$

18

다음 중 세 수 18, 24, 42의 최소공배수는?

① $2\times3\times7$ ② $2\times3^2\times7$
③ $2^3\times3^2\times7$ ④ $2^3\times3^2\times7^2$
⑤ $2^3\times3\times5\times7^2$

19

두 수 $2^3\times3^2$, $2\times3^2\times5$의 공배수 중 세 자리 자연수의 개수를 구하시오.

20 서술형

세 수 35, 50, 140의 공배수 중 2000에 가장 가까운 자연수를 구하시오.

유형 06 최소공배수가 주어질 때 미지수 구하기 개념 4

21 대표문제

세 자연수 $4\times x$, $5\times x$, $8\times x$의 최소공배수가 240일 때, x의 값은?

① 4 ② 5 ③ 6
④ 7 ⑤ 8

22

세 자연수 $5\times x$, $6\times x$, $9\times x$의 최소공배수가 720일 때, 이 세 자연수의 최대공약수를 구하시오.

중요

23

세 자연수의 비가 5 : 7 : 14이고 최소공배수가 420일 때, 이 세 자연수의 합은?

① 156 ② 164 ③ 172
④ 180 ⑤ 188

집중 유형 07 최대공약수 또는 최소공배수가 주어질 때 밑과 지수 구하기 개념 2, 4

24 대표문제

두 수 $2^4\times3^a$, $2^b\times3^2\times5$의 최대공약수는 36이고 최소공배수는 2160일 때, 자연수 a, b에 대하여 $a+b$의 값은?

① 2 ② 3 ③ 4
④ 5 ⑤ 6

25

두 수 $3^a\times7^3$, $3^2\times7^b\times11^2$의 최대공약수가 3×7^2일 때, 두 수의 최소공배수를 소인수분해 꼴로 나타내시오.
(단, a, b는 자연수)

중요

26

세 수 $2^2\times3^4\times5^2$, $2^a\times3^3\times7$, $2^2\times3^b\times5$의 최대공약수는 $2^2\times3^2$이고 최소공배수는 $2^3\times3^4\times5^c\times7$일 때, 자연수 a, b, c에 대하여 $a+b+c$의 값을 구하시오.

27

세 수 $2^4\times a\times5^3$, $2^b\times5^4$, $2^3\times c^2\times7$의 최대공약수는 $2^3\times5^2$이고 최소공배수는 $2^5\times3\times5^d\times7$일 때, 자연수 a, b, c, d에 대하여 $a+b+c-d$의 값은? (단, a, c는 소수)

① 4 ② 5 ③ 6
④ 8 ⑤ 9

집중 유형 08 최대공약수와 최소공배수의 관계 개념 5

28 대표문제

두 자연수 A, B의 곱은 $2^6\times5^3\times7^3$이고 최대공약수는 $2^2\times5\times7$일 때, A, B의 최소공배수는 어떤 자연수 N의 제곱이 된다. 이때 N의 값은?

① 70 ② 85 ③ 105
④ 120 ⑤ 140

중요

29

두 자연수 $3^2\times5\times7$, A의 최대공약수는 21이고 최소공배수는 $3^2\times5\times7^2$일 때, A의 값은?

① 49 ② 98 ③ 147
④ 196 ⑤ 245

30 서술형

두 자연수 A, B의 최대공약수는 15이고 최소공배수는 150일 때, $A-B$의 값을 모두 구하시오. (단, $A>B$)

02 최대공약수와 최소공배수

집중

유형 09 최대공약수의 활용; 일정한 양으로 나누기 개념 6

31 대표문제

귤 28개, 쿠키 42개, 젤리 70개를 가능한 한 많은 학생들에게 남김없이 똑같이 나누어 주려고 한다. 이때 나누어 줄 수 있는 학생 수는?

① 14 ② 15 ③ 16
④ 17 ⑤ 18

32

만두 90개, 꼬마 김밥 126줄을 학생들에게 남김없이 똑같이 나누어 주려고 한다. 다음 중 학생 수가 될 수 없는 것은?

① 3 ② 6 ③ 9
④ 12 ⑤ 18

33 서술형

화이트 초콜릿 64개, 다크 초콜릿 56개, 밀크 초콜릿 96개를 상자에 남김없이 똑같이 나누어 담아 초콜릿 선물 세트를 만들어 판매하였다. 최대한 많은 초콜릿 선물 세트를 만들었을 때, 다음 물음에 답하시오.

(1) 만들어진 초콜릿 선물 세트의 개수를 구하시오.
(2) 각 상자에 담은 화이트 초콜릿, 다크 초콜릿, 밀크 초콜릿의 개수를 각각 a, b, c라 할 때, $a+b+c$의 값을 구하시오.

유형 10 최대공약수의 활용; 일정한 간격으로 놓기 개념 6

34 대표문제

가로의 길이가 240 cm, 세로의 길이가 216 cm인 직사각형 모양의 화단의 둘레에 일정한 간격으로 꽃을 심으려고 한다. 화단의 네 모퉁이에는 반드시 꽃을 심고, 꽃 사이의 간격이 최대가 되도록 할 때, 꽃 사이의 간격을 구하시오.

35

가로의 길이가 81 m, 세로의 길이가 153 m인 직사각형 모양의 잔디밭의 둘레에 일정한 간격으로 가로등을 세우려고 한다. 잔디밭의 네 모퉁이에는 반드시 가로등을 세우고, 잔디밭의 둘레에 가로등을 가능한 한 적게 세우려고 할 때, 필요한 가로등의 수를 구하시오.

36 서술형

세 변의 길이가 각각 24 m, 60 m, 72 m인 삼각형 모양의 밭의 둘레에 일정한 간격으로 깃발을 세우려고 한다. 밭의 세 모퉁이에는 반드시 깃발을 세우고, 깃발 사이의 간격이 최대가 되도록 할 때, 다음 물음에 답하시오.

(1) 깃발 사이의 간격을 구하시오.
(2) 필요한 깃발의 개수를 구하시오.

유형 11 최대공약수의 활용; 어떤 자연수로 나누기 개념6

37 대표문제

어떤 자연수로 50을 나누면 2가 남고, 83을 나누면 3이 남고, 127을 나누면 1이 부족하다. 이러한 자연수 중 가장 큰 수를 구하시오.

중요

38

미니 돈가스 113개와 소시지 185개를 학생들에게 똑같이 나누어 주었더니 미니 돈가스와 소시지가 모두 5개씩 남았다. 다음 중 학생 수가 될 수 없는 것을 모두 고르면? (정답 2개)

① 4 ② 9 ③ 15
④ 18 ⑤ 36

39 서술형

조약돌 88개, 나뭇잎 65개, 조개껍데기 130개를 아이들에게 똑같이 나누어 주려고 하였더니 조약돌은 4개, 나뭇잎은 5개가 남고, 조개껍데기는 2개가 부족하였다. 아이의 수가 최대일 때, 각 아이들에게 나누어 주려고 한 조개껍데기의 개수를 구하시오.

유형 12 최대공약수의 활용; 직사각형, 직육면체 채우기 개념6

40 대표문제

같은 크기의 정육면체 모양의 나무토막을 빈틈없이 쌓아서 가로, 세로의 길이가 각각 56 cm, 98 cm이고 높이가 112 cm인 직육면체 모양을 만들려고 한다. 나무토막을 되도록 적게 사용할 때, 나무토막의 한 모서리의 길이를 구하시오.

41

가로의 길이가 75 cm, 세로의 길이가 195 cm인 직사각형 모양의 벽에 같은 크기의 정사각형 모양의 거울 타일을 빈틈없이 붙이려고 한다. 되도록 큰 거울 타일을 붙이려고 할 때, 거울 타일의 한 변의 길이를 구하시오.

유형 13 최소공배수의 활용; 정사각형, 정육면체 만들기 개념6

42 대표문제

가로, 세로의 길이가 각각 15 cm, 12 cm이고 높이가 9 cm인 직육면체 모양의 벽돌을 빈틈없이 쌓아서 가장 작은 정육면체 모양을 만들 때, 필요한 벽돌의 개수를 구하시오.

43

가로의 길이가 45 cm, 세로의 길이가 54 cm인 직사각형 모양의 종이를 빈틈없이 붙여서 가장 작은 정사각형 모양을 만들려고 한다. 정사각형의 한 변의 길이를 구하시오.

집중

유형 14 최소공배수의 활용; 동시에 출발하여 다시 만나는 경우

개념 6

44 대표문제

어느 항구에서는 A, B, C 세 종류의 배가 각각 10분, 20분, 45분 간격으로 출발한다. 오전 10시에 A, B, C 세 종류의 배가 항구에서 동시에 출발하였을 때, 세 종류의 배가 처음으로 다시 항구에서 동시에 출발하는 시각은?

① 오전 11시 30분　② 오후 12시
③ 오후 12시 30분　④ 오후 1시
⑤ 오후 1시 30분

45

어느 크리스마스 트리에 장식된 두 전구는 각각 12초, 30초 간격으로 깜빡인다. 두 전구가 동시에 깜빡인 후 처음으로 다시 동시에 깜빡일 때까지 걸리는 시간은?

① 45초　② 60초　③ 74초
④ 90초　⑤ 112초

46 서술형

호수를 한 바퀴 도는 데 현석이는 18분, 지유는 48분이 걸린다고 한다. 이와 같은 속력으로 두 사람이 출발점을 동시에 출발하여 같은 방향으로 돌 때, 처음으로 다시 출발점에서 만나게 되는 것은 지유가 호수를 몇 바퀴 돌았을 때인지 구하시오.

유형 15 최소공배수의 활용; 톱니바퀴

개념 6

47 대표문제

서로 맞물려 도는 두 톱니바퀴 A, B가 있다. A의 톱니의 개수는 28, B의 톱니의 개수는 42일 때, 두 톱니바퀴가 회전하기 시작하여 처음으로 다시 같은 톱니에서 맞물리는 것은 톱니바퀴 A가 몇 바퀴 회전한 후인가?

① 2바퀴　② 3바퀴　③ 4바퀴
④ 5바퀴　⑤ 6바퀴

48

톱니의 개수가 각각 65, 26인 두 톱니바퀴 A, B가 서로 맞물려 돌아가고 있다. 두 톱니바퀴가 회전하기 시작하여 처음으로 다시 같은 톱니에서 맞물릴 때까지 돌아간 톱니바퀴 B의 톱니의 개수를 구하시오.

중요

49

톱니의 개수가 각각 8, 10, 24인 세 톱니바퀴 A, B, C가 서로 맞물려 돌아가고 있다. 세 톱니바퀴가 회전하기 시작하여 처음으로 다시 모두 같은 톱니에서 맞물릴 때까지 톱니바퀴 C는 몇 바퀴 회전하는지 구하시오.

유형 16 최소공배수의 활용; 어떤 자연수를 나누기 개념 6

50 대표문제

세 수 4, 5, 6 중 어떤 수로 나누어도 항상 2가 남는 자연수 중 150에 가장 가까운 수를 구하시오.

51

9로 나누면 4가 남고, 12로 나누면 7이 남고, 18로 나누면 13이 남는 자연수 중 두 번째로 작은 수를 구하시오.

52 서술형

어느 동아리에서 게임을 진행하기 위해 조를 나누려고 한다. 동아리 회원을 6명씩 조를 나누면 4명이 남고, 8명씩 조를 나누면 6명이 남고, 10명씩 조를 나누면 2명이 부족할 때, 동아리 회원을 13명씩 조를 나누면 몇 명이 남는지 구하시오. (단, 동아리 회원은 100명 이상 200명 이하이다.)

유형 17 분수를 자연수로 만들기 개념 2, 4

53 대표문제

두 분수 $\frac{72}{n}$, $\frac{96}{n}$이 모두 자연수가 되도록 하는 자연수 n의 값 중 가장 큰 수를 구하시오.

54

두 분수 $\frac{1}{56}$, $\frac{1}{98}$의 어느 것에 곱해도 그 결과가 자연수가 되는 가장 작은 자연수를 구하시오.

55

두 분수 $\frac{16}{15}$, $\frac{88}{45}$의 어느 것에 곱해도 그 결과가 자연수가 되는 가장 작은 기약분수를 $\frac{a}{b}$라 할 때, $a+b$의 값을 구하시오.

56 서술형

세 분수 $\frac{1}{9}$, $\frac{1}{10}$, $\frac{1}{12}$의 어느 것에 곱해도 그 결과가 자연수가 되는 수 중 세 자리 자연수의 개수를 구하시오.

02 최대공약수와 최소공배수

[유형북] Real 실전 유형에서 틀린 문제를 체크해 보세요.

유형 01 양의 부호와 음의 부호 개념1

01 대표문제

다음 중 밑줄 친 부분을 부호 + 또는 −를 사용하여 나타낸 것으로 옳지 않은 것은?

① 수학 성적이 10점 올랐다. ➡ +10점
② 약속 시간보다 15분 전에 도착하였다. ➡ +15분
③ 문구점에서 2000원을 지출하였다. ➡ −2000원
④ 이 산의 높이는 해발 834 m이다. ➡ +834 m
⑤ 물가가 2 % 상승할 것으로 예측된다. ➡ +2 %

02

다음을 부호 + 또는 −를 사용하여 나타낼 때, 부호 −를 사용하는 것은?

① 영상 23 ℃ ② 1500원 이익
③ 3 kg 증가 ④ 1시간 후
⑤ 지하 6층

03

다음 글에서 밑줄 친 부분을 부호 + 또는 −를 사용하여 나타낼 때, 부호가 나머지 넷과 다른 하나는?

> 정부는 1991년 환경개선비용부담법을 제정하고 그로부터 ①1년 후부터 일정 시설에 환경개선부담금을 부과하고 있다. 2015년부터는 경유 자동차에도 적용되고 있는데, 그럼에도 불구하고 경유 자동차의 등록은 지난 해 대비 ②353899대가 증가하였고 경유 소비도 ③14 % 증가하였다. 이는 유류세 ④15 % 인하가 영향을 미친 것으로 보인다. 경유 자동차의 환경개선부담금은 미납 시 ⑤3 %가 가산된다.

유형 02 정수의 분류 개념2

04 대표문제

다음 수 중 자연수가 아닌 정수의 개수는?

$$-3.1,\quad +\frac{3}{4},\quad 0,\quad +1,\quad -\frac{14}{7},\quad -15$$

① 1 ② 2 ③ 3
④ 4 ⑤ 5

05 서술형

다음 수 중 양의 정수의 개수를 a, 음의 정수의 개수를 b라 할 때, $a-b$의 값을 구하시오.

$$-0.5,\quad 0,\quad +4,\quad -\frac{6}{3},\quad +\frac{1}{2},\quad +11,\quad -3$$

06

다음 수 중 정수가 아닌 것을 모두 고르면? (정답 2개)

① -6 ② $-\frac{8}{6}$ ③ $+1.4$
④ $+7$ ⑤ $+\frac{10}{5}$

집중

유형 03 유리수의 분류 개념 3

07 대표문제

다음 수에 대한 설명으로 옳은 것은?

$$-2.7,\quad -8,\quad \frac{6}{2},\quad 0,\quad \frac{2}{9},\quad -\frac{1}{4},\quad 3$$

① 정수는 3개이다.
② 유리수는 5개이다.
③ 자연수는 1개이다.
④ 음의 유리수는 3개이다.
⑤ 정수가 아닌 유리수는 4개이다.

08 서술형

다음 수 중 양의 유리수의 개수를 a, 음의 유리수의 개수를 b, 정수의 개수를 c라 할 때, $a+b+c$의 값을 구하시오.

$$-9,\quad 2.6,\quad -\frac{1}{3},\quad \frac{7}{4},\quad -3.1,\quad \frac{12}{6},\quad 1$$

중요

09

다음 중 옳지 않은 것을 모두 고르면? (정답 2개)

① 정수는 모두 유리수이다.
② 양의 정수가 아닌 정수는 음의 정수이다.
③ 음의 유리수는 음수이다.
④ 0과 1 사이에는 무수히 많은 정수가 존재한다.
⑤ 0과 1 사이에는 무수히 많은 유리수가 존재한다.

유형 04 수를 수직선 위에 나타내기 개념 3, 4

10 대표문제

다음 수직선 위의 점 A, B, C, D, E가 나타내는 수로 옳지 않은 것은?

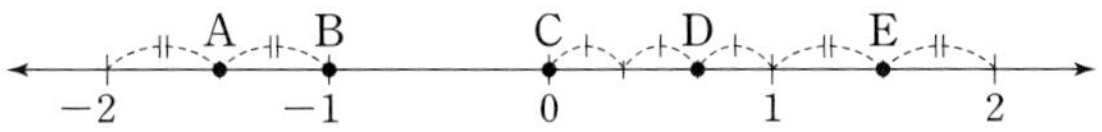

① A: $-\frac{3}{2}$　② B: -1　③ C: 0
④ D: $+\frac{1}{3}$　⑤ E: $+\frac{3}{2}$

11

다음 수를 수직선 위에 나타낼 때, 오른쪽에서 세 번째에 있는 수를 구하시오.

$$-3,\quad 2.5,\quad 0,\quad \frac{1}{2},\quad -\frac{1}{3},\quad 1$$

12

다음 수직선 위의 점 A, B, C, D, E가 나타내는 수에 대한 설명으로 옳은 것을 모두 고르면? (정답 2개)

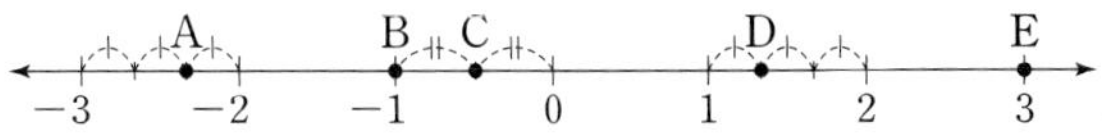

① 점 A가 나타내는 수는 $-\frac{7}{3}$이다.
② 점 D가 나타내는 수는 1.3이다.
③ 음의 정수는 3개이다.
④ 유리수는 3개이다.
⑤ 정수가 아닌 유리수는 3개이다.

유형 05 수직선 위에서 같은 거리에 있는 점 개념 3, 4

13 대표문제

수직선 위에서 -6과 4를 나타내는 두 점으로부터 같은 거리에 있는 점이 나타내는 수를 구하시오.

14

수직선 위에서 1을 나타내는 점으로부터 거리가 4인 두 점이 나타내는 수를 모두 구하시오.

15

수직선 위에서 $-\frac{5}{3}$를 나타내는 점을 A, 3을 나타내는 점을 B, 두 점 A, B의 한가운데에 있는 점을 M이라 할 때, 점 M이 나타내는 수를 구하시오.

16

다음 수직선 위에서 점 B가 나타내는 수는 2이고, 점 D가 나타내는 수는 8이다. 네 점 A, B, C, D 사이의 거리가 모두 같을 때, 점 A가 나타내는 수를 구하시오.

A B C D
2 8

집중

유형 06 절댓값 개념 5

17 대표문제

절댓값이 $\frac{5}{6}$인 양수를 a, -2.5의 절댓값을 b라 할 때, a, b의 값을 각각 구하시오.

18

$a=-0.75$, $b=3$, $c=-0.5$일 때, $|a|+|b|+|c|$의 값을 구하시오.

19

수직선 위에서 절댓값이 9인 수를 나타내는 두 점 사이의 거리를 구하시오.

중요

20 서술형

수직선 위에서 두 수 a, b를 나타내는 두 점으로부터 같은 거리에 있는 점이 나타내는 수가 2이고, a는 절댓값이 3인 음의 정수일 때, a, b의 값을 각각 구하시오. (단, b는 양수)

유형 07 절댓값의 성질 개념 5

21 대표문제

다음 중 옳은 것을 모두 고르면? (정답 2개)

① $a>0$이면 $|-a|=a$이다.
② $a<0$이면 $|a|=-a$이다.
③ 절댓값이 클수록 수직선 위에서 원점에 가까워진다.
④ 절댓값이 같은 수는 항상 2개이다.
⑤ 절댓값이 같은 두 수는 서로 같은 수이다.

22

다음 보기 중 옳은 것을 모두 고른 것은?

보기

ㄱ. 0의 절댓값은 0이다.
ㄴ. 절댓값이 가장 작은 유리수는 0이다.
ㄷ. 절댓값은 항상 0보다 크거나 같다.
ㄹ. 0.75와 $-\frac{1}{4}$의 절댓값은 같다.

① ㄱ, ㄴ ② ㄱ, ㄷ ③ ㄴ, ㄷ
④ ㄷ, ㄹ ⑤ ㄱ, ㄴ, ㄷ

23

네 수 a, b, c, d를 수직선 위에 나타내면 다음과 같을 때, 옳은 것은?

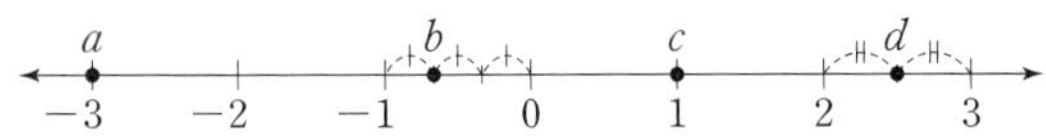

① $|a|<2$이다.
② $|b|=b$, $|c|=c$이다.
③ a, d의 절댓값은 같다.
④ $d<c<b<a$이다.
⑤ 절댓값이 작은 수부터 차례대로 나열하면 b, c, d, a 이다.

유형 08 절댓값이 같고 부호가 반대인 두 수 개념 5

24 대표문제

절댓값이 같고 부호가 반대인 두 수를 수직선 위에 나타내었더니 두 점 사이의 거리가 16이었다. 이 두 수를 구하시오.

25

두 수 a, b에 대하여 $|a|=|b|$이고, 수직선 위에서 a, b를 나타내는 두 점 사이의 거리가 $\frac{1}{3}$일 때, 양수 a의 값을 구하시오.

26 서술형

다음 조건을 모두 만족시키는 a, b의 값을 각각 구하시오.

(가) 수직선 위에서 두 수 a, b를 나타내는 두 점 사이의 거리가 $\frac{10}{3}$이다.
(나) a와 b의 절댓값이 같다.
(다) a는 b보다 작다.

유형 09 절댓값의 범위가 주어진 수 개념5

27 대표문제

절댓값이 $\frac{1}{2}$ 이상 $\frac{13}{3}$ 미만인 정수의 개수를 구하시오.

28

다음 중 절댓값이 $\frac{9}{4}$보다 큰 정수를 모두 고르면? (정답 2개)

① -3 ② -1 ③ 0
④ 2 ⑤ 4

29

다음 수 중 $|x|<3$을 만족시키는 x의 값이 될 수 있는 수를 모두 고르시오.

$-\frac{15}{4}$, 3, -1.8, $\frac{1}{2}$, 0, -5

30 서술형

수직선 위에서 원점과 정수 a를 나타내는 점 사이의 거리가 $\frac{16}{5}$ 미만인 a의 개수를 구하시오.

집중

유형 10 수의 대소 관계 개념6

31 대표문제

다음 중 옳지 않은 것은?

① $-3>-4$ ② $\frac{5}{2}<|-3|$
③ $1.2>-\frac{3}{2}$ ④ $-\frac{3}{4}>-\frac{2}{3}$
⑤ $\left|-\frac{6}{5}\right|>\left|\frac{7}{6}\right|$

중요

32

다음 중 □ 안에 알맞은 부등호가 나머지 넷과 다른 하나는?

① $\frac{1}{3}$ □ $\frac{2}{9}$ ② $-\frac{5}{3}$ □ -2
③ 1.3 □ $\left|-\frac{4}{3}\right|$ ④ $\left|-\frac{1}{2}\right|$ □ $-\frac{3}{5}$
⑤ $-\frac{7}{4}$ □ $-\frac{5}{2}$

33

다음 수에 대한 설명으로 옳지 않은 것을 모두 고르면? (정답 2개)

$-\frac{1}{3}$, 2, 0, -4.2, $\frac{12}{5}$, 3.5

① 가장 큰 수는 3.5이다.
② 가장 작은 수는 -4.2이다.
③ 절댓값이 가장 큰 수는 -4.2이다.
④ 절댓값이 가장 작은 수는 $-\frac{1}{3}$이다.
⑤ 수직선 위에 나타내었을 때, 왼쪽에서 네 번째에 있는 수는 $\frac{12}{5}$이다.

유형 11 부등호의 사용 개념 7

34 대표문제

다음 중 부등호를 사용하여 나타낸 것으로 옳은 것은?

① x는 3보다 작다. ➡ $x\le3$
② x는 -5보다 크지 않다. ➡ $x<-5$
③ x는 $\frac{1}{2}$ 이상 6 미만이다. ➡ $\frac{1}{2}\le x\le6$
④ x는 2보다 크거나 같고 $\frac{1}{10}$ 이하이다. ➡ $2\le x\le\frac{1}{10}$
⑤ x는 -1보다 크고 3보다 크지 않다. ➡ $-1<x<3$

35

다음 문장을 부등호를 사용하여 바르게 나타낸 것은?

> x는 -5 초과이고 2보다 크지 않다.

① $-5<x<2$ ② $-5<x\le2$
③ $-5\le x<2$ ④ $-5\le x\le2$
⑤ $-5<x\le-2$

36

다음 중 $-\frac{2}{3}<a\le1$을 나타내는 것을 모두 고르면? (정답 2개)

① a는 $-\frac{2}{3}$ 이상이고 1 미만이다.
② a는 $-\frac{2}{3}$보다 크거나 같고 1보다 작다.
③ a는 $-\frac{2}{3}$보다 크고 1보다 작거나 같다.
④ a는 $-\frac{2}{3}$보다 작지 않고 1보다 크지 않다.
⑤ a는 $-\frac{2}{3}$ 초과이고 1보다 작거나 같다.

유형 12 주어진 범위에 속하는 수 개념 7

37 대표문제

다음 중 $-2\le x\le\frac{5}{2}$를 만족시키는 정수 x의 개수는?

① 3 ② 4 ③ 5
④ 6 ⑤ 7

38

다음 중 $-\frac{11}{3}\le x\le4$를 만족시키는 정수 중 절댓값이 가장 큰 수를 구하시오.

39 서술형

$-\frac{13}{4}$보다 크고 양수가 아닌 정수의 개수를 a, $-\frac{3}{2}$ 이상이고 5보다 크지 않은 정수의 개수를 b라 할 때, $b-a$의 값을 구하시오.

40

두 유리수 $-\frac{5}{2}$와 $\frac{1}{5}$ 사이에 있는 수 중 분모가 10인 기약분수의 개수는?

① 5 ② 7 ③ 9
④ 11 ⑤ 13

[유형북] Real 실전 유형에서 틀린 문제를 체크해 보세요.

유형 01 유리수의 덧셈 개념 1

01 대표문제

다음 중 계산 결과가 옳지 않은 것은?

① $(+5)+(+4)=9$
② $(-11)+(+8)=-3$
③ $\left(-\frac{5}{8}\right)+\left(+\frac{3}{4}\right)=-\frac{11}{8}$
④ $(+0.7)+(-1.4)=-0.7$
⑤ $\left(+\frac{6}{5}\right)+(-1.2)=0$

02

다음 중 계산 결과가 -2인 것을 모두 고르면? (정답 2개)

① $(+6)+(-4)$
② $(+3)+(-1)$
③ $(-1)+(-1)$
④ $(-2)+(-4)$
⑤ $(-5)+(+3)$

03 서술형

$a=\left(-\frac{7}{6}\right)+\left(+\frac{2}{3}\right)$, $b=\left(+\frac{11}{4}\right)+\left(-\frac{13}{12}\right)$일 때, $a+b$의 값을 구하시오.

유형 02 덧셈의 계산 법칙 개념 1

04 대표문제

다음 계산에서 ㉠, ㉡에 이용된 계산 법칙을 말하시오.

$$\begin{aligned}&\left(+\frac{1}{2}\right)+(-2)+\left(-\frac{3}{2}\right)\\&=(-2)+\left(+\frac{1}{2}\right)+\left(-\frac{3}{2}\right) \quad ㉠\\&=(-2)+\left\{\left(+\frac{1}{2}\right)+\left(-\frac{3}{2}\right)\right\} \quad ㉡\\&=(-2)+(-1)=-3\end{aligned}$$

중요

05

다음 계산 과정에서 (가)~(라)에 알맞은 것은?

$(+2.4)+(-1)+(+1.6)+(-5)$
$=(+2.4)+(+1.6)+(-1)+(-5)$] 덧셈의 (가)
$=\{(+2.4)+(+1.6)\}+\{(-1)+(-5)\}$] 덧셈의 (나)
$=($ (다) $)+(-6)=$ (라)

	(가)	(나)	(다)	(라)
①	교환법칙	결합법칙	$+4$	$+2$
②	교환법칙	결합법칙	$+4$	-2
③	교환법칙	결합법칙	-4	-10
④	결합법칙	교환법칙	$+4$	-2
⑤	결합법칙	교환법칙	-4	-10

유형 03 유리수의 뺄셈 개념 2

06 대표문제

다음 중 계산 결과가 옳은 것은?

① $(-3)-(-12)=-15$

② $(-5)-(+2)=-7$

③ $\left(+\frac{4}{5}\right)-\left(+\frac{5}{4}\right)=\frac{9}{20}$

④ $\left(-\frac{4}{9}\right)-\left(-\frac{1}{2}\right)=-\frac{1}{9}$

⑤ $(-3)-\left(+\frac{3}{11}\right)=-\frac{30}{10}$

07

다음 **보기** 중 계산 결과가 양수인 것을 모두 고르시오.

보기

ㄱ. $(-3.6)-(-4.4)$ ㄴ. $\left(-\frac{2}{3}\right)-(+1)$

ㄷ. $\left(+\frac{9}{5}\right)-\left(+\frac{5}{3}\right)$ ㄹ. $(+0.4)-\left(-\frac{1}{2}\right)$

08 서술형

다음 수 중 절댓값이 가장 큰 수를 a, 절댓값이 가장 작은 수를 b라 할 때, $a-b$의 값을 구하시오.

$-1.9,\ +\frac{10}{3},\ -\frac{9}{4},\ -\frac{1}{6},\ +\frac{5}{7}$

유형 04 수직선으로 설명하는 계산식 개념 1, 2

09 대표문제

다음 수직선으로 설명할 수 있는 덧셈식은?

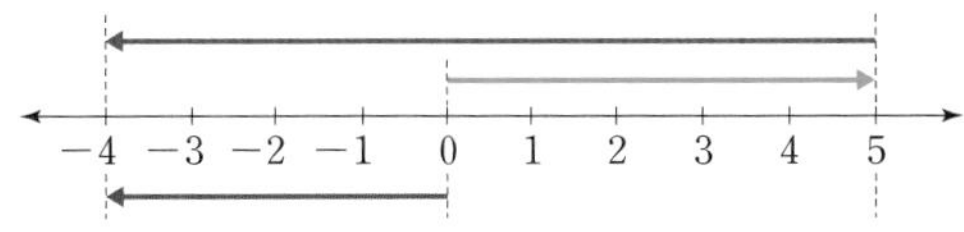

① $(+5)+(-4)=1$ ② $(+5)+(-9)=-4$

③ $(-5)+(+4)=-1$ ④ $(-5)+(+9)=4$

⑤ $(-9)+(-4)=-13$

중요

10

다음 수직선으로 설명할 수 있는 계산식을 모두 고르면? (정답 2개)

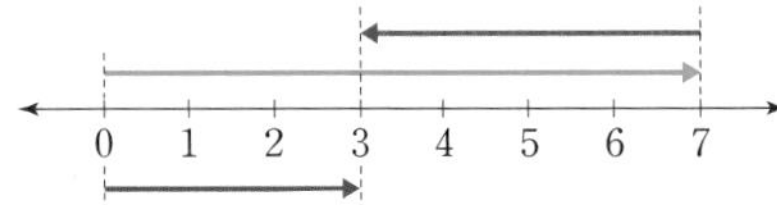

① $(+7)+(-4)=3$ ② $(+3)+(+4)=7$

③ $(+7)+(+3)=10$ ④ $(+3)-(+4)=-1$

⑤ $(+7)-(+4)=3$

11

다음 수직선으로 설명할 수 있는 덧셈식을 쓰시오.

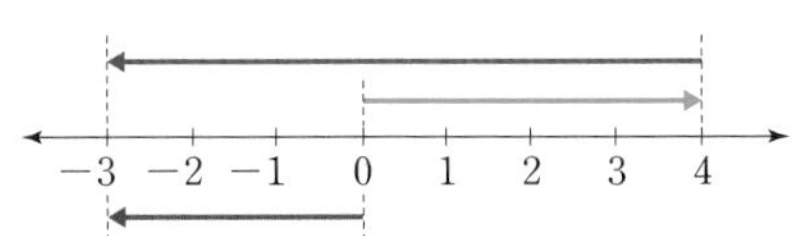

집중

유형 05 덧셈과 뺄셈의 혼합 계산; 부호가 있는 경우 개념2

12 대표문제

다음 중 계산 결과가 가장 작은 것은?

① $(-3)+(-4)-(+2)$
② $(+7)-(-1)+(-10)$
③ $(-4)+\left(-\frac{2}{5}\right)-\left(-\frac{3}{10}\right)$
④ $\left(+\frac{3}{4}\right)+\left(+\frac{5}{6}\right)-\left(+\frac{1}{4}\right)$
⑤ $(+2)-(+2.6)-(-5.2)$

13

$(+3.3)+(-2.8)-(-4.7)-(+1.2)$를 계산하시오.

14

다음을 계산하시오.

$$\left(-\frac{2}{3}\right)-\left(+\frac{1}{2}\right)-\left(-\frac{1}{4}\right)-\left(+\frac{11}{6}\right)$$

15 서술형

$\left(-\frac{7}{3}\right)-(-3.5)+\left(+\frac{2}{3}\right)-(+0.5)$의 계산 결과를 기약분수로 나타내면 $\frac{b}{a}$일 때, $a+b$의 값을 구하시오.

집중

유형 06 덧셈과 뺄셈의 혼합 계산; 부호가 생략된 경우 개념2

16 대표문제

다음 중 계산 결과가 옳은 것은?

① $-3-6+4=1$
② $-\frac{1}{12}-\frac{1}{6}+\frac{5}{12}=\frac{1}{6}$
③ $\frac{3}{2}-\frac{2}{3}-\frac{5}{6}=3$
④ $\frac{5}{4}-2-\frac{5}{2}=\frac{13}{4}$
⑤ $4.1+\frac{2}{5}-3.5+\frac{1}{10}=-\frac{9}{10}$

17

$\frac{1}{4}-3+\frac{7}{3}-\frac{7}{6}$을 계산하시오.

중요

18 서술형

$a=-1.3-3.9+1.2$, $b=\frac{2}{3}-\frac{5}{6}-\frac{1}{2}+\frac{5}{3}$일 때, $a-b$의 값을 구하시오.

19

다음을 계산하시오.

$$1-2+3-4+5-\cdots+99-100$$

집중

유형 07 ○보다 □만큼 큰(작은) 수 개념 1, 2

 **20** 대표문제

3보다 $-\frac{13}{6}$만큼 큰 수를 a, $-\frac{8}{3}$보다 -4만큼 작은 수를 b라 할 때, $a+b$의 값을 구하시오.

중요

21

다음 중 가장 작은 수는?

① 8보다 -4만큼 큰 수
② -3보다 10만큼 큰 수
③ -7보다 -9만큼 작은 수
④ -6보다 3만큼 작은 수
⑤ 2보다 -11만큼 작은 수

22

$\frac{2}{5}$보다 $-\frac{3}{2}$만큼 큰 수를 a라 할 때, a보다 $-\frac{3}{4}$만큼 작은 수를 구하시오.

23 서술형

$\frac{5}{3}$보다 -1만큼 큰 수를 a, 3보다 $-\frac{5}{2}$만큼 작은 수를 b라 할 때, $a<|x|<b$를 만족시키는 정수 x의 개수를 구하시오.

유형 08 덧셈과 뺄셈 사이의 관계 개념 1, 2

24 대표문제

$\square-\frac{2}{15}=-\frac{1}{5}$일 때, $\square$ 안에 알맞은 수는?

① $-\frac{4}{15}$ ② $-\frac{1}{15}$ ③ $\frac{1}{5}$
④ $\frac{3}{5}$ ⑤ $\frac{11}{15}$

25

$-3.5-\square=-\frac{3}{4}$일 때, $\square$ 안에 알맞은 수를 구하시오.

26

두 유리수 a, b에 대하여 $a-\left(-\frac{1}{3}\right)=\frac{13}{6}$, $b+(-4)=-\frac{15}{4}$일 때, $b-a$의 값을 구하시오.

27

다음 $\square$ 안에 알맞은 수를 구하시오.

$$-5+\frac{5}{4}-\square=2$$

유형 09 절댓값이 주어진 두 수의 덧셈과 뺄셈 개념 1, 2

28 대표문제

두 수 a, b에 대하여 $|a|=3$, $|b|=9$일 때, $a+b$의 값 중 가장 큰 수는?

① -12 ② -6 ③ 6
④ 12 ⑤ 27

29

두 정수 a, b에 대하여 $1<|a|<4$, $|b|<5$일 때, $a+b$의 값 중 가장 큰 수를 구하시오.

중요

30

부호가 서로 다른 두 수의 절댓값이 각각 10, 7이고 두 수의 합이 음수일 때, 이 두 수의 합은?

① -3 ② -7 ③ -10
④ -17 ⑤ -20

31 서술형

두 수 a, b에 대하여 a의 절댓값은 4, b의 절댓값은 $\frac{3}{8}$이다. $a-b$의 값 중 가장 큰 수를 M, 가장 작은 수를 m이라 할 때, $M-m$의 값을 구하시오.

유형 10 덧셈과 뺄셈의 활용; 수직선 개념 2

32 대표문제

오른쪽 수직선에서 점 A가 나타내는 수는?

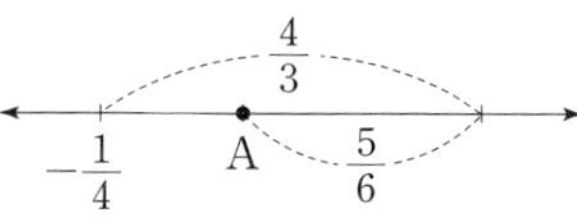

① $-\frac{1}{6}$ ② 0 ③ $\frac{1}{4}$
④ $\frac{1}{3}$ ⑤ $\frac{5}{12}$

33

오른쪽 수직선에서 두 점 A, B가 나타내는 두 수의 합을 구하시오.

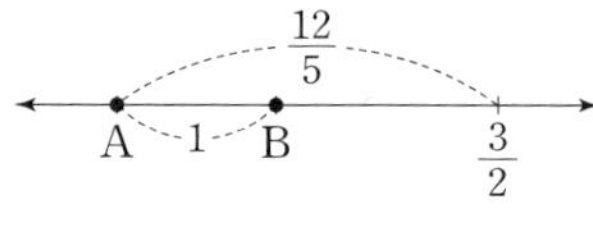

34

수직선 위의 두 점 A, B가 나타내는 수가 각각 -0.8, $\frac{6}{5}$일 때, 두 점 A, B 사이의 거리는?

① $\frac{2}{5}$ ② $\frac{4}{5}$ ③ 1
④ $\frac{8}{5}$ ⑤ 2

35

수직선 위에서 $-\frac{8}{7}$을 나타내는 점으로부터의 거리가 1인 점이 나타내는 수 중 작은 수를 구하시오.

집중

유형 11 덧셈과 뺄셈의 활용; 도형 개념2

36 대표문제

오른쪽 표에서 가로, 세로, 대각선에 있는 세 수의 합이 모두 같을 때, a, b의 값을 각각 구하시오.

	a	-5
	-2	
1	-6	b

37

오른쪽 그림의 사각형에서 네 변에 놓인 세 수의 합이 모두 같을 때, $a+b+c$의 값을 구하시오.

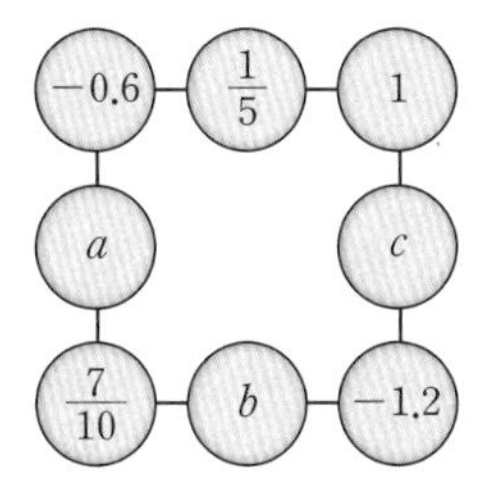

38 서술형

오른쪽 그림과 같은 전개도를 접어 정육면체를 만들 때, 마주 보는 면에 적힌 두 수의 합이 $\frac{1}{12}$이다. 이때 $a-b-c$의 값을 구하시오.

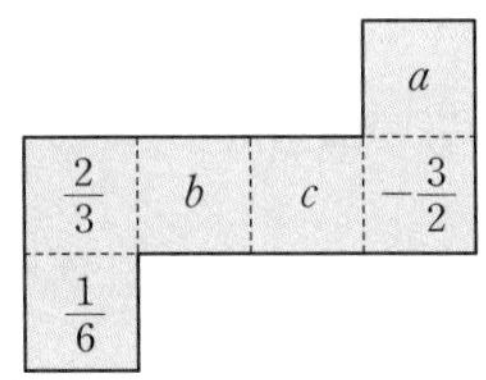

유형 12 덧셈과 뺄셈의 활용; 실생활 개념2

39 대표문제

다음 표는 어느 도시의 월평균 기온의 변화를 전월과 비교하여 증가하면 부호 $+$, 감소하면 부호 $-$를 사용하여 나타낸 것이다. 5월의 월평균 기온이 19.5 ℃이었을 때, 9월의 월평균 기온은?

6월	7월	8월	9월
$+3.8$ ℃	$+3.6$ ℃	-2 ℃	-5.6 ℃

① 19.1 ℃ ② 19.3 ℃ ③ 19.5 ℃
④ 19.7 ℃ ⑤ 19.9 ℃

40

다음 표는 지민이가 매일 줄넘기를 한 횟수의 변화를 전날과 비교하여 증가하면 부호 $+$, 감소하면 부호 $-$를 사용하여 나타낸 것이다. 지민이가 월요일에 줄넘기를 250회 하였을 때, 금요일에는 줄넘기를 몇 회 하였는지 구하시오.

화요일	수요일	목요일	금요일
-30회	$+50$회	-140회	$+80$회

41

다음 표는 어느 마트에서 판매한 돼지고기의 100 g당 가격의 변화를 지난주와 비교하여 증가하면 부호 $+$, 감소하면 부호 $-$를 사용하여 나타낸 것이다. 넷째 주에 돼지고기 1 kg을 구입한 사람은 첫째 주에 돼지고기 1 kg을 구입한 사람보다 얼마를 더 주고 구입하였는지 구하시오.

둘째 주	셋째 주	넷째 주
$+220$원	-340원	$+180$원

[유형북] Real 실전 유형에서 틀린 문제를 체크해 보세요.

유형 01 유리수의 곱셈 개념1

01 대표문제

다음 중 계산 결과가 옳은 것은?

① $(+3)\times(-1.2)=-0.9$

② $\left(-\frac{4}{7}\right)\times\left(-\frac{7}{8}\right)=-\frac{1}{2}$

③ $\left(-\frac{5}{33}\right)\times\left(+\frac{11}{10}\right)=-\frac{1}{6}$

④ $\left(-\frac{14}{3}\right)\times\left(-\frac{8}{21}\right)\times\left(-\frac{9}{4}\right)=-\frac{1}{4}$

⑤ $\left(-\frac{1}{9}\right)\times\left(+\frac{3}{13}\right)\times\left(+\frac{26}{5}\right)=\frac{2}{15}$

02

다음 **보기** 중 계산 결과가 같은 것끼리 짝 지은 것은?

보기

ㄱ. $(-4)\times\left(-\frac{5}{2}\right)$

ㄴ. $\left(-\frac{15}{8}\right)\times\left(+\frac{16}{3}\right)$

ㄷ. $\left(-\frac{5}{6}\right)\times\left(-\frac{12}{5}\right)\times(+5)$

ㄹ. $(+7)\times\left(-\frac{5}{14}\right)\times(+8)$

① ㄱ, ㄴ ② ㄱ, ㄷ ③ ㄴ, ㄷ
④ ㄴ, ㄹ ⑤ ㄷ, ㄹ

중요

03 서술형

$a=\left(+\frac{9}{2}\right)\times\left(+\frac{4}{15}\right)$, $b=\left(-\frac{3}{10}\right)\times\left(+\frac{25}{6}\right)\times(-0.5)$일 때, $a\times b$의 값을 구하시오.

유형 02 곱셈의 계산 법칙 개념1

04 대표문제

다음 계산에서 ㉠, ㉡에 이용된 계산 법칙을 말하시오.

$$\begin{aligned}&(+5)\times\left(-\frac{8}{3}\right)\times(+1.8)\\&=\left(-\frac{8}{3}\right)\times(+5)\times(+1.8) \quad ㉠\\&=\left(-\frac{8}{3}\right)\times\{(+5)\times(+1.8)\} \quad ㉡\\&=\left(-\frac{8}{3}\right)\times(+9)=-24\end{aligned}$$

05

다음 계산 과정에서 (가)~(라)에 알맞은 것은?

$$\begin{aligned}&\left(-\frac{13}{6}\right)\times\left(+\frac{9}{4}\right)\times\left(+\frac{6}{13}\right)\times\left(-\frac{2}{3}\right)\\&=\left(-\frac{13}{6}\right)\times\left(+\frac{6}{13}\right)\times\left(+\frac{9}{4}\right)\times\left(-\frac{2}{3}\right) \quad \text{곱셈의 (가)}\\&=\left\{\left(-\frac{13}{6}\right)\times\left(+\frac{6}{13}\right)\right\}\times\left\{\left(+\frac{9}{4}\right)\times\left(-\frac{2}{3}\right)\right\} \quad \text{곱셈의 (나)}\\&=(-1)\times(\text{(다)})=\text{(라)}\end{aligned}$$

	(가)	(나)	(다)	(라)
①	교환법칙	결합법칙	$+\frac{3}{2}$	$-\frac{3}{2}$
②	교환법칙	결합법칙	$-\frac{3}{2}$	$+\frac{3}{2}$
③	교환법칙	결합법칙	$-\frac{3}{2}$	$-\frac{3}{2}$
④	결합법칙	교환법칙	$+\frac{3}{2}$	$-\frac{3}{2}$
⑤	결합법칙	교환법칙	$-\frac{3}{2}$	$+\frac{3}{2}$

집중

유형 03 거듭제곱의 계산 개념1

06 대표문제

다음 중 계산 결과가 옳지 않은 것은?

① $\left(-\frac{1}{3}\right)^2=\frac{1}{9}$　② $-3^3=-27$

③ $-\left(-\frac{1}{3}\right)^3=\frac{1}{27}$　④ $4-(-3)^2=13$

⑤ $(-3)^3\times(-3)=81$

07 서술형

다음 수 중 가장 큰 수를 a, 가장 작은 수를 b라 할 때, $a\times b$의 값을 구하시오.

$-\left(-\frac{1}{2}\right)^2$, $-\left(-\frac{1}{2}\right)^5$, $-\frac{1}{2^3}$, $\left(-\frac{1}{2}\right)^3$, $\left(-\frac{1}{2}\right)^4$

유형 04 $(-1)^n$이 포함된 식의 계산 개념1

08 대표문제

다음 중 계산 결과가 양수인 것을 모두 고르면? (정답 2개)

① -1^5　② $(-1)^3$　③ $-(-1)^6$

④ $-(-1^5)$　⑤ $-(-1)^{11}$

09

다음을 계산하시오.

$(-1)^2+(-1)^3+(-1)^4+\cdots+(-1)^{202}$

유형 05 분배법칙 개념1

10 대표문제

세 유리수 a, b, c에 대하여 $a\times b=7$, $a\times(b-c)=12$일 때, $a\times c$의 값을 구하시오.

11

다음은 분배법칙을 이용하여 87×999를 계산하는 과정이다. 세 유리수 a, b, c에 대하여 $a-b+c$의 값을 구하시오.

$$\begin{aligned}87\times999&=87\times\{1000+(-1)\}\\&=87\times1000+87\times a\\&=87000-b\\&=c\end{aligned}$$

12

다음 식을 만족시키는 유리수 a, b에 대하여 $a\times b$의 값을 구하시오.

$(-0.65)\times(-5)+(-1.35)\times(-5)=a\times(-5)=b$

13 서술형

분배법칙을 이용하여 다음을 계산하시오.

$\frac{24}{5}\times31+\frac{24}{5}\times73-4.8\times4$

05 정수와 유리수의 계산 (2)

집중

유형 06 역수 개념2

14 대표문제

$\frac{5}{2}$의 역수를 a, $-\frac{6}{5}$의 역수를 b라 할 때, $3\times a\times b$의 값을 구하시오.

15

다음 중 두 수가 서로 역수가 아닌 것은?

① $-\frac{2}{3}$, $\frac{3}{2}$　② 12, $\frac{1}{12}$　③ 1, 1
④ 0.2, 5　⑤ $-\frac{2}{7}$, -3.5

16

2.6의 역수는 a, $-\frac{1}{b}$의 역수는 -13일 때, $a\times b$의 값은?

① -5　② -2　③ 2
④ 5　⑤ 10

중요

17 서술형

$3\frac{3}{4}$의 역수를 a, 1.25의 역수를 b라 할 때, $a+b$의 값을 구하시오.

집중

유형 07 유리수의 나눗셈 개념2

18 대표문제

다음 중 계산 결과가 옳지 않은 것은?

① $(-18)\div(-3)=6$
② $(+2)\div\left(-\frac{1}{8}\right)=-4$
③ $\left(-\frac{3}{2}\right)\div\left(-\frac{9}{4}\right)=\frac{2}{3}$
④ $\left(+\frac{3}{4}\right)\div(+2)\div\left(-\frac{3}{2}\right)=-\frac{1}{4}$
⑤ $\left(-\frac{5}{4}\right)\div\left(-\frac{3}{8}\right)\div\left(-\frac{10}{9}\right)=-3$

19

다음 중 계산 결과가 가장 작은 것은?

① $(+40)\div(-5)$
② $\left(-\frac{1}{3}\right)\div\left(+\frac{2}{7}\right)$
③ $\left(+\frac{1}{5}\right)\div\left(-\frac{2}{25}\right)\div(+3)$
④ $(-12)\div\left(-\frac{6}{5}\right)\div\left(+\frac{5}{4}\right)$
⑤ $\left(+\frac{1}{2}\right)\div\left(+\frac{3}{2}\right)\div\left(-\frac{1}{3}\right)$

20

다음을 계산하면?

$$\left(+\frac{10}{9}\right)\div\left(-\frac{1}{2}\right)\div\left(-\frac{5}{3}\right)\div\left(+\frac{2}{3}\right)$$

① -2　② $-\frac{4}{3}$　③ $\frac{8}{9}$
④ 2　⑤ $\frac{12}{5}$

유형 08 곱셈과 나눗셈의 혼합 계산 개념 3

21 대표문제

$\left(-\frac{3}{2}\right)^2\times\left(+\frac{1}{6}\right)\div\left(-\frac{3}{16}\right)$을 계산하면?

① -2　② $-\frac{4}{3}$　③ $-\frac{2}{9}$

④ $\frac{1}{6}$　⑤ 2

22

다음 중 계산 결과가 가장 큰 것은?

① $\left(-\frac{4}{5}\right)\div\left(-\frac{4}{9}\right)\times\left(-\frac{5}{6}\right)$

② $\left(-\frac{5}{2}\right)\times\left(+\frac{3}{8}\right)\div\left(-\frac{5}{4}\right)$

③ $(+2.8)\div(-2)^2\times(+10)$

④ $(-16)\div(-4)^2\times(+22)$

⑤ $\left(-\frac{14}{3}\right)\times\left(+\frac{4}{7}\right)\div\left(-\frac{1}{3}\right)^2$

23 서술형

다음 두 수 A, B에 대하여 $A\times B$의 값을 구하시오.

$$A=(-3)^3\times\left(+\frac{3}{4}\right)\div\left(-\frac{27}{2}\right)$$
$$B=\left(+\frac{5}{6}\right)\div\left(-\frac{1}{2}\right)^4\div\left(-\frac{10}{9}\right)$$

집중

유형 09 덧셈, 뺄셈, 곱셈, 나눗셈의 혼합 계산 개념 3

24 대표문제

$-3^2-\left\{(-15)\times\left(\frac{2}{3}-\frac{7}{5}\right)-(-5)^2\right\}$을 계산하시오.

25

다음 식에 대하여 물음에 답하시오.

$$-3+\left\{\left(-\frac{1}{2}\right)^2\times\frac{1}{4}-\left(-\frac{3}{8}\right)\right\}\div\frac{7}{6}$$

↑㉠ ↑㉡ ↑㉢ ↑㉣ ↑㉤

(1) 주어진 식의 계산 순서를 차례대로 나열하시오.

(2) 주어진 식을 계산하시오.

26

다음을 계산하시오.

(1) $13\div\left\{6\times\left(\frac{2}{6}-\frac{5}{12}\right)-6\right\}$

(2) $4-\left[-8+\left\{(-6)^2\times\left(-\frac{1}{9}\right)-2\right\}\right]\div\frac{7}{5}$

27 서술형

$A=(-1)^3\times\left[1-\left\{\left(-\frac{2}{3}\right)^2-\left(\frac{5}{2}-\frac{7}{3}\right)\right\}\right]\div\frac{1}{6}$일 때, A의 역수를 구하시오.

05 정수와 유리수의 계산 (2)

집중

유형 10 곱셈과 나눗셈 사이의 관계 개념 1~3

28 대표문제

다음 □ 안에 알맞은 수를 구하시오.

$$\left(-\frac{3}{8}\right)\div\square=-\frac{3}{2}$$

29 서술형

두 수 a, b에 대하여

$a\times\left(-\frac{6}{5}\right)=12$, $b\div\frac{9}{4}=-\frac{1}{3}$

일 때, $a\times b$의 값을 구하시오.

30

$\square\times\left(-\frac{12}{5}\right)\div\frac{8}{3}=-\frac{1}{6}$일 때, □ 안에 알맞은 수를 구하시오.

31

다음 □ 안에 알맞은 수를 구하시오.

$$\left(-\frac{9}{4}\right)\div\square\times\left(-\frac{4}{3}\right)=-\frac{3}{5}$$

유형 11 바르게 계산한 답 구하기 개념 1~3

32 대표문제

어떤 수에 $\frac{4}{9}$를 곱해야 할 것을 잘못하여 나누었더니 그 결과가 $-\frac{3}{2}$이 되었다. 바르게 계산한 답은?

① $-\frac{3}{2}$ ② $-\frac{2}{3}$ ③ $-\frac{8}{27}$
④ $\frac{8}{27}$ ⑤ $\frac{2}{3}$

중요

33

어떤 수 A를 $-\frac{2}{3}$로 나누어야 할 것을 잘못하여 곱했더니 그 결과가 $-\frac{5}{6}$가 되었다. 이때 A의 값과 바르게 계산한 답을 차례대로 구하시오.

34

어떤 수 A에 $-\frac{2}{5}$를 더해야 할 것을 잘못하여 뺐더니 그 결과가 $\frac{1}{15}$이 되었다. 바르게 계산한 답이 B일 때, $A\div B$의 값은?

① $-\frac{11}{15}$ ② $-\frac{5}{11}$ ③ $\frac{5}{11}$
④ $\frac{11}{15}$ ⑤ $\frac{7}{3}$

유형 12 문자로 주어진 수의 부호 (1) 개념 1~3

35 대표문제

$a>0$, $b<0$일 때, 다음 **보기** 중 옳은 것을 모두 고른 것은?

보기

ㄱ. $a-(-b)>0$ ㄴ. $-a+b<0$
ㄷ. $a\times(-b)>0$ ㄹ. $(-a)\div b<0$

① ㄱ, ㄴ ② ㄱ, ㄷ ③ ㄱ, ㄹ
④ ㄴ, ㄷ ⑤ ㄷ, ㄹ

36

$a<0$, $b>0$일 때, 다음 중 부호가 나머지 넷과 다른 하나는?

① $b-a$ ② $-a+(-b)^2$
③ $a^2\times b$ ④ $a-b^2$
⑤ $(-a)^2\div b$

37

$a>0$, $b<0$, $c>0$일 때, 다음 중 옳은 것은?

① $a+b+c>0$ ② $a-b+c>0$
③ $a-b-c>0$ ④ $a\times b\div c>0$
⑤ $a\times(-b)\div(-c)>0$

38 중요

$a>0$, $b<0$이고 $|a|<|b|$일 때, 다음 중 옳은 것은?

① $a+b>0$ ② $a^2-b<0$
③ $-a-b>0$ ④ $a\times b>0$
⑤ $(-a)\div(-b)>0$

유형 13 문자로 주어진 수의 부호 (2) 개념 1~3

39 대표문제

세 수 a, b, c에 대하여 $a+b>0$, $a\div b>0$, $a\div c<0$일 때, 다음 중 옳은 것은?

① $a>0$, $b>0$, $c>0$ ② $a>0$, $b>0$, $c<0$
③ $a<0$, $b>0$, $c>0$ ④ $a<0$, $b>0$, $c<0$
⑤ $a<0$, $b<0$, $c>0$

40 서술형

세 수 a, b, c에 대하여 $a+c<0$, $a\times b>0$, $b\div c>0$일 때, $(a^2-b)\times c$의 부호를 구하시오.

유형 14 수직선에서 두 점 사이의 거리 개념 3

41 대표문제

수직선 위에서 두 수 $-\frac{7}{3}$과 $\frac{1}{5}$을 나타내는 점으로부터 같은 거리에 있는 점이 나타내는 수를 구하시오.

42

오른쪽 수직선에서 두 점 P, Q는 두 점 A, B 사이를 삼등분하는 점일 때, 점 P와 점 Q가 나타내는 수를 각각 p, q라 하자. 이때 $p\div q$의 값을 구하시오.

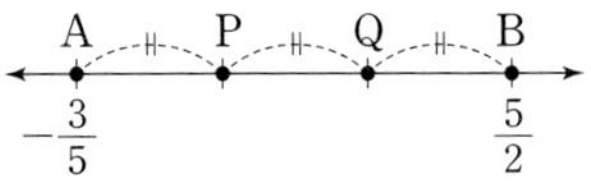

(수직선: A $-\frac{3}{5}$, P, Q, B $\frac{5}{2}$)

[유형북] Real 실전 유형에서 틀린 문제를 체크해 보세요.

집중

유형 01 곱셈 기호와 나눗셈 기호의 생략 개념 2

01 대표문제

다음 중 옳은 것을 모두 고르면? (정답 2개)

① $x \div y \times 4 = \frac{4x}{y}$

② $x \times x \times y \times (-0.1) \times 3 \times y = 0.3x^2y^2$

③ $x - 3y \div 9 = x - \frac{y}{3}$

④ $y \times y \times y \times y \div x + 5 = \frac{y^4}{x+5}$

⑤ $x \times x \div y \times \left(-\frac{3}{2}\right) = -\frac{2x^2}{3y}$

02

다음 중 옳지 않은 것을 모두 고르면? (정답 2개)

① $(x+y) \div 6 = \frac{x+y}{6}$

② $x \div y \times 7 - 2x = \frac{7x}{y} - 2x$

③ $x \div y \times (z-3) = \frac{x(z-3)}{y}$

④ $x \times (y+1) \div \frac{1}{2} = \frac{x(y+1)}{2}$

⑤ $x \div (x-2) \times y + y \div \frac{1}{3} = \frac{6xy}{x-2}$

03

다음 중 $\frac{a}{bc}$ 와 같은 것은?

① $a \times b \times c$ ② $a \div b \div c$ ③ $a \times b \div c$
④ $a \div (b \div c)$ ⑤ $a \div b \times c$

유형 02 문자를 사용한 식; 비율, 단위, 수 개념 1, 2

04 대표문제

다음 중 옳지 않은 것은?

① 7000 mL의 x %는 $70x$ mL이다.

② x kg의 25 %는 $2.5x$ kg이다.

③ 세 수 a, b, c의 평균은 $\frac{a+b+c}{3}$이다.

④ 현재 나이가 a세인 사람의 25년 후의 나이는 $(a+25)$세이다.

⑤ 천의 자리의 숫자가 a, 백의 자리의 숫자가 b, 십의 자리의 숫자가 c이고, 일의 자리의 숫자가 0인 네 자리 자연수는 $1000a+100b+10c$이다.

05

다음 중 옳은 것을 모두 고르면? (정답 2개)

① x mL는 $0.001x$ L이다.

② x g y kg은 $(1000x+y)$ g이다.

③ x km 50 m는 $(x+50)$ m이다.

④ 1시간 a분 20초는 $(80+a)$초이다.

⑤ 1.5 L의 음료수 x %는 $15x$ mL이다.

06 서술형

어느 중학교의 남학생은 300명, 여학생은 280명이다. 이 중 외동인 학생은 남학생의 x %와 여학생의 y %이다. 외동이 아닌 학생 수를 문자를 사용한 식으로 나타내시오.

유형 03 문자를 사용한 식; 도형 개념 1, 2

07 대표문제

다음 **보기** 중 옳지 않은 것을 모두 고르시오.

보기

ㄱ. 한 변의 길이가 x cm인 정육각형의 둘레의 길이는 $6x$ cm이다.

ㄴ. 가로의 길이가 a cm, 세로의 길이가 b cm, 높이가 c cm인 직육면체의 겉넓이는 abc cm^{3}이다.

ㄷ. 밑변의 길이가 $\frac{1}{2}x$ cm, 높이가 x cm인 삼각형의 넓이는 x^2 cm^{2}이다.

ㄹ. 윗변의 길이가 a cm, 아랫변의 길이가 b cm, 높이가 3 cm인 사다리꼴의 넓이는 $\frac{6}{a+b}$ cm^{2}이다.

08

둘레의 길이가 $2x$ cm인 정사각형의 넓이를 문자를 사용한 식으로 나타내시오.

09

오른쪽 그림의 색칠한 부분의 넓이를 문자를 사용한 식으로 나타내시오.

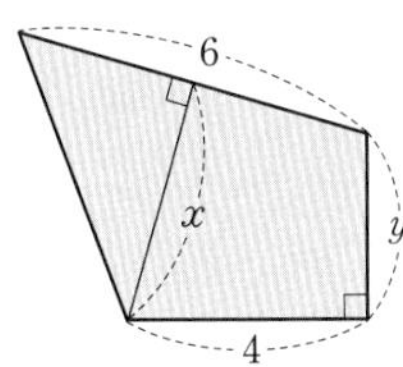

유형 04 문자를 사용한 식; 가격 개념 1, 2

10 대표문제

어느 핫도그 가게에서 한 개에 1200원인 핫도그를 x % 할인하여 판매하고 있다. 이 핫도그를 5개 사고 지불해야 할 금액을 문자를 사용한 식으로 나타내면?

① $(1200-12x)$원 ② $(1200-120x)$원
③ $(6000-12x)$원 ④ $5(1200-120x)$원
⑤ $5(1200-12x)$원

11 서술형

x개에 4000원인 사과를 y개 샀을 때 지불해야 할 금액을 문자를 사용한 식으로 나타내시오.

12

정가가 x원인 책을 y % 할인 받아 사고 20000원을 냈을 때, 받아야 할 거스름돈을 문자를 사용한 식으로 나타내면?

① $(20000-xy)$원 ② $\left(20000-\frac{xy}{100}\right)$원
③ $\left(20000-x-\frac{xy}{100}\right)$원 ④ $\left\{20000+\left(x-\frac{xy}{100}\right)\right\}$원
⑤ $\left\{20000-\left(x-\frac{xy}{100}\right)\right\}$원

집중

유형 05 문자를 사용한 식; 속력 개념 1, 2

13 대표문제

A지점에서 출발하여 100 km 떨어진 B지점을 향하여 자전거를 타고 시속 40 km로 x시간 동안 갔을 때, B지점까지 남은 거리를 문자를 사용한 식으로 나타내면?

① $(100-4x)$ km
② $(100-40x)$ km
③ $\left(100-\frac{x}{4}\right)$ km
④ $\left(100-\frac{x}{40}\right)$ km
⑤ $\left(100-\frac{x}{400}\right)$ km

14

x km의 거리를 일정한 속력으로 1시간 45분 동안 달렸다. 이때 속력을 문자를 사용한 식으로 나타내시오.

(단, 속력은 시속으로 나타낸다.)

15

A지점을 출발하여 시속 30 km로 a km만큼 떨어진 B지점까지 가다가 도중에 40분 동안 휴식을 취하였다. A지점을 출발하여 B지점에 도착할 때까지 걸린 시간을 문자를 사용한 식으로 나타내시오.

유형 06 문자를 사용한 식; 농도 개념 1, 2

16 대표문제

x %의 소금물 300 g과 y %의 소금물 200 g을 섞었을 때, 이 소금물에 들어 있는 소금의 양을 문자를 사용한 식으로 나타내면?

① $\left(\frac{x}{3}+\frac{y}{2}\right)$ g
② $(3x+20y)$ g
③ $(3x+2y)$ g
④ $6xy$ g
⑤ $(30x+20y)$ g

17

a %의 소금물 100 g에 소금 100 g을 더 넣었을 때, 이 소금물의 농도를 문자를 사용한 식으로 나타내면?

① $\frac{a}{5}$ %
② $\frac{a}{2}$ %
③ $2a$ %
④ $(a+100)$ %
⑤ $\frac{a+100}{2}$ %

18 서술형

a %의 설탕물 200 g과 b %의 설탕물 300 g을 섞어 설탕물을 만들 때, 새로 만든 설탕물의 농도를 문자를 사용한 식으로 나타내시오.

집중

유형 07 식의 값 구하기 개념3

19 대표문제

$a=-3$, $b=6$일 때, $\frac{27}{2(a+b)}-\frac{a}{b}$의 값은?

① 1 ② 2 ③ 3
④ 4 ⑤ 5

20

$x=-3$일 때, 다음 중 [ ] 안의 수가 식의 값인 것은?

① $3-x$ [0]
② $2x+5$ [11]
③ $\frac{12}{x}-x$ [7]
④ $x^2-\frac{x}{3}$ [10]
⑤ $\frac{4x}{3}+\frac{6}{x}$ [6]

21

$x=-\frac{1}{2}$일 때, 다음 중 식의 값이 가장 큰 것은?

① $-\frac{1}{x}$ ② $\left(\frac{1}{x}\right)^2$ ③ x^2
④ $-x^3$ ⑤ $\left(-\frac{1}{x}\right)^3$

22

$x=\frac{1}{2}$, $y=-\frac{1}{3}$, $z=\frac{3}{4}$일 때, $\frac{x+z}{xz}-\frac{1}{y}$의 값을 구하시오.

집중

유형 08 식의 값의 활용 개념3

23 대표문제

기온이 x ℃일 때, 소리는 1초에 $(331+0.6x)$ m를 움직인다고 한다. 기온이 30 ℃일 때, 소리는 1초에 몇 m를 움직이는가?

① 340 m ② 343 m ③ 349 m
④ 352 m ⑤ 355 m

24

화씨온도 x °F는 섭씨온도 $\frac{5}{9}(x-32)$ ℃이다. 화씨온도 50 °F는 섭씨온도 몇 ℃인지 구하시오.

25

지면에서 초속 50 m로 똑바로 위로 던져 올린 물체의 t초 후의 높이는 $(50t-5t^2)$ m라 한다. 이 물체의 3초 후의 높이는?

① 90 m ② 95 m ③ 100 m
④ 105 m ⑤ 110 m

26 서술형

한 모서리의 길이가 a cm인 정육면체의 부피와 한 모서리의 길이가 b cm인 정육면체의 부피의 합을 V cm^{3}라 할 때, 다음 물음에 답하시오.

(1) V를 a, b를 사용한 식으로 나타내시오.
(2) $a=3$, $b=5$일 때, V의 값을 구하시오.

유형 09 다항식 개념4

27 대표문제

다음 중 $\frac{x^2}{3}-5x+7$에 대한 설명으로 옳지 않은 것은?

① 다항식이다.
② 항은 모두 3개이다.
③ 다항식의 차수는 2이다.
④ x의 계수는 5이다.
⑤ x^2의 계수와 상수항의 곱은 $\frac{7}{3}$이다.

28 서술형

다항식 $7x^3+5x^2-3x-8$에서 다항식의 차수를 A, x의 계수를 B, 상수항을 C라 할 때, ABC의 값을 구하시오.

중요

29

다음 중 옳은 것은?

① $\frac{a+b+c}{2}$는 단항식이다.
② $2x-3y$에서 항은 $2x$, $3y$로 모두 2개이다.
③ $-7x^2+\frac{2}{x}-1$은 다항식이다.
④ a^2-4a+4에서 a의 계수와 상수항의 합은 0이다.
⑤ $\frac{5}{6}x^2+\frac{1}{2}x+3$에서 다항식의 차수와 x의 계수의 곱은 4이다.

유형 10 일차식 개념4

30 대표문제

다음 중 일차식인 것을 모두 고르면? (정답 2개)

① $3x+2$　② $2x-\frac{1}{2}x^2$　③ $\frac{x+6}{3}$
④ $\frac{3x^2-4}{x}$　⑤ $0\times x-7$

31

다음 중 $\frac{4-3x}{5}$에 대한 설명으로 옳지 않은 것을 모두 고르면? (정답 2개)

① 단항식이다.　② 일차식이다.
③ 항이 2개이다.　④ x의 계수는 $-\frac{3}{5}$이다.
⑤ 상수항은 4이다.

32

다음 **보기** 중 일차식인 것을 모두 고르시오.

보기

ㄱ. $0.2x+0.5$　ㄴ. x^2+x
ㄷ. $\frac{3}{x}+1$　ㄹ. $\frac{x}{2}+2$
ㅁ. $0\times x^2-x-3$　ㅂ. $\frac{2x+3}{6}$

33

다항식 $(a-3)x^2+(a+3)x+3a+1$이 x에 대한 일차식이 되도록 하는 상수 a의 값을 구하시오.

유형 11 (일차식)×(수), (일차식)÷(수) 개념 5

34 대표문제

다음 중 옳지 않은 것은?

① $(-5x)\times(-2)=10x$
② $(15x)\div(-3)=-5x$
③ $-2(-10x+7)=20x+14$
④ $(20x+16)\div4=5x+4$
⑤ $\left(-\frac{1}{3}x+\frac{1}{4}\right)\times(-12)=4x-3$

35

$(12-8x)\div\left(-\frac{4}{5}\right)$를 간단히 하시오.

36

다음 중 식을 간단히 한 결과가 $(2x-3)\div\left(-\frac{1}{6}\right)$과 다른 것은?

① $6(3-2x)$　② $3(-4x+6)$
③ $(6-4x)\div(-3)$　④ $(6x-9)\div\left(-\frac{1}{2}\right)$
⑤ $(-4x+6)\div\frac{1}{3}$

37 서술형

$-12\left(\frac{3}{4}x-2\right)$를 간단히 하였을 때 x의 계수를 a라 하고, $(8x-3)\div\left(-\frac{1}{4}\right)$을 간단히 하였을 때 상수항을 b라 하자. 이때 $b-a$의 값을 구하시오.

유형 12 동류항 개념 6

38 대표문제

다음 중 동류항끼리 짝 지은 것은?

① $4x,\ -4x^2$　② $\frac{1}{2}y,\ \frac{1}{4}$　③ $5a,\ \frac{5}{7}a$
④ $9xy,\ 7xz$　⑤ $\frac{3}{b},\ b$

39

다음 중 $6x$와 동류항인 것은?

① 0　② $-\frac{1}{4}x$　③ $6y$
④ $5x^2$　⑤ $\frac{2}{x}$

40

다음 중 $-3b$와 동류항인 것의 개수를 구하시오.

$3b^2$　$\frac{b}{2}$　$-0.5b$　$-3a$　$\frac{15b^2}{b}$

41

다음 **보기** 중 동류항끼리 짝 지은 것을 모두 고르시오.

보기

ㄱ. $-x,\ -y$　ㄴ. $xy,\ -3xy$
ㄷ. $2,\ -\frac{1}{5}$　ㄹ. $6a,\ \frac{7a^2}{a}$
ㅁ. $-0.4x,\ 0.4x^2$　ㅂ. $5x^2z,\ -2xz^2$

집중

유형 13 일차식의 덧셈과 뺄셈 개념6

42 대표문제

$4(2x-1)-(3x+5)=ax+b$일 때, 상수 a, b에 대하여 $a-b$의 값을 구하시오.

43

$-(3x-7)-2(4x+1)$을 간단히 하였을 때, 상수항을 구하시오.

중요

44

다음 중 옳지 않은 것은?

① $(2x+1)+(5x+7)=7x+8$

② $(7x-3)-(-x+1)=6x-4$

③ $3(2x-3)-5(x-7)=x+26$

④ $(3x-1)-\frac{4}{7}(7x+14)=-x-9$

⑤ $\frac{1}{2}(2x+6)+16\left(\frac{5}{4}x-\frac{3}{4}\right)=21x-9$

45

$\frac{3}{4}(12x-8)-(9x-6)\div\frac{3}{5}$을 간단히 하였을 때, x의 계수를 a, 상수항을 b라 하자. 이때 $a+2b$의 값을 구하시오.

유형 14 괄호가 여러 개인 일차식의 덧셈, 뺄셈 개념6

46 대표문제

다음 식을 간단히 하시오.

$$5x-[8y-\{6x+3y-(-4x+2y)\}]$$

47 서술형

$6x-[5x-\{3x-5-(2-x)\}]=ax+b$일 때, 상수 a, b에 대하여 ab의 값을 구하시오.

유형 15 분수 꼴인 일차식의 덧셈, 뺄셈 개념6

48 대표문제

$\frac{2x+1}{3}-\frac{x-4}{5}$를 간단히 하시오.

49

$\frac{5x+3}{2}-\frac{2-x}{6}-3x=ax+b$일 때, 상수 a, b에 대하여 $-18ab$의 값을 구하시오.

유형 16 문자에 일차식 대입하기 개념 6

50 대표문제

$A=2x-\frac{5}{6}$, $B=\frac{2}{3}x+2$일 때, $6(A+B)-3B$를 간단히 하면?

① $-14x-1$ ② $-14x+1$ ③ $-14x+11$
④ $14x-11$ ⑤ $14x+1$

51

$A=2x+4$, $B=-x+3$일 때, $2A-5B$를 간단히 하면?

① $9x+7$ ② $9x-7$ ③ $-x-7$
④ $-9x+7$ ⑤ $-9x-7$

52

$A=3-2x$, $B=4(-x+3)+2x$일 때, $-(-5A+B)-3B$를 간단히 하시오.

53

$A=\left(\frac{4}{9}x+\frac{2}{3}\right)\div\left(-\frac{1}{18}\right)$, $B=\frac{x+1}{2}-\frac{x-3}{4}$일 때, $5-\{-7A-4(-2A+3B)\}$를 간단히 하시오.

유형 17 어떤 식 구하기 개념 6

54 대표문제

어떤 식에서 $3(2x-1)$을 빼야 할 것을 잘못하여 더했더니 $4x+6$이 되었다. 이때 어떤 식은?

① $-2x-9$ ② $-2x-3$ ③ $-2x+9$
④ $2x+3$ ⑤ $2x+9$

55

다음 □ 안에 알맞은 식은?

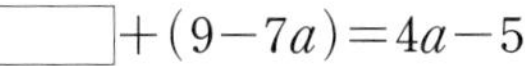

$\square+(9-7a)=4a-5$

① $11a-14$ ② $11a+14$ ③ $3a+4$
④ $3a-14$ ⑤ $-3a-14$

56

어떤 식에 $4(2x-3)$을 더해야 할 것을 잘못하여 뺐더니 $-\frac{1}{3}(9-2x)$가 되었다. 이때 어떤 식을 구하시오.

57 서술형

어떤 식에서 $2(3-5x)$를 빼야 할 것을 잘못하여 더했더니 $-(4x+7)$이 되었다. 이때 바르게 계산한 식을 구하시오.

[유형북] Real 실전 유형에서 틀린 문제를 체크해 보세요.

유형 01 등식 개념 1

01 대표문제

다음 중 등식이 아닌 것은?

① $7-3x=2$ ② $3\times(-2)+6=0$
③ $\frac{1}{5}x+\frac{4}{5}=2$ ④ $3x+4+(-1-x)$
⑤ $3(1-x)=2(5-3x)$

02

다음 중 등식인 것을 모두 고르면? (정답 2개)

① $3x=-x+1$ ② $8x-2>0$
③ $3x+1$ ④ $2x+1=x+3$
⑤ $2-2x+x^2<6$

03

다음 **보기** 중 등식인 것을 모두 고르시오.

보기
ㄱ. $5-7=2$ ㄴ. $4x-x$
ㄷ. $3x>3$ ㄹ. $x+1=5x$
ㅁ. $-(x-1)=3(2x+7)$ ㅂ. $2(3x+1)\le 1-x$

집중 유형 02 문장을 등식으로 나타내기 개념 1

04 대표문제

다음 중 문장을 등식으로 나타낸 것이 옳지 않은 것은?

① 50과 x의 평균은 85이다. ➡ $\frac{50+x}{2}=85$
② 길이가 30 cm인 빵을 x등분하였더니 한 조각의 길이가 5 cm가 되었다. ➡ $30\div x=5$
③ 사탕 40개를 7명에게 x개씩 나누어 주었더니 5개가 남았다. ➡ $40-7x=5$
④ 시속 8 km로 x시간 동안 이동한 거리는 10 km이다. ➡ $\frac{8}{x}=10$
⑤ 밑변의 길이가 5 cm, 높이가 x cm인 평행사변형의 넓이는 20 cm^2이다. ➡ $5x=20$

05

다음 중 문장을 등식으로 나타낼 수 없는 것은?

① x의 5배에 7을 더하면 x에 10을 더한 값과 같다.
② x에서 7을 뺀 값은 9에서 x를 뺀 값과 같다.
③ 시속 40 km로 x시간 동안 이동한 거리는 120 km보다 길다.
④ 한 개에 800원인 배 x개의 가격은 9600원이다.
⑤ 가로의 길이가 x cm, 세로의 길이가 7 cm인 직사각형의 넓이는 63 cm^2이다.

06 서술형

다음 문장을 등식으로 나타내시오.

한 개에 900원인 빵을 20 % 할인 받아 $(x+8)$개 사고 지불한 금액은 한 팩에 700원인 우유를 x팩 사고 지불한 금액보다 100원 많았다.

유형 03 방정식의 해 개념 1

07 대표문제

다음 중 [ ] 안의 수가 주어진 방정식의 해인 것을 모두 고르면? (정답 2개)

① $2x+5=9$ [2]
② $-x+7=4x$ [2]
③ $3(x+2)=-x+2$ [-1]
④ $\frac{3}{5}x=-9$ [-3]
⑤ $\frac{5}{8}x=\frac{1}{4}$ $\left[\frac{1}{5}\right]$

08

다음 방정식 중 해가 $x=-1$이 <u>아닌</u> 것은?

① $-2x-2=0$ ② $\frac{3}{4}x-\frac{1}{4}=-1$
③ $-\frac{1}{2}(-x+1)=1$ ④ $5-\frac{3x-1}{4}=6$
⑤ $\frac{5x+3}{2}-\frac{1}{2}=-\frac{3}{2}$

09

다음 중 [ ] 안의 수가 주어진 방정식의 해가 <u>아닌</u> 것은?

① $9-4x=1$ [2]
② $-8x=-2x+12$ [-2]
③ $\frac{1}{3}(2x-1)=1$ [2]
④ $4(x+1)=-(x-2)$ [-2]
⑤ $3x-10=-\frac{4}{3}(x+1)$ [2]

유형 04 방정식과 항등식 개념 1

10 대표문제

다음 중 항등식인 것은?

① $x+2=7$ ② $-\frac{1}{2}x=16$
③ $4-2x=9$ ④ $5(x-1)+1=5x-4$
⑤ $\frac{2}{3}(-x-1)=4x+1$

11

다음 중 x의 값에 따라 참이 되기도 하고 거짓이 되기도 하는 등식은?

① $-x+5x=4x$ ② $2(4x+1)$
③ $\frac{x}{2}+3=6x$ ④ $3x+1>-2x$
⑤ $-\frac{1}{6}(2x-3)=\frac{1}{2}-\frac{1}{3}x$

12

다음 **보기**에서 항등식인 것을 모두 고르시오.

보기

ㄱ. $-x+5$ ㄴ. $2x+5x=-3x$
ㄷ. $2(x-4)=2x-8$ ㄹ. $5(x-2)=x+\frac{1}{2}$
ㅁ. $9-3(x+1)=2-2x$ ㅂ. $\frac{2}{3}(3-x)=2-\frac{2}{3}x$

중요

13

다음 중 x의 값에 관계없이 항상 참인 등식을 모두 고르면? (정답 2개)

① $2x-3=5$
② $-6x+1=-(6x-1)$
③ $12-7x=7x-12$
④ $4x-9=2(3x+1)-4$
⑤ $2(x+5)-3(-x+1)=7x-(2x-7)$

유형 05 항등식이 될 조건 개념 1

14 대표문제

등식 $2(x-4)=-ax-b$가 x에 대한 항등식일 때, 상수 a, b의 값은?

① $a=2$, $b=-4$ ② $a=2$, $b=8$
③ $a=-2$, $b=-4$ ④ $a=-2$, $b=-8$
⑤ $a=-2$, $b=8$

15

등식 $3(4-6x)=12-3ax$가 x에 대한 항등식일 때, 상수 a의 값은?

① -9 ② -6 ③ 4
④ 6 ⑤ 9

16

등식 $2(-x+1)+7=A-(x-3)$이 x에 대한 항등식일 때, 일차식 A를 구하시오.

중요

17 서술형

등식 $\frac{4-ax}{3}-2=\frac{1}{5}(x-2b)$가 x의 값에 관계없이 항상 성립할 때, 상수 a, b에 대하여 ab의 값을 구하시오.

집중

유형 06 등식의 성질 개념 1

18 대표문제

다음 중 옳은 것은?

① $3a=5b$이면 $\frac{a}{3}=\frac{b}{5}$이다.
② $a-2=b$이면 $a=b-2$이다.
③ $3a=2b+1$이면 $6a=2b+1$이다.
④ $a=b$, $c=d$이면 $a+c=b+d$이다.
⑤ $a+x=b+y$이면 $a-b=x-y$이다.

중요

19

다음 중 옳지 않은 것은?

① $ac-bc=0$이면 $a=b$이다.
② $a=b$이면 $ac-bc=0$이다.
③ $a=b$이면 $a+2c=b+2c$이다.
④ $a=b$이면 $\frac{a}{4}-c=\frac{b}{4}-c$이다.
⑤ $2a=3b$이면 $\frac{a}{3}=\frac{b}{2}$이다.

20

다음 **보기** 중 옳은 것을 모두 고르시오.

보기

ㄱ. $a=b$이면 $a+\frac{3}{2}=b+\frac{3}{2}$이다.
ㄴ. $\frac{a}{3}=\frac{b}{6}$이면 $a=2b$이다.
ㄷ. $a=-b$이면 $a+4=-(b-4)$이다.
ㄹ. $a-2=2b+1$이면 $a=2b+3$이다.
ㅁ. $3(a-2)=3(b-2)$이면 $a+b=0$이다.
ㅂ. $7a=2b$이면 $\frac{a}{2}+\frac{b}{7}=0$이다.

유형 07 등식의 성질을 이용한 방정식의 풀이 개념 1

21 대표문제

오른쪽은 방정식 $\frac{3}{4}x+1=\frac{7}{2}$을 등식의 성질을 이용하여 푸는 과정이다. 이 과정에서 이용되지 않은 등식의 성질을 다음 **보기**에서 고르시오.

$$\frac{3}{4}x+1=\frac{7}{2}$$
$$3x+4=14$$
$$3x=10$$
$$\therefore x=\frac{10}{3}$$

보기

$a=b$이고 c는 자연수일 때

ㄱ. $a+c=b+c$　　ㄴ. $a-c=b-c$

ㄷ. $ac=bc$　　ㄹ. $\frac{a}{c}=\frac{b}{c}$

22

방정식 $9x-7=11$을 풀기 위해 등식의 성질 '$a=b$이면 $a+c=b+c$이다.'를 한 번만 이용하여 좌변에 x를 포함하는 항만 남기려고 한다. 이때 c의 값을 구하시오.

23

다음 중 방정식을 변형하는 과정에서 이용된 등식의 성질이 나머지 넷과 다른 하나는?

① $x-2=5 \Rightarrow x=7$　　② $2x=-x+4 \Rightarrow 3x=4$

③ $-4x=-6 \Rightarrow x=\frac{3}{2}$　　④ $4x-1=2 \Rightarrow 4x=3$

⑤ $\frac{2}{3}x-5=6 \Rightarrow \frac{2}{3}x=11$

유형 08 이항 개념 2

24 대표문제

다음 중 이항을 바르게 한 것은?

① $x+1=4 \Rightarrow x=4+1$

② $7+x=-7 \Rightarrow 7x=-7$

③ $x=-3x-1 \Rightarrow x+3x=1$

④ $-7x-11=-2x \Rightarrow -7x+2x=-11$

⑤ $5x-6=x-9 \Rightarrow 5x-x=-9+6$

25

다음 **보기** 중 등식 $5x-4=7x$에서 좌변의 -4를 이항한 것과 결과가 같은 것을 모두 고르시오.

보기

ㄱ. 양변에 -4를 더한다.　　ㄴ. 양변에 4를 더한다.

ㄷ. 양변에서 -4를 뺀다.　　ㄹ. 양변에서 4를 뺀다.

ㅁ. 양변에 4를 곱한다.　　ㅂ. 양변을 -4로 나눈다.

26

다음 중 밑줄 친 항을 바르게 이항한 것은?

① $-x\underline{+2}=-3 \Rightarrow -x=-3+2$

② $4x\underline{+1}=\underline{3x} \Rightarrow 4x+3x=-1$

③ $\underline{9}-2x=\underline{5x}+4 \Rightarrow -2x-5x=4-9$

④ $-x\underline{+10}=-8x\underline{-4} \Rightarrow -x+8x=-4+10$

⑤ $9x\underline{-6}=1\underline{+5x} \Rightarrow 9x+5x=1+6$

27 서술형

등식 $-3x+7=5x-9$를 이항만을 이용하여 $ax=b$ $(a<0)$ 꼴로 고쳤을 때, 상수 a, b에 대하여 $a-b$의 값을 구하시오.

유형 09 일차방정식 개념2

28 대표문제

다음 중 일차방정식인 것을 모두 고르면? (정답 2개)

① $x=x-7$
② $x^2-2x=x^2+x+1$
③ $2\left(\frac{3}{2}x-1\right)$
④ $2x(x+1)=2x^2-8$
⑤ $3(2x+1)=6x+5$

29

다음 **보기** 중 일차방정식의 개수는?

보기

ㄱ. $2x=0$
ㄴ. $6(-x+2)=-5x$
ㄷ. $x-7=-x+9$
ㄹ. $x^2+4x=x^2+x$
ㅁ. $-\frac{2}{3}x=4+x$
ㅂ. $3x^2-5=3(x^2+1)$

① 1 ② 2 ③ 3
④ 4 ⑤ 5

30 서술형

다음 등식이 일차방정식이 되기 위한 조건을 구하시오. (단, a, b는 상수)

$$-3x^2+4ax=-bx^2+8x-1$$

유형 10 일차방정식의 풀이 개념2

31 대표문제

다음 일차방정식 중 해가 가장 작은 것은?

① $x+3=-(2x+1)$
② $3x+2=2(4-x)$
③ $3(2x-1)=9-(3x+1)$
④ $11-(1-x)=6x$
⑤ $-(7x+1)+2=3(4-x)+1$

32

일차방정식 $-3(2x-1)=-x+5(x+3)$을 풀면?

① $x=-\frac{6}{5}$ ② $x=-1$ ③ $x=-\frac{5}{6}$
④ $x=\frac{5}{6}$ ⑤ $x=\frac{6}{5}$

33

다음 중 일차방정식 $3(x+2)-3(5-x)=9$와 해가 같은 것은?

① $4x+5=-3$
② $2(x-5)+7=3x$
③ $-(1-x)+2x=11$
④ $2(x+2)=3(x+1)$
⑤ $2(x+3)-2(5-x)=8$

34 서술형

일차방정식 $4(2x+1)-3x-3-2(1\quad x)$의 해가 $x=a$일 때, $2a^2-a$의 값을 구하시오.

유형 11 계수가 소수 또는 분수인 일차방정식의 풀이 개념2

35 대표문제

일차방정식 $2.5x+4.5=-1+0.5(x-3)$의 해는?

① $x=-\frac{9}{2}$ ② $x=-\frac{7}{2}$ ③ $x=-\frac{5}{2}$
④ $x=-\frac{2}{7}$ ⑤ $x=-\frac{2}{9}$

36

다음 일차방정식을 푸시오.

$$\frac{4}{5}-\frac{3-x}{2}=\frac{1}{3}x$$

중요

37

일차방정식 $\frac{1}{8}x+\frac{2x-3}{2}=0.5(x+2)$의 해는?

① $x=-8$ ② $x=-4$ ③ $x=-2$
④ $x=4$ ⑤ $x=8$

38 서술형

일차방정식 $\frac{3}{5}x+0.7=\frac{1}{10}x+1.3$의 해를 $x=a$, 일차방정식 $\frac{5(2x-1)}{6}=1.2x-\frac{2(2-x)}{3}$의 해를 $x=b$라 할 때, ab의 값을 구하시오.

유형 12 비례식으로 주어진 일차방정식의 풀이 개념2

39 대표문제

비례식 $(0.2x-5):4=\frac{3}{4}(x-1):5$를 만족시키는 x의 값은?

① -13 ② -11 ③ -9
④ 11 ⑤ 13

40

비례식 $(3x-8):(2x+1)=4:3$을 만족시키는 x의 값을 구하시오.

41

비례식 $\frac{2x+1}{5}:\frac{4-3x}{3}=2:5$를 만족시키는 x의 값은?

① $-\frac{14}{5}$ ② $-\frac{12}{5}$ ③ $\frac{5}{14}$
④ $\frac{5}{12}$ ⑤ $\frac{12}{5}$

42

다음 비례식을 만족시키는 x의 값을 a라 할 때, a^2+1의 값을 구하시오.

$$0.5(4-x):3=\frac{1}{5}(3x+2):2$$

07 일차방정식의 풀이

집중

유형 13 일차방정식의 해가 주어진 경우 개념 2

43 대표문제

일차방정식 $4(x+a)=2(x-2a)+3$의 해가 $x=-1$일 때, 상수 a의 값은?

① $-\frac{8}{3}$ ② $-\frac{5}{8}$ ③ $-\frac{3}{8}$
④ $\frac{3}{8}$ ⑤ $\frac{5}{8}$

44

일차방정식 $3(-x+a)=5x-7$의 해가 $x=2$일 때, 상수 a의 값을 구하시오.

중요

45

일차방정식 $\frac{3}{4}-\frac{7x+5a}{6}=\frac{2x-a}{4}$의 해가 $x=-2$일 때, 상수 a의 값은?

① 5 ② 7 ③ 9
④ 11 ⑤ 13

46 서술형

일차방정식 $2x-\frac{x-a}{3}=3a+1$의 해가 $x=3$일 때, 일차방정식 $4(2-ax)+3x=-7$의 해를 구하시오.

(단, a는 상수)

집중

유형 14 해가 같은 두 일차방정식 개념 2

47 대표문제

두 일차방정식 $\frac{1}{2}(3-x)=\frac{x-5}{4}-1$, $0.2(2x-1)=0.3(x-4)+a$의 해가 같을 때, 상수 a의 값은?

① $-\frac{5}{2}$ ② $-\frac{2}{3}$ ③ $\frac{2}{3}$
④ $\frac{3}{2}$ ⑤ $\frac{5}{2}$

48

두 일차방정식 $4-ax=x-2a$, $\frac{x+1}{2}=3(x-2)+4$의 해가 같을 때, 상수 a의 값을 구하시오.

49

다음 두 일차방정식의 해가 같을 때, 상수 a의 값은?

$4(x+2a)=6x-5$	$\frac{3}{4}x-1=\frac{3-x}{2}$

① $-\frac{1}{2}$ ② $-\frac{1}{8}$ ③ 1
④ $\frac{1}{8}$ ⑤ $\frac{1}{4}$

50

두 일차방정식 $0.5x-0.4=0.15(x+2)$, $a+\frac{x}{2}-\frac{4-ax}{3}=3$의 해가 같을 때, 상수 a의 값을 구하시오.

유형 15 해에 대한 조건이 주어진 일차방정식 개념2

51 대표문제

x에 대한 일차방정식 $3x-(a-x)=5-2x$의 해가 자연수가 되도록 하는 자연수 a의 값이 될 수 없는 것을 모두 고르면? (정답 2개)

① 1　② 3　③ 7
④ 13　⑤ 15

52

x에 대한 일차방정식 $2(9-5x)=a-9x$의 해가 자연수가 되도록 하는 자연수 a의 개수를 구하시오.

53

x에 대한 일차방정식 $3x-\frac{1}{4}(7x+5a)=-5$의 해가 음의 정수가 되도록 하는 자연수 a의 값을 모두 구한 것은?

① 1, 2, 3　② 1, 3, 4　③ 1, 3, 5
④ 2, 3, 4　⑤ 3, 4, 5

54 서술형

x에 대한 일차방정식 $3(6-x)=2a+x$의 해가 자연수가 되도록 하는 모든 자연수 a의 값의 합을 구하시오.

유형 16 특수한 해를 갖는 방정식 개념2

55 대표문제

방정식 $ax+3=x-b$의 해가 무수히 많을 때, 상수 a, b에 대하여 $a-b$의 값은?

① -4　② -2　③ 2
④ 4　⑤ 5

56

방정식 $5-ax=2x+b$의 해가 무수히 많을 조건은? (단, a, b는 상수)

① $a\neq-2$, $b=-5$　② $a=-2$, $b\neq-5$
③ $a=-2$, $b=-5$　④ $a=-2$, $b\neq5$
⑤ $a=-2$, $b=5$

57

다음 방정식의 해가 존재하지 않을 때, 상수 a의 값을 구하시오.

$$\frac{2x+3}{3}-\frac{1-ax}{6}=x-\frac{1}{4}$$

58 서술형

방정식 $\frac{x+1}{3}-\frac{1}{6}=\frac{ax-3}{6}$의 해는 없고, 방정식 $2(1-bx)=-2(3x+c)$의 해는 무수히 많을 때, 상수 a, b, c에 대하여 abc의 값을 구하시오.

정답과 해설 114쪽 유형북 106쪽

[유형북] Real 실전 유형에서 틀린 문제를 체크해 보세요.

유형 01 어떤 수에 대한 문제 개념 1

01 대표문제

어떤 수를 $\frac{1}{3}$배 한 수는 어떤 수에서 1을 뺀 후 2배 한 수보다 3만큼 작을 때, 어떤 수는?

① 1 ② 3 ③ 5 ④ 7 ⑤ 9

02

어떤 수에서 4를 빼어 4배 한 수는 어떤 수를 2배 한 수와 같을 때, 어떤 수를 구하시오.

중요

03

서로 다른 두 자연수에 대하여 큰 수를 작은 수로 나누면 몫이 5, 나머지가 2이다. 큰 수와 작은 수의 합이 32일 때, 작은 수를 구하시오.

04 서술형

어떤 수의 3배에서 5를 빼야 할 것을 잘못하여 어떤 수의 5배에서 3을 뺐더니 처음 구하려고 했던 수보다 8만큼 커졌다. 다음을 구하시오.

(1) 어떤 수

(2) 처음 구하려고 했던 수

집중

유형 02 연속하는 자연수에 대한 문제 개념 1

05 대표문제

연속하는 세 자연수의 합이 102일 때, 세 수 중 가장 큰 수는?

① 31 ② 32 ③ 33 ④ 34 ⑤ 35

06

연속하는 두 자연수의 합이 45일 때, 두 자연수의 곱을 구하시오.

07

연속하는 두 짝수의 합이 작은 수의 3배보다 8만큼 작을 때, 두 짝수 중 작은 수는?

① 4 ② 6 ③ 8 ④ 10 ⑤ 12

08 서술형

연속하는 세 홀수 중 가장 작은 수의 4배는 다른 두 수의 합보다 4만큼 작을 때, 가장 큰 수를 구하시오.

집중

유형 03 자리의 숫자에 대한 문제 개념1

09 대표문제

일의 자리의 숫자가 5인 두 자리 자연수가 있다. 이 자연수의 십의 자리의 숫자와 일의 자리의 숫자를 바꾼 수는 처음 수보다 9만큼 크다고 할 때, 처음 수를 구하시오.

10

십의 자리의 숫자가 7인 두 자리 자연수가 있다. 이 자연수가 각 자리의 숫자의 합의 8배와 같을 때, 이 자연수는?

① 71 ② 72 ③ 73
④ 74 ⑤ 75

11

십의 자리의 숫자가 일의 자리의 숫자보다 2만큼 작은 두 자리 자연수가 있다. 이 자연수는 각 자리의 숫자의 합의 4배보다 15만큼 크다고 할 때, 이 자연수를 구하시오.

12 서술형

일의 자리의 숫자와 십의 자리의 숫자의 합이 13인 두 자리 자연수가 있다. 이 자연수의 일의 자리의 숫자와 십의 자리의 숫자를 바꾼 수는 처음 수보다 9만큼 클 때, 처음 수를 구하시오.

집중

유형 04 나이에 대한 문제 개념1

13 대표문제

현재 어머니와 딸의 나이의 합은 53세이다. 11년 후 어머니의 나이는 딸의 나이의 2배가 된다고 할 때, 현재 어머니의 나이를 구하시오.

14

올해 아버지의 나이는 42세이고, 아들의 나이는 12세이다. 아버지의 나이가 아들의 나이의 3배가 되는 것은 몇 년 후인가?

① 2년 후 ② 3년 후 ③ 4년 후
④ 5년 후 ⑤ 6년 후

중요

15

현재 태호의 큰아버지의 나이는 태호의 나이의 4배이다. 7년 후 큰아버지의 나이가 태호의 나이의 3배가 된다고 할 때, 현재 태호의 나이를 구하시오.

16 서술형

민수의 아버지와 민수의 나이의 차는 29세이다. 현재로부터 13년 후 아버지의 나이는 민수의 나이의 2배보다 9세 많다고 할 때, 현재 민수의 나이를 구하시오.

유형 05 개수의 합이 일정한 문제 개념 1

17 대표문제

농장에 닭과 염소가 합하여 62마리 있다. 다리의 수를 세어 보니 164개였을 때, 염소는 몇 마리 있는지 구하시오.

18

농구 시합에서 어떤 선수가 2점짜리 슛과 3점짜리 슛을 합하여 19개를 넣어 45점을 득점하였을 때, 이 선수가 넣은 3점짜리 슛의 개수를 구하시오.

중요

19

한 송이에 700원인 국화와 한 송이에 1200원인 해바라기를 합하여 모두 11송이를 사고 10000원을 내었더니 800원을 거슬러 주었다. 이때 구입한 국화의 수는?

① 4　② 5　③ 6
④ 7　⑤ 8

20 서술형

한 개에 600원인 과자와 한 개에 800원인 도넛을 합하여 15개를 사서 1500원짜리 선물 상자에 담았더니 11500원이 되었다. 과자와 도넛을 각각 몇 개씩 샀는지 구하시오.

유형 06 예금에 대한 문제 개념 1

21 대표문제

현재 언니의 저금통에는 4000원, 동생의 저금통에는 2400원이 들어 있다. 내일부터 언니는 매일 500원, 동생은 매일 700원씩 저금통에 넣는다면 며칠 후에 언니와 동생의 저금통에 들어 있는 금액이 같아지겠는가?

① 5일 후　② 6일 후　③ 7일 후
④ 8일 후　⑤ 9일 후

22

현재 희주의 예금액은 10000원, 강인이의 예금액은 42000원이다. 다음 달부터 두 사람이 매달 2000원씩 예금을 한다면 몇 개월 후에 강인이의 예금액이 희주의 예금액의 3배가 되는지 구하시오. (단, 이자는 생각하지 않는다.)

23

현재 성규는 36000원, 미애는 30000원의 돈을 가지고 있다. 내일부터 두 사람이 매일 3000원씩 사용한다면 며칠 후에 성규가 가지고 있는 돈이 미애가 가지고 있는 돈의 2배가 되겠는가?

① 7일 후　② 8일 후　③ 9일 후
④ 10일 후　⑤ 11일 후

집중 유형 07 원가와 정가에 대한 문제 개념 1

24 대표문제

원가에 20 %의 이익을 붙여서 정가를 정한 상품이 팔리지 않아 정가에서 900원을 할인하여 팔았더니 1개를 팔 때마다 원가의 8 %의 이익을 얻었다고 한다. 이 상품의 원가는?

① 5000원 ② 7500원 ③ 9000원
④ 10000원 ⑤ 10500원

25

원가가 5000원인 상품이 있다. 이 상품을 정가의 30 %를 할인하여 팔았더니 1개를 팔 때마다 원가의 12 %의 이익이 생겼다. 이 상품의 정가는?

① 6500원 ② 7000원 ③ 7500원
④ 8000원 ⑤ 8500원

26

원가가 30000원인 상품이 있다. 원가에 x %의 이익을 붙여서 정가를 정했다가 다시 정가에서 10 % 할인하여 팔았더니 1개를 팔 때마다 2400원의 이익이 생겼다. 이때 x의 값을 구하시오.

집중 유형 08 증가와 감소에 대한 문제 개념 1

27 대표문제

어느 중학교의 작년 전체 학생은 580명이었다. 올해는 작년에 비하여 남학생 수는 4 % 증가하고, 여학생 수는 5 % 감소하여 전체 학생이 2명 감소하였다. 올해 남학생 수는?

① 305 ② 306 ③ 308
④ 310 ⑤ 312

28

어느 회사의 올해 입사 지원자 수가 작년보다 15 % 증가하여 2875명이 되었다. 작년 입사 지원자 수를 구하시오.

중요

29

어느 동호회의 작년 전체 회원은 150명이었다. 올해는 작년에 비해 남자 회원은 4명 감소하고, 여자 회원 수는 10 % 증가하여 전체 회원 수가 2 % 증가하였다. 올해 여자 회원 수를 구하시오.

30 서술형

어느 중학교의 작년 전체 학생은 1220명이었다. 올해는 작년에 비해 남학생 수는 3 % 감소하고, 여학생 수는 5 % 증가하여 전체 학생이 1233명이 되었다. 올해 남학생 수를 구하시오.

집중

유형 09 과부족에 대한 문제 개념 1

31 대표문제

학생들에게 공책을 나누어 주는데 2권씩 나누어 주면 4권이 남고, 3권씩 나누어 주면 6권이 부족하다. 이때 공책의 수는?

① 21 ② 22 ③ 23
④ 24 ⑤ 25

32 서술형

은지네 반 학생들이 야영을 하려고 텐트를 설치하였다. 한 텐트에 5명씩 자면 3명이 잘 곳이 없고, 한 텐트에 6명씩 자면 남는 텐트는 없고 마지막 텐트에는 2명이 자게 된다. 다음을 구하시오.

(1) 텐트의 수

(2) 은지네 반 학생 수

33

소극장의 긴 의자에 관객들이 앉는데 한 의자에 8명씩 앉으면 2명의 관객이 앉지 못하고, 한 의자에 10명씩 앉으면 의자 하나가 완전히 비어 있고 마지막 의자에는 6명이 앉는다고 한다. 이때 관객 수를 구하시오.

유형 10 일에 대한 문제 개념 1

34 대표문제

대청소를 하는 데 언니가 혼자서 하면 2시간이 걸리고, 동생이 혼자서 하면 4시간이 걸린다고 한다. 청소를 언니가 혼자 1시간 동안 한 후에 언니와 동생이 함께하여 끝냈을 때, 언니와 동생이 함께 청소한 시간은 몇 분인지 구하시오.

35

어떤 일을 완성하는 데 A가 혼자서 하면 10일이 걸리고, B가 혼자서 하면 14일이 걸린다고 한다. A가 5일 동안 한 후, B가 나머지를 하여 완성하였다면 B는 며칠 동안 일하였는지 구하시오.

36

물탱크에 물을 가득 채우는 데 A 호스로는 5시간, B 호스로는 3시간이 걸린다고 한다. 이 물탱크에 물을 가득 채우기 위해 B 호스로만 1시간 동안 물을 받다가 A, B 두 호스로 동시에 물을 받기로 하였다. 이때 두 호스로 동시에 물을 받는 시간은?

① 1시간 ② 1시간 15분 ③ 1시간 20분
④ 1시간 30분 ⑤ 1시간 45분

유형 11 도형에 대한 문제 개념 1

37 대표문제

길이가 66 cm인 철사를 구부려 겹치는 부분이 없도록 모두 사용하여 직사각형을 만들려고 한다. 가로의 길이와 세로의 길이의 비가 6 : 5일 때, 이 직사각형의 넓이는?

① 260 cm^2 ② 262 cm^2 ③ 264 cm^2
④ 268 cm^2 ⑤ 270 cm^2

38 서술형

둘레의 길이가 20 cm인 정사각형이 있다. 이 정사각형의 가로를 x cm 늘이고, 세로를 2 cm 줄였더니 넓이가 24 cm^2인 직사각형이 되었다. 이때 x의 값을 구하시오.

39

오른쪽 그림과 같이 길이가 8 m인 철망으로 직사각형 모양의 닭장을 만들려고 한다. 이 닭장의 가로의 길이를 세로의 길이보다 80 cm 더 길게 하려고 할 때, 이 닭장의 세로의 길이는 몇 m인지 구하시오.

(단, 닭장의 한 변은 담장이다.)

집중

유형 12 거리, 속력, 시간에 대한 문제 (1) 개념 2

40 대표문제

정우와 동생이 동시에 집에서 자전거를 타고 출발하여 할머니 댁에 가는데 정우는 분속 150 m로 가고, 동생은 분속 120 m로 갔다. 정우가 동생보다 1시간 10분 빨리 도착했을 때, 정우네 집에서 할머니 댁까지의 거리는?

① 34 km ② 36 km ③ 38 km
④ 40 km ⑤ 42 km

41

두 지점 A, B 사이를 왕복하는데 갈 때는 시속 5 km로 걷고, 올 때는 시속 2 km로 걸어서 총 7시간이 걸렸다. 두 지점 A, B 사이의 거리를 구하시오.

42

등산을 하는데 올라갈 때는 시속 2 km로 걷고, 내려올 때는 올라갈 때보다 2 km 더 먼 거리를 시속 3 km로 걸어서 모두 4시간 20분이 걸렸다. 내려올 때 걸은 거리를 구하시오.

43

나현이가 집에서 출발하여 서점에 다녀오는데 갈 때는 시속 4 km로 걷고 서점에서 30분 동안 책을 산 후 올 때는 시속 3 km로 걸어서 총 3시간이 걸렸다. 나현이네 집에서 서점까지의 거리를 구하시오.

집중

유형 13 거리, 속력, 시간에 대한 문제 (2) 개념2

44 대표문제

둘레의 길이가 2.1 km인 호숫가를 세훈이와 광석이가 같은 지점에서 서로 반대 방향으로 동시에 출발하여 걸어갔다. 세훈이는 분속 80 m로 걷고, 광석이는 분속 60 m로 걸었다면 두 사람이 처음으로 다시 만나는 것은 출발한 지 몇 분 후인지 구하시오.

중요

45

형이 집을 출발한 지 10분 후에 동생이 따라 나섰다. 형은 분속 70 m로 걷고, 동생은 분속 210 m로 자전거를 타고 따라간다고 할 때, 동생은 출발한 지 몇 분 후에 형을 만나게 되는지 구하시오.

46

둘레의 길이가 600 m인 트랙을 준혁이와 세인이가 서로 같은 방향으로 동시에 출발하여 걸어갔다. 준혁이는 분속 110 m로 걷고, 세인이는 분속 90 m로 걸을 때, 준혁이와 세인이가 처음으로 다시 만나는 것은 출발한 지 몇 분 후인지 구하시오.

47 서술형

A, B 두 사람이 2.8 km 떨어진 곳에서 서로 마주 보고 동시에 출발하였다. A는 시속 4 km로 걷고, B는 시속 3 km로 걸어서 중간에 만났을 때, B가 걸은 거리를 구하시오.

유형 14 거리, 속력, 시간에 대한 문제 (3) 개념2

48 대표문제

일정한 속력으로 달리는 열차가 길이가 1500 m인 터널을 완전히 통과하는 데는 70초가 걸리고, 길이가 600 m인 철교를 완전히 통과하는 데는 30초가 걸린다. 이 열차의 길이를 구하시오.

49

초속 40 m로 달리는 열차가 길이가 1700 m인 다리를 완전히 통과하는 데 48초가 걸렸다. 이 열차의 길이를 구하시오.

50

일정한 속력으로 달리는 기차가 있다. 길이가 110 m인 다리를 완전히 통과하는 데는 4초가 걸리고, 길이가 290 m인 다리를 완전히 통과하는 데는 8초가 걸린다. 이 기차의 속력을 구하시오.

집중

유형 15 농도에 대한 문제 (1) 개념2

51 대표문제

6 %의 소금물 300 g이 있다. 이 소금물에 몇 g의 물을 더 넣으면 4 %의 소금물이 되겠는가?

① 120 g ② 130 g ③ 140 g
④ 150 g ⑤ 160 g

52

12 %의 소금물 400 g이 있다. 이 소금물에서 몇 g의 물을 증발시키면 15 %의 소금물이 되는지 구하시오.

53 서술형

8 %의 소금물에 소금 12 g을 더 넣어서 10 %의 소금물을 만들려고 한다. 이때 8 %의 소금물은 몇 g인지 구하시오.

54

설탕물 300 g에 설탕 150 g을 더 넣었더니 처음 농도의 4배가 되었다. 처음 설탕물의 농도를 구하시오.

유형 16 농도에 대한 문제 (2) 개념2

55 대표문제

5 %의 소금물과 10 %의 소금물을 섞어서 8 %의 소금물 200 g을 만들려고 한다. 이때 5 %의 소금물의 양은?

① 70 g ② 80 g ③ 90 g
④ 100 g ⑤ 110 g

56

x %의 소금물 120 g과 10 %의 소금물 180 g을 섞어서 12 %의 소금물을 만들려고 한다. 이때 x의 값을 구하시오.

57

9 %의 소금물과 4 %의 소금물을 섞어서 6 %의 소금물 400 g을 만들려고 한다. 이때 9 %의 소금물의 양을 구하시오.

58 서술형

6 %의 소금물 200 g과 10 %의 소금물을 섞은 후 물을 더 부어서 5 %의 소금물 360 g을 만들었다. 이때 더 부은 물의 양을 구하시오.

[유형북] Real 실전 유형에서 틀린 문제를 체크해 보세요.

유형 01 수직선 위의 점의 좌표 개념 1

01 대표문제

다음 수직선 위의 두 점 A(a), B(b)에 대하여 $3ab$의 값은?

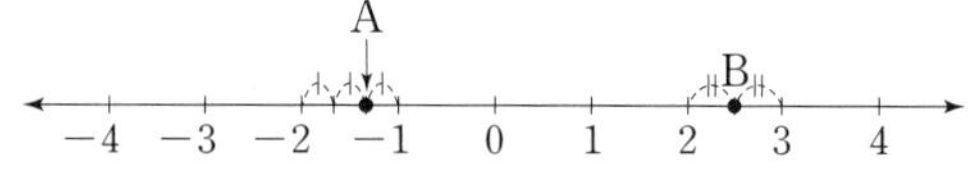

① −20 ② −15 ③ −10
④ 10 ⑤ 15

02

다음 중 아래 수직선 위의 점의 좌표를 나타낸 것으로 옳지 않은 것은?

A B C D E
−5 −4 −3 −2 −1 0 1 2 3 4 5

① A$\left(-\frac{16}{5}\right)$ ② B(−3) ③ C(1)
④ D$\left(\frac{7}{2}\right)$ ⑤ E(5)

03

다음 수직선 위의 점 P에서 오른쪽으로 7만큼 떨어져 있는 점 Q의 좌표를 기호로 나타내시오.

P
−5 −4 −3 −2 −1 0 1 2 3 4 5

04

수직선 위에서 두 점 A(−5), B(3)으로부터 같은 거리에 있는 점 C의 좌표를 기호로 나타내시오.

집중
유형 02 순서쌍과 좌표평면 개념 1

05 대표문제

다음 중 오른쪽 좌표평면 위의 점의 좌표를 나타낸 것으로 옳지 않은 것은?

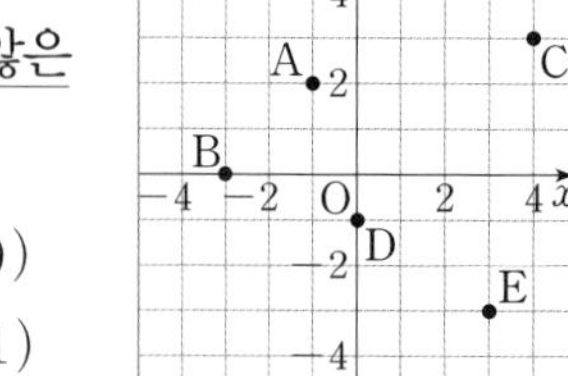

① A(−1, 2) ② B(−3, 0)
③ C(4, 3) ④ D(0, −1)
⑤ E(−3, 3)

중요
06 서술형

두 순서쌍 $(-3a-1,\ 4-3b)$, $(1-4a,\ b+2)$가 서로 같을 때, ab의 값을 구하시오.

07

오른쪽 좌표평면에서 다음 좌표가 나타내는 점의 알파벳을 차례로 나열할 때, 만들어지는 영어 단어를 구하시오.

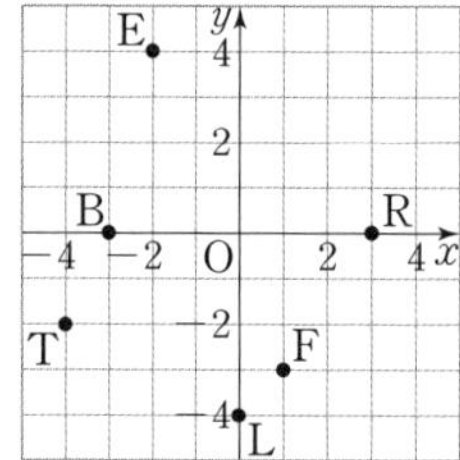

(0, −4) ➡ (−2, 4) ➡ (1, −3) ➡ (−4, −2)

유형 03 좌표축 위의 점의 좌표 구하기 개념 1

08 대표문제

x축 위에 있고 x좌표가 -2인 점의 좌표를 (a, b), y축 위에 있고 y좌표가 9인 점의 좌표를 (c, d)라 할 때, $a-b+c-d$의 값을 구하시오.

09

y축 위에 있고 y좌표가 5인 점의 좌표는?

① $(-5, 0)$ ② $(5, 0)$ ③ $(0, -5)$
④ $(0, 5)$ ⑤ $(5, 5)$

10 서술형

두 점 $\text{A}(4-5a, 1-3a)$, $\text{B}(-2b+8, 3+2b)$가 각각 x축, y축 위에 있을 때, $3a-b$의 값을 구하시오.

11

원점이 아닌 점 $\text{A}(a, b)$가 y축 위에 있을 때, 다음 중 옳은 것은?

① $a\neq0$, $b\neq0$ ② $a\neq0$, $b=0$
③ $a=0$, $b\neq0$ ④ $a=0$, $b=0$
⑤ $a>0$, $b>0$

집중 유형 04 좌표평면 위의 도형의 넓이 구하기 개념 1

12 대표문제

세 점 $\text{A}(-1, 3)$, $\text{B}(-1, -1)$, $\text{C}(2, 0)$을 꼭짓점으로 하는 삼각형 ABC의 넓이는?

① 2 ② 3 ③ 4
④ 5 ⑤ 6

13

네 점 $\text{A}(0, 3)$, $\text{B}(-5, 0)$, $\text{C}(0, -3)$, $\text{D}(5, 0)$을 꼭짓점으로 하는 사각형 ABCD의 넓이는?

① 24 ② 26 ③ 28
④ 30 ⑤ 32

중요

14

네 점 $\text{A}(-2, 4)$, $\text{B}(-1, -2)$, $\text{C}(4, -2)$, $\text{D}(4, 4)$를 꼭짓점으로 하는 사각형 ABCD의 넓이를 구하시오.

15 서술형

세 점 $\text{P}(-1, 2)$, $\text{Q}(-2, -2)$, $\text{R}(2, -1)$을 꼭짓점으로 하는 삼각형 PQR의 넓이를 구하시오.

유형 05 사분면 개념2

16 대표문제

다음 중 점이 속하는 사분면이 옳지 않은 것은?

① $(-3,\ 4)$ ➡ 제2사분면
② $(1,\ 7)$ ➡ 제1사분면
③ $(-2,\ -5)$ ➡ 제3사분면
④ $(11,\ -4)$ ➡ 제4사분면
⑤ $(6,\ 0)$ ➡ 제1사분면

17

다음 중 제4사분면 위의 점인 것은?

① $(-1,\ 9)$ ② $(-3,\ -7)$ ③ $(4,\ -3)$
④ $(2,\ 8)$ ⑤ $(0,\ -1)$

18

다음 중 옳은 것은?

① 점 $A(-3,\ 6)$은 제1사분면 위에 있다.
② 점 $B(-1,\ 0)$은 제2사분면 위에 있다.
③ 점 $C(-5,\ -2)$는 제3사분면 위에 있다.
④ 점 $D(4,\ 4)$는 제4사분면 위에 있다.
⑤ 점 $E(8,\ -3)$은 제2사분면 위에 있다.

19

다음 중 제2사분면에 속하는 점끼리 짝 지은 것은?

① $(1,\ -4)$, $(6,\ 7)$
② $(-3,\ 8)$, $(-1,\ 3)$
③ $(8,\ 2)$, $(-5,\ -1)$
④ $(4,\ -5)$, $(1,\ -1)$
⑤ $(-9,\ -2)$, $(5,\ -10)$

유형 06 사분면; 두 수의 부호를 이용하는 경우 개념2

20 대표문제

$ab>0$이고 $a+b>0$일 때, 점 $(-a,\ -b)$는 제몇 사분면 위의 점인가?

① 제1사분면 ② 제2사분면
③ 제3사분면 ④ 제4사분면
⑤ 어느 사분면에도 속하지 않는다.

21

$ab<0$이고 $a<b$일 때, 다음 중 제3사분면 위의 점은?

① $(-b,\ -a)$ ② $(b,\ -a)$ ③ $(-a,\ -b)$
④ $(a,\ -b)$ ⑤ $(a,\ b)$

22 서술형

$ab>0$이고 $a+b<0$일 때, 두 점 $P\left(a,\ -\frac{a}{b}\right)$, $Q(-ab,\ -b)$는 각각 제몇 사분면 위의 점인지 구하시오.

23

$a>b$이고 $ab<0$일 때, 다음 중 점 $\left(-a,\ -\frac{b}{a}\right)$와 같은 사분면 위의 점은?

① $(3,\ 7)$ ② $(-6,\ -6)$ ③ $(-2,\ 11)$
④ $(10,\ -1)$ ⑤ $(4,\ 0)$

집중

유형 07 사분면; 점이 속한 사분면이 주어진 경우 개념 2

24 대표문제

점 $(-a, b)$가 제4사분면 위의 점일 때, 다음 중 제3사분면 위의 점은?

① $(-b, -a)$ ② $(-b, a)$ ③ $(-a, -b)$
④ $(-a, b)$ ⑤ (a, b)

25

점 (a, b)가 제2사분면 위의 점일 때, 다음 중 항상 옳은 것을 모두 고르면? (정답 2개)

① $a+b>0$ ② $a-b<0$
③ $ab>0$ ④ $\frac{b}{a}>0$
⑤ $b-ab>0$

26

점 $A(-4, a)$는 제3사분면, 점 $B(2, -b)$는 제1사분면 위의 점일 때, 점 $P(-a, ab)$는 제몇 사분면 위의 점인지 구하시오.

27

점 $(a, -b)$가 제1사분면 위의 점일 때, 점 $\left(\frac{b-a}{3}, -ab\right)$는 제몇 사분면 위의 점인가?

① 제1사분면 ② 제2사분면
③ 제3사분면 ④ 제4사분면
⑤ 어느 사분면에도 속하지 않는다.

유형 08 대칭인 점의 좌표 개념 2

28 대표문제

두 점 $(6-5a, -b+3)$, $(-1, -7-3b)$가 y축에 대칭일 때, a, b의 값은?

① $a=-5$, $b=-1$ ② $a=-5$, $b=1$
③ $a=-1$, $b=-5$ ④ $a=1$, $b=-5$
⑤ $a=1$, $b=5$

29

다음 중 점 $(-6, 11)$과 원점에 대칭인 점의 좌표는?

① $(-11, -6)$ ② $(-11, 6)$ ③ $(-6, -11)$
④ $(6, -11)$ ⑤ $(6, 11)$

30

점 $(a-2, -3)$과 x축에 대칭인 점의 좌표가
점 $(-5, 7-4b)$와 y축에 대칭인 점의 좌표와 같을 때, $a-b$의 값을 구하시오.

31 서술형

두 점 $(-1+2a, -6b-5)$, $(3, -9)$가 x축에 대칭일 때, 점 $P\left(-a, -\frac{1}{b}\right)$은 제몇 사분면 위의 점인지 구하시오.

집중

유형 09 그래프 해석하기 개념3

32 대표문제

재희와 지수는 원 모양의 공원 둘레를 같은 지점에서 동시에 같은 속력으로 출발하여 서로 반대 방향으로 걸어서 몇 바퀴를 돌아 처음 지점으로 돌아왔다. 오른쪽 그래프는 출발한 지 x분 후의 두 사람 사이의 직선거리를 y m라 할 때, x와 y 사이의 관계를 나타낸 것이다. 다음 물음에 답하시오.

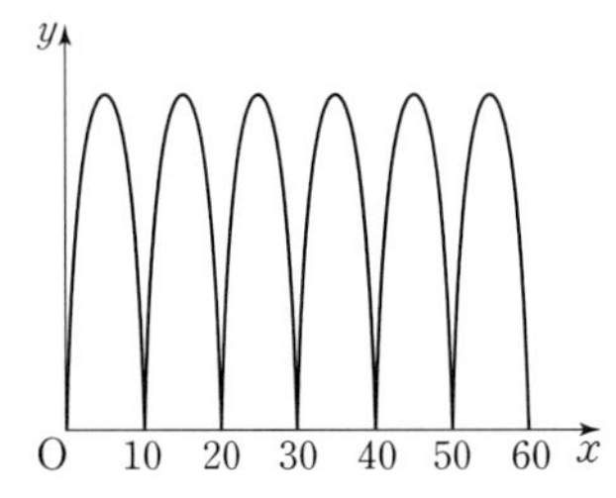

(1) 재희와 지수는 동시에 출발한 지 몇 분 후에 처음으로 다시 만나는지 구하시오.

(2) 재희와 지수는 공원 둘레를 몇 바퀴 돌았는지 구하시오.

33

진수는 집에서 800 m 떨어진 학교를 향해 가다가 도중에 다시 집으로 돌아와 준비물을 가지고 학교까지 갔다. 오른쪽 그래프는 진수가 집에서 학교까지 가는데 출발한 지 x분 후 집으로부터의 거리를 y m라 할 때, x와 y 사이의 관계를 나타낸 것이다. 다음 **보기** 중 옳지 않은 것을 모두 고르시오.

(단, 집에서 학교까지 직선으로 이동한다.)

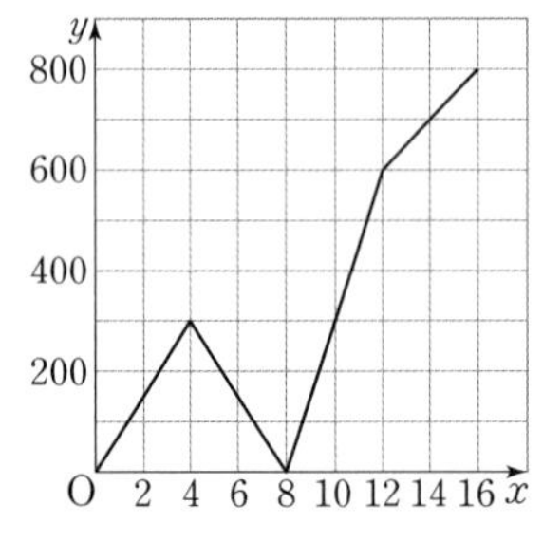

보기

ㄱ. 집에서 출발한 지 4분 후에 준비물을 가지러 다시 집을 향해 출발했다.

ㄴ. 진수가 집에서 출발하여 학교까지 가는 데 이동한 총 거리는 1.1 km이다.

ㄷ. 진수가 집에서 학교까지 가는 데 걸린 총 시간은 16분이다.

유형 10 그래프 비교하기 개념3

34 대표문제

집에서 3 km 떨어진 공원까지 가는데, 언니는 걸어가고 동생은 자전거를 타고 갔다. 오른쪽 그래프는 두 사람이 집에서 동시에 출발하여 x분 동안 이동한 거리를 y km라 할 때, x와 y 사이의 관계를 나타낸 것이다. 동생이 공원에 도착한 지 몇 분 후에 언니가 공원에 도착하였는지 구하시오.

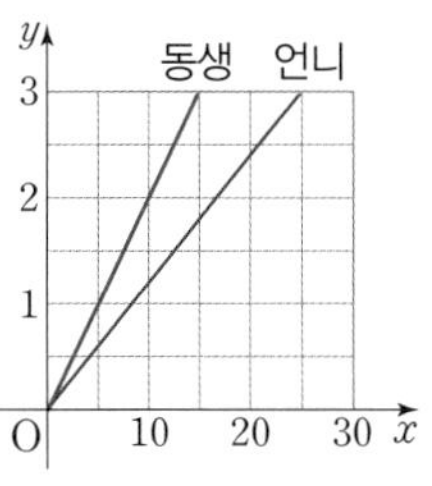

35 서술형

민우와 성원이가 500 m 직선 코스에서 스피드 스케이팅 시합을 했다. 다음 그래프는 두 사람이 동시에 출발한 지 x초 후의 출발점으로부터의 거리를 y m라 할 때, x와 y 사이의 관계를 나타낸 것이다. 다음 물음에 답하시오.

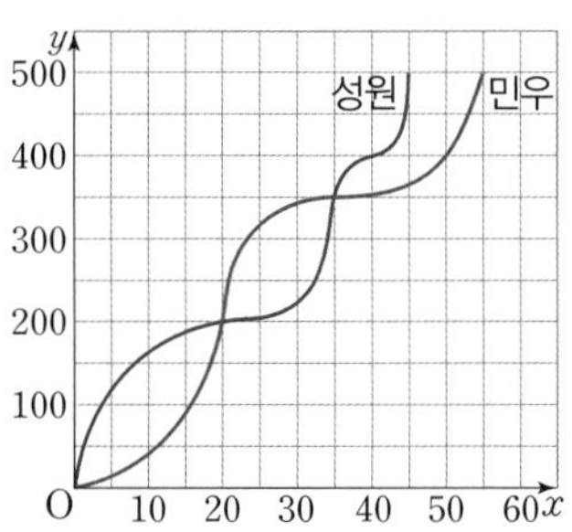

(1) 두 사람의 순위가 바뀌는 것은 출발한 지 몇 초 후인지 모두 구하시오.

(2) 출발한 지 40초 후 두 사람 사이의 거리를 구하시오.

(3) 결승점에 먼저 도착한 사람을 말하시오.

유형 11 상황에 맞는 그래프 찾기 개념 3

36 대표문제

은지는 집에서 출발하여 일정한 속력으로 문구점에 가다가 도중에 친구를 만나 멈추어 서서 이야기를 하고 다시 일정한 속력으로 문구점을 향해 출발하였다. 이때 경과 시간 x와 집으로부터의 거리 y 사이의 관계를 나타낸 그래프로 알맞은 것을 **보기**에서 고르시오.

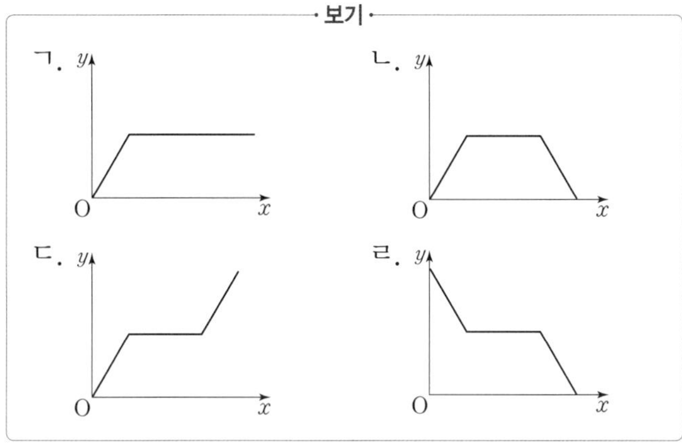

중요

37

건물 옥상에서 지면으로 공을 던졌을 때, 다음 중 경과 시간 x에 따른 지면으로부터의 높이 y 사이의 관계를 나타낸 그래프로 알맞은 것은?

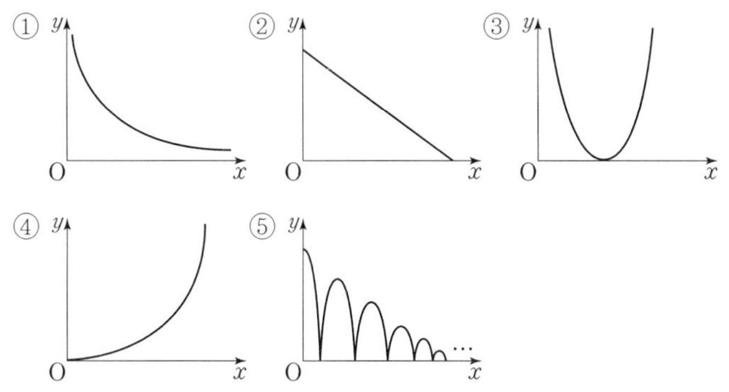

유형 12 그래프의 변화 파악하기 개념 3

38 대표문제

오른쪽 그림과 같은 그릇에 시간당 일정한 양의 물을 넣을 때, 다음 중 경과 시간 x와 물의 높이 y 사이의 관계를 나타낸 그래프로 알맞은 것은?

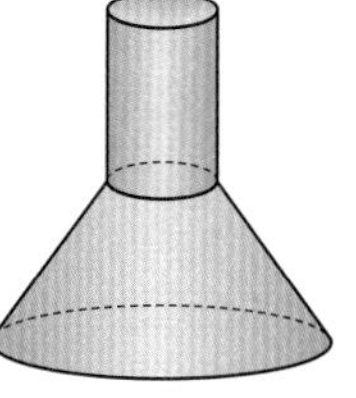

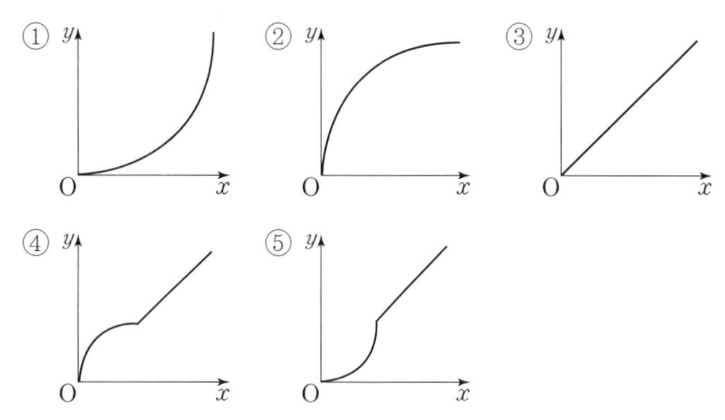

39

오른쪽 그림과 같이 부피가 서로 같은 원기둥 모양의 세 그릇 A, B, C에 일정한 속력으로 동시에 물을 넣을 때, 경과 시간 x에 따른 물의 높이를 y라 하자. 각 그릇에 해당하는 그래프를 **보기**에서 골라 짝 지으시오.

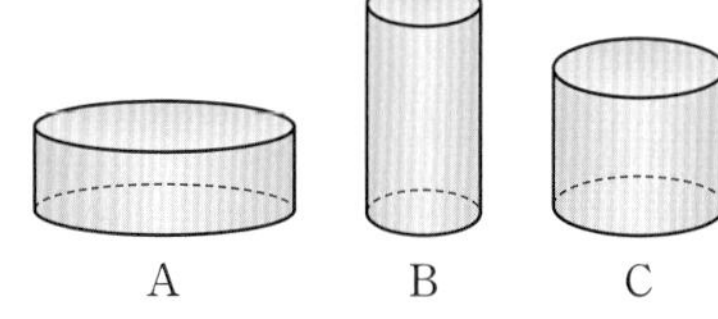

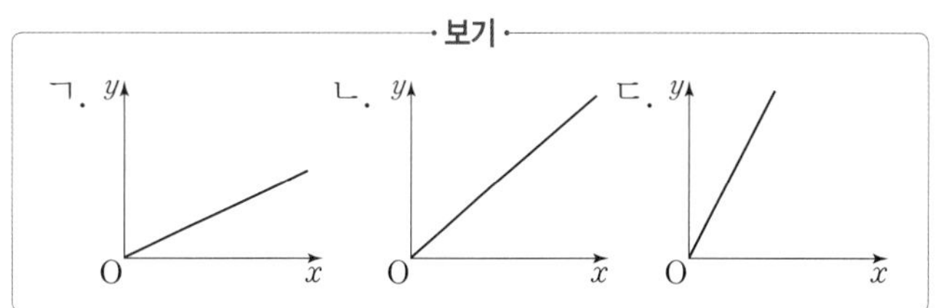

[유형북] Real 실전 유형에서 틀린 문제를 체크해 보세요.

유형 01 정비례 관계 개념1

01 대표문제

다음 **보기** 중 y가 x에 정비례하는 것을 모두 고르시오.

보기

ㄱ. $y=-\frac{1}{2}x$　ㄴ. $y=5x+3$　ㄷ. $y=\frac{4}{x}$

ㄹ. $\frac{y}{x}=\frac{1}{4}$　ㅁ. $xy=-8$　ㅂ. $y=\frac{1-x}{3}$

02

x의 값이 2배, 3배, 4배, …가 될 때, y의 값도 2배, 3배, 4배, …가 되는 x와 y 사이의 관계식이 아닌 것을 모두 고르면? (정답 2개)

① $y=-5x$　② $\frac{y}{x}=6$　③ $y=\frac{2}{3}x$

④ $y=4x+3$　⑤ $xy=7$

03

다음 중 y가 x에 정비례하는 것은?

① 한 송이에 x원인 장미 y송이의 값은 5000원이다.

② 우유 3 L를 x명이 똑같이 나누어 마실 때, 한 사람이 마시는 우유의 양은 y L이다.

③ 가로의 길이가 x cm, 세로의 길이가 y cm인 직사각형의 둘레의 길이는 40 cm이다.

④ 분속 x m로 y분 동안 달린 거리는 300 m이다.

⑤ 밑변의 길이가 x cm이고, 높이가 8 cm인 삼각형의 넓이는 y cm^2이다.

유형 02 정비례 관계식 구하기 개념1

04 대표문제

y가 x에 정비례하고, $x=-\frac{2}{3}$일 때 $y=6$이다. $x=-3$일 때 y의 값은?

① -27　② -18　③ -9

④ 18　⑤ 27

05

y가 x에 정비례하고 $x=2$일 때 $y=12$이다. 이때 x와 y 사이의 관계식은?

① $y=-6x$　② $y=-\frac{1}{6}x$　③ $y=\frac{1}{6}x$

④ $y=3x$　⑤ $y=6x$

06 서술형

y가 x에 정비례하고, x와 y 사이의 관계를 나타내면 다음 표와 같다. 이때 $AB+C$의 값을 구하시오.

x	-4	$-\frac{1}{8}$	B	2
y	A	1	$-\frac{1}{4}$	C

유형 03 정비례 관계의 활용 개념 1

07 대표문제

서로 맞물려 돌아가는 두 톱니바퀴 A, B의 톱니는 각각 24개, 36개이다. 톱니바퀴 A가 x바퀴 회전하는 동안 톱니바퀴 B는 y바퀴 회전한다고 할 때, 다음을 구하시오.

(1) x와 y 사이의 관계식

(2) 톱니바퀴 A가 9바퀴 회전하는 동안 톱니바퀴 B가 도는 바퀴 수

08

같은 종류의 볼펜 4자루의 값이 2000원이다. 볼펜 x자루의 값을 y원이라 할 때, x와 y 사이의 관계식을 구하시오.

09 서술형

세훈이와 은지가 전체 일의 양이 1인 어떤 일을 하는데, 세훈이가 혼자서 하면 6일이 걸리고 은지가 혼자서 하면 8일이 걸린다고 한다. 세훈이와 은지가 함께 x일 동안 하는 일의 양을 y라 할 때, 다음을 구하시오.

(1) x와 y 사이의 관계식

(2) 세훈이와 은지가 함께 3일 동안 하는 일의 양

집중

유형 04 정비례 관계 $y=ax$ $(a\neq0)$의 그래프 개념 1

10 대표문제

다음 중 정비례 관계 $y=\frac{4}{7}x$의 그래프에 대한 설명으로 옳지 않은 것은?

① 원점을 지나는 직선이다.

② 오른쪽 위로 향하는 직선이다.

③ 제1사분면과 제3사분면을 지난다.

④ 점 (7, 4)를 지난다.

⑤ x의 값이 증가하면 y의 값은 감소한다.

11

다음 중 정비례 관계 $y=-\frac{3}{5}x$의 그래프는?

①
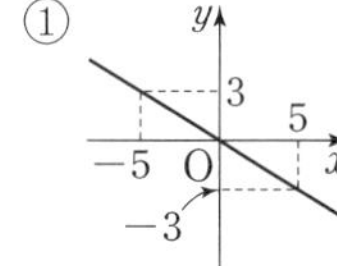

②
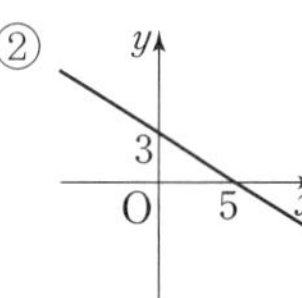

③
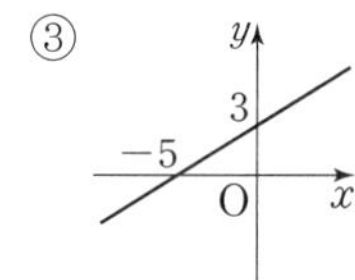

④
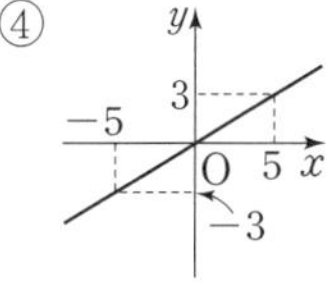

⑤
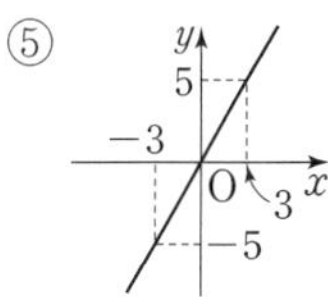

12

다음 **보기** 중 정비례 관계 $y=ax$ $(a\neq0)$의 그래프에 대한 설명으로 옳지 않은 것을 모두 고르시오.

보기

ㄱ. 점 $(1, a)$를 지난다.

ㄴ. $a>0$일 때, 오른쪽 아래로 향하는 직선이다.

ㄷ. $a<0$일 때, 제1사분면과 제3사분면을 지난다.

ㄹ. $a<0$일 때, x의 값이 증가하면 y의 값은 감소한다.

유형 05 정비례 관계 $y=ax$ $(a\neq0)$의 그래프와 a의 값 사이의 관계 개념1

13 대표문제

정비례 관계 $y=4x$, $y=ax$, $y=\frac{1}{3}x$의 그래프가 오른쪽 그림과 같을 때, 다음 중 상수 a의 값이 될 수 없는 것을 모두 고르면? (정답 2개)

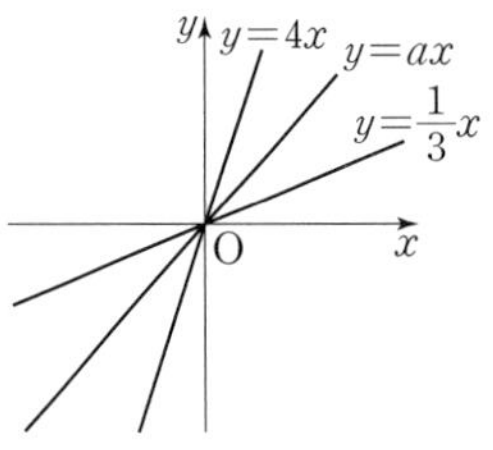

① $-\frac{1}{2}$ ② 1 ③ $\frac{5}{4}$
④ 3 ⑤ $\frac{9}{2}$

14

다음 정비례 관계의 그래프 중 y축에 가장 가까운 것은?

① $y=-2x$ ② $y=-\frac{2}{3}x$ ③ $y=\frac{1}{6}x$
④ $y=x$ ⑤ $y=\frac{7}{4}x$

15

오른쪽 그림은 정비례 관계 $y=ax$의 그래프이다. 이때 상수 a의 값이 두 번째로 작은 것은?

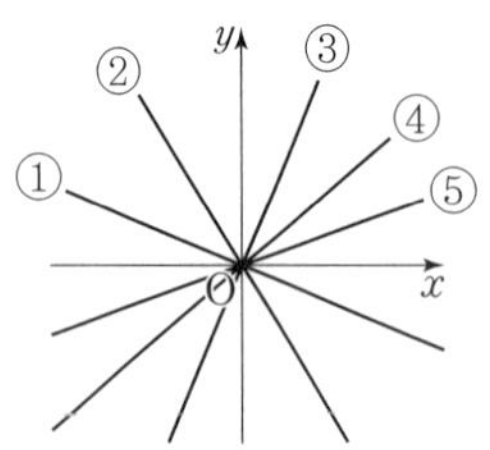

집중

유형 06 정비례 관계 $y=ax$ $(a\neq0)$의 그래프 위의 점 개념1

16 대표문제

정비례 관계 $y=-\frac{1}{3}x$의 그래프가 점 $(-a,\ 2a+1)$을 지날 때, a의 값을 구하시오.

17

다음 중 정비례 관계 $y=-4x$의 그래프 위의 점이 아닌 것은?

① $(-3,\ 12)$ ② $\left(-\frac{1}{2},\ 2\right)$ ③ $(1,\ -4)$
④ $\left(-\frac{3}{8},\ \frac{2}{3}\right)$ ⑤ $(2,\ -8)$

18

점 $(-6,\ -3)$이 정비례 관계 $y=ax$ $(a\neq0)$의 그래프 위의 점일 때, 다음 중 이 그래프 위의 점인 것은?

① $(-6,\ 3)$ ② $(-4,\ -2)$ ③ $(-2,\ 1)$
④ $\left(\frac{1}{3},\ -\frac{1}{6}\right)$ ⑤ $(2,\ 2)$

19 서술형

두 점 $(-a,\ 2)$, $(10,\ b)$가 정비례 관계 $y=\frac{2}{5}x$의 그래프 위의 점일 때, $a+b$의 값을 구하시오.

유형 07 그래프를 이용하여 정비례 관계식 구하기 개념 1

20 대표문제

오른쪽 그림과 같은 그래프가 나타내는 식을 구하시오.

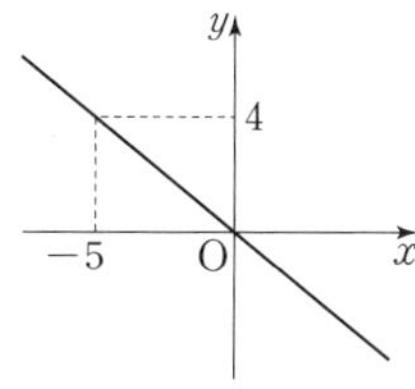

21

다음 중 오른쪽 그림과 같은 그래프 위의 점을 모두 고르면? (정답 2개)

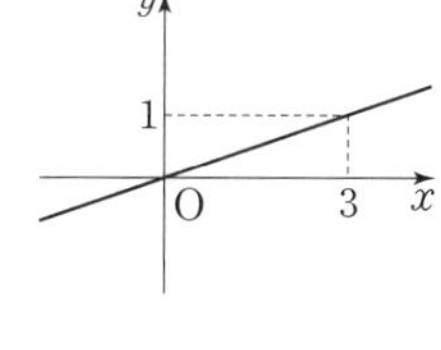

① $\left(-5,\ -\frac{3}{5}\right)$ ② $\left(-2,\ -\frac{2}{3}\right)$

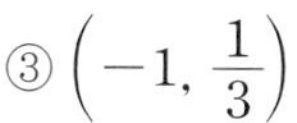

③ $\left(-1,\ \frac{1}{3}\right)$ ④ $\left(\frac{1}{2},\ \frac{1}{6}\right)$

⑤ $(3,\ 2)$

22 서술형

오른쪽 그림과 같은 그래프가 점 $(6,\ m)$을 지날 때, m의 값을 구하시오.

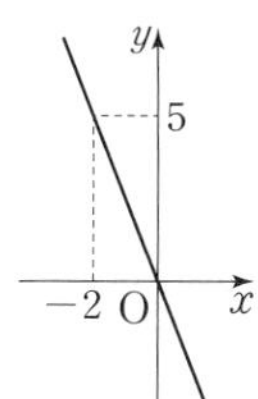

유형 08 반비례 관계 개념 2

23 대표문제

다음 **보기** 중 y가 x에 반비례하는 것을 모두 고르시오.

보기

ㄱ. $y=\frac{2}{x}$ ㄴ. $y=7-4x$ ㄷ. $y=-3x$

ㄹ. $\frac{x}{y}=4$ ㅁ. $xy=9$ ㅂ. $y=-\frac{x}{5}$

24

x의 값이 2배, 3배, 4배, …가 될 때, y의 값은 $\frac{1}{2}$배, $\frac{1}{3}$배, $\frac{1}{4}$배, …가 되는 x와 y 사이의 관계식이 아닌 것을 모두 고르면? (정답 2개)

① $y=-\frac{4}{x}$ ② $y=-\frac{x}{8}$ ③ $xy=\frac{3}{4}$

④ $y=\frac{3}{2x}$ ⑤ $\frac{y}{x}=17$

중요

25

다음 중 y가 x에 반비례하는 것은?

① 한 개에 x원인 사과 8개의 값은 y원이다.

② 이웃하는 두 변의 길이가 각각 x cm, 10 cm인 직사각형의 넓이는 y cm^{2}이다.

③ 정가가 3000원인 물건을 x % 할인하여 판매하는 가격은 y원이다.

④ 시속 x km로 y시간 동안 이동한 거리는 50 km이다.

⑤ x %의 소금물 400 g에 들어 있는 소금의 양은 y g이다.

유형 09 반비례 관계식 구하기 개념2

26 대표문제

y가 x에 반비례하고, $x=4$일 때 $y=-1$이다. $x=-6$일 때, y의 값은?

① -3 ② -1 ③ $-\frac{2}{3}$
④ $\frac{2}{3}$ ⑤ 3

27

y가 x에 반비례하고, $x=-4$일 때 $y=\frac{3}{2}$이다. 다음 **보기** 중 옳은 것을 모두 고르시오.

보기

ㄱ. x의 값이 6배가 되면 y의 값은 $\frac{1}{6}$배가 된다.
ㄴ. xy의 값이 항상 일정하다.
ㄷ. x와 y 사이의 관계를 식으로 나타내면 $y=-\frac{6}{x}$이다.
ㄹ. $y=12$일 때 $x=\frac{1}{2}$이다.

28 서술형

y가 x에 반비례하고, x와 y 사이의 관계를 나타내면 다음 표와 같다. 이때 $A+B$의 값을 구하시오.

x	-2	3	B
y	9	A	$-\frac{6}{7}$

집중

유형 10 반비례 관계의 활용 개념2

29 대표문제

336 L 들이의 물탱크에 물을 가득 채우려고 한다. 매분 x L씩 물을 넣어 물탱크에 물을 가득 채우는 데 y분이 걸린다고 할 때, 다음을 구하시오.

(1) x와 y 사이의 관계식
(2) 매분 8 L씩 흘러나오는 수돗물을 이용하여 물탱크에 물을 가득 채우는 데 걸리는 시간

30

서로 맞물려 돌아가는 두 톱니바퀴 A, B가 있다. 톱니가 15개인 톱니바퀴 A가 매분 4바퀴 회전할 때, 톱니가 x개인 톱니바퀴 B는 매분 y바퀴 회전한다고 한다. x와 y 사이의 관계식을 구하시오.

31

설탕이 15 g 녹아 있는 설탕물 y g의 농도를 x %라 할 때, 다음을 구하시오.

(1) x와 y 사이의 관계식
(2) 설탕물이 300 g일 때의 농도

유형 11 반비례 관계 $y=\frac{a}{x}$ $(a\neq0)$의 그래프 개념2

32 대표문제

다음 중 반비례 관계 $y=-\frac{2}{x}$의 그래프에 대한 설명으로 옳은 것을 모두 고르면? (정답 2개)

① 원점을 지나는 곡선이다.
② 좌표축에 한없이 가까워지는 한 쌍의 매끄러운 곡선이다.
③ 제1사분면과 제3사분면을 지난다.
④ 점 $\left(6, -\frac{1}{3}\right)$을 지난다.
⑤ 각 사분면에서 x의 값이 증가하면 y의 값은 감소한다.

33

다음 중 반비례 관계 $y=\frac{6}{x}$의 그래프는?

① 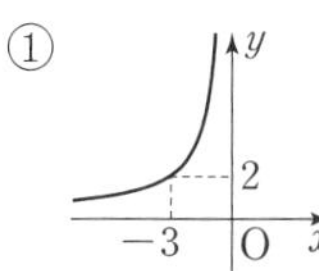
② 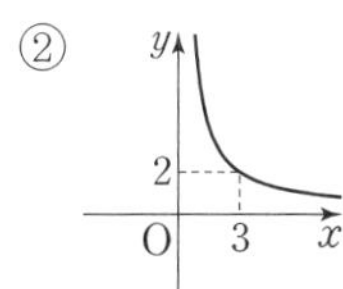
③ 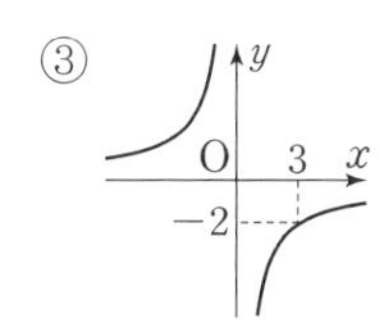
④ 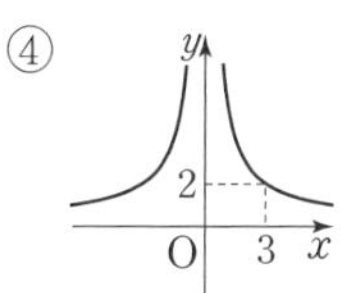
⑤ 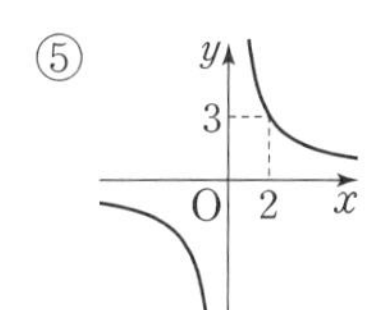

34

다음 **보기** 중 $y=\frac{a}{x}$ $(a\neq0)$의 그래프에 대한 설명으로 옳지 않은 것을 모두 고르시오.

보기
ㄱ. y가 x에 반비례한다.
ㄴ. 원점과 점 $(1, a)$를 지나는 직선이다.
ㄷ. $a>0$일 때, 제1사분면과 제3사분면을 지난다.
ㄹ. $a<0$일 때, 각 사분면에서 x의 값이 증가하면 y의 값은 감소한다.

유형 12 반비례 관계 $y=\frac{a}{x}$ $(a\neq0)$의 그래프와 a의 값 사이의 관계 개념2

35 대표문제

반비례 관계 $y=\frac{a}{x}$ $(a\neq0)$, $y=-\frac{4}{x}$의 그래프가 오른쪽과 같을 때, 상수 a의 값의 범위는?

① $a<-4$
② $a>-4$
③ $-4<a<0$
④ $0<a<4$
⑤ $a>4$

36

다음 반비례 관계의 그래프 중 원점에서 가장 먼 것은?

① $y=-\frac{11}{x}$
② $y=-\frac{5}{x}$
③ $y=-\frac{1}{x}$
④ $y=\frac{3}{x}$
⑤ $y=\frac{9}{x}$

37 서술형

오른쪽 그림은 반비례 관계 $y=\frac{a}{x}$ $(a\neq0)$, $y=\frac{b}{x}$ $(b\neq0)$, $y=\frac{c}{x}$ $(c\neq0)$의 그래프이다. 상수 a, b, c의 대소를 부등호를 사용하여 나타내시오.

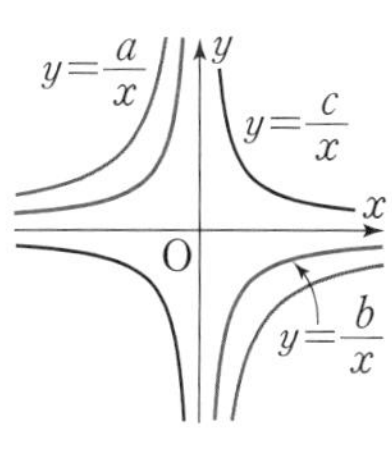

집중

유형 13 반비례 관계 $y=\frac{a}{x}$ $(a\neq0)$의 그래프 위의 점 개념2

38 대표문제

반비례 관계 $y=-\frac{2}{x}$의 그래프가 점 $(-1,\ 3a-4)$를 지날 때, a의 값을 구하시오.

39

다음 중 반비례 관계 $y=\frac{10}{x}$의 그래프 위의 점이 아닌 것은?

① $(-10,\ -1)$ ② $(-5,\ -2)$ ③ $(1,\ 10)$
④ $\left(4,\ \frac{5}{2}\right)$ ⑤ $\left(8,\ \frac{4}{5}\right)$

중요

40

점 $(3,\ -4)$가 반비례 관계 $y=\frac{a}{x}$ $(a\neq0)$의 그래프 위의 점일 때, 다음 중 이 그래프 위의 점인 것은?

① $\left(-9,\ -\frac{4}{3}\right)$ ② $(-6,\ 2)$ ③ $(-2,\ 5)$
④ $(2,\ 6)$ ⑤ $\left(8,\ -\frac{2}{3}\right)$

41 서술형

두 점 $(a,\ -7)$, $(3,\ -2b)$가 반비례 관계 $y=-\frac{14}{x}$의 그래프 위의 점일 때, $a-3b$의 값을 구하시오.

집중

유형 14 그래프를 이용하여 반비례 관계식 구하기 개념2

42 대표문제

오른쪽 그림에서 m의 값을 구하시오.

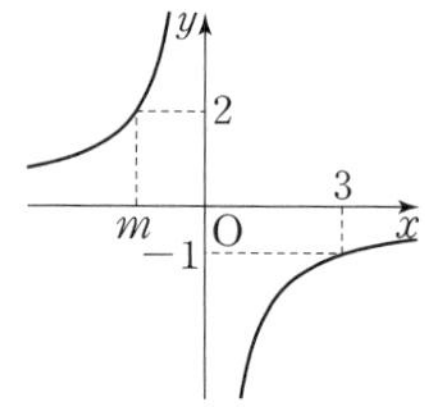

중요

43

다음 중 오른쪽 그림과 같은 그래프 위의 점을 모두 고르면? (정답 2개)

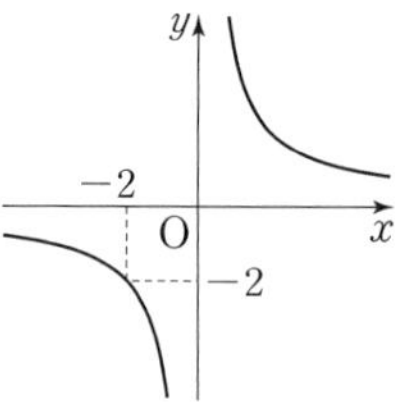

① $\left(-4,\ \frac{1}{2}\right)$ ② $(-2,\ 3)$
③ $(-1,\ -4)$ ④ $(4,\ 2)$
⑤ $\left(6,\ \frac{2}{3}\right)$

44 서술형

오른쪽 그림과 같은 그래프 위의 두 점 A, B의 y좌표의 차가 4일 때, 그래프가 나타내는 식을 구하시오.

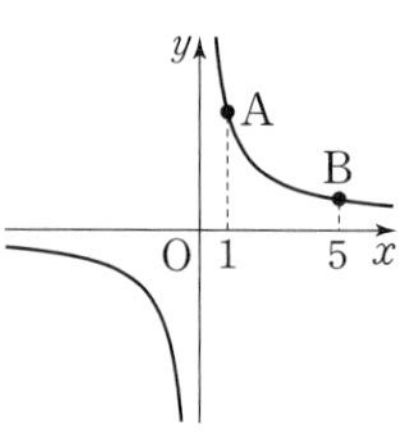

집중

유형 15 $y=ax$, $y=\frac{b}{x}$ $(a\neq0, b\neq0)$의 그래프가 만나는 점 개념 1, 2

45 대표문제

오른쪽 그림과 같이 정비례 관계 $y=4x$의 그래프와 반비례 관계 $y=\frac{a}{x}$의 그래프가 만나는 점 A의 x좌표가 2일 때, 상수 a의 값은?

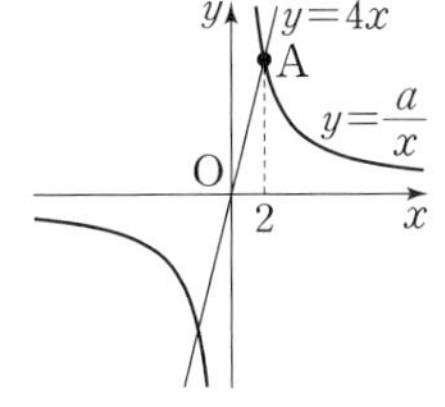

① -20 ② -16 ③ -12
④ 16 ⑤ 20

46 서술형

오른쪽 그림과 같이 정비례 관계 $y=-\frac{3}{7}x$의 그래프와 반비례 관계 $y=\frac{a}{x}$의 그래프가 점 $(b, 3)$에서 만날 때, $a-b$의 값을 구하시오.

(단, a는 상수)

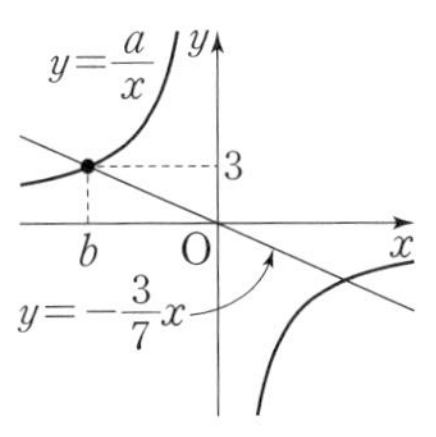

중요

47

오른쪽 그림과 같이 정비례 관계 $y=\frac{5}{4}x$의 그래프와 반비례 관계 $y=\frac{a}{x}$의 그래프가 점 A$(2, b)$에서 만나고, 점 B$(c, 1)$이 $y=\frac{a}{x}$의 그래프 위의 점일 때, $ac-10b$의 값을 구하시오.

(단, a는 상수)

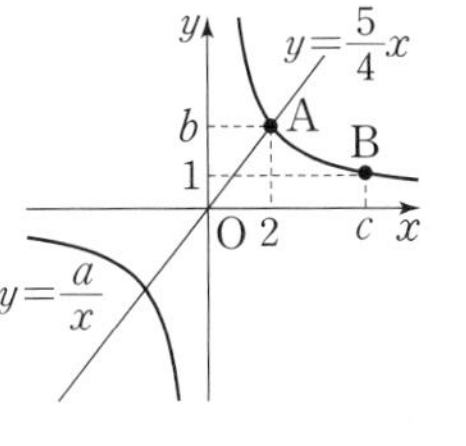

집중

유형 16 $y=ax$, $y=\frac{b}{x}$ $(a\neq0, b\neq0)$의 그래프와 도형의 넓이 개념 1, 2

48 대표문제

오른쪽 그림과 같이 정비례 관계 $y=x$의 그래프 위의 점 A의 y좌표와 $y=-\frac{3}{4}x$의 그래프 위의 점 B의 y좌표가 모두 -3일 때, 삼각형 OAB의 넓이는? (단, O는 원점)

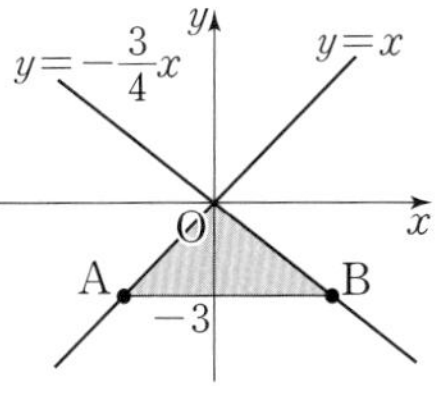

① $\frac{21}{8}$ ② $\frac{21}{4}$ ③ $\frac{21}{2}$
④ 21 ⑤ 42

49

오른쪽 그림과 같이 반비례 관계 $y=\frac{a}{x}$ $(x>0)$의 그래프 위에 점 P가 있다. 점 A의 좌표가 $(6, 0)$이고, 직사각형 OAPB의 넓이가 9일 때, 상수 a의 값을 구하시오. (단, O는 원점)

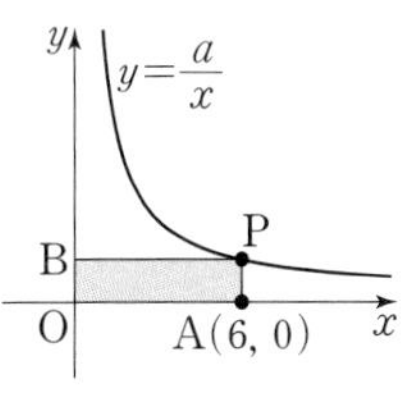

50

오른쪽 그림은 반비례 관계 $y=\frac{a}{x}$의 그래프이다. 그래프 위의 두 점 A, C는 원점에 대칭이고, 직사각형 ABCD의 넓이가 16일 때, 상수 a의 값을 구하시오.

(단, 직사각형의 모든 변은 각각 좌표축과 평행하다.)

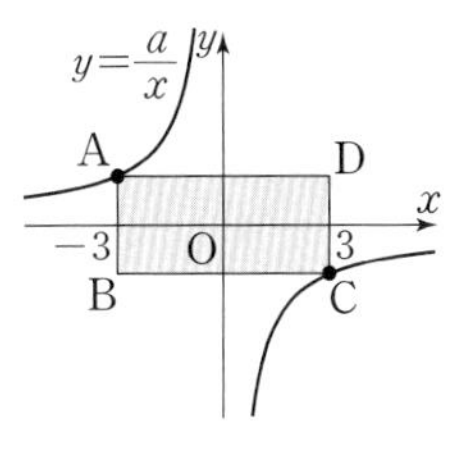

10 정비례와 반비례

• Memo •

유형 반복 훈련서

유형 더블

중등수학 1-1

정답과 해설

유형 더블

중등수학 1-1

유형북 빠른 정답

01 소인수분해

개념 9쪽 풀이 9쪽

01 1, 19, 소수 **02** 1, 2, 13, 26, 합성수
03 1, 37, 소수 **04** 1, 7, 49, 합성수 **05** ○
06 × **07** × **08** 밑: 7, 지수: 3
09 밑: $\frac{1}{5}$, 지수: 4 **10** $\left(\frac{1}{7}\right)^5$ **11** $2^2\times3^3\times7$
12 $\left(\frac{1}{3}\right)^3\times\left(\frac{1}{5}\right)^2$ **13** 3^3 **14** 2^6 **15** 10^4
16 $\left(\frac{1}{5}\right)^3$ **17** 2, 2, 3, 2, 3 **18** 2, 3, 3, 5, 2, 2
19 소인수분해: 2×7^2, 소인수: 2, 7
20 소인수분해: $2^3\times3\times5$, 소인수: 2, 3, 5
21 $2^2\times5^3$
22

×	1	5	5^2	5^3
1	1	5	25	125
2	2	10	50	250
2^2	4	20	100	500

500의 약수: 1, 2, 4, 5, 10, 20, 25, 50, 100, 125, 250, 500
23 1, 3, 9, 27, 81 **24** 1, 3, 7, 9, 21, 63
25 1, 2, 3, 4, 6, 8, 12, 16, 24, 48
26 1, 2, 4, 5, 10, 20, 25, 50, 100
27 4 **28** 12 **29** 30 **30** 15

유형 10~15쪽 풀이 9~12쪽

01 ③ **02** 3 **03** 7 **04** 80 **05** ④
06 9 **07** ②, ④ **08** ② **09** $a=3$, $b=5$
10 ③ **11** 6 **12** ⑤ **13** ③ **14** ④
15 9 **16** ② **17** ③ **18** ⑤ **19** ④
20 ④ **21** ② **22** 12 **23** ③ **24** ①
25 ③ **26** 8 **27** 10 **28** 14 **29** ④
30 90 **31** ④, ⑤ **32** ④ **33** ③ **34** 63
35 ④ **36** ㄷ, ㄹ **37** ② **38** 12 **39** ③
40 ① **41** 3 **42** ② **43** ④ **44** 9

기출 16~18쪽 풀이 12~14쪽

01 ① **02** ④ **03** 2^{10}개 **04** 10 **05** ③
06 ④ **07** 1 **08** ③, ⑤ **09** ② **10** 253
11 ② **12** ② **13** 7 **14** ② **15** 36
16 (1) $2^2\times3\times19$ (2) 2, 3, 19 **17** 13 **18** 130
19 1 **20** 57 **21** 8

02 최대공약수와 최소공배수

개념 21, 23쪽 풀이 14~16쪽

01 1, 2, 4, 8, 16 **02** 1, 2, 3, 4, 6, 8, 12, 24
03 1, 2, 4, 8 **04** 8 **05** 1, 2, 4, 8
06 1, 3, 9 **07** 1, 3, 5, 15 **08** 1, 3, 7, 21
09 1, 2, 13, 26 **10** × **11** × **12** ○
13 ○ **14** × **15** 2×3 **16** $2\times3\times5$
17 $2\times3^2\times5^2$ **18** 3×5 **19** $2^2\times3^2\times5$
20 3 **21** 6, 12, 18, 24, 30, 36, 42, 48, 54, ⋯
22 9, 18, 27, 36, 45, 54, ⋯ **23** 18, 36, 54, ⋯
24 18 **25** 18, 36, 54, ⋯ **26** 14, 28, 42, 56
27 27, 54, 81 **28** 2×3^2 **29** $2^2\times3\times5^2$
30 $2^2\times3^2\times5^2$ **31** $2^2\times3^3\times5\times7$
32 $2^2\times3^3\times5^3$ **33** $2\times3\times5^2\times7$
34 최대공약수: 15, 최소공배수: 45
35 최대공약수: 70, 최소공배수: 700
36 최대공약수: 5, 최소공배수: 9900
37 200 **38** 24 **39** 90 **40** 14 **41** 14
42 초콜릿: 3개, 사탕: 1개 **43** 25 **44** 25 cm
45 30 **46** 30 **47** 30 cm **48** 6

유형 24~31쪽 풀이 16~22쪽

01 ⑤ **02** 1, 2, 3, 4, 6, 36 **03** 56 **04** 16
05 ①, ③ **06** ③ **07** ③, ④ **08** 8 **09** ④
10 ⑤ **11** 9 **12** ③, ⑤ **13** ⑤ **14** ③
15 ㄴ, ㄷ **16** 198 **17** ④ **18** ④ **19** 2
20 840 **21** ③ **22** 14 **23** ② **24** ④
25 $2^3\times3\times7^2$ **26** 2 **27** 20 **28** ④
29 ③ **30** 12, 204 **31** ④ **32** ③
33 (1) 18 (2) 10 **34** 60 cm **35** 26
36 (1) 9 m (2) 22 **37** 8 **38** ④ **39** 3
40 6 cm **41** 15 cm **42** 224 **43** 36 cm **44** ③
45 ④ **46** 7바퀴 **47** ④ **48** 280 **49** 6바퀴
50 171 **51** 68 **52** 6명 **53** 6 **54** 80
55 67 **56** 5

기출 32~34쪽 풀이 22~24쪽

01 ⑤ **02** ②, ⑤ **03** ③ **04** ④ **05** ③
06 ④ **07** 15 **08** 35장 **09** ③ **10** ②
11 107 **12** 6 **13** ④ **14** 8500원 **15** 11
16 (1) 12 (2) 45 **17** 8 **18** 남학생: 6명, 여학생: 5명
19 260 **20** 88 **21** 10개

03 정수와 유리수

개념 37, 39쪽 풀이 25쪽

01 +200 m, −150 m **02** −3층, +6층
03 +2500원, −1000원 **04** +3 kg, −5 kg
05 +7, 양수 **06** −5, 음수 **07** $-\frac{1}{2}$, 음수
08 +4.5, 양수 **09** 12, $+\frac{10}{5}$ **10** −6, −2
11 −6, −2, 0, 12, $+\frac{10}{5}$ **12** 3, +5
13 −7, −4, $-\frac{6}{3}$, 0 **14** 3, +5, $+2\frac{1}{2}$
15 −7, −4, $-\frac{6}{3}$, −3.2 **16** $+2\frac{1}{2}$, −3.2
17 × **18** ○ **19** × **20** ○
21 A: −1, B: $+\frac{1}{2}$, C: $+\frac{10}{3}$
22 $-\frac{3}{4}$, $\frac{5}{3}$, A, B, C
−2 −1 0 +1 +2 +3 +4
23 6 **24** 5 **25** $\frac{2}{3}$ **26** 0 **27** 1.5
28 5.2 **29** 10 **30** 7 **31** $\frac{5}{6}$ **32** 3.2
33 0 **34** −8, +8 **35** −2.5, +2.5
36 $-\frac{7}{10}$, $+\frac{7}{10}$
37 −4 −3 −2 −1 0 1 2 3 4
38 > **39** < **40** > **41** > **42** >
43 < **44** < **45** > **46** > **47** <
48 < **49** > **50** $x>-2$ **51** $x<1.7$ **52** $x\le\frac{1}{6}$
53 $x\ge-4$ **54** $-\frac{1}{3}\le x<5$ **55** $-3<x\le\frac{1}{5}$
56 $2\le x<7$ **57** −1, 0, 1, 2 **58** −1, 0, 1

유형 40~45쪽 풀이 25~28쪽

01 ③ **02** ② **03** 4개 **04** ④ **05** 1
06 ③, ⑤ **07** ② **08** 8 **09** ②, ④ **10** ②
11 $-\frac{4}{3}$ **12** ⑤ **13** 2 **14** −5, 1 **15** $\frac{1}{4}$
16 10 **17** $a=-\frac{1}{5}$, $b=\frac{3}{2}$ **18** $\frac{14}{3}$ **19** 14
20 $a=-5$, $b=3$ **21** ①, ③ **22** ㄹ **23** ③
24 −6, 6 **25** $\frac{5}{4}$ **26** $a=\frac{7}{5}$, $b=-\frac{7}{5}$ **27** 6
28 ②, ③ **29** 0, 2, $\frac{5}{3}$, −1 **30** 9 **31** ②
32 ③ **33** ⑤ **34** ② **35** ④ **36** ③, ⑤
37 ④ **38** ⑤ **39** 2 **40** ③

기출 46~48쪽 풀이 28~30쪽

01 ②, ⑤ **02** ②, ⑤ **03** $a=-2$, $b=3$ **04** −2
05 ③ **06** ①, ④ **07** $a=\frac{5}{3}$, $b=-\frac{5}{3}$ **08** −1.6
09 ⑤ **10** B, C, A **11** ③ **12** 6
13 $a=-24$, $b=-8$ **14** $-\frac{4}{3}$ **15** −4
16 (1) A: $-\frac{9}{4}$, B: $-\frac{1}{2}$, C: 1, D: $\frac{7}{3}$ (2) 2
17 $a=-8$, $b=3$ **18** −3, −2, −1, 0, 1, 2, 3
19 3 **20** $a=-4$, $b=4$ **21** 3

04 정수와 유리수의 계산 (1)

개념 51쪽 풀이 31~32쪽

01 10 **02** −16 **03** −5 **04** 6 **05** $\frac{17}{20}$
06 $-\frac{1}{24}$ **07** −3.3 **08** −10 **09** −1 **10** $\frac{25}{4}$
11 $-\frac{13}{45}$ **12** −0.2 **13** 4 **14** 4 **15** −8
16 11 **17** $\frac{3}{14}$ **18** $-\frac{25}{24}$ **19** −5.8 **20** 3.5
21 9 **22** $-\frac{15}{4}$ **23** −4.5 **24** 19 **25** $-\frac{7}{6}$
26 0.3 **27** −13 **28** −1 **29** −6.4

유형 52~57쪽 풀이 32~36쪽

01 ⑤ **02** ③ **03** $-\frac{51}{40}$
04 ㉠ 덧셈의 교환법칙, ㉡ 덧셈의 결합법칙 **05** ②
06 ⑤ **07** ㄴ, ㄷ **08** $-\frac{7}{4}$ **09** ② **10** ④, ⑤
11 (+8)+(−3)=5 **12** ③ **13** −9 **14** $\frac{1}{10}$
15 8 **16** ④ **17** $-\frac{7}{6}$ **18** −1 **19** −25
20 $\frac{5}{8}$ **21** ④ **22** $\frac{1}{12}$ **23** 3 **24** ④
25 $\frac{1}{10}$ **26** $-\frac{7}{6}$ **27** $\frac{3}{4}$ **28** ① **29** 14
30 ③ **31** 16 **32** ④ **33** $-\frac{1}{2}$ **34** ④
35 $-\frac{11}{3}$ **36** $a=-2$, $b=0$ **37** ② **38** $\frac{1}{12}$
39 ③ **40** 41분 **41** 199.97원

기출 58~60쪽 풀이 36~38쪽

01 ③ **02** ⑤ **03** ② **04** ② **05** C
06 11 **07** ⑤ **08** ① **09** ② **10** −1
11 A, C **12** $\frac{3}{2}$ **13** (1) C, A, D, B (2) 8 cm

14 5　15 20　16 3　17 11　18 -1
19 9400만 원　20 $-\frac{7}{12}$　21 6

05 정수와 유리수의 계산 (2)

개념 63쪽 풀이 38~39쪽

01 15　02 28　03 -48　04 -18　05 15
06 $\frac{3}{2}$　07 -1.32　08 $-\frac{3}{5}$　09 210　10 $-\frac{10}{3}$
11 16　12 $-\frac{1}{27}$　13 -9　14 $\frac{1}{32}$　15 43
16 -4　17 8　18 -3　19 -1.7　20 3
21 $\frac{7}{4}$　22 $-\frac{8}{3}$　23 $-\frac{1}{12}$　24 $\frac{2}{5}$　25 $\frac{1}{4}$
26 $-\frac{1}{12}$　27 $-\frac{3}{20}$　28 9　29 $-\frac{8}{9}$　30 -19
31 3

유형 64~69쪽 풀이 39~43쪽

01 ④　02 ⑤　03 -3
04 ㉠ 곱셈의 교환법칙, ㉡ 곱셈의 결합법칙　05 ①
06 ⑤　07 $-\frac{1}{81}$　08 ④　09 -1　10 -3
11 7360　12 140　13 325　14 1　15 ③
16 ①　17 $-\frac{4}{13}$　18 ④　19 ③　20 ⑤
21 ④　22 ③　23 -10　24 2　25 ④
26 (1) 10 (2) -4　27 $-\frac{1}{4}$　28 -6　29 -4
30 2　31 $-\frac{6}{5}$　32 ④　33 $-\frac{3}{5}$, $-\frac{1}{5}$
34 ②　35 ②　36 ④　37 ③　38 ②, ③
39 ④　40 $a+b-c>0$　41 $\frac{7}{12}$　42 $-\frac{4}{9}$

기출 70~72쪽 풀이 43~45쪽

01 ③　02 ④　03 ⑤　04 5　05 -10
06 ②　07 $\frac{15}{8}$　08 $-\frac{2}{5}$　09 9　10 ⑤
11 ④　12 $\frac{17}{7}$　13 $\frac{1}{30}$　14 -4　15 ②
16 $-\frac{1}{3}$　17 4　18 -1　19 16점　20 -4
21 -6

06 문자의 사용과 식의 계산

개념 75, 77쪽 풀이 46쪽

01 $(800\times x)$원　02 $(a\times 4)$ cm　03 $10\times x+y$
04 $(500\times x+1000\times y)$원　05 $(10000-600\times a)$원
06 $(70\times x)$ km　07 $\left(a\times\frac{7}{100}\right)$원
08 $\left(\frac{x}{100}\times y\right)$ g　09 $0.01ab$　10 $3a^2b$　11 $-2x+4y$
12 $5a(x+y)+z$　13 $-\frac{7}{a}$　14 $-\frac{a}{2b}$　15 $\frac{x-y}{3}$
16 $x+\frac{y}{4}$　17 $\frac{ab}{5}$　18 $-\frac{4a}{b}$　19 $2x-\frac{y}{3}$　20 $\frac{6z}{x-y}$
21 $8\times x\times y\times z$　22 $x\times x\times y\times y$
23 $(-1)\times a\times b+3\times c$　24 $0.1\times(a+2\times b)$　25 $x\div 4$
26 $(x+y)\div 2$　27 $a\div 3-b\div 5$
28 $c\div(a-b)$　29 -2　30 -18　31 -7
32 $-\frac{1}{2}$　33 12　34 4　35 25　36 2
37 a, -2　38 $3a$, $\frac{1}{2}b$, -12　39 x^2, $5x$, 3
40 $-3x^2$, $-y$, 7　41 8　42 -4　43 $-\frac{1}{4}$
44 1　45 a의 계수: 1, b의 계수: 2
46 a의 계수: 0.5, b의 계수: -0.2
47 x^2의 계수: -3, y의 계수: 1
48 y^2의 계수: 9, x의 계수: $-\frac{1}{2}$　49 1　50 1
51 2　52 3　53 ○　54 ×　55 ○
56 ×　57 $14a$　58 $-4x$　59 $3b$　60 $-20y$
61 $10a-4$　62 $-\frac{3}{4}a-3$　63 $2x+3$　64 $-6y+15$
65 $9a$　66 $3b$　67 $\frac{3}{4}x$　68 $0.5y$　69 $-5a$
70 $x+9$　71 $-2x-9$　72 $y+\frac{3}{2}$　73 $-3x-6$
74 $-7x-1$　75 $-12x-3$　76 $8x-9$

유형 78~85쪽 풀이 47~51쪽

01 ①, ⑤　02 ④, ⑤　03 ⑤　04 ③, ④　05 ④, ⑤
06 $550-\frac{5x}{2}-3y$　07 ㄴ, ㄷ　08 $\frac{a^2}{16}$ cm^2
09 $xy-2x$　10 ④　11 $\frac{xy}{8}$원　12 ④　13 ②
14 시속 $\frac{4}{9}a$ km　15 $\left(\frac{x}{60}+\frac{1}{3}\right)$시간　16 ②
17 ③　18 $\frac{3a+4b}{7}$ %　19 ①　20 ③
21 ③　22 $\frac{13}{2}$　23 ④　24 86 °F　25 ⑤
26 (1) $S=\frac{1}{2}(x+y)z$ (2) 32　27 ⑤　28 29
29 ⑤　30 ②, ④　31 ③, ⑤　32 ㄱ, ㄴ, ㄹ, ㅂ
33 5　34 ⑤　35 $-8+12x$　36 ③
37 2　38 ④　39 ③　40 2　41 ㄷ, ㄹ, ㅂ
42 11　43 5　44 ⑤　45 -1　46 $14x-10y$
47 -77　48 $\frac{5}{12}x+\frac{13}{6}$　49 3　50 ④

51 ③ 52 $-16x+3$ 53 $-27x+2$
54 ③ 55 ④ 56 $\frac{17}{2}x-6$ 57 $21x-8$

기출 86~88쪽 풀이 51~54쪽

01 ③, ⑤ 02 ③ 03 ⑤ 04 $\left(10000-\frac{4}{5}x-\frac{9}{10}y\right)$원
05 ③ 06 148회 07 ⑤ 08 ②, ③ 09 ①
10 ② 11 $2x-18y$ 12 (1) $31.4x$ (2) 157
13 $(1000x-4000y)$원 14 $\frac{1}{6}x+3$ 15 25
16 $\frac{50x+200}{77}$ % 17 -4 18 1 19 $-x+23$
20 (1) $(a-5x)$ ℃ (2) 5 ℃ 21 $\frac{14}{15}x+\frac{4}{15}$

07 일차방정식의 풀이

개념 91쪽 풀이 54~55쪽

01 × 02 ○ 03 × 04 ○ 05 $3x-7=8$
06 $2(x+4)=12$ 07 $4x=16$ 08 × 09 ○
10 × 11 × 12 ○ 13 × 14 ○
15 $x=7-2$ 16 $6x+2x=8$ 17 $5x-4x=1+9$
18 $x+3x=5-4$ 19 ○ 20 × 21 ×
22 ○ 23 $x=6$ 24 $x=\frac{2}{3}$ 25 $x=2$ 26 $x=2$
27 $x=7$ 28 $x=-5$ 29 $x=-2$ 30 $x=4$ 31 $x=10$
32 $x=9$

유형 92~99쪽 풀이 55~60쪽

01 ⑤ 02 ②, ④ 03 ㄴ, ㄹ, ㅂ 04 ③
05 ② 06 $360(x+10)=800x+80$ 07 ②, ④
08 ④ 09 ⑤ 10 ⑤ 11 ④ 12 ㄹ, ㅁ
13 ③, ④ 14 ④ 15 ④ 16 $-x-10$
17 2 18 ⑤ 19 ② 20 ㄱ, ㄹ, ㅁ
21 (가): ㄷ, (나): ㄱ 22 4 23 ② 24 ③
25 ㄱ, ㄷ 26 ④ 27 20 28 ③, ④ 29 ④
30 $a\neq2$, $b=-3$ 31 ① 32 ④ 33 ④
34 48 35 ① 36 $x=-\frac{8}{3}$ 37 ⑤ 38 84
39 ① 40 27 41 ③ 42 12 43 ④
44 2 45 ① 46 $x=-3$ 47 ③ 48 2
49 ③ 50 -2 51 ④ 52 20 53 ①
54 35 55 ⑤ 56 ③ 57 -4 58 6

기출 100~102쪽 풀이 60~62쪽

01 ⑤ 02 ⑤ 03 ④, ⑤ 04 ⑤ 05 (라)
06 ④ 07 ② 08 ① 09 ⑤ 10 ①
11 $\frac{3}{2}$ 12 -5 13 -10 14 -23 15 $a\neq4$
16 $x=-\frac{9}{2}$ 17 12 18 3 19 1
20 -4

08 일차방정식의 활용

개념 105쪽 풀이 62쪽

01 ❷ $3x$, $x-4$, $3x=x-4$ ❸ -2, -2 ❹ -2, -6, -2, -6
02 $4x=x+6$, $x=2$ 03 $20-3x=2$, $x=6$
04 $10x+5=5(x+5)$, $x=4$ 05 $2(x+4)=22$, $x=7$
06 $45+x=2(14+x)$, $x=17$
07 $500x+800(10-x)=6200$, $x=6$
08

	거리(km)	속력(km/h)	걸린 시간(시간)
갈 때	x	3	$\frac{x}{3}$
올 때	x	2	$\frac{x}{2}$

$\frac{x}{3}+\frac{x}{2}=5$

09 6 km
10

	물을 넣기 전	물을 넣은 후
농도(%)	10	4
소금물의 양(g)	200	$200+x$
소금의 양(g)	$\frac{10}{100}\times200$	$\frac{4}{100}\times(200+x)$

$\frac{10}{100}\times200=\frac{4}{100}\times(200+x)$ 11 300 g

유형 106~113쪽 풀이 62~68쪽

01 ③ 02 5 03 7 04 (1) 4 (2) 10
05 ④ 06 380 07 ② 08 9 09 86
10 ④ 11 52 12 59 13 42세 14 ③
15 9세 16 6세 17 28마리 18 6 19 ④
20 초콜릿: 12개, 사탕: 8개 21 ⑤ 22 5개월 후
23 ④ 24 ③ 25 ④ 26 30 27 ③
28 2300 29 92 30 576 31 ③
32 (1) 6 (2) 28 33 57 34 36분 35 12일
36 ① 37 ① 38 2 39 2.6 m 40 ③
41 8 km 42 6 km 43 $\frac{8}{5}$ km 44 20분 후 45 4분 후
46 10분 후 47 2 km 48 200 m 49 120 m 50 초속 36 m
51 ⑤ 52 50 g 53 800 g 54 20 % 55 ⑤
56 7 57 80 g 58 64 g

기출 114~116쪽 풀이 68~70쪽

01 ④ 02 ① 03 ④ 04 ③ 05 ⑤

06 3000 **07** ④ **08** ⑤ **09** 1310 **10** 2시간
11 오전 8시 **12** 12 % **13** 12000원 **14** 160
15 150 **16** 56 **17** 26 **18** 10일 **19** 3 km
20 128 m **21** 76 g

09 좌표평면과 그래프

개념 119쪽 풀이 71쪽

01 $A(-5)$, $B\left(-\frac{5}{2}\right)$, $C\left(\frac{1}{2}\right)$, $D(3)$

02  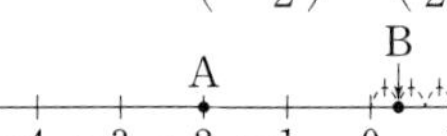

03 $A(-1, 3)$, $B(-4, -2)$, $C(0, 1)$, $D(2, 1)$, $E(4, -3)$

04 (그래프) **05** $(2, -6)$ **06** $(-9, -3)$
07 $(7, 0)$ **08** $(0, -4)$
09 제2사분면 **10** 제1사분면
11 제4사분면 **12** 제3사분면
13 제2사분면 **14** 제4사분면
15 $Q(5, 7)$ **16** $R(-5, -7)$
17 $S(-5, 7)$ **18** 800 m **19** 20분 **20** 80분

유형 120~125쪽 풀이 71~74쪽

01 ② **02** ② **03** $Q(-2)$ **04** $C(-3)$ **05** ②
06 5 **07** FISH **08** -2 **09** ④ **10** $-\frac{2}{3}$
11 ② **12** ③ **13** ⑤ **14** 18 **15** 9
16 ③ **17** ④ **18** ⑤ **19** ④ **20** ④
21 ③ **22** 점 P: 제4사분면, 점 Q: 제2사분면
23 ② **24** ③ **25** ③ **26** 제2사분면
27 ① **28** ③ **29** ④ **30** -2 **31** 제4사분면
32 (1) 30분 후 (2) 3번 **33** ㄷ **34** 15분 후
35 (1) 25초 후 (2) 75 m (3) 준영 **36** ㄴ **37** ③
38 ④ **39** A－ㄷ, B－ㄱ, C－ㄴ

기출 126~128쪽 풀이 74~75쪽

01 ④ **02** ④ **03** ④ **04** ⑤ **05** ③, ⑤
06 ② **07** ① **08** ② **09** 30 **10** 15 ℃
11 ㄴ **12** ⑤ **13** 제1사분면 **14** 5000원
15 3 **16** 14 **17** 8 **18** 50 ℃ **19** 2
20 제2사분면

10 정비례와 반비례

개념 131쪽 풀이 76쪽

01 (1)

x	1	2	3	4	5
y	6	12	18	24	30

(2) $y=6x$

02 ○ **03** × **04** ○ **05** ×

06 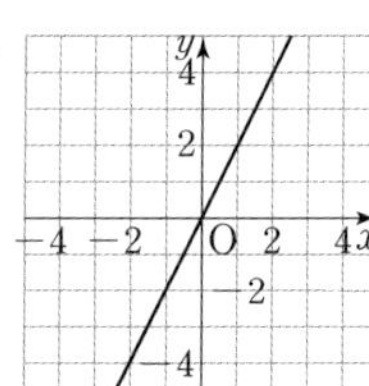 **07** (그래프)

08 $y=\frac{2}{3}x$ **09** $y=-\frac{5}{2}x$

10 (1)

x	1	2	3	4	5
y	-8	-4	$-\frac{8}{3}$	-2	$-\frac{8}{5}$

(2) $y=-\frac{8}{x}$

11 × **12** ○ **13** ○ **14** ×

15 (그래프) **16** 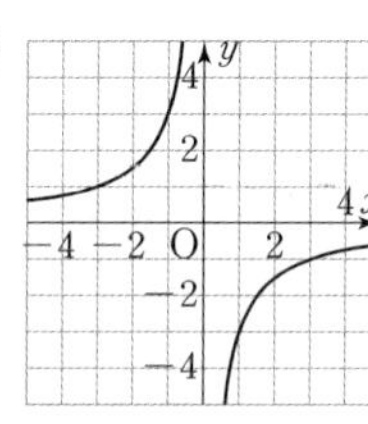

17 $y=-\frac{9}{x}$ **18** $y=\frac{5}{x}$

유형 132~139쪽 풀이 76~81쪽

01 ㄷ, ㅁ **02** ②, ③ **03** ② **04** ① **05** ①
06 36 **07** (1) $y=\frac{4}{3}x$ (2) 8 **08** $y=20x$
09 (1) $y=\frac{9}{20}x$ (2) $\frac{9}{10}$ **10** ④ **11** ⑤ **12** ㄴ, ㄷ
13 ③, ④ **14** ④ **15** ③ **16** 8 **17** ⑤
18 ④ **19** -15 **20** $y=\frac{5}{6}x$ **21** ③, ⑤ **22** $-\frac{8}{7}$
23 ㄷ, ㅂ **24** ①, ④ **25** ② **26** ⑤ **27** ㄴ, ㄷ
28 -5 **29** (1) $y=\frac{240}{x}$ (2) 48분 **30** $y=\frac{36}{x}$
31 (1) $y=\frac{400}{x}$ (2) 2 % **32** ①, ⑤ **33** ③ **34** ㄴ, ㄷ, ㄹ
35 ④ **36** ④ **37** $a<c<b<d$ **38** -8
39 ④ **40** ③ **41** -5 **42** -2 **43** ②, ⑤
44 $y=\frac{24}{x}$ **45** ⑤ **46** -12 **47** 2 **48** ④
49 8 **50** -7

기출 140~142쪽 풀이 81~83쪽

01 ③, ⑤ **02** ③ **03** ㄴ, ㄹ **04** ① **05** ④
06 ㄱ, ㄹ **07** ⑤ **08** 3 mL **09** 2 **10** 20분
11 $\frac{1}{6}\le m\le\frac{3}{2}$ **12** $\frac{19}{32}$ **13** (1) $y=2x$ (2) 30분
14 18 **15** $-\frac{3}{4}$ **16** 3 **17** 10 **18** $\frac{2}{3}$

again 더블북 빠른 정답

01 소인수분해

2~7쪽 풀이 84~86쪽

01 ③ 02 3 03 4 04 108 05 ②
06 9 07 ④, ⑤ 08 ③ 09 $a=5$, $b=4$
10 ④ 11 2 12 ④ 13 ① 14 ③
15 8 16 ⑤ 17 ④ 18 ① 19 ⑤
20 ③ 21 ④ 22 31 23 ② 24 ⑤
25 ③ 26 6 27 105 28 15 29 ②
30 495 31 ①, ④ 32 ⑤ 33 ④ 34 90
35 ④ 36 ㄷ, ㄹ 37 ⑤ 38 20 39 ②
40 ② 41 3 42 ⑤ 43 ① 44 6

02 최대공약수와 최소공배수

8~15쪽 풀이 87~92쪽

01 ③ 02 ③ 03 91 04 12 05 ④
06 ④ 07 ④ 08 8 09 ③ 10 ⑤
11 25 12 ③, ⑤ 13 ③ 14 32, 48 15 ㄴ, ㄹ
16 204 17 ⑤ 18 ③ 19 2 20 2100
21 ③ 22 8 23 ① 24 ④
25 $3^2\times7^3\times11^2$ 26 7 27 ⑤ 28 ⑤
29 ③ 30 45, 135 31 ① 32 ④
33 (1) 8 (2) 27 34 24 cm 35 52
36 (1) 12 m (2) 13 37 16 38 ①, ③ 39 11
40 14 cm 41 15 cm 42 3600 43 270 cm 44 ④
45 ② 46 3바퀴 47 ② 48 130 49 5바퀴
50 122 51 67 52 1명 53 24 54 392
55 53 56 5

03 정수와 유리수

16~21쪽 풀이 93~95쪽

01 ② 02 ⑤ 03 ④ 04 ③ 05 0
06 ②, ③ 07 ④ 08 10 09 ②, ④ 10 ④
11 $\frac{1}{2}$ 12 ①, ⑤ 13 -1 14 -3, 5 15 $\frac{2}{3}$
16 -1 17 $a=\frac{5}{6}$, $b=2.5$ 18 4.25 19 18
20 $a=-3$, $b=7$ 21 ①, ② 22 ⑤ 23 ⑤
24 -8, 8 25 $\frac{1}{6}$ 26 $a=-\frac{5}{3}$, $b=\frac{5}{3}$ 27 8
28 ①, ⑤ 29 -1.8, $\frac{1}{2}$, 0 30 7 31 ④
32 ③ 33 ④, ⑤ 34 ④ 35 ② 36 ③, ⑤
37 ③ 38 4 39 3 40 ④

04 정수와 유리수의 계산 (1)

22~27쪽 풀이 96~100쪽

01 ③ 02 ③, ⑤ 03 $\frac{7}{6}$
04 ㉠ 덧셈의 교환법칙, ㉡ 덧셈의 결합법칙 05 ②
06 ② 07 ㄱ, ㄷ, ㄹ 08 $\frac{7}{2}$ 09 ②
10 ①, ⑤ 11 $(+4)+(-7)=-3$ 12 ① 13 4
14 $-\frac{11}{4}$ 15 7 16 ② 17 $-\frac{19}{12}$ 18 -5
19 -50 20 $\frac{13}{6}$ 21 ④ 22 $-\frac{7}{20}$ 23 10
24 ② 25 $-\frac{11}{4}$ 26 $-\frac{19}{12}$ 27 $-\frac{23}{4}$ 28 ④
29 7 30 ① 31 $\frac{35}{4}$ 32 ③ 33 $-\frac{4}{5}$
34 ⑤ 35 $-\frac{15}{7}$ 36 $a=2$, $b=-1$ 37 $\frac{12}{5}$
38 $-\frac{13}{12}$ 39 ② 40 210회 41 600원

05 정수와 유리수의 계산 (2)

28~33쪽 풀이 100~104쪽

01 ③ 02 ② 03 $\frac{3}{4}$
04 ㉠ 곱셈의 교환법칙, ㉡ 곱셈의 결합법칙 05 ②
06 ④ 07 $-\frac{1}{64}$ 08 ④, ⑤ 09 1 10 -5
11 86825 12 -20 13 480 14 -1 15 ①
16 ④ 17 $\frac{16}{15}$ 18 ② 19 ① 20 ④
21 ① 22 ③ 23 -18 24 5
25 (1) ㉡, ㉢, ㉣, ㉤, ㉠ (2) $-\frac{21}{8}$ 26 (1) -2 (2) 14
27 $-\frac{3}{13}$ 28 $\frac{1}{4}$ 29 $\frac{15}{2}$ 30 $\frac{5}{27}$ 31 -5
32 ③ 33 $\frac{5}{4}$, $-\frac{15}{8}$ 34 ③ 35 ④
36 ④ 37 ② 38 ③ 39 ②
40 $(a^2-b)\times c<0$ 41 $-\frac{16}{15}$ 42 $\frac{13}{44}$

06 문자의 사용과 식의 계산

34~41쪽 풀이 104~109쪽

01 ①, ③ 02 ④, ⑤ 03 ② 04 ② 05 ①, ⑤

06 $580-3x-\frac{14}{5}y$ **07** ㄴ, ㄷ, ㄹ **08** $\frac{x^2}{4}\text{cm}^2$
09 $3x+2y$ **10** ⑤ **11** $\frac{4000y}{x}$원 **12** ⑤
13 ② **14** 시속 $\frac{4}{7}x$ km **15** $\left(\frac{a}{30}+\frac{2}{3}\right)$시간
16 ③ **17** ⑤ **18** $\frac{2a+3b}{5}$ % **19** ⑤
20 ④ **21** ⑤ **22** $\frac{19}{3}$ **23** ③ **24** 10 ℃
25 ④ **26** (1) $V=a^3+b^3$ (2) 152 **27** ④
28 72 **29** ④ **30** ①, ③ **31** ①, ⑤
32 ㄱ, ㄹ, ㅁ, ㅂ **33** 3 **34** ③
35 $-15+10x$ **36** ③ **37** 21 **38** ③
39 ② **40** 3 **41** ㄴ, ㄷ, ㄹ **42** 14
43 5 **44** ② **45** 2 **46** $15x-7y$
47 -35 **48** $\frac{7}{15}x+\frac{17}{15}$ **49** 7 **50** ⑤
51 ② **52** $-2x-33$ **53** $11x+32$
54 ③ **55** ① **56** $\frac{26}{3}x-15$ **57** $16x-19$

07 일차방정식의 풀이

42~49쪽 풀이 109~114쪽

01 ④ **02** ①, ④ **03** ㄱ, ㄹ, ㅁ **04** ④
05 ③ **06** $720(x+8)=700x+100$ **07** ①, ③
08 ③ **09** ④ **10** ④ **11** ③ **12** ㄷ, ㅂ
13 ②, ⑤ **14** ⑤ **15** ④ **16** $-x+6$ **17** -1
18 ④ **19** ① **20** ㄱ, ㄷ, ㄹ **21** ㄱ
22 7 **23** ③ **24** ⑤ **25** ㄴ, ㄷ **26** ③
27 8 **28** ②, ④ **29** ⑤ **30** $a\neq2$, $b=3$
31 ⑤ **32** ① **33** ⑤ **34** 3 **35** ②
36 $x=\frac{21}{5}$ **37** ④ **38** 3 **39** ② **40** 28
41 ④ **42** 2 **43** ⑤ **44** 3 **45** ②
46 $x=5$ **47** ④ **48** -3 **49** ② **50** 2
51 ②, ⑤ **52** 17 **53** ① **54** 16 **55** ④
56 ⑤ **57** 2 **58** -6

08 일차방정식의 활용

50~57쪽 풀이 114~119쪽

01 ② **02** 8 **03** 5 **04** (1) 3 (2) 4
05 ⑤ **06** 506 **07** ④ **08** 5 **09** 45
10 ② **11** 79 **12** 67 **13** 39세 **14** ②
15 14세 **16** 7세 **17** 20마리 **18** 7 **19** ⑤
20 과자: 10개, 도넛: 5개 **21** ④ **22** 3개월 후
23 ② **24** ② **25** ④ **26** 20 **27** ⑤
28 2500 **29** 77 **30** 582 **31** ④
32 (1) 7 (2) 38 **33** 66 **34** 40분 **35** 7일
36 ② **37** ⑤ **38** 3 **39** 2.4 m **40** ⑤
41 10 km **42** 6.4 km **43** $\frac{30}{7}$ km **44** 15분 후 **45** 5분 후
46 30분 후 **47** 1.2 km **48** 75 m **49** 220 m **50** 초속 45 m
51 ④ **52** 80 g **53** 540 g **54** 10 % **55** ②
56 15 **57** 160 g **58** 100 g

09 좌표평면과 그래프

58~63쪽 풀이 120~122쪽

01 ③ **02** ① **03** Q(4) **04** C(−1) **05** ⑤
06 1 **07** LEFT **08** -11 **09** ④ **10** -3
11 ③ **12** ⑤ **13** ④ **14** 33 **15** $\frac{15}{2}$
16 ⑤ **17** ③ **18** ③ **19** ② **20** ③
21 ④ **22** 점 P: 제3사분면, 점 Q: 제2사분면
23 ③ **24** ⑤ **25** ②, ⑤ **26** 제1사분면
27 ② **28** ④ **29** ④ **30** 6 **31** 제2사분면
32 (1) 10분 후 (2) 3바퀴 **33** ㄴ **34** 10분 후
35 (1) 20초 후, 35초 후 (2) 50 m (3) 성원 **36** ㄷ
37 ⑤ **38** ⑤ **39** A−ㄱ, B−ㄷ, C−ㄴ

10 정비례와 반비례

64~71쪽 풀이 123~127쪽

01 ㄱ, ㄹ **02** ④, ⑤ **03** ⑤ **04** ⑤ **05** ⑤
06 -15 **07** (1) $y=\frac{2}{3}x$ (2) 6 **08** $y=500x$
09 (1) $y=\frac{7}{24}x$ (2) $\frac{7}{8}$ **10** ⑤ **11** ① **12** ㄴ, ㄷ
13 ①, ⑤ **14** ① **15** ① **16** $-\frac{3}{5}$ **17** ④
18 ② **19** -1 **20** $y=-\frac{4}{5}x$ **21** ②, ④
22 -15 **23** ㄱ, ㅁ **24** ②, ⑤ **25** ④ **26** ④
27 ㄱ, ㄴ, ㄷ **28** 15 **29** (1) $y=\frac{336}{x}$ (2) 42분
30 $y=\frac{60}{x}$ **31** (1) $y=\frac{1500}{x}$ (2) 5 % **32** ②, ④
33 ⑤ **34** ㄴ, ㄹ **35** ③ **36** ① **37** $a<b<c$
38 2 **39** ⑤ **40** ② **41** -5 **42** $-\frac{3}{2}$
43 ③, ⑤ **44** $y=\frac{5}{x}$ **45** ④ **46** -14 **47** 0
48 ③ **49** 9 **50** -4

01 소인수분해

Real 실전 개념 9쪽

01 답 1, 19, 소수

02 답 1, 2, 13, 26, 합성수

03 답 1, 37, 소수

04 답 1, 7, 49, 합성수

05 답 ○

06 답 ×

07 답 ×

08 답 밑: 7, 지수: 3

09 답 밑: $\frac{1}{5}$, 지수: 4

10 답 $\left(\frac{1}{7}\right)^5$

11 답 $2^2\times3^3\times7$

12 답 $\left(\frac{1}{3}\right)^3\times\left(\frac{1}{5}\right)^2$

13 답 3^3

14 답 2^6

15 답 10^4

16 답 $\left(\frac{1}{5}\right)^3$

17 답 2, 2, 3, 2, 3

18 답 2, 3, 3, 5, 2, 2

19 답 소인수분해: 2×7^2, 소인수: 2, 7

20 답 소인수분해: $2^3\times3\times5$, 소인수: 2, 3, 5

21 답 $2^2\times5^3$

22 답

×	1	5	5^2	5^3
1	1	5	25	125
2	2	10	50	250
2^2	4	20	100	500

500의 약수: 1, 2, 4, 5, 10, 20, 25, 50, 100, 125, 250, 500

23 3^4의 약수는 1, 3, 3^2, 3^3, 3^4이므로
1, 3, 9, 27, 81 답 1, 3, 9, 27, 81

24 오른쪽 표에 의하여 $3^2\times7$의 약수는
1, 3, 7, 9, 21, 63

×	1	3	3^2
1	1	3	9
7	7	21	63

답 1, 3, 7, 9, 21, 63

25 $48=2^4\times3$이므로 오른쪽 표에 의하여 48의 약수는
1, 2, 3, 4, 6, 8, 12, 16, 24, 48

×	1	2	2^2	2^3	2^4
1	1	2	4	8	16
3	3	6	12	24	48

답 1, 2, 3, 4, 6, 8, 12, 16, 24, 48

26 $100=2^2\times5^2$이므로 오른쪽 표에 의하여 100의 약수는
1, 2, 4, 5, 10, 20, 25, 50, 100

×	1	5	5^2
1	1	5	25
2	2	10	50
2^2	4	20	100

답 1, 2, 4, 5, 10, 20, 25, 50, 100

27 $3+1=4$ 답 4

28 $(3+1)\times(2+1)=4\times3=12$ 답 12

29 $(2+1)\times(4+1)\times(1+1)=3\times5\times2=30$ 답 30

30 $144=2^4\times3^2$이므로 144의 약수의 개수는
$(4+1)\times(2+1)=5\times3=15$ 답 15

Real 실전 유형 10~15쪽

01 $57=3\times19$, $91=7\times13$, $133=7\times19$
따라서 소수는 7, 17, 31, 47의 4개이다. 답 ③

02 $9=3\times3$, $51=3\times17$, $121=11\times11$
따라서 합성수는 9, 51, 121의 3개이다. 답 3

03 약수가 2개인 자연수는 소수이므로 10보다 크고 35보다 작은 자연수 중 소수는 11, 13, 17, 19, 23, 29, 31의 7개이다. 답 7

04 40에 가장 가까운 소수는 41이므로 $a=41$ … ❶
40에 가장 가까운 합성수는 39이므로 $b=39$ … ❷
$\therefore a+b=41+39=80$ … ❸
답 80

채점 기준	배점
❶ a의 값 구하기	40%
❷ b의 값 구하기	40%
❸ $a+b$의 값 구하기	20%

05 ① 약수가 1개인 자연수는 1이다.
② 가장 작은 소수는 2이다.
③ 70에 가장 가까운 소수는 71이다.
④ 두 소수의 곱은 1과 자기 자신 이외에 그 두 소수를 약수로 가지므로 항상 합성수이다.
⑤ 자연수는 1, 소수, 합성수로 이루어져 있다. 답 ④

06 $a=4$, $b=2$, $c=3$이므로
$a+b+c=4+2+3=9$ 답 9

07 ② 소수 2의 모든 약수의 합은 $1+2=3$, 즉 소수이다.
④ 27은 합성수이다. 답 ②, ④

08 ① $2+2+2=2\times3$
③ $3\times3\times3\times5\times5=3^3\times5^2$
④ $a\times a\times a+a=a^3+a$
⑤ $\frac{1}{2\times2\times2\times5\times5}=\frac{1}{2^3\times5^2}$ 답 ②

09 $3\times3\times3\times3\times3=3^5$이므로
$a=3$, $b=5$ 답 $a=3$, $b=5$

10 답 ③

11 $a\times a\times a\times b\times a\times b\times b\times c\times b\times c=a^4\times b^4\times c^2$
이므로 $x=4$, $y=4$, $z=2$
$\therefore x+y-z=4+4-2=6$ 답 6

12 $2^6=64$이므로 $a=64$
$5^3=125$이므로 $b=3$
$\therefore a-b=64-3=61$ 답 ⑤

13 $3^5=243$이므로 $x=5$ 답 ③

14 $27\times\frac{49}{100}=3^3\times\left(\frac{7}{10}\right)^2$이므로 $a=3$, $b=7$
$\therefore a+b=3+7=10$ 답 ④

15 $1\text{ km}=1000\text{ m}=100000\text{ cm}=10^5\text{ cm}$이므로
$a=5$ … ❶
$10\text{ kg}=10000\text{ g}=10^4\text{ g}$이므로
$b=4$ … ❷
$\therefore a+b=5+4=9$ … ❸
답 9

채점 기준	배점
❶ a의 값 구하기	40%
❷ b의 값 구하기	40%
❸ $a+b$의 값 구하기	20%

16 ① $30=2\times3\times5$ ③ $54=2\times3^3$
④ $96=2^5\times3$ ⑤ $108=2^2\times3^3$ 답 ②

17
$$\begin{array}{r|l} 2 & 450 \\ 3 & 225 \\ 3 & 75 \\ 5 & 25 \\ & 5 \end{array}$$
$\therefore 450=2\times3^2\times5^2$ 답 ③

18 ㄴ. $92=2^2\times23$
ㄷ. $126=2\times3^2\times7$
ㄹ. $250=2\times5^3$
따라서 옳지 않은 것은 ㄴ, ㄷ, ㄹ이다. 답 ⑤

19 $660=2^2\times3\times5\times11$이므로 660의 소인수는 2, 3, 5, 11이다. 답 ④

20 ① $12=2^2\times3$이므로 12의 소인수는 2, 3이다.
② $18=2\times3^2$이므로 18의 소인수는 2, 3이다.
③ $36=2^2\times3^2$이므로 36의 소인수는 2, 3이다.
④ $60=2^2\times3\times5$이므로 60의 소인수는 2, 3, 5이다.
⑤ $72=2^3\times3^2$이므로 72의 소인수는 2, 3이다. 답 ④

21 ㄱ. $26=2\times13$이므로 26의 소인수는 2, 13이다.
ㄴ. $39=3\times13$이므로 39의 소인수는 3, 13이다.
ㄷ. $78=2\times3\times13$이므로 78의 소인수는 2, 3, 13이다.
ㄹ. $104=2^3\times13$이므로 104의 소인수는 2, 13이다.
따라서 소인수가 같은 것은 ㄱ, ㄹ이다. 답 ②

22 $294=2\times3\times7^2$이므로 … ❶
294의 소인수는 2, 3, 7이다. … ❷
따라서 모든 소인수의 합은 $2+3+7=12$ … ❸
답 12

채점 기준	배점
❶ 294를 소인수분해하기	40%
❷ 294의 소인수 구하기	40%
❸ 294의 모든 소인수의 합 구하기	20%

23 $400=2^4\times5^2$이므로 $a=4$, $b=2$
$\therefore a+b=4+2=6$ 답 ③

24 $264=2^3\times3\times11$이므로 $a=3$, $b=1$, $c=11$
$\therefore a-b+c=3-1+11=13$ 답 ①

25 $32\times50=2^5\times(2\times5^2)$
$=(2\times2\times2\times2\times2)\times(2\times5^2)$
$=2^6\times5^2$
이므로 $a=6$, $b=2$
$\therefore a-b=6-2=4$ 답 ③

26 $392=2^3\times7^2$이므로 … ❶

$a=2$, $b=7$, $m=3$, $n=2$ 또는

$a=7$, $b=2$, $m=2$, $n=3$ … ❷

$\therefore a\times b-m\times n=14-6=8$ … ❸

답 8

채점 기준	배점
❶ 392를 소인수분해하기	40%
❷ a, b, m, n이 가질 수 있는 값 구하기	40%
❸ $a\times b-m\times n$의 값 구하기	20%

27 $90=2\times3^2\times5$이므로 곱할 수 있는 가장 작은 자연수는 $2\times5=10$

답 10

28 $350=2\times5^2\times7$이므로 나눌 수 있는 가장 작은 자연수는 $2\times7=14$

답 14

29 $180=2^2\times3^2\times5$이므로 $a=5$

$b^2=2^2\times3^2\times5\times5=900=30^2$

$\therefore b=30$

$\therefore a+b=5+30=35$

답 ④

30 $360=2^3\times3^2\times5$이므로 곱할 수 있는 자연수는 $2\times5\times(\text{자연수})^2$ 꼴이어야 한다.

즉, 곱할 수 있는 자연수를 가장 작은 것부터 크기순으로 나열하면 $2\times5\times1^2$, $2\times5\times2^2$, $2\times5\times3^2$, $2\times5\times4^2$, …이므로 세 번째로 작은 자연수는

$2\times5\times3^2=90$

답 90

31 $270=2\times3^3\times5$이므로 270의 약수는

(2의 약수)$\times$(3^3의 약수)$\times$(5의 약수)

꼴이다.

① $2^2\times5$에서 2^2은 2의 약수가 아니다.

② $2^2\times3^2$에서 2^2은 2의 약수가 아니다.

③ 2×5^2에서 5^2은 5의 약수가 아니다.

답 ④, ⑤

32 $2^2\times3\times5$의 약수는

(2^2의 약수)$\times$(3의 약수)$\times$(5의 약수)

꼴이다.

① $6=2\times3$ ② $15=3\times5$ ③ $30=2\times3\times5$

④ $45=3^2\times5$ ⑤ $60=2^2\times3\times5$

이때 ④ $3^2\times5$에서 3^2은 3의 약수가 아니다.

답 ④

33 ③ ㈏에 들어갈 수는 $2^2\times3=12$이므로 ㈏에서 12가 108의 약수임을 알 수 있다.

답 ③

34 $2\times3^2\times7$의 약수 중 가장 큰 수는 $2\times3^2\times7$이므로 두 번째로 큰 수는 $3^2\times7=63$이다.

답 63

35 주어진 각 수의 약수의 개수는 다음과 같다.

① $(2+1)\times(2+1)=9$

② $(1+1)\times(1+1)\times(1+1)=8$

③ $56=2^3\times7$이므로 $(3+1)\times(1+1)=8$

④ $120=2^3\times3\times5$이므로

$(3+1)\times(1+1)\times(1+1)=16$

⑤ $198=2\times3^2\times11$이므로

$(1+1)\times(2+1)\times(1+1)=12$

답 ④

36 $2^2\times3^3$의 약수의 개수는 $(2+1)\times(3+1)=12$

주어진 각 수의 약수의 개수는 다음과 같다.

ㄱ. $(1+1)\times(1+1)\times(1+1)=8$

ㄴ. $(1+1)\times(4+1)=10$

ㄷ. $(5+1)\times(1+1)=12$

ㄹ. $2\times7\times9=2\times3^2\times7$

$\therefore (1+1)\times(2+1)\times(1+1)=12$

ㅁ. $(1+1)\times(2+1)\times(2+1)=18$

따라서 $2^2\times3^3$과 약수의 개수가 같은 것은 ㄷ, ㄹ이다.

답 ㄷ, ㄹ

37 주어진 각 수의 약수의 개수는 다음과 같다.

① $3\times3^2=3^3$이므로 $3+1=4$

② $(5+1)\times(1+1)=12$

③ $(1+1)\times(2+1)\times(3+1)=24$

④ $252=2^2\times3^2\times7$이므로

$(2+1)\times(2+1)\times(1+1)=18$

⑤ $6+1=7$

답 ②

38 $\frac{150}{x}$이 자연수가 되도록 하는 자연수 x는 150의 약수이다. … ❶

$150=2\times3\times5^2$이므로 … ❷

150의 약수의 개수는 $(1+1)\times(1+1)\times(2+1)=12$

따라서 구하는 자연수 x의 개수는 12이다. … ❸

답 12

채점 기준	배점
❶ x의 조건 구하기	30%
❷ 150을 소인수분해하기	30%
❸ 자연수 x의 개수 구하기	40%

39 $3^a\times5^3$의 약수의 개수가 20이므로

$(a+1)\times(3+1)=20$, $(a+1)\times4=20$

$a+1=5$ $\therefore a=4$

답 ③

40 $2^a\times9\times25$의 약수의 개수가 36이고
$2^a\times9\times25=2^a\times3^2\times5^2$이므로
$(a+1)\times(2+1)\times(2+1)=36$
$(a+1)\times3\times3=36$
$(a+1)\times9=36$
$a+1=4$ $\quad\therefore a=3$

답 ①

41 $132=2^2\times3\times11$이므로 … ❶
132의 약수의 개수는
$(2+1)\times(1+1)\times(1+1)=12$ … ❷
따라서 $2^a\times7^2$의 약수의 개수가 12이므로
$(a+1)\times(2+1)=12$
$(a+1)\times3=12$
$a+1=4$ $\quad\therefore a=3$ … ❸

답 3

채점 기준	배점
❶ 132를 소인수분해하기	20%
❷ 132의 약수의 개수 구하기	30%
❸ a의 값 구하기	50%

42 $28=2^2\times7$이므로
① $28\times3=2^2\times3\times7$의 약수의 개수는
$(2+1)\times(1+1)\times(1+1)=12$
② $28\times4=2^4\times7$의 약수의 개수는
$(4+1)\times(1+1)=10$
③ $28\times5=2^2\times5\times7$의 약수의 개수는
$(2+1)\times(1+1)\times(1+1)=12$
④ $28\times13=2^2\times7\times13$의 약수의 개수는
$(2+1)\times(1+1)\times(1+1)=12$
⑤ $28\times14=2^3\times7^2$의 약수의 개수는
$(3+1)\times(2+1)=12$

답 ②

43 ① $2^2\times3^2\times2=2^3\times3^2$의 약수의 개수는
$(3+1)\times(2+1)=12$
② $2^2\times3^2\times3=2^2\times3^3$의 약수의 개수는
$(2+1)\times(3+1)=12$
③ $2^2\times3^2\times4=2^4\times3^2$의 약수의 개수는
$(4+1)\times(2+1)=15$
④ $2^2\times3^2\times5$의 약수의 개수는
$(2+1)\times(2+1)\times(1+1)=18$
⑤ $2^2\times3^2\times6=2^3\times3^3$의 약수의 개수는
$(3+1)\times(3+1)=16$

답 ④

44 $15=14+1$ 또는 $15=5\times3=(4+1)\times(2+1)$이므로
(i) □가 2의 거듭제곱 꼴인 경우
$2^4\times\square=2^{14}$에서 $\square=2^{10}$
(ii) □가 2의 거듭제곱 꼴이 아닌 경우
$2^4\times\square=2^4\times a^2$ (a는 2가 아닌 소수)에서
$\square=3^2, 5^2, 7^2, \cdots$
(i), (ii)에서 □ 안에 들어갈 수 있는 가장 작은 자연수는
$3^2=9$이다.

답 9

Real 실전 기출

16~18쪽

01 30 이하의 자연수 중 소수는 2, 3, 5, 7, 11, 13, 17, 19, 23, 29이므로 $a=10$
30 이하의 자연수 중 합성수는 1과 소수를 제외한 수이므로
$b=30-10-1=19$
$\therefore b-a=19-10=9$

답 ①

02 ㄱ. 1은 소수도 아니고 합성수도 아니다.
ㄴ. 합성수 9는 홀수이다.
ㄷ. 소수 2는 짝수이므로 홀수가 아닌 소수도 있다.
ㄹ. 7의 배수 중 7은 소수이다.
따라서 옳지 않은 것은 ㄱ, ㄴ, ㄹ이다.

답 ④

03 1시간 후 분열된 세포의 수는 $2=2^1$
2시간 후 분열된 세포의 수는 $4=2^2$
3시간 후 분열된 세포의 수는 $8=2^3$
⋮
따라서 10시간 후 분열된 세포의 수는 2^{10}

답 2^{10}개

04 $2\times3\times2\times2\times3\times5=2^3\times3^2\times5$이므로
$a=3$, $b=2$, $c=5$
$\therefore a+b+c=3+2+5=10$

답 10

05 ③ $63=3^2\times7$

답 ③

06 $90=2\times3^2\times5$이므로 소인수는 2, 3, 5이다.

답 ④

07 $49\times63=7^2\times(3^2\times7)=3^2\times7^3$이므로 $a=2$, $b=3$
$\therefore b-a=3-2=1$

답 1

08 $300=2^2\times3\times5^2$이므로 x는 300의 약수이면서 $3\times(\text{자연수})^2$ 꼴이어야 한다.

답 ③, ⑤

09 ② 2^5에서 2를 밑, 5를 지수라 한다.

③ $480=2^5\times3\times5$이므로 $2^4\times3\times5$는 480의 약수이다.

⑤ $66=2\times3\times11$이므로 소인수는 2, 3, 11이다. 답 ②

10 $2^3\times3^2\times7$의 약수 중

가장 작은 수는 1이므로 $a=1$

가장 큰 수는 $2^3\times3^2\times7$이므로 두 번째로 큰 수는

$2^2\times3^2\times7=252$

$\therefore b=252$

$\therefore a+b=1+252=253$ 답 253

11 주어진 각 수의 약수의 개수는 다음과 같다.

① $40=2^3\times5$이므로

$(3+1)\times(1+1)=8$

② $64=2^6$이므로

$6+1=7$

③ $126=2\times3^2\times7$이므로

$(1+1)\times(2+1)\times(1+1)=12$

④ $(2+1)\times(2+1)\times(1+1)=18$

⑤ $(2+1)\times(1+1)\times(1+1)=12$ 답 ②

12 $27=3^3$이므로

① $27\times2=3^3\times2$의 약수의 개수는

$(3+1)\times(1+1)=8$

② $27\times3=3^3\times3=3^4$의 약수의 개수는 $4+1=5$

③ $27\times5=3^3\times5$의 약수의 개수는

$(3+1)\times(1+1)=8$

④ $27\times11=3^3\times11$의 약수의 개수는

$(3+1)\times(1+1)=8$

⑤ $27\times13=3^3\times13$의 약수의 개수는

$(3+1)\times(1+1)=8$

따라서 □ 안에 들어갈 수 없는 수는 ②이다. 답 ②

13 $A=1\times2\times3\times4\times\cdots\times30$이 5^k으로 나누어떨어지므로 가장 큰 k의 값은 A를 소인수분해했을 때 소인수 5의 지수와 같다.

1에서 30까지의 자연수 중 5를 소인수로 갖는 자연수는

5, $10=2\times5$, $15=3\times5$, $20=2^2\times5$,

$25=5^2$, $30=2\times3\times5$

이므로 A를 소인수분해했을 때 소인수 5의 지수는 7이다.

$\therefore k=7$ 답 7

14 $12=2^2\times3$이므로 12의 배수이면서 어떤 자연수의 제곱인 수는 $2^2\times3\times3\times(\text{자연수})^2$ 꼴이다.

따라서 주어진 조건을 만족시키는 수를 가장 작은 것부터 크기순으로 나열하면

$2^2\times3\times3\times1^2$, $2^2\times3\times3\times2^2$, $2^2\times3\times3\times3^2$, $\cdots$

이므로 두 번째로 작은 수는

$2^2\times3\times3\times2^2=2^4\times3^2$

따라서 $a=4$, $b=2$이므로

$a+b=4+2=6$ 답 ②

15 $28=2^2\times7$이므로

$N(28)=(2+1)\times(1+1)=6$

즉, $N(x)\times6=54$이므로

$N(x)=9$

따라서 x는 약수의 개수가 9인 자연수이고

$9=8+1$ 또는 $9=3\times3=(2+1)\times(2+1)$

이므로

(i) $x=a^8$ (a는 소수) 꼴인 경우

가장 작은 자연수 x의 값은

$2^8=256$

(ii) $x=a^2\times b^2$ (a, b는 서로 다른 소수) 꼴인 경우

가장 작은 자연수 x의 값은

$2^2\times3^2=36$

(i), (ii)에서 가장 작은 자연수 x의 값은 36이다. 답 36

16 (1) $228=2^2\times3\times19$ ··· ❶

(2) 228의 소인수는 2, 3, 19이다. ··· ❷

답 (1) $2^2\times3\times19$ (2) 2, 3, 19

채점 기준	배점
❶ 228을 소인수분해하기	50%
❷ 228의 소인수 구하기	50%

17 $b-a$의 값이 가장 큰 경우는 a가 가장 작은 값이고, b가 가장 큰 값일 때이다.

$450=2\times3^2\times5^2$이고 2의 지수가 홀수이므로 a가 될 수 있는 가장 작은 값은 2이다.

$\therefore a=2$ ··· ❶

이때 $b^2=\frac{450}{2}=225=15^2$이므로

$b=15$ ··· ❷

$\therefore b-a=15-2=13$ ··· ❸

답 13

채점 기준	배점
❶ a의 값 구하기	40%
❷ b의 값 구하기	40%
❸ $b-a$의 값 구하기	20%

18 $200=2^3\times5^2$이므로 … ❶
200의 약수 중 어떤 자연수의 제곱이 되는 수는
$1, 2^2, 5^2, 2^2\times5^2$, 즉 1, 4, 25, 100 … ❷
따라서 구하는 합은
$1+4+25+100=130$ … ❸

답 130

채점 기준	배점
❶ 200을 소인수분해하기	30%
❷ 200의 약수 중 어떤 자연수의 제곱이 되는 수 구하기	50%
❸ 합 구하기	20%

19 $340=2^2\times5\times17$이므로 … ❶
340의 약수의 개수는
$(2+1)\times(1+1)\times(1+1)=12$ … ❷
즉, $2^a\times5\times9=2^a\times3^2\times5$의 약수의 개수가 12이므로
$(a+1)\times(2+1)\times(1+1)=12$
$(a+1)\times6=12$
$a+1=2 \quad \therefore a=1$ … ❸

답 1

채점 기준	배점
❶ 340을 소인수분해하기	20%
❷ 340의 약수의 개수 구하기	30%
❸ a의 값 구하기	50%

20 조건 (나)에서 합이 22인 2개의 소인수를 구하면
3과 19 또는 5와 17이다. … ❶
이때 $3\times19=57$, $5\times17=85$이고, 조건 (가)에서 50보다 크고 60보다 작은 자연수이므로 구하는 수는 57이다. … ❷

답 57

채점 기준	배점
❶ 조건 (나)를 만족시키는 2개의 소인수 구하기	50%
❷ 조건을 모두 만족시키는 자연수 구하기	50%

21 $168=2^3\times3\times7$이고 … ❶
7의 배수는 $7\times$(자연수) 꼴이므로 168의 약수 중 7의 배수의 개수는 $2^3\times3$의 약수의 개수와 같다. … ❷
따라서 168의 약수 중 7의 배수의 개수는
$(3+1)\times(1+1)=8$ … ❸

답 8

채점 기준	배점
❶ 168을 소인수분해하기	30%
❷ 168의 약수 중 7의 배수가 되는 수의 조건 구하기	30%
❸ 168의 약수 중 7의 배수의 개수 구하기	40%

02 최대공약수와 최소공배수

Real 실전 개념

21, 23쪽

01 답 1, 2, 4, 8, 16

02 답 1, 2, 3, 4, 6, 8, 12, 24

03 답 1, 2, 4, 8

04 답 8

05 답 1, 2, 4, 8

06 답 1, 3, 9

07 답 1, 3, 5, 15

08 답 1, 3, 7, 21

09 답 1, 2, 13, 26

10 2와 8의 최대공약수가 2이므로 서로소가 아니다. 답 ×

11 12와 33의 최대공약수가 3이므로 서로소가 아니다. 답 ×

12 13과 15의 최대공약수가 1이므로 서로소이다. 답 ○

13 22와 35의 최대공약수가 1이므로 서로소이다. 답 ○

14 49와 91의 최대공약수가 7이므로 서로소가 아니다. 답 ×

15
$2^2\times3$
2×3^2
(최대공약수)$=2\times3$

답 2×3

16
$2^2\times3\times5^2$
$2\times3^2\times5$
(최대공약수)$=2\times3\times5$

답 $2\times3\times5$

17
$2\times3^3\times5^2$
$2\times3^2\times5^2$
(최대공약수)$=2\times3^2\times5^2$

답 $2\times3^2\times5^2$

18
$3^2\times5\times7^2$
3×5^2
(최대공약수)$=3\times5$

답 3×5

19
$2^2\times3^2\times5^2$
$2^3\times3^3\times5$
$2^4\times3^2\times5$
(최대공약수)$=2^2\times3^2\times5$

답 $2^2\times3^2\times5$

20

2×3
$2\times3^2\times5$
3×5
(최대공약수)$=3$

답 3

21 답 6, 12, 18, 24, 30, 36, 42, 48, 54, …

22 답 9, 18, 27, 36, 45, 54, …

23 답 18, 36, 54, …

24 답 18

25 답 18, 36, 54, …

26 답 14, 28, 42, 56

27 답 27, 54, 81

28

2×3
2×3^2
(최소공배수)$=2\times3^2$

답 2×3^2

29

$2^2\times3\times5^2$
$2\times3\times5$
(최소공배수)$=2^2\times3\times5^2$

답 $2^2\times3\times5^2$

30

$2^2\times5^2$
$2\times3^2\times5$
(최소공배수)$=2^2\times3^2\times5^2$

답 $2^2\times3^2\times5^2$

31

$2^2\times3\times7$
$3^3\times5$
(최소공배수)$=2^2\times3^3\times5\times7$

답 $2^2\times3^3\times5\times7$

32

$2\times3\times5$
$2\times3^3\times5$
$2^2\times3^2\times5^3$
(최소공배수)$=2^2\times3^3\times5^3$

답 $2^2\times3^3\times5^3$

33

3×5^2
$2\times3\times5$
3×7
(최소공배수)$=2\times3\times5^2\times7$

답 $2\times3\times5^2\times7$

34

$15=3\times5$
$45=3^2\times5$
(최대공약수)$=3\times5=15$
(최소공배수)$=3^2\times5=45$

답 최대공약수: 15, 최소공배수: 45

35

$140=2^2\times5\times7$
$350=2\times5^2\times7$
(최대공약수)$=2\times5\times7=70$
(최소공배수)$=2^2\times5^2\times7=700$

답 최대공약수: 70, 최소공배수: 700

36

$75=3\times5^2$
$110=2\times5\times11$
$180=2^2\times3^2\times5$
(최대공약수)$=5$
(최소공배수)$=2^2\times3^2\times5^2\times11=9900$

답 최대공약수: 5, 최소공배수: 9900

37 $A\times B=40\times5=200$

답 200

38 $A\times30=120\times6$이므로 $A=24$

답 24

39 최소공배수를 L이라 하면
$270=L\times3$ $\quad\therefore L=90$

답 90

40

$42=2\times3\times7$
$14=2\times7$
(최대공약수)$=2\times7=14$

답 14

41 가능한 한 많은 학생들에게 남김없이 똑같이 나누어 주려면 학생 수가 42와 14의 최대공약수이어야 한다.
따라서 나누어 줄 수 있는 학생 수는 14이다.

답 14

42 초콜릿은 $42\div14=3$(개)
사탕은 $14\div14=1$(개)

답 초콜릿: 3개, 사탕: 1개

43

$125=5^3$
$150=2\times3\times5^2$
(최대공약수)$=5^2=25$

답 25

44 되도록 큰 색종이를 빈틈없이 붙이려면 색종이의 한 변의 길이가 125와 150의 최대공약수이어야 한다.
따라서 색종이의 한 변의 길이는 25 cm이다.

답 25 cm

45 가로 방향으로 필요한 색종이의 장 수는
$125\div25=5$
세로 방향으로 필요한 색종이의 장 수는
$150\div25=6$
따라서 필요한 색종이의 장 수는
$5\times6=30$

답 30

46

$10=2\times5$
$15=3\times5$
(최소공배수)$=2\times3\times5=30$

답 30

47 가능한 한 작은 정사각형 모양을 만들려면 정사각형의 한 변의 길이가 10과 15의 최소공배수이어야 한다.
따라서 정사각형 모양의 한 변의 길이는 30 cm이다.
답 30 cm

48 가로 방향으로 필요한 타일의 개수는
$30\div10=3$
세로 방향으로 필요한 타일의 개수는
$30\div15=2$
따라서 필요한 타일의 개수는
$3\times2=6$
답 6

Real 실전 유형

24~31쪽

01 두 자연수 A, B의 공약수는 두 수의 최대공약수인 12의 약수이므로
1, 2, 3, 4, 6, 12
답 ⑤

02 두 자연수 A, B의 공약수는 두 수의 최대공약수인 36의 약수이므로
1, 2, 3, 4, 6, 9, 12, 18, 36
따라서 주어진 수 중 A, B의 공약수는 1, 2, 3, 4, 6, 36이다.
답 1, 2, 3, 4, 6, 36

03 두 자연수의 공약수는 두 수의 최대공약수인 $2^2\times7$의 약수이므로
$1, 2, 2^2, 7, 2\times7, 2^2\times7$, 즉 1, 2, 4, 7, 14, 28 ··· ❶
따라서 구하는 합은
$1+2+4+7+14+28=56$ ··· ❷
답 56

채점 기준	배점
❶ $2^2\times7$의 약수 구하기	70%
❷ 모든 공약수의 합 구하기	30%

04 두 자연수 A, B의 공약수의 개수는 두 수의 최대공약수인 168의 약수의 개수와 같다.
이때 $168=2^3\times3\times7$이므로 A, B의 공약수의 개수는
$(3+1)\times(1+1)\times(1+1)=16$
답 16

보충 TIP 약수의 개수
a, b는 서로 다른 소수이고 m, n은 자연수일 때, $a^m\times b^n$의 약수의 개수는
$(m+1)\times(n+1)$

05 두 수의 최대공약수는 각각 다음과 같다.
① 1 ② 13 ③ 1 ④ 2 ⑤ 3
따라서 두 수가 서로소인 것은 ①, ③이다.
답 ①, ③

06 42와 주어진 각 수의 최대공약수를 구하면 다음과 같다.
① 3 ② 6 ③ 1 ④ 21 ⑤ 7
따라서 42와 서로소인 것은 ③이다.
답 ③

07 ③ 5와 15는 모두 홀수이지만 두 수의 최대공약수가 5이므로 서로소가 아니다.
④ 4와 9는 서로소이지만 두 수 중 어느 수도 소수가 아니다.
답 ③, ④

08 $10=2\times5$이므로 10과 서로소인 수는 2의 배수도 아니고 5의 배수도 아니다.
따라서 10 이상 30 이하의 자연수 중 10과 서로소인 수는 11, 13, 17, 19, 21, 23, 27, 29의 8개이다.
답 8

09
$2^2\times3\times5$
$2^3\times3\times5^2$
(최대공약수)$=2^2\times3\times5$
④ $2^3\times3$은 $2^2\times3\times5$의 약수가 아니다.
답 ④

10
$48=2^4\times3$
$72=2^3\times3^2$
$120=2^3\times3\times5$
(최대공약수)$=2^3\times3$
⑤ $2\times3\times5$는 $2^3\times3$의 약수가 아니다.
답 ⑤

11
$2^2\times3^3$
$2^3\times3^2\times5$
(최대공약수)$=2^2\times3^2$ ··· ❶
따라서 주어진 두 수의 공약수의 개수는 $2^2\times3^2$의 약수의 개수와 같으므로
$(2+1)\times(2+1)=9$ ··· ❷
답 9

채점 기준	배점
❶ 두 수의 최대공약수 구하기	50%
❷ 두 수의 공약수의 개수 구하기	50%

12 $24=2^3\times3$과 a의 최대공약수가 6이어야 한다.
① $12=2^2\times3$이므로 24와 12의 최대공약수는
$2^2\times3=12$
② $16=2^4$이므로 24와 16의 최대공약수는
$2^3=8$

③ $18=2\times3^2$이므로 24와 18의 최대공약수는
$2\times3=6$

④ $40=2^3\times5$이므로 24와 40의 최대공약수는
$2^3=8$

⑤ $90=2\times3^2\times5$이므로 24와 90의 최대공약수는
$2\times3=6$ 답 ③, ⑤

13 두 자연수의 공배수는 두 수의 최소공배수인 32의 배수이다.
이때 $300=32\times9+12$이므로 300 이하의 공배수는 9개이다. 답 ⑤

14 두 자연수 A, B의 공배수는 두 수의 최소공배수인 26의 배수이다.
① $52=26\times2$이므로 26의 배수이다.
② $78=26\times3$이므로 26의 배수이다.
③ $124=26\times4+20$이므로 26의 배수가 아니다.
④ $156=26\times6$이므로 26의 배수이다.
⑤ $182=26\times7$이므로 26의 배수이다. 답 ③

15 두 자연수 A, B의 공배수는 두 수의 최소공배수인 $3^2\times5$의 배수이다.
ㄱ. 3×5는 $3^2\times5$의 배수가 아니다.
ㄹ. $3\times5^2\times7$은 $3^2\times5$의 배수가 아니다.
따라서 A, B의 공배수인 것은 ㄴ, ㄷ이다. 답 ㄴ, ㄷ

16 세 자연수 A, B, C의 공배수는 세 수의 최소공배수인 18의 배수이다.
이때 $18\times11=198$, $18\times12=216$이므로 공배수 중 200에 가장 가까운 자연수는 198이다. 답 198

17
$$\begin{array}{l} 2^3\times3 \\ 2\times3^2\times5 \\ 2^2\times3\times5 \\ \hline (\text{최소공배수})=2^3\times3^2\times5 \end{array}$$
④ $2^2\times3^3\times5\times7$은 $2^3\times3^2\times5$의 배수가 아니다. 답 ④

18
$$\begin{array}{l} 60=2^2\times3\times5 \\ 945=\quad 3^3\times5\times7 \\ \hline (\text{최소공배수})=2^2\times3^3\times5\times7 \end{array}$$
답 ④

19
$$\begin{array}{l} 2\times5 \\ 2^3\quad\times7 \\ \hline (\text{최소공배수})=2^3\times5\times7 \end{array}$$
두 수의 공배수는 $2^3\times5\times7=280$의 배수이다.
따라서 600 이하의 공배수는 280, 560의 2개이다. 답 2

20
$$\begin{array}{l} 12=2^2\times3 \\ 15=\quad 3\times5 \\ 21=\quad 3\quad\times7 \\ \hline (\text{최소공배수})=2^2\times3\times5\times7 \end{array}$$
… ❶
세 수의 공배수는 $2^2\times3\times5\times7=420$의 배수이므로
420, 840, 1260, …
따라서 세 수의 공배수 중 가장 큰 세 자리 자연수는 840이다. … ❷
답 840

채점 기준	배점
❶ 세 수 12, 15, 21의 최소공배수 구하기	50%
❷ 공배수 중 가장 큰 세 자리 자연수 구하기	50%

21
$$\begin{array}{r|lll} x & 3\times x & 6\times x & 10\times x \\ \hline 3 & 3 & 6 & 10 \\ \hline 2 & 1 & 2 & 10 \\ \hline & 1 & 1 & 5 \end{array}$$
(최소공배수)$=x\times3\times2\times5=210$이므로
$x\times30=210$ $\therefore x=7$ 답 ③

22
$$\begin{array}{r|lll} x & 4\times x & 6\times x & 18\times x \\ \hline 2 & 4 & 6 & 18 \\ \hline 3 & 2 & 3 & 9 \\ \hline & 2 & 1 & 3 \end{array}$$
(최소공배수)$=x\times2\times3\times2\times3=252$이므로
$x\times36=252$ $\therefore x=7$
따라서 최대공약수는 $x\times2=7\times2=14$ 답 14

주의 세 수의 최대공약수는 세 수 모두 공통인 소인수만 곱하여 구해야 하므로 나눗셈에서 나누어 준 수 중 공통인 소인수가 아닌 3은 곱하지 않는다.

23 비가 4 : 5 : 6인 세 자연수를 $4\times x$, $5\times x$, $6\times x$라 하면
$$\begin{array}{r|lll} x & 4\times x & 5\times x & 6\times x \\ \hline 2 & 4 & 5 & 6 \\ \hline & 2 & 5 & 3 \end{array}$$
(최소공배수)$=x\times2\times2\times5\times3=300$이므로
$x\times60=300$ $\therefore x=5$
따라서 세 자연수 중 가장 작은 수는
$4\times5=20$ 답 ②

24 최대공약수는 $40=2^3\times5$, 최소공배수는 $720=2^4\times3^2\times5$이므로
$$\begin{array}{l} 2^a\quad\times5 \\ 2^4\times3^b\times5 \\ \hline (\text{최대공약수})=2^3\quad\times5 \\ (\text{최소공배수})=2^4\times3^2\times5 \end{array}$$
즉, $2^a=2^3$, $3^b=3^2$이어야 하므로

$a=3$, $b=2$ $\quad\therefore a+b=3+2=5$ 답 ④

25

$$\begin{array}{r} 2^a\times3\times7^2 \\ 2^3\quad\times7^b \\ \hline (\text{최대공약수})=2^2\quad\times7 \end{array}$$

즉, $2^a=2^2$, $7^b=7$이어야 하므로 $a=2$, $b=1$

따라서 두 수 $2^2\times3\times7^2$, $2^3\times7$의 최소공배수는 $2^3\times3\times7^2$이다. 답 $2^3\times3\times7^2$

26

$$\begin{array}{r} 2\times5^2\times7^2 \\ 2\times5^a\times7^2 \\ 2^2\times5^2\times7^b \\ \hline (\text{최대공약수})=2\times5^2\times7 \\ (\text{최소공배수})=2^c\times5^3\times7^2 \end{array}$$

즉, $5^a=5^3$, $7^b=7$, $2^2=2^c$이어야 하므로

$a=3$, $b=1$, $c=2$

$\therefore a+b-c=3+1-2=2$ 답 2

27 최소공배수가 $600=2^3\times3\times5^2$이므로

$$\begin{array}{r} 2^2\times3\times a \\ 2^b\quad\times a \\ 2^2\times3\times a^2 \\ \hline (\text{최소공배수})=2^3\times3\times5^2 \end{array}$$

즉, $a^2=5^2$, $2^b=2^3$이어야 하므로 $a=5$, $b=3$

따라서 세 수 $2^2\times3\times5$, $2^3\times5$, $2^2\times3\times5^2$의 최대공약수는

$2^2\times5=20$ 답 20

28 최대공약수를 G라 하면

$2^4\times3^3\times5^3\times7=(2^4\times3^2\times5^2\times7)\times G$

$\therefore G=3\times5=15$ 답 ④

29 $540=2^2\times3^3\times5$이므로

$A\times(2^2\times3\times5)=(2^2\times3^3\times5)\times(2^2\times3)$

$=2^4\times3^4\times5$

$\therefore A=2^2\times3^3=108$ 답 ③

30 두 자연수 A, B $(A>B)$의 최대공약수가 6이므로

$A=6\times a$, $B=6\times b$ (a, b는 서로소인 자연수, $a>b$)

라 하자. …❶

A, B의 최소공배수가 210이므로

$6\times a\times b=210$ $\quad\therefore a\times b=35$

(i) $a=7$, $b=5$일 때, $A=42$, $B=30$

$\therefore A-B=42-30=12$ …❷

(ii) $a=35$, $b=1$일 때, $A=210$, $B=6$

$\therefore A-B=210-6=204$ …❸

답 12, 204

채점 기준	배점
❶ 두 수 A, B를 최대공약수를 이용하여 나타내기	40%
❷ $A=42$, $B=30$일 때 $A-B$의 값 구하기	30%
❸ $A=210$, $B=6$일 때 $A-B$의 값 구하기	30%

31 가능한 한 많은 학생들에게 남김없이 똑같이 나누어 주려면 학생 수는 64, 40, 24의 최대공약수이어야 한다.

$$\begin{array}{r} 64=2^6 \\ 40=2^3\times5 \\ 24=2^3\times3 \\ \hline (\text{최대공약수})=2^3 \end{array}$$

따라서 구하는 학생 수는 $2^3=8$ 답 ④

32 학생들에게 남김없이 똑같이 나누어 주려면 학생 수는 48과 72의 공약수이어야 한다.

$$\begin{array}{r} 48=2^4\times3 \\ 72=2^3\times3^2 \\ \hline (\text{최대공약수})=2^3\times3 \end{array}$$

따라서 학생 수는 $2^3\times3=24$의 약수이어야 하므로 학생 수가 될 수 없는 것은 ③이다. 답 ③

33 (1) 최대한 많은 바구니에 남김없이 똑같이 나누었으므로 만들어진 과일 바구니의 개수는 36, 90, 54의 최대공약수이다.

$$\begin{array}{r} 36=2^2\times3^2 \\ 90=2\times3^2\times5 \\ 54=2\times3^3 \\ \hline (\text{최대공약수})=2\times3^2 \end{array}$$

따라서 만들어진 과일 바구니의 개수는

$2\times3^2=18$ …❶

(2) 각 바구니에 담은

오렌지의 개수는 $36\div18=2$

키위의 개수는 $90\div18=5$

바나나의 개수는 $54\div18=3$

따라서 $a=2$, $b=5$, $c=3$이므로 …❷

$a+b+c=2+5+3=10$ …❸

답 (1) 18 (2) 10

채점 기준	배점
❶ 만들어진 과일 바구니의 개수 구하기	50%
❷ a, b, c의 값 구하기	40%
❸ $a+b+c$의 값 구하기	10%

34 화단의 둘레에 화분 사이의 간격이 최대가 되도록 화분을 놓으려면 화분 사이의 간격은 540과 600의 최대공약수이어야 한다.

$$540=2^2\times3^3\times5$$
$$600=2^3\times3\ \times5^2$$
$$(\text{최대공약수})=2^2\times3\ \times5$$

따라서 화분 사이의 간격은
$2^2\times3\times5=60(\text{cm})$ 답 60 cm

35 땅의 둘레에 나무를 가능한 한 적게 심으려면 나무 사이의 간격을 최대로 해야 하므로 나무 사이의 간격은 56과 48의 최대공약수이어야 한다.

$$56=2^3\quad\times7$$
$$48=2^4\times3$$
$$(\text{최대공약수})=2^3$$

따라서 나무 사이의 간격은
$2^3=8(\text{m})$
이때 $56\div8=7$, $48\div8=6$이므로
필요한 나무의 수는
$(7+6)\times2=26$ 답 26

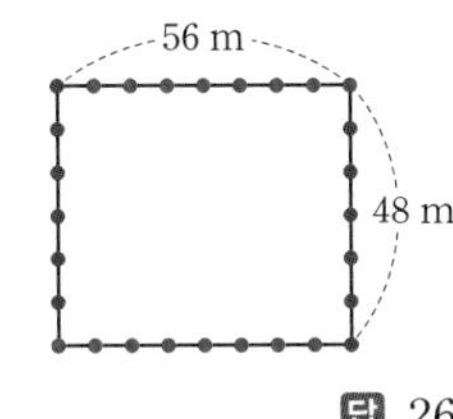

다른 풀이 나무 사이의 간격이 8 m이고 $56\div8=7$, $48\div8=6$이므로
가로에 심는 나무의 수는 $7+1=8$
세로에 심는 나무의 수는 $6+1=7$
이때 네 모퉁이에 심은 나무가 두 번씩 겹치므로 필요한 나무의 수는 $(8+7)\times2-4=26$

36 (1) 공원의 둘레에 기둥 사이의 간격이 최대가 되도록 기둥을 설치하려면 기둥 사이의 간격은 63, 90, 45의 최대공약수이어야 한다.

$$63=\quad3^2\quad\times7$$
$$90=2\times3^2\times5$$
$$45=\quad3^2\times5$$
$$(\text{최대공약수})=\quad3^2$$ … ❶

따라서 기둥 사이의 간격은 $3^2=9(\text{m})$ … ❷

(2) $63\div9=7$, $90\div9=10$,
$45\div9=5$이므로 울타리를 만들기 위해 필요한 기둥의 개수는
$7+10+5=22$ … ❸

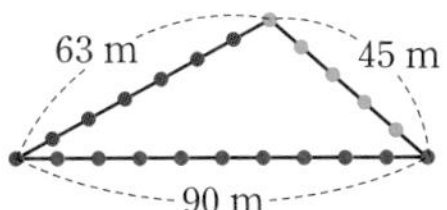

답 (1) 9 m (2) 22

채점 기준	배점
❶ 63, 90, 45의 최대공약수 구하기	40%
❷ 기둥 사이의 간격 구하기	20%
❸ 필요한 기둥의 개수 구하기	40%

37 어떤 자연수로 $27-3=24$, $45-5=40$, $54+2=56$을 각각 나누면 나누어떨어지므로 어떤 자연수 중 가장 큰 수는 24, 40, 56의 최대공약수이다.

$$24=2^3\times3$$
$$40=2^3\quad\times5$$
$$56=2^3\qquad\times7$$
$$(\text{최대공약수})=2^3$$

따라서 구하는 수는 $2^3=8$ 답 8

38 사과와 바나나가 모두 4개씩 남았으므로
사과 $76-4=72$(개)와 바나나 $124-4=120$(개)를 학생들에게 똑같이 나누어 줄 수 있다.
이때 나누어 줄 수 있는 학생 수는 72와 120의 공약수이다.

$$72=2^3\times3^2$$
$$120=2^3\times3\times5$$
$$(\text{최대공약수})=2^3\times3$$

따라서 학생 수는 $2^3\times3=24$의 약수 중 4보다 큰 수만 가능하므로 ④는 학생 수가 될 수 없다. 답 ④

참고 어떤 수 x로 a를 나누면 나머지가 m일 때, $x>m$이어야 한다.

보충 TIP 어떤 수 x로 a, b를 나누면 나머지가 모두 m이다. (단, $x>m$)
➡ x로 $a-m$, $b-m$을 나누면 각각 나누어떨어진다.
➡ x는 $a-m$, $b-m$의 공약수이다.

39 초콜릿이 $93+3=96$(개), 사탕이 $197-5=192$(개), 젤리가 $300-12=288$(개)이면 학생들에게 똑같이 나누어 줄 수 있다.
이때 최대 학생 수는 96, 192, 288의 최대공약수이다.

$$96=2^5\times3$$
$$192=2^6\times3$$
$$288=2^5\times3^2$$
$$(\text{최대공약수})=2^5\times3$$ … ❶

따라서 최대 학생 수는 $2^5\times3=96$(명)이므로 각 학생들에게 나누어 주려고 한 젤리의 개수는
$288\div96=3$ … ❷

답 3

채점 기준	배점
❶ 96, 192, 288의 최대공약수 구하기	70%
❷ 나누어 주려고 한 젤리의 개수 구하기	30%

40 블록을 되도록 적게 사용해야 하므로 블록의 한 모서리의 길이는 54, 30, 42의 최대공약수이어야 한다.

$$54=2\times3^3$$
$$30=2\times3\ \times5$$
$$42=2\times3\qquad\times7$$
$$(\text{최대공약수})=2\times3$$

따라서 블록의 한 모서리의 길이는

$2\times3=6(\text{cm})$ 답 6 cm

41 되도록 큰 타일을 붙이려고 하므로 타일의 한 변의 길이는 135와 210의 최대공약수이어야 한다.

$$\begin{array}{r}135=3^3\times5\\210=2\times3\times5\times7\\\hline(\text{최대공약수})=3\times5\end{array}$$

따라서 타일의 한 변의 길이는

$3\times5=15(\text{cm})$ 답 15 cm

42 가장 작은 정육면체 모양을 만들려고 하므로 정육면체의 한 모서리의 길이는 8, 7, 14의 최소공배수이다.

$$\begin{array}{r}8=2^3\\7=7\\14=2\times7\\\hline(\text{최소공배수})=2^3\times7\end{array}$$

따라서 정육면체의 한 모서리의 길이는 $2^3\times7=56(\text{cm})$이므로 가로에 $56\div8=7$(개), 세로에 $56\div7=8$(개), 높이에 $56\div14=4$(개)씩 필요하다.

즉, 필요한 벽돌의 개수는

$7\times8\times4=224$ 답 224

43 가장 작은 정사각형 모양을 만들려고 하므로 정사각형의 한 변의 길이는 12와 9의 최소공배수이다.

$$\begin{array}{r}12=2^2\times3\\9=3^2\\\hline(\text{최소공배수})=2^2\times3^2\end{array}$$

따라서 정사각형의 한 변의 길이는

$2^2\times3^2=36(\text{cm})$ 답 36 cm

44 세 종류의 버스가 처음으로 다시 동시에 출발할 때까지 걸리는 시간은 5, 8, 10의 최소공배수이다.

$$\begin{array}{r}5=5\\8=2^3\\10=2\times5\\\hline(\text{최소공배수})=2^3\times5\end{array}$$

따라서 오전 9시 30분에 동시에 출발한 세 종류의 버스가 처음으로 다시 동시에 출발하는 시각은 오전 9시 30분으로부터 $2^3\times5=40$(분) 후인 오전 10시 10분이다. 답 ③

45 두 셔틀버스가 처음으로 다시 동시에 출발할 때까지 걸리는 시간은 25와 15의 최소공배수이다.

$$\begin{array}{r}25=5^2\\15=3\times5\\\hline(\text{최소공배수})=3\times5^2\end{array}$$

따라서 처음으로 다시 동시에 출발할 때까지 걸리는 시간은

$3\times5^2=75$(분) 답 ④

46 승준이와 재호가 처음으로 다시 출발점에서 만날 때까지 걸리는 시간은 12와 21의 최소공배수이다.

$$\begin{array}{r}12=2^2\times3\\21=3\times7\\\hline(\text{최소공배수})=2^2\times3\times7\end{array}$$

즉, 두 사람이 처음으로 다시 출발점에서 만날 때까지 걸리는 시간은

$2^2\times3\times7=84$(분) … ❶

따라서 두 사람이 처음으로 다시 출발점에서 만나게 되는 것은 승준이가 공원을 $84\div12=7$(바퀴) 돌았을 때이다. … ❷

답 7바퀴

채점 기준	배점
❶ 두 사람이 처음으로 다시 출발점에서 만날 때까지 걸리는 시간 구하기	60%
❷ 두 사람이 처음으로 다시 출발점에서 만날 때까지 승준이가 공원을 몇 바퀴 돌았는지 구하기	40%

47 두 톱니바퀴가 처음으로 다시 같은 톱니에서 맞물릴 때까지 돌아간 톱니의 개수는 36과 45의 최소공배수이다.

$$\begin{array}{r}36=2^2\times3^2\\45=3^2\times5\\\hline(\text{최소공배수})=2^2\times3^2\times5\end{array}$$

즉, 돌아간 톱니의 개수는

$2^2\times3^2\times5=180$

따라서 두 톱니바퀴가 처음으로 다시 같은 톱니에서 맞물리는 것은 톱니바퀴 A가 $180\div36=5$(바퀴) 회전한 후이다. 답 ④

48 두 톱니바퀴가 처음으로 다시 같은 톱니에서 맞물릴 때까지 돌아간 톱니바퀴 B의 톱니의 개수는 40과 56의 최소공배수이다.

$$\begin{array}{r}40=2^3\times5\\56=2^3\times7\\\hline(\text{최소공배수})=2^3\times5\times7\end{array}$$

따라서 돌아간 톱니바퀴 B의 톱니의 개수는

$2^3\times5\times7=280$ 답 280

49 세 톱니바퀴가 처음으로 다시 모두 같은 톱니에서 맞물릴 때까지 돌아간 톱니의 개수는 21, 35, 42의 최소공배수이다.

$$\begin{array}{r}21=3\times7\\35=5\times7\\42=2\times3\times7\\\hline(\text{최소공배수})=2\times3\times5\times7\end{array}$$

즉, 돌아간 톱니의 개수는

$2\times3\times5\times7=210$

따라서 세 톱니바퀴가 처음으로 다시 모두 같은 톱니에서 맞물릴 때까지 톱니바퀴 B는 $210\div35=6$(바퀴) 회전한다.

답 6바퀴

50 구하는 수를 x라 하면 x를 세 수 4, 6, 7 중 어떤 수로 나누어도 항상 3이 남으므로 $x-3$은 4, 6, 7의 공배수이다.

$4=2^2$

$6=2\times3$

$7=\quad 7$

(최소공배수)$=2^2\times3\times7$

즉, 4, 6, 7의 최소공배수가 $2^2\times3\times7=84$이므로

$x-3=84,\ 168,\ 252,\ \cdots$

$\therefore x=87,\ 171,\ 255,\ \cdots$

따라서 세 자리 자연수 중 가장 작은 수는 171이다.

답 171

보충 TIP 어떤 수 x를 a, b, c의 어느 수로 나누어도 나머지가 모두 m이다.
➡ $x-m$는 a, b, c로 모두 나누어떨어진다.
➡ $x-m$는 a, b, c의 공배수이다.
➡ $x=(a, b, c$의 공배수$)+m$

51 구하는 수를 x라 하면 x를 세 수 7, 10, 14의 어느 수로 나누어도 모두 2가 부족하므로 $x+2$는 7, 10, 14의 최소공배수이다.

$7=\quad 7$

$10=2\times5$

$14=2\quad\times7$

(최소공배수)$=2\times5\times7$

즉, 7, 10, 14의 최소공배수가 $2\times5\times7=70$이므로

$x+2=70 \quad \therefore x=68$

따라서 구하는 자연수는 68이다.

답 68

보충 TIP 어떤 수 x를 a, b, c로 나누면 나머지가 각각 $a-n$, $b-n$, $c-n$이다.
➡ 어떤 수 x를 a, b, c로 나누면 모두 n이 부족하다.
➡ $x+n$은 a, b, c로 모두 나누어떨어진다.
➡ $x+n$은 a, b, c의 공배수이다.
➡ $x=(a, b, c$의 공배수$)-n$

52 1학년 전체 학생 수를 x라 하자.

1학년 전체 학생을 9열, 10열, 12열로 세우면 항상 4명이 부족하므로 $x+4$는 9, 10, 12의 공배수이다.

$9=\quad 3^2$

$10=2\quad\times5$

$12=2^2\times3$

(최소공배수)$=2^2\times3^2\times5$

즉, 최소공배수는 $2^2\times3^2\times5=180$ …❶

이때 $x+4=180,\ 360,\ 540,\ \cdots$이므로

$x=176,\ 356,\ 536,\ \cdots$

x는 200 이하이어야 하므로 $x=176$

즉, 1학년 전체 학생 수는 176이다. …❷

따라서 $176=14\times13-6$이므로 1학년 전체 학생을 14열로 세우려면 6명이 부족하다. …❸

답 6명

채점 기준	배점
❶ 9, 10, 12의 최소공배수 구하기	40%
❷ 1학년 전체 학생 수 구하기	40%
❸ 14열로 세우면 몇 명이 부족한지 구하기	20%

53 자연수 n은 42와 78의 공약수이다.

$42=2\times3\times7$

$78=2\times3\quad\times13$

(최대공약수)$=2\times3$

따라서 42와 78의 최대공약수가 $2\times3=6$이므로 n의 값 중 가장 큰 수는 6이다.

답 6

54 구하는 자연수는 16과 20의 공배수이다.

$16=2^4$

$20=2^2\times5$

(최소공배수)$=2^4\times5$

따라서 16과 20의 최소공배수가 $2^4\times5=80$이므로 구하는 가장 작은 자연수는 80이다.

답 80

55 $\dfrac{a}{b}=\dfrac{(12와\ 10의\ 최소공배수)}{(35와\ 21의\ 최대공약수)}$이어야 한다. 이때

$12=2^2\times3$

$10=2\quad\times5$

(최소공배수)$=2^2\times3\times5=60$

$35=\quad5\times7$

$21=3\quad\times7$

(최대공약수)$=\quad 7$

따라서 $\dfrac{a}{b}=\dfrac{60}{7}$이므로

$a=60,\ b=7$

$\therefore a+b=60+7=67$

답 67

56 구하는 자연수는 4, 6, 9의 공배수이다.

$4=2^2$

$6=2\times3$

$9=\quad3^2$

(최소공배수)$=2^2\times3^2$

따라서 4, 6, 9의 최소공배수가 $2^2\times3^2=36$이므로 구하는 자연수는 36의 배수이다. … ❶

이때 36의 배수는 36, 72, 108, 144, 180, 216, …이므로 200 이하의 자연수는 5개이다. … ❷

답 5

채점 기준	배점
❶ 4, 6, 9의 최소공배수 구하기	70%
❷ 4, 6, 9의 공배수 중 200 이하의 자연수의 개수 구하기	30%

Real 실전 기출 32~34쪽

01 두 수 A, B의 공약수는 $2\times3^2\times7$의 약수이다.

ㄱ. $6=2\times3$ ㄴ. $9=3^2$ ㄷ. $14=2\times7$

ㄹ. $28=2^2\times7$ ㅁ. $42=2\times3\times7$ ㅂ. $66=2\times3\times11$

따라서 A, B의 공약수인 것은 ㄱ, ㄴ, ㄷ, ㅁ이다. 답 ⑤

02 ② 6과 9는 짝수와 홀수이지만 최대공약수가 3이므로 서로소가 아니다.

⑤ 4와 15는 서로소이지만 두 수는 모두 소수가 아니다.

답 ②, ⑤

03
$$\begin{array}{r} 24=2^3\times3 \\ 42=2\times3\times7 \\ \hline (\text{최소공배수})=2^3\times3\times7 \end{array}$$

어떤 자연수를 x라 하면 $x\times14$는 $2^3\times3\times7=168$의 배수이므로

$x\times14=168, 336, 504, \cdots$

$\therefore x=12, 24, 36, \cdots$

따라서 어떤 자연수가 될 수 있는 가장 작은 수는 12이다.

답 ③

04 세 자연수를 $2\times x$, $4\times x$, $7\times x$라 하면

$$\begin{array}{r|ccc} x & 2\times x & 4\times x & 7\times x \\ \hline 2 & 2 & 4 & 7 \\ \hline & 1 & 2 & 7 \end{array}$$

(최소공배수)$=x\times2\times2\times7=196$이므로

$x\times28=196$ $\therefore x=7$

따라서 세 자연수의 최대공약수는 7이다. 답 ④

주의 세 수의 최대공약수는 세 수 모두 공통인 소인수만 곱하여 구해야 하므로 나눗셈에서 나누어 준 수 중 공통인 소인수가 아닌 2는 곱하지 않는다.

05 $54=2\times3^3$이므로

① $20=2^2\times5$와 54의 최소공배수는 $2^2\times3^3\times5$

② $60=2^2\times3\times5$와 54의 최소공배수는 $2^2\times3^3\times5$

③ $90=2\times3^2\times5$와 54의 최소공배수는 $2\times3^3\times5$

④ $180=2^2\times3^2\times5$와 54의 최소공배수는 $2^2\times3^3\times5$

⑤ $540=2^2\times3^3\times5$와 54의 최소공배수는 $2^2\times3^3\times5$

답 ③

다른 풀이 두 자연수 N과 $54=2\times3^3$의 최소공배수가 $2^2\times3^3\times5$이므로

$N=2^2\times5$ 또는 $N=2^2\times3^a\times5$ $(a=1, 2, 3)$ 꼴이어야 한다.

③ $90=2\times3^2\times5$이므로 N의 값이 될 수 없다.

06 최소공배수를 L이라 하면

$2^6\times5^3\times7^2=L\times(2^2\times5\times7)$

$\therefore L=2^4\times5^2\times7$ 답 ④

07 a로 $141-6=135$, $186-6=180$을 각각 나누면 나누어떨어지므로 a는 135와 180의 공약수이다.

$$\begin{array}{r} 135=\quad 3^3\times5 \\ 180=2^2\times3^2\times5 \\ \hline (\text{최대공약수})=\quad 3^2\times5 \end{array}$$

따라서 a는 $3^2\times5=45$의 약수이고 $10<a<20$이므로

$a=15$ 답 15

08 색종이를 되도록 적게 사용해야 하므로 색종이의 한 변의 길이는 105와 75의 최대공약수이다.

$$\begin{array}{r} 105=3\times5\times7 \\ 75=3\times5^2 \\ \hline (\text{최대공약수})=3\times5 \end{array}$$

따라서 색종이의 한 변의 길이는 $3\times5=15$(cm)이므로 가로로 $105\div15=7$(장), 세로로 $75\div15=5$(장)씩 필요하다.

즉, 필요한 색종이는

$7\times5=35$(장) 답 35장

09 처음으로 다시 두 사람 모두 쉬게 되는 날까지 지나는 날수는 $3+1=4$, $5+1=6$의 최소공배수이다.

$$\begin{array}{r} 4=2^2 \\ 6=2\times3 \\ \hline (\text{최소공배수})=2^2\times3 \end{array}$$

따라서 두 사람이 같은 날 동시에 쉬고 $2^2\times3=12$(일) 후 다시 두 사람 모두 쉬게 되므로 두 사람 모두 쉬게 되는 날짜는 4월 2일에서 12일 후인 4월 14일이다. 답 ③

10 두 톱니바퀴가 처음으로 다시 같은 톱니에서 맞물릴 때까지 돌아간 톱니의 개수는 72와 48의 최소공배수이다.

$72=2^3\times3^2$
$48=2^4\times3$
(최소공배수)$=2^4\times3^2$

따라서 돌아간 톱니의 개수는 $2^4\times3^2=144$이므로
$a=144\div72=2$, $b=144\div48=3$
$\therefore a+b=2+3=5$ 답 ②

11 구하는 수를 x라 하면 x를 세 수 4, 6, 9의 어느 수로 나누어도 모두 1이 부족하므로 $x+1$은 4, 6, 9의 공배수이다.

$4=2^2$
$6=2\times3$
$9=3^2$
(최소공배수)$=2^2\times3^2$

즉, 4, 6, 9의 최소공배수가 $2^2\times3^2=36$이므로
$x+1=36, 72, 108, \cdots$
$\therefore x=35, 71, 107, \cdots$
따라서 100에 가장 가까운 수는 107이다. 답 107

12 자연수 n은 36과 54의 공약수이다.

$36=2^2\times3^2$
$54=2\times3^3$
(최대공약수)$=2\times3^2$

따라서 36과 54의 최대공약수가 2×3^2이므로 자연수 n의 개수는 $(1+1)\times(2+1)=6$ 답 6

13 세 자연수의 최대공약수가 8이므로
$A=8\times a$ (a는 자연수)
라 하자.
$24=8\times3$, $40=8\times5$이고 $240=8\times(2\times3\times5)$이므로 a는 반드시 2를 인수로 가져야 하고, 3 또는 5를 인수로 가질 수 있다.
즉, a의 값이 될 수 있는 수는
$2, 2\times3, 2\times5, 2\times3\times5$
이므로 A의 값이 될 수 있는 수는
$8\times2=16$, $8\times(2\times3)=48$, $8\times(2\times5)=80$,
$8\times(2\times3\times5)=240$ 답 ④

참고 $24=2^3\times3$, $40=2^3\times5$
최대공약수는 $8=2^3$, 최소공배수는 $240=2^4\times3\times5$
따라서 A를 소인수분해했을 때 2^4를 반드시 인수로 가지고 3 또는 5를 인수로 가질 수 있다.

14 각 떡 상자에 백설기, 한과, 경단의 개수를 각각 같게 할 때 만들 수 있는 떡 상자의 최대 개수는 30, 45, 75의 최대공약수이다.

$30=2\times3\times5$
$45=3^2\times5$
$75=3\times5^2$
(최대공약수)$=3\times5$

즉, 만들 수 있는 떡 상자의 개수는 $3\times5=15$이므로
각 떡 상자에 담을
백설기의 개수는 $30\div15=2$
한과의 개수는 $45\div15=3$
경단의 개수는 $75\div15=5$
따라서 떡 한 상자의 가격은
$1500\times2+1000\times3+500\times5=8500$(원) 답 8500원

15 점의 개수를 최소로 하여 점을 찍으려면 점 사이의 간격은 72와 45의 최대공약수이어야 한다.

$72=2^3\times3^2$
$45=3^2\times5$
(최대공약수)$=3^2$

즉, 점 사이의 간격은 $3^2=9$(cm)이므로 선분 AB와 선분 BC에 생기는 점 사이의 간격의 개수는 각각
$72\div9=8$, $45\div9=5$
따라서 세 점 A, B, C를 제외한 나머지 점의 개수는
$(8-1)+(5-1)=7+4=11$ 답 11

참고 두 점을 연결하는 선분에 n개의 간격이 있을 때, 두 점 사이에 있는 간격을 만드는 점은 $(n-1)$개이다.

A 점 1개 점 2개 점 3개 … 점 $(n-1)$개 B
간격 1개, 간격 2개, 간격 3개, 간격 4개, 간격 n개

16 (1) $180=2^2\times3^2\times5$이므로

$180=2^2\times3^2\times5$
$2^3\times3^2\times5$
$2\times3^3\times5\times7$
(최대공약수)$=2\times3^2\times5$ … ❶

이때 공약수의 개수는 최대공약수의 약수의 개수와 같으므로 $(1+1)\times(2+1)\times(1+1)=12$ … ❷

(2) 세 수의 최대공약수가 $2\times3^2\times5$이므로 공약수 중 두 번째로 큰 수는 $3^2\times5=45$ … ❸

답 (1) 12 (2) 45

채점 기준	배점
❶ 세 수의 최대공약수를 소인수분해의 꼴로 나타내기	40%
❷ 세 수의 공약수의 개수 구하기	30%
❸ 세 수의 공약수 중 두 번째로 큰 수 구하기	30%

17 최대공약수는 $24=2^3\times3$, 최소공배수는 $240=2^4\times3\times5$이므로

$$\begin{array}{l} 2^3\times3\times a \\ 2^b\times3^c \\ \hline \end{array}$$

(최대공약수)$=2^3\times3$

(최소공배수)$=2^4\times3\times5$ … ❶

즉, $a=5$, $2^b=2^4$, $3^c=3$이어야 하므로

$a=5$, $b=4$, $c=1$ … ❷

$\therefore a+b-c=5+4-1=8$ … ❸

답 8

채점 기준	배점
❶ 최대공약수와 최소공배수를 소인수분해 꼴로 나타내기	30%
❷ a, b, c의 값 구하기	50%
❸ $a+b-c$의 값 구하기	20%

18 각 보트에 남학생과 여학생을 각각 똑같이 나누어 태우고, 보트에 되도록 적은 수의 학생을 태우려면 보트 수를 최대로 해야 하므로 필요한 보트 수는 90과 75의 최대공약수이다.

$$\begin{array}{l} 90=2\times3^2\times5 \\ 75=\quad\ 3\times5^2 \\ \hline \end{array}$$

(최대공약수)$=\quad 3\times5$

즉, 필요한 보트 수는

$3\times5=15$ … ❶

따라서 보트 한 대에 태워야 하는

남학생은 $90\div15=6$(명) … ❷

여학생은 $75\div15=5$(명) … ❸

답 남학생: 6명, 여학생: 5명

채점 기준	배점
❶ 필요한 보트 수 구하기	60%
❷ 보트 한 대에 태워야 하는 남학생 수 구하기	20%
❸ 보트 한 대에 태워야 하는 여학생 수 구하기	20%

19 가장 작은 정육면체를 만들려고 하므로 정육면체의 한 모서리의 길이는 12, 15, 6의 최소공배수이다.

$$\begin{array}{l} 12=2^2\times3 \\ 15=\quad\ 3\times5 \\ 6=2\times3 \\ \hline \end{array}$$

(최소공배수)$=2^2\times3\times5$

따라서 정육면체의 한 모서리의 길이는

$2^2\times3\times5=60$(cm)

$\therefore a=60$ … ❶

이때 블록이 가로에 $60\div12=5$(개), 세로에 $60\div15=4$(개), 높이에 $60\div6=10$(개)씩 필요하므로

$b=5\times4\times10=200$ … ❷

$\therefore a+b=60+200=260$ … ❸

답 260

채점 기준	배점
❶ a의 값 구하기	50%
❷ b의 값 구하기	40%
❸ $a+b$의 값 구하기	10%

20 두 자리 자연수 A, B의 최대공약수가 8이므로

$A=8\times a$, $B=8\times b$ (a, b는 서로소인 자연수, $a<b$)

라 하자. … ❶

두 수 A, B의 곱이 960이므로

$(8\times a)\times(8\times b)=960 \quad \therefore a\times b=15$

(i) $a=1$, $b=15$일 때, $A=8$, $B=120$

(ii) $a=3$, $b=5$일 때, $A=24$, $B=40$

이때 A, B는 두 자리 자연수이므로

$A=24$, $B=40$ … ❷

$\therefore 2\times A+B=2\times24+40=88$ … ❸

답 88

채점 기준	배점
❶ 두 수 A, B를 최대공약수를 이용하여 나타내기	30%
❷ A, B의 값 구하기	60%
❸ $2\times A+B$의 값 구하기	10%

21 오늘 수확한 옥수수의 개수를 x라 하면 옥수수를 10개, 12개, 16개씩 담으면 모두 5개가 부족하므로 $x+5$는 10, 12, 16의 공배수이다.

$$\begin{array}{l} 10=2\quad\ \times5 \\ 12=2^2\times3 \\ 16=2^4 \\ \hline \end{array}$$

(최소공배수)$=2^4\times3\times5$

즉, 최소공배수는 $2^4\times3\times5=240$이므로 … ❶

$x+5=240, 480, 720, \cdots$

$\therefore x=235, 475, 715, \cdots$

이때 $x\le300$이므로 $x=235$

즉, 오늘 수확한 옥수수는 235개이다. … ❷

그러므로 $235=15\times15+10$에서 옥수수를 15개씩 담으면 10개가 남는다. … ❸

답 10개

채점 기준	배점
❶ 10, 12, 16의 최소공배수 구하기	40%
❷ 오늘 수확한 옥수수의 개수 구하기	40%
❸ 15개씩 포장하면 몇 개가 남는지 구하기	20%

03 정수와 유리수

Real 실전 개념

37, 39쪽

01 답 $+200$ m, -150 m

02 답 -3층, $+6$층

03 답 $+2500$원, -1000원

04 답 $+3$ kg, -5 kg

05 답 $+7$, 양수

06 답 -5, 음수

07 답 $-\frac{1}{2}$, 음수

08 답 $+4.5$, 양수

09 답 12, $+\frac{10}{5}$

10 답 -6, -2

11 답 -6, -2, 0, 12, $+\frac{10}{5}$

12 답 3, $+5$

13 답 -7, -4, $-\frac{6}{3}$, 0

14 답 3, $+5$, $+2\frac{1}{2}$

15 답 -7, -4, $-\frac{6}{3}$, -3.2

16 답 $+2\frac{1}{2}$, -3.2

17 답 ×

18 답 ○

19 답 ×

20 답 ○

21 답 A: -1, B: $+\frac{1}{2}$, C: $+\frac{10}{3}$

22 답

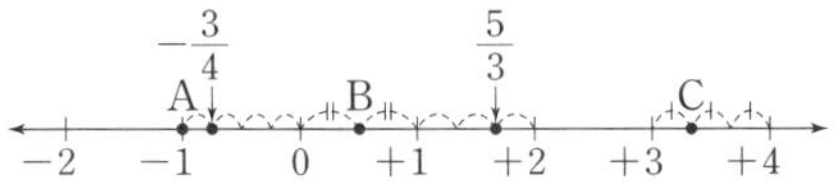

23 답 6

24 답 5

25 답 $\frac{2}{3}$

26 답 0

27 답 1.5

28 답 5.2

29 답 10

30 답 7

31 답 $\frac{5}{6}$

32 답 3.2

33 답 0

34 답 -8, $+8$

35 답 -2.5, $+2.5$

36 답 $-\frac{7}{10}$, $+\frac{7}{10}$

37 답

38 답 >

39 답 <

40 답 >

41 답 >

42 답 >

43 답 <

44 답 <

45 답 >

46 答 >

47 답 <

48 답 <

49 답 >

50 답 $x>-2$

51 답 $x<1.7$

52 답 $x\le\frac{1}{6}$

53 답 $x\ge-4$

54 답 $-\frac{1}{3}\le x<5$

55 답 $-3<x\le\frac{1}{5}$

56 답 $2\le x<7$

57 답 -1, 0, 1, 2

58 답 -1, 0, 1

Real 실전 유형

40~45쪽

01 ③ 해발 150 m ➜ $+150$ m 답 ③

02 ① -7 ℃ ② $+10$점
③ -300 m ④ -700원
⑤ -120 m 답 ②

03 영상 33 ℃ ➜ $+33$ ℃
70 % 증가 ➜ $+70$ %
15일 전 ➜ -15일
10 % 추가 ➜ $+10$ %
20일 증가 ➜ $+20$일
따라서 부호 +를 사용하는 것은 4개이다. 답 4개

04 정수는 $\frac{20}{4}(=5)$, 0, +4, 10의 4개이다. 답 ④

05 양의 정수는 +3, $\frac{15}{5}(=3)$, 1의 3개이므로

$a=3$ … ❶

음의 정수는 −8, −3의 2개이므로

$b=2$ … ❷

$\therefore a-b=3-2=1$ … ❸

답 1

채점 기준	배점
❶ a의 값 구하기	40%
❷ b의 값 구하기	40%
❸ $a-b$의 값 구하기	20%

06 $-\frac{6}{3}=-2$, $\frac{8}{2}=4$ 답 ③, ⑤

07 ① 양수는 $+\frac{10}{3}$, 6, +4.3, $\frac{14}{2}$의 4개이다.

② 정수는 6, 0, $-\frac{12}{4}$, $\frac{14}{2}$의 4개이다.

③ 양의 정수는 6, $\frac{14}{2}$의 2개이다.

④ 음의 유리수는 −0.2, $-\frac{12}{4}$의 2개이다.

⑤ 정수가 아닌 유리수는 $+\frac{10}{3}$, −0.2, +4.3의 3개이다.

답 ②

08 양의 유리수는 $+3\frac{1}{2}$, 7의 2개이므로

$a=2$ … ❶

음의 유리수는 −2.1, $-\frac{12}{3}$, $-\frac{9}{4}$의 3개이므로

$b=3$ … ❷

정수가 아닌 유리수는 −2.1, $+3\frac{1}{2}$, $-\frac{9}{4}$의 3개이므로

$c=3$ … ❸

$\therefore a+b+c=2+3+3=8$ … ❹

답 8

채점 기준	배점
❶ a의 값 구하기	30%
❷ b의 값 구하기	30%
❸ c의 값 구하기	30%
❹ $a+b+c$의 값 구하기	10%

09 ① 0은 정수이다.

③ 유리수는 양의 유리수, 0, 음의 유리수로 이루어져 있다.

⑤ 양의 정수 중 가장 작은 수는 1이다. 답 ②, ④

참고 서로 다른 두 유리수 사이에는 무수히 많은 유리수가 존재한다. 예를 들어 1.5와 1.6 사이에 있는 유리수는 1.51, 1.52, 1.511, 1.535, …와 같이 무수히 많다.

10 ② B: −0.5 답 ②

11 주어진 수를 수직선 위에 나타내면 다음과 같다.

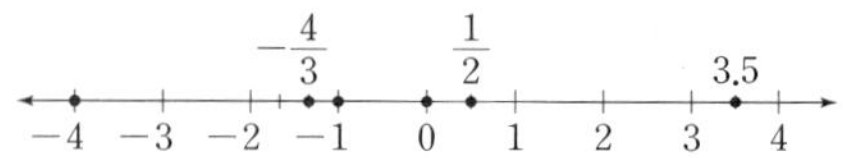

따라서 왼쪽에서 두 번째에 있는 수는 $-\frac{4}{3}$이다. 답 $-\frac{4}{3}$

12 점 A, B, C, D가 나타내는 수는 다음과 같다.

A: $-\frac{8}{3}$, B: −2, C: $\frac{3}{4}$, D: $\frac{5}{2}$

① 유리수는 $-\frac{8}{3}$, −2, $\frac{3}{4}$, $\frac{5}{2}$의 4개이다.

② 음의 정수는 −2의 1개이다.

③ 점 A가 나타내는 수는 $-\frac{8}{3}$이다.

④ 점 D가 나타내는 수는 2.5이다. 답 ⑤

13 다음 그림과 같이 −3과 7을 나타내는 두 점으로부터 같은 거리에 있는 점이 나타내는 수는 2이다.

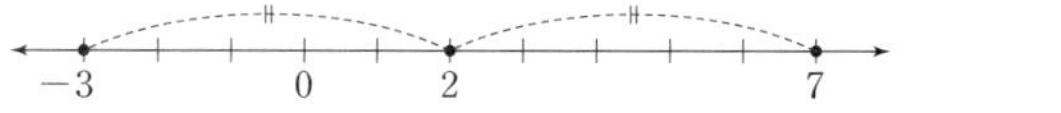

답 2

14 다음 그림과 같이 −2를 나타내는 점으로부터 거리가 3인 두 점이 나타내는 수는 −5와 1이다.

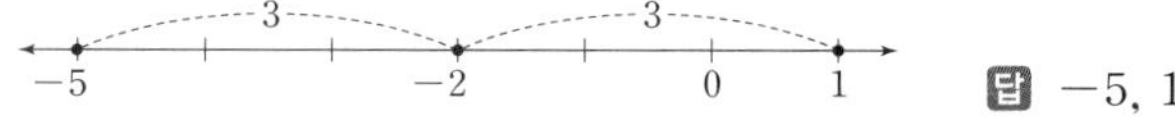

답 −5, 1

15 다음 그림과 같이 두 점 A, B의 한가운데에 있는 점 M이 나타내는 수는 $\frac{1}{4}$이다.

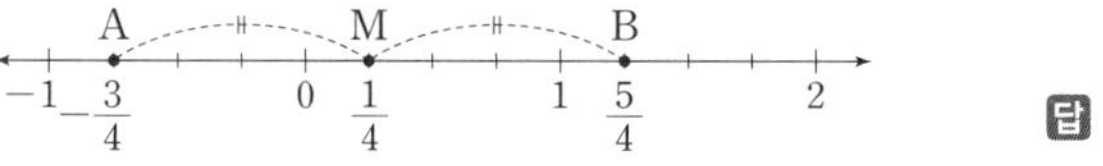

답 $\frac{1}{4}$

16 두 수 −2, 6을 나타내는 두 점 A, C 사이의 거리가 8이므로 두 점으로부터 같은 거리에 있는 점 B가 나타내는 수는 2이다.

따라서 두 점 B, C 사이의 거리가 4이므로 다음 그림과 같이 점 C에서 오른쪽으로 4만큼 떨어진 점 D가 나타내는 수는 6+4=10

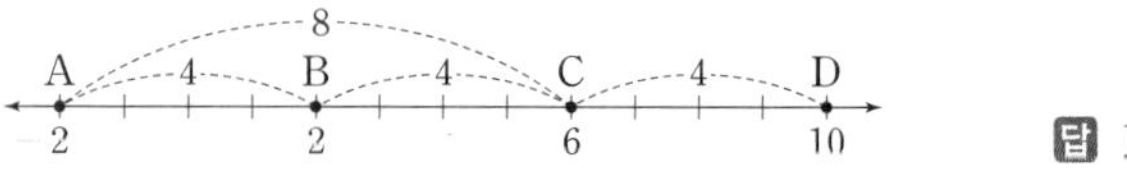

답 10

17 절댓값이 $\frac{1}{5}$인 수는 $-\frac{1}{5}$, $\frac{1}{5}$이고, 이 중 음수는 $-\frac{1}{5}$이므로

$a=-\frac{1}{5}$

$\left|-\frac{3}{2}\right|=\frac{3}{2}$이므로 $b=\frac{3}{2}$ 답 $a=-\frac{1}{5}$, $b=\frac{3}{2}$

18 $|-3|+\left|\frac{5}{3}\right|=3+\frac{5}{3}=\frac{14}{3}$ 답 $\frac{14}{3}$

19 절댓값이 7인 두 수는 -7과 7이므로 오른쪽 그림과 같이 두 수를 나타내는 두 점 사이의 거리는 14이다. 답 14

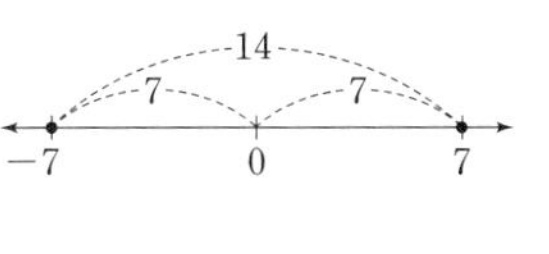

20 절댓값이 5인 수는 -5, 5이고, 이 중 음의 정수는 -5이므로
$a=-5$ … ❶
두 수 -5, b를 나타내는 두 점으로부터 같은 거리에 있는 점이 나타내는 수가 -1이므로 위의 그림에서
$b=3$ … ❷

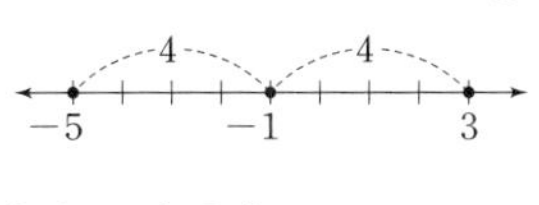

답 $a=-5$, $b=3$

채점 기준	배점
❶ a의 값 구하기	40%
❷ b의 값 구하기	60%

21 ① $a=-2$이면 $|-2|=2$이므로 $|a|\neq a$이다.
③ $|-2|=|2|$이지만 $-2\neq 2$이다. 답 ①, ③

22 ㄱ. 절댓값은 0 또는 양수이다.
ㄴ. $|a|=a$이면 a는 0 또는 양수이다.
ㄷ. 절댓값이 가장 작은 정수는 0이다.
따라서 옳은 것은 ㄹ뿐이다. 답 ㄹ

23 ① a를 나타내는 점과 원점 사이의 거리가 2보다 크므로 $|a|>2$이다.
② $a<0$, $b>0$이고 절댓값은 항상 0 또는 양수이므로 $|a|=-a$, $|b|=b$이다.
④ 절댓값이 가장 작은 수는 원점에서 가장 가까운 b이다.
⑤ d를 나타내는 점이 a를 나타내는 점보다 원점으로부터 더 멀리 떨어져 있으므로 d의 절댓값이 a의 절댓값보다 크다. 답 ③

24 절댓값이 같고 부호가 반대인 두 수를 나타내는 두 점 사이의 거리가 12이므로 두 점은 원점으로부터 각각
$12\times\frac{1}{2}=6$만큼 떨어진 점이다.
즉, 절댓값이 6이므로 구하는 두 수는 -6, 6이다.
답 -6, 6

25 $|a|=|b|$이고, 두 수 a, b를 나타내는 두 점 사이의 거리가 $\frac{5}{2}$이므로 두 점은 원점으로부터 각각 $\frac{5}{2}\times\frac{1}{2}=\frac{5}{4}$만큼 떨어진 점이다.
$\therefore |a|=\frac{5}{4}$ 답 $\frac{5}{4}$

26 조건 (가), (나)에서 두 점은 원점으로부터 각각 $\frac{14}{5}\times\frac{1}{2}=\frac{7}{5}$만큼 떨어진 점이다. … ❶
즉, 두 수의 절댓값이 $\frac{7}{5}$이므로 두 수는 $-\frac{7}{5}$, $\frac{7}{5}$이고 조건 (다)에서 a는 b보다 크므로
$a=\frac{7}{5}$, $b=-\frac{7}{5}$ … ❷
답 $a=\frac{7}{5}$, $b=-\frac{7}{5}$

채점 기준	배점
❶ a, b를 나타내는 두 점과 원점 사이의 거리 구하기	40%
❷ a, b의 값 각각 구하기	60%

27 절댓값이 2 이상 $\frac{9}{2}$ 미만인 정수의 절댓값은 2, 3, 4이다.
절댓값이 2인 정수는 -2, 2
절댓값이 3인 정수는 -3, 3
절댓값이 4인 정수는 -4, 4
따라서 절댓값이 2 이상 $\frac{9}{2}$ 미만인 정수는 6개이다. 답 6

28 절댓값이 $\frac{11}{3}$보다 작은 정수의 절댓값은 0, 1, 2, 3
따라서 주어진 수 중 절댓값이 $\frac{11}{3}$보다 작은 정수는 ②, ③이다. 답 ②, ③

29 $\left|-\frac{7}{2}\right|=\frac{7}{2}=3\frac{1}{2}$, $|0|=0$, $|2|=2$,
$\left|\frac{5}{3}\right|=\frac{5}{3}=1\frac{2}{3}$, $|3|=3$, $|-1|=1$
이므로 절댓값이 $\frac{13}{5}\left(=2\frac{3}{5}\right)$ 이하인 수는
0, 2, $\frac{5}{3}$, -1 답 0, 2, $\frac{5}{3}$, -1

30 a의 절댓값이 $\frac{21}{5}\left(=4\frac{1}{5}\right)$ 미만이고 a는 정수이므로
$|a|=0, 1, 2, 3, 4$ … ❶
절댓값이 0인 정수는 0
절댓값이 1인 정수는 -1, 1
절댓값이 2인 정수는 -2, 2
절댓값이 3인 정수는 -3, 3
절댓값이 4인 정수는 -4, 4 … ❷
따라서 정수 a는 9개이다. … ❸
답 9

채점 기준	배점
❶ 조건을 만족시키는 $\lvert a\rvert$의 값 구하기	30%
❷ 절댓값이 0, 1, 2, 3, 4인 정수 구하기	60%
❸ 정수 a의 개수 구하기	10%

31 ① $|-6|<|-10|$이므로 $-6>-10$

② $\frac{7}{3}=2\frac{1}{3}$이므로 $2<\frac{7}{3}$

③ $|-3|=3$이므로 $0<|-3|$

④ (양수)>(음수)이므로 $1.3>-2$

⑤ $\left|-\frac{2}{3}\right|=\frac{2}{3}=\frac{10}{15}$, $\left|\frac{3}{5}\right|=\frac{3}{5}=\frac{9}{15}$이므로

$\left|-\frac{2}{3}\right|>\left|\frac{3}{5}\right|$ 답 ②

32 ① $\frac{3}{4}=\frac{15}{20}$, $\frac{4}{5}=\frac{16}{20}$이므로

$\frac{3}{4}<\frac{4}{5}$

② $\left|-\frac{3}{5}\right|>\left|-\frac{2}{5}\right|$이므로

$-\frac{3}{5}<-\frac{2}{5}$

③ $\left|-\frac{1}{4}\right|=\frac{1}{4}=0.25$이므로

$0.3>\left|-\frac{1}{4}\right|$

④ (음수)<(양수)이므로

$-\frac{5}{3}<\frac{1}{7}$

⑤ $-\frac{5}{6}=-\frac{15}{18}$, $-\frac{7}{9}=-\frac{14}{18}$이므로

$\left|-\frac{5}{6}\right|>\left|-\frac{7}{9}\right|$

$\therefore -\frac{5}{6}<-\frac{7}{9}$ 답 ③

33 주어진 수를 작은 수부터 차례대로 나열하면

-4, -2, $-\frac{1}{2}$, $\frac{10}{3}$, 3.5, $\frac{17}{4}$

① 가장 작은 수는 -4이다.

② 가장 큰 음수는 $-\frac{1}{2}$이다.

③ 가장 큰 수는 $\frac{17}{4}$이다.

④ $\frac{10}{3}$보다 작은 수는 3개이다.

⑤ 주어진 수를 절댓값이 작은 수부터 차례대로 나열하면

$-\frac{1}{2}$, -2, $\frac{10}{3}$, 3.5, -4, $\frac{17}{4}$

이므로 절댓값이 가장 큰 수는 $\frac{17}{4}$이다. 답 ⑤

34 ② $a\le\frac{3}{2}$ 답 ②

35 답 ④

36 ①, ② $-1\le x<2$

③, ⑤ $-1<x\le2$

④ $-1\le x\le2$ 답 ③, ⑤

37 $-\frac{7}{3}<x\le3$을 만족시키는 정수 x는 -2, -1, 0, 1, 2, 3의 6개이다. 답 ④

38 ⑤ 주어진 범위에 2가 포함되지 않으므로 2는 x의 값이 될 수 없다. 답 ⑤

39 -2보다 작지 않고 2.5 미만인 정수는 -2, -1, 0, 1, 2의 5개이므로

$a=5$ … ❶

$-\frac{7}{2}$보다 큰 음의 정수는 -3, -2, -1의 3개이므로

$b=3$ … ❷

$\therefore a-b=5-3=2$ … ❸

답 2

채점 기준	배점
❶ a의 값 구하기	40%
❷ b의 값 구하기	40%
❸ $a-b$의 값 구하기	20%

40 $-\frac{1}{4}\left(=-\frac{3}{12}\right)$과 $\frac{4}{3}\left(=\frac{16}{12}\right)$ 사이에 있는 수 중 분모가 12인 기약분수는

$-\frac{1}{12}$, $\frac{1}{12}$, $\frac{5}{12}$, $\frac{7}{12}$, $\frac{11}{12}$, $\frac{13}{12}$

의 6개이다. 답 ③

Real 실전 기출

46~48쪽

01 ① 해발 300 m ➜ +300 m

③ 5시간 후 ➜ +5시간

④ 20점 실점 ➜ −20점 답 ②, ⑤

02 □ 안에 들어갈 수는 정수가 아닌 유리수이므로 ②, ⑤이다. 답 ②, ⑤

03 $-\frac{12}{5}$와 $\frac{10}{3}$을 수직선 위에 나타내면 다음과 같다.

$-\frac{12}{5}$, $\frac{10}{3}$
−3 −2 −1 0 1 2 3 4

따라서 $-\frac{12}{5}$에 가장 가까운 정수는 -2, $\frac{10}{3}$에 가장 가까운 정수는 3이므로

$a=-2$, $b=3$ 답 $a=-2$, $b=3$

04 다음 그림과 같이 두 점 A, B로부터 같은 거리에 있는 점이 나타내는 수는 -2이다.

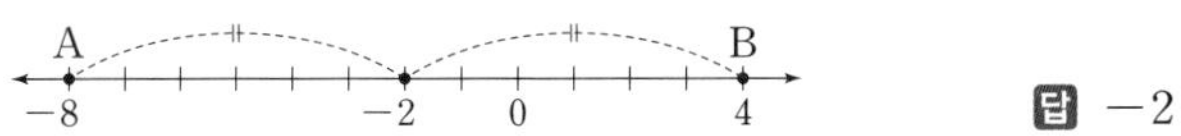

답 -2

05 $\left|\frac{1}{6}\right|+|-2|+\left|-\frac{3}{4}\right|=\frac{1}{6}+2+\frac{3}{4}$
$=\frac{2}{12}+\frac{24}{12}+\frac{9}{12}$
$=\frac{35}{12}$

답 ③

06 ① $|-1|=|1|$이지만 $-1\neq1$이다.
④ 절댓값이 0인 수는 0으로 1개이다. 답 ①, ④

07 절댓값이 같고 $a>b$인 두 수 a, b를 나타내는 두 점 사이의 거리가 $\frac{10}{3}$이므로 두 점은 원점으로부터 각각
$\frac{10}{3}\times\frac{1}{2}=\frac{5}{3}$만큼 떨어진 점이다.
즉, 두 수 a, b의 절댓값이 $\frac{5}{3}$이고 $a>b$이므로
$a=\frac{5}{3}$, $b=-\frac{5}{3}$ 답 $a=\frac{5}{3}$, $b=-\frac{5}{3}$

08 $|4|=4$, $|0|=0$, $|-1.6|=1.6$, $\left|\frac{2}{3}\right|=\frac{2}{3}$, $|-2|=2$,
$\left|\frac{1}{2}\right|=\frac{1}{2}$이므로 절댓값이 큰 수부터 차례대로 나열하면
4, -2, -1.6, $\frac{2}{3}$, $\frac{1}{2}$, 0
따라서 세 번째에 오는 수는 -1.6이다. 답 -1.6

09 $\frac{14}{3}=4\frac{2}{3}$이므로 $|x|<\frac{14}{3}\left(=4\frac{2}{3}\right)$를 만족시키는 $|x|$의 값은 0, 1, 2, 3, 4이다.
절댓값이 0인 정수는 0
절댓값이 1인 정수는 -1, 1
절댓값이 2인 정수는 -2, 2
절댓값이 3인 정수는 -3, 3
절댓값이 4인 정수는 -4, 4
따라서 구하는 정수 x는 9개이다. 답 ⑤

10 A와 마주 보는 면에 있는 수는 -3.5이고, -3.5와 절댓값이 같고 부호가 반대인 수는 3.5이므로
$A=3.5$
B와 마주 보는 면에 있는 수는 2이고, 2와 절댓값이 같고 부호가 반대인 수는 -2이므로
$B=-2$
C와 마주 보는 면에 있는 수는 $\frac{3}{5}$이고, $\frac{3}{5}$과 절댓값이 같고 부호가 반대인 수는 $-\frac{3}{5}$이므로
$C=-\frac{3}{5}$
이때 $-2<-\frac{3}{5}<3.5$이므로 A, B, C를 작은 수부터 차례대로 나열하면 B, C, A이다. 답 B, C, A

11 ① $a\geq-5$
② $a\geq4$
④ $-\frac{1}{3}\leq a\leq2$
⑤ $-1<a\leq3$ 답 ③

12 절댓값이 $\frac{6}{5}$인 음수는 $-\frac{6}{5}$이고, 절댓값이 5인 양의 정수는 5이다.
따라서 $-\frac{6}{5}$보다 작지 않고 5보다 작은 정수는
-1, 0, 1, 2, 3, 4의 6개이다. 답 6

13 조건 (가)에서 두 수를 나타내는 두 점 사이의 거리가 16이고, 조건 (나)에서 $a<b$, $|a|=3\times|b|$이므로 다음과 같이 경우를 나누어 생각할 수 있다.
(i) $a<0<b$인 경우
$4\times|b|=16$이므로
$|b|=4$
$b>0$이므로 $b=4$
$|a|=3\times|b|$이므로
$|a|=3\times4=12$
$a<0$이므로 $a=-12$
(ii) $a<b<0$인 경우
$2\times|b|=16$이므로
$|b|=8$
$b<0$이므로 $b=-8$
$|a|=3\times|b|$이므로
$|a|=3\times8=24$
$a<0$이므로 $a=-24$
이때 조건 (다)에서 $|a|+|b|=32$이므로 조건을 모두 만족시키는 두 수 a, b의 값은
$a=-24$, $b=-8$ 답 $a=-24$, $b=-8$

14 $\left|-\frac{6}{5}\right|=\frac{6}{5}=\frac{36}{30}$, $\left|\frac{7}{6}\right|=\frac{7}{6}=\frac{35}{30}$이므로
$\left(-\frac{6}{5}\right)\triangle\frac{7}{6}=-\frac{6}{5}$
$\left|-\frac{6}{5}\right|=\frac{6}{5}=\frac{18}{15}$, $\left|-\frac{4}{3}\right|=\frac{4}{3}=\frac{20}{15}$이므로
$\left\{\left(-\frac{6}{5}\right)\triangle\frac{7}{6}\right\}\triangle\left(-\frac{4}{3}\right)=\left(-\frac{6}{5}\right)\triangle\left(-\frac{4}{3}\right)$
$=-\frac{4}{3}$ 답 $-\frac{4}{3}$

15 $\frac{8}{9}<\left|\frac{a}{3}\right|<\frac{13}{9}$에서

$\frac{8}{9}<\left|\frac{3\times a}{9}\right|<\frac{13}{9}$

즉, $8<|3\times a|<13$이고 a가 정수이므로 $|3\times a|$의 값이 될 수 있는 수는 9, 10, 11, 12이다.

(i) $|3\times a|=9$이면 $|a|=3$이므로

$a=-3$ 또는 $a=3$

(ii) $|3\times a|=10$이면 $|a|=\frac{10}{3}$이므로

$a=-\frac{10}{3}$ 또는 $a=\frac{10}{3}$

(iii) $|3\times a|=11$이면 $|a|=\frac{11}{3}$이므로

$a=-\frac{11}{3}$ 또는 $a=\frac{11}{3}$

(iv) $|3\times a|=12$이면 $|a|=4$이므로

$a=-4$ 또는 $a=4$

이때 정수 a는 -4, -3, 3, 4이므로 이 중 가장 작은 수는 -4이다.

답 -4

16 (1) A: $-\frac{9}{4}$, B: $-\frac{1}{2}$, C: 1, D: $\frac{7}{3}$ … ❶

(2) 양의 정수를 나타내는 점은 C뿐이므로

$a=1$ … ❷

양수가 아닌 유리수를 나타내는 점은 A, B이므로

$b=2$ … ❸

$\therefore a\times b=1\times 2=2$ … ❹

답 (1) A: $-\frac{9}{4}$, B: $-\frac{1}{2}$, C: 1, D: $\frac{7}{3}$ (2) 2

채점 기준	배점
❶ 네 점 A, B, C, D가 나타내는 수 구하기	30%
❷ a의 값 구하기	30%
❸ b의 값 구하기	30%
❹ $a\times b$의 값 구하기	10%

17 $|a|=8$이므로 $a=-8$ 또는 $a=8$

$|b|=3$이므로 $b=-3$ 또는 $b=3$ … ❶

이때 $a<b$이고 a, b를 나타내는 두 점 사이의 거리가 11이므로 $a=-8$, $b=3$ … ❷

답 $a=-8$, $b=3$

채점 기준	배점
❶ a, b가 될 수 있는 수 모두 구하기	40%
❷ 조건에 맞는 a, b의 값 각각 구하기	60%

18 구하는 수는 절댓값이 $\frac{11}{3}$ 미만인 정수이므로 절댓값이 0, 1, 2, 3인 정수이다. … ❶

절댓값이 0인 정수는 0

절댓값이 1인 정수는 -1, 1

절댓값이 2인 정수는 -2, 2

절댓값이 3인 정수는 -3, 3

따라서 구하는 수는

-3, -2, -1, 0, 1, 2, 3 … ❷

답 -3, -2, -1, 0, 1, 2, 3

채점 기준	배점
❶ 조건을 만족시키는 정수의 절댓값 구하기	40%
❷ 조건을 만족시키는 정수 구하기	60%

19 조건 (가)에서 x는 $-6<x\le 2$인 정수이므로

-5, -4, -3, -2, -1, 0, 1, 2 … ❶

이때 조건 (나)에서 $|x|\ge 3$이므로 x는 -3, -4, -5의 3개이다. … ❷

답 3

채점 기준	배점
❶ 조건 (가)를 만족시키는 정수 x의 값 구하기	50%
❷ 조건 (가), (나)를 모두 만족시키는 정수 x의 개수 구하기	50%

20 조건 (다)에서 $|a|+|b|=8$이고, 조건 (나)에서 $|b|=4$이므로

$|a|+4=8$ $\therefore |a|=4$ … ❶

조건 (가)에서 $a<0$이므로 $a=-4$ … ❷

조건 (나)에서 $b=-4$ 또는 $b=4$

그런데 a, b는 서로 다른 정수이므로 $b=4$ … ❸

답 $a=-4$, $b=4$

채점 기준	배점
❶ $\|a\|$의 값 구하기	40%
❷ a의 값 구하기	30%
❸ b의 값 구하기	30%

21 -5보다 크지 않은 정수는 -5 이하인 정수이므로

-5, -6, -7, …

이 중 가장 큰 정수는 -5이므로

$x=[-5]=-5$

$\therefore |x|=|-5|=5$ … ❶

$\frac{7}{3}$보다 크지 않은 정수는 $\frac{7}{3}$ 이하인 정수이므로

2, 1, 0, …

이 중 가장 큰 정수는 2이므로

$y=\left[\frac{7}{3}\right]=2$

$\therefore |y|=|2|=2$ … ❷

$\therefore |x|-|y|=5-2=3$ … ❸

답 3

채점 기준	배점
❶ $\|x\|$의 값 구하기	40%
❷ $\|y\|$의 값 구하기	40%
❸ $\|x\|-\|y\|$의 값 구하기	20%

04 정수와 유리수의 계산 (1)

Real 실전 개념

51쪽

01 $(+7)+(+3)=+(7+3)=10$ 답 10

02 $(-6)+(-10)=-(6+10)=-16$ 답 -16

03 $(+2)+(-7)=-(7-2)=-5$ 답 -5

04 $(-5)+(+11)=+(11-5)=6$ 답 6

05 $\left(+\frac{3}{5}\right)+\left(+\frac{1}{4}\right)=\left(+\frac{12}{20}\right)+\left(+\frac{5}{20}\right)$
$=+\left(\frac{12}{20}+\frac{5}{20}\right)=\frac{17}{20}$ 답 $\frac{17}{20}$

06 $\left(-\frac{5}{12}\right)+\left(+\frac{3}{8}\right)=\left(-\frac{10}{24}\right)+\left(+\frac{9}{24}\right)$
$=-\left(\frac{10}{24}-\frac{9}{24}\right)=-\frac{1}{24}$ 답 $-\frac{1}{24}$

07 $(-5.8)+(+2.5)=-(5.8-2.5)=-3.3$ 답 -3.3

08 $(-1.6)+(-8.4)=-(1.6+8.4)=-10$ 답 -10

09 $(-4)+(+9)+(-6)=\{(-4)+(-6)\}+(+9)$
$=(-10)+(+9)$
$=-1$ 답 -1

10 $\left(+\frac{7}{2}\right)+\left(+\frac{5}{4}\right)+\left(+\frac{3}{2}\right)$
$=\left\{\left(+\frac{7}{2}\right)+\left(+\frac{3}{2}\right)\right\}+\left(+\frac{5}{4}\right)$
$=(+5)+\left(+\frac{5}{4}\right)=\frac{25}{4}$ 답 $\frac{25}{4}$

11 $\left(-\frac{2}{9}\right)+\left(+\frac{1}{5}\right)+\left(-\frac{4}{15}\right)$
$=\left\{\left(-\frac{2}{9}\right)+\left(-\frac{4}{15}\right)\right\}+\left(+\frac{1}{5}\right)$
$=\left\{\left(-\frac{10}{45}\right)+\left(-\frac{12}{45}\right)\right\}+\left(+\frac{1}{5}\right)$
$=\left(-\frac{22}{45}\right)+\left(+\frac{9}{45}\right)=-\frac{13}{45}$ 답 $-\frac{13}{45}$

12 $(+0.6)+(-2.2)+(+1.4)$
$=\{(+0.6)+(+1.4)\}+(-2.2)$
$=(+2)+(-2.2)=-0.2$ 답 -0.2

13 $(+8)-(+4)=(+8)+(-4)=4$ 답 4

14 $(-3)-(-7)=(-3)+(+7)=4$ 답 4

15 $(-5)-(+3)=(-5)+(-3)=-8$ 답 -8

16 $(+2)-(-9)=(+2)+(+9)=11$ 답 11

17 $\left(+\frac{3}{2}\right)-\left(+\frac{9}{7}\right)=\left(+\frac{3}{2}\right)+\left(-\frac{9}{7}\right)$
$=\left(+\frac{21}{14}\right)+\left(-\frac{18}{14}\right)=\frac{3}{14}$ 답 $\frac{3}{14}$

18 $\left(-\frac{3}{8}\right)-\left(+\frac{2}{3}\right)=\left(-\frac{3}{8}\right)+\left(-\frac{2}{3}\right)$
$=\left(-\frac{9}{24}\right)+\left(-\frac{16}{24}\right)$
$=-\frac{25}{24}$ 답 $-\frac{25}{24}$

19 $(-3.7)-(+2.1)=(-3.7)+(-2.1)$
$=-5.8$ 답 -5.8

20 $(+0.8)-(-2.7)=(+0.8)+(+2.7)=3.5$ 답 3.5

21 $(+6)-(-11)-(+8)=(+6)+(+11)+(-8)$
$=\{(+6)+(+11)\}+(-8)$
$=(+17)+(-8)=9$ 답 9

22 $\left(-\frac{6}{5}\right)-\left(-\frac{1}{4}\right)-\left(+\frac{14}{5}\right)$
$=\left(-\frac{6}{5}\right)+\left(+\frac{1}{4}\right)+\left(-\frac{14}{5}\right)$
$=\left\{\left(-\frac{6}{5}\right)+\left(-\frac{14}{5}\right)\right\}+\left(+\frac{1}{4}\right)$
$=(-4)+\left(+\frac{1}{4}\right)=-\frac{15}{4}$ 답 $-\frac{15}{4}$

23 $(-4.7)-(+2.3)-(-2.5)$
$=(-4.7)+(-2.3)+(+2.5)$
$=\{(-4.7)+(-2.3)\}+(+2.5)$
$=(-7)+(+2.5)=-4.5$ 답 -4.5

24 $(+18)-(-12)+(-11)$
$=(+18)+(+12)+(-11)$
$=\{(+18)+(+12)\}+(-11)$
$=(+30)+(-11)=19$ 답 19

25 $\left(-\frac{7}{4}\right)+\left(+\frac{1}{6}\right)-\left(-\frac{5}{12}\right)$
$=\left(-\frac{7}{4}\right)+\left(+\frac{1}{6}\right)+\left(+\frac{5}{12}\right)$
$=\left(-\frac{7}{4}\right)+\left\{\left(+\frac{2}{12}\right)+\left(+\frac{5}{12}\right)\right\}$
$=\left(-\frac{21}{12}\right)+\left(+\frac{7}{12}\right)=-\frac{7}{6}$ 답 $-\frac{7}{6}$

26 $(+4.5)-(+1.2)+(-3)$
$=(+4.5)+(-1.2)+(-3)$
$=(+4.5)+\{(-1.2)+(-3)\}$
$=(+4.5)+(-4.2)=0.3$ 답 0.3

27 $7-12-8=(+7)-(+12)-(+8)$
$=(+7)+(-12)+(-8)$
$=(+7)+\{(-12)+(-8)\}$
$=(+7)+(-20)=-13$ 답 -13

28 $-\frac{7}{8}-\frac{3}{4}+\frac{5}{8}=\left(-\frac{7}{8}\right)-\left(+\frac{3}{4}\right)+\left(+\frac{5}{8}\right)$
$=\left(-\frac{7}{8}\right)+\left(-\frac{3}{4}\right)+\left(+\frac{5}{8}\right)$
$=\left\{\left(-\frac{7}{8}\right)+\left(+\frac{5}{8}\right)\right\}+\left(-\frac{3}{4}\right)$
$=\left(-\frac{1}{4}\right)+\left(-\frac{3}{4}\right)=-1$ 답 -1

29 $-5.6-3.4+2.6$
$=(-5.6)-(+3.4)+(+2.6)$
$=(-5.6)+(-3.4)+(+2.6)$
$=\{(-5.6)+(-3.4)\}+(+2.6)$
$=(-9)+(+2.6)=-6.4$ 답 -6.4

Real 실전 유형 52~57쪽

01 ① $(+6)+(-3)=+(6-3)=3$
② $(-2)+(+9)=+(9-2)=7$
③ $(-2.3)+(-4.5)=-(2.3+4.5)$
$=-6.8$
④ $\left(-\frac{3}{4}\right)+\left(-\frac{1}{6}\right)=\left(-\frac{9}{12}\right)+\left(-\frac{2}{12}\right)$
$=-\left(\frac{9}{12}+\frac{2}{12}\right)$
$=-\frac{11}{12}$
⑤ $(+1.5)+\left(-\frac{1}{2}\right)=\left(+\frac{15}{10}\right)+\left(-\frac{5}{10}\right)$
$=1$ 답 ⑤

02 ① $(+2)+(+4)=+(2+4)=6$
② $(-3)+(+9)=+(9-3)=6$
③ $(-7)+(+1)=-(7-1)=-6$
④ $(-6)+(+12)=+(12-6)=6$
⑤ $(+5)+(+1)=+(5+1)=6$ 답 ③

03 $a=\left(-\frac{1}{5}\right)+\left(-\frac{7}{10}\right)=\left(-\frac{2}{10}\right)+\left(-\frac{7}{10}\right)$
$=-\left(\frac{2}{10}+\frac{7}{10}\right)=-\frac{9}{10}$ … ❶
$b=\left(+\frac{7}{8}\right)+\left(-\frac{5}{4}\right)=\left(+\frac{7}{8}\right)+\left(-\frac{10}{8}\right)$
$=-\left(\frac{10}{8}-\frac{7}{8}\right)=-\frac{3}{8}$ … ❷
$\therefore a+b=\left(-\frac{9}{10}\right)+\left(-\frac{3}{8}\right)=\left(-\frac{36}{40}\right)+\left(-\frac{15}{40}\right)$
$=-\left(\frac{36}{40}+\frac{15}{40}\right)=-\frac{51}{40}$ … ❸

답 $-\frac{51}{40}$

채점 기준	배점
❶ a의 값 구하기	30%
❷ b의 값 구하기	30%
❸ $a+b$의 값 구하기	40%

04 답 ㉠ 덧셈의 교환법칙, ㉡ 덧셈의 결합법칙

05 답 ②

06 ① $(-4)-(+9)=(-4)+(-9)=-13$
② $(+1.7)-(-5.3)=(+1.7)+(+5.3)=7$
③ $(+0.8)-(+1)=(+0.8)+(-1)=-0.2=-\frac{1}{5}$
④ $\left(+\frac{4}{7}\right)-\left(-\frac{5}{7}\right)=\left(+\frac{4}{7}\right)+\left(+\frac{5}{7}\right)=\frac{9}{7}$
⑤ $\left(-\frac{3}{4}\right)-\left(-\frac{5}{8}\right)=\left(-\frac{3}{4}\right)+\left(+\frac{5}{8}\right)$
$=\left(-\frac{6}{8}\right)+\left(+\frac{5}{8}\right)=-\frac{1}{8}$ 답 ⑤

07 ㄱ. $(+7)-(-4)=(+7)+(+4)=11$
ㄴ. $\left(-\frac{1}{5}\right)-\left(+\frac{4}{5}\right)=\left(-\frac{1}{5}\right)+\left(-\frac{4}{5}\right)=-1$
ㄷ. $\left(+\frac{5}{6}\right)-\left(+\frac{4}{3}\right)=\left(+\frac{5}{6}\right)+\left(-\frac{4}{3}\right)$
$=\left(+\frac{5}{6}\right)+\left(-\frac{8}{6}\right)=-\frac{1}{2}$
ㄹ. $(+2.6)-(-3.4)=(+2.6)+(+3.4)=6$
따라서 계산 결과가 음수인 것은 ㄴ, ㄷ이다. 답 ㄴ, ㄷ

08 $-\frac{1}{2}=-\frac{4}{8}$, $-\frac{3}{2}=-\frac{12}{8}$, $+\frac{1}{4}=+\frac{2}{8}$이므로
$\left|+\frac{1}{4}\right|<\left|-\frac{3}{8}\right|<\left|-\frac{1}{2}\right|<\left|+\frac{5}{8}\right|<\left|-\frac{3}{2}\right|$
$\therefore a=-\frac{3}{2}, b=+\frac{1}{4}$ … ❶
$\therefore a-b=\left(-\frac{3}{2}\right)-\left(+\frac{1}{4}\right)=\left(-\frac{3}{2}\right)+\left(-\frac{1}{4}\right)$
$=\left(-\frac{6}{4}\right)+\left(-\frac{1}{4}\right)=-\frac{7}{4}$ … ❷

답 $-\frac{7}{4}$

채점 기준	배점
❶ a, b의 값 각각 구하기	50%
❷ $a-b$의 값 구하기	50%

09 0을 나타내는 점에서 왼쪽으로 4만큼 이동한 후 다시 오른쪽으로 7만큼 이동한 것이 0을 나타내는 점에서 오른쪽으로 3만큼 이동한 것과 같으므로 수직선으로 설명할 수 있는 덧셈식은

$(-4)+(+7)=3$ 답 ②

10 0을 나타내는 점에서 오른쪽으로 6만큼 이동한 후 다시 왼쪽으로 8만큼 이동한 것이 0을 나타내는 점에서 왼쪽으로 2만큼 이동한 것과 같으므로 수직선으로 설명할 수 있는 계산식은

$(+6)+(-8)=-2$ 또는 $(+6)-(+8)=-2$

답 ④, ⑤

참고 수직선 위의 한 점에서 n만큼 이동하는 것을 $+n$, 왼쪽으로 이동하는 것을 뺄셈으로 생각하면 수직선 위의 a를 나타내는 점에서 왼쪽으로 n만큼 이동하는 것은 $a-(+n)$으로 나타낼 수도 있다.

11 0을 나타내는 점에서 오른쪽으로 8만큼 이동한 후 다시 왼쪽으로 3만큼 이동한 것이 0을 나타내는 점에서 오른쪽으로 5만큼 이동한 것과 같으므로 수직선으로 설명할 수 있는 덧셈식은

$(+8)+(-3)=5$ 답 $(+8)+(-3)=5$

12 ① $(-8)-(+3)+(+2)=(-8)+(-3)+(+2)$
$=(-11)+(+2)=-9$

② $\left(+\frac{2}{7}\right)-\left(+\frac{1}{3}\right)+\left(-\frac{5}{3}\right)=\left(+\frac{2}{7}\right)+\left(-\frac{1}{3}\right)+\left(-\frac{5}{3}\right)$
$=\left(+\frac{2}{7}\right)+(-2)$
$=\left(+\frac{2}{7}\right)+\left(-\frac{14}{7}\right)=-\frac{12}{7}$

③ $\left(+\frac{7}{4}\right)+\left(-\frac{1}{6}\right)-\left(+\frac{5}{12}\right)$
$=\left(+\frac{7}{4}\right)+\left(-\frac{1}{6}\right)+\left(-\frac{5}{12}\right)$
$=\left(+\frac{7}{4}\right)+\left(-\frac{2}{12}\right)+\left(-\frac{5}{12}\right)$
$=\left(+\frac{21}{12}\right)+\left(-\frac{7}{12}\right)=\frac{7}{6}$

④ $(+6)-\left(-\frac{9}{7}\right)+(-8)=(+6)+\left(+\frac{9}{7}\right)+(-8)$
$=\{(+6)+(-8)\}+\left(+\frac{9}{7}\right)$
$=(-2)+\left(+\frac{9}{7}\right)$
$=\left(-\frac{14}{7}\right)+\left(+\frac{9}{7}\right)=-\frac{5}{7}$

⑤ $(-1.7)-(-3.3)+(-5)$
$=(-1.7)+(+3.3)+(-5)$
$=\{(-1.7)+(-5)\}+(+3.3)$
$=(-6.7)+(+3.3)=-3.4$ 답 ③

13 $(+2)+(-4)-(-6)-(+13)$
$=(+2)+(-4)+(+6)+(-13)$
$=\{(+2)+(+6)\}+\{(-4)+(-13)\}$
$=(+8)+(-17)=-9$ 답 -9

14 $\left(+\frac{4}{5}\right)+\left(+\frac{2}{3}\right)-\left(-\frac{5}{6}\right)-\left(+\frac{11}{5}\right)$
$=\left(+\frac{4}{5}\right)+\left(+\frac{2}{3}\right)+\left(+\frac{5}{6}\right)+\left(-\frac{11}{5}\right)$
$=\left\{\left(+\frac{4}{5}\right)+\left(-\frac{11}{5}\right)\right\}+\left\{\left(+\frac{4}{6}\right)+\left(+\frac{5}{6}\right)\right\}$
$=\left(-\frac{7}{5}\right)+\left(+\frac{3}{2}\right)$
$=\left(-\frac{14}{10}\right)+\left(+\frac{15}{10}\right)=\frac{1}{10}$ 답 $\frac{1}{10}$

15 $\left(-\frac{3}{2}\right)-(-3)+\left(+\frac{9}{5}\right)+(-2.7)$
$=\left(-\frac{3}{2}\right)+(+3)+\left(+\frac{9}{5}\right)+(-2.7)$ …❶
$=\left(-\frac{15}{10}\right)+\left(+\frac{30}{10}\right)+\left(+\frac{18}{10}\right)+\left(-\frac{27}{10}\right)=\frac{3}{5}$ …❷
따라서 $a=5$, $b=3$이므로 $a+b=8$ …❸
답 8

채점 기준	배점
❶ 뺄셈을 덧셈으로 고치기	30%
❷ 주어진 식을 계산하여 기약분수로 나타내기	50%
❸ $a+b$의 값 구하기	20%

16 ① $-2+8-10=(-2)+(+8)-(+10)$
$=(-2)+(+8)+(-10)=-4$

② $-\frac{9}{5}+\frac{3}{2}-\frac{7}{10}=\left(-\frac{9}{5}\right)+\left(+\frac{3}{2}\right)-\left(+\frac{7}{10}\right)$
$=\left(-\frac{18}{10}\right)+\left(+\frac{15}{10}\right)+\left(-\frac{7}{10}\right)=-1$

③ $7-11-6+12$
$=(+7)-(+11)-(+6)+(+12)$
$=(+7)+(-11)+(-6)+(+12)=2$

④ $-5+4-9+14$
$=(-5)+(+4)-(+9)+(+14)$
$=(-5)+(+4)+(-9)+(+14)=4$

⑤ $-1.8-3.2+3$
$=(-1.8)-(+3.2)+(+3)$
$=(-1.8)+(-3.2)+(+3)=-2$ 답 ④

17 $5+\frac{1}{6}-\frac{10}{3}-3$

$=(+5)+\left(+\frac{1}{6}\right)-\left(+\frac{10}{3}\right)-(+3)$

$=(+5)+\left(+\frac{1}{6}\right)+\left(-\frac{10}{3}\right)+(-3)$

$=\{(+5)+(-3)\}+\left\{\left(+\frac{1}{6}\right)+\left(-\frac{20}{6}\right)\right\}$

$=(+2)+\left(-\frac{19}{6}\right)$

$=\left(+\frac{12}{6}\right)+\left(-\frac{19}{6}\right)=-\frac{7}{6}$ 답 $-\frac{7}{6}$

18 $a=-3+5+7-11$

$=(-3)+(+5)+(+7)-(+11)$

$=(-3)+(+5)+(+7)+(-11)=-2$ …❶

$b=-\frac{1}{2}+\frac{4}{3}+\frac{1}{6}-2$

$=\left(-\frac{1}{2}\right)+\left(+\frac{4}{3}\right)+\left(+\frac{1}{6}\right)-(+2)$

$=\left(-\frac{1}{2}\right)+\left(+\frac{4}{3}\right)+\left(+\frac{1}{6}\right)+(-2)$

$=\left(-\frac{3}{6}\right)+\left(+\frac{8}{6}\right)+\left(+\frac{1}{6}\right)+\left(-\frac{12}{6}\right)=-1$ …❷

$\therefore a-b=(-2)-(-1)=(-2)+(+1)=-1$ …❸

답 -1

채점 기준	배점
❶ a의 값 구하기	35%
❷ b의 값 구하기	50%
❸ $a-b$의 값 구하기	15%

19 $51-52+53-54+55-\cdots+99-100$

$=(+51)-(+52)+(+53)-(+54)+\cdots+(+99)-(+100)$

$=\{(+51)+(-52)\}+\{(+53)+(-54)\}+\cdots+\{(+99)+(-100)\}$

$=\underbrace{(-1)+(-1)+\cdots+(-1)}_{25개}=-25$ 답 -25

20 $a=\frac{9}{4}+(-3)=\frac{9}{4}+\left(-\frac{12}{4}\right)=-\frac{3}{4}$

$b=\left(-\frac{5}{8}\right)-(-2)=\left(-\frac{5}{8}\right)+\left(+\frac{16}{8}\right)=\frac{11}{8}$

$\therefore a+b=\left(-\frac{3}{4}\right)+\frac{11}{8}=\left(-\frac{6}{8}\right)+\frac{11}{8}=\frac{5}{8}$ 답 $\frac{5}{8}$

21 ① $(-1)+(-9)=-10$

② $2-(-7)=2+(+7)=9$

③ $3+(-8)=-5$

④ $(-6)-5=-11$

⑤ $5-6=-1$ 답 ④

22 $a=-\frac{3}{2}+\frac{5}{4}=-\frac{6}{4}+\frac{5}{4}=-\frac{1}{4}$

따라서 구하는 수는

$-\frac{1}{4}-\left(-\frac{1}{3}\right)=-\frac{3}{12}+\left(+\frac{4}{12}\right)=\frac{1}{12}$ 답 $\frac{1}{12}$

23 $a=2+\left(-\frac{4}{3}\right)=\frac{6}{3}+\left(-\frac{4}{3}\right)=\frac{2}{3}$ …❶

$b=-3-\left(-\frac{1}{2}\right)=-\frac{6}{2}+\left(+\frac{1}{2}\right)=-\frac{5}{2}$ …❷

따라서 $a=\frac{2}{3}=0.6\cdots$, $b=-2.5$이므로 $-2.5<x<0.6\cdots$을 만족시키는 정수 x는 -2, -1, 0의 3개이다. …❸

답 3

채점 기준	배점
❶ a의 값 구하기	40%
❷ b의 값 구하기	40%
❸ 조건을 만족시키는 정수의 개수 구하기	20%

24 $\square=-\frac{2}{3}+\frac{5}{6}=-\frac{4}{6}+\frac{5}{6}=\frac{1}{6}$ 답 ④

25 $\square=-\frac{7}{5}-(-1.5)=-\frac{14}{10}+\left(+\frac{15}{10}\right)=\frac{1}{10}$ 답 $\frac{1}{10}$

26 $a=\frac{1}{3}+(-2)=\frac{1}{3}+\left(-\frac{6}{3}\right)=-\frac{5}{3}$

$b=-1-\left(-\frac{3}{2}\right)=-\frac{2}{2}+\left(+\frac{3}{2}\right)=\frac{1}{2}$

$\therefore a+b=-\frac{5}{3}+\frac{1}{2}=-\frac{10}{6}+\frac{3}{6}=-\frac{7}{6}$ 답 $-\frac{7}{6}$

27 $-\frac{9}{4}+2-\square=-1$에서 $-\frac{9}{4}+\frac{8}{4}-\square=-1$이므로

$-\frac{1}{4}-\square=-1$

$\therefore \square=-\frac{1}{4}-(-1)=-\frac{1}{4}+\left(+\frac{4}{4}\right)=\frac{3}{4}$ 답 $\frac{3}{4}$

28 $|a|=4$이므로 $a=-4$ 또는 $a=4$

$|b|=6$이므로 $b=-6$ 또는 $b=6$

(i) $a=-4$, $b=-6$일 때,

$a+b=-4+(-6)=-10$

(ii) $a=-4$, $b=6$일 때,

$a+b=-4+6=2$

(iii) $a=4$, $b=-6$일 때,

$a+b=4+(-6)=-2$

(iv) $a=4$, $b=6$일 때,

$a+b=4+6=10$

(i)~(iv)에서 $a+b$의 값 중 가장 작은 수는 -10이다.

답 ①

29 $|a|<7$을 만족시키는 정수 a의 값은

$-6, -5, -4, \cdots, 4, 5, 6$

$|b|<9$를 만족시키는 정수 b의 값은

$-8, -7, -6, \cdots, 6, 7, 8$

$a=6, b=8$일 때 $a+b$의 값이 가장 크므로 구하는 값은

$6+8=14$ 답 14

보충 TIP 두 수 a, b에 대하여 $a+b$와 $a-b$의

(1) 가장 큰 값

① a도 가장 크고 b도 가장 클 때, $a+b$의 값은 가장 크다.

② a는 가장 크고 b는 가장 작을 때, $a-b$의 값은 가장 크다.

(2) 가장 작은 값

① a도 가장 작고 b도 가장 작을 때, $a+b$의 값은 가장 작다.

② a는 가장 작고 b는 가장 클 때, $a-b$의 값은 가장 작다.

30 절댓값이 2인 수를 a, 절댓값이 8인 수를 b라 하면 a, b의 부호가 서로 다르므로

$a=2, b=-8$ 또는 $a=-2, b=8$

이때 두 수의 합이 양수가 되는 경우는

$a=-2, b=8$

따라서 두 수의 합은 $-2+8=6$ 답 ③

31 a의 절댓값은 3이므로 $a=-3$ 또는 $a=3$

b의 절댓값은 5이므로 $b=-5$ 또는 $b=5$

(i) $a=-3, b=-5$일 때,

$a-b=-3-(-5)=-3+(+5)=2$

(ii) $a=-3, b=5$일 때,

$a-b=-3-5=-8$

(iii) $a=3, b=-5$일 때,

$a-b=3-(-5)=3+(+5)=8$

(iv) $a=3, b=5$일 때,

$a-b=3-5=-2$

(i)~(iv)에서 $M=8, m=-8$이므로 … ❶

$M-m=8-(-8)=8+(+8)=16$ … ❷

답 16

채점 기준	배점
❶ M, m의 값 각각 구하기	80%
❷ $M-m$의 값 구하기	20%

32 점 A가 나타내는 수는

$-2+\frac{13}{5}-\frac{3}{2}=-\frac{20}{10}+\frac{26}{10}-\frac{15}{10}=-\frac{9}{10}$ 답 ④

33 점 A가 나타내는 수는 $-1-\frac{5}{6}=-\frac{6}{6}-\frac{5}{6}=-\frac{11}{6}$

점 B가 나타내는 수는 $-1+\frac{7}{3}=-\frac{3}{3}+\frac{7}{3}=\frac{4}{3}$

따라서 구하는 합은

$-\frac{11}{6}+\frac{4}{3}=-\frac{11}{6}+\frac{8}{6}=-\frac{1}{2}$ 답 $-\frac{1}{2}$

34 $3.4-\left(-\frac{3}{5}\right)=\frac{34}{10}+\left(+\frac{6}{10}\right)=4$ 답 ④

35 $-\frac{5}{3}$를 나타내는 점으로부터의 거리가 2인 두 점이 나타내는 수는 각각

$-\frac{5}{3}-2=-\frac{5}{3}-\frac{6}{3}=-\frac{11}{3}$, $-\frac{5}{3}+2=-\frac{5}{3}+\frac{6}{3}=\frac{1}{3}$

따라서 두 수 중 작은 수는 $-\frac{11}{3}$이다. 답 $-\frac{11}{3}$

36 가로, 세로, 대각선의 세 수의 합은

$3+(-1)+(-5)=-3$이어야 한다.

즉, $2+(-5)+b=-3$에서

$-3+b=-3$ $\therefore b=0$

또, $a+(-1)+0=-3$에서

$a+(-1)=-3$ $\therefore a=-2$

답 $a=-2, b=0$

37 한 변에 놓인 네 수의 합은

$1+\left(-\frac{1}{2}\right)+\left(-\frac{3}{2}\right)+3=2$이어야 한다.

즉, $-2+a+\frac{4}{3}+3=2$에서 $a+\frac{7}{3}=2$ $\therefore a=-\frac{1}{3}$

또, $-2+(-3)+b+1=2$에서 $-4+b=2$ $\therefore b=6$

$\therefore a+b=-\frac{1}{3}+6=\frac{17}{3}$ 답 ②

38 $a+\frac{1}{2}=-\frac{1}{2}$이므로

$a=-\frac{1}{2}-\frac{1}{2}=-1$ … ❶

$b+\left(-\frac{5}{6}\right)=-\frac{1}{2}$이므로

$b=-\frac{1}{2}-\left(-\frac{5}{6}\right)=-\frac{3}{6}+\left(+\frac{5}{6}\right)=\frac{1}{3}$ … ❷

$c+\frac{1}{4}=-\frac{1}{2}$이므로

$c=-\frac{1}{2}-\frac{1}{4}=-\frac{2}{4}-\frac{1}{4}=-\frac{3}{4}$ … ❸

$\therefore a+b-c=-1+\frac{1}{3}-\left(-\frac{3}{4}\right)$

$=-\frac{12}{12}+\frac{4}{12}+\left(+\frac{9}{12}\right)=\frac{1}{12}$ … ❹

답 $\frac{1}{12}$

채점 기준	배점
❶ a의 값 구하기	25%
❷ b의 값 구하기	25%
❸ c의 값 구하기	25%
❹ $a+b-c$의 값 구하기	25%

39 $7500+1800+500-200-850=8750$(명) 답 ③

40 $40-15+8+21-13=41$(분) 답 41분

41 4월 1일의 금 1 g 가격을 A원이라 하면 4월 4일의 금 1 g 가격은
$A-33.41+130.76+102.62=A+199.97$(원)
따라서 4월 4일에 구입한 사람은 4월 1일에 구입한 사람보다 199.97원 더 주고 구입하였다. 답 199.97원

Real 실전 기출 58~60쪽

01 ① $(-6)+(+8)=2$
② $(+11)-(+9)=(+11)+(-9)=2$
③ $(+4.3)+(-2.1)=2.2$
④ $\left(-\frac{7}{6}\right)-\left(-\frac{5}{3}\right)=\left(-\frac{7}{6}\right)+\left(+\frac{10}{6}\right)=\frac{1}{2}$
⑤ $\left(-\frac{3}{5}\right)+\left(+\frac{9}{10}\right)=\left(-\frac{6}{10}\right)+\left(+\frac{9}{10}\right)=\frac{3}{10}$ 답 ③

02 ⑤ (마): $\frac{1}{3}$ 답 ⑤

03 $a=\left(-\frac{1}{2}\right)-\left(+\frac{5}{6}\right)=\left(-\frac{3}{6}\right)+\left(-\frac{5}{6}\right)=-\frac{4}{3}$
$b=\left(-\frac{5}{4}\right)-\left(-\frac{2}{3}\right)=\left(-\frac{15}{12}\right)+\left(+\frac{8}{12}\right)=-\frac{7}{12}$
$\therefore a-b=\left(-\frac{4}{3}\right)-\left(-\frac{7}{12}\right)$
$=\left(-\frac{16}{12}\right)+\left(+\frac{7}{12}\right)=-\frac{3}{4}$ 답 ②

04 0을 나타내는 점에서 왼쪽으로 7만큼 이동한 후 다시 오른쪽으로 2만큼 이동한 것이 0을 나타내는 점에서 왼쪽으로 5만큼 이동한 것과 같으므로 수직선으로 설명할 수 있는 계산식은
$(-7)+(+2)=-5$ 답 ②

05 $A=(-10)+(+5)-(-11)$
$=(-10)+(+5)+(+11)=6$
$B=\left(-\frac{7}{15}\right)+\left(-\frac{1}{5}\right)-(-2)$
$=\left(-\frac{7}{15}\right)+\left(-\frac{3}{15}\right)+\left(+\frac{30}{15}\right)=\frac{4}{3}$
$C=(-2.3)-(+4.7)+(-3)$
$=(-2.3)+(-4.7)+(-3)=-10$
따라서 세 수 중 가장 작은 것은 C이다. 답 C

06 $7-\frac{8}{3}+\frac{7}{4}-6=(+7)-\left(+\frac{8}{3}\right)+\left(+\frac{7}{4}\right)-(+6)$
$=(+7)+\left(-\frac{8}{3}\right)+\left(+\frac{7}{4}\right)+(-6)$
$=(+7)+(-6)+\left(-\frac{8}{3}\right)+\left(+\frac{7}{4}\right)$
$=\{(+7)+(-6)\}+\left\{\left(-\frac{32}{12}\right)+\left(+\frac{21}{12}\right)\right\}$
$=(+1)+\left(-\frac{11}{12}\right)$
$=\left(+\frac{12}{12}\right)+\left(-\frac{11}{12}\right)=\frac{1}{12}$
따라서 $a=12$, $b=1$이므로
$a-b=12-1=11$ 답 11

07 ① $3+(-6)=-3$
② $(-5)-8=-13$
③ $(-7)+9=2$
④ $4-(-1)=4+(+1)=5$
⑤ $(-2)-(-10)=(-2)+(+10)=8$ 답 ⑤

08 $a=\frac{3}{2}+2=\frac{7}{2}$
$b=\left(-\frac{5}{2}\right)-(-1)=\left(-\frac{5}{2}\right)+\left(+\frac{2}{2}\right)=-\frac{3}{2}$
$\therefore a-b=\frac{7}{2}-\left(-\frac{3}{2}\right)=\frac{7}{2}+\left(+\frac{3}{2}\right)=5$ 답 ①

09 $|a|=5$이므로 $a=-5$ 또는 $a=5$
$|b|=7$이므로 $b=-7$ 또는 $b=7$
(i) $a=-5$, $b=-7$일 때,
$a+b=-5+(-7)=-12$
(ii) $a=-5$, $b=7$일 때,
$a+b=-5+7=2$
(iii) $a=5$, $b=-7$일 때,
$a+b=5+(-7)=-2$
(iv) $a=5$, $b=7$일 때,
$a+b=5+7=12$ 답 ②

10 점 A가 나타내는 수는
$-\frac{1}{6}-\frac{10}{3}+\frac{5}{2}=-\frac{1}{6}-\frac{20}{6}+\frac{15}{6}=-1$ 답 -1

11 각 도시의 일교차를 구하면 다음과 같다.
A: $(+1.5)-(-4.3)=(+1.5)+(+4.3)=5.8$(℃)
B: $(-1)-(-6.2)=(-1)+(+6.2)=5.2$(℃)
C: $(-2.1)-(-5.7)=(-2.1)+(+5.7)=3.6$(℃)
D: $(+2)-(-3.7)=(+2)+(+3.7)=5.7$(℃)
따라서 일교차가 가장 큰 도시는 A, 가장 작은 도시는 C이다. 답 A, C

12 이웃하는 네 수의 합은

$\frac{5}{4}+3+(-1)+\left(-\frac{1}{4}\right)=\frac{5}{4}+\left(-\frac{1}{4}\right)+3+(-1)=3$

이어야 한다.

즉, $(-1)+a+\frac{5}{4}+3=3$에서

$\left(-\frac{4}{4}\right)+a+\frac{5}{4}+\frac{12}{4}=3,\ a+\frac{13}{4}=3 \qquad \therefore a=-\frac{1}{4}$

또, $3+(-1)+\left(-\frac{1}{4}\right)+b=3$에서

$\frac{12}{4}+\left(-\frac{4}{4}\right)+\left(-\frac{1}{4}\right)+b=3,\ \frac{7}{4}+b=3 \qquad \therefore b=\frac{5}{4}$

$\therefore b-a=\frac{5}{4}-\left(-\frac{1}{4}\right)=\frac{5}{4}+\frac{1}{4}=\frac{3}{2}$ 답 $\frac{3}{2}$

13 (1) D의 길이를 100 cm로 놓고 A, B, C의 길이를 나타내면

(A의 길이)$=100-54=46$ (cm)

(B의 길이)$=46+73=119$ (cm)

(C의 길이)$=119-81=38$ (cm)

따라서 길이가 짧은 것부터 차례대로 나열하면

C, A, D, B

(2) A와 C의 길이의 차는

$46-38=8$(cm) 답 (1) C, A, D, B (2) 8 cm

14 어떤 정수를 □라 하자.

□$+(-6)<0$이므로 □는 6보다 작은 정수이다.

$\therefore$ □$=5, 4, 3, 2, \cdots$ ······ ㉠

□$+(-4)>0$이므로 □는 4보다 큰 정수이다.

$\therefore$ □$=5, 6, 7, 8, \cdots$ ······ ㉡

㉠, ㉡에서 □$=5$이므로 구하는 어떤 정수는 5이다. 답 5

15 [3, [□, 5]]$=2$에서 $|3-$[□, 5]$|=2$이므로

$3-$[□, 5]$=-2$ 또는 $3-$[□, 5]$=2$

$\therefore$ [□, 5]$=5$ 또는 [□, 5]$=1$

(i) [□, 5]$=5$일 때, $|$□$-5|=5$이므로

□$-5=-5$ 또는 □$-5=5$

$\therefore$ □$=0$ 또는 □$=10$

(ii) [□, 5]$=1$일 때, $|$□$-5|=1$이므로

□$-5=-1$ 또는 □$-5=1$

$\therefore$ □$=4$ 또는 □$=6$

(i), (ii)에서 □ 안에 알맞은 수는 0, 4, 6, 10이므로 구하는 합은

$0+4+6+10=20$ 답 20

16 $\left|-\frac{1}{10}\right|<\left|\frac{7}{4}\right|<|-2|<\left|-\frac{13}{5}\right|<|3.1|$

이때 원점으로부터 가장 멀리 떨어진 수는 절댓값이 가장 큰 수이므로 $a=3.1$

원점에 가장 가까운 수는 절댓값이 가장 작은 수이므로

$b=-\frac{1}{10}$ ··· ❶

$\therefore a+b=3.1+\left(-\frac{1}{10}\right)=\frac{31}{10}+\left(-\frac{1}{10}\right)=3$ ··· ❷

답 3

채점 기준	배점
❶ a, b의 값 각각 구하기	50%
❷ $a+b$의 값 구하기	50%

17 $|a|=4$이므로 $a=-4$ 또는 $a=4$

$|b|=\frac{3}{2}$이므로 $b=-\frac{3}{2}$ 또는 $b=\frac{3}{2}$ ··· ❶

(i) $a=-4,\ b=-\frac{3}{2}$일 때,

$a-b=-4-\left(-\frac{3}{2}\right)=-\frac{8}{2}+\left(+\frac{3}{2}\right)=-\frac{5}{2}$

(ii) $a=-4,\ b=\frac{3}{2}$일 때,

$a-b=-4-\frac{3}{2}=-\frac{8}{2}-\frac{3}{2}=-\frac{11}{2}$

(iii) $a=4,\ b=-\frac{3}{2}$일 때,

$a-b=4-\left(-\frac{3}{2}\right)=\frac{8}{2}+\left(+\frac{3}{2}\right)=\frac{11}{2}$

(iv) $a=4,\ b=\frac{3}{2}$일 때,

$a-b=4-\frac{3}{2}=\frac{8}{2}-\frac{3}{2}=\frac{5}{2}$

(i)~(iv)에서 $M=\frac{11}{2},\ m=-\frac{11}{2}$이므로 ··· ❷

$M-m=\frac{11}{2}-\left(-\frac{11}{2}\right)=\frac{11}{2}+\left(+\frac{11}{2}\right)=11$ ··· ❸

답 11

채점 기준	배점
❶ a, b의 값 각각 구하기	30%
❷ M, m의 값 각각 구하기	60%
❸ $M-m$의 값 각각 구하기	10%

18 가로, 세로에 있는 세 수의 합은

$\frac{5}{3}+\left(-\frac{2}{3}\right)+(-2)=-1$이어야 한다. ··· ❶

$a+\frac{1}{3}+\frac{5}{3}=-1$에서 $a+2=-1 \qquad \therefore a=-3$

$-3+\frac{5}{2}+b=-1$에서

$-\frac{6}{2}+\frac{5}{2}+b=-1,\ -\frac{1}{2}+b=-1 \qquad \therefore b=-\frac{1}{2}$

$-\frac{1}{2}+c+(-2)=-1$에서

$-\frac{1}{2}+c+\left(-\frac{4}{2}\right)=-1,\ c+\left(-\frac{5}{2}\right)=-1$

$\therefore c=\frac{3}{2}$ ··· ❷

$\therefore a-b+c=(-3)-\left(-\frac{1}{2}\right)+\frac{3}{2}$

$=(-3)+\left(+\frac{1}{2}\right)+\frac{3}{2}=-1$ …❸

답 -1

채점 기준	배점
❶ 세 수의 합 구하기	20%
❷ a, b, c의 값 각각 구하기	60%
❸ $a-b+c$의 값 구하기	20%

19 2015년의 매출액을 □만 원이라 하면 2018년의 매출액이 8500만 원이므로

□$+(-1800)+(+1400)+(-500)=8500$ …❶

□$+(-900)=8500$

∴ □$=8500-(-900)=8500+(+900)=9400$

따라서 2015년의 매출액은 9400만 원이다. …❷

답 9400만 원

채점 기준	배점
❶ 식 세우기	50%
❷ 2015년의 매출액 구하기	50%

20 계산한 결과가 가장 작으려면 ㉡에는 세 수 중 가장 큰 수를 넣어야 한다.

이때 $-\frac{1}{2}<\frac{1}{6}<\frac{1}{4}$이므로 ㉡에는 $\frac{1}{4}$을 넣는다. …❶

따라서 ㉠−㉡+㉢을 계산한 결과 중 가장 작은 값은

$-\frac{1}{2}-\frac{1}{4}+\frac{1}{6}=-\frac{6}{12}-\frac{3}{12}+\frac{2}{12}=-\frac{7}{12}$ …❷

답 $-\frac{7}{12}$

채점 기준	배점
❶ ㉡에 알맞은 수 구하기	50%
❷ 주어진 식을 계산한 결과 중 가장 작은 값 구하기	50%

21 $a=\frac{7}{6}+\left(-\frac{1}{4}\right)=\frac{14}{12}+\left(-\frac{3}{12}\right)=\frac{11}{12}$ …❶

$b=\frac{3}{2}-(-2)=\frac{3}{2}+\left(+\frac{4}{2}\right)=\frac{7}{2}$ …❷

따라서 $\frac{11}{12}<|x|<\frac{7}{2}$을 만족시키는 정수 x의 절댓값은 1, 2, 3이므로 정수 x는 -3, -2, -1, 1, 2, 3의 6개이다. …❸

답 6

채점 기준	배점
❶ a의 값 구하기	30%
❷ b의 값 구하기	30%
❸ $a<|x|<b$를 만족시키는 정수 x의 개수 구하기	40%

05 정수와 유리수의 계산 (2)

Real 실전 개념

63쪽

01 $(+3)\times(+5)=+(3\times5)=15$ 답 15

02 $(-4)\times(-7)=+(4\times7)=28$ 답 28

03 $(+6)\times(-8)=-(6\times8)=-48$ 답 -48

04 $(-9)\times(+2)=-(9\times2)=-18$ 답 -18

05 $(+20)\times\left(+\frac{3}{4}\right)=+\left(20\times\frac{3}{4}\right)=15$ 답 15

06 $\left(-\frac{4}{3}\right)\times\left(-\frac{9}{8}\right)=+\left(\frac{4}{3}\times\frac{9}{8}\right)=\frac{3}{2}$ 답 $\frac{3}{2}$

07 $(+2.2)\times(-0.6)=-(2.2\times0.6)=-1.32$ 답 -1.32

08 $(-1.4)\times\left(+\frac{3}{7}\right)=-\left(\frac{7}{5}\times\frac{3}{7}\right)=-\frac{3}{5}$ 답 $-\frac{3}{5}$

09 $(-6)\times(+7)\times(-5)=+(6\times7\times5)=210$ 답 210

10 $\left(-\frac{5}{4}\right)\times\left(-\frac{7}{9}\right)\times\left(+\frac{8}{3}\right)\times\left(-\frac{9}{7}\right)$

$=-\left(\frac{5}{4}\times\frac{7}{9}\times\frac{8}{3}\times\frac{9}{7}\right)=-\frac{10}{3}$ 답 $-\frac{10}{3}$

11 $(-2)^4=(-2)\times(-2)\times(-2)\times(-2)$

$=+(2\times2\times2\times2)=16$ 답 16

12 $\left(-\frac{1}{3}\right)^3=\left(-\frac{1}{3}\right)\times\left(-\frac{1}{3}\right)\times\left(-\frac{1}{3}\right)$

$=-\left(\frac{1}{3}\times\frac{1}{3}\times\frac{1}{3}\right)=-\frac{1}{27}$ 답 $-\frac{1}{27}$

13 $-3^2=-(3\times3)=-9$ 답 -9

14 $-\left(-\frac{1}{2}\right)^5$

$=-\left\{\left(-\frac{1}{2}\right)\times\left(-\frac{1}{2}\right)\times\left(-\frac{1}{2}\right)\times\left(-\frac{1}{2}\right)\times\left(-\frac{1}{2}\right)\right\}$

$=-\left\{-\left(\frac{1}{2}\times\frac{1}{2}\times\frac{1}{2}\times\frac{1}{2}\times\frac{1}{2}\right)\right\}$

$=-\left(-\frac{1}{32}\right)=\frac{1}{32}$ 답 $\frac{1}{32}$

15 $20\times\left(\frac{7}{5}+\frac{3}{4}\right)=20\times\frac{7}{5}+20\times\frac{3}{4}$

$=28+15=43$ 답 43

16 $(-31)\times\frac{4}{5}+26\times\frac{4}{5}=(-31+26)\times\frac{4}{5}$

$=(-5)\times\frac{4}{5}=-4$ 　답 -4

17 $(+48)\div(+6)=+(48\div6)=8$ 　답 8

18 $(-21)\div(+7)=-(21\div7)=-3$ 　답 -3

19 $(+5.1)\div(-3)=-(5.1\div3)=-1.7$ 　답 -1.7

20 $(-9.6)\div(-3.2)=+(9.6\div3.2)=3$ 　답 3

21 답 $\frac{7}{4}$

22 답 $-\frac{8}{3}$

23 답 $-\frac{1}{12}$

24 $2.5=\frac{5}{2}$이므로 역수는 $\frac{2}{5}$이다. 　답 $\frac{2}{5}$

25 $\left(-\frac{7}{12}\right)\div\left(-\frac{7}{3}\right)=\left(-\frac{7}{12}\right)\times\left(-\frac{3}{7}\right)=\frac{1}{4}$ 　답 $\frac{1}{4}$

26 $\left(+\frac{5}{27}\right)\div\left(-\frac{20}{9}\right)=\left(+\frac{5}{27}\right)\times\left(-\frac{9}{20}\right)$

$=-\frac{1}{12}$ 　답 $-\frac{1}{12}$

27 $\left(-\frac{6}{5}\right)\div(+8)=\left(-\frac{6}{5}\right)\times\left(+\frac{1}{8}\right)=-\frac{3}{20}$ 　답 $-\frac{3}{20}$

28 $(+21)\div\left(+\frac{7}{3}\right)=(+21)\times\left(+\frac{3}{7}\right)$

$=9$ 　답 9

29 $\frac{16}{5}\div\left(-\frac{15}{2}\right)\times\frac{25}{12}=\frac{16}{5}\times\left(-\frac{2}{15}\right)\times\frac{25}{12}$

$=-\left(\frac{16}{5}\times\frac{2}{15}\times\frac{25}{12}\right)$

$=-\frac{8}{9}$ 　답 $-\frac{8}{9}$

30 $-3-\{4+(-2)^2\times3\}=-3-(4+4\times3)$

$=-3-(4+12)$

$=-3-16=-19$ 　답 -19

31 $-4-\frac{7}{2}\div\left\{3\times\left(-\frac{1}{2}\right)+1\right\}=-4-\frac{7}{2}\div\left(-\frac{3}{2}+1\right)$

$=-4-\frac{7}{2}\div\left(-\frac{1}{2}\right)$

$=-4-\frac{7}{2}\times(-2)$

$=-4+7=3$ 　답 3

Real 실전 유형 　64~69쪽

01 ① $\left(+\frac{5}{12}\right)\times\left(-\frac{2}{5}\right)=-\left(\frac{5}{12}\times\frac{2}{5}\right)=-\frac{1}{6}$

② $\left(-\frac{8}{25}\right)\times\left(+\frac{15}{4}\right)=-\left(\frac{8}{25}\times\frac{15}{4}\right)=-\frac{6}{5}$

③ $\left(-\frac{9}{28}\right)\times\left(-\frac{14}{3}\right)=+\left(\frac{9}{28}\times\frac{14}{3}\right)=\frac{3}{2}$

④ $\left(+\frac{7}{10}\right)\times\left(-\frac{6}{13}\right)\times\left(+\frac{5}{7}\right)=-\left(\frac{7}{10}\times\frac{6}{13}\times\frac{5}{7}\right)$

$=-\frac{3}{13}$

⑤ $\left(-\frac{2}{3}\right)\times(-6)\times\left(+\frac{9}{4}\right)=+\left(\frac{2}{3}\times6\times\frac{9}{4}\right)$

$=9$ 　답 ④

02 ① $\left(+\frac{5}{7}\right)\times(-28)=-\left(\frac{5}{7}\times28\right)=-20$

② $\left(-\frac{10}{3}\right)\times(+6)=-\left(\frac{10}{3}\times6\right)=-20$

③ $(+1)\times(-4)\times(+5)=-(1\times4\times5)=-20$

④ $(-2)\times(-2)\times(-5)=-(2\times2\times5)=-20$

⑤ $(+12)\times\left(-\frac{1}{2}\right)\times\left(+\frac{8}{3}\right)=-\left(12\times\frac{1}{2}\times\frac{8}{3}\right)=-16$

답 ⑤

03 $a=\left(+\frac{4}{3}\right)\times\left(-\frac{9}{16}\right)=-\left(\frac{4}{3}\times\frac{9}{16}\right)=-\frac{3}{4}$ ⋯ ❶

$b=\left(-\frac{1}{3}\right)\times\left(+\frac{2}{5}\right)\times(-30)$

$=+\left(\frac{1}{3}\times\frac{2}{5}\times30\right)=4$ ⋯ ❷

$\therefore a\times b=\left(-\frac{3}{4}\right)\times4=-\left(\frac{3}{4}\times4\right)=-3$ ⋯ ❸

답 -3

채점 기준	배점
❶ a의 값 구하기	30%
❷ b의 값 구하기	40%
❸ $a\times b$의 값 구하기	30%

04 답 ㉠ 곱셈의 교환법칙, ㉡ 곱셈의 결합법칙

05 답 ①

06 ⑤ $-\left(-\frac{1}{2}\right)^3=-\left(-\frac{1}{8}\right)=\frac{1}{8}$ 　답 ⑤

07 $-\left(-\frac{1}{3}\right)^2=-\frac{1}{9}$, $-\left(-\frac{1}{3^2}\right)=-\left(-\frac{1}{9}\right)=\frac{1}{9}$,

$-\left(\frac{1}{3}\right)^4=-\frac{1}{81}$, $-\frac{1}{3^3}=-\frac{1}{27}$ ⋯ ❶

이때 $-\frac{1}{9}<-\frac{1}{27}<-\frac{1}{81}<\frac{1}{9}$이므로

$a=\frac{1}{9}$, $b=-\frac{1}{9}$ ⋯ ❷

$\therefore a \times b = \frac{1}{9} \times \left(-\frac{1}{9}\right) = -\frac{1}{81}$ … ❸

답 $-\frac{1}{81}$

채점 기준	배점
❶ 거듭제곱 계산하기	40%
❷ a, b의 값 각각 구하기	30%
❷ $a \times b$의 값 구하기	30%

08 ① $(-1)^5 = -1$ ② $-(-1)^6 = -1$
③ $-1^8 = -1$ ④ $\{-(-1)\}^9 = 1^9 = 1$
⑤ $-(-1)^{10} = -1$ 답 ④

09 $(-1)+(-1)^2+(-1)^3+(-1)^4+\cdots+(-1)^{101}$
$=\{(-1)+1\}+\{(-1)+1\}+\cdots+\{(-1)+1\}+(-1)$
$=\underbrace{0+0+\cdots+0}_{50개}+(-1)=-1$ 답 -1

10 $a \times (b+c) = a \times b + a \times c$
$= (-8)+5 = -3$ 답 -3

11 $7.5 \times 990 = 7.5 \times (1000-10)$
$= 7.5 \times 1000 - 7.5 \times 10$
$= 7500 - 75 = 7425$
따라서 $a=10$, $b=75$, $c=7425$이므로
$a-b+c = 10-75+7425 = 7360$ 답 7360

12 $(-13) \times 3 + (-13) \times 7 = (-13) \times (3+7)$
$= (-13) \times 10 = -130$
따라서 $a=10$, $b=-130$이므로
$a-b = 10-(-130) = 140$ 답 140

13 $3.25 \times 28 + 3.25 \times 78 - 3.25 \times 6$
$= 3.25 \times (28+78-6)$ … ❶
$= 3.25 \times 100 = 325$ … ❷
답 325

채점 기준	배점
❶ 3.25로 묶기	50%
❷ 답 구하기	50%

14 $a = -\frac{1}{5}$, $b = \frac{6}{5}$이므로
$a+b = -\frac{1}{5} + \frac{6}{5} = 1$ 답 1

15 ① $0.4 \times \frac{5}{2} = \frac{4}{10} \times \frac{5}{2} = 1$
② $\frac{5}{14} \times 2\frac{4}{5} = \frac{5}{14} \times \frac{14}{5} = 1$
③ $\left(-\frac{1}{2}\right) \times 2 = -1$ ➡ 역수가 아니다.
④ $-0.1 \times (-10) = 1$
⑤ $\left(-\frac{2}{3}\right) \times \left(-\frac{3}{2}\right) = 1$ 답 ③

16 $-\frac{5}{12}$의 역수는 $-\frac{12}{5}$
즉, $-\frac{12}{5} = \frac{a}{5}$에서 $a = -12$
b의 역수는 $\frac{1}{b}$
즉, $\frac{1}{b} = \frac{1}{4}$에서 $b = 4$
$\therefore a \times b = (-12) \times 4 = -48$ 답 ①

17 $2\frac{1}{6} = \frac{13}{6}$의 역수는 $\frac{6}{13}$이므로 $a = \frac{6}{13}$ … ❶
$1.3 = \frac{13}{10}$의 역수는 $\frac{10}{13}$이므로 $b = \frac{10}{13}$ … ❷
$\therefore a-b = \frac{6}{13} - \frac{10}{13} = -\frac{4}{13}$ … ❸
답 $-\frac{4}{13}$

채점 기준	배점
❶ a의 값 구하기	40%
❷ b의 값 구하기	40%
❸ $a-b$의 값 구하기	20%

18 ① $(+36) \div (-4) = -(36 \div 4) = -9$
② $(-9) \div \left(+\frac{3}{2}\right) = (-9) \times \left(+\frac{2}{3}\right) = -\left(9 \times \frac{2}{3}\right) = -6$
③ $\left(-\frac{12}{5}\right) \div (-6) = \left(-\frac{12}{5}\right) \times \left(-\frac{1}{6}\right)$
$= +\left(\frac{12}{5} \times \frac{1}{6}\right) = \frac{2}{5}$
④ $\left(+\frac{4}{9}\right) \div \left(+\frac{11}{6}\right) \div \left(-\frac{8}{9}\right)$
$= \left(+\frac{4}{9}\right) \times \left(+\frac{6}{11}\right) \times \left(-\frac{9}{8}\right)$
$= -\left(\frac{4}{9} \times \frac{6}{11} \times \frac{9}{8}\right) = -\frac{3}{11}$
⑤ $\left(-\frac{5}{4}\right) \div (-7) \div \left(+\frac{5}{2}\right)$
$= \left(-\frac{5}{4}\right) \times \left(-\frac{1}{7}\right) \times \left(+\frac{2}{5}\right)$
$= +\left(\frac{5}{4} \times \frac{1}{7} \times \frac{2}{5}\right) = \frac{1}{14}$ 답 ④

19 ① $(-56) \div (+8) = -(56 \div 8) = -7$
② $\left(+\frac{14}{3}\right) \div \left(-\frac{1}{3}\right) = \left(+\frac{14}{3}\right) \times (-3)$
$= -\left(\frac{14}{3} \times 3\right)$
$= -14$

③ $\left(-\frac{5}{3}\right)\div(-1)\div(-5)=\left(-\frac{5}{3}\right)\times(-1)\times\left(-\frac{1}{5}\right)$

$=-\left(\frac{5}{3}\times1\times\frac{1}{5}\right)=-\frac{1}{3}$

④ $\left(-\frac{7}{2}\right)\div(+7)\div\left(+\frac{1}{10}\right)=\left(-\frac{7}{2}\right)\times\left(+\frac{1}{7}\right)\times(+10)$

$=-\left(\frac{7}{2}\times\frac{1}{7}\times10\right)=-5$

⑤ $\left(+\frac{13}{2}\right)\div(+26)\div\left(-\frac{1}{16}\right)$

$=\left(+\frac{13}{2}\right)\times\left(+\frac{1}{26}\right)\times(-16)$

$=-\left(\frac{13}{2}\times\frac{1}{26}\times16\right)=-4$

답 ③

20 $\left(+\frac{8}{15}\right)\div\left(-\frac{3}{5}\right)\div\left(-\frac{2}{9}\right)\div\left(+\frac{1}{3}\right)$

$=\left(+\frac{8}{15}\right)\times\left(-\frac{5}{3}\right)\times\left(-\frac{9}{2}\right)\times(+3)$

$=+\left(\frac{8}{15}\times\frac{5}{3}\times\frac{9}{2}\times3\right)=12$

답 ⑤

21 $(-2)^3\times\left(+\frac{5}{2}\right)\div(-12)=(-8)\times\left(+\frac{5}{2}\right)\times\left(-\frac{1}{12}\right)$

$=+\left(8\times\frac{5}{2}\times\frac{1}{12}\right)$

$=\frac{5}{3}$

답 ④

22 ① $\left(-\frac{7}{6}\right)\div\left(+\frac{21}{10}\right)\times\frac{9}{5}=\left(-\frac{7}{6}\right)\times\left(+\frac{10}{21}\right)\times\frac{9}{5}$

$=-\left(\frac{7}{6}\times\frac{10}{21}\times\frac{9}{5}\right)=-1$

② $\left(-\frac{3}{11}\right)\div(-9)\times33=\left(-\frac{3}{11}\right)\times\left(-\frac{1}{9}\right)\times33$

$=+\left(\frac{3}{11}\times\frac{1}{9}\times33\right)=1$

③ $\left(-\frac{16}{7}\right)\div\left(-\frac{2}{3}\right)\times\left(-\frac{7}{12}\right)$

$=\left(-\frac{16}{7}\right)\times\left(-\frac{3}{2}\right)\times\left(-\frac{7}{12}\right)$

$=-\left(\frac{16}{7}\times\frac{3}{2}\times\frac{7}{12}\right)=-2$

④ $\left(-\frac{1}{2}\right)^3\div\left(+\frac{1}{6}\right)\times\left(+\frac{4}{15}\right)$

$=\left(-\frac{1}{8}\right)\times(+6)\times\left(+\frac{4}{15}\right)$

$=-\left(\frac{1}{8}\times6\times\frac{4}{15}\right)=-\frac{1}{5}$

⑤ $\left(-\frac{3}{4}\right)^2\div(-1)^5\times\left(-\frac{4}{9}\right)=\frac{9}{16}\div(-1)\times\left(-\frac{4}{9}\right)$

$=\frac{9}{16}\times(-1)\times\left(-\frac{4}{9}\right)$

$=+\left(\frac{9}{16}\times1\times\frac{4}{9}\right)$

$=\frac{1}{4}$

답 ③

23 $A=\left(-\frac{4}{5}\right)\times\left(+\frac{1}{12}\right)\div\left(-\frac{2}{15}\right)$

$=\left(-\frac{4}{5}\right)\times\left(+\frac{1}{12}\right)\times\left(-\frac{15}{2}\right)$

$=+\left(\frac{4}{5}\times\frac{1}{12}\times\frac{15}{2}\right)=\frac{1}{2}$ … ❶

$B=(-0.4)^2\div(-2)^4\times(-5)$

$=\frac{4}{25}\div16\times(-5)$

$=\frac{4}{25}\times\frac{1}{16}\times(-5)$

$=-\left(\frac{4}{25}\times\frac{1}{16}\times5\right)=-\frac{1}{20}$ … ❷

$\therefore A\div B=\frac{1}{2}\div\left(-\frac{1}{20}\right)=\frac{1}{2}\times(-20)=-10$ … ❸

답 -10

채점 기준	배점
❶ A의 값 구하기	40%
❷ B의 값 구하기	40%
❸ $A\div B$의 값 구하기	20%

24 $(-4)^2\div\frac{8}{3}-\left[\left\{\left(-\frac{1}{8}\right)+3\right\}\times4-\frac{15}{2}\right]$

$=16\times\frac{3}{8}-\left(\frac{23}{8}\times4-\frac{15}{2}\right)$

$=6-\left(\frac{23}{2}-\frac{15}{2}\right)=6-4=2$

답 2

25 $8-6\times\left[\left(-\frac{7}{4}\right)\div\left\{\frac{3}{2}+(-3)^2\right\}+2\right]$

㉤

$=8-6\times\left\{\left(-\frac{7}{4}\right)\div\left(\frac{3}{2}+9\right)+2\right\}$

㉣

$=8-6\times\left\{\left(-\frac{7}{4}\right)\div\frac{21}{2}+2\right\}$

$=8-6\times\left\{\left(-\frac{7}{4}\right)\times\frac{2}{21}+2\right\}$

㉢

$=8-6\times\left(-\frac{1}{6}+2\right)$

㉥

$=8-6\times\frac{11}{6}$

㉡

$=8-11$

㉠

$=-3$

답 ④

26 (1) $11-[9-\{2^2\div2-(-5)\}]\times\frac{1}{2}$

$=11-\{9-(4\div2+5)\}\times\frac{1}{2}$

$=11-\{9-(2+5)\}\times\frac{1}{2}$

$=11-(9-7)\times\frac{1}{2}$

$=11-2\times\frac{1}{2}=11-1=10$

(2) $-[(-3^2)-\{(7-3)\div2-5\}]-10$
$=-\{(-9)-(4\div2-5)\}-10$
$=-\{(-9)-(2-5)\}-10$
$=-\{(-9)-(-3)\}-10$
$=-(-6)-10=6-10=-4$ 답 (1) 10 (2) -4

27 $A=\left(-\frac{1}{3}\right)^2\times\left[(-1)^{101}+\left\{6-2\div\left(-\frac{1}{2}\right)\right\}\right]-5$
$=\frac{1}{9}\times[(-1)+\{6-2\times(-2)\}]-5$
$=\frac{1}{9}\times[(-1)+\{6-(-4)\}]-5$
$=\frac{1}{9}\times\{(-1)+10\}-5$
$=\frac{1}{9}\times9-5=1-5=-4$ …❶
따라서 A의 역수는 $-\frac{1}{4}$이다. …❷
답 $-\frac{1}{4}$

채점 기준	배점
❶ A의 값 구하기	80%
❷ A의 역수 구하기	20%

28 $\left(-\frac{4}{3}\right)\div\square=\frac{2}{9}$에서
$\square=\left(-\frac{4}{3}\right)\div\frac{2}{9}=\left(-\frac{4}{3}\right)\times\frac{9}{2}=-6$ 답 -6

29 $a\div\frac{3}{2}=\frac{4}{9}$에서 $a=\frac{4}{9}\times\frac{3}{2}=\frac{2}{3}$ …❶
$\frac{3}{5}\times b=-\frac{1}{10}$에서
$b=-\frac{1}{10}\div\frac{3}{5}=-\frac{1}{10}\times\frac{5}{3}=-\frac{1}{6}$ …❷
$\therefore a\div b=\frac{2}{3}\div\left(-\frac{1}{6}\right)=\frac{2}{3}\times(-6)=-4$ …❸
답 -4

채점 기준	배점
❶ a의 값 구하기	40%
❷ b의 값 구하기	40%
❸ $a\div b$의 값 구하기	20%

30 $\square\div\left(-\frac{5}{3}\right)\times\frac{1}{6}=-\frac{1}{5}$에서
$\square\times\left(-\frac{3}{5}\right)\times\frac{1}{6}=-\frac{1}{5}$
$\square\times\left(-\frac{1}{10}\right)=-\frac{1}{5}$
$\therefore \square=-\frac{1}{5}\div\left(-\frac{1}{10}\right)=-\frac{1}{5}\times(-10)=2$ 답 2

31 $\left(-\frac{3}{10}\right)\div\square\times\frac{4}{3}=\frac{1}{3}$에서
$\left(-\frac{3}{10}\right)\div\square=\frac{1}{3}\div\frac{4}{3}$
이때 $\frac{1}{3}\div\frac{4}{3}=\frac{1}{3}\times\frac{3}{4}=\frac{1}{4}$이므로
$\left(-\frac{3}{10}\right)\div\square=\frac{1}{4}$
$\therefore \square=\left(-\frac{3}{10}\right)\div\frac{1}{4}=\left(-\frac{3}{10}\right)\times4=-\frac{6}{5}$ 답 $-\frac{6}{5}$

32 어떤 수를 □라 하면 $\square\div\left(-\frac{5}{6}\right)=\frac{9}{5}$이므로
$\square=\frac{9}{5}\times\left(-\frac{5}{6}\right)=-\frac{3}{2}$
따라서 바르게 계산하면
$\left(-\frac{3}{2}\right)\times\left(-\frac{5}{6}\right)=\frac{5}{4}$ 답 ④

33 $A\times3=-\frac{9}{5}$이므로
$A=-\frac{9}{5}\div3=-\frac{9}{5}\times\frac{1}{3}=-\frac{3}{5}$
따라서 바르게 계산하면
$\left(-\frac{3}{5}\right)\div3=\left(-\frac{3}{5}\right)\times\frac{1}{3}=-\frac{1}{5}$ 답 $-\frac{3}{5}$, $-\frac{1}{5}$

34 $A-\left(-\frac{1}{6}\right)=\frac{3}{4}$이므로
$A=\frac{3}{4}+\left(-\frac{1}{6}\right)=\frac{9}{12}+\left(-\frac{2}{12}\right)=\frac{7}{12}$
따라서 바르게 계산하면
$B=\frac{7}{12}+\left(-\frac{1}{6}\right)=\frac{7}{12}+\left(-\frac{2}{12}\right)=\frac{5}{12}$
$\therefore A\div B=\frac{7}{12}\div\frac{5}{12}=\frac{7}{12}\times\frac{12}{5}=\frac{7}{5}$ 답 ②

35 ①, ③ 부호를 알 수 없다. ② $a-b>0$
④ $a\times b<0$ ⑤ $a\div b<0$ 답 ②

36 ① $a-b<0$
② $b^2>0$이므로 $a-b^2<0$
③ $a^2>0$이므로 $a^2+b>0$
④ $-a>0$이므로 $(-a)\times b>0$
⑤ $-b<0$이므로 $a\div(-b)>0$ 답 ④

37 ① $-c<0$이므로 $a+b-c<0$
② $-a>0$, $-b>0$이므로 $-a-b+c>0$
③ $-c<0$이므로 $a\times b\times(-c)<0$
④ $-a>0$이므로 $(-a)\times b\div c<0$
⑤ $-b>0$이므로 $a\times(-b)\div c<0$ 답 ③

38 $a>0$, $b<0$이고 $|a|>|b|$이므로 $a=2$, $b=-1$이라 하면
① $a+b=2+(-1)=1>0$

② $a-b=2-(-1)=3>0$

③ $-a+b=-2+(-1)=-3<0$

④ $-a-b=-2-(-1)=-1<0$

⑤ $a\times(-b)=2\times\{-(-1)\}=2>0$ 답 ②, ③

참고 $a>0$, $b<0$일 때, $a+b$의 값은
① $|a|>|b|$이면 양수이다.
② $|a|<|b|$이면 음수이다.

39 $b\div c<0$이므로
$b>0$, $c<0$ 또는 $b<0$, $c>0$
이때 $b-c<0$이므로 $b<0$, $c>0$
$b<0$이고 $a\times b>0$이므로 $a<0$ 답 ④

40 $a\times b>0$이므로
$a>0$, $b>0$ 또는 $a<0$, $b<0$
이때 $a+b>0$이므로 $a>0$, $b>0$ … ❶
$b>0$이고 $b\div c<0$이므로 $c<0$ … ❷
따라서 $-c>0$이므로 $a+b-c>0$ … ❸
답 $a+b-c>0$

채점 기준	배점
❶ a, b의 부호 구하기	50%
❷ c의 부호 구하기	30%
❸ $a+b-c$의 부호 구하기	20%

41 두 수 $-\frac{1}{2}$과 $\frac{5}{3}$를 나타내는 두 점 사이의 거리는
$\frac{5}{3}-\left(-\frac{1}{2}\right)=\frac{5}{3}+\frac{1}{2}=\frac{10}{6}+\frac{3}{6}=\frac{13}{6}$
따라서 구하는 수는
$-\frac{1}{2}+\frac{13}{6}\times\frac{1}{2}=-\frac{1}{2}+\frac{13}{12}$
$=-\frac{6}{12}+\frac{13}{12}=\frac{7}{12}$ 답 $\frac{7}{12}$

42 두 점 A, B 사이의 거리는
$\frac{1}{3}-\left(-\frac{5}{6}\right)=\frac{1}{3}+\frac{5}{6}=\frac{2}{6}+\frac{5}{6}=\frac{7}{6}$
따라서 구하는 수는
$-\frac{5}{6}+\frac{7}{6}\times\frac{1}{3}=-\frac{5}{6}+\frac{7}{18}$
$=-\frac{15}{18}+\frac{7}{18}=-\frac{4}{9}$ 답 $-\frac{4}{9}$

보충 TIP 삼등분하는 점이 나타내는 수
두 점 P, Q가 두 점 A, B 사이를 삼등분하는 점일 때
A P Q B
a b
① 두 점 A, P 사이의 거리 ➡ $(b-a)\times\frac{1}{3}$
② 점 P가 나타내는 수 ➡ $a+(b-a)\times\frac{1}{3}$

Real 실전 기출

70~72쪽

01 ① $(+7)\times\left(-\frac{7}{2}\right)=-\left(7\times\frac{7}{2}\right)=-\frac{49}{2}$
② $\left(+\frac{5}{6}\right)\times\left(+\frac{3}{2}\right)=+\left(\frac{5}{6}\times\frac{3}{2}\right)=\frac{5}{4}$
③ $\left(-\frac{11}{3}\right)\times\left(-\frac{15}{22}\right)=+\left(\frac{11}{3}\times\frac{15}{22}\right)=\frac{5}{2}$
④ $(-12)\div\frac{4}{3}=(-12)\times\frac{3}{4}=-\left(12\times\frac{3}{4}\right)=-9$
⑤ $\left(-\frac{2}{5}\right)\div\left(-\frac{4}{15}\right)=\left(-\frac{2}{5}\right)\times\left(-\frac{15}{4}\right)$
$=+\left(\frac{2}{5}\times\frac{15}{4}\right)=\frac{3}{2}$ 답 ③

02 ④ ㈑: $-\frac{3}{2}$ 답 ④

03 $-2^3=-8$, $-(-2)^2=-4$, $(-3)^2=9$,
$-(-3)^3=-(-27)=27$, $(-1)^{99}=-1$
이므로 작은 수부터 차례대로 나열하면
-2^3, $-(-2)^2$, $(-1)^{99}$, $(-3)^2$, $-(-3)^3$
따라서 세 번째에 오는 수는 $(-1)^{99}$이다. 답 ⑤

04 $a=0.57\times7.2+0.57\times2.8$
$=0.57\times(7.2+2.8)$
$=0.57\times10=5.7$
따라서 5.7보다 작은 자연수는 1, 2, 3, 4, 5의 5개이다.
답 5

05 -1의 역수는 -1
$\frac{1}{6}$의 역수는 6
$0.6=\frac{3}{5}$의 역수는 $\frac{5}{3}$
따라서 보이지 않는 세 면에 적힌 수의 곱은
$(-1)\times6\times\frac{5}{3}=-10$ 답 -10

06 ① $(-2)^3\times(-5^2)\div(-5)=(-8)\times(-25)\times\left(-\frac{1}{5}\right)$
$=-\left(8\times25\times\frac{1}{5}\right)=-40$
② $-2^2\div\left(-\frac{1}{10}\right)\times\frac{1}{2}=-4\times(-10)\times\frac{1}{2}$
$=+\left(4\times10\times\frac{1}{2}\right)=20$
③ $(-2)^3\times\frac{1}{6}\div\left(-\frac{2}{15}\right)=(-8)\times\frac{1}{6}\times\left(-\frac{15}{2}\right)$
$=+\left(8\times\frac{1}{6}\times\frac{15}{2}\right)=10$
④ $(-1)^4\times\left(-\frac{5}{2}\right)\div10=1\times\left(-\frac{5}{2}\right)\times\frac{1}{10}$
$=-\left(1\times\frac{5}{2}\times\frac{1}{10}\right)=-\frac{1}{4}$

⑤ $(-1)^5 \div \left(-\frac{1}{12}\right) \times \left(-\frac{5}{3}\right)$

$=(-1)\times(-12)\times\left(-\frac{5}{3}\right)$

$=-\left(1\times12\times\frac{5}{3}\right)=-20$ 답 ②

07 $\left(-\frac{1}{2}\right)^3-\frac{2}{5}\times\left\{\left(-\frac{1}{4}\right)\div\left(-\frac{1}{2}\right)^4-\frac{1}{4}\div0.25\right\}$

$=\left(-\frac{1}{8}\right)-\frac{2}{5}\times\left\{\left(-\frac{1}{4}\right)\div\frac{1}{16}-\frac{1}{4}\div\frac{1}{4}\right\}$

$=\left(-\frac{1}{8}\right)-\frac{2}{5}\times\left\{\left(-\frac{1}{4}\right)\times16-\frac{1}{4}\times4\right\}$

$=\left(-\frac{1}{8}\right)-\frac{2}{5}\times\{(-4)-1\}$

$=\left(-\frac{1}{8}\right)-\frac{2}{5}\times(-5)$

$=\left(-\frac{1}{8}\right)+2$

$=\left(-\frac{1}{8}\right)+\frac{16}{8}=\frac{15}{8}$ 답 $\frac{15}{8}$

08 $\left(-\frac{5}{4}\right)\times\square\div\left(-\frac{1}{6}\right)=-3$에서

$\left(-\frac{5}{4}\right)\times\square\times(-6)=-3$

$\square\times\left\{\left(-\frac{5}{4}\right)\times(-6)\right\}=-3$

$\square\times\frac{15}{2}=-3$

$\therefore \square=-3\div\frac{15}{2}=-3\times\frac{2}{15}=-\frac{2}{5}$ 답 $-\frac{2}{5}$

09 A에 -8을 입력하여 계산된 값은

$(-8)\times\frac{3}{4}+\frac{5}{2}=(-6)+\frac{5}{2}$

$=\left(-\frac{12}{2}\right)+\frac{5}{2}=-\frac{7}{2}$

B에 $-\frac{7}{2}$을 입력하여 계산된 값은

$\left(-\frac{7}{2}\right)\div\left(-\frac{1}{4}\right)-5=\left(-\frac{7}{2}\right)\times(-4)-5$

$=14-5=9$ 답 9

10 $a=-\frac{1}{2}$이라 하면

① $|-a|=\left|-\left(-\frac{1}{2}\right)\right|=\frac{1}{2}$

② $-a=-\left(-\frac{1}{2}\right)=\frac{1}{2}$이므로

$-(-a)=-\frac{1}{2}$

③ $-a^3=-\left(-\frac{1}{2}\right)^3=-\left(-\frac{1}{8}\right)=\frac{1}{8}$

④ $\frac{1}{a}$은 a의 역수이므로 $\frac{1}{a}=-2$

⑤ $-\frac{1}{a}=2$이므로 $\left(-\frac{1}{a}\right)^2=2^2=4$ 답 ⑤

11 $a\div b>0$이므로

$a>0,\ b>0$ 또는 $a<0,\ b<0$

이때 $a+b<0$이므로

$a<0,\ b<0$

ㄱ. $a+b<0$

ㄴ. $-a>0,\ -b>0$이므로 $-a-b>0$

ㄷ. $-b>0$이므로 $a\times(-b)<0$

ㄹ. $-a>0$이므로 $(-a)\times b<0$

따라서 옳은 것은 ㄴ, ㄷ이다. 답 ④

12 두 점 A, B 사이의 거리는

$\frac{1}{2}-(-3)=\frac{1}{2}-\left(-\frac{6}{2}\right)=\frac{7}{2}$

따라서 세 점 P, Q, R가 나타내는 수는

$p=-3+\frac{7}{2}\times\frac{1}{4}=-3+\frac{7}{8}=-\frac{24}{8}+\frac{7}{8}=-\frac{17}{8}$

$q=-\frac{17}{8}+\frac{7}{2}\times\frac{1}{4}=-\frac{17}{8}+\frac{7}{8}=-\frac{10}{8}$

$r=-\frac{10}{8}+\frac{7}{2}\times\frac{1}{4}=-\frac{10}{8}+\frac{7}{8}=-\frac{3}{8}$

$\therefore p\div(q-r)=\left(-\frac{17}{8}\right)\div\left\{\left(-\frac{10}{8}\right)-\left(-\frac{3}{8}\right)\right\}$

$=\left(-\frac{17}{8}\right)\div\left(-\frac{7}{8}\right)$

$=\left(-\frac{17}{8}\right)\times\left(-\frac{8}{7}\right)=\frac{17}{7}$ 답 $\frac{17}{7}$

13 $\left(+\frac{1}{2}\right)\div\left(-\frac{3}{2}\right)\div\left(+\frac{4}{3}\right)\div\left(-\frac{5}{4}\right)\cdots\left(+\frac{30}{29}\right)$

$=\underbrace{\left(+\frac{1}{2}\right)\times\left(-\frac{2}{3}\right)\times\left(+\frac{3}{4}\right)\times\left(-\frac{4}{5}\right)\times\cdots\times\left(+\frac{29}{30}\right)}_{\text{음수가 14(짝수)개}}$

$=+\left(\frac{1}{2}\times\frac{2}{3}\times\frac{3}{4}\times\frac{4}{5}\times\cdots\times\frac{29}{30}\right)=\frac{1}{30}$ 답 $\frac{1}{30}$

14 n이 홀수이므로 $n+1,\ n+3$은 짝수, $n+2$는 홀수이다.

$\therefore (-1)^n-(-1)^{n+1}+(-1)^{n+2}-(-1)^{n+3}$

$=(-1)-1+(-1)-1=-4$ 답 -4

15 $a<0,\ b>0$이고 $|a|<|b|$이므로

$a+b>0,\ a-b<0,\ a\times b<0,\ a\div b<0$ 답 ②

16 주어진 네 수 중 세 수를 뽑아 곱한 값이 가장 큰 수가 되려면 (음수)×(음수)×(양수) 꼴이어야 한다. 이때 음수 2개는 절댓값이 큰 수이어야 하므로

$a=\left(-\frac{5}{6}\right)\times(-4)\times\frac{1}{2}=\frac{5}{3}$ … ❶

가장 작은 수가 되려면 (음수)×(음수)×(음수) 꼴이어야 하므로

$b=\left(-\frac{3}{5}\right)\times\left(-\frac{5}{6}\right)\times(-4)=-2$ … ❷

$\therefore\ a+b=\frac{5}{3}+(-2)=\frac{5}{3}+\left(-\frac{6}{3}\right)=-\frac{1}{3}$ … ❸

답 $-\frac{1}{3}$

채점 기준	배점
❶ a의 값 구하기	40%
❷ b의 값 구하기	40%
❸ $a+b$의 값 구하기	20%

17 $a=11\div\left\{10\times\left(\frac{1}{8}-\frac{3}{10}\right)-1\right\}$

$=11\div\left\{10\times\left(\frac{5}{40}-\frac{12}{40}\right)-1\right\}$

$=11\div\left\{10\times\left(-\frac{7}{40}\right)-1\right\}$

$=11\div\left(-\frac{7}{4}-1\right)$

$=11\div\left(-\frac{11}{4}\right)$

$=11\times\left(-\frac{4}{11}\right)=-4$ … ❶

$b=\frac{3}{7}\div\left\{1-\left(\frac{3}{7}-\frac{1}{14}\right)\right\}$

$=\frac{3}{7}\div\left\{1-\left(\frac{6}{14}-\frac{1}{14}\right)\right\}$

$=\frac{3}{7}\div\left(1-\frac{5}{14}\right)$

$=\frac{3}{7}\div\frac{9}{14}$

$=\frac{3}{7}\times\frac{14}{9}=\frac{2}{3}$ … ❷

따라서 $-4<x<\frac{2}{3}$를 만족시키는 정수 x는 -3, -2, -1, 0의 4개이다. … ❸

답 4

채점 기준	배점
❶ a의 값 구하기	50%
❷ b의 값 구하기	40%
❸ 정수 x의 개수 구하기	10%

18 $A\times\frac{3}{2}=-\frac{9}{8}$이므로

$A=-\frac{9}{8}\div\frac{3}{2}=-\frac{9}{8}\times\frac{2}{3}=-\frac{3}{4}$ … ❶

따라서 바르게 계산하면

$B=\left(-\frac{3}{4}\right)+\frac{3}{2}=\left(-\frac{3}{4}\right)+\frac{6}{4}=\frac{3}{4}$ … ❷

$\therefore\ A\div B=\left(-\frac{3}{4}\right)\div\frac{3}{4}=\left(-\frac{3}{4}\right)\times\frac{4}{3}=-1$ … ❸

답 -1

채점 기준	배점
❶ A의 값 구하기	50%
❷ B의 값 구하기	30%
❸ $A\div B$의 값 구하기	20%

19 지니는 6번 이기고 4번 졌으므로 지니가 받은 점수는

$6\times(+5)+4\times(-3)=30+(-12)=18$(점) … ❶

이한이는 4번 이기고 6번 졌으므로 이한이가 받은 점수는

$4\times(+5)+6\times(-3)=20+(-18)=2$(점) … ❷

따라서 지니와 이한이의 점수의 차는

$18-2=16$(점) … ❸

답 16점

채점 기준	배점
❶ 지니가 받은 점수 구하기	40%
❷ 이한이가 받은 점수 구하기	40%
❸ 지니와 이한이의 점수의 차 구하기	20%

20 $\left(-\frac{8}{3}\right)\circledcirc\frac{9}{4}=\left(-\frac{8}{3}\right)\times\frac{9}{4}-1$

$=(-6)-1=-7$ … ❶

$\frac{8}{15}\circledcirc\left(-\frac{5}{2}\right)=\frac{8}{15}\times\left(-\frac{5}{2}\right)-1$

$=\left(-\frac{4}{3}\right)-1=-\frac{7}{3}$ … ❷

$\therefore\ \left\{\left(-\frac{8}{3}\right)\circledcirc\frac{9}{4}\right\}\triangle\left\{\frac{8}{15}\circledcirc\left(-\frac{5}{2}\right)\right\}$

$=(-7)\triangle\left(-\frac{7}{3}\right)$

$=(-7)\div\left(-\frac{7}{3}\right)+(-7)$

$=(-7)\times\left(-\frac{3}{7}\right)+(-7)$

$=3+(-7)=-4$ … ❸

답 -4

채점 기준	배점
❶ $\left(-\frac{8}{3}\right)\circledcirc\frac{9}{4}$의 값 구하기	30%
❷ $\frac{8}{15}\circledcirc\left(-\frac{5}{2}\right)$의 값 구하기	30%
❸ 주어진 식 계산하기	40%

21 $a\times b<0$이므로

$a>0$, $b<0$ 또는 $a<0$, $b>0$ … ❶

(i) $a>0$, $b<0$일 때, $a=\frac{9}{7}$, $b=-\frac{3}{14}$이므로

$a\div b=\frac{9}{7}\div\left(-\frac{3}{14}\right)=\frac{9}{7}\times\left(-\frac{14}{3}\right)=-6$

(ii) $a<0$, $b>0$일 때, $a=-\frac{9}{7}$, $b=\frac{3}{14}$이므로

$a\div b=\left(-\frac{9}{7}\right)\div\frac{3}{14}=\left(-\frac{9}{7}\right)\times\frac{14}{3}=-6$

(i), (ii)에서 $a\div b=-6$ … ❷

답 -6

채점 기준	배점
❶ a, b의 부호 구하기	30%
❷ $a\div b$의 값 구하기	70%

Ⅲ. 일차방정식

06 문자의 사용과 식의 계산

Real 실전 개념 75, 77쪽

01 답 $(800\times x)$원

02 답 $(a\times 4)$ cm

03 답 $10\times x+y$

04 답 $(500\times x+1000\times y)$원

05 답 $(10000-600\times a)$원

06 답 $(70\times x)$ km

07 답 $\left(a\times\frac{7}{100}\right)$원

08 답 $\left(\frac{x}{100}\times y\right)$ g

09 답 $0.01ab$

10 답 $3a^2b$

11 답 $-2x+4y$

12 답 $5a(x+y)+z$

13 답 $-\frac{7}{a}$

14 답 $-\frac{a}{2b}$

15 답 $\frac{x-y}{3}$

16 답 $x+\frac{y}{4}$

17 답 $\frac{ab}{5}$

18 답 $-\frac{4a}{b}$

19 답 $2x-\frac{y}{3}$

20 답 $\frac{6z}{x-y}$

21 답 $8\times x\times y\times z$

22 답 $x\times x\times y\times y$

23 답 $(-1)\times a\times b+3\times c$

24 답 $0.1\times(a+2\times b)$

25 답 $x\div 4$

26 답 $(x+y)\div 2$

27 답 $a\div 3-b\div 5$

28 답 $c\div(a-b)$

29 답 -2

30 답 -18

31 답 -7

32 답 $-\frac{1}{2}$

33 답 12

34 답 4

35 답 25

36 답 2

37 답 a, -2

38 답 $3a$, $\frac{1}{2}b$, -12

39 답 x^2, $5x$, 3

40 답 $-3x^2$, $-y$, 7

41 답 8

42 답 -4

43 답 $-\frac{1}{4}$

44 답 1

45 답 a의 계수: 1, b의 계수: 2

46 답 a의 계수: 0.5, b의 계수: -0.2

47 답 x^2의 계수: -3, y의 계수: 1

48 답 y^2의 계수: 9, x의 계수: $-\frac{1}{2}$

49 답 1

50 답 1

51 답 2

52 답 3

53 답 ○

54 답 ×

55 답 ○

56 답 ×

57 답 $14a$

58 답 $-4x$

59 답 $3b$

60 답 $-20y$

61 답 $10a-4$

62 답 $-\frac{3}{4}a-3$

63 답 $2x+3$

64 답 $-6y+15$

65 답 $9a$

66 답 $3b$

67 답 $\frac{3}{4}x$

68 답 $0.5y$

69 답 $-5a$

70 답 $x+9$

71 답 $-2x-9$

72 답 $y+\frac{3}{2}$

73 $6(x-3)+3(-3x+4)=6x-18-9x+12$
$=-3x-6$ 답 $-3x-6$

74 $-(5x+2)-(2x-1)=-5x-2-2x+1$
$=-7x-1$ 답 $-7x-1$

75 $3(-2x+5)-6(x+3)=-6x+15-6x-18$
$=-12x-3$ 답 $-12x-3$

76 $6\left(\frac{2}{3}x-\frac{1}{2}\right)-8\left(-\frac{1}{2}x+\frac{3}{4}\right)=4x-3+4x-6$
$=8x-9$ 답 $8x-9$

Real 실전 유형 78~85쪽

01 ② $2\times x\times x\times y\div(-3)\times x$

$=2\times x\times x\times y\times\left(-\frac{1}{3}\right)\times x$

$=-\frac{2}{3}x^3y$

③ $x-y\div 6=x-\frac{y}{6}$

④ $0.1\times x\times x+y=0.1x^2+y$

⑤ $x\times y\div\frac{4}{5}\times y=x\times y\times\frac{5}{4}\times y=\frac{5xy^2}{4}$ 답 ①, ⑤

02 ③ $x\div y\div 3=x\times\frac{1}{y}\times\frac{1}{3}=\frac{x}{3y}$

④ $(x-4)\div y\times z=(x-4)\times\frac{1}{y}\times z=\frac{(x-4)z}{y}$

⑤ $x\times x\div(y+1)+y\div\frac{1}{2}=x^2\div(y+1)+y\times 2$

$=\frac{x^2}{y+1}+2y$ 답 ④, ⑤

03 ① $x\times y\times z=xyz$

② $x\div y\div z=x\times\frac{1}{y}\times\frac{1}{z}=\frac{x}{yz}$

③ $x\div y\times z=x\times\frac{1}{y}\times z=\frac{xz}{y}$

④ $x\div(y\div z)=x\div\frac{y}{z}=x\times\frac{z}{y}=\frac{xz}{y}$

⑤ $x\times y\div z=xy\div z=\frac{xy}{z}$ 답 ⑤

04 ① $3000\times\frac{x}{100}=30x$(원)

② 1분=60초이므로 a분은 $60a$초이다.
즉, a분 20초는 $(60a+20)$초이다.

③ $25\times\frac{x}{100}=\frac{x}{4}$(kg)

④ 현재 나이가 40세인 사람의 a년 전의 나이는
$(40-a)$세 답 ③, ④

05 ① $x\times\frac{10}{100}=\frac{x}{10}$(원)

② (평균)$=\frac{(\text{자료의 총합})}{(\text{자료의 개수})}$이므로 세 수 a, b, c의 평균은
$\frac{a+b+c}{3}$

③ 1 L=1000 mL이므로 2 L의 x %는
$2000\times\frac{x}{100}=20x$(mL)

④ 1시간=60분=3600초이므로 1시간 a초는
$(3600+a)$초

⑤ 1 km=1000 m이므로 x km y m는
$(1000x+y)$ m 답 ④, ⑤

06 (안경을 쓴 남학생 수)$=250\times\frac{x}{100}=\frac{5x}{2}$

(안경을 쓴 여학생 수)$=300\times\frac{y}{100}=3y$ … ❶

(전체 학생 수)=(남학생 수)+(여학생 수)

$=250+300=550$ … ❷

따라서 안경을 쓰지 않은 학생 수는
(전체 학생 수)−(안경을 쓴 남학생 수)
−(안경을 쓴 여학생 수)

$=550-\frac{5x}{2}-3y$ … ❸

답 $550-\frac{5x}{2}-3y$

채점 기준	배점
❶ 안경을 쓴 남학생 수와 여학생 수를 각각 문자를 사용한 식으로 나타내기	50%
❷ 전체 학생 수 구하기	20%
❸ 안경을 쓰지 않은 학생 수를 x, y를 사용한 식으로 나타내기	30%

07 ㄱ. (정삼각형의 둘레의 길이)=(한 변의 길이)×3

$=3x$(cm)

ㄴ. (직사각형의 둘레의 길이)

$=2\times\{$(가로의 길이)+(세로의 길이)$\}$

$=2\times(10+a)$

$=2(10+a)$(cm)

ㄷ. (평행사변형의 넓이)=(밑변의 길이)×(높이)

$=x\times x$

$=x^2$(cm^2)

ㄹ. (사다리꼴의 넓이)

$=\frac{1}{2}\times\{$(윗변의 길이)+(아랫변의 길이)$\}\times$(높이)

$=\frac{1}{2}\times(6+x)\times h$

$=\frac{1}{2}(6+x)h$(cm^2)

따라서 옳지 않은 것은 ㄴ, ㄷ이다. 답 ㄴ, ㄷ

08 (정사각형의 한 변의 길이)$=\frac{a}{4}$(cm)이므로

(정사각형의 넓이)=(한 변의 길이)×(한 변의 길이)

$=\frac{a}{4}\times\frac{a}{4}$

$=\frac{a^2}{16}$(cm^2) 답 $\frac{a^2}{16}$ cm^2

09 (색칠한 부분의 넓이)

=(직사각형의 넓이)−(삼각형의 넓이)

$=x\times y-\frac{1}{2}\times x\times 4$

$=xy-2x$ 답 $xy-2x$

10 (빵 한 개의 할인 금액)$=800\times\frac{x}{100}=8x$(원)이므로

(빵 한 개의 판매 가격)=(정가)−(할인 금액)

$=800-8x$(원)

∴ (빵 10개의 가격)

=(빵 한 개의 판매 가격)×(빵의 개수)

$=(800-8x)\times10=10(800-8x)$(원)

답 ④

11 (복숭아 한 개의 가격)$=x\div8=\frac{x}{8}$(원)이므로 … ❶

(복숭아 y개의 가격)

=(복숭아 한 개의 가격)×(복숭아의 개수)

$=\frac{x}{8}\times y=\frac{xy}{8}$(원) … ❷

답 $\frac{xy}{8}$원

채점 기준	배점
❶ 복숭아 한 개의 가격을 x를 사용한 식으로 나타내기	50%
❷ 지불해야 할 금액을 문자를 사용한 식으로 나타내기	50%

12 (할인 금액)=(정가)×(할인율)

$=15000\times\frac{x}{100}=150x$(원)

(판매 가격)=(정가)−(할인 금액)

$=15000-150x$(원)

∴ (거스름돈)=(낸 돈)−(판매 가격)

$=y-(15000-150x)$(원)

답 ④

13 시속 30 km로 x시간 동안 간 거리는 $30x$ km이므로 남은 거리는 $(96-30x)$ km이다. 답 ②

14 15분$=\frac{15}{60}$시간$=\frac{1}{4}$시간이므로

2시간 15분$=2\frac{1}{4}$시간$=\frac{9}{4}$시간

이때 (속력)$=\frac{(거리)}{(시간)}$=(거리)÷(시간)이므로 문자를 사용한 식으로 나타내면 $a\div\frac{9}{4}=a\times\frac{4}{9}=\frac{4}{9}a$, 즉 시속 $\frac{4}{9}a$ km이다. 답 시속 $\frac{4}{9}a$ km

15 x km의 거리를 시속 60 km로 갈 때 걸린 시간은 $\frac{x}{60}$시간이고, 20분은 $\frac{20}{60}=\frac{1}{3}$(시간)이므로 전체 걸린 시간은 $\left(\frac{x}{60}+\frac{1}{3}\right)$시간이다. 답 $\left(\frac{x}{60}+\frac{1}{3}\right)$시간

16 x %의 소금물 200 g에 들어 있는 소금의 양은

$\frac{x}{100}\times200=2x$(g)

y %의 소금물 100 g에 들어 있는 소금의 양은

$\frac{y}{100}\times100=y$(g)

따라서 두 소금물을 섞어 만든 소금물에 들어 있는 소금의 양은 $(2x+y)$ g이다. 답 ②

17 a %의 소금물 400 g에 들어 있는 소금의 양은

$\frac{a}{100}\times400=4a$(g)

(전체 소금물의 양)

=(a %의 소금물의 양)+(더 넣은 물의 양)

$=400+200=600$(g)

따라서 새로 만든 소금물의 농도는

$\frac{4a}{600}\times100=\frac{2a}{3}$(%) 답 ③

18 a %의 설탕물 300 g에 들어 있는 설탕의 양은

$\frac{a}{100}\times300=3a$(g) … ❶

b %의 설탕물 400 g에 들어 있는 설탕의 양은

$\frac{b}{100}\times400=4b$(g) … ❷

따라서 새로 만든 설탕물의 농도는

$\frac{3a+4b}{300+400}\times100=\frac{3a+4b}{7}$(%) … ❸

답 $\frac{3a+4b}{7}$ %

채점 기준	배점
❶ a %의 설탕물 300 g에 들어 있는 설탕의 양 구하기	30%
❷ b %의 설탕물 400 g에 들어 있는 설탕의 양 구하기	30%
❸ 새로 만든 설탕물의 농도를 a, b를 사용한 식으로 나타내기	40%

19 $ab-\frac{8}{a-b}$에 $a=1$, $b=-3$을 대입하면

$1\times(-3)-\frac{8}{1-(-3)}=-3-\frac{8}{4}$

$=-3-2=-5$ 답 ①

20 주어진 각 식에 $x=-2$를 대입하면

① $9-x=9-(-2)=9+2=11$

② $3x+7=3\times(-2)+7=-6+7=1$

③ $\frac{4}{x}-x=\frac{4}{-2}-(-2)=-2+2=0$

④ $x^2-2x=(-2)^2-2\times(-2)=4+4=8$

⑤ $\frac{5x}{2}+1=\frac{5\times(-2)}{2}+1=-5+1=-4$ 답 ③

21 주어진 각 식에 $x=-\frac{1}{4}$을 대입하면

① $\frac{1}{x}=1\div x=1\div\left(-\frac{1}{4}\right)=1\times(-4)=-4$

② $-x^2=-\left(-\frac{1}{4}\right)^2=-\frac{1}{16}$

③ $(-x)^2=\left\{-\left(-\frac{1}{4}\right)\right\}^2=\left(\frac{1}{4}\right)^2=\frac{1}{16}$

④ $x^3=\left(-\frac{1}{4}\right)^3=-\frac{1}{64}$

⑤ $\frac{1}{x}=-4$이므로 $-\left(\frac{1}{x}\right)^2=-(-4)^2=-16$ 답 ③

22 $\frac{x-y}{xy}+\frac{2}{z}=\frac{x}{xy}-\frac{y}{xy}+\frac{2}{z}=\frac{1}{y}-\frac{1}{x}+\frac{2}{z}$

이 식에 $x=\frac{1}{2}$, $y=-\frac{2}{3}$, $z=\frac{1}{5}$을 대입하면

$\frac{1}{y}-\frac{1}{x}+\frac{2}{z}=1\div y-1\div x+2\div z$

$=1\div\left(-\frac{2}{3}\right)-1\div\frac{1}{2}+2\div\frac{1}{5}$

$=-\frac{3}{2}-2+10=\frac{13}{2}$ 답 $\frac{13}{2}$

23 $331+0.6x$에 $x=20$을 대입하면

$331+0.6\times20=331+12=343$(m) 답 ④

24 $\frac{9}{5}x+32$에 $x=30$을 대입하면

$\frac{9}{5}\times30+32=54+32=86$(°F) 답 86 °F

25 $40t-5t^2$에 $t=2$를 대입하면

$40\times2-5\times2^2=80-20=60$(m) 답 ⑤

26 (1) (사다리꼴의 넓이)

$=\frac{1}{2}\times$ {(윗변의 길이)+(아랫변의 길이)} × (높이)

이므로 사다리꼴의 넓이 S를 x, y, z를 사용한 식으로 나타내면

$S=\frac{1}{2}\times(x+y)\times z=\frac{1}{2}(x+y)z$ … ❶

(2) $S=\frac{1}{2}(x+y)z$에 $x=7$, $y=9$, $z=4$를 대입하면

$S=\frac{1}{2}\times(7+9)\times4=32$ … ❷

답 (1) $S=\frac{1}{2}(x+y)z$ (2) 32

채점 기준	배점
❶ S를 x, y, z를 사용한 식으로 나타내기	40%
❷ x, y, z에 주어진 값을 대입하여 S의 값 구하기	60%

27 ② 항은 $\frac{a^2}{4}$, $7a$, -5로 모두 3개이다.

⑤ a^2의 계수는 $\frac{1}{4}$, 상수항은 -5이므로 곱은

$\frac{1}{4}\times(-5)=-\frac{5}{4}$ 답 ⑤

28 다항식의 차수는 3이므로 $A=3$

x의 계수는 6이므로 $B=6$

상수항은 -11이므로 $C=-11$ … ❶

$AB-C$에 $A=3$, $B=6$, $C=-11$을 대입하면

$AB-C=3\times6-(-11)=18+11=29$ … ❷

답 29

채점 기준	배점
❶ A, B, C의 값 각각 구하기	70%
❷ $AB-C$의 값 구하기	30%

29 ① $\frac{a+b}{2}=\frac{a}{2}+\frac{b}{2}$이므로 $\frac{a+b}{2}$는 단항식이 아니다.

② $x-5y$에서 항은 x, $-5y$의 2개이다.

③ $-3x^2+\frac{6}{x}+1$에서 $\frac{6}{x}$의 분모에 문자가 있으므로 다항식이 아니다.

④ x^2-2x+2에서 x의 계수는 -2, 상수항은 2이므로 합은 $-2+2=0$이다.

⑤ $\frac{3}{5}a^2+10a-\frac{1}{6}$에서 a^2의 계수는 $\frac{3}{5}$, a의 계수는 10이므로 곱은 $\frac{3}{5}\times10=6$이다. 답 ⑤

30 ① $x-x^2$ ➡ 차수가 2이므로 일차식이 아니다.

③ $\frac{4+x^2}{x}=\frac{4}{x}+x$ ➡ $\frac{4}{x}$의 분모에 문자가 있으므로 다항식이 아니다. 따라서 일차식이 아니다.

⑤ $0\times x-10=-10$ ➡ 차수가 0이므로 일차식이 아니다.

답 ②, ④

31 $\frac{2x-1}{3}=\frac{2}{3}x-\frac{1}{3}$

③ 항은 $\frac{2}{3}x$, $-\frac{1}{3}$로 2개이다.

⑤ 상수항은 $-\frac{1}{3}$이다. 답 ③, ⑤

32 ㄱ. $-\frac{9}{10}x$ ➡ 일차식

ㄴ. $-0.1x+0.8$ ➡ 일차식

ㄷ. $7-\frac{5}{x}$ ➡ $-\frac{5}{x}$의 분모에 문자가 있으므로 다항식이 아니다. 따라서 일차식이 아니다.

ㄹ. $0\times x^2+4x-3=4x-3$ ➡ 일차식

ㅁ. $\frac{1}{2}x^2+1$ ➡ 차수가 2이므로 일차식이 아니다.

ㅂ. $\frac{x+11}{6}=\frac{1}{6}x+\frac{11}{6}$ ➡ 일차식

따라서 일차식은 ㄱ, ㄴ, ㄹ, ㅂ이다. 답 ㄱ, ㄴ, ㄹ, ㅂ

33 일차식이 되려면 x^2의 계수가 0이어야 하므로

$a-5=0$에서 $a=5$ 답 5

참고 다항식 Ax^2+Bx+C (A, B, C는 상수)가 일차식이려면 $A=0$, $B\neq0$

34 ⑤ $\left(\frac{1}{3}x-\frac{1}{2}\right)\times(-6)=\frac{1}{3}x\times(-6)+\left(-\frac{1}{2}\right)\times(-6)$

$=-2x+3$ 답 ⑤

35 $(6-9x)\div\left(-\frac{3}{4}\right)=(6-9x)\times\left(-\frac{4}{3}\right)$

$=6\times\left(-\frac{4}{3}\right)+(-9x)\times\left(-\frac{4}{3}\right)$

$=-8+12x$ 답 $-8+12x$

36 $(2x-1)\div\left(-\frac{1}{12}\right)=(2x-1)\times(-12)$

$=2x\times(-12)+(-1)\times(-12)$

$=-24x+12$

① $3(4-8x)=3\times4+3\times(-8x)$

$=12-24x$

② $12(1-2x)=12\times1+12\times(-2x)$

$=12-24x$

③ $(3-6x)\div4=(3-6x)\times\frac{1}{4}$

$=3\times\frac{1}{4}+(-6x)\times\frac{1}{4}$

$=\frac{3}{4}-\frac{3}{2}x$

④ $(6x-3)\div\left(-\frac{1}{4}\right)=(6x-3)\times(-4)$

$=6x\times(-4)+(-3)\times(-4)$

$=-24x+12$

⑤ $(1-2x)\div\frac{1}{12}=(1-2x)\times12$

$=1\times12+(-2x)\times12$

$=12-24x$ 답 ③

37 $-10\left(-\frac{3}{5}x+3\right)=6x-30$이므로 x의 계수는 6이다.

$\therefore a=6$ … ❶

$(9x-4)\div\left(-\frac{1}{3}\right)=(9x-4)\times(-3)=-27x+12$

이므로 상수항은 12이다.

$\therefore b=12$ … ❷

$\therefore \frac{b}{a}=\frac{12}{6}=2$ … ❸

답 2

채점 기준	배점
❶ a의 값 구하기	40%
❷ b의 값 구하기	40%
❸ $\frac{b}{a}$의 값 구하기	20%

38 ① $-2x$, $2x^2$ ➡ 차수가 다르므로 동류항이 아니다.

② $\frac{1}{4}b$, $\frac{2}{3}$ ➡ 문자와 차수가 다르므로 동류항이 아니다.

③ $8xy$, $9y$ ➡ 문자와 차수가 다르므로 동류항이 아니다.

⑤ $\frac{1}{x}$, x ➡ $\frac{1}{x}$은 다항식이 아니다. 답 ④

39 문자가 x뿐이고 차수가 1인 것을 찾으면 ③이다. 답 ③

40 $-5y$와 문자와 차수가 각각 같은 것을 찾으면 $0.6y$,

$-\frac{10y^2}{y}=-10y$로 모두 2개이다. 답 2

41 ㄱ. y, $4x$ ➡ 문자가 다르므로 동류항이 아니다.

ㄴ. xy, $6xz$ ➡ 문자가 다르므로 동류항이 아니다.

ㅁ. $-0.3x$, $0.5x^3$ ➡ 차수가 다르므로 동류항이 아니다.

따라서 동류항끼리 짝 지은 것은 ㄷ, ㄹ, ㅂ이다.

답 ㄷ, ㄹ, ㅂ

42 $2(3x+4)-(2x-7)=6x+8-2x+7=4x+15$

따라서 $a=4$, $b=15$이므로

$b-a=15-4=11$ 답 11

43 $-3(5a-2)+(6a-1)=-15a+6+6a-1=-9a+5$

따라서 상수항은 5이다. 답 5

44 ① $(4x+3)+(7x+1)=4x+3+7x+1$

$=11x+4$

② $(6x+4)-2(-2x-1)=6x+4+4x+2$

$=10x+6$

③ $2(2x-5)-3(3x-8)=4x-10-9x+24$

$=-5x+14$

④ $2(3x-4)+\frac{4}{5}(20x-15)=6x-8+16x-12$

$=22x-20$

⑤ $\frac{1}{2}(8x-2)-8\left(\frac{1}{4}x-\frac{1}{2}\right)=4x-1-2x+4$

$=2x+3$

답 ⑤

45 $\frac{2}{3}(6x-9)-(10x-4)\div\frac{2}{5}=4x-6-(10x-4)\times\frac{5}{2}$

$=4x-6-25x+10$

$=-21x+4$

따라서 $a=-21$, $b=4$이므로

$a+5b=-21+5\times4=-1$ 답 -1

46 $8x-[7y-\{4x+2y-(-2x+5y)\}]$

$=8x-\{7y-(4x+2y+2x-5y)\}$

$=8x-\{7y-(6x-3y)\}$

$=8x-(7y-6x+3y)$

$=8x-(-6x+10y)$

$=8x+6x-10y=14x-10y$ 답 $14x-10y$

47 $5x-[x-\{2x-6-(5-x)\}]=5x-\{x-(2x-6-5+x)\}$

$=5x-\{x-(3x-11)\}$

$=5x-(x-3x+11)$

$=5x-(-2x+11)$

$=5x+2x-11$

$=7x-11$ ⋯ ❶

따라서 $a=7$, $b=-11$이므로

$ab=7\times(-11)=-77$ ⋯ ❷

답 -77

채점 기준	배점
❶ 주어진 식을 간단히 하기	80%
❷ ab의 값 구하기	20%

48 $\frac{3x+2}{4}-\frac{x-5}{3}=\frac{3(3x+2)}{12}-\frac{4(x-5)}{12}$

$=\frac{9x+6-4x+20}{12}=\frac{5x+26}{12}$

$=\frac{5}{12}x+\frac{13}{6}$ 답 $\frac{5}{12}x+\frac{13}{6}$

49 $\frac{4x+7}{5}-\frac{1-3x}{2}-2x=\frac{2(4x+7)}{10}-\frac{5(1-3x)}{10}-\frac{20x}{10}$

$=\frac{8x+14-5+15x-20x}{10}$

$=\frac{3x+9}{10}=\frac{3}{10}x+\frac{9}{10}$

따라서 $a=\frac{3}{10}$, $b=\frac{9}{10}$이므로

$\frac{b}{a}=b\div a=\frac{9}{10}\div\frac{3}{10}=\frac{9}{10}\times\frac{10}{3}=3$ 답 3

50 $2(A-B)+6B=2A-2B+6B=2A+4B$

$=2\left(3x+\frac{1}{2}\right)+4\left(\frac{3}{4}x-1\right)$

$=6x+1+3x-4=9x-3$ 답 ④

51 $3A-2B=3(-x+4)-2(3x-4)$

$=-3x+12-6x+8=-9x+20$ 답 ③

52 $A=4(3x-1)-2x=12x-4-2x=10x-4$

$\therefore -(-3A+B)-5A=3A-B-5A=-2A-B$

$=-2(10x-4)-(5-4x)$

$=-20x+8-5+4x$

$=-16x+3$ 답 $-16x+3$

53 $A=\left(\frac{3}{2}x+\frac{1}{2}\right)\div\left(-\frac{1}{4}\right)=\left(\frac{3}{2}x+\frac{1}{2}\right)\times(-4)$

$=-6x-2$

$B=\frac{2x+1}{3}-\frac{x-6}{6}=\frac{2(2x+1)}{6}-\frac{x-6}{6}$

$=\frac{4x+2-x+6}{6}=\frac{3x+8}{6}=\frac{1}{2}x+\frac{4}{3}$

$\therefore 4-\{-8A-3(-A+2B)\}$

$=4-(-8A+3A-6B)$

$=4-(-5A-6B)$

$=4+5A+6B$

$=4+5(-6x-2)+6\left(\frac{1}{2}x+\frac{4}{3}\right)$

$=4-30x-10+3x+8$

$=-27x+2$ 답 $-27x+2$

54 어떤 식을 □라 하면 □$+4(3x-2)=2x+5$이므로

□$=2x+5-4(3x-2)$

$=2x+5-12x+8=-10x+13$ 답 ③

55 □$=5a-9-(8-4a)$

$=5a-9-8+4a=9a-17$ 답 ④

56 어떤 식을 □라 하면

□$-3(2x-1)=-\frac{1}{2}(6-5x)$이므로

□$=-\frac{1}{2}(6-5x)+3(2x-1)$

$=-3+\frac{5}{2}x+6x-3=\frac{17}{2}x-6$ 답 $\frac{17}{2}x-6$

57 어떤 식을 □라 하면

□$+2(1-6x)=-(3x+4)$이므로 ⋯ ❶

□$=-(3x+4)-2(1-6x)$

$=-3x-4-2+12x=9x-6$ ⋯ ❷

따라서 바르게 계산하면

$9x-6-2(1-6x)=9x-6-2+12x$

$=21x-8$ ⋯ ❸

답 $21x-8$

채점 기준	배점
❶ 어떤 식을 □라 하여 식 세우기	20%
❷ 어떤 식 구하기	40%
❸ 바르게 계산한 식 구하기	40%

Real 실전 기출

86~88쪽

01 ① $a\times(-1)=-a$

② $a\div b\div 4=a\times\frac{1}{b}\times\frac{1}{4}=\frac{a}{4b}$

③ $(a+5)\div b\div c=(a+5)\times\frac{1}{b}\times\frac{1}{c}=\frac{a+5}{bc}$

④ $(-0.1)\times y\times x+x\times x=-0.1xy+x^2$

⑤ $x\times x\div\frac{2}{3}\times y\times 4\times y=x\times x\times\frac{3}{2}\times y\times 4\times y=6x^2y^2$

답 ③, ⑤

02 $a\times b\div c=a\times b\times\frac{1}{c}=\frac{ab}{c}$

① $a\div(b\times c)=a\div bc=a\times\frac{1}{bc}=\frac{a}{bc}$

② $a\div(b\div c)=a\div\frac{b}{c}=a\times\frac{c}{b}=\frac{ac}{b}$

③ $a\div(c\div b)=a\div\frac{c}{b}=a\times\frac{b}{c}=\frac{ab}{c}$

④ $a\div(b+c)=\frac{a}{b+c}$

⑤ $a\times b+c=ab+c$

답 ③

03 ① 1 L=1000 mL이므로 3 L=3000 mL

즉, 오렌지 주스 3 L의 x %는 $3000\times\frac{x}{100}=30x$(mL)

③ (평균)$=\frac{\text{(자료의 총합)}}{\text{(자료의 개수)}}$이므로 국어가 x점, 수학이 y점 일 때, 두 과목의 점수의 평균은 $\frac{x+y}{2}$점이다.

④ (삼각형의 넓이)$=\frac{1}{2}\times$(밑변의 길이)$\times$(높이)이므로 밑변의 길이가 4 cm, 높이가 h cm인 삼각형의 넓이는 $\frac{1}{2}\times 4\times h=2h$(cm^2)

⑤ (거리)=(속력)×(시간)이므로 시속 6 km의 속력으로 x시간 동안 간 거리는 $6\times x=6x$(km)

답 ⑤

04 (공책의 할인 금액)$=x\times\frac{20}{100}=\frac{1}{5}x$(원)이므로

(공책의 판매 가격)=(정가)−(할인 금액)

$=x-\frac{1}{5}x=\frac{4}{5}x$(원)

또, (볼펜의 할인 금액)$=y\times\frac{10}{100}=\frac{1}{10}y$(원)이므로

(볼펜의 판매 가격)=(정가)−(할인 금액)

$=y-\frac{1}{10}y=\frac{9}{10}y$(원)

∴ (거스름돈)

=(지불한 돈)−(공책의 판매 가격)−(볼펜의 판매 가격)

$=10000-\frac{4}{5}x-\frac{9}{10}y$(원)

답 $\left(10000-\frac{4}{5}x-\frac{9}{10}y\right)$원

05 주어진 각 식에 $a=-1$, $b=5$를 대입하면

① $-2ab=-2\times(-1)\times 5=10$

② $-\frac{ab}{5}=-\frac{(-1)\times 5}{5}=1$

③ $a^3=(-1)^3=-1$

④ $\frac{b^3}{5}=\frac{5^3}{5}=5^2=25$

⑤ $-a^2+b=-(-1)^2+5=-1+5=4$

답 ③

06 $\frac{36}{5}x-32$에 $x=25$를 대입하면

$\frac{36}{5}x-32=\frac{36}{5}\times 25-32$

$=180-32=148$(회)

답 148회

07 ① 항은 $\frac{1}{2}x^2$, $-\frac{1}{3}x$, -6이다.

② 다항식의 차수가 2이므로 일차식이 아니다.

③ x의 계수는 $-\frac{1}{3}$이다.

④ x^2의 계수는 $\frac{1}{2}$이다.

⑤ x^2의 계수는 $\frac{1}{2}$, 상수항은 -6이므로 곱은 $\frac{1}{2}\times(-6)=-3$이다.

답 ⑤

08 ① x^2-1 ➡ 차수가 2이므로 일차식이 아니다.

③ $\frac{2x+3}{7}=\frac{2}{7}x+\frac{3}{7}$ ➡ 일차식

④ $\frac{5}{x}+2$ ➡ $\frac{5}{x}$의 분모에 문자가 있으므로 다항식이 아니다. 따라서 일차식이 아니다.

⑤ $-2x-(3-2x)=-2x-3+2x=-3$ ➡ 차수가 0이므로 일차식이 아니다.

답 ②, ③

참고 상수항의 차수는 0이다.

09 $\frac{1}{2}(2x+4y)-\frac{1}{3}(6x-12y)=x+2y-2x+4y$

$=-x+6y$

따라서 $a=-1$, $b=6$이므로

$a-b=-1-6=-7$

답 ①

10 $3A-2B+4=3(4-x)-2(2x-3)+4$

$=12-3x-4x+6+4$

$=-7x+22$

답 ②

11 어떤 식을 □라 하면

$\square-3(x-2y)=-\frac{2}{3}(6x+9y)$이므로

$\square=-\frac{2}{3}(6x+9y)+3(x-2y)$

$=-4x-6y+3x-6y$

$=-x-12y$

따라서 바르게 계산하면

$-x-12y+3(x-2y)=-x-12y+3x-6y$

$=2x-18y$

답 $2x-18y$

12 (1) (원의 둘레의 길이)=(지름의 길이)×(원주율)이고 색칠한 부분의 둘레의 길이는 세 원의 둘레의 길이의 합과 같으므로

$2x\times3.14+3x\times3.14+5x\times3.14$
$=6.28x+9.42x+15.7x$
$=31.4x$

(2) $31.4x$에 $x=5$를 대입하면

$31.4\times5=157$ 　　답 (1) $31.4x$ (2) 157

13 (파손되지 않은 상품의 수)$=x-y$(개)이므로
(받을 수 있는 운반비)$=1000(x-y)$(원)
또, (배상해야 할 금액)$=3000y$(원)이므로
(운송 후 받게 될 금액)
=(받을 수 있는 운반비)−(배상해야 할 금액)
$=1000(x-y)-3000y$
$=1000x-1000y-3000y$
$=1000x-4000y$(원) 　　답 $(1000x-4000y)$원

14 $\frac{A-B}{2}-\frac{B-C}{3}+\frac{C-A}{6}$
$=\frac{3(A-B)}{6}-\frac{2(B-C)}{6}+\frac{C-A}{6}$
$=\frac{3A-3B-2B+2C+C-A}{6}$
$=\frac{2A-5B+3C}{6}$
$=\frac{2(1-3x)-5(x-5)+3(4x-3)}{6}$
$=\frac{2-6x-5x+25+12x-9}{6}$
$=\frac{x+18}{6}=\frac{1}{6}x+3$ 　　답 $\frac{1}{6}x+3$

15 x의 계수가 5인 일차식을 $5x+a$ (a는 상수)라 하면
$x=2$일 때, $5x+a=5\times2+a=10+a$이므로
$A=10+a$
$x=-3$일 때, $5x+a=5\times(-3)+a=-15+a$이므로
$B=-15+a$
$\therefore A-B=(10+a)-(-15+a)$
$=10+a+15-a=25$ 　　답 25

16 x %의 설탕물 200 g에 들어 있는 설탕의 양은

$\frac{x}{100}\times200=2x$(g) 　　… ❶

물 100 g을 섞어도 설탕의 양은 변함이 없고, 설탕을 8 g 더 넣었을 때 설탕의 양은 $(2x+8)$ g이다. 　　… ❷

이때 전체 설탕물의 양은

$200+100+8=308$(g) 　　… ❸

따라서 구하는 설탕물의 농도는

$\frac{2x+8}{308}\times100=\frac{50x+200}{77}$ (%) 　　… ❹

답 $\frac{50x+200}{77}$ %

채점 기준	배점
❶ x %의 설탕물 200 g에 들어 있는 설탕의 양 구하기	30%
❷ 물과 설탕을 더 넣은 후의 설탕의 양 구하기	20%
❸ 전체 설탕물의 양 구하기	20%
❹ 설탕물의 농도를 문자를 사용한 식으로 나타내기	30%

보충 TIP 소금물이나 설탕물에 물을 더 넣어도 소금이나 설탕의 양은 변하지 않는다.

17 $\frac{2}{a}-\frac{2}{b}+\frac{4}{c}=2\div a-2\div b+4\div c$ 　　… ❶
$=2\div\left(-\frac{1}{2}\right)-2\div\frac{2}{3}+4\div\frac{4}{3}$ 　　… ❷
$=2\times(-2)-2\times\frac{3}{2}+4\times\frac{3}{4}$
$=-4-3+3=-4$ 　　… ❸

답 −4

채점 기준	배점
❶ 분수 꼴을 ÷ 기호를 사용하여 나타내기	30%
❷ a, b, c의 값 대입하기	20%
❸ 주어진 식의 값 구하기	50%

18 $3x-[6x-2\{1-4(2x-3)+3(x-2)\}]$
$=3x-\{6x-2(1-8x+12+3x-6)\}$
$=3x-\{6x-2(-5x+7)\}$
$=3x-(6x+10x-14)$
$=3x-(16x-14)$
$=3x-16x+14$
$=-13x+14$ 　　… ❶
따라서 $a=-13$, $b=14$이므로
$a+b=-13+14=1$ 　　… ❷

답 1

채점 기준	배점
❶ 주어진 식을 간단히 하기	80%
❷ $a+b$의 값 구하기	20%

19 $A+(4x-9)=2x+6$에서
$A=2x+6-(4x-9)$
$=2x+6-4x+9=-2x+15$ 　　… ❶
$B-(3x-7)=A$에서
$B=A+(3x-7)$
$=(-2x+15)+(3x-7)$
$=-2x+15+3x-7$
$=x+8$ 　　… ❷

$\therefore A+B=(-2x+15)+(x+8)$
$=-2x+15+x+8$
$=-x+23$ ⋯ ❸

답 $-x+23$

채점 기준	배점
❶ 식 A 구하기	40%
❷ 식 B 구하기	40%
❸ $A+B$를 간단히 하기	20%

20 (1) 1 km 올라가면 기온이 5 ℃ 내려가므로 높이가 x km인 지점의 기온은 지면보다 $5x$ ℃ 내려간다.
즉, 지면의 기온이 a ℃일 때 높이가 x km인 지점의 기온은
$(a-5x)$ ℃ ⋯ ❶
(2) $a-5x$에 $a=15$, $x=2$를 대입하면
$15-5\times2=5$(℃) ⋯ ❷

답 (1) $(a-5x)$ ℃ (2) 5 ℃

채점 기준	배점
❶ 지면의 기온이 a ℃일 때 높이가 x km인 지점의 기온을 문자를 사용한 식으로 나타내기	60%
❷ 지면의 기온이 15 ℃일 때 높이가 2 km인 지점의 기온 구하기	40%

21 n이 자연수일 때 $2n-1$, $2n+1$은 모두 홀수이므로
$(-1)^{2n-1}=-1$, $(-1)^{2n+1}=-1$ ⋯ ❶
$\therefore (-1)^{2n-1}\times\frac{2x-3}{5}+(-1)^{2n+1}\times\frac{1-4x}{3}$
$=-\frac{2x-3}{5}-\frac{1-4x}{3}$
$=\frac{-3(2x-3)}{15}-\frac{5(1-4x)}{15}$
$=\frac{-6x+9-5+20x}{15}$
$=\frac{14x+4}{15}$
$=\frac{14}{15}x+\frac{4}{15}$ ⋯ ❷

답 $\frac{14}{15}x+\frac{4}{15}$

채점 기준	배점
❶ $(-1)^{2n-1}$, $(-1)^{2n+1}$의 값 구하기	50%
❷ 주어진 식의 값 구하기	50%

07 일차방정식의 풀이

Real 실전 개념

91쪽

01 답 ×
02 답 ○
03 답 ×
04 답 ○
05 답 $3x-7=8$
06 답 $2(x+4)=12$
07 답 $4x=16$
08 답 ×
09 답 ○
10 답 ×
11 답 ×
12 답 ○
13 답 ×
14 답 ○
15 답 $x=7-2$
16 답 $6x+2x=8$
17 답 $5x-4x=1+9$
18 답 $x+3x=5-4$
19 답 ○
20 답 ×
21 답 ×
22 답 ○

23 $2+x=8$에서 $x=8-2=6$ 답 $x=6$

24 $-4x+1=-3+2x$에서 $-6x=-4$
$\therefore x=\frac{2}{3}$ 답 $x=\frac{2}{3}$

25 $3(x-1)=-x+5$에서 괄호를 풀면
$3x-3=-x+5$, $4x=8$ $\therefore x=2$ 답 $x=2$

26 $-2(3-2x)=7(2-x)+2$에서 괄호를 풀면
$-6+4x=14-7x+2$, $11x=22$
$\therefore x=2$ 답 $x=2$

27 $x-0.6=1.2x-2$의 양변에 10을 곱하면
$10x-6=12x-20$, $-2x=-14$
$\therefore x=7$ 답 $x=7$

28 $0.7(x-2)=x+0.1$의 양변에 10을 곱하면
$7(x-2)=10x+1$, $7x-14=10x+1$
$-3x=15$ $\therefore x=-5$ 답 $x=-5$

29 $0.4(x+3)=-0.1(x-2)$의 양변에 10을 곱하면
$4(x+3)=-(x-2)$, $4x+12=-x+2$
$5x=-10$ $\quad\therefore x=-2$ 　　답 $x=-2$

30 $\frac{2}{3}x+1=-\frac{1}{3}x+5$의 양변에 3을 곱하면
$2x+3=-x+15$, $3x=12$
$\therefore x=4$ 　　답 $x=4$

31 $\frac{3x-2}{4}=7$의 양변에 4를 곱하면
$3x-2=28$, $3x=30$
$\therefore x=10$ 　　답 $x=10$

32 $\frac{x}{2}-\frac{2x-3}{5}=\frac{3}{2}$의 양변에 10을 곱하면
$5x-2(2x-3)=15$, $5x-4x+6=15$
$\therefore x=9$ 　　답 $x=9$

Real 실전 유형

92~99쪽

01 ⑤ 다항식이다. 　　답 ⑤

02 ① 다항식이다.
③, ⑤ 부등호가 있으므로 등식이 아니다. 　　답 ②, ④

03 ㄱ, ㅁ. 부등호가 있으므로 등식이 아니다.
ㄷ. 다항식이다.
따라서 등식인 것은 ㄴ, ㄹ, ㅂ이다. 　　답 ㄴ, ㄹ, ㅂ

04 ③ $4(x-3)=x+9$ 　　답 ③

05 ① $7x+8=30$
② $x+5<10-x$
③ $60x=150$
④ $6x=9000$
⑤ $x^2=36$ 　　답 ②

06 (연필 한 자루의 할인 금액)$=400\times\frac{10}{100}=40$(원)이므로
(연필 한 자루의 판매 가격)$=400-40=360$(원)
$\therefore$ (연필을 사고 지불한 금액)$=360(x+10)$(원) …❶
또, (공책을 사고 지불한 금액)$=800x$(원) …❷
따라서 주어진 문장을 등식으로 나타내면
$360(x+10)=800x+80$ …❸
답 $360(x+10)=800x+80$

채점 기준	배점
❶ 연필을 사고 지불한 금액을 문자를 사용한 식으로 나타내기	40%
❷ 공책을 사고 지불한 금액을 문자를 사용한 식으로 나타내기	30%
❸ 주어진 문장을 등식으로 나타내기	30%

07 주어진 방정식에 [ ] 안의 수를 각각 대입하면
① $3\times(-1)+4\neq-2$
② $15-2\times3=3\times3$
③ $4\times(3-1)\neq5\times3+4$
④ $-\frac{4}{7}\times\left(-\frac{7}{2}\right)=2$
⑤ $\frac{5}{6}\times2\neq\frac{1}{3}$ 　　답 ②, ④

08 주어진 방정식에 $x=-2$를 각각 대입하면
① $-(-2)-2=0$
② $\frac{1}{3}\times(-2)-\frac{1}{3}=-1$
③ $-2\times(-2-1)=6$
④ $6-\frac{4\times(-2)+7}{3}\neq1$
⑤ $\frac{3\times(-2)+5}{2}-\frac{3}{2}=-2$ 　　답 ④

09 주어진 방정식에 [ ] 안의 수를 각각 대입하면
① $7-5\times2=-3$
② $7\times2=-3\times2+20$
③ $3-2\times(3-2)=1$
④ $6\times3-13=5\times(3-2)$
⑤ $-3\times(2-3)\neq4\times(2+5)$ 　　답 ⑤

10 ⑤ $3x-6+1=3x-5$이므로 (좌변)=(우변)
따라서 항등식이다. 　　답 ⑤

11 x의 값에 따라 참이 되기도 하고 거짓이 되기도 하는 등식은 방정식이다.
① $2x-5x=-3x$이므로 (좌변)=(우변)
따라서 항등식이다.
② 다항식이다.
③ 부등호가 있으므로 등식이 아니다.
⑤ $-\frac{1}{4}(x-1)=-\frac{1}{4}x+\frac{1}{4}$이므로 (좌변)=(우변)
따라서 항등식이다. 　　답 ④

12 ㄹ. $5(x-2)=5x-10$이므로 (좌변)=(우변)
ㅁ. (좌변)=(우변)
따라서 항등식인 것은 ㄹ, ㅁ이다. 　　답 ㄹ, ㅁ

13 x의 값에 관계없이 항상 참인 등식은 항등식이다.

③ (좌변)=(우변)이므로 항등식이다.

④ $6x-2+4=6x+2$이므로

(좌변)=(우변)

따라서 항등식이다.

답 ③, ④

14 $3x+7=ax-2+b$가 항등식이 되려면

$3=a,\ 7=-2+b$

이어야 하므로

$a=3,\ b=9$

답 ④

15 $2(7-2x)=14-ax$에서

$14-4x=14-ax$

이 등식이 항등식이 되려면 $-4=-a$이어야 하므로

$a=4$

답 ④

16 $-2(x+3)+1=-(x-5)+A$에서

$-2x-6+1=-x+5+A$

$-2x-5=-x+5+A$

$\therefore A=-x-10$

답 $-x-10$

17 $\frac{2-ax}{3}=\frac{1}{2}(x-b)$에서

$\frac{2}{3}-\frac{a}{3}x=\frac{1}{2}x-\frac{b}{2}$

이 등식이 항등식이 되려면 $-\frac{a}{3}=\frac{1}{2},\ \frac{2}{3}=-\frac{b}{2}$이어야 한다. …❶

$\therefore a=-\frac{3}{2},\ b=-\frac{4}{3}$ …❷

$\therefore ab=-\frac{3}{2}\times\left(-\frac{4}{3}\right)=2$ …❸

답 2

채점 기준	배점
❶ 주어진 등식이 항등식이 될 조건 구하기	50%
❷ $a,\ b$의 값 각각 구하기	30%
❸ ab의 값 구하기	20%

18 ① $2a=3b$의 양변을 6으로 나누면

$\frac{a}{3}=\frac{b}{2}$

② $a=b+4$의 양변에 4를 더하면

$a+4=b+8$

③ $2a=b+1$의 양변에 2를 곱하면

$4a=2b+2$

④ $a=b,\ c=d$이면 $a+c=b+d$이지만 $a+b=c+d$인지는 알 수 없다.

⑤ $a-c=b-d$의 양변에 c를 더하면

$a=b-d+c$

이 식의 양변에 d를 더하면

$a+d=b+c$

답 ⑤

19 ② $a=1,\ b=2,\ c=0$이면 $1\times0=2\times0$이므로 $ac=bc$이지만 $1\neq2$이므로 $a\neq b$이다.

③ $a=b$의 양변을 3으로 나누면

$\frac{a}{3}=\frac{b}{3}$

이 식의 양변에 c를 더하면

$\frac{a}{3}+c=\frac{b}{3}+c$

⑤ $a=3b$의 양변을 6으로 나누면

$\frac{a}{6}=\frac{3b}{6}$, 즉 $\frac{a}{6}=\frac{b}{2}$

답 ②

20 ㄱ. $a=b$의 양변에서 7을 빼면

$a-7=b-7$

ㄴ. $\frac{a}{4}=\frac{b}{5}$의 양변에 20을 곱하면

$5a=4b$

ㄷ. $a=2b$의 양변에 3을 더하면

$a+3=2b+3$

ㄹ. $a-2=b-1$의 양변에 2를 더하면

$a=b+1$

ㅁ. $2(a-3)=2(b-3)$의 양변을 2로 나누면

$a-3=b-3$

이 식의 양변에 3을 더하면

$a=b$

ㅂ. $5a=4b$의 양변을 20으로 나누면

$\frac{a}{4}=\frac{b}{5}$, 즉 $\frac{a}{4}-\frac{b}{5}=0$

따라서 옳은 것은 ㄱ, ㄹ, ㅁ이다.

답 ㄱ, ㄹ, ㅁ

21 $\frac{x-1}{5}=2$

) 양변에 5를 곱한다. (ㄷ)

$x-1=10$

) 양변에 1을 더한다. (ㄱ)

$\therefore x=11$

답 (가): ㄷ, (나): ㄱ

22 $7x-4=3$의 양변에 4를 더하면

$7x=7 \qquad \therefore c=4$

답 4

23 ① $x+5=7$의 양변에서 5를 빼면

$x=2$

② $-3x=6$의 양변을 -3으로 나누면

$x=-2$

③ $4x=x-7$의 양변에서 x를 빼면

$3x=-7$

④ $8x+2=1$의 양변에서 2를 빼면

$8x=-1$

⑤ $\frac{1}{3}x+9=-1$의 양변에서 9를 빼면

$\frac{1}{3}x=-10$ 답 ②

24 ① $x-2=3$ ➡ $x=3+2$

② $3+x=-5$ ➡ $x=-5-3$

④ $-2x-15=-6x$ ➡ $-2x+6x=15$

⑤ $7x-6=x-4$ ➡ $7x-x=-4+6$ 답 ③

25 3을 이항하면 $-2x=5x-3$

ㄱ. $3-2x=5x$의 양변에서 3을 빼면

$-2x=5x-3$

ㄷ. $3-2x=5x$의 양변에 -3을 더하면

$-2x=5x-3$

따라서 결과가 같은 것은 ㄱ, ㄷ이다. 답 ㄱ, ㄷ

26 ① $3x+4=-1$ ➡ $3x=-1-4$

② $5x-6=-2x$ ➡ $5x+2x=6$

③ $11-2x=7x+4$ ➡ $-2x-7x=4-11$

⑤ $-6x+7=1-2x$ ➡ $-6x+2x=1-7$ 답 ④

27 등식 $6x-5=-2x+7$에서 x를 포함하는 항은 좌변으로, 상수항은 우변으로 이항하면

$6x+2x=7+5$ $\therefore 8x=12$ … ❶

따라서 $a=8$, $b=12$이므로

$a+b=8+12=20$ … ❷

답 20

채점 기준	배점
❶ 이항하여 등식을 $ax=b$ 꼴로 고치기	70%
❷ $a+b$의 값 구하기	30%

28 ① 다항식이다.

② $\frac{1}{x}-3x+1=0$

③ $x+9=0$

④ $-7x+5=0$

⑤ $-11=0$ 답 ③, ④

29 ㄴ. $-3x-4=0$

ㄷ. $2x-7=0$

ㄹ. $x^2+3x+3=0$

ㅁ. $-\frac{5}{2}x-3=0$

ㅂ. $-4=0$

따라서 일차방정식은 ㄱ, ㄴ, ㄷ, ㅁ의 4개이다. 답 ④

30 $3x^2+3ax-2=-bx^2+6x$에서

$(3+b)x^2+(3a-6)x-2=0$ … ❶

이 등식이 일차방정식이 되려면

$3+b=0$, $3a-6\neq0$

이어야 하므로

$a\neq2$, $b=-3$ … ❷

답 $a\neq2$, $b=-3$

채점 기준	배점
❶ 이항하여 등식을 간단히 하기	50%
❷ 일차방정식이 되기 위한 조건 구하기	50%

31 ① $-(x+2)=2x-3$에서

$-x-2=2x-3$, $-3x=-1$

$\therefore x=\frac{1}{3}$

② $4x+6=2(6-x)$에서

$4x+6=12-2x$, $6x=6$

$\therefore x=1$

③ $3(x-3)=7-(x+4)$에서

$3x-9=7-x-4$, $4x=12$

$\therefore x=3$

④ $10-(2x-3)=5x-8$에서

$10-2x+3=5x-8$, $-7x=-21$

$\therefore x=3$

⑤ $-2(x-1)+5=4(3-2x)+1$에서

$-2x+2+5=12-8x+1$, $6x=6$

$\therefore x=1$ 답 ①

32 $-2(x-4)=-x+3(x+2)$에서

$-2x+8=-x+3x+6$, $-4x=-2$

$\therefore x=\frac{1}{2}$ 답 ④

33 $2(x-5)-2(3-x)=8$에서

$2x-10-6+2x=8$, $4x=24$

$\therefore x=6$

① $6x+5=-1$에서 $6x=-6$

$\therefore x=-1$

② $5(x-2)+7=2x$에서

$5x-10+7=2x$, $3x=3$

$\therefore x=1$

③ $-(2-x)+3x=6$에서

$-2+x+3x=6$, $4x=8$

$\therefore x=2$

④ $3(x+2)=2(x+6)$에서
$3x+6=2x+12$
$\therefore x=6$
⑤ $2(x-7)=4-3(x+5)$에서
$2x-14=4-3x-15$, $5x=3$
$\therefore x=\frac{3}{5}$ 답 ④

34 $5(6-x)+3x=1-3(2x+1)$에서
$30-5x+3x=1-6x-3$, $4x=-32$
$\therefore x=-8$ …❶
따라서 $a=-8$이므로
$a^2+2a=(-8)^2+2\times(-8)=48$ …❷
답 48

채점 기준	배점
❶ 일차방정식의 해 구하기	70%
❷ a^2+2a의 값 구하기	30%

35 $3.5x+2.5=-2+0.5(x-5)$의 양변에 10을 곱하면
$35x+25=-20+5(x-5)$
$35x+25=-20+5x-25$
$30x=-70$ $\therefore x=-\frac{7}{3}$ 답 ①

36 $\frac{1}{3}-\frac{2-x}{2}=\frac{3}{4}x$의 양변에 12를 곱하면
$4-6(2-x)=9x$, $4-12+6x=9x$
$-3x=8$ $\therefore x=-\frac{8}{3}$ 답 $x=-\frac{8}{3}$

37 $\frac{1}{2}x+\frac{2-x}{6}=0.25(x+3)$의 양변에 12를 곱하면
$6x+2(2-x)=3(x+3)$, $6x+4-2x=3x+9$
$\therefore x=5$ 답 ⑤

38 $\frac{2}{3}x+0.8=\frac{1}{6}x+1.4$의 양변에 30을 곱하면
$20x+24=5x+42$, $15x=18$ $\therefore x=\frac{6}{5}$
$\therefore a=\frac{6}{5}$ …❶
$\frac{3(x-2)}{2}=1.2x-\frac{2(4-x)}{5}$의 양변에 10을 곱하면
$15(x-2)=12x-4(4-x)$
$15x-30=12x-16+4x$, $-x=14$
$\therefore x=-14$
$\therefore b=-14$ …❷
$\therefore -5ab=-5\times\frac{6}{5}\times(-14)=84$ …❸
답 84

채점 기준	배점
❶ a의 값 구하기	40%
❷ b의 값 구하기	40%
❸ $-5ab$의 값 구하기	20%

39 $(0.5x+3):6=\frac{1}{6}(x-3):4$에서
$4(0.5x+3)=x-3$, $2x+12=x-3$
$\therefore x=-15$ 답 ①

보충 TIP 비례식의 성질
비례식 $a:b=c:d$에서 외항의 곱과 내항의 곱은 같다.
➜ $ad=bc$

40 $(x+7):(2x-3)=2:3$에서
$3(x+7)=2(2x-3)$, $3x+21=4x-6$, $-x=-27$
$\therefore x=27$ 답 27

41 $\frac{3-x}{4}:\frac{1-x}{3}=2:1$에서
$\frac{3-x}{4}=\frac{2(1-x)}{3}$
양변에 12를 곱하면
$3(3-x)=8(1-x)$, $9-3x=8-8x$
$5x=-1$ $\therefore x=-\frac{1}{5}$ 답 ③

42 $0.4(x-2):3=\frac{1}{4}(2x-1):5$에서
$2(x-2)=\frac{3}{4}(2x-1)$
양변에 4를 곱하면
$8(x-2)=3(2x-1)$, $8x-16=6x-3$
$2x=13$ $\therefore x=\frac{13}{2}$
따라서 $a=\frac{13}{2}$이므로
$2a-1=2\times\frac{13}{2}-1=12$ 답 12

43 $5(x-2a)=3(x-a)+4$에 $x=4$를 대입하면
$5(4-2a)=3(4-a)+4$, $20-10a=12-3a+4$
$-7a=-4$ $\therefore a=\frac{4}{7}$ 답 ④

44 $2(x+a)=4x-2$에 $x=3$을 대입하면
$2(3+a)=12-2$, $6+2a=10$, $2a=4$
$\therefore a=2$ 답 2

45 $\frac{5x+2a}{4}-\frac{2}{3}=\frac{7x-a}{3}$에 $x=-1$을 대입하면

$\frac{-5+2a}{4}-\frac{2}{3}=\frac{-7-a}{3}$

양변에 12를 곱하면

$3(-5+2a)-8=4(-7-a)$

$-15+6a-8=-28-4a$

$10a=-5 \quad \therefore a=-\frac{1}{2}$ 답 ①

46 $x-\frac{2x-a}{3}=a+2$에 $x=2$를 대입하면

$2-\frac{4-a}{3}=a+2$

양변에 3을 곱하면

$6-(4-a)=3(a+2)$, $6-4+a=3a+6$

$-2a=4 \quad \therefore a=-2$ … ❶

$4(5-ax)-x=-1$에 $a=-2$를 대입하면

$4(5+2x)-x=-1$, $20+8x-x=-1$

$7x=-21 \quad \therefore x=-3$ … ❷

답 $x=-3$

채점 기준	배점
❶ a의 값 구하기	50%
❷ $4(5-ax)-x=-1$의 해 구하기	50%

47 $0.2(x-3)=0.3(x+2)-1$의 양변에 10을 곱하면

$2(x-3)=3(x+2)-10$

$2x-6=3x+6-10$

$-x=2 \quad \therefore x=-2$

$\frac{1}{3}(x+3)=\frac{x-2}{4}+a$에 $x=-2$를 대입하면

$\frac{1}{3}\times(-2+3)=\frac{-2-2}{4}+a$

$\frac{1}{3}=-1+a \quad \therefore a=\frac{4}{3}$ 답 ③

48 $\frac{x+3}{2}=3(x-1)+2$의 양변에 2를 곱하면

$x+3=6(x-1)+4$, $x+3=6x-6+4$

$-5x=-5 \quad \therefore x=1$

$ax+5=x+3a$에 $x=1$을 대입하면

$a+5=1+3a$, $-2a=-4$

$\therefore a=2$ 답 2

49 $\frac{1}{2}x-1=\frac{x-4}{3}$의 양변에 6을 곱하면

$3x-6=2(x-4)$, $3x-6=2x-8$

$\therefore x=-2$

$2(x-a)=3x+1$에 $x=-2$를 대입하면

$2(-2-a)=-6+1$, $-4-2a=-5$

$-2a=-1 \quad \therefore a=\frac{1}{2}$ 답 ③

50 $0.2x+0.4=-0.17(x+2)$의 양변에 100을 곱하면

$20x+40=-17(x+2)$

$20x+40=-17x-34$

$37x=-74 \quad \therefore x=-2$

$a-\frac{x}{2}-\frac{ax+4}{4}=-3$에 $x=-2$를 대입하면

$a+1-\frac{-2a+4}{4}=-3$

양변에 4를 곱하면

$4a+4+2a-4=-12$, $6a=-12$

$\therefore a=-2$ 답 -2

51 $2x-(x+a)=4x-10$에서

$2x-x-a=4x-10$, $-3x=a-10$

$\therefore x=\frac{10-a}{3}$

$\frac{10-a}{3}$가 자연수가 되려면 $10-a$가 3의 배수가 되어야 하므로

$a=1, 4, 7$

따라서 가장 큰 자연수 a의 값은 7이다. 답 ④

52 $3(x-7)=2x-a$에서

$3x-21=2x-a \quad \therefore x=21-a$

따라서 $21-a$가 자연수가 되도록 하는 a는 1, 2, 3, …, 20의 20개이다. 답 20

53 $2x-\frac{1}{3}(x+5a)=-5$의 양변에 3을 곱하면

$6x-x-5a=-15$, $5x=5a-15$

$\therefore x=a-3$

따라서 $a-3$이 음의 정수가 되도록 하는 자연수 a의 값은 1, 2이다. 답 ①

54 $2(8-x)=a+x$에서

$16-2x=a+x$, $-3x=a-16$

$\therefore x=\frac{16-a}{3}$ … ❶

$\frac{16-a}{3}$가 자연수가 되려면 $16-a$가 3의 배수가 되어야 하므로

$a=1, 4, 7, 10, 13$ … ❷

따라서 구하는 합은

$1+4+7+10+13=35$ … ❸

답 35

채점 기준	배점
❶ 일차방정식의 해를 a를 사용한 식으로 나타내기	40%
❷ a의 값 모두 구하기	50%
❸ 모든 a의 값의 합 구하기	10%

55 $ax-4=x+b$에서 $(a-1)x=b+4$
이 방정식의 해가 무수히 많으므로
$a-1=0,\ b+4=0 \quad \therefore a=1,\ b=-4$
$\therefore a-b=1-(-4)=5$
답 ⑤

56 $7-ax=3x-b$에서 $(a+3)x=b+7$
이 방정식의 해가 무수히 많으므로
$a+3=0,\ b+7=0 \quad \therefore a=-3,\ b=-7$
답 ③

57 $\frac{3x+2}{3}-\frac{3-ax}{2}=-x+\frac{1}{6}$의 양변에 6을 곱하면
$2(3x+2)-3(3-ax)=-6x+1$
$6x+4-9+3ax=-6x+1$
$\therefore (3a+12)x=6$
이 방정식의 해가 존재하지 않으므로
$3a+12=0,\ 3a=-12 \quad \therefore a=-4$
답 -4

58 $\frac{x-1}{2}-\frac{1}{4}=\frac{ax+4}{4}$의 양변에 4를 곱하면
$2(x-1)-1=ax+4,\ 2x-2-1=ax+4$
$\therefore (2-a)x=7$
이 방정식의 해가 없으므로
$2-a=0 \quad \therefore a=2$ … ❶
$3(bx-1)=-2(3x-c)$에서
$3bx-3=-6x+2c$
$\therefore (3b+6)x=2c+3$
이 방정식의 해가 무수히 많으므로
$3b+6=0,\ 2c+3=0$
$\therefore b=-2,\ c=-\frac{3}{2}$ … ❷
$\therefore abc=2\times(-2)\times\left(-\frac{3}{2}\right)=6$ … ❸
답 6

채점 기준	배점
❶ a의 값 구하기	40%
❷ b, c의 값 각각 구하기	50%
❸ abc의 값 구하기	10%

Real 실전 기출

100~102쪽

01 ⑤ (소금물의 농도)$=\frac{(\text{소금의 양})}{(\text{소금물의 양})}\times100(\%)$이므로
$\frac{x}{200+x}\times100=8$
답 ⑤

02 주어진 방정식에 $x=1$을 각각 대입하면
① $1-7\neq-8$
② $\frac{3}{5}\times1-\frac{1}{5}\neq\frac{4}{5}$
③ $1-\frac{1}{4}\neq-\frac{3}{4}$
④ $2\times1-1\neq-3$
⑤ $1-6=-2\times1-3$
답 ⑤

03 ④ $6x-4-4x=2x-4$이므로 (좌변)=(우변)
따라서 항등식이다.
⑤ $6x-10=6x-9-1$이므로 (좌변)=(우변)
따라서 항등식이다.
답 ④, ⑤

04 ① $a=b$의 양변에 3을 곱하면
$3a=3b$
이 식의 양변에서 $3b$를 빼면
$3a-3b=0$
② $a=4b$의 양변을 4로 나누면
$\frac{a}{4}=b$
이 식의 양변에서 2를 빼면
$\frac{a}{4}-2=b-2$
③ $\frac{a}{2}=\frac{b}{5}$의 양변에 10을 곱하면
$5a=2b$
④ $a-7=b-7$의 양변에 7을 더하면
$a=b$
⑤ $c=0,\ a=1,\ b=3$일 때, $ac=bc$이지만 $a\neq b$이다.
즉, $a\neq b$이므로 $a+1\neq b+1$이다.
답 ⑤

05 그림에서 설명하는 등식의 성질은 '등식의 양변을 0이 아닌 같은 수로 나누어도 등식은 성립한다.'는 것이다.
따라서 풀이 과정 중 이 등식의 성질이 이용된 곳은 ㈑이다.
답 ㈑

06 ① $x^2+x+8=0$ ② $-2=0$
③ $x^2+6=0$ ④ $2x-2=0$
⑤ $-1=0$
답 ④

07 $0.3(x+2)-0.5=0.4x+1$의 양변에 10을 곱하면
$3(x+2)-5=4x+10$
$3x+6-5=4x+10$
$-x=9 \quad \therefore x=-9$
답 ②

08 $\frac{x+1}{2}-\frac{5-2x}{3}=\frac{5x-4}{4}$의 양변에 12를 곱하면

$6(x+1)-4(5-2x)=3(5x-4)$

$6x+6-20+8x=15x-12$

$-x=2 \quad \therefore x=-2$ 답 ①

09 $(x-6):2=(5-2x):3$에서

$3(x-6)=2(5-2x)$

$3x-18=10-4x$

$7x=28 \quad \therefore x=4$ 답 ⑤

10 $4x+a=5(x-3)$에 $x=2$를 대입하면

$8+a=-5 \quad \therefore a=-13$ 답 ①

11 $x-4=0.2(x-4)$의 양변에 10을 곱하면

$10x-40=2(x-4)$

$10x-40=2x-8$

$8x=32 \quad \therefore x=4$

$3a(x-2)=5+x$에 $x=4$를 대입하면

$6a=9 \quad \therefore a=\frac{3}{2}$ 답 $\frac{3}{2}$

12 $x+2=\frac{x}{3}$의 양변에 3을 곱하면

$3x+6=x,\ 2x=-6 \quad \therefore x=-3$

따라서 일차방정식 $1-x=a-3(x+2)$의 해는 $x=-6$이므로

$1-(-6)=a-3\times(-6+2)$

$7=a+12,\ -a=5$

$\therefore a=-5$ 답 -5

13 $2kx+3b=4ak-5x$에 $x=-2$를 대입하면

$-4k+3b=4ak+10$

이 식이 k에 대한 항등식이므로

$-4=4a,\ 3b=10$

$\therefore a=-1,\ b=\frac{10}{3}$

$\therefore 3ab=3\times(-1)\times\frac{10}{3}=-10$ 답 -10

14 $ax-8=-2(5x+2)$에서

$ax-8=-10x-4$

$(a+10)x=4 \quad \therefore x=\frac{4}{a+10}$

$\frac{4}{a+10}$가 양의 정수이려면 $a+10$이 4의 약수이어야 한다.

즉, $a+10$의 값은 1 또는 2 또는 4이어야 한다.

(i) $a+10=1$일 때, $a=-9$

(ii) $a+10=2$일 때, $a=-8$

(iii) $a+10=4$일 때, $a=-6$

(i), (ii), (iii)에서 모든 정수 a의 값의 합은

$-9+(-8)+(-6)=-23$ 답 -23

15 $4x+6=a(x-2)$에서

$4x+6=ax-2a$

$\therefore (4-a)x+6+2a=0$ … ❶

이 식이 x에 대한 일차방정식이 되려면 x의 계수가 0이 아니어야 하므로 … ❷

$4-a\neq0 \quad \therefore a\neq4$ … ❸

답 $a\neq4$

채점 기준	배점
❶ 주어진 식을 $mx+n=0$ (m, n은 상수) 꼴로 나타내기	30%
❷ x에 대한 일차방정식이 되도록 하는 조건 이해하기	40%
❸ x에 대한 일차방정식이 되도록 하는 조건 구하기	30%

16 $4-ax+3b=5x+1$에서

$-ax+3b+4=5x+1$

이 식이 x에 대한 항등식이므로

$-a=5,\ 3b+4=1$

$\therefore a=-5,\ b=-1$ … ❶

따라서 방정식 $2(x-a)+b=0$, 즉 $2(x+5)-1=0$을 풀면

$2x+10-1=0,\ 2x=-9$

$\therefore x=-\frac{9}{2}$ … ❷

답 $x=-\frac{9}{2}$

채점 기준	배점
❶ a, b의 값 각각 구하기	50%
❷ 일차방정식의 해 구하기	50%

17 $0.9(x+2)-0.4(2x-1)=1$의 양변에 10을 곱하면

$9(x+2)-4(2x-1)=10$

$9x+18-8x+4=10$

$\therefore x=-12 \quad \therefore a=-12$ … ❶

$\frac{5x-3}{4}-\frac{2x+1}{2}=\frac{x+1}{12}$의 양변에 12를 곱하면

$3(5x-3)-6(2x+1)=x+1$

$15x-9-12x-6=x+1$

$2x=16 \quad \therefore x=8 \quad \therefore b=8$ … ❷

$\therefore a+3b=-12+3\times8=12$ … ❸

답 12

채점 기준	배점
❶ a의 값 구하기	40%
❷ b의 값 구하기	40%
❸ $a+3b$의 값 구하기	20%

18 $3(5-2x)+a=bx-3$에서

$15-6x+a=bx-3$

$\therefore (-6-b)x=-a-18$

이 방정식의 해가 무수히 많으므로

$-6-b=0$, $-a-18=0$이어야 한다. … ❶

따라서 $a=-18$, $b=-6$이므로 … ❷

$\frac{a}{b}=\frac{-18}{-6}=3$ … ❸

답 3

채점 기준	배점
❶ 주어진 방정식의 해가 무수히 많을 조건 이해하기	50%
❷ a, b의 값 각각 구하기	30%
❸ $\frac{a}{b}$의 값 구하기	20%

19 $5x-2a=2(x+b)$에 $x=b$를 대입하면

$5b-2a=4b$

$\therefore b=2a$ … ❶

$b=2a$를 $\frac{7a-2b}{b+a}$에 대입하면

$\frac{7a-4a}{2a+a}=\frac{3a}{3a}=1$ … ❷

답 1

채점 기준	배점
❶ a와 b 사이의 관계식 구하기	60%
❷ $\frac{7a-2b}{b+a}$의 값 구하기	40%

20 $2◎x=3(2+x)-2x$

$=6+3x-2x$

$=x+6$

$\therefore (2◎x)◎(-1)=(x+6)◎(-1)$

$=3\{x+6+(-1)\}-(x+6)\times(-1)$

$=3(x+5)+x+6$

$=3x+15+x+6$

$=4x+21$ … ❶

따라서 $(2◎x)◎(-1)=5$에서

$4x+21=5$

$4x=-16$

$\therefore x=-4$ … ❷

답 -4

채점 기준	배점
❶ $(2◎x)◎(-1)$을 x에 대한 식으로 나타내기	70%
❷ x의 값 구하기	30%

08 일차방정식의 활용

Real 실전 개념 105쪽

01 답 ❷ $3x$, $x-4$, $3x=x-4$ ❸ -2, -2
❹ -2, -6, -2, -6

02 답 $4x=x+6$, $x=2$

03 답 $20-3x=2$, $x=6$

04 답 $10x+5=5(x+5)$, $x=4$

05 답 $2(x+4)=22$, $x=7$

06 답 $45+x=2(14+x)$, $x=17$

07 답 $500x+800(10-x)=6200$, $x=6$

08 답

	거리(km)	속력(km/h)	걸린 시간(시간)
갈 때	x	3	$\frac{x}{3}$
올 때	x	2	$\frac{x}{2}$

$\frac{x}{3}+\frac{x}{2}=5$

09 답 6 km

10 답

	물을 넣기 전	물을 넣은 후
농도(%)	10	4
소금물의 양(g)	200	$200+x$
소금의 양(g)	$\frac{10}{100}\times 200$	$\frac{4}{100}\times(200+x)$

$\frac{10}{100}\times 200=\frac{4}{100}\times(200+x)$

11 답 300 g

Real 실전 유형 106~113쪽

01 어떤 수를 x라 하면

$\frac{1}{2}x=2(x-5)-2$

$x=4(x-5)-4$, $x=4x-20-4$

$-3x=-24$ $\therefore x=8$

따라서 어떤 수는 8이다. 답 ③

02 어떤 수를 x라 하면

$5(x-2)=3x$

$5x-10=3x$, $2x=10$ $\quad\therefore x=5$

따라서 어떤 수는 5이다. 답 5

03 작은 수를 x라 하면 큰 수는 $40-x$이므로

$40-x=4x+5$

$-5x=-35$ $\quad\therefore x=7$

따라서 작은 수는 7이다. 답 7

04 (1) 어떤 수를 x라 하면

$6x-4=4x-6+10$ … ❶

$2x=8$ $\quad\therefore x=4$

따라서 어떤 수는 4이다. … ❷

(2) 처음 구하려고 했던 수는

$4\times4-6=10$ … ❸

답 (1) 4 (2) 10

채점 기준	배점
❶ 어떤 수를 x라 하고 방정식 세우기	40%
❷ 어떤 수 구하기	30%
❸ 처음 구하려고 했던 수 구하기	30%

05 연속하는 세 자연수를 $x-1$, x, $x+1$이라 하면

$(x-1)+x+(x+1)=123$

$3x=123$ $\quad\therefore x=41$

따라서 세 수 중 가장 큰 수는

$41+1=42$ 답 ④

06 연속하는 두 자연수를 x, $x+1$이라 하면

$x+(x+1)=39$

$2x=38$ $\quad\therefore x=19$

따라서 두 자연수는 19, 20이므로 곱은

$19\times20=380$ 답 380

07 연속하는 두 짝수를 x, $x+2$라 하면

$x+(x+2)=4x-6$

$2x+2=4x-6$, $-2x=-8$ $\quad\therefore x=4$

따라서 두 짝수 중 작은 수는 4이다. 답 ②

08 연속하는 세 홀수를 $x-2$, x, $x+2$라 하면

$3(x-2)=x+(x+2)-1$ … ❶

$3x-6=2x+1$ $\quad\therefore x=7$

따라서 세 홀수 중 가장 큰 수는 $7+2=9$ … ❷

답 9

채점 기준	배점
❶ 방정식 세우기	50%
❷ 가장 큰 수 구하기	50%

09 처음 수의 십의 자리의 숫자를 x라 하면 일의 자리의 숫자가 6이므로 처음 수는

$10x+6$

십의 자리의 숫자와 일의 자리의 숫자를 바꾼 수는

$60+x$

바꾼 수는 처음 수보다 18만큼 작으므로

$60+x=(10x+6)-18$

$-9x=-72$ $\quad\therefore x=8$

따라서 처음 수는 $80+6=86$이다. 답 86

10 일의 자리의 숫자를 x라 하면 십의 자리의 숫자가 4이므로 두 자리 자연수는

$40+x$

이 자연수가 각 자리의 숫자의 합의 4배와 같으므로

$40+x=4(4+x)$

$40+x=16+4x$, $-3x=-24$ $\quad\therefore x=8$

따라서 이 자연수는 $40+8=48$이다. 답 ④

11 십의 자리의 숫자를 x라 하면 일의 자리의 숫자는 $x-3$이므로 두 자리 자연수는

$10x+(x-3)=11x-3$

이 자연수가 각 자리의 숫자의 합의 5배보다 17만큼 크므로

$11x-3=5\{x+(x-3)\}+17$

$11x-3=5(2x-3)+17$

$11x-3=10x-15+17$ $\quad\therefore x=5$

따라서 이 자연수는 $11\times5-3=52$이다. 답 52

12 처음 수의 십의 자리의 숫자를 x라 하면 일의 자리의 숫자는 $14-x$이므로 처음 수는

$10x+(14-x)=9x+14$ … ❶

이 자연수의 일의 자리의 숫자와 십의 자리의 숫자를 바꾼 수는

$10(14-x)+x=140-10x+x=140-9x$ … ❷

바꾼 수는 처음 수보다 36만큼 크므로

$140-9x=(9x+14)+36$ … ❸

$140-9x=9x+50$, $-18x=-90$ $\quad\therefore x=5$

따라서 처음 수는 $9\times5+14=59$이다. … ❹

답 59

채점 기준	배점
❶ 십의 자리의 숫자를 x라 하고 처음 수를 x에 대한 식으로 나타내기	20%
❷ 바꾼 수를 x에 대한 식으로 나타내기	20%
❸ 방정식 세우기	30%
❹ 처음 수 구하기	30%

13 현재 아버지의 나이를 x세라 하면 딸의 나이는 $(56-x)$세이다. 14년 후 아버지의 나이가 딸의 나이의 2배가 되므로

$x+14=2\{(56-x)+14\}$

$x+14=2(-x+70)$, $x+14=-2x+140$

$3x=126$ $\therefore x=42$

따라서 현재 아버지의 나이는 42세이다. 답 42세

14 x년 후에 어머니의 나이가 아들의 나이의 3배가 된다고 하면

$41+x=3(11+x)$

$41+x=33+3x$, $-2x=-8$ $\therefore x=4$

따라서 4년 후에 어머니의 나이가 아들의 나이의 3배가 된다. 답 ③

15 현재 지수의 나이를 x세라 하면 이모의 나이는 $3x$세이다. 9년 후 이모의 나이가 지수의 나이의 2배가 되므로

$3x+9=2(x+9)$

$3x+9=2x+18$ $\therefore x=9$

따라서 현재 지수의 나이는 9세이다. 답 9세

16 현재 준호의 나이를 x세라 하면 아버지의 나이는 $(x+30)$세이다. 11년 후 아버지의 나이가 준호의 나이의 3배보다 4세 적으므로

$(x+30)+11=3(x+11)-4$ … ❶

$x+41=3x+33-4$, $-2x=-12$ $\therefore x=6$

따라서 현재 준호의 나이는 6세이다. … ❷

답 6세

채점 기준	배점
❶ 현재 준호의 나이를 x세라 하고 방정식 세우기	50%
❷ 준호의 나이 구하기	50%

17 오리가 x마리 있다고 하면 돼지는 $(68-x)$마리 있다. 다리의 수의 합이 216이므로

$2x+4(68-x)=216$

$2x+272-4x=216$, $-2x=-56$ $\therefore x=28$

따라서 오리는 28마리 있다. 답 28마리

18 2점짜리 슛을 x개 넣었다고 하면 3점짜리 슛은 $(12-x)$개 넣었으므로

$2x+3(12-x)=30$

$2x+36-3x=30$, $-x=-6$ $\therefore x=6$

따라서 이 선수가 넣은 2점짜리 슛은 6개이다. 답 6

19 장미를 x송이 샀다고 하면 튤립은 $(15-x)$송이 샀으므로

$800(15-x)+1000x=15000-1800$

$12000-800x+1000x=13200$

$200x=1200$ $\therefore x=6$

따라서 구입한 장미는 6송이이다. 답 ④

20 초콜릿을 x개 샀다고 하면 사탕은 $(20-x)$개 샀으므로

$500x+300(20-x)+800=9200$ … ❶

$500x+6000-300x+800=9200$

$200x=2400$ $\therefore x=12$

따라서 초콜릿은 12개, 사탕은 $20-12=8$(개) 샀다. … ❷

답 초콜릿: 12개, 사탕: 8개

채점 기준	배점
❶ 초콜릿을 x개 샀다고 하고 방정식 세우기	50%
❷ 초콜릿과 사탕의 수 각각 구하기	50%

21 x일 후에 언니와 동생의 저금통에 들어 있는 금액이 같아진다고 하면

$5000+400x=3600+600x$

$-200x=-1400$ $\therefore x=7$

따라서 7일 후에 언니와 동생의 저금통에 들어 있는 금액이 같아진다. 답 ⑤

22 x개월 후에 태민이의 예금액이 은지의 예금액의 2배가 된다고 하면

$2(12000+3000x)=39000+3000x$

$24000+6000x=39000+3000x$

$3000x=15000$ $\therefore x=5$

따라서 5개월 후에 태민이의 예금액이 은지의 예금액의 2배가 된다. 답 5개월 후

23 x일 후에 민우가 가지고 있는 돈이 수아가 가지고 있는 돈의 3배가 된다고 하면

$40000-2000x=3(32000-2000x)$

$40000-2000x=96000-6000x$

$4000x=56000$ $\therefore x=14$

따라서 14일 후에 민우가 가지고 있는 돈이 수아가 가지고 있는 돈의 3배가 된다. 답 ④

24 원가를 x원이라 하면

(정가)=(원가)+(이익)

$=x+\frac{10}{100}x=\frac{11}{10}x$(원)

(판매 가격)=(정가)-500

$=\frac{11}{10}x-500$(원)

이익이 원가의 5 %이므로

(판매 가격)−(원가)=(원가)×$\frac{5}{100}$에서

$\left(\frac{11}{10}x-500\right)-x=x\times\frac{5}{100}$

$\frac{1}{10}x-500=\frac{1}{20}x$, $2x-10000=x$

$\therefore x=10000$

따라서 이 상품의 원가는 10000원이다. 답 ③

25 정가를 x원이라 하면

(판매 가격)=(정가)−(할인 금액)

$=x-\frac{25}{100}x=\frac{3}{4}x$(원)

이익이 원가의 10 %이므로

$\frac{3}{4}x-6000=6000\times\frac{10}{100}$

$\frac{3}{4}x=6600$ $\therefore x=8800$

따라서 이 상품의 정가는 8800원이다. 답 ④

26 원가에 x %의 이익을 붙여 정가를 정했으므로

(정가)=(원가)+(이익)

$=20000+20000\times\frac{x}{100}$

$=200x+20000$(원)

(판매 가격)=(정가)−(할인 금액)

$=(200x+20000)-(200x+20000)\times\frac{20}{100}$

$=200x+20000-40x-4000$

$=160x+16000$(원)

이익이 800원이므로 (판매 가격)−(원가)=800에서

$(160x+16000)-20000=800$

$160x=4800$ $\therefore x=30$ 답 30

27 작년 남학생 수를 x라 하면 여학생 수는 $600-x$이다.

(올해 증가한 남학생 수)=$\frac{3}{100}x$

(올해 감소한 여학생 수)=$\frac{5}{100}(600-x)$

올해 감소한 전체 학생이 6명이므로

$\frac{3}{100}x-\frac{5}{100}(600-x)=-6$

$3x-5(600-x)=-600$

$3x-3000+5x=-600$

$8x=2400$ $\therefore x=300$

따라서 올해 남학생 수는

$300+\frac{3}{100}\times300=309$ 답 ③

28 작년 입사 지원자 수를 x라 하면

$x+\frac{10}{100}x=2530$

$100x+10x=253000$

$110x=253000$ $\therefore x=2300$

따라서 작년 입사 지원자 수는 2300이다. 답 2300

29 작년 여자 회원 수를 x라 하면

(올해 증가한 여자 회원 수)=$\frac{15}{100}x=\frac{3}{20}x$

(올해 전체 증가한 회원 수)=$\frac{1}{100}\times200=2$

이므로 $-10+\frac{3}{20}x=2$

$-200+3x=40$, $3x=240$ $\therefore x=80$

따라서 올해 여자 회원 수는

$80+\frac{3}{20}\times80=92$ 답 92

30 작년 남학생 수를 x라 하면 여학생 수는 $1250-x$이다.

(올해 감소한 남학생 수)=$\frac{4}{100}x=\frac{1}{25}x$

(올해 증가한 여학생 수)=$\frac{2}{100}(1250-x)$

$=25-\frac{1}{50}x$

(올해 감소한 전체 학생 수)=$1250-1239=11$

이므로 $-\frac{1}{25}x+\left(25-\frac{1}{50}x\right)=-11$ …❶

$-2x+1250-x=-550$

$-3x=-1800$

$\therefore x=600$ …❷

따라서 올해 남학생 수는

$600-\frac{1}{25}\times600=576$ …❸

답 576

채점 기준	배점
❶ 작년 남학생 수를 x라 하고 방정식 세우기	50%
❷ 방정식 풀기	30%
❸ 올해 남학생 수 구하기	20%

31 학생 수를 x라 하면

$3x+6=5x-2$

$-2x=-8$ $\therefore x=4$

따라서 초콜릿의 수는

$3\times4+6=18$ 답 ③

32 (1) 텐트의 수를 x라 하면 5명씩 잘 경우 5명이 모두 자는 텐트의 수는 $x-1$이므로

$4x+4=5(x-1)+3$ …❶

$4x+4=5x-5+3$, $-x=-6$ $\therefore x=6$

따라서 텐트의 수는 6이다. …❷

(2) (지우네 반 학생 수)$=4\times6+4=28$ … ❸

답 (1) 6 (2) 28

채점 기준	배점
❶ 텐트의 수를 x라 하고 방정식 세우기	50%
❷ 텐트의 수 구하기	30%
❸ 지우네 반 학생 수 구하기	20%

33 긴 의자의 수를 x라 하면 한 의자에 8명씩 앉는 경우 8명이 모두 앉는 의자의 수는 $x-2$이므로

$6x+3=8(x-2)+1$

$6x+3=8x-16+1$

$-2x=-18$ $\quad\therefore x=9$

따라서 학생 수는 $6\times9+3=57$ 답 57

34 전체 대청소의 양을 1이라 하면 형과 동생이 1시간 동안 할 수 있는 청소의 양은 각각 $\frac{1}{2}$, $\frac{1}{3}$이다.

형과 동생이 함께 청소한 시간을 x시간이라 하면

$\frac{1}{2}\times1+\left(\frac{1}{2}+\frac{1}{3}\right)x=1$

$\frac{5}{6}x=\frac{1}{2}$ $\quad\therefore x=\frac{3}{5}$

따라서 형과 동생이 함께 청소한 시간은 $\frac{3}{5}$시간, 즉

$\frac{3}{5}\times60=36$(분)이다. 답 36분

35 전체 일의 양을 1이라 하면 A, B가 하루 동안 할 수 있는 일의 양은 각각 $\frac{1}{12}$, $\frac{1}{18}$이다.

B가 x일 동안 일을 하였다고 하면

$\frac{1}{12}\times4+\frac{1}{18}x=1$

$\frac{1}{18}x=\frac{2}{3}$ $\quad\therefore x=12$

따라서 B는 12일 동안 일하였다. 답 12일

36 수영장의 용량을 1이라 하면 A, B 두 호스로 1시간 동안 받을 수 있는 물의 양은 각각 $\frac{1}{6}$, $\frac{1}{2}$이다.

A, B 두 호스로 동시에 물을 받는 시간을 x시간이라 하면

$\frac{1}{6}\times2+\left(\frac{1}{6}+\frac{1}{2}\right)x=1$

$\frac{2}{3}x=\frac{2}{3}$ $\quad\therefore x=1$

따라서 두 호스로 동시에 1시간 동안 물을 받아야 한다.

답 ①

37 가로의 길이와 세로의 길이의 비가 5 : 2이므로 가로의 길이를 $5x$ cm라 하면 세로의 길이는 $2x$ cm이다. 직사각형의 둘레의 길이가 42 cm이므로

$2(5x+2x)=42$

$14x=42$ $\quad\therefore x=3$

따라서 직사각형의 가로의 길이는 $5\times3=15$(cm), 세로의 길이는 $2\times3=6$(cm)이므로 그 넓이는

$15\times6=90$(cm^2) 답 ①

38 (정사각형의 한 변의 길이)$=28\div4=7$(cm) … ❶

(줄인 가로의 길이)$=7-x$(cm)

(늘인 세로의 길이)$=7+5=12$(cm)

직사각형의 넓이가 60 cm^{2}이므로

$12(7-x)=60$ … ❷

$84-12x=60$, $-12x=-24$

$\therefore x=2$ … ❸

답 2

채점 기준	배점
❶ 정사각형의 한 변의 길이 구하기	20%
❷ x에 대한 방정식 세우기	50%
❸ x의 값 구하기	30%

39 닭장의 가로의 길이를 x m라 하면 세로의 길이는 $(x-0.9)$ m이다.

철망의 길이가 6 m이므로

$x+2(x-0.9)=6$

$3x-1.8=6$

$3x=7.8$ $\quad\therefore x=2.6$

따라서 이 닭장의 가로의 길이는 2.6 m이다. 답 2.6 m

주의 직사각형 모양의 울타리 중 가로 한 변은 담장이므로 (철망의 길이)=(가로의 길이)+(세로의 길이)×2이다.

40 은지네 집에서 박물관까지의 거리를 x m라 하면

(동생이 이동한 시간)−(은지가 이동한 시간)=60분

이므로 $\frac{x}{100}-\frac{x}{120}=60$

$6x-5x=36000$ $\quad\therefore x=36000$

따라서 은지네 집에서 박물관까지의 거리는 36000 m, 즉 36 km이다. 답 ③

41 두 지점 A, B 사이의 거리를 x km라 하면

(갈 때 걸린 시간)+(올 때 걸린 시간)=(총 걸린 시간)

이므로 $\frac{x}{4}+\frac{x}{2}=6$

$x+2x=24$, $3x=24$ $\quad\therefore x=8$

따라서 두 지점 A, B 사이의 거리는 8 km이다. 답 8 km

42 내려온 거리를 x km라 하면 올라간 거리는 $(x-1)$ km이다.

(올라갈 때 걸린 시간)+(내려올 때 걸린 시간)

=(총 걸린 시간)

이므로 $\frac{x-1}{3}+\frac{x}{4}=3\frac{10}{60}$

$\frac{x-1}{3}+\frac{x}{4}=\frac{19}{6}$

$4(x-1)+3x=38$

$4x-4+3x=38,\ 7x=42 \quad \therefore x=6$

따라서 내려올 때 걸은 거리는 6 km이다. 답 6 km

43 은수네 집에서 마트까지의 거리를 x km라 하면

(갈 때 걸린 시간)+(물건을 산 시간)+(올 때 걸린 시간)

=(총 걸린 시간)

이므로 $\frac{x}{3}+\frac{40}{60}+\frac{x}{2}=2$

$2x+4+3x=12,\ 5x=8 \quad \therefore x=\frac{8}{5}$

따라서 은수네 집에서 마트까지의 거리는 $\frac{8}{5}$ km이다.

답 $\frac{8}{5}$ km

44 2.6 km=2600 m이고, 두 사람이 출발한 지 x분 후에 만난다고 하면

(지우가 걸은 거리)+(승호가 걸은 거리)

=(호수의 둘레의 길이)

이므로 $60x+70x=2600$

$130x=2600 \quad \therefore x=20$

따라서 두 사람이 처음으로 다시 만나는 것은 출발한 지 20분 후이다. 답 20분 후

45 동생이 출발한 지 x분 후에 형을 만난다고 하면

(동생이 자전거를 타고 달린 거리)=(형이 걸은 거리)

이므로 $240x=80(x+8)$

$240x=80x+640$

$160x=640 \quad \therefore x=4$

따라서 동생은 출발한 지 4분 후에 형을 만나게 된다.

답 4분 후

46 언니와 동생이 출발한 지 x분 후에 처음으로 다시 만난다고 하면

(언니가 걸은 거리)−(동생이 걸은 거리)

=(트랙의 둘레의 길이)

이므로 $120x-80x=400$

$40x=400 \quad \therefore x=10$

따라서 언니와 동생이 처음으로 다시 만나는 것은 출발한 지 10분 후이다. 답 10분 후

47 B가 달린 거리를 x km라 하면 A가 걸은 거리는 $(3.2-x)$ km이다.

(A가 이동한 시간)=(B가 이동한 시간)이므로

$\frac{3.2-x}{3}=\frac{x}{5}$ … ❶

$5(3.2-x)=3x,\ 16-5x=3x$

$-8x=-16 \quad \therefore x=2$

따라서 B가 달린 거리는 2 km이다. … ❷

답 2 km

채점 기준	배점
❶ B가 달린 거리를 x km라 하고 방정식 세우기	50%
❷ B가 달린 거리 구하기	50%

다른 풀이 두 사람이 출발한 지 x시간 후에 만난다고 하면

(A가 걸은 거리)+(B가 달린 거리)=3.2 km이므로

$3x+5x=3.2$

$8x=3.2 \quad \therefore x=0.4$

따라서 B가 달린 거리는 $5\times0.4=2$(km)

48 열차의 길이를 x m라 하면 속력이 일정하므로

$\frac{x+1600}{90}=\frac{x+800}{50}$

$5(x+1600)=9(x+800)$

$5x+8000=9x+7200$

$-4x=-800 \quad \therefore x=200$

따라서 열차의 길이는 200 m이다. 답 200 m

49 열차의 길이를 x m라 하면

$\frac{x+1500}{36}=45$

$x+1500=1620 \quad \therefore x=120$

따라서 열차의 길이는 120 m이다. 답 120 m

50 기차의 길이를 x m라 하면 속력은 일정하므로

$\frac{x+120}{5}=\frac{x+300}{10}$

$2(x+120)=x+300$

$2x+240=x+300 \quad \therefore x=60$

따라서 기차의 길이는 60 m이고 속력은 초속

$\frac{60+120}{5}=\frac{180}{5}=36$(m)이다. 답 초속 36 m

51 더 넣을 물의 양을 x g이라 하면

$\frac{8}{100}\times200=\frac{5}{100}\times(200+x)$

$1600=1000+5x$

$-5x=-600 \quad \therefore x=120$

따라서 더 넣을 물의 양은 120 g이다. 답 ⑤

52 증발시킬 물의 양을 x g이라 하면

$\frac{10}{100}\times300=\frac{12}{100}\times(300-x)$

$3000=3600-12x$

$12x=600 \qquad \therefore x=50$

따라서 증발시킬 물의 양은 50 g이다. 답 50 g

53 15 %의 소금물의 양을 x g이라 하면

$\frac{15}{100}\times x+50=\frac{20}{100}\times(x+50)$ … ❶

$15x+5000=20x+1000$

$-5x=-4000 \qquad \therefore x=800$

따라서 15 %의 소금물의 양은 800 g이다. … ❷

답 800 g

채점 기준	배점
❶ 15 %의 소금물의 양을 x g이라 하고 방정식 세우기	50%
❷ 15 %의 소금물의 양 구하기	50%

54 처음 설탕물의 농도를 x %라 하면 나중 설탕물의 농도는 $2x$ %이다.

(처음 설탕물의 설탕의 양)+(더 넣은 설탕의 양)

=(나중 설탕물의 설탕의 양)

이므로 $\frac{x}{100}\times300+100=\frac{2x}{100}\times400$

$300x+10000=800x$

$-500x=-10000 \qquad \therefore x=20$

따라서 처음 설탕물의 농도는 20 %이다. 답 20 %

55 4 %의 소금물의 양을 x g이라 하면 8 %의 소금물의 양은 $(400-x)$ g이므로

$\frac{4}{100}\times x+\frac{8}{100}\times(400-x)=\frac{5}{100}\times400$

$4x+3200-8x=2000$

$-4x=-1200 \qquad \therefore x=300$

따라서 4 %의 소금물의 양은 300 g이다. 답 ⑤

56 $\frac{x}{100}\times300+\frac{12}{100}\times200=\frac{9}{100}\times500$

$300x+2400=4500$

$300x=2100 \qquad \therefore x=7$ 답 7

57 15 %의 소금물의 양을 x g이라 하면 10 %의 소금물의 양은 $(200-x)$ g이므로

$\frac{10}{100}\times(200-x)+\frac{15}{100}\times x=\frac{12}{100}\times200$

$2000-10x+15x=2400$

$5x=400 \qquad \therefore x=80$

따라서 15 %의 소금물의 양은 80 g이다. 답 80 g

58 더 부은 물의 양을 x g이라 하면 10 %의 소금물의 양은 $(180-x)$ g이므로

$\frac{8}{100}\times100+\frac{10}{100}\times(180-x)=\frac{7}{100}\times280$ … ❶

$800+1800-10x=1960$

$-10x=-640 \qquad \therefore x=64$

따라서 더 부은 물의 양은 64 g이다. … ❷

답 64 g

채점 기준	배점
❶ 더 부은 물의 양을 x g이라 하고 방정식 세우기	50%
❷ 더 부은 물의 양 구하기	50%

01 어떤 자연수를 x라 하면 $4(x-3)=3x+1$

$4x-12=3x+1 \qquad \therefore x=13$

따라서 어떤 자연수는 13이다. 답 ④

02 연속하는 세 자연수를 $x-1$, x, $x+1$이라 하면 세 자연수의 합이 63이므로

$(x-1)+x+(x+1)=63$

$3x=63 \qquad \therefore x=21$

따라서 세 자연수 중 가장 작은 수는

$21-1=20$ 답 ①

03 네 수 중 가장 작은 수를 x라 하면 나머지 세 수는 $x+7$, $x+8$, $x+9$이다.

네 수의 합이 88이므로

$x+(x+7)+(x+8)+(x+9)=88$

$4x+24=88$, $4x=64 \qquad \therefore x=16$

따라서 선택한 수 중 가장 작은 수는 16이다. 답 ④

04 현재 지호의 나이를 x세라 하면

$x+15=3x-7$

$-2x=-22 \qquad \therefore x=11$

따라서 현재 지호의 나이는 11세이다. 답 ③

05 은비가 맞힌 4점짜리 문제의 수를 x라 하면 은비가 맞힌 5점짜리 문제의 수는 $20-x$이다.

은비가 받은 점수가 82점이므로

$4x+5(20-x)=82$

$4x+100-5x=82$

$-x=-18 \qquad \therefore x=18$

따라서 은비가 맞힌 4점짜리 문제는 18개이다. 답 ⑤

06 10개월 후에 형의 예금액의 2배와 동생의 예금액의 3배가 같아지므로

$2(20000+4000\times10)=3(10000+10x)$

$120000=30000+30x$, $-30x=-90000$

$\therefore x=3000$ 답 3000

07 원가를 x원이라 하면

(정가)=(원가)+(이익)

$=x+\frac{20}{100}x=\frac{6}{5}x$(원)

(할인 금액)$=\frac{6}{5}x\times\frac{10}{100}=\frac{3}{25}x$(원)

(판매 가격)=(정가)−(할인 금액)

$=\frac{6}{5}x-\frac{3}{25}x=\frac{27}{25}x$(원)

(판매 가격)−(원가)=(이익)이고 이익이 2000원이므로

$\frac{27}{25}x-x=2000$

$\frac{2}{25}x=2000$ $\therefore x=25000$

따라서 이 물건의 원가는 25000원이다. 답 ④

08 작년 남학생 수를 x라 하면 여학생 수는 $850-x$이므로

$\frac{7}{100}x-\frac{4}{100}(850-x)=10$

$7x-3400+4x=1000$, $11x=4400$

$\therefore x=400$

따라서 올해 남학생 수는

$400+\frac{7}{100}\times400=428$ 답 ⑤

09 의자의 수를 x라 하면 21명씩 앉을 경우 21명이 모두 앉은 의자의 수는 $x-3$이므로

$20x+10=21(x-3)+8$

$20x+10=21x-63+8$, $-x=-65$ $\therefore x=65$

따라서 사람 수는 $20\times65+10=1310$ 답 1310

10 내려온 거리를 x km라 하면 올라간 거리는 $(13-x)$ km이다.

(올라갈 때 걸린 시간)+(휴식 시간)+(내려올 때 걸린 시간)
=(총 걸린 시간)

이므로 $\frac{13-x}{2}+\frac{30}{60}+\frac{x}{3}=6$

$\frac{13-x}{2}+\frac{1}{2}+\frac{x}{3}=6$

$3(13-x)+3+2x=36$

$39-3x+3+2x=36$

$-x=-6$ $\therefore x=6$

따라서 내려올 때 걸린 시간은 $\frac{6}{3}=2$(시간)이다. 답 2시간

11 동생이 출발한 지 x분 후에 다은이를 만난다고 하면 다은이가 $(20+x)$분 동안 간 거리와 동생이 x분 동안 간 거리가 같으므로

$60(20+x)=180x$

$1200+60x=180x$

$-120x=-1200$ $\therefore x=10$

따라서 동생이 출발한 지 10분 후인 오전 8시에 두 사람이 만난다. 답 오전 8시

12 처음 소금물의 농도를 x %라 하면 나중 소금물의 농도는 $2x$ %이다.

(처음 소금물의 소금의 양)+(더 넣은 소금의 양)
=(나중 소금물의 소금의 양)

이므로 $\frac{x}{100}\times300+60=\frac{2x}{100}\times(300+40+60)$

$300x+6000=800x$

$-500x=-6000$ $\therefore x=12$

따라서 처음 소금물의 농도는 12 %이다. 답 12 %

13 윤지가 매달 받는 용돈을 $3x$원이라 하면 영준이가 매달 받는 용돈은 $4x$원이다.

또, (지출한 금액)=(용돈)−(남은 돈)이므로 윤지가 지출한 금액은 $(3x-6000)$원, 영준이가 지출한 금액은 $(4x-6000)$원이다.

지출한 금액의 비가 3 : 5이므로

$(3x-6000):(4x-6000)=3:5$

$5(3x-6000)=3(4x-6000)$

$15x-30000=12x-18000$

$3x=12000$ $\therefore x=4000$

따라서 윤지가 매달 받는 용돈은

$3\times4000=12000$(원) 답 12000원

14 어제 관람한 학생 수를 x라 하면 어른의 수는 $300-x$이다.

(오늘 입장한 어른의 수)$=(300-x)+\frac{10}{100}(300-x)$

$=330-\frac{11}{10}x$

(오늘 입장한 학생 수)$=x-\frac{20}{100}x=\frac{4}{5}x$

오늘 관람료 수입이 870000원이므로

$5000\times\left(330-\frac{11}{10}x\right)+2000\times\frac{4}{5}x=870000$

$1650000-5500x+1600x=870000$

$-3900x=-780000$ $\therefore x=200$

따라서 오늘 관람한 학생 수는

$\frac{4}{5}\times200=160$ 답 160

15 (i) A 병의 소금물 100 g을 B 병에 넣은 후의 B 병의 소금물의 농도를 a %라 하면

$\frac{12}{100}\times 300+\frac{20}{100}\times 100=\frac{a}{100}\times 400$

$3600+2000=400a$ $\quad \therefore a=14$

(ii) B 병의 소금물 x g을 A 병에 넣은 후의 A 병의 소금물의 농도가 18 %이므로

$\frac{20}{100}\times 300+\frac{14}{100}\times x=\frac{18}{100}\times (300+x)$

$6000+14x=5400+18x,\ -4x=-600$

$\therefore x=150$

답 150

16 십의 자리의 숫자를 x라 하면 처음 수는

$10x+6$ ··· ❶

십의 자리의 숫자와 일의 자리의 숫자를 바꾼 수는

$60+x$ ··· ❷

바꾼 수는 처음 수보다 9만큼 크므로

$60+x=(10x+6)+9$ ··· ❸

$-9x=-45$ $\quad \therefore x=5$

따라서 처음 수는 56이다. ··· ❹

답 56

채점 기준	배점
❶ 십의 자리의 숫자를 x라 하고 처음 수를 x에 대한 식으로 나타내기	20%
❷ 바꾼 수를 x에 대한 식으로 나타내기	20%
❸ x에 대한 방정식 세우기	30%
❹ 처음 수 구하기	30%

17 학생 수를 x라 하면

$5x-4=4x+2$ ··· ❶

$\therefore x=6$

따라서 공책의 수는

$5\times 6-4=26$ ··· ❷

답 26

채점 기준	배점
❶ 학생 수를 x라 하고 방정식 세우기	50%
❷ 공책의 수 구하기	50%

18 전체 일의 양을 1이라 하면 언니와 동생이 하루 동안 할 수 있는 일의 양은 각각 $\frac{1}{20}$, $\frac{1}{25}$이다.

언니와 동생이 같이 x일 동안 일을 하였다고 하면

$\frac{1}{20}\times 2+\left(\frac{1}{20}+\frac{1}{25}\right)x=1$ ··· ❶

$\frac{9}{100}x=\frac{9}{10}$ $\quad \therefore x=10$

따라서 언니와 동생이 같이 일한 날은 10일 동안이다. ··· ❷

답 10일

채점 기준	배점
❶ 언니와 동생이 같이 x일 동안 일을 하였다고 하고 방정식 세우기	60%
❷ 언니와 동생이 같이 일한 날수 구하기	40%

19 집에서 학교까지의 거리를 x km라 하면

$\frac{x}{4}-\frac{x}{12}=\frac{30}{60}$ ··· ❶

$\frac{x}{4}-\frac{x}{12}=\frac{1}{2}$

$3x-x=6$

$2x=6$ $\quad \therefore x=3$

따라서 집에서 학교까지의 거리는 3 km이다. ··· ❷

답 3 km

채점 기준	배점
❶ 집에서 학교까지의 거리를 x km라 하고 방정식 세우기	50%
❷ 집에서 학교까지의 거리 구하기	50%

20 열차의 길이를 x m라 하면 길이가 1100 m인 터널을 통과할 때 열차가 보이지 않는 동안은 열차가 $(1100-x)$ m를 달리는 동안이므로

$\frac{520+x}{40}=\frac{1100-x}{60}$ ··· ❶

$3(520+x)=2(1100-x)$

$1560+3x=2200-2x$

$5x=640$ $\quad \therefore x=128$

따라서 열차의 길이는 128 m이다. ··· ❷

답 128 m

채점 기준	배점
❶ 열차의 길이를 x m라 하고 방정식 세우기	60%
❷ 열차의 길이 구하기	40%

21 8 %의 소금물의 양이 620 g이므로 6 %의 소금물의 양은

$620-500=120$(g)

처음 퍼낸 소금물의 양을 x g이라 하면

$\frac{10}{100}\times (500-x)+\frac{6}{100}\times 120=\frac{8}{100}\times 620$ ··· ❶

$5000-10x+720=4960$

$-10x=-760$

$\therefore x=76$

따라서 처음 퍼낸 소금물의 양은 76 g이다. ··· ❷

답 76 g

채점 기준	배점
❶ 처음 퍼낸 소금물의 양을 x g이라 하고 방정식 세우기	50%
❷ 처음 퍼낸 소금물의 양 구하기	50%

09 좌표평면과 그래프

Real 실전 개념 119쪽

01 답 $A(-5)$, $B\left(-\frac{5}{2}\right)$, $C\left(\frac{1}{2}\right)$, $D(3)$

02 답

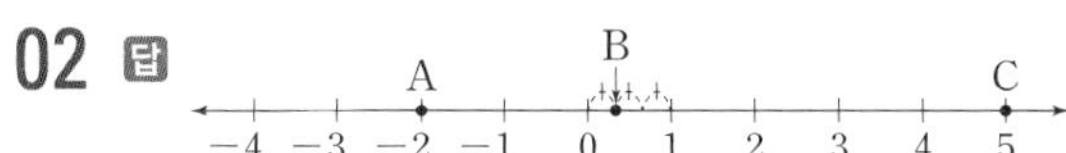

03 답 $A(-1,\ 3)$, $B(-4,\ -2)$, $C(0,\ 1)$, $D(2,\ 1)$, $E(4,\ -3)$

04 답

05 답 $(2,\ -6)$

06 답 $(-9,\ -3)$

07 답 $(7,\ 0)$

08 답 $(0,\ -4)$

09 답 제2사분면

10 답 제1사분면

11 답 제4사분면

12 답 제3사분면

13 답 제2사분면

14 답 제4사분면

15 답 $Q(5,\ 7)$

16 답 $R(-5,\ -7)$

17 답 $S(-5,\ 7)$

18 답 800 m

19 답 20분

20 답 80분

Real 실전 유형 120~125쪽

01 $A\left(-\frac{7}{2}\right)$, $B\left(\frac{5}{3}\right)$이므로 $a=-\frac{7}{2}$, $b=\frac{5}{3}$

$\therefore\ 6ab=6\times\left(-\frac{7}{2}\right)\times\frac{5}{3}=-35$ 답 ②

02 ② $B\left(-\frac{7}{3}\right)$ 답 ②

03

따라서 점 Q의 좌표는 $Q(-2)$이다. 답 $Q(-2)$

04

두 점 A, B 사이의 거리가 10이므로 점 C는 점 A에서 오른쪽으로 5만큼 떨어져 있다.

$\therefore\ C(-3)$ 답 $C(-3)$

05 ② $B(-2,\ 0)$ 답 ②

06 $2a-3=5-3a$에서

$5a=8$ $\quad\therefore\ a=\frac{8}{5}$ … ❶

$8-b=2b-1$에서

$-3b=-9$ $\quad\therefore\ b=3$ … ❷

$\therefore\ 5a-b=5\times\frac{8}{5}-3=5$ … ❸

답 5

채점 기준	배점
❶ a의 값 구하기	40%
❷ b의 값 구하기	40%
❸ $5a-b$의 값 구하기	20%

07 답 FISH

08 $a=5$, $b=0$, $c=0$, $d=-7$이므로

$a+b+c+d=5+0+0+(-7)=-2$ 답 -2

09 답 ④

10 점 $A(-1-3a,\ 4-6a)$가 x축 위에 있으므로

$4-6a=0$ $\quad\therefore\ a=\frac{2}{3}$ … ❶

점 $B(3b+4,\ 5-b)$가 y축 위에 있으므로

$3b+4=0$ $\quad\therefore\ b=-\frac{4}{3}$ … ❷

$\therefore\ a+b=\frac{2}{3}+\left(-\frac{4}{3}\right)=-\frac{2}{3}$ … ❸

답 $-\frac{2}{3}$

채점 기준	배점
❶ a의 값 구하기	40%
❷ b의 값 구하기	40%
❸ $a+b$의 값 구하기	20%

11 점 A(a, b)가 x축 위에 있으므로

$b=0$

이때 점 A(a, b)가 원점이 아니므로

$a\neq0$ 답 ②

12 세 점 A$(-3, 2)$, B$(-3, -3)$, C$(1, 1)$을 좌표평면 위에 나타내면 오른쪽 그림과 같으므로

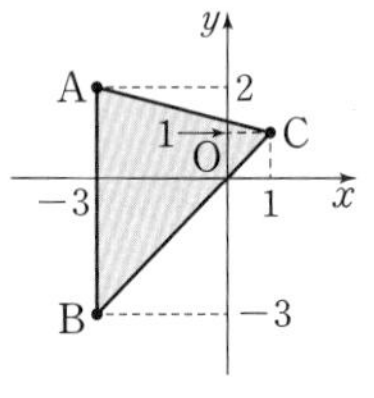

(삼각형 ABC의 넓이)

$=\frac{1}{2}\times\{2-(-3)\}\times\{1-(-3)\}$

$=\frac{1}{2}\times5\times4=10$ 답 ③

13 네 점 A$(0, 4)$, B$(-2, 0)$, C$(0, -4)$, D$(2, 0)$을 좌표평면 위에 나타내면 오른쪽 그림과 같으므로

(사각형 ABCD의 넓이)

$=\frac{1}{2}\times\{2-(-2)\}\times\{4-(-4)\}$

$=\frac{1}{2}\times4\times8=16$ 답 ⑤

14 네 점 A$(-4, 3)$, B$(-4, -1)$, C$(2, -1)$, D$(2, 1)$을 좌표평면 위에 나타내면 오른쪽 그림과 같으므로

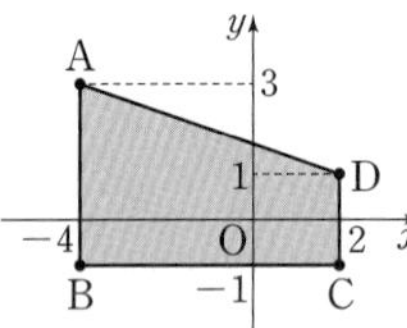

(사각형 ABCD의 넓이)

$=\frac{1}{2}\times[\{3-(-1)\}+\{1-(-1)\}]\times\{2-(-4)\}$

$=\frac{1}{2}\times(4+2)\times6=18$ 답 18

15 세 점 P$(-2, -1)$, Q$(1, -3)$, R$(4, 1)$을 좌표평면 위에 나타내면 오른쪽 그림과 같으므로 ··· ❶

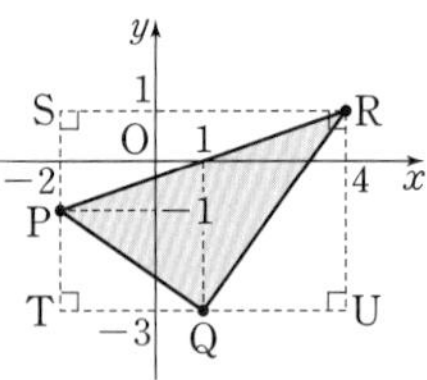

(삼각형 PQR의 넓이)

=(사각형 PTUR의 넓이)

−(삼각형 PTQ의 넓이)−(삼각형 RQU의 넓이) ··· ❷

$=\frac{1}{2}\times[\{(-1)-(-3)\}+\{1-(-3)\}]\times\{4-(-2)\}$

$-\frac{1}{2}\times\{1-(-2)\}\times\{(-1)-(-3)\}$

$-\frac{1}{2}\times(4-1)\times\{1-(-3)\}$

$=\frac{1}{2}\times(2+4)\times6-\frac{1}{2}\times3\times2-\frac{1}{2}\times3\times4$

$=18-3-6=9$ ··· ❸

답 9

채점 기준	배점
❶ 세 점을 좌표평면 위에 나타내기	30%
❷ 삼각형 PQR의 넓이를 구하는 방법 이해하기	30%
❸ 삼각형 PQR의 넓이 구하기	40%

16 ③ y축 위의 점이므로 어느 사분면에도 속하지 않는다.

답 ③

17 ① 제3사분면

② 제1사분면

③ 제4사분면

⑤ x축 위의 점이므로 어느 사분면에도 속하지 않는다.

답 ④

18 ① 점 A$(-1, -7)$은 제3사분면 위에 있다.

② 점 B$(0, 5)$는 y축 위에 있다.

③ 점 C$(-1, 1)$은 제2사분면 위에 있다.

④ 점 D$(5, 5)$는 제1사분면 위에 있다. 답 ⑤

19 제4사분면 위의 점 ➡ $(+, -)$ 답 ④

20 $ab>0$이므로

$a>0$, $b>0$ 또는 $a<0$, $b<0$

이때 $a+b<0$이므로

$a<0$, $b<0$

따라서 $-a>0$, $b<0$이므로 점 $(-a, b)$는 제4사분면 위의 점이다. 답 ④

21 $ab<0$이므로

$a>0$, $b<0$ 또는 $a<0$, $b>0$

이때 $a>b$이므로

$a>0$, $b<0$

① (a, b) ➡ $(+, -)$ ➡ 제4사분면

② $(a, -b)$ ➡ $(+, +)$ ➡ 제1사분면

③ $(-a, -b)$ ➡ $(-, +)$ ➡ 제2사분면

④ $(b, -a)$ ➡ $(-, -)$ ➡ 제3사분면

⑤ $(-b, a)$ ➡ $(+, +)$ ➡ 제1사분면 답 ③

22 $ab>0$이므로

$a>0$, $b>0$ 또는 $a<0$, $b<0$

이때 $a+b>0$이므로

$a>0$, $b>0$ ··· ❶

$\frac{b}{a}>0$, $-a<0$이므로 점 P$\left(\frac{b}{a}, -a\right)$는 제4사분면 위의 점이다. ··· ❷

$-b<0$, $a>0$이므로 점 Q$(-b,\ a)$는 제2사분면 위의 점이다. … ❸

답 점 P: 제4사분면, 점 Q: 제2사분면

채점 기준	배점
❶ a, b의 부호 구하기	40%
❷ 점 P가 제몇 사분면 위의 점인지 구하기	30%
❸ 점 Q가 제몇 사분면 위의 점인지 구하기	30%

23 $ab<0$이므로

$a>0$, $b<0$ 또는 $a<0$, $b>0$

이때 $a<b$이므로 $a<0$, $b>0$

$-\frac{a}{b}>0$, $-a>0$이므로 점 $\left(-\frac{a}{b},\ -a\right)$는 제1사분면 위의 점이다. 답 ②

24 점 $(a,\ -b)$가 제3사분면 위의 점이므로

$a<0$, $-b<0$

$\therefore a<0$, $b>0$

① $(-a,\ -b)$ ➡ $(+,\ -)$ ➡ 제4사분면

② $(-a,\ b)$ ➡ $(+,\ +)$ ➡ 제1사분면

③ $(-b,\ -a)$ ➡ $(-,\ +)$ ➡ 제2사분면

④ $(b,\ -a)$ ➡ $(+,\ +)$ ➡ 제1사분면

⑤ $(-ab,\ b)$ ➡ $(+,\ +)$ ➡ 제1사분면 답 ③

25 점 $(a,\ b)$가 제4사분면 위의 점이므로

$a>0$, $b<0$

① $a-b>0$

② 알 수 없다.

④ $\frac{b}{a}<0$

⑤ $b-a<0$ 답 ③

26 점 A$(5,\ a)$가 제1사분면 위의 점이므로

$a>0$

점 B$(-3,\ b)$가 제3사분면 위의 점이므로

$b<0$

따라서 $-a<0$, $-b>0$이므로 점 P$(-a,\ -b)$는 제2사분면 위의 점이다. 답 제2사분면

27 점 $(-a,\ b)$가 제2사분면 위의 점이므로

$-a<0$, $b>0$

$\therefore a>0$, $b>0$

따라서 $a+b>0$, $\frac{a}{b}>0$이므로 점 $\left(a+b,\ \frac{a}{b}\right)$는 제1사분면 위의 점이다. 답 ①

28 두 점 $(a-5,\ 2b+7)$, $(4,\ -2-b)$가 y축에 대칭이므로

$a-5=-4$, $2b+7=-2-b$

$\therefore a=1$, $b=-3$ 답 ③

29 답 ④

30 점 $(7-a,\ 2)$와 x축에 대칭인 점의 좌표는

$(7-a,\ -2)$

점 $(-8,\ 2b)$와 y축에 대칭인 점의 좌표는

$(8,\ 2b)$

따라서 $7-a=8$, $-2=2b$이므로

$a=-1$, $b=-1$

$\therefore a+b=(-1)+(-1)=-2$ 답 -2

31 두 점 $(2-a,\ 7b+4)$, $(6,\ 10)$이 x축에 대칭이므로

$2-a=6$, $7b+4=-10$

$\therefore a=-4$, $b=-2$ … ❶

따라서 점 P의 좌표는 $(2,\ -4)$이므로 점 P는 제4사분면 위의 점이다. … ❷

답 제4사분면

채점 기준	배점
❶ a, b의 값 구하기	60%
❷ 점 P가 제몇 사분면 위의 점인지 구하기	40%

32 (1) 윤호와 은지가 만나는 것은 두 사람 사이의 거리, 즉 y의 값이 0일 때이다.

따라서 윤호와 은지는 동시에 출발한 지 30분 후에 처음으로 다시 만난다.

(2) 동시에 출발한 지 30분 후, 60분 후, 90분 후로 모두 3번이다. 답 (1) 30분 후 (2) 3번

33 ㄷ. 양초가 없어질 때까지

(불을 붙였던 시간)=(총 걸린 시간)−(불을 끈 시간)

$=8-2=6$(시간) 답 ㄷ

34 서점까지 갈 때 형이 자전거를 타고 간 시간은 25분이고, 동생이 걸어간 시간은 40분이다.

따라서 형이 서점에 도착한 지 $40-25=15$(분) 후에 동생이 서점에 도착하였다. 답 15분 후

35 (1) 두 그래프가 만나는 점의 x좌표가 25이므로 두 사람의 순위가 바뀌는 것은 출발한 지 25초 후이다. … ❶

(2) 출발한 지 35초 후 출발점으로부터 준영이는 200 m, 진수는 125 m 떨어져 있으므로 두 사람 사이의 거리는

$200-125=75$(m) … ❷

(3) 준영이는 35초가 걸리고 진수는 45초가 걸렸으므로 결승점에 먼저 도착한 사람은 준영이다. … ❸

답 (1) 25초 후 (2) 75 m (3) 준영

채점 기준	배점
❶ 두 사람의 순위가 바뀌는 것은 몇 초 후인지 구하기	30%
❷ 출발한 지 35초 후 두 사람 사이의 거리 구하기	40%
❸ 결승점에 먼저 도착한 사람 말하기	30%

36 집에서 출발한 후부터 집으로부터의 거리가 점점 멀어지다가 수영장에서 수영을 하는 동안에는 집으로부터의 거리가 변함이 없고, 돌아올 때는 집으로부터의 거리가 점점 가까워진다. 답 ㄴ

37 지면에서 하늘을 향해 공을 던지면 공이 올라갔다가 다시 지면으로 떨어지므로 알맞은 그래프는 ③이다. 답 ③

38 수면의 반지름의 길이가 점점 짧아졌다가 다시 점점 길어지므로 물의 높이가 점점 빠르게 증가하다가 다시 점점 느리게 증가한다. 답 ④

39 세 그릇의 부피는 모두 같고 밑면의 반지름의 길이가 긴 것부터 나열하면 C, B, A이므로 일정한 속력으로 주스를 모두 빼낼 때, 주스의 높이는 A, B, C의 순서로 같은 시간 동안 빠르게 낮아진다. 답 A−ㄷ, B−ㄱ, C−ㄴ

Real 실전 기출 126~128쪽

01 $6-5a=3a-10$에서 $-8a=-16$ $\therefore a=2$
$2+3b=7-2b$에서 $5b=5$ $\therefore b=1$
$\therefore a-b=2-1=1$ 답 ④

02 ① A$(-3, 2)$ ② B$(0, 3)$
③ C$(-1, 0)$ ⑤ E$(4, -1)$ 답 ④

03 y축 위에 있는 점은 x좌표가 0이다. 답 ④

04 세 점 A$(-4, 0)$, B$(6, 0)$, C$(0, 3)$을 좌표평면 위에 나타내면 오른쪽 그림과 같으므로
(삼각형 ABC의 넓이)$=\frac{1}{2}\times10\times3$
$=15$ 답 ⑤

05 ③ 점 $(-2, -2)$는 제3사분면 위에 있다.
⑤ 점 $(5, 0)$은 x축 위의 점이므로 어느 사분면에도 속하지 않는다. 답 ③, ⑤

06 $ab<0$이므로 $a>0$, $b<0$ 또는 $a<0$, $b>0$
이때 $a-b>0$이므로 $a>0$, $b<0$
따라서 $-\frac{a}{2}<0$, $-b>0$이므로 점 $\left(-\frac{a}{2}, -b\right)$는 제2사분면 위의 점이다. 답 ②

07 점 (a, b)가 제3사분면 위의 점이므로 $a<0$, $b<0$
① $(-a, b)$ ➡ $(+, -)$ ➡ 제4사분면
② (a, ab) ➡ $(-, +)$ ➡ 제2사분면
③ $(-b, -a)$ ➡ $(+, +)$ ➡ 제1사분면
④ (b, a) ➡ $(-, -)$ ➡ 제3사분면
⑤ $(-ab, b)$ ➡ $(-, -)$ ➡ 제3사분면 답 ①

08 지수네 집의 좌표는 점 $(5, -2)$와 원점에 대칭인 점의 좌표이므로 $(-5, 2)$ 답 ②

09 점 B는 점 A$(-5, 3)$과 x축에 대칭이므로
B$(-5, -3)$
점 C는 점 A$(-5, 3)$과 원점에 대칭이므로
C$(5, -3)$
세 점 A, B, C를 좌표평면 위에 나타내면 오른쪽 그림과 같으므로
(삼각형 ABC의 넓이)

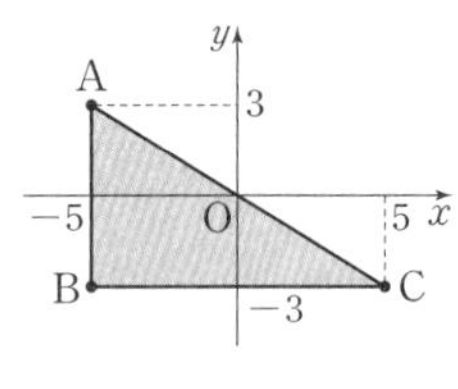

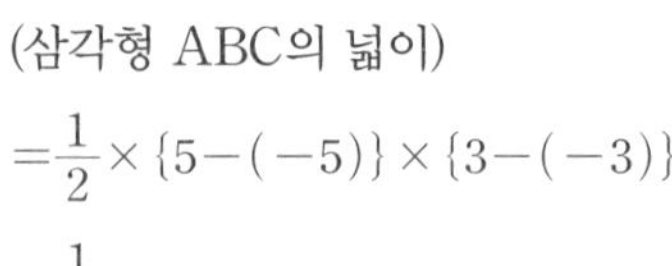

$=\frac{1}{2}\times\{5-(-5)\}\times\{3-(-3)\}$
$=\frac{1}{2}\times10\times6=30$ 답 30

10 x의 값이 10일 때, y의 값이 15이므로 오전 10시의 운동장의 기온은 15 ℃이다. 답 15 ℃

11 ㄱ. 5세 때 수진이의 몸무게가 민정이의 몸무게보다 더 무겁다.
ㄷ. 두 그래프가 4번 만나므로 수진이와 민정이의 몸무게가 같았을 때는 4번 있었다.
따라서 옳은 것은 ㄴ이다. 답 ㄴ

12 수면의 반지름의 길이가 일정하다가 점점 짧아지므로 물의 높이가 일정하게 증가하다가 점점 빠르게 증가한다. 답 ⑤

13 점 $(ab, a+b)$가 제4사분면 위의 점이므로
$ab>0$, $a+b<0$
$ab>0$이므로 $a>0$, $b>0$ 또는 $a<0$, $b<0$
이때 $a+b<0$이므로 $a<0$, $b<0$

또, $|a|<|b|$이므로 $a-b>0$, $-a>0$

따라서 점 $(a-b, -a)$는 제1사분면 위의 점이다.

답 제1사분면

14 그래프에 의하면 주차 요금은 3시간까지는 기본요금으로 2500원이고, 3시간을 초과하면 추가 요금이 1시간에 1500원씩이다.

4시간 40분$=4\frac{40}{60}$시간$=4\frac{2}{3}$시간$=3\frac{5}{3}$시간

이므로 이 주차장을 4시간 40분, 즉 $3\frac{5}{3}$시간 이용했을 때 내야 할 금액은 $2500+1500\times\frac{5}{3}=5000$(원)이다. 답 5000원

15 점 $(a-2, 4a-1)$이 x축 위의 점이므로

$4a-1=0 \quad \therefore a=\frac{1}{4}$ … ❶

점 $(3-2b, b-3)$이 y축 위의 점이므로

$3-2b=0 \quad \therefore b=\frac{3}{2}$ … ❷

$\therefore 8ab=8\times\frac{1}{4}\times\frac{3}{2}=3$ … ❸

답 3

채점 기준	배점
❶ a의 값 구하기	40%
❷ b의 값 구하기	40%
❸ $8ab$의 값 구하기	20%

16 원점 O와 세 점 A(3, 0), B(3, 4), C(−1, 4)를 좌표평면 위에 나타내면 오른쪽 그림과 같으므로 … ❶

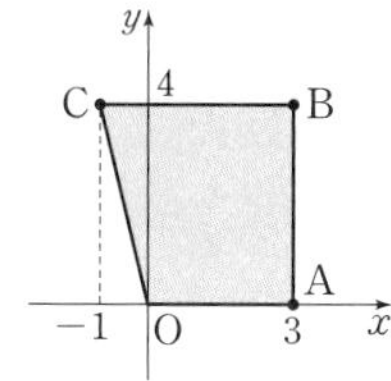

(사각형 OABC의 넓이)

$=\frac{1}{2}\times(4+3)\times4=14$ … ❷

답 14

채점 기준	배점
❶ 네 점 O, A, B, C를 좌표평면 위에 나타내기	50%
❷ 사각형 OABC의 넓이 구하기	50%

17 두 점 $(5, a-2)$, $(2b-3, 5-3a)$가 y축에 대칭이므로

$-5=2b-3$, $a-2=5-3a$

$a-2=5-3a$에서 $4a=7 \quad \therefore a=\frac{7}{4}$ … ❶

$-5=2b-3$에서 $-2b=2 \quad \therefore b=-1$ … ❷

$\therefore 4a-b=4\times\frac{7}{4}-(-1)=8$ … ❸

답 8

채점 기준	배점
❶ a의 값 구하기	40%
❷ b의 값 구하기	40%
❸ $4a-b$의 값 구하기	20%

18 물을 끓이기 시작한 지 3분 후와 5분 후의 물의 온도는 각각 40 ℃, 90 ℃이다. … ❶

따라서 구하는 물의 온도의 차는

$90-40=50$(℃) … ❷

답 50 ℃

채점 기준	배점
❶ 물을 끓이기 시작한 지 3분 후와 5분 후의 물의 온도 각각 구하기	80%
❷ 물의 온도의 차 구하기	20%

19 네 점 A(1, 1), B(5, 1), C(6, a), D(2, a)를 좌표평면 위에 나타내면 오른쪽과 같다. … ❶

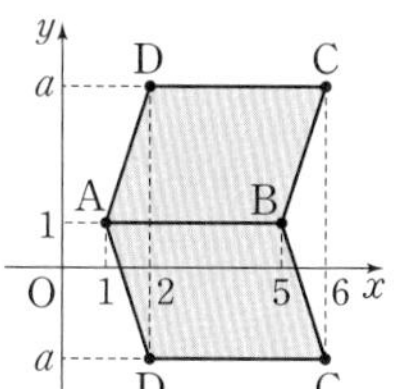

평행사변형 ABCD에서 밑변을 선분 AB로 생각하면 밑변의 길이가 4일 때 높이는 $|a-1|$, 넓이는 12이므로

$4\times|a-1|=12$

즉, $|a-1|=3$에서 $a-1=3$ 또는 $a-1=-3$

$\therefore a=4$ 또는 $a=-2$ … ❷

따라서 가능한 모든 a의 값의 합은

$4+(-2)=2$ … ❸

답 2

채점 기준	배점
❶ 네 점을 좌표평면 위에 나타내기	40%
❷ a의 값 모두 구하기	40%
❸ 모든 a의 값의 합 구하기	20%

20 점 $(-a, 3a)$가 제2사분면 위의 점이므로

$-a<0$, $3a>0 \quad \therefore a>0$ … ❶

점 $(-|b|, ab+b)$가 제3사분면 위의 점이므로

$-|b|<0$, $ab+b<0$

$|b|>0$에서 $b>0$ 또는 $b<0$

$a>0$, $b>0$이면 $ab+b>0$

$a>0$, $b<0$이면 $ab+b<0$

$\therefore a>0$, $b<0$ … ❷

따라서 $\frac{b-a}{3}<0$, $-2ab>0$이므로 점 $\left(\frac{b-a}{3}, -2ab\right)$는 제2사분면 위의 점이다. … ❸

답 제2사분면

채점 기준	배점
❶ a의 부호 구하기	20%
❷ b의 부호 구하기	40%
❸ 점 $\left(\frac{b-a}{3}, -2ab\right)$가 제몇 사분면 위의 점인지 구하기	40%

10 정비례와 반비례

Real 실전 개념

131쪽

01 답 (1)

x	1	2	3	4	5
y	6	12	18	24	30

(2) $y=6x$

02 답 ○

03 답 ×

04 답 ○

05 답 ×

06 답

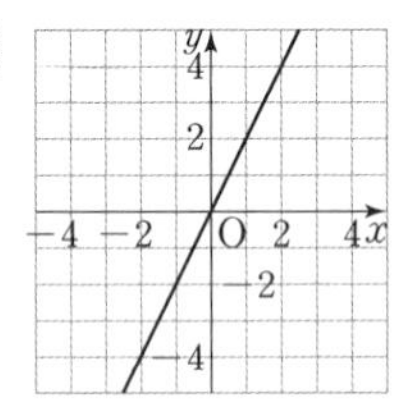

07 답

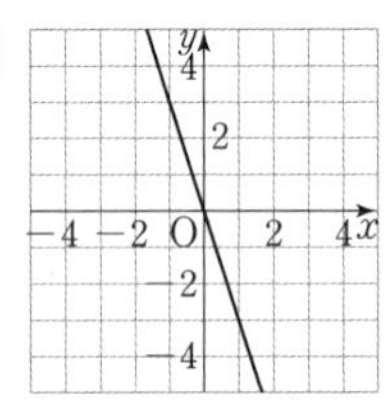

08 관계식을 $y=ax\ (a\neq0)$로 놓고 $x=3$, $y=2$를 대입하면

$2=3a \qquad \therefore a=\frac{2}{3}$

$\therefore y=\frac{2}{3}x$ 답 $y=\frac{2}{3}x$

09 관계식을 $y=ax\ (a\neq0)$로 놓고 $x=-2$, $y=5$를 대입하면

$5=-2a \qquad \therefore a=-\frac{5}{2}$

$\therefore y=-\frac{5}{2}x$ 답 $y=-\frac{5}{2}x$

10 답 (1)

x	1	2	3	4	5
y	-8	-4	$-\frac{8}{3}$	-2	$-\frac{8}{5}$

(2) $y=-\frac{8}{x}$

11 답 ×

12 답 ○

13 답 ○

14 답 ×

15 답

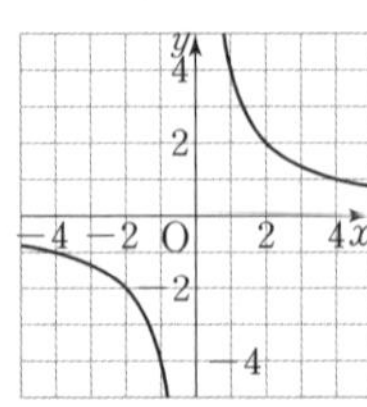

16 답

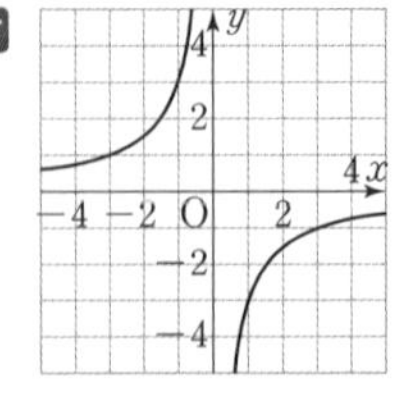

17 관계식을 $y=\frac{a}{x}\ (a\neq0)$로 놓고 $x=-3$, $y=3$을 대입하면

$3=\frac{a}{-3} \qquad \therefore a=-9$

$\therefore y=-\frac{9}{x}$ 답 $y=-\frac{9}{x}$

18 관계식을 $y=\frac{a}{x}\ (a\neq0)$로 놓고 $x=1$, $y=5$를 대입하면

$5=\frac{a}{1} \qquad \therefore a=5$

$\therefore y=\frac{5}{x}$ 답 $y=\frac{5}{x}$

Real 실전 유형

132~139쪽

01 ㄹ. $xy=20$에서 $y=\frac{20}{x}$

ㅁ. $\frac{y}{x}=\frac{1}{4}$에서 $y=\frac{1}{4}x$

따라서 y가 x에 정비례하는 것은 ㄷ, ㅁ이다. 답 ㄷ, ㅁ

02 x와 y 사이의 관계는 정비례 관계이다.

③ $xy=9$에서 $y=\frac{9}{x}$

④ $\frac{y}{x}=11$에서 $y=11x$ 답 ②, ③

03 ① $xy=200$, 즉 $y=\frac{200}{x}$ ➔ y가 x에 정비례하지 않는다.

② $y=3x$ ➔ y가 x에 정비례한다.

③ $xy=100$, 즉 $y=\frac{100}{x}$ ➔ y가 x에 정비례하지 않는다.

④ $y=\frac{40}{x}$ ➔ y가 x에 정비례하지 않는다.

⑤ $y=\frac{2}{x}$ ➔ y가 x에 정비례하지 않는다. 답 ②

04 관계식을 $y=ax\ (a\neq0)$로 놓고 $x=\frac{1}{2}$, $y=-4$를 대입하면

$-4=\frac{1}{2}a \qquad \therefore a=-8$

$y=-8x$에 $x=2$를 대입하면

$y=-8\times2=-16$ 답 ①

05 관계식을 $y=ax\ (a\neq0)$로 놓고 $x=-5$, $y=15$를 대입하면

$15=-5a \qquad \therefore a=-3$

$\therefore y=-3x$ 답 ①

06 관계식을 $y=ax\ (a\neq0)$로 놓고 $x=\frac{1}{4}$, $y=1$을 대입하면

$1=\frac{1}{4}a \qquad \therefore a=4$

따라서 x와 y 사이의 관계식은 $y=4x$ ··· ❶

$y=4x$에 $x=-3$, $y=A$를 대입하면

$A=4\times(-3)=-12$

$y=4x$에 $x=6$, $y=B$를 대입하면

$B=4\times 6=24$

$y=4x$에 $x=C$, $y=-\frac{1}{2}$을 대입하면

$-\frac{1}{2}=4C \quad \therefore C=-\frac{1}{8}$ … ❷

$\therefore ABC=(-12)\times 24\times\left(-\frac{1}{8}\right)=36$ … ❸

답 36

채점 기준	배점
❶ x와 y 사이의 관계식 구하기	30%
❷ A, B, C의 값 구하기	60%
❸ ABC의 값 구하기	10%

07 (1) (A의 톱니의 개수)×(A의 회전수)

=(B의 톱니의 개수)×(B의 회전수)

이므로 $40x=30y \quad \therefore y=\frac{4}{3}x$

(2) $y=\frac{4}{3}x$에 $x=6$을 대입하면

$y=\frac{4}{3}\times 6=8$

따라서 톱니바퀴 A가 6바퀴 회전하는 동안 톱니바퀴 B는 8바퀴 회전한다.

답 (1) $y=\frac{4}{3}x$ (2) 8

08 y가 x에 정비례하므로 x와 y 사이의 관계식을 $y=ax$ $(a\neq 0)$로 놓자.

초콜릿 5개의 무게가 100 g이므로 $y=ax$에 $x=5$, $y=100$을 대입하면

$100=5a \quad \therefore a=20$

$\therefore y=20x$

답 $y=20x$

09 (1) 강인이와 효주가 1시간 동안 하는 일의 양은 각각 $\frac{1}{4}$, $\frac{1}{5}$이므로 강인이와 효주가 함께 1시간 동안 하는 일의 양은 $\frac{1}{4}+\frac{1}{5}=\frac{9}{20}$이다. … ❶

강인이와 효주가 함께 x시간 동안 하는 일의 양이 y이므로

$y=\frac{9}{20}x$ … ❷

(2) $y=\frac{9}{20}x$에 $x=2$를 대입하면

$y=\frac{9}{20}\times 2=\frac{9}{10}$

따라서 강인이와 효주가 함께 2시간 동안 하는 일의 양은 $\frac{9}{10}$이다. … ❸

답 (1) $y=\frac{9}{20}x$ (2) $\frac{9}{10}$

채점 기준	배점
❶ 강인이와 효주가 함께 1시간 동안 하는 일의 양 구하기	40%
❷ x와 y 사이의 관계식 구하기	30%
❸ 강인이와 효주가 함께 2시간 동안 하는 일의 양 구하기	30%

10 ④ $y=-\frac{3}{4}x$에 $x=2$, $y=\frac{3}{2}$을 대입하면 $\frac{3}{2}\neq-\frac{3}{4}\times 2$이므로 그래프는 점 $\left(2, \frac{3}{2}\right)$을 지나지 않는다.

답 ④

11 $y=\frac{2}{3}x$의 그래프는 원점과 점 $(3, 2)$를 지나는 직선이다.

답 ⑤

12 ㄱ. 점 $(1, a)$를 지난다.

ㄹ. $a>0$일 때, x의 값이 증가하면 y의 값도 증가한다.

따라서 옳은 것은 ㄴ, ㄷ이다.

답 ㄴ, ㄷ

13 $\frac{2}{5}<a<3$

답 ③, ④

14 $y=ax$의 그래프는 a의 절댓값이 작을수록 x축에 가깝다.

$|-5|>|3|>\left|-\frac{5}{3}\right|>|-1|>\left|\frac{1}{4}\right|$이므로 x축에 가장 가까운 것은 ④이다.

답 ④

15 $a<0$인 그래프는 ①, ②, ③이고, a의 절댓값이 클수록 y축에 가까우므로 a의 값이 가장 작은 것은 ③이다.

답 ③

16 $y=-\frac{3}{2}x$에 $x=a$, $y=-4-a$를 대입하면

$-4-a=-\frac{3}{2}a$, $\frac{1}{2}a=4 \quad \therefore a=8$

답 8

17 ⑤ $y=5x$에 $x=3$, $y=12$를 대입하면 $12\neq 5\times 3$이므로 점 $(3, 12)$는 $y=5x$의 그래프 위의 점이 아니다.

답 ⑤

18 $y=ax$에 $x=2$, $y=-4$를 대입하면

$-4=2a \quad \therefore a=-2$

④ $y=-2x$에 $x=\frac{1}{4}$, $y=-\frac{1}{2}$을 대입하면

$-\frac{1}{2}=-2\times\frac{1}{4}$이므로 점 $\left(\frac{1}{4}, -\frac{1}{2}\right)$은 $y=-2x$의 그래프 위의 점이다.

답 ④

19 $y=-\frac{1}{2}x$에 $x=-2$, $y=a$를 대입하면

$a=-\frac{1}{2}\times(-2)=1$ … ❶

$y=-\frac{1}{2}x$에 $x=b$, $y=-8$을 대입하면

$-8=-\frac{1}{2}b$ $\therefore b=16$ … ❷

$\therefore a-b=1-16=-15$ … ❸

답 -15

채점 기준	배점
❶ a의 값 구하기	40%
❷ b의 값 구하기	40%
❸ $a-b$의 값 구하기	20%

20 원점과 점 (6, 5)를 지나는 직선이므로 구하는 식을 $y=ax\ (a\neq0)$로 놓고 $x=6$, $y=5$를 대입하면

$5=6a$ $\therefore a=\frac{5}{6}$ $\therefore y=\frac{5}{6}x$ 답 $y=\frac{5}{6}x$

21 원점과 점 $(-1, 2)$를 지나는 직선이므로 그래프가 나타내는 식을 $y=ax\ (a\neq0)$로 놓고 $x=-1$, $y=2$를 대입하면

$2=-a$ $\therefore a=-2$ $\therefore y=-2x$

③ $y=-2x$에 $x=\frac{1}{2}$, $y=1$을 대입하면

$1\neq-2\times\frac{1}{2}$

⑤ $y=-2x$에 $x=3$, $y=6$을 대입하면

$6\neq-2\times3$ 답 ③, ⑤

22 원점과 점 (4, 7)을 지나는 직선이므로 그래프가 나타내는 식을 $y=ax\ (a\neq0)$로 놓고 $x=4$, $y=7$을 대입하면

$7=4a$ $\therefore a=\frac{7}{4}$ $\therefore y=\frac{7}{4}x$ … ❶

이 그래프가 점 $(m, -2)$를 지나므로 $y=\frac{7}{4}x$에 $x=m$, $y=-2$를 대입하면

$-2=\frac{7}{4}m$ $\therefore m=-\frac{8}{7}$ … ❷

답 $-\frac{8}{7}$

채점 기준	배점
❶ 그래프가 나타내는 식 구하기	50%
❷ m의 값 구하기	50%

23 ㄹ. $\frac{x}{y}=8$에서 $y=\frac{1}{8}x$

ㅂ. $xy=-7$에서 $y=-\frac{7}{x}$

따라서 y가 x에 반비례하는 것은 ㄷ, ㅂ이다. 답 ㄷ, ㅂ

24 x와 y 사이의 관계는 반비례 관계이다.

③ $xy=-1$에서 $y=-\frac{1}{x}$

④ $\frac{y}{x}=-15$에서 $y=-15x$ 답 ①, ④

25 ① $y=5x$ ➜ y가 x에 정비례한다.

② $\frac{1}{2}xy=20$, 즉 $y=\frac{40}{x}$ ➜ y가 x에 반비례한다.

③ 철사 1 cm의 무게가 3 g인 철사 x cm의 무게는 $3x$ g이므로

$y=3x$ ➜ y가 x에 정비례한다.

④ $y=4x$ ➜ y가 x에 정비례한다.

⑤ $y=\frac{x}{200}\times100$, 즉 $y=\frac{1}{2}x$ ➜ y가 x에 정비례한다.

답 ②

참고 • (마름모의 넓이)$=\frac{1}{2}\times$(한 대각선의 길이)$\times$(다른 대각선의 길이)

• (소금물의 농도)$=\frac{(\text{소금의 양})}{(\text{소금물의 양})}\times100(\%)$

26 관계식을 $y=\frac{a}{x}\ (a\neq0)$로 놓고 $x=-6$, $y=-2$를 대입하면 $-2=\frac{a}{-6}$ $\therefore a=12$

$y=\frac{12}{x}$에 $x=3$을 대입하면

$y=\frac{12}{3}=4$ 답 ⑤

27 관계식을 $y=\frac{a}{x}\ (a\neq0)$로 놓고 $x=5$, $y=-4$를 대입하면

$-4=\frac{a}{5}$ $\therefore a=-20$ $\therefore y=-\frac{20}{x}$

ㄴ. $x=5$, $y=-4$일 때 ➜ $\frac{y}{x}=-\frac{4}{5}$

$x=1$, $y=-20$일 때 ➜ $\frac{y}{x}=-20$

즉, $\frac{y}{x}$의 값은 일정하지 않다.

ㄹ. $y=-\frac{20}{x}$에 $y=2$를 대입하면

$2=-\frac{20}{x}$ $\therefore x=-10$

따라서 옳지 않은 것은 ㄴ, ㄷ이다. 답 ㄴ, ㄷ

28 관계식을 $y=\frac{a}{x}\ (a\neq0)$로 놓고 $x=2$, $y=-8$을 대입하면

$-8=\frac{a}{2}$ $\therefore a=-16$

따라서 x와 y 사이의 관계식은

$y=-\frac{16}{x}$ … ❶

$y=-\frac{16}{x}$에 $x=4$, $y=A$를 대입하면

$A=-\frac{16}{4}=-4$

$y=-\frac{16}{x}$에 $x=B$, $y=-\frac{4}{5}$를 대입하면

$-\frac{4}{5}=-\frac{16}{B}$ $\therefore B=20$ … ❷

$\therefore \frac{B}{A}=\frac{20}{-4}=-5$ … ❸

답 -5

채점 기준	배점
❶ x와 y 사이의 관계식 구하기	40%
❷ A, B의 값 구하기	50%
❸ $\frac{B}{A}$의 값 구하기	10%

29 (1) 매분 x L씩 물을 넣어 수족관에 물을 가득 채우는 데 y분이 걸리므로

$xy=240$ $\therefore y=\frac{240}{x}$

(2) 매분 5 L씩 흘러나오는 수돗물을 이용하여 물을 가득 채우므로 $y=\frac{240}{x}$에 $x=5$를 대입하면

$y=\frac{240}{5}=48$

따라서 물을 가득 채우는 데 걸리는 시간은 48분이다.

답 (1) $y=\frac{240}{x}$ (2) 48분

30 (A의 톱니의 개수)×(A의 회전수)
=(B의 톱니의 개수)×(B의 회전수)
이므로 $12\times3=x\times y$

$\therefore y=\frac{36}{x}$ 답 $y=\frac{36}{x}$

31 (1) (소금의 양)$=\frac{\text{(소금물의 농도)}}{100}\times$(소금물의 양)이므로

$4=\frac{x}{100}\times y$

$\therefore y=\frac{400}{x}$

(2) $y=\frac{400}{x}$에 $y=200$을 대입하면

$200=\frac{400}{x}$ $\therefore x=2$

따라서 소금물이 200 g일 때의 농도는 2 %이다.

답 (1) $y=\frac{400}{x}$ (2) 2 %

32 ① 원점을 지나는 직선은 정비례 관계의 그래프이다.
⑤ 각 사분면에서 x의 값이 증가하면 y의 값은 감소한다.

답 ①, ⑤

33 반비례 관계 $y=-\frac{8}{x}$의 그래프는 제2사분면과 제4사분면을 지나고, 점 $(2, -4)$를 지나는 한 쌍의 곡선이다. 답 ③

34 ㄱ. 점 $(1, a)$를 지나는 한 쌍의 곡선이다.
따라서 옳은 것은 ㄴ, ㄷ, ㄹ이다. 답 ㄴ, ㄷ, ㄹ

35 $y=\frac{a}{x}$의 그래프가 제1사분면과 제3사분면을 지나므로

$a>0$

이때 $y=\frac{a}{x}$의 그래프가 $y=\frac{3}{x}$의 그래프보다 원점에 가까우므로

$0<a<3$ 답 ④

36 반비례 관계 $y=\frac{a}{x}$ $(a\neq0)$의 그래프는 a의 절댓값이 클수록 원점에서 멀고, a의 절댓값이 작을수록 원점에 가깝다.

$|-12|>|10|>|-7|>|-3|>|1|$이므로 원점에 가장 가까운 그래프는 ④이다. 답 ④

37 $y=\frac{b}{x}$, $y=\frac{d}{x}$의 그래프는 제1사분면과 제3사분면을 지나므로

$b>0$, $d>0$

이때 $y=\frac{b}{x}$의 그래프가 원점에 더 가까우므로 $b<d$

$\therefore 0<b<d$ ⋯⋯ ㉠ ⋯❶

$y=\frac{a}{x}$, $y=\frac{c}{x}$의 그래프는 제2사분면과 제4사분면을 지나므로

$a<0$, $c<0$

이때 $y=\frac{c}{x}$의 그래프가 원점에 더 가까우므로 $|c|<|a|$

$\therefore a<c<0$ ⋯⋯ ㉡ ⋯❷

따라서 ㉠, ㉡에서 $a<c<b<d$ ⋯❸

답 $a<c<b<d$

채점 기준	배점
❶ b, d의 대소 관계 비교하기	40%
❷ a, c의 대소 관계 비교하기	40%
❸ a, b, c, d의 대소 관계를 부등호를 사용하여 나타내기	20%

38 $y=\frac{9}{x}$에 $x=-3$, $y=\frac{1}{4}a-1$을 대입하면

$\frac{1}{4}a-1=\frac{9}{-3}$, $\frac{1}{4}a-1=-3$, $\frac{1}{4}a=-2$

$\therefore a=-8$ 답 -8

39 ④ $y=-\frac{6}{x}$에 $x=18$, $y=\frac{1}{3}$을 대입하면 $\frac{1}{3}\neq-\frac{6}{18}$이므로 점 $\left(18, \frac{1}{3}\right)$은 $y=-\frac{6}{x}$의 그래프 위의 점이 아니다.

답 ④

40 $y=\frac{a}{x}$에 $x=4$, $y=-7$을 대입하면

$-7=\frac{a}{4}$ $\therefore a=-28$ $\therefore y=-\frac{28}{x}$

③ $y=-\frac{28}{x}$에 $x=-2$, $y=14$를 대입하면 $14=-\frac{28}{-2}$이므로 점 $(-2, 14)$는 $y=-\frac{28}{x}$의 그래프 위의 점이다.

답 ③

41 $y=-\frac{10}{x}$에 $x=4$, $y=a$를 대입하면

$a=-\frac{10}{4}=-\frac{5}{2}$ … ❶

$y=-\frac{10}{x}$에 $x=-b$, $y=5$를 대입하면

$5=-\frac{10}{-b}$ $\therefore b=2$ … ❷

$\therefore ab=-\frac{5}{2}\times 2=-5$ … ❸

답 -5

채점 기준	배점
❶ a의 값 구하기	40%
❷ b의 값 구하기	40%
❸ ab의 값 구하기	20%

42 그래프가 나타내는 식을 $y=\frac{a}{x}$ $(a\neq 0)$로 놓고 $x=-4$, $y=1$을 대입하면

$1=\frac{a}{-4}$ $\therefore a=-4$

$\therefore y=-\frac{4}{x}$

$y=-\frac{4}{x}$의 그래프가 점 $(2, m)$을 지나므로

$m=-\frac{4}{2}=-2$

답 -2

43 그래프가 나타내는 식을 $y=\frac{a}{x}$ $(a\neq 0)$로 놓고 $x=3$, $y=-4$를 대입하면

$-4=\frac{a}{3}$ $\therefore a=-12$

$\therefore y=-\frac{12}{x}$

② $y=-\frac{12}{x}$에 $x=-4$, $y=3$을 대입하면

$3=-\frac{12}{-4}$

⑤ $y=-\frac{12}{x}$에 $x=6$, $y=-2$를 대입하면

$-2=-\frac{12}{6}$

답 ②, ⑤

44 그래프가 나타내는 식을 $y=\frac{a}{x}$ $(a\neq 0)$로 놓자.

$y=\frac{a}{x}$에 $x=4$를 대입하면

$y=\frac{a}{4}$ $\therefore \mathrm{A}\left(4, \frac{a}{4}\right)$ … ❶

$y=\frac{a}{x}$에 $x=6$을 대입하면

$y=\frac{a}{6}$ $\therefore \mathrm{B}\left(6, \frac{a}{6}\right)$ … ❷

두 점 A, B의 y좌표의 차가 2이므로

$\frac{a}{4}-\frac{a}{6}=2$, $\frac{a}{12}=2$ $\therefore a=24$

따라서 구하는 식은 $y=\frac{24}{x}$ … ❸

답 $y=\frac{24}{x}$

채점 기준	배점
❶ 점 A의 y좌표를 a에 대한 식으로 나타내기	30%
❷ 점 B의 y좌표를 a에 대한 식으로 나타내기	30%
❸ 그래프가 나타내는 식 구하기	40%

45 $y=3x$에 $x=3$을 대입하면

$y=3\times 3=9$ $\therefore \mathrm{A}(3, 9)$

$y=\frac{a}{x}$에 $x=3$, $y=9$를 대입하면

$9=\frac{a}{3}$ $\therefore a=27$

답 ⑤

46 $y=-\frac{5}{2}x$에 $x=b$, $y=5$를 대입하면

$5=-\frac{5}{2}b$ $\therefore b=-2$ … ❶

$y=\frac{a}{x}$에 $x=-2$, $y=5$를 대입하면

$5=\frac{a}{-2}$ $\therefore a=-10$ … ❷

$\therefore a+b=-10+(-2)=-12$ … ❸

답 -12

채점 기준	배점
❶ b의 값 구하기	40%
❷ a의 값 구하기	40%
❸ $a+b$의 값 구하기	20%

47 $y=\frac{4}{3}x$에 $x=3$, $y=b$를 대입하면

$b=\frac{4}{3}\times 3=4$ $\therefore \mathrm{A}(3, 4)$

$y=\frac{a}{x}$에 $x=3$, $y=4$를 대입하면

$4=\frac{a}{3}$ $\therefore a=12$ $\therefore y=\frac{12}{x}$

$y=\frac{12}{x}$에 $x=c$, $y=2$를 대입하면

$2=\frac{12}{c}$ $\therefore c=6$

$\therefore a-b-c=12-4-6=2$

답 2

48 점 A의 y좌표가 4이므로 $y=-\frac{1}{2}x$에 $y=4$를 대입하면

$4=-\frac{1}{2}x$ $\therefore x=-8$ $\therefore \mathrm{A}(-8, 4)$

점 B의 y좌표가 4이므로 $y=2x$에 $y=4$를 대입하면

$4=2x \quad \therefore x=2 \quad \therefore \mathrm{B}(2, 4)$

따라서 삼각형 AOB의 넓이는

$\frac{1}{2} \times \{2-(-8)\} \times 4=20$

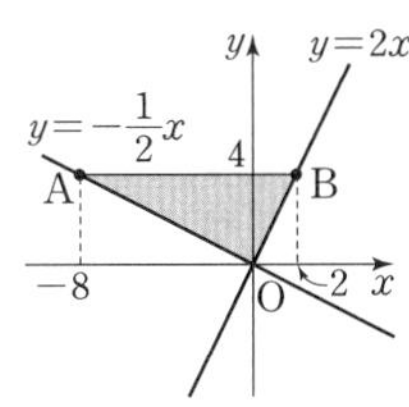

답 ④

49 점 A(3, 0)과 점 P의 x좌표가 같으므로 $y=\frac{a}{x}$에 $x=3$을 대입하면

$y=\frac{a}{3} \quad \therefore \mathrm{P}\left(3, \frac{a}{3}\right)$

직사각형 OAPB의 넓이가 8이므로

$3 \times \frac{a}{3}=8 \quad \therefore a=8$

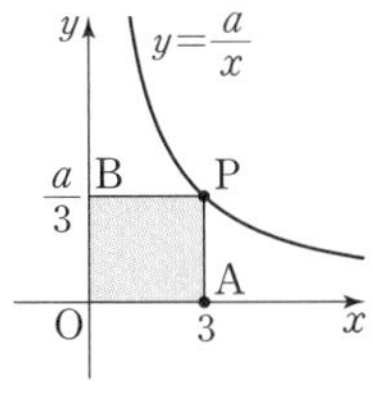

답 8

50 점 A의 x좌표가 -2이므로 $y=\frac{a}{x}$에 $x=-2$를 대입하면

$y=-\frac{a}{2} \quad \therefore \mathrm{A}\left(-2, -\frac{a}{2}\right)$

점 C가 점 A와 원점에 대칭이므로

$\mathrm{C}\left(2, \frac{a}{2}\right)$

직사각형 ABCD의 넓이가 28이므로

$\{2-(-2)\} \times \left(-\frac{a}{2}-\frac{a}{2}\right)=28$

$-4a=28 \quad \therefore a=-7$

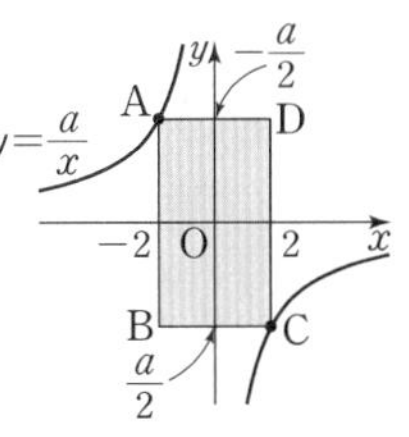

답 -7

Real 실전 기출

140~142쪽

01 ④ $xy=-6$에서 $y=-\frac{6}{x}$

⑤ $\frac{y}{x}=\frac{3}{8}$에서 $y=\frac{3}{8}x$

답 ③, ⑤

02 1단일 때 둘레의 길이: 4, 2단일 때 둘레의 길이: 8

3단일 때 둘레의 길이: 12, 4단일 때 둘레의 길이: 16

⋮

즉, 4, 8, 12, 16, …의 규칙으로 둘레의 길이가 길어진다.

x단일 때 둘레의 길이를 y라 하면 y는 x에 정비례하고, x단일 때 둘레의 길이는 $4x$이므로 $y=4x$

$y=4x$에 $x=25$를 대입하면 $y=4 \times 25=100$

따라서 25단일 때 둘레의 길이는 100이다.

답 ③

03 x와 y 사이의 관계식을 $y=ax\ (a \neq 0)$로 놓고 $x=7$, $y=2$를 대입하면

$2=7a \quad \therefore a=\frac{2}{7} \quad \therefore y=\frac{2}{7}x$

ㄱ. 원점을 지나는 직선이다.

ㄷ. 제1사분면과 제3사분면을 지난다.

따라서 옳은 것은 ㄴ, ㄹ이다.

답 ㄴ, ㄹ

04 $y=ax$, $y=bx$의 그래프는 제2사분면과 제4사분면을 지나므로 $a<0$, $b<0$

이때 $y=ax$의 그래프가 $y=bx$의 그래프보다 y축에 더 가까우므로 $|a|>|b|$

$\therefore a<b<0 \quad \cdots\cdots$ ㉠

$y=cx$, $y=dx$의 그래프는 제1사분면과 제3사분면을 지나므로 $c>0$, $d>0$

이때 $y=dx$의 그래프가 $y=cx$의 그래프보다 y축에 더 가까우므로 $|d|>|c|$

$\therefore 0<c<d \quad \cdots\cdots$ ㉡

따라서 ㉠, ㉡에서 $a<b<c<d$

답 ①

05 ① $y=\frac{1}{2} \times x \times 8=4x$ ② $y=500x$

③ $y=10x$ ④ $y=\frac{24}{x}$

⑤ $y=4 \times 5 \times x=20x$

답 ④

06 정비례 관계 $y=ax\ (a \neq 0)$의 그래프는 $a>0$일 때 x의 값이 증가하면 y의 값도 증가한다.

반비례 관계 $y=\frac{b}{x}\ (b \neq 0)$의 그래프는 $b<0$일 때 각 사분면에서 x의 값이 증가하면 y의 값도 증가한다.

따라서 $x<0$일 때 x의 값이 증가하면 y의 값도 증가하는 것은 ㄱ, ㄹ이다.

답 ㄱ, ㄹ

07 ⑤ 그래프가 원점을 지나는 직선이므로 그래프가 나타내는 식을 $y=ax\ (a \neq 0)$로 놓을 수 있다.

그래프가 점 $(2, -1)$을 지나므로

$-1=2a \quad \therefore a=-\frac{1}{2} \quad \therefore y=-\frac{1}{2}x$

답 ⑤

08 관계식을 $y=\frac{a}{x}\ (a \neq 0)$로 놓고 $x=4$, $y=6$을 대입하면

$a=4 \times 6=24$

$y=\frac{24}{x}$에 $x=8$을 대입하면 $y=\frac{24}{8}=3$

따라서 압력이 8기압일 때의 부피는 3 mL이다. 답 3 mL

09 $y=\frac{2}{3}x$에 $x=6$, $y=b$를 대입하면

$b=\frac{2}{3} \times 6=4 \quad \therefore \mathrm{A}(6, 4)$

$y=\frac{a}{x}$에 $x=6$, $y=4$를 대입하면

$4=\frac{a}{6}$ $\quad\therefore a=24$ $\quad\therefore y=\frac{24}{x}$

$y=\frac{24}{x}$에 $x=8$, $y=c$를 대입하면 $c=\frac{24}{8}=3$

$\therefore \frac{a}{bc}=\frac{24}{4\times3}=2$

답 2

10 동생: 그래프가 나타내는 식을 $y=mx\ (m\neq0)$로 놓고

$x=2$, $y=400$을 대입하면

$400=2m$ $\quad\therefore m=200$

$\therefore y=200x$

4 km=4000 m이므로 동생이 공원까지 가는 데 걸린 시간은 $y=200x$에 $y=4000$을 대입하면

$4000=200x$ $\quad\therefore x=20$ ➡ 20분

누나: 그래프가 나타내는 식을 $y=nx\ (n\neq0)$로 놓고

$x=2$, $y=200$을 대입하면

$200=2n$ $\quad\therefore n=100$

$\therefore y=100x$

4 km=4000 m이므로 누나가 공원까지 가는 데 걸린 시간은 $y=100x$에 $y=4000$을 대입하면

$4000=100x$ $\quad\therefore x=40$ ➡ 40분

따라서 동생이 누나보다 40−20=20(분) 먼저 도착한다.

답 20분

11 $y=\frac{6}{x}$의 그래프가 점 A$(a, 3)$을 지나므로 $y=\frac{6}{x}$에 $y=3$을 대입하면

$3=\frac{6}{a}$ $\quad\therefore a=2$ $\quad\therefore$ A$(2, 3)$

정비례 관계 $y=mx\ (m\neq0)$의 그래프가 선분 AB를 지나려면 점 A를 지나는 경우와 점 B를 지나는 경우 또는 그 두 경우 사이에 있어야 한다.

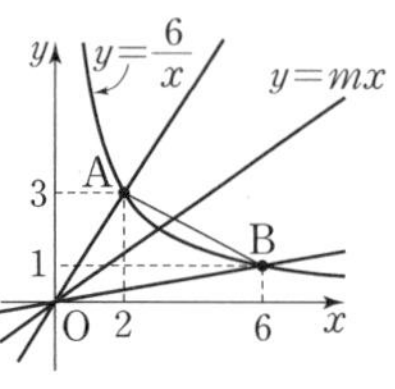

(i) $y=mx$의 그래프가 점 A$(2, 3)$을 지날 때,

$3=2m$ $\quad\therefore m=\frac{3}{2}$

(ii) $y=mx$의 그래프가 점 B$(6, 1)$을 지날 때,

$1=6m$ $\quad\therefore m=\frac{1}{6}$

따라서 (i), (ii)에서 $\frac{1}{6}\le m\le\frac{3}{2}$

답 $\frac{1}{6}\le m\le\frac{3}{2}$

12 오른쪽 그림에서

(사각형 AOBC의 넓이)

=(직사각형 OBCE의 넓이)

−(삼각형 AFO의 넓이)

−(사다리꼴 ACEF의 넓이)

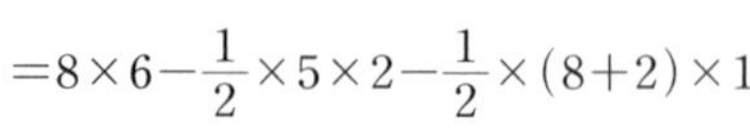

$=8\times6-\frac{1}{2}\times5\times2-\frac{1}{2}\times(8+2)\times1$

$=48-5-5=38$

$y=ax$의 그래프와 선분 BC가 만나는 점을 D라 하면 점 D의 x좌표가 8이므로 $y=ax$에 $x=8$을 대입하면

$y=8a$

$\therefore$ D$(8, 8a)$

$y=ax$의 그래프가 사각형 AOBC의 넓이를 이등분하므로

(삼각형 DOB의 넓이)$=\frac{1}{2}\times$(사각형 AOBC의 넓이)

$\frac{1}{2}\times8\times8a=\frac{1}{2}\times38$

$32a=19$ $\quad\therefore a=\frac{19}{32}$

답 $\frac{19}{32}$

13 (1) 1분에 2 L씩 물을 받을 수 있으므로 x분 동안 받을 수 있는 물의 양은 $2x$ L이다. $\quad\therefore y=2x$ … ❶

(2) $y=2x$에 $y=60$을 대입하면

$60=2x$ $\quad\therefore x=30$

따라서 물통에 물을 가득 채우는 데 걸리는 시간은 30분이다. … ❷

답 (1) $y=2x$ (2) 30분

채점 기준	배점
❶ x와 y 사이의 관계식 구하기	50%
❷ 물통에 물을 가득 채우는 데 걸리는 시간 구하기	50%

14 $y=\frac{a}{x}\ (a\neq0)$로 놓고 $x=9$, $y=-\frac{1}{3}$을 대입하면

$-\frac{1}{3}=\frac{a}{9}$ $\quad\therefore a=-3$

$\therefore y=-\frac{3}{x}$ … ❶

$y=-\frac{3}{x}$에 $y=-\frac{1}{6}$을 대입하면

$-\frac{1}{6}=-\frac{3}{x}$ $\quad\therefore x=18$ … ❷

답 18

채점 기준	배점
❶ x와 y 사이의 관계식 구하기	50%
❷ x의 값 구하기	50%

15 $y=ax$의 그래프가 점 $(2, -2)$를 지나므로

$-2=2a$ $\quad\therefore a=-1$ … ❶

$y=-\frac{1}{x}$의 그래프가 점 $(-4, b)$를 지나므로

$b=-\frac{1}{-4}=\frac{1}{4}$ … ❷

$\therefore a+b=-1+\frac{1}{4}=-\frac{3}{4}$ … ❸

답 $-\frac{3}{4}$

채점 기준	배점
❶ a의 값 구하기	40%
❷ b의 값 구하기	40%
❸ $a+b$의 값 구하기	20%

16 $y=\frac{2}{3}x$의 그래프가 점 P$(3, b)$를 지나므로

$b=\frac{2}{3}\times3=2$ $\quad\therefore$ P$(3, 2)$ ··· ❶

$y=\frac{a}{x}$의 그래프가 점 P$(3, 2)$를 지나므로

$2=\frac{a}{3}$ $\quad\therefore a=6$ ··· ❷

$\therefore \frac{a}{b}=\frac{6}{2}=3$ ··· ❸

답 3

채점 기준	배점
❶ b의 값 구하기	40%
❷ a의 값 구하기	40%
❸ $\frac{a}{b}$의 값 구하기	20%

17 $y=\frac{a}{x}$의 그래프가 점 $(-2, -8)$을 지나므로

$-8=\frac{a}{-2}$ $\quad\therefore a=16$ ··· ❶

$y=\frac{16}{x}$의 그래프 위의 점 (m, n) 중 m, n이 모두 정수인 경우는

$(-1, -16)$, $(-2, -8)$, $(-4, -4)$, $(-8, -2)$, $(-16, -1)$, $(1, 16)$, $(2, 8)$, $(4, 4)$, $(8, 2)$, $(16, 1)$ ··· ❷

따라서 모두 10개이다. ··· ❸

답 10

채점 기준	배점
❶ a의 값 구하기	30%
❷ m, n이 모두 정수인 순서쌍 (m, n) 구하기	60%
❸ m, n이 모두 정수인 점의 개수 구하기	10%

18 점 A$(b, 10)$이 $y=2x$의 그래프 위의 점이므로

$10=2b$

$\therefore b=5$ ··· ❶

사각형 ABCD가 한 변의 길이가 4인 정사각형이므로 점 B의 y좌표는

$10-4=6$

$\therefore$ B$(5, 6)$

점 C의 x좌표는 $5+4=9$이고, y좌표는 점 B의 y좌표와 같으므로

C$(9, 6)$ ··· ❷

점 C$(9, 6)$이 $y=ax$의 그래프 위의 점이므로

$6=9a$

$\therefore a=\frac{2}{3}$ ··· ❸

답 $\frac{2}{3}$

채점 기준	배점
❶ b의 값 구하기	30%
❷ 두 점 B, C의 좌표 구하기	40%
❸ a의 값 구하기	30%

Real 실전 유형 again 2~7쪽

01 소인수분해

01 $9=3\times3$, $21=3\times7$, $26=2\times13$, $111=3\times37$, $143=11\times13$
따라서 소수는 2, 13, 19의 3개이다. 답 ③

02 $12=2\times6=3\times4$, $33=3\times11$, $133=7\times19$
따라서 합성수는 12, 33, 133의 3개이다. 답 3

03 약수가 2개인 자연수는 소수이므로 30보다 크고 47보다 작은 자연수 중 소수는 31, 37, 41, 43의 4개이다. 답 4

04 54에 가장 가까운 소수는 53이므로
$a=53$ … ❶
54에 가장 가까운 합성수는 55이므로
$b=55$ … ❷
$\therefore a+b=53+55=108$ … ❸
답 108

채점 기준	배점
❶ a의 값 구하기	40%
❷ b의 값 구하기	40%
❸ $a+b$의 값 구하기	20%

05 ① 2는 소수이지만 짝수이다.
③ 35에 가장 가까운 소수는 37이다.
④ 두 소수 2와 3의 곱은 짝수이다.
⑤ 소수가 아닌 자연수는 1 또는 합성수이다. 답 ②

06 $a=2$, $b=4$, $c=3$이므로
$a+b+c=2+4+3=9$ 답 9

07 ① 합성수가 아닌 자연수는 1 또는 소수이므로 약수가 1개 또는 2개, 즉 2개 이하이다.
② 2를 제외한 모든 소수는 홀수이고 약수가 1과 자기 자신뿐이므로 약수의 합은 1+(홀수), 즉 짝수이다.
④ 61, 67은 십의 자리의 숫자가 6인 두 자리 자연수이지만 소수이다.
⑤ 2는 2를 약수로 갖지만 소수이다. 답 ④, ⑤

08 ① $4\times4\times4=4^3$
② $\frac{1}{7}\times\frac{1}{7}\times\frac{1}{7}\times\frac{1}{7}\times\frac{1}{7}=\left(\frac{1}{7}\right)^5$
④ $a+a+a+a=4\times a$
⑤ $\frac{1}{3\times3\times3}+\frac{1}{5\times5}=\frac{1}{3^3}+\frac{1}{5^2}$ 답 ③

09 $5\times5\times5\times5=5^4$이므로
$a=5$, $b=4$ 답 $a=5$, $b=4$

10 답 ④

11 $a\times a\times b\times c\times a\times b\times b\times a=a^4\times b^3\times c$
이므로 $x=4$, $y=3$, $z=1$
$\therefore x-y+z=4-3+1=2$ 답 2

12 $3^4=81$이므로 $a=81$
$2^7=128$이므로 $b=7$
$\therefore a-b=81-7=74$ 답 ④

13 $4^4=256$이므로 $x=4$ 답 ①

14 $\frac{16}{121}\times125=\left(\frac{4}{11}\right)^2\times5^3$이므로
$a=11$, $b=3$
$\therefore a+b=11+3=14$ 답 ③

15 $1\text{ m}=100\text{ cm}=1000\text{ mm}=10^3\text{ mm}$이므로
$a=3$ … ❶
$100\text{ L}=100000\text{ mL}=10^5\text{ mL}$이므로
$b=5$ … ❷
$\therefore a+b=3+5=8$ … ❸
답 8

채점 기준	배점
❶ a의 값 구하기	40%
❷ b의 값 구하기	40%
❸ $a+b$의 값 구하기	20%

16 ① $14=2\times7$
② $18=2\times3^2$
③ $24=2^3\times3$
④ $72=2^3\times3^2$ 답 ⑤

17
2) 792
2) 396
2) 198
3) 99
3) 33
11
$\therefore 792=2^3\times3^2\times11$ 답 ④

18 ㄱ. $20=2^2\times5$

ㄴ. $50=2\times5^2$

따라서 옳지 않은 것은 ㄱ, ㄴ이다. 답 ①

19 $420=2^2\times3\times5\times7$이므로 420의 소인수는 2, 3, 5, 7이다. 답 ⑤

20 ① $30=2\times3\times5$이므로 30의 소인수는 2, 3, 5이다.

② $66=2\times3\times11$이므로 66의 소인수는 2, 3, 11이다.

③ $80=2^4\times5$이므로 80의 소인수는 2, 5이다.

④ $105=3\times5\times7$이므로 105의 소인수는 3, 5, 7이다.

⑤ $154=2\times7\times11$이므로 154의 소인수는 2, 7, 11이다.

답 ③

21 ㄱ. $28=2^2\times7$이므로 소인수는 2, 7이다.

ㄴ. $84=2^2\times3\times7$이므로 소인수는 2, 3, 7이다.

ㄷ. $126=2\times3^2\times7$이므로 소인수는 2, 3, 7이다.

ㄹ. $147=3\times7^2$이므로 소인수는 3, 7이다.

따라서 소인수가 같은 것은 ㄴ, ㄷ이다. 답 ④

22 $1001=7\times11\times13$이므로 … ❶

1001의 소인수는 7, 11, 13이다. … ❷

따라서 모든 소인수의 합은

$7+11+13=31$ … ❸

답 31

채점 기준	배점
❶ 1001을 소인수분해하기	40%
❷ 1001의 소인수 구하기	40%
❸ 1001의 모든 소인수의 합 구하기	20%

23 $189=3^3\times7$이므로 $a=3$, $b=1$

$\therefore a+b=3+1=4$ 답 ②

24 $6500=2^2\times5^3\times13$이므로 $a=2$, $b=3$, $c=13$

$\therefore a+b+c=2+3+13=18$ 답 ⑤

25 $243\times12=3^5\times(2^2\times3)$

$=(3\times3\times3\times3\times3)\times(2^2\times3)$

$=2^2\times3^6$

이므로 $a=2$, $b=6$

$\therefore b-a=6-2=4$ 답 ③

26 $432=2^4\times3^3$이므로 … ❶

$a=2$, $b=3$, $m=4$, $n=3$ 또는

$a=3$, $b=2$, $m=3$, $n=4$ … ❷

$\therefore m\times n-a\times b=12-6=6$ … ❸

답 6

채점 기준	배점
❶ 432를 소인수분해하기	40%
❷ a, b, m, n이 가질 수 있는 값 구하기	40%
❸ $m\times n-a\times b$의 값 구하기	20%

27 $945=3^3\times5\times7$이므로 곱할 수 있는 가장 작은 자연수는

$3\times5\times7=105$ 답 105

28 $540=2^2\times3^3\times5$이므로 나눌 수 있는 가장 작은 자연수는

$3\times5=15$ 답 15

29 $300=2^2\times3\times5^2$이므로 $a=3$

$b^2=\frac{300}{3}=100=10^2$ $\therefore b=10$

$\therefore a+b=3+10=13$ 답 ②

30 $495=3^2\times5\times11$이므로 곱할 수 있는 자연수는

$5\times11\times(\text{자연수})^2$ 꼴이어야 한다.

즉, 곱할 수 있는 자연수를 가장 작은 것부터 크기순으로 나열하면

$5\times11\times1^2$, $5\times11\times2^2$, $5\times11\times3^2$, $5\times11\times4^2$, …

이므로 세 번째로 작은 자연수는

$5\times11\times3^2=495$ 답 495

31 $360=2^3\times3^2\times5$이므로 360의 약수는

$(2^3$의 약수$)\times(3^2$의 약수$)\times(5$의 약수$)$

꼴이다.

② 3×5^2에서 5^2은 5의 약수가 아니다.

③ $3^3\times5$에서 3^3은 3^2의 약수가 아니다.

⑤ $2^3\times3^3\times5$에서 3^3은 3^2의 약수가 아니다. 답 ①, ④

32 $3\times5^2\times7^3$의 약수는

$(3$의 약수$)\times(5^2$의 약수$)\times(7^3$의 약수$)$

꼴이다.

① $15=3\times5$

② $105=3\times5\times7$

③ $245=5\times7^2$

④ $525=3\times5^2\times7$

⑤ $675=3^3\times5^2$

이때 ⑤ $3^3\times5^2$에서 3^3은 3의 약수가 아니다. 답 ⑤

33 ④ (다)에 들어갈 수는 $2^4\times7=112$이다. 답 ④

34 $2\times3^3\times5$의 약수 중 가장 큰 수는 $2\times3^3\times5$이므로

두 번째로 큰 수는 $3^3\times5=135$이고

세 번째로 큰 수는 $2\times3^2\times5=90$이다. 답 90

35 주어진 각 수의 약수의 개수는 다음과 같다.

① $(1+1)\times(11+1)=24$

② $(2+1)\times(3+1)\times(1+1)=24$

③ $(3+1)\times(5+1)=24$

④ $160=2^5\times5$이므로 $(5+1)\times(1+1)=12$

⑤ $630=2\times3^2\times5\times7$이므로

$(1+1)\times(2+1)\times(1+1)\times(1+1)=24$ 답 ④

36 $288=2^5\times3^2$이므로 288의 약수의 개수는

$(5+1)\times(2+1)=18$

주어진 각 수의 약수의 개수는 다음과 같다.

ㄱ. $18+1=19$

ㄴ. $(2+1)\times(9+1)=30$

ㄷ. $3^3\times5^2\times9=3^5\times5^2$ $\quad\therefore (5+1)\times(2+1)=18$

ㄹ. $(2+1)\times(2+1)\times(1+1)=18$

따라서 288과 약수의 개수가 같은 것은 ㄷ, ㄹ이다.

답 ㄷ, ㄹ

37 ⑤ $260=2^2\times5\times13$이므로 260의 약수의 개수는

$(2+1)\times(1+1)\times(1+1)=12$ 답 ⑤

38 $\dfrac{240}{x}$이 자연수가 되도록 하는 자연수 x는 240의 약수이다. … ❶

$240=2^4\times3\times5$이므로 … ❷

240의 약수의 개수는

$(4+1)\times(1+1)\times(1+1)=20$

따라서 구하는 자연수 x의 개수는 20이다. … ❸

답 20

채점 기준	배점
❶ x의 조건 구하기	30%
❷ 240을 소인수분해하기	30%
❸ 자연수 x의 개수 구하기	40%

39 $2^7\times5^a$의 약수의 개수가 24이므로

$(7+1)\times(a+1)=24$, $8\times(a+1)=24$

$a+1=3$ $\quad\therefore a=2$ 답 ②

40 $8\times49\times11^a$의 약수의 개수가 36이고

$8\times49\times11^a=2^3\times7^2\times11^a$이므로

$(3+1)\times(2+1)\times(a+1)=36$

$4\times3\times(a+1)=36$

$12\times(a+1)=36$

$a+1=3$ $\quad\therefore a=2$ 답 ②

41 $600=2^3\times3\times5^2$이므로 … ❶

600의 약수의 개수는

$(3+1)\times(1+1)\times(2+1)=24$ … ❷

따라서 $2^a\times3^2\times5$의 약수의 개수가 24이므로

$(a+1)\times(2+1)\times(1+1)=24$

$(a+1)\times6=24$

$a+1=4$ $\quad\therefore a=3$ … ❸

답 3

채점 기준	배점
❶ 600을 소인수분해하기	20%
❷ 600의 약수의 개수 구하기	30%
❸ a의 값 구하기	50%

42 $24=2^3\times3$이므로

① $24\times5=2^3\times3\times5$의 약수의 개수는

$(3+1)\times(1+1)\times(1+1)=16$

② $24\times9=2^3\times3^3$의 약수의 개수는

$(3+1)\times(3+1)=16$

③ $24\times16=2^7\times3$의 약수의 개수는

$(7+1)\times(1+1)=16$

④ $24\times19=2^3\times3\times19$의 약수의 개수는

$(3+1)\times(1+1)\times(1+1)=16$

⑤ $24\times24=2^6\times3^2$의 약수의 개수는

$(6+1)\times(2+1)=21$ 답 ⑤

43 ① $3^4\times5^2\times2=2\times3^4\times5^2$의 약수의 개수는

$(1+1)\times(4+1)\times(2+1)=30$

② $3^4\times5^2\times3=3^5\times5^2$의 약수의 개수는

$(5+1)\times(2+1)=18$

③ $3^4\times5^2\times4=2^2\times3^4\times5^2$의 약수의 개수는

$(2+1)\times(4+1)\times(2+1)=45$

④ $3^4\times5^2\times5=3^4\times5^3$의 약수의 개수는

$(4+1)\times(3+1)=20$

⑤ $3^4\times5^2\times6=2\times3^5\times5^2$의 약수의 개수는

$(1+1)\times(5+1)\times(2+1)=36$ 답 ①

44 $27\times\square=3^3\times\square$이고

$10=9+1$ 또는 $10=5\times2=(4+1)\times(1+1)$

이므로

(i) $\square$가 3의 거듭제곱 꼴인 경우

$3^3\times\square=3^9$에서 $\square=3^6$

(ii) $\square$가 3의 거듭제곱 꼴이 아닌 경우

$3^3\times\square=3^4\times a$ (a는 3이 아닌 소수)에서

$\square=3\times2,\ 3\times5,\ 3\times7,\ \cdots$

$\therefore \square=6,\ 15,\ 21,\ \cdots$

(i), (ii)에서 $\square$ 안에 들어갈 수 있는 가장 작은 자연수는 6이다. 답 6

Real 실전 유형 again 8~15쪽

02 최대공약수와 최소공배수

01 두 자연수 A, B의 공약수는 두 수의 최대공약수인 28의 약수이므로
1, 2, 4, 7, 14, 28
답 ③

02 두 자연수 A, B의 공약수는 두 수의 최대공약수인 26의 약수이므로
1, 2, 13, 26
답 ③

03 두 자연수의 공약수는 두 수의 최대공약수인 $2^2\times3^2$의 약수이므로
$1, 2, 3, 2^2, 2\times3, 3^2, 2^2\times3, 2\times3^2, 2^2\times3^2$
즉, 1, 2, 3, 4, 6, 9, 12, 18, 36 … ❶
따라서 구하는 합은
$1+2+3+4+6+9+12+18+36=91$ … ❷
답 91

채점 기준	배점
❶ $2^2\times3^2$의 약수 구하기	70%
❷ 모든 공약수의 합 구하기	30%

04 두 자연수 A, B의 공약수의 개수는 두 수의 최대공약수인 72의 약수의 개수와 같다.
이때 $72=2^3\times3^2$이므로 A, B의 공약수의 개수는
$(3+1)\times(2+1)=12$
답 12

05 두 수의 최대공약수는 각각 다음과 같다.
① 1 ② 1 ③ 1 ④ 17 ⑤ 1
따라서 두 수가 서로소가 아닌 것은 ④이다.
답 ④

06 56과 주어진 각 수의 최대공약수를 구하면 다음과 같다.
① 4 ② 2 ③ 14 ④ 1 ⑤ 14
따라서 56과 서로소인 것은 ④이다.
답 ④

07 ① 23과 46의 최대공약수는 23이므로 서로소가 아니다.
② 서로소인 두 자연수의 공약수는 1이다.
③ 짝수는 2를 약수로 가지므로 서로 다른 두 짝수의 최대공약수는 항상 2 이상이다.
따라서 서로 다른 두 짝수는 서로소가 아니다.
⑤ 3과 5는 서로소이지만 모두 1이 아니다.
답 ④

08 $15=3\times5$이므로 15와 서로소인 수는 3의 배수도 아니고 5의 배수도 아니다.
따라서 1 이상 15 이하의 자연수 중 15와 서로소인 수는
1, 2, 4, 7, 8, 11, 13, 14
의 8개이다.
답 8

09
$$\begin{array}{rl} & 2\times3\times5^2 \\ & 2^2\times5^3\times7 \\ \hline (\text{최대공약수})= & 2\times5^2 \end{array}$$
③ $15=3\times5$는 2×5^2의 약수가 아니다.
답 ③

10
$$\begin{array}{l} 180=2^2\times3^2\times5 \\ 252=2^2\times3^2\times7 \\ 540=2^2\times3^3\times5 \\ \hline (\text{최대공약수})=2^2\times3^2 \end{array}$$
⑤ $2^2\times3^2\times5$는 $2^2\times3^2$의 약수가 아니다.
답 ⑤

11
$$\begin{array}{rl} & 2\times3^2\times5^2 \\ & 3\times5^3\times7 \\ \hline (\text{최대공약수})= & 3\times5^2 \end{array}$$
… ❶
따라서 주어진 두 수의 공약수는 3×5^2의 약수와 같으므로 공약수 중 가장 큰 수는 3×5^2, 두 번째로 큰 수는 $5^2=25$이다. … ❷
답 25

채점 기준	배점
❶ 두 수의 최대공약수 구하기	50%
❷ 두 수의 공약수 중 두 번째로 큰 수 구하기	50%

12 $54=2\times3^3$과 a의 최대공약수가 18이어야 한다.
① $36=2^2\times3^2$이므로 54와 36의 최대공약수는
$2\times3^2=18$
② $72=2^3\times3^2$이므로 54와 72의 최대공약수는
$2\times3^2=18$
③ $84=2^2\times3\times7$이므로 54와 84의 최대공약수는
$2\times3=6$
④ $90=2\times3^2\times5$이므로 54와 90의 최대공약수는
$2\times3^2=18$
⑤ $108=2^2\times3^3$이므로 54와 108의 최대공약수는
$2\times3^3=54$
답 ③, ⑤

13 두 자연수의 공배수는 두 수의 최소공배수인 14의 배수이고, 이 중 두 자리 자연수는 14, 28, 42, 56, 70, 84, 98의 7개이다.
답 ③

14 두 자연수 A, B의 공배수는 두 수의 최소공배수인 16의 배수이다.
이때 $32=16\times2$, $48=16\times3$이므로 A, B의 공배수는 32, 48이다.
답 32, 48

15 두 자연수 A, B의 공배수는 두 수의 최소공배수인 $2^2\times7$의 배수이다.
ㄱ. 2×7은 $2^2\times7$의 배수가 아니다.
ㄷ. $2\times3\times7$은 $2^2\times7$의 배수가 아니다.

ㅁ. $3\times5\times7\times11$은 $2^2\times7$의 배수가 아니다.

따라서 A, B의 공배수인 것은 ㄴ, ㄹ이다. 답 ㄴ, ㄹ

16 세 자연수 A, B, C의 공배수는 세 수의 최소공배수인 12의 배수이다.

이때 $12\times16=192$, $12\times17=204$이므로 공배수 중 200에 가장 가까운 자연수는 204이다. 답 204

17
$$\begin{array}{l} 2\quad\times5 \\ 2^3\times3^2 \\ 2^2\times3^2\quad\times7 \\ \hline (\text{최소공배수})=2^3\times3^2\times5\times7 \end{array}$$

① $2^3\times3^2$은 $2^3\times3^2\times5\times7$의 배수가 아니다.

② $2^3\times3^2\times5$는 $2^3\times3^2\times5\times7$의 배수가 아니다.

③ $2^3\times3^2\times7$은 $2^3\times3^2\times5\times7$의 배수가 아니다.

④ $2^2\times3^2\times5\times7$은 $2^3\times3^2\times5\times7$의 배수가 아니다. 답 ⑤

18
$$\begin{array}{l} 18=2\times3^2 \\ 24=2^3\times3 \\ 42=2\times3\times7 \\ \hline (\text{최소공배수})=2^3\times3^2\times7 \end{array}$$

답 ③

19
$$\begin{array}{l} 2^3\times3^2 \\ 2\times3^2\times5 \\ \hline (\text{최소공배수})=2^3\times3^2\times5 \end{array}$$

두 수의 공배수는 $2^3\times3^2\times5=360$의 배수이므로

360, 720, 1080, ⋯

따라서 공배수 중 세 자리 자연수는 2개이다. 답 2

20
$$\begin{array}{l} 35=\quad5\times7 \\ 50=2\times5^2 \\ 140=2^2\times5\times7 \\ \hline (\text{최소공배수})=2^2\times5^2\times7 \end{array}$$
⋯ ❶

세 수의 공배수는 $2^2\times5^2\times7=700$의 배수이므로

700, 1400, 2100, ⋯

따라서 공배수 중 2000에 가장 가까운 자연수는 2100이다. ⋯ ❷

답 2100

채점 기준	배점
❶ 세 수 35, 50, 140의 최소공배수 구하기	50%
❷ 공배수 중 2000에 가장 가까운 수 구하기	50%

21
$$\begin{array}{r|rrr} x & 4\times x & 5\times x & 8\times x \\ \hline 2 & 4 & 5 & 8 \\ \hline 2 & 2 & 5 & 4 \\ \hline & 1 & 5 & 2 \end{array}$$

(최소공배수)$=x\times2\times2\times5\times2=240$이므로

$x\times40=240$ $\quad\therefore x=6$ 답 ③

22
$$\begin{array}{r|rrr} x & 5\times x & 6\times x & 9\times x \\ \hline 3 & 5 & 6 & 9 \\ \hline & 5 & 2 & 3 \end{array}$$

(최소공배수)$=x\times3\times5\times2\times3=720$이므로

$x\times90=720$ $\quad\therefore x=8$

따라서 최대공약수는 8이다. 답 8

23 비가 5 : 7 : 14인 세 자연수를 $5\times x$, $7\times x$, $14\times x$라 하면
$$\begin{array}{r|rrr} x & 5\times x & 7\times x & 14\times x \\ \hline 7 & 5 & 7 & 14 \\ \hline & 5 & 1 & 2 \end{array}$$

(최소공배수)$=x\times7\times5\times2=420$이므로

$x\times70=420$ $\quad\therefore x=6$

따라서 세 자연수는 $5\times6=30$, $7\times6=42$, $14\times6=84$이므로 세 자연수의 합은

$30+42+84=156$ 답 ①

24 최대공약수는 $36=2^2\times3^2$, 최소공배수는 $2160=2^4\times3^3\times5$이므로
$$\begin{array}{l} 2^4\times3^a \\ 2^b\times3^2\times5 \\ \hline (\text{최대공약수})=2^2\times3^2 \\ (\text{최소공배수})=2^4\times3^3\times5 \end{array}$$

즉, $3^a=3^3$, $2^b=2^2$이어야 하므로

$a=3$, $b=2$

$\therefore a+b=3+2=5$ 답 ④

25
$$\begin{array}{l} 3^a\times7^3 \\ 3^2\times7^b\times11^2 \\ \hline (\text{최대공약수})=3\times7^2 \end{array}$$

즉, $3^a=3$, $7^b=7^2$이어야 하므로

$a=1$, $b=2$

따라서 두 수 3×7^3, $3^2\times7^2\times11^2$의 최소공배수는

$3^2\times7^3\times11^2$이다. 답 $3^2\times7^3\times11^2$

26
$$\begin{array}{l} 2^2\times3^4\times5^2 \\ 2^a\times3^3\quad\times7 \\ 2^2\times3^b\times5 \\ \hline (\text{최대공약수})=2^2\times3^2 \\ (\text{최소공배수})=2^3\times3^4\times5^c\times7 \end{array}$$

즉, $2^a=2^3$, $3^b=3^2$, $5^2=5^c$이어야 하므로

$a=3$, $b=2$, $c=2$

$\therefore a+b+c=3+2+2=7$ 답 7

27

$$\begin{array}{l} 2^4\times a\times 5^3 \\ 2^b \quad\ \times 5^4 \\ 2^3 \quad\ \times c^2\times 7 \\ \hline (\text{최대공약수})=2^3 \quad \times 5^2 \\ (\text{최소공배수})=2^5\times 3\times 5^d\times 7 \end{array}$$

즉, $a=3$, $2^b=2^5$, $c^2=5^2$, $5^4=5^d$이어야 하므로

$a=3$, $b=5$, $c=5$, $d=4$

$\therefore a+b+c-d=3+5+5-4=9$ 답 ⑤

28 최소공배수를 L이라 하면

$2^6\times 5^3\times 7^3=L\times(2^2\times 5\times 7)$

$\therefore L=2^4\times 5^2\times 7^2$

이때 $2^4\times 5^2\times 7^2$은 $2^2\times 5\times 7=140$의 제곱이므로

$N=140$ 답 ⑤

29 $21=3\times 7$이므로

$(3^2\times 5\times 7)\times A=(3^2\times 5\times 7^2)\times(3\times 7)$

$\therefore A=3\times 7^2=147$ 답 ③

30 두 자연수 A, B $(A>B)$의 최대공약수가 15이므로

$A=15\times a$, $B=15\times b$ (a, b는 서로소인 자연수, $a>b$)

라 하자. … ❶

A, B의 최소공배수가 150이므로

$15\times a\times b=150 \quad \therefore a\times b=10$

(i) $a=5$, $b=2$일 때, $A=75$, $B=30$

$\therefore A-B=75-30=45$ … ❷

(ii) $a=10$, $b=1$일 때, $A=150$, $B=15$

$\therefore A-B=150-15=135$ … ❸

답 45, 135

채점 기준	배점
❶ 두 수 A, B를 최대공약수를 이용하여 나타내기	40%
❷ $A=75$, $B=30$일 때, $A-B$의 값 구하기	30%
❸ $A=150$, $B=15$일 때, $A-B$의 값 구하기	30%

31 가능한 한 많은 학생들에게 남김없이 똑같이 나누어 주려면 학생 수는 28, 42, 70의 최대공약수이어야 한다.

$$\begin{array}{l} 28=2^2 \qquad\quad \times 7 \\ 42=2\times 3 \quad\ \times 7 \\ 70=2 \qquad \times 5\times 7 \\ \hline (\text{최대공약수})=2 \qquad \times 7 \end{array}$$

따라서 구하는 학생 수는

$2\times 7=14$ 답 ①

32 학생들에게 남김없이 똑같이 나누어 주려면 학생 수는 90과 126의 공약수이어야 한다.

$$\begin{array}{l} 90=2\times 3^2\times 5 \\ 126=2\times 3^2 \quad \times 7 \\ \hline (\text{최대공약수})=2\times 3^2 \end{array}$$

따라서 학생 수는 $2\times 3^2=18$의 약수이어야 하므로 학생 수가 될 수 없는 것은 ④이다. 답 ④

33 (1) 최대한 많은 상자에 남김없이 똑같이 나누어 담았으므로 만들어진 초콜릿 선물 세트의 개수는 64, 56, 96의 최대공약수이다.

$$\begin{array}{l} 64=2^6 \\ 56=2^3 \quad \times 7 \\ 96=2^5\times 3 \\ \hline (\text{최대공약수})=2^3 \end{array}$$

따라서 만들어진 초콜릿 선물 세트의 개수는

$2^3=8$ … ❶

(2) 각 상자에 담은

화이트 초콜릿의 개수는 $64\div 8=8$

다크 초콜릿의 개수는 $56\div 8=7$

밀크 초콜릿의 개수는 $96\div 8=12$

따라서 $a=8$, $b=7$, $c=12$이므로 … ❷

$a+b+c=8+7+12=27$ … ❸

답 (1) 8 (2) 27

채점 기준	배점
❶ 만들어진 초콜릿 선물 세트의 개수 구하기	50%
❷ a, b, c의 값 구하기	40%
❸ $a+b+c$의 값 구하기	10%

34 화단의 둘레에 꽃 사이의 간격이 최대가 되도록 꽃을 심으려면 꽃 사이의 간격은 240과 216의 최대공약수이어야 한다.

$$\begin{array}{l} 240=2^4\times 3\times 5 \\ 216=2^3\times 3^3 \\ \hline (\text{최대공약수})=2^3\times 3 \end{array}$$

따라서 꽃 사이의 간격은

$2^3\times 3=24(\text{cm})$ 답 24 cm

35 잔디밭의 둘레에 가로등을 가능한 한 적게 세우려면 가로등 사이의 간격을 최대로 해야 하므로 가로등 사이의 간격은 81과 153의 최대공약수이어야 한다.

$$\begin{array}{l} 81=3^4 \\ 153=3^2\times 17 \\ \hline (\text{최대공약수})=3^2 \end{array}$$

따라서 가로등 사이의 간격은 $3^2=9(\text{m})$

이때 $81\div 9=9$, $153\div 9=17$이므로 필요한 가로등의 수는

$(9+17)\times 2=52$ 답 52

36 (1) 밭의 둘레에 깃발 사이의 간격이 최대가 되도록 깃발을 세우려면 깃발 사이의 간격은 24, 60, 72의 최대공약수이어야 한다.

$24=2^3\times3$

$60=2^2\times3\times5$

$72=2^3\times3^2$

(최대공약수)$=2^2\times3$ … ❶

따라서 깃발 사이의 간격은

$2^2\times3=12$(m) … ❷

(2) $24\div12=2$, $60\div12=5$, $72\div12=6$이므로 필요한 깃발의 개수는

$2+5+6=13$ … ❸

답 (1) 12 m (2) 13

채점 기준	배점
❶ 24, 60, 72의 최대공약수 구하기	40%
❷ 깃발 사이의 간격 구하기	20%
❸ 필요한 깃발의 개수 구하기	40%

37 어떤 자연수로 $50-2=48$, $83-3=80$, $127+1=128$을 각각 나누면 나누어떨어지므로 어떤 자연수 중 가장 큰 수는 48, 80, 128의 최대공약수이다.

$48=2^4\times3$

$80=2^4\times5$

$128=2^7$

(최대공약수)$=2^4$

따라서 구하는 수는

$2^4=16$

답 16

38 미니 돈가스와 소시지가 모두 5개씩 남았으므로 미니 돈가스 $113-5=108$(개)와 소시지 $185-5=180$(개)를 학생들에게 똑같이 나누어 줄 수 있다.

이때 나누어 줄 수 있는 학생 수는 108과 180의 공약수이다.

$108=2^2\times3^3$

$180=2^2\times3^2\times5$

(최대공약수)$=2^2\times3^2$

따라서 학생 수는 $2^2\times3^2=36$의 약수 중 5보다 큰 수만 가능하므로 ①, ③은 학생 수가 될 수 없다.

답 ①, ③

39 조약돌이 $88-4=84$(개),

나뭇잎이 $65-5=60$(개),

조개껍데기가 $130+2=132$(개)

이면 아이들에게 똑같이 나누어 줄 수 있다.

이때 최대 아이의 수는 84, 60, 132의 최대공약수이다.

$84=2^2\times3\times7$

$60=2^2\times3\times5$

$132=2^2\times3\times11$

(최대공약수)$=2^2\times3$ … ❶

따라서 최대 아이의 수는

$2^2\times3=12$

이므로 나누어 주려고 했던 조개껍데기의 개수는

$132\div12=11$ … ❷

답 11

채점 기준	배점
❶ 84, 60, 132의 최대공약수 구하기	70%
❷ 나누어 주려고 한 조개껍데기의 개수 구하기	30%

40 나무토막을 되도록 적게 사용해야 하므로 나무토막의 한 모서리의 길이는 56, 98, 112의 최대공약수이어야 한다.

$56=2^3\times7$

$98=2\times7^2$

$112=2^4\times7$

(최대공약수)$=2\times7$

따라서 나무토막의 한 모서리의 길이는

$2\times7=14$(cm)

답 14 cm

41 되도록 큰 거울 타일을 붙이려고 하므로 거울 타일의 한 변의 길이는 75와 195의 최대공약수이어야 한다.

$75=3\times5^2$

$195=3\times5\times13$

(최대공약수)$=3\times5$

따라서 거울 타일의 한 변의 길이는

$3\times5=15$(cm)

답 15 cm

42 가장 작은 정육면체 모양을 만들려고 하므로 정육면체의 한 모서리의 길이는 15, 12, 9의 최소공배수이어야 한다.

$15=3\times5$

$12=2^2\times3$

$9=3^2$

(최소공배수)$=2^2\times3^2\times5$

따라서 정육면체의 한 모서리의 길이는

$2^2\times3^2\times5=180$(cm)이므로

가로에 $180\div15=12$(개),

세로에 $180\div12=15$(개),

높이에 $180\div9=20$(개)

가 필요하다.

즉, 필요한 벽돌의 개수는

$12\times15\times20=3600$

답 3600

43 가장 작은 정사각형 모양을 만들려고 하므로 정사각형의 한 변의 길이는 45와 54의 최소공배수이어야 한다.

$45 = \quad 3^2 \times 5$

$54 = 2 \times 3^3$

(최소공배수)$= 2 \times 3^3 \times 5$

따라서 정사각형의 한 변의 길이는

$2 \times 3^3 \times 5 = 270$(cm) 답 270 cm

44 세 종류의 배가 처음으로 다시 항구에서 동시에 출발할 때까지 걸리는 시간은 10, 20, 45의 최소공배수이다.

$10 = 2 \quad \times 5$

$20 = 2^2 \quad \times 5$

$45 = \quad 3^2 \times 5$

(최소공배수)$= 2^2 \times 3^2 \times 5$

따라서 오전 10시에 동시에 출발한 세 종류의 배가 처음으로 다시 동시에 출발하는 시각은 오전 10시로부터 $2^2 \times 3^2 \times 5 = 180$(분) 후, 즉 3시간 후인 오후 1시이다.

답 ④

45 두 전구가 처음으로 다시 동시에 깜빡일 때까지 걸리는 시간은 12와 30의 최소공배수이다.

$12 = 2^2 \times 3$

$30 = 2 \times 3 \times 5$

(최소공배수)$= 2^2 \times 3 \times 5$

따라서 처음으로 다시 동시에 깜빡일 때까지 걸리는 시간은

$2^2 \times 3 \times 5 = 60$(초) 답 ②

46 현석이와 지유가 출발점에서 처음으로 다시 만날 때까지 걸리는 시간은 18과 48의 최소공배수이다.

$18 = 2 \times 3^2$

$48 = 2^4 \times 3$

(최소공배수)$= 2^4 \times 3^2$

즉, 두 사람이 처음으로 다시 출발점에서 만날 때까지 걸리는 시간은

$2^4 \times 3^2 = 144$(분) … ❶

따라서 두 사람이 처음으로 다시 출발점에서 만나게 되는 것은 지유가 호수를 $144 \div 48 = 3$(바퀴) 돌았을 때이다.

… ❷

답 3바퀴

채점 기준	배점
❶ 두 사람이 처음으로 다시 출발점에서 만날 때까지 걸리는 시간 구하기	60%
❷ 두 사람이 처음으로 다시 출발점에서 만날 때까지 지유가 호수를 몇 바퀴 돌았는지 구하기	40%

47 두 톱니바퀴가 처음으로 다시 같은 톱니에서 맞물릴 때까지 돌아간 톱니의 개수는 28과 42의 최소공배수이다.

$28 = 2^2 \quad \times 7$

$42 = 2 \times 3 \times 7$

(최소공배수)$= 2^2 \times 3 \times 7$

즉, 돌아간 톱니의 개수는

$2^2 \times 3 \times 7 = 84$

따라서 두 톱니바퀴가 처음으로 다시 같은 톱니에서 맞물리는 것은 톱니바퀴 A가 $84 \div 28 = 3$(바퀴) 회전한 후이다.

답 ②

48 두 톱니바퀴가 처음으로 다시 같은 톱니에서 맞물릴 때까지 돌아간 톱니바퀴 B의 톱니의 개수는 65와 26의 최소공배수이다.

$65 = \quad 5 \times 13$

$26 = 2 \quad \times 13$

(최소공배수)$= 2 \times 5 \times 13$

따라서 돌아간 톱니바퀴 B의 톱니의 개수는

$2 \times 5 \times 13 = 130$ 답 130

49 세 톱니바퀴가 처음으로 다시 모두 같은 톱니에서 맞물릴 때까지 돌아간 톱니의 개수는 8, 10, 24의 최소공배수이다.

$8 = 2^3$

$10 = 2 \quad \times 5$

$24 = 2^3 \times 3$

(최소공배수)$= 2^3 \times 3 \times 5$

즉, 돌아간 톱니의 개수는

$2^3 \times 3 \times 5 = 120$

따라서 세 톱니바퀴가 처음으로 다시 모두 같은 톱니에서 맞물릴 때까지 톱니바퀴 C는 $120 \div 24 = 5$(바퀴) 회전한다.

답 5바퀴

50 구하는 수를 x라 하면 x를 세 수 4, 5, 6 중 어떤 수로 나누어도 항상 2가 남으므로 $x-2$는 4, 5, 6의 공배수이다.

$4 = 2^2$

$5 = \qquad 5$

$6 = 2 \times 3$

(최소공배수)$= 2^2 \times 3 \times 5$

즉, 4, 5, 6의 최소공배수가 $2^2 \times 3 \times 5 = 60$이므로

$x - 2 = 60, 120, 180, \cdots$

$\therefore x = 62, 122, 182, \cdots$

따라서 150에 가장 가까운 수는 122이다. 답 122

51 구하는 수를 x라 하면 x를 세 수 9, 12, 18 중 어떤 수로 나누어도 항상 5가 부족하므로 $x+5$는 9, 12, 18의 공배수이다.

$$9=\quad 3^2$$
$$12=2^2\times3$$
$$18=2\times3^2$$
$$(\text{최소공배수})=2^2\times3^2$$

즉, 9, 12, 18의 최소공배수가 $2^2\times3^2=36$이므로

$x+5=36, 72, 108, \cdots$

$\therefore x=31, 67, 103, \cdots$

따라서 두 번째로 작은 수는 67이다. 답 67

52 동아리 전체 회원 수를 x라 하자.

동아리 회원을 6명, 8명, 10명씩 조를 나누면 항상 2명이 부족하므로 $x+2$는 6, 8, 10의 공배수이다.

$$6=2\times3$$
$$8=2^3$$
$$10=2\quad\times5$$
$$(\text{최소공배수})=2^3\times3\times5$$

즉, 최소공배수는 $2^3\times3\times5=120$ … ❶

이때 $x+2=120, 240, 360, \cdots$이므로

$x=118, 238, 358, \cdots$

x는 100 이상 200 이하이어야 하므로 $x=118$

즉, 동아리 전체 회원 수는 118이다. … ❷

따라서 $118=13\times9+1$이므로 동아리 회원을 13명씩 조를 나누면 1명이 남는다. … ❸

답 1명

채점 기준	배점
❶ 6, 8, 10의 최소공배수 구하기	40%
❷ 동아리 전체 회원 수 구하기	40%
❸ 13명씩 조를 나누면 몇 명이 남는지 구하기	20%

53 자연수 n은 72와 96의 공약수이다.

$$72=2^3\times3^2$$
$$96=2^5\times3$$
$$(\text{최대공약수})=2^3\times3$$

따라서 72와 96의 최대공약수가 $2^3\times3=24$이므로 n의 값 중 가장 큰 수는 24이다. 답 24

54 구하는 자연수는 56과 98의 공배수이다.

$$56=2^3\times7$$
$$98=2\times7^2$$
$$(\text{최소공배수})=2^3\times7^2$$

따라서 56과 98의 최소공배수가 $2^3\times7^2=392$이므로 구하는 가장 작은 자연수는 392이다. 답 392

55 $\frac{a}{b}=\frac{(\text{15와 45의 최소공배수})}{(\text{16과 88의 최대공약수})}$이어야 한다. 이때

$$15=3\times5$$
$$45=3^2\times5$$
$$(\text{최소공배수})=3^2\times5=45$$

$$16=2^4$$
$$88=2^3\times11$$
$$(\text{최대공약수})=2^3=8$$

따라서 $\frac{a}{b}=\frac{45}{8}$이므로

$a=45,\ b=8$

$\therefore a+b=45+8=53$ 답 53

56 구하는 자연수는 9, 10, 12의 공배수이다.

$$9=\quad 3^2$$
$$10=2\quad\times5$$
$$12=2^2\times3$$
$$(\text{최소공배수})=2^2\times3^2\times5$$

따라서 9, 10, 12의 최소공배수가 $2^2\times3^2\times5=180$이므로 구하는 자연수는 180의 배수이다. … ❶

이때 180의 배수는 180, 360, 540, 720, 900, 1080, …이므로 세 자리 자연수는 5개이다. … ❷

답 5

채점 기준	배점
❶ 9, 10, 12의 최소공배수 구하기	70%
❷ 9, 10, 12의 공배수 중 세 자리 자연수의 개수 구하기	30%

Real 실전 유형 again 16~21쪽

03 정수와 유리수

01 ② 15분 전 ➜ -15분 답 ②

02 ① $+23$ ℃ ② $+1500$원
③ $+3$ kg ④ $+1$시간
⑤ -6층 답 ⑤

03 ① $+1$년 ② $+353899$대
③ $+14$ % ④ -15 %
⑤ $+3$ % 답 ④

04 자연수가 아닌 정수는 0 또는 음의 정수이므로
0, $-\frac{14}{7}(=-2)$, -15의 3개이다. 답 ③

05 양의 정수는 $+4$, $+11$의 2개이므로
$a=2$ … ❶
음의 정수는 $-\frac{6}{3}(=-2)$, -3의 2개이므로
$b=2$ … ❷
$\therefore a-b=2-2=0$ … ❸
답 0

채점 기준	배점
❶ a의 값 구하기	40%
❷ b의 값 구하기	40%
❸ $a-b$의 값 구하기	20%

06 $-\frac{8}{6}=-\frac{4}{3}$, $+\frac{10}{5}=+2$ 답 ②, ③

07 ① 정수는 -8, $\frac{6}{2}$, 0, 3의 4개이다.
② 유리수는 -2.7, -8, $\frac{6}{2}$, 0, $\frac{2}{9}$, $-\frac{1}{4}$, 3의 7개이다.
③ 자연수는 $\frac{6}{2}$, 3의 2개이다.
④ 음의 유리수는 -2.7, -8, $-\frac{1}{4}$의 3개이다.
⑤ 정수가 아닌 유리수는 -2.7, $\frac{2}{9}$, $-\frac{1}{4}$의 3개이다.
답 ④

08 양의 유리수는 2.6, $\frac{7}{4}$, $\frac{12}{6}$, 1의 4개이므로
$a=4$ … ❶
음의 유리수는 -9, $-\frac{1}{3}$, -3.1의 3개이므로
$b=3$ … ❷
정수는 -9, $\frac{12}{6}$, 1의 3개이므로
$c=3$ … ❸
$\therefore a+b+c=4+3+3=10$ … ❹
답 10

채점 기준	배점
❶ a의 값 구하기	30%
❷ b의 값 구하기	30%
❸ c의 값 구하기	30%
❹ $a+b+c$의 값 구하기	10%

09 ② 양의 정수가 아닌 정수는 0 또는 음의 정수이다.
④ 0과 1 사이에는 정수가 없다. 답 ②, ④

10 ④ D: $+\frac{2}{3}$ 답 ④

11 주어진 수를 수직선 위에 나타내면 다음과 같다.

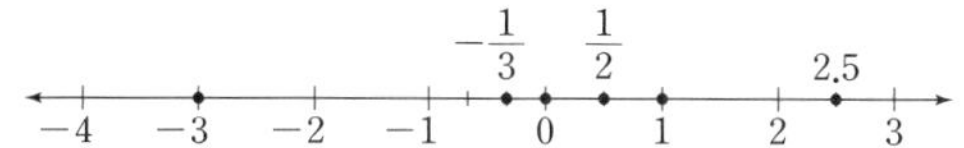

따라서 오른쪽에서 세 번째에 있는 수는 $\frac{1}{2}$이다. 답 $\frac{1}{2}$

12 점 A, B, C, D, E가 나타내는 수는 다음과 같다.
A: $-\frac{7}{3}$, B: -1, C: $-\frac{1}{2}$, D: $\frac{4}{3}$, E: 3
③ 음의 정수는 -1의 1개이다.
④ 유리수는 $-\frac{7}{3}$, -1, $-\frac{1}{2}$, $\frac{4}{3}$, 3의 5개이다.
⑤ 정수가 아닌 유리수는 $-\frac{7}{3}$, $-\frac{1}{2}$, $\frac{4}{3}$의 3개이다.
답 ①, ⑤

13 다음 그림과 같이 -6과 4를 나타내는 두 점으로부터 같은 거리에 있는 점이 나타내는 수는 -1이다.

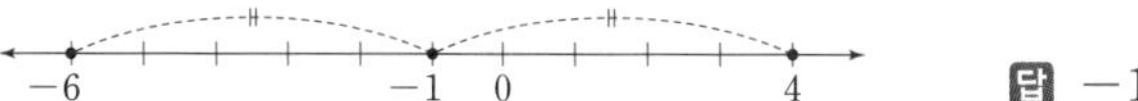

답 -1

14 다음 그림과 같이 1을 나타내는 점으로부터 거리가 4인 두 점이 나타내는 수는 -3과 5이다.

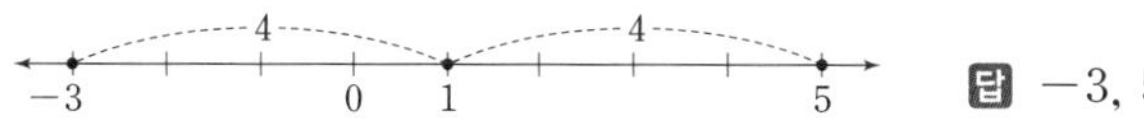

답 -3, 5

15 다음 그림과 같이 두 점 A, B의 한가운데에 있는 점 M이 나타내는 수는 $\frac{2}{3}$이다.

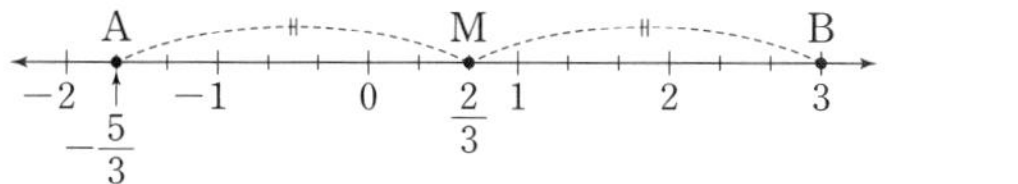

답 $\frac{2}{3}$

16 두 수 2, 8을 나타내는 두 점 B, D 사이의 거리가 6이므로 두 점으로부터 같은 거리에 있는 점 C가 나타내는 수는 5이다.

따라서 두 점 B, C 사이의 거리가 3이므로 다음 그림과 같이 점 B에서 왼쪽으로 3만큼 떨어진 점 A가 나타내는 수는 -1이다.

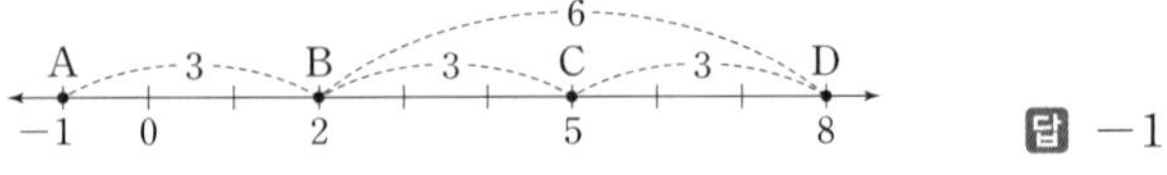

답 -1

17 절댓값이 $\frac{5}{6}$인 수는 $-\frac{5}{6}$, $\frac{5}{6}$이고, 이 중 양수는 $\frac{5}{6}$이므로

$a=\frac{5}{6}$

$|-2.5|=2.5$이므로 $b=2.5$ 답 $a=\frac{5}{6}$, $b=2.5$

18 $|-0.75|+|3|+|-0.5|=0.75+3+0.5$

$=4.25$ 답 4.25

19 절댓값이 9인 두 수는 -9와 9이므로 오른쪽 그림과 같이 두 수를 나타내는 두 점 사이의 거리는 18이다.

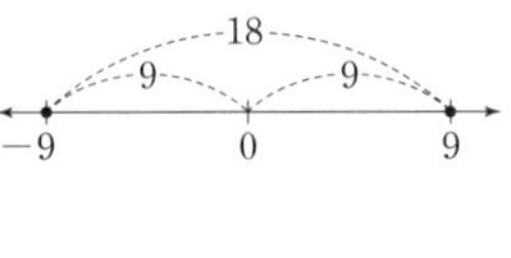

답 18

20 절댓값이 3인 수는 -3, 3이고, 이 중 음의 정수는 -3이므로

$a=-3$ … ❶

두 수 -3, b를 나타내는 두 점으로부터 같은 거리에 있는 점이 나타내는 수가 2이므로 위의 그림에서

$b=7$ … ❷

답 $a=-3$, $b=7$

채점 기준	배점
❶ a의 값 구하기	40%
❷ b의 값 구하기	60%

21 ③ 절댓값이 클수록 수직선 위에서 원점으로부터 멀어진다.

④ 절댓값이 0인 수는 0으로 1개이다.

⑤ -1과 1은 절댓값이 1로 같지만 서로 다른 수이다.

답 ①, ②

22 ㄹ. $|0.75|=\left|\frac{3}{4}\right|=\frac{3}{4}$, $\left|-\frac{1}{4}\right|=\frac{1}{4}$이므로

0.75와 $-\frac{1}{4}$의 절댓값은 같지 않다.

따라서 옳은 것은 ㄱ, ㄴ, ㄷ이다. 답 ⑤

23 ① $|a|=3$이므로 $|a|>2$이다.

② $b<0$, $c>0$이고 절댓값은 항상 0 또는 양수이므로 $|b|=-b$, $|c|=c$이다.

③ $|a|=3$, $|d|=2.5$이므로 a, d의 절댓값은 같지 않다.

④ $a<b<c<d$이다. 답 ⑤

24 절댓값이 같고 부호가 반대인 두 수를 나타내는 두 점 사이의 거리가 16이므로 두 점은 원점으로부터 각각

$16\times\frac{1}{2}=8$만큼 떨어진 점이다.

즉, 절댓값이 8이므로 구하는 두 수는 -8, 8이다.

답 -8, 8

25 $|a|=|b|$이고, 두 수 a, b를 나타내는 두 점 사이의 거리가 $\frac{1}{3}$이므로 두 점은 원점으로부터 각각 $\frac{1}{3}\times\frac{1}{2}=\frac{1}{6}$만큼 떨어진 점이다.

따라서 양수 a의 값은 $\frac{1}{6}$이다. 답 $\frac{1}{6}$

26 조건 (가), (나)에서 두 수 a, b를 나타내는 두 점은 원점으로부터 각각 $\frac{10}{3}\times\frac{1}{2}=\frac{5}{3}$만큼 떨어진 점이다. … ❶

즉, 두 수의 절댓값이 $\frac{5}{3}$이므로 두 수는 $-\frac{5}{3}$, $\frac{5}{3}$이고 조건 (다)에서 a는 b보다 작으므로

$a=-\frac{5}{3}$, $b=\frac{5}{3}$ … ❷

답 $a=-\frac{5}{3}$, $b=\frac{5}{3}$

채점 기준	배점
❶ a, b를 나타내는 두 점과 원점 사이의 거리 구하기	40%
❷ a, b의 값 각각 구하기	60%

27 절댓값이 $\frac{1}{2}$ 이상 $\frac{13}{3}\left(=4\frac{1}{3}\right)$ 미만인 정수의 절댓값은 1, 2, 3, 4이다.

절댓값이 1인 정수는 -1, 1

절댓값이 2인 정수는 -2, 2

절댓값이 3인 정수는 -3, 3

절댓값이 4인 정수는 -4, 4

따라서 절댓값이 $\frac{1}{2}$ 이상 $\frac{13}{3}$ 미만인 정수는 8개이다.

답 8

28 절댓값이 $\frac{9}{4}\left(=2\frac{1}{4}\right)$보다 큰 정수의 절댓값은 3, 4, 5, …이다.

따라서 주어진 수 중 절댓값이 $\frac{9}{4}$보다 큰 정수는 ①, ⑤이다. 답 ①, ⑤

29 $\left|-\frac{15}{4}\right|=\frac{15}{4}=3\frac{3}{4}$, $|3|=3$, $|-1.8|=1.8$,

$\left|\frac{1}{2}\right|=\frac{1}{2}$, $|0|=0$, $|-5|=5$

이므로 $|x|<3$을 만족시키는 x의 값이 될 수 있는 수는 -1.8, $\frac{1}{2}$, 0이다. 답 -1.8, $\frac{1}{2}$, 0

30 a의 절댓값이 $\frac{16}{5}\left(=3\frac{1}{5}\right)$ 미만이고 a는 정수이므로

$|a|=0, 1, 2, 3$ … ❶

절댓값이 0인 정수는 0

절댓값이 1인 정수는 -1, 1

절댓값이 2인 정수는 -2, 2

절댓값이 3인 정수는 -3, 3 … ❷

따라서 정수 a는 7개이다. … ❸

답 7

채점 기준	배점
❶ 조건을 만족시키는 $\|a\|$의 값 구하기	30%
❷ 절댓값이 0, 1, 2, 3인 정수 구하기	60%
❸ 정수 a의 개수 구하기	10%

31 ① $|-3|<|-4|$이므로

$-3>-4$

② $\frac{5}{2}=2\frac{1}{2}$이고 $|-3|=3$이므로

$\frac{5}{2}<|-3|$

③ (양수)>(음수)이므로

$1.2>-\frac{3}{2}$

④ $-\frac{3}{4}=-\frac{9}{12}$, $-\frac{2}{3}=-\frac{8}{12}$이므로

$\left|-\frac{3}{4}\right|>\left|-\frac{2}{3}\right|$

$\therefore -\frac{3}{4}<-\frac{2}{3}$

⑤ $\left|-\frac{6}{5}\right|=\frac{6}{5}=\frac{36}{30}$, $\left|\frac{7}{6}\right|=\frac{7}{6}=\frac{35}{30}$이므로

$\left|-\frac{6}{5}\right|>\left|\frac{7}{6}\right|$ 답 ④

32 ① $\frac{1}{3}=\frac{3}{9}$이므로 $\frac{1}{3}>\frac{2}{9}$

② $\left|-\frac{5}{3}\right|<|-2|$이므로

$-\frac{5}{3}>-2$

③ $1.3=\frac{13}{10}=\frac{39}{30}$, $\left|-\frac{4}{3}\right|=\frac{4}{3}=\frac{40}{30}$이므로

$1.3<\left|-\frac{4}{3}\right|$

④ $\left|-\frac{1}{2}\right|=\frac{1}{2}$이고 (양수)>(음수)이므로

$\left|-\frac{1}{2}\right|>-\frac{3}{5}$

⑤ $-\frac{5}{2}=-\frac{10}{4}$이므로 $-\frac{7}{4}>-\frac{5}{2}$ 답 ③

33 주어진 수를 작은 수부터 차례대로 나열하면

-4.2, $-\frac{1}{3}$, 0, 2, $\frac{12}{5}$, 3.5

④ 절댓값이 가장 작은 수는 0이다.

⑤ 수직선 위에 나타내었을 때, 왼쪽에서 네 번째에 있는 수는 2이다. 답 ④, ⑤

34 ① $x<3$ ② $x\le-5$

③ $\frac{1}{2}\le x<6$ ⑤ $-1<x\le3$ 답 ④

35 답 ②

36 ①, ② $-\frac{2}{3}\le a<1$

③, ⑤ $-\frac{2}{3}<a\le1$

④ $-\frac{2}{3}\le a\le1$ 답 ③, ⑤

37 $-2\le x\le\frac{5}{2}$를 만족시키는 정수 x는 -2, -1, 0, 1, 2의 5개이다. 답 ③

38 $-\frac{11}{3}\le x\le4$를 만족시키는 정수는 -3, -2, -1, 0, 1, 2, 3, 4이다. 이 중 절댓값이 가장 큰 수는 4이다. 답 4

39 $-\frac{13}{4}$보다 크고 양수가 아닌 정수는 -3, -2, -1, 0의 4개이므로

$a=4$ … ❶

$-\frac{3}{2}$ 이상이고 5보다 크지 않은 정수는 -1, 0, 1, 2, 3, 4, 5의 7개이므로

$b=7$ … ❷

$\therefore b-a=7-4=3$ … ❸

답 3

채점 기준	배점
❶ a의 값 구하기	40%
❷ b의 값 구하기	40%
❸ $b-a$의 값 구하기	20%

40 $-\frac{5}{2}\left(=-\frac{25}{10}\right)$와 $\frac{1}{5}\left(=\frac{2}{10}\right)$ 사이에 있는 수 중 분모가 10인 기약분수는

$-\frac{23}{10}$, $-\frac{21}{10}$, $-\frac{19}{10}$, $-\frac{17}{10}$, $-\frac{13}{10}$, $-\frac{11}{10}$, $-\frac{9}{10}$, $-\frac{7}{10}$, $-\frac{3}{10}$, $-\frac{1}{10}$, $\frac{1}{10}$

의 11개이다. 답 ④

더블북

Real 실전 유형 again 22~27쪽

04 정수와 유리수의 계산 (1)

01 ① $(+5)+(+4)=+(5+4)=9$

② $(-11)+(+8)=-(11-8)=-3$

③ $\left(-\frac{5}{8}\right)+\left(+\frac{3}{4}\right)=\left(-\frac{5}{8}\right)+\left(+\frac{6}{8}\right)$
$=+\left(\frac{6}{8}-\frac{5}{8}\right)=\frac{1}{8}$

④ $(+0.7)+(-1.4)=-(1.4-0.7)$
$=-0.7$

⑤ $\left(+\frac{6}{5}\right)+(-1.2)=\left(+\frac{6}{5}\right)+\left(-\frac{6}{5}\right)=0$

답 ③

02 ① $(+6)+(-4)=+(6-4)=2$

② $(+3)+(-1)=+(3-1)=2$

③ $(-1)+(-1)=-(1+1)=-2$

④ $(-2)+(-4)=-(2+4)=-6$

⑤ $(-5)+(+3)=-(5-3)=-2$

답 ③, ⑤

03 $a=\left(-\frac{7}{6}\right)+\left(+\frac{2}{3}\right)=\left(-\frac{7}{6}\right)+\left(+\frac{4}{6}\right)$
$=-\left(\frac{7}{6}-\frac{4}{6}\right)=-\frac{1}{2}$ … ❶

$b=\left(+\frac{11}{4}\right)+\left(-\frac{13}{12}\right)=\left(+\frac{33}{12}\right)+\left(-\frac{13}{12}\right)$
$=+\left(\frac{33}{12}-\frac{13}{12}\right)=\frac{5}{3}$ … ❷

$\therefore a+b=\left(-\frac{1}{2}\right)+\left(+\frac{5}{3}\right)=\left(-\frac{3}{6}\right)+\left(+\frac{10}{6}\right)$
$=+\left(\frac{10}{6}-\frac{3}{6}\right)=\frac{7}{6}$ … ❸

답 $\frac{7}{6}$

채점 기준	배점
❶ a의 값 구하기	30%
❷ b의 값 구하기	30%
❸ $a+b$의 값 구하기	40%

04 답 ㉠ 덧셈의 교환법칙, ㉡ 덧셈의 결합법칙

05 답 ②

06 ① $(-3)-(-12)=(-3)+(+12)=9$

② $(-5)-(+2)=(-5)+(-2)=-7$

③ $\left(+\frac{4}{5}\right)-\left(+\frac{5}{4}\right)=\left(+\frac{4}{5}\right)+\left(-\frac{5}{4}\right)$
$=\left(+\frac{16}{20}\right)+\left(-\frac{25}{20}\right)$
$=-\frac{9}{20}$

④ $\left(-\frac{4}{9}\right)-\left(-\frac{1}{2}\right)=\left(-\frac{4}{9}\right)+\left(+\frac{1}{2}\right)$
$=\left(-\frac{8}{18}\right)+\left(+\frac{9}{18}\right)$
$=\frac{1}{18}$

⑤ $(-3)-\left(+\frac{3}{11}\right)=(-3)+\left(-\frac{3}{11}\right)$
$=\left(-\frac{33}{11}\right)+\left(-\frac{3}{11}\right)$
$=-\frac{36}{11}$

답 ②

07 ㄱ. $(-3.6)-(-4.4)=(-3.6)+(+4.4)$
$=0.8$

ㄴ. $\left(-\frac{2}{3}\right)-(+1)=\left(-\frac{2}{3}\right)+(-1)$
$=\left(-\frac{2}{3}\right)+\left(-\frac{3}{3}\right)$
$=-\frac{5}{3}$

ㄷ. $\left(+\frac{9}{5}\right)-\left(+\frac{5}{3}\right)=\left(+\frac{9}{5}\right)+\left(-\frac{5}{3}\right)$
$=\left(+\frac{27}{15}\right)+\left(-\frac{25}{15}\right)$
$=\frac{2}{15}$

ㄹ. $(+0.4)-\left(-\frac{1}{2}\right)=(+0.4)+\left(+\frac{1}{2}\right)$
$=\left(+\frac{4}{10}\right)+\left(+\frac{5}{10}\right)$
$=\frac{9}{10}$

따라서 계산 결과가 양수인 것은 ㄱ, ㄷ, ㄹ이다.

답 ㄱ, ㄷ, ㄹ

08 $-\frac{1}{6}=-\frac{7}{42}$, $+\frac{5}{7}=+\frac{30}{42}$, $+\frac{10}{3}=+3\frac{1}{3}$, $-\frac{9}{4}=-2\frac{1}{4}$

이므로

$\left|-\frac{1}{6}\right|<\left|+\frac{5}{7}\right|<|-1.9|<\left|-\frac{9}{4}\right|<\left|+\frac{10}{3}\right|$

$\therefore a=+\frac{10}{3}$, $b=-\frac{1}{6}$ … ❶

$\therefore a-b=\left(+\frac{10}{3}\right)-\left(-\frac{1}{6}\right)=\left(+\frac{10}{3}\right)+\left(+\frac{1}{6}\right)$
$=\left(+\frac{20}{6}\right)+\left(+\frac{1}{6}\right)=\frac{7}{2}$ … ❷

답 $\frac{7}{2}$

채점 기준	배점
❶ a, b의 값 각각 구하기	50%
❷ $a-b$의 값 구하기	50%

09 0을 나타내는 점에서 오른쪽으로 5만큼 이동한 후 다시 왼쪽으로 9만큼 이동한 것이 0을 나타내는 점에서 왼쪽으로

4만큼 이동한 것과 같으므로 수직선으로 설명할 수 있는 덧셈식은

$(+5)+(-9)=-4$ 답 ②

10 0을 나타내는 점에서 오른쪽으로 7만큼 이동한 후 다시 왼쪽으로 4만큼 이동한 것이 0을 나타내는 점에서 오른쪽으로 3만큼 이동한 것과 같으므로 수직선으로 설명할 수 있는 계산식은

$(+7)+(-4)=3$ 또는 $(+7)-(+4)=3$ 답 ①, ⑤

11 0을 나타내는 점에서 오른쪽으로 4만큼 이동한 후 다시 왼쪽으로 7만큼 이동한 것이 0을 나타내는 점에서 왼쪽으로 3만큼 이동한 것과 같으므로 수직선으로 설명할 수 있는 덧셈식은

$(+4)+(-7)=-3$ 답 $(+4)+(-7)=-3$

12 ① $(-3)+(-4)-(+2)=(-3)+(-4)+(-2)$

$=(-7)+(-2)$

$=-9$

② $(+7)-(-1)+(-10)=(+7)+(+1)+(-10)$

$=(+8)+(-10)$

$=-2$

③ $(-4)+\left(-\frac{2}{5}\right)-\left(-\frac{3}{10}\right)$

$=(-4)+\left(-\frac{2}{5}\right)+\left(+\frac{3}{10}\right)$

$=\left(-\frac{40}{10}\right)+\left(-\frac{4}{10}\right)+\left(+\frac{3}{10}\right)$

$=\left(-\frac{44}{10}\right)+\left(+\frac{3}{10}\right)$

$=-\frac{41}{10}$

④ $\left(+\frac{3}{4}\right)+\left(+\frac{5}{6}\right)-\left(+\frac{1}{4}\right)$

$=\left(+\frac{3}{4}\right)+\left(+\frac{5}{6}\right)+\left(-\frac{1}{4}\right)$

$=\left(+\frac{3}{4}\right)+\left(-\frac{1}{4}\right)+\left(+\frac{5}{6}\right)$

$=\left(+\frac{1}{2}\right)+\left(+\frac{5}{6}\right)$

$=\left(+\frac{3}{6}\right)+\left(+\frac{5}{6}\right)$

$=\frac{4}{3}$

⑤ $(+2)-(+2.6)-(-5.2)$

$=(+2)+(-2.6)+(+5.2)$

$=(+2)+(+2.6)$

$=4.6$ 답 ①

13 $(+3.3)+(-2.8)-(-4.7)-(+1.2)$

$=(+3.3)+(-2.8)+(+4.7)+(-1.2)$

$=\{(+3.3)+(+4.7)\}+\{(-2.8)+(-1.2)\}$

$=(+8)+(-4)=4$ 답 4

14 $\left(-\frac{2}{3}\right)-\left(+\frac{1}{2}\right)-\left(-\frac{1}{4}\right)-\left(+\frac{11}{6}\right)$

$=\left(-\frac{2}{3}\right)+\left(-\frac{1}{2}\right)+\left(+\frac{1}{4}\right)+\left(-\frac{11}{6}\right)$

$=\left(-\frac{2}{3}\right)+\left(-\frac{11}{6}\right)+\left(-\frac{1}{2}\right)+\left(+\frac{1}{4}\right)$

$=\left\{\left(-\frac{4}{6}\right)+\left(-\frac{11}{6}\right)\right\}+\left\{\left(-\frac{2}{4}\right)+\left(+\frac{1}{4}\right)\right\}$

$=\left(-\frac{5}{2}\right)+\left(-\frac{1}{4}\right)$

$=\left(-\frac{10}{4}\right)+\left(-\frac{1}{4}\right)=-\frac{11}{4}$ 답 $-\frac{11}{4}$

15 $\left(-\frac{7}{3}\right)-(-3.5)+\left(+\frac{2}{3}\right)-(+0.5)$

$=\left(-\frac{7}{3}\right)+(+3.5)+\left(+\frac{2}{3}\right)+(-0.5)$ … ❶

$=\left\{\left(-\frac{7}{3}\right)+\left(+\frac{2}{3}\right)\right\}+\{(+3.5)+(-0.5)\}$

$=\left(-\frac{5}{3}\right)+(+3)=\left(-\frac{5}{3}\right)+\left(+\frac{9}{3}\right)=\frac{4}{3}$ … ❷

따라서 $a=3$, $b=4$이므로 $a+b=7$ … ❸

답 7

채점 기준	배점
❶ 뺄셈을 덧셈으로 고치기	30%
❷ 주어진 식을 계산하여 기약분수로 나타내기	50%
❸ $a+b$의 값 구하기	20%

16 ① $-3-6+4=(-3)-(+6)+(+4)$

$=(-3)+(-6)+(+4)=-5$

② $-\frac{1}{12}-\frac{1}{6}+\frac{5}{12}=\left(-\frac{1}{12}\right)-\left(+\frac{1}{6}\right)+\left(+\frac{5}{12}\right)$

$=\left(-\frac{1}{12}\right)+\left(-\frac{1}{6}\right)+\left(+\frac{5}{12}\right)$

$=\left(-\frac{1}{12}\right)+\left(-\frac{2}{12}\right)+\left(+\frac{5}{12}\right)$

$=\frac{1}{6}$

③ $\frac{3}{2}-\frac{2}{3}-\frac{5}{6}=\left(+\frac{3}{2}\right)-\left(+\frac{2}{3}\right)-\left(+\frac{5}{6}\right)$

$=\left(+\frac{3}{2}\right)+\left(-\frac{2}{3}\right)+\left(-\frac{5}{6}\right)$

$=\left(+\frac{9}{6}\right)+\left(-\frac{4}{6}\right)+\left(-\frac{5}{6}\right)=0$

④ $\frac{5}{4}-2-\frac{5}{2}=\left(+\frac{5}{4}\right)-(+2)-\left(+\frac{5}{2}\right)$

$=\left(+\frac{5}{4}\right)+(-2)+\left(-\frac{5}{2}\right)$

$=\left(+\frac{5}{4}\right)+\left(-\frac{8}{4}\right)+\left(-\frac{10}{4}\right)=-\frac{13}{4}$

⑤ $4.1+\frac{2}{5}-3.5+\frac{1}{10}$

$=(+4.1)+\left(+\frac{2}{5}\right)-(+3.5)+\left(+\frac{1}{10}\right)$

$=(+4.1)+\left(+\frac{2}{5}\right)+(-3.5)+\left(+\frac{1}{10}\right)$

$=\{(+4.1)+(-3.5)\}+\left(+\frac{2}{5}\right)+\left(+\frac{1}{10}\right)$

$=(+0.6)+\left(+\frac{2}{5}\right)+\left(+\frac{1}{10}\right)$

$=\left(+\frac{6}{10}\right)+\left(+\frac{4}{10}\right)+\left(+\frac{1}{10}\right)=\frac{11}{10}$ 답 ②

17 $\frac{1}{4}-3+\frac{7}{3}-\frac{7}{6}$

$=\left(+\frac{1}{4}\right)-(+3)+\left(+\frac{7}{3}\right)-\left(+\frac{7}{6}\right)$

$=\left(+\frac{1}{4}\right)+(-3)+\left(+\frac{7}{3}\right)+\left(-\frac{7}{6}\right)$

$=\left(+\frac{3}{12}\right)+\left(-\frac{36}{12}\right)+\left(+\frac{28}{12}\right)+\left(-\frac{14}{12}\right)$

$=-\frac{19}{12}$ 답 $-\frac{19}{12}$

18 $a=-1.3-3.9+1.2$

$=(-1.3)-(+3.9)+(+1.2)$

$=(-1.3)+(-3.9)+(+1.2)=-4$ …❶

$b=\frac{2}{3}-\frac{5}{6}-\frac{1}{2}+\frac{5}{3}$

$=\left(+\frac{2}{3}\right)-\left(+\frac{5}{6}\right)-\left(+\frac{1}{2}\right)+\left(+\frac{5}{3}\right)$

$=\left(+\frac{2}{3}\right)+\left(-\frac{5}{6}\right)+\left(-\frac{1}{2}\right)+\left(+\frac{5}{3}\right)$

$=\left(+\frac{4}{6}\right)+\left(-\frac{5}{6}\right)+\left(-\frac{3}{6}\right)+\left(+\frac{10}{6}\right)=1$ …❷

$\therefore a-b=-4-1=(-4)-(+1)$

$=(-4)+(-1)=-5$ …❸

답 -5

채점 기준	배점
❶ a의 값 구하기	35%
❷ b의 값 구하기	50%
❸ $a-b$의 값 구하기	15%

19 $1-2+3-4+5-\cdots+99-100$

$=(+1)-(+2)+(+3)-(+4)+\cdots+(+99)-(+100)$

$=\{(+1)+(-2)\}+\{(+3)+(-4)\}+\cdots+\{(+99)+(-100)\}$

$=\underbrace{(-1)+(-1)+\cdots+(-1)}_{50\text{개}}=-50$ 답 -50

20 $a=3+\left(-\frac{13}{6}\right)=\frac{18}{6}+\left(-\frac{13}{6}\right)=\frac{5}{6}$

$b=\left(-\frac{8}{3}\right)-(-4)=\left(-\frac{8}{3}\right)+(+4)$

$=\left(-\frac{8}{3}\right)+\left(+\frac{12}{3}\right)=\frac{4}{3}$

$\therefore a+b=\frac{5}{6}+\frac{4}{3}=\frac{5}{6}+\frac{8}{6}=\frac{13}{6}$ 답 $\frac{13}{6}$

21 ① $8+(-4)=4$

② $(-3)+10=7$

③ $(-7)-(-9)=(-7)+(+9)=2$

④ $(-6)-3=-9$

⑤ $2-(-11)=2+(+11)=13$ 답 ④

22 $a=\frac{2}{5}+\left(-\frac{3}{2}\right)=\frac{4}{10}+\left(-\frac{15}{10}\right)=-\frac{11}{10}$

따라서 구하는 수는

$-\frac{11}{10}-\left(-\frac{3}{4}\right)=-\frac{11}{10}+\left(+\frac{3}{4}\right)$

$=-\frac{22}{20}+\left(+\frac{15}{20}\right)$

$=-\frac{7}{20}$ 답 $-\frac{7}{20}$

23 $a=\frac{5}{3}+(-1)=\frac{5}{3}+\left(-\frac{3}{3}\right)=\frac{2}{3}$ …❶

$b=3-\left(-\frac{5}{2}\right)=\frac{6}{2}+\left(+\frac{5}{2}\right)=\frac{11}{2}$ …❷

따라서 $\frac{2}{3}<|x|<\frac{11}{2}$을 만족시키는 $|x|$의 값은 1, 2, 3, 4, 5이므로 정수 x는 -5, -4, -3, -2, -1, 1, 2, 3, 4, 5의 10개이다. …❸

답 10

채점 기준	배점
❶ a의 값 구하기	30%
❷ b의 값 구하기	30%
❸ 조건을 만족시키는 정수 x의 개수 구하기	40%

24 $\square=-\frac{1}{5}+\frac{2}{15}=-\frac{3}{15}+\frac{2}{15}=-\frac{1}{15}$ 답 ②

25 $\square=-3.5-\left(-\frac{3}{4}\right)=-3.5+\left(+\frac{3}{4}\right)$

$=-\frac{35}{10}+\left(+\frac{3}{4}\right)=-\frac{7}{2}+\left(+\frac{3}{4}\right)$

$=-\frac{14}{4}+\left(+\frac{3}{4}\right)=-\frac{11}{4}$ 답 $-\frac{11}{4}$

26 $a=\frac{13}{6}+\left(-\frac{1}{3}\right)=\frac{13}{6}+\left(-\frac{2}{6}\right)=\frac{11}{6}$

$b=-\frac{15}{4}-(-4)=-\frac{15}{4}+(+4)$

$=-\frac{15}{4}+\left(+\frac{16}{4}\right)=\frac{1}{4}$

$\therefore b-a=\frac{1}{4}-\frac{11}{6}=\frac{3}{12}-\frac{22}{12}=-\frac{19}{12}$ 답 $-\frac{19}{12}$

27 $-5+\frac{5}{4}-\square=2$에서 $-\frac{20}{4}+\frac{5}{4}-\square=2$

$-\frac{15}{4}-\square=2$

$\therefore \square=-\frac{15}{4}-2=-\frac{15}{4}-\frac{8}{4}=-\frac{23}{4}$ 답 $-\frac{23}{4}$

28 $|a|=3$이므로 $a=-3$ 또는 $a=3$

$|b|=9$이므로 $b=-9$ 또는 $b=9$

(i) $a=-3$, $b=-9$일 때,

$a+b=-3+(-9)=-12$

(ii) $a=-3$, $b=9$일 때,

$a+b=-3+9=6$

(iii) $a=3$, $b=-9$일 때,

$a+b=3+(-9)=-6$

(iv) $a=3$, $b=9$일 때,

$a+b=3+9=12$

(i)~(iv)에서 $a+b$의 값 중 가장 큰 수는 12이다. 답 ④

29 $1<|a|<4$를 만족시키는 정수 a의 값은

-3, -2, 2, 3

$|b|<5$를 만족시키는 정수 b의 값은

-4, -3, -2, -1, 0, 1, 2, 3, 4

$a=3$, $b=4$일 때 $a+b$의 값이 가장 크므로 구하는 값은

$3+4=7$ 답 7

30 절댓값이 10인 수를 a, 절댓값이 7인 수를 b라 하면 a, b의 부호가 서로 다르므로

$a=10$, $b=-7$ 또는 $a=-10$, $b=7$

이때 두 수의 합이 음수가 되는 경우는 $a=-10$, $b=7$

따라서 두 수의 합은 $-10+7=-3$ 답 ①

31 a의 절댓값은 4이므로 $a=-4$ 또는 $a=4$

b의 절댓값은 $\frac{3}{8}$이므로 $b=-\frac{3}{8}$ 또는 $b=\frac{3}{8}$

(i) $a=-4$, $b=-\frac{3}{8}$일 때,

$a-b=-4-\left(-\frac{3}{8}\right)=-4+\left(+\frac{3}{8}\right)$

$=-\frac{32}{8}+\left(+\frac{3}{8}\right)=-\frac{29}{8}$

(ii) $a=-4$, $b=\frac{3}{8}$일 때,

$a-b=-4-\frac{3}{8}=-\frac{32}{8}-\frac{3}{8}=-\frac{35}{8}$

(iii) $a=4$, $b=-\frac{3}{8}$일 때,

$a-b=4-\left(-\frac{3}{8}\right)=4+\left(+\frac{3}{8}\right)$

$=\frac{32}{8}+\left(+\frac{3}{8}\right)=\frac{35}{8}$

(iv) $a=4$, $b=\frac{3}{8}$일 때,

$a-b=4-\frac{3}{8}=\frac{32}{8}-\frac{3}{8}=\frac{29}{8}$

(i)~(iv)에서 $M=\frac{35}{8}$, $m=-\frac{35}{8}$이므로 … ❶

$M-m=\frac{35}{8}-\left(-\frac{35}{8}\right)=\frac{35}{8}+\left(+\frac{35}{8}\right)=\frac{35}{4}$ … ❷

답 $\frac{35}{4}$

채점 기준	배점
❶ M, m의 값 각각 구하기	80%
❷ $M-m$의 값 구하기	20%

32 점 A가 나타내는 수는

$-\frac{1}{4}+\frac{4}{3}-\frac{5}{6}=-\frac{3}{12}+\frac{16}{12}-\frac{10}{12}=\frac{1}{4}$ 답 ③

33 점 A가 나타내는 수는

$\frac{3}{2}-\frac{12}{5}=\frac{15}{10}-\frac{24}{10}=-\frac{9}{10}$

점 B가 나타내는 수는

$-\frac{9}{10}+1=-\frac{9}{10}+\frac{10}{10}=\frac{1}{10}$

따라서 구하는 합은

$-\frac{9}{10}+\frac{1}{10}=-\frac{4}{5}$ 답 $-\frac{4}{5}$

34 $\frac{6}{5}-(-0.8)=\frac{12}{10}+\left(+\frac{8}{10}\right)=2$ 답 ⑤

35 $-\frac{8}{7}$을 나타내는 점으로부터의 거리가 1인 두 점이 나타내는 수는 각각

$-\frac{8}{7}-1=-\frac{8}{7}-\frac{7}{7}=-\frac{15}{7}$,

$-\frac{8}{7}+1=-\frac{8}{7}+\frac{7}{7}=-\frac{1}{7}$

따라서 두 수 중 작은 수는 $-\frac{15}{7}$이다. 답 $-\frac{15}{7}$

36 가로, 세로, 대각선의 세 수의 합은

$-5+(-2)+1=-6$

이어야 한다.

즉, $a+(-2)+(-6)=-6$에서

$a+(-8)=-6$ $\therefore a=2$

또, $1+(-6)+b=-6$에서

$-5+b=-6$ $\therefore b=-1$ 답 $a=2$, $b=-1$

37 한 변에 놓인 세 수의 합은

$-0.6+\frac{1}{5}+1=-\frac{6}{10}+\frac{2}{10}+\frac{10}{10}=\frac{3}{5}$

이어야 한다.

즉, $-0.6+a+\frac{7}{10}=\frac{3}{5}$에서 $-\frac{6}{10}+a+\frac{7}{10}=\frac{6}{10}$

$a+\frac{1}{10}=\frac{6}{10}$ $\quad\therefore a=\frac{1}{2}$

또, $\frac{7}{10}+b+(-1.2)=\frac{3}{5}$에서

$\frac{7}{10}+b+\left(-\frac{12}{10}\right)=\frac{6}{10}$

$b-\frac{5}{10}=\frac{6}{10}$ $\quad\therefore b=\frac{11}{10}$

또, $1+c+(-1.2)=\frac{3}{5}$에서 $c-0.2=\frac{3}{5}$

$c-\frac{2}{10}=\frac{6}{10}$ $\quad\therefore c=\frac{4}{5}$

$\therefore a+b+c=\frac{1}{2}+\frac{11}{10}+\frac{4}{5}$

$=\frac{5}{10}+\frac{11}{10}+\frac{8}{10}=\frac{12}{5}$ 답 $\frac{12}{5}$

38 $a+\frac{1}{6}=\frac{1}{12}$이므로

$a=\frac{1}{12}-\frac{1}{6}=\frac{1}{12}-\frac{2}{12}=-\frac{1}{12}$ …❶

$b+\left(-\frac{3}{2}\right)=\frac{1}{12}$이므로

$b=\frac{1}{12}-\left(-\frac{3}{2}\right)=\frac{1}{12}+\left(+\frac{18}{12}\right)=\frac{19}{12}$ …❷

$c+\frac{2}{3}=\frac{1}{12}$이므로

$c=\frac{1}{12}-\frac{2}{3}=\frac{1}{12}-\frac{8}{12}=-\frac{7}{12}$ …❸

$\therefore a-b-c=-\frac{1}{12}-\frac{19}{12}-\left(-\frac{7}{12}\right)$

$=-\frac{1}{12}-\frac{19}{12}+\left(+\frac{7}{12}\right)=-\frac{13}{12}$ …❹

답 $-\frac{13}{12}$

채점 기준	배점
❶ a의 값 구하기	25%
❷ b의 값 구하기	25%
❸ c의 값 구하기	25%
❹ $a-b-c$의 값 구하기	25%

39 $19.5+3.8+3.6-2-5.6=19.3$(℃) 답 ②

40 $250-30+50-140+80=210$(회) 답 210회

41 첫째 주 대비 넷째 주의 돼지고기 100 g당 가격 변동량은

$220-340+180=60$(원)

즉, 넷째 주에는 첫째 주보다 돼지고기 100 g당 가격이 60원 증가하였으므로 넷째 주에 돼지고기 1 kg(=1000 g)을 구입한 사람은 첫째 주에 돼지고기 1 kg(=1000 g)을 구입한 사람보다 $60\times10=600$(원)을 더 주고 구입하였다.

답 600원

Real 실전 유형 again 28~33쪽

05 정수와 유리수의 계산 (2)

01 ① $(+3)\times(-1.2)=-(3\times1.2)=-3.6$

② $\left(-\frac{4}{7}\right)\times\left(-\frac{7}{8}\right)=+\left(\frac{4}{7}\times\frac{7}{8}\right)=\frac{1}{2}$

③ $\left(-\frac{5}{33}\right)\times\left(+\frac{11}{10}\right)=-\left(\frac{5}{33}\times\frac{11}{10}\right)=-\frac{1}{6}$

④ $\left(-\frac{14}{3}\right)\times\left(-\frac{8}{21}\right)\times\left(-\frac{9}{4}\right)=-\left(\frac{14}{3}\times\frac{8}{21}\times\frac{9}{4}\right)$

$=-4$

⑤ $\left(-\frac{1}{9}\right)\times\left(+\frac{3}{13}\right)\times\left(+\frac{26}{5}\right)=-\left(\frac{1}{9}\times\frac{3}{13}\times\frac{26}{5}\right)$

$=-\frac{2}{15}$ 답 ③

02 ㄱ. $(-4)\times\left(-\frac{5}{2}\right)=+\left(4\times\frac{5}{2}\right)=10$

ㄴ. $\left(-\frac{15}{8}\right)\times\left(+\frac{16}{3}\right)=-\left(\frac{15}{8}\times\frac{16}{3}\right)=-10$

ㄷ. $\left(-\frac{5}{6}\right)\times\left(-\frac{12}{5}\right)\times(+5)=+\left(\frac{5}{6}\times\frac{12}{5}\times5\right)=10$

ㄹ. $(+7)\times\left(-\frac{5}{14}\right)\times(+8)=-\left(7\times\frac{5}{14}\times8\right)=-20$

따라서 계산 결과가 같은 것은 ㄱ, ㄷ이다. 답 ②

03 $a=\left(+\frac{9}{2}\right)\times\left(+\frac{4}{15}\right)=+\left(\frac{9}{2}\times\frac{4}{15}\right)=\frac{6}{5}$ …❶

$b=\left(-\frac{3}{10}\right)\times\left(+\frac{25}{6}\right)\times(-0.5)$

$=\left(-\frac{3}{10}\right)\times\left(+\frac{25}{6}\right)\times\left(-\frac{1}{2}\right)$

$=+\left(\frac{3}{10}\times\frac{25}{6}\times\frac{1}{2}\right)=\frac{5}{8}$ …❷

$\therefore a\times b=\frac{6}{5}\times\frac{5}{8}=\frac{3}{4}$ …❸

답 $\frac{3}{4}$

채점 기준	배점
❶ a의 값 구하기	30%
❷ b의 값 구하기	40%
❸ $a\times b$의 값 구하기	30%

04 답 ㉠ 곱셈의 교환법칙, ㉡ 곱셈의 결합법칙

05 답 ②

06 ③ $-\left(-\frac{1}{3}\right)^3=-\left(-\frac{1}{27}\right)=\frac{1}{27}$

④ $4-(-3)^2=4-9=-5$

⑤ $(-3)^3\times(-3)=(-27)\times(-3)=81$ 답 ④

07 $-\left(-\frac{1}{2}\right)^2=-\frac{1}{4}$, $-\left(-\frac{1}{2}\right)^5=-\left(-\frac{1}{32}\right)=\frac{1}{32}$,

$-\frac{1}{2^3}=-\frac{1}{8}$, $\left(-\frac{1}{2}\right)^3=-\frac{1}{8}$, $\left(-\frac{1}{2}\right)^4=\frac{1}{16}$ …❶

이때 $-\frac{1}{4}<-\frac{1}{8}<\frac{1}{32}<\frac{1}{16}$이므로

$a=\frac{1}{16},\ b=-\frac{1}{4}$ … ❷

$\therefore\ a\times b=\frac{1}{16}\times\left(-\frac{1}{4}\right)=-\frac{1}{64}$ … ❸

답 $-\frac{1}{64}$

채점 기준	배점
❶ 거듭제곱 계산하기	40%
❷ a, b의 값 각각 구하기	30%
❸ $a\times b$의 값 구하기	30%

08 ① $-1^5=-1$ ② $(-1)^3=-1$
③ $-(-1)^6=-1$ ④ $-(-1^5)=-(-1)=1$
⑤ $-(-1)^{11}=-(-1)=1$ 답 ④, ⑤

09 $(-1)^2+(-1)^3+(-1)^4+(-1)^5+\cdots+(-1)^{202}$
$=\{1+(-1)\}+\{1+(-1)\}+\cdots+\{1+(-1)\}+1$
$=\underbrace{0+0+\cdots+0}_{100개}+1=1$ 답 1

10 $a\times(b-c)=a\times b-a\times c$이므로
$12=7-a\times c$
$\therefore\ a\times c=7-12=-5$ 답 -5

11 $87\times999=87\times\{1000+(-1)\}$
$=87\times1000+87\times(-1)$
$=87000-87$
$=86913$
따라서 $a=-1,\ b=87,\ c=86913$이므로
$a-b+c=-1-87+86913=86825$ 답 86825

12 $(-0.65)\times(-5)+(-1.35)\times(-5)$
$=\{(-0.65)+(-1.35)\}\times(-5)$
$=(-2)\times(-5)=10$
따라서 $a=-2,\ b=10$이므로
$a\times b=(-2)\times10=-20$ 답 -20

13 $\frac{24}{5}\times31+\frac{24}{5}\times73-4.8\times4$
$=\frac{24}{5}\times31+\frac{24}{5}\times73-\frac{24}{5}\times4$
$=\frac{24}{5}\times(31+73-4)$ … ❶
$=\frac{24}{5}\times100=480$ … ❷

답 480

채점 기준	배점
❶ $\frac{24}{5}$로 묶기	60%
❷ 답 구하기	40%

14 $a=\frac{2}{5},\ b=-\frac{5}{6}$이므로
$3\times a\times b=3\times\frac{2}{5}\times\left(-\frac{5}{6}\right)=-1$ 답 -1

15 ① $\left(-\frac{2}{3}\right)\times\frac{3}{2}=-1$ ➜ 역수가 아니다.
② $12\times\frac{1}{12}=1$
③ $1\times1=1$
④ $0.2\times5=1$
⑤ $\left(-\frac{2}{7}\right)\times(-3.5)=\left(-\frac{2}{7}\right)\times\left(-\frac{7}{2}\right)=1$ 답 ①

16 $2.6=\frac{13}{5}$의 역수는 $\frac{5}{13}$이므로 $a=\frac{5}{13}$
$-\frac{1}{b}$의 역수는 $-b$이므로
$-b=-13$에서 $b=13$
$\therefore\ a\times b=\frac{5}{13}\times13=5$ 답 ④

17 $3\frac{3}{4}=\frac{15}{4}$의 역수는 $\frac{4}{15}$이므로 $a=\frac{4}{15}$ … ❶
$1.25=\frac{5}{4}$의 역수는 $\frac{4}{5}$이므로 $b=\frac{4}{5}$ … ❷
$\therefore\ a+b=\frac{4}{15}+\frac{4}{5}=\frac{4}{15}+\frac{12}{15}=\frac{16}{15}$ … ❸

답 $\frac{16}{15}$

채점 기준	배점
❶ a의 값 구하기	40%
❷ b의 값 구하기	40%
❸ $a+b$의 값 구하기	20%

18 ① $(-18)\div(-3)=+(18\div3)=6$
② $(+2)\div\left(-\frac{1}{8}\right)=(+2)\times(-8)=-(2\times8)=-16$
③ $\left(-\frac{3}{2}\right)\div\left(-\frac{9}{4}\right)=\left(-\frac{3}{2}\right)\times\left(-\frac{4}{9}\right)=+\left(\frac{3}{2}\times\frac{4}{9}\right)=\frac{2}{3}$
④ $\left(+\frac{3}{4}\right)\div(+2)\div\left(-\frac{3}{2}\right)=\left(+\frac{3}{4}\right)\times\left(+\frac{1}{2}\right)\times\left(-\frac{2}{3}\right)$
$=-\left(\frac{3}{4}\times\frac{1}{2}\times\frac{2}{3}\right)=-\frac{1}{4}$
⑤ $\left(-\frac{5}{4}\right)\div\left(-\frac{3}{8}\right)\div\left(-\frac{10}{9}\right)=\left(-\frac{5}{4}\right)\times\left(-\frac{8}{3}\right)\times\left(-\frac{9}{10}\right)$
$=-\left(\frac{5}{4}\times\frac{8}{3}\times\frac{9}{10}\right)=-3$

답 ②

19 ① $(+40)\div(-5)=-(40\div5)=-8$
② $\left(-\frac{1}{3}\right)\div\left(+\frac{2}{7}\right)=\left(-\frac{1}{3}\right)\times\left(+\frac{7}{2}\right)$
$=-\left(\frac{1}{3}\times\frac{7}{2}\right)=-\frac{7}{6}$

③ $\left(+\frac{1}{5}\right)\div\left(-\frac{2}{25}\right)\div(+3)=\left(+\frac{1}{5}\right)\times\left(-\frac{25}{2}\right)\times\left(+\frac{1}{3}\right)$

$=-\left(\frac{1}{5}\times\frac{25}{2}\times\frac{1}{3}\right)=-\frac{5}{6}$

④ $(-12)\div\left(-\frac{6}{5}\right)\div\left(+\frac{5}{4}\right)=(-12)\times\left(-\frac{5}{6}\right)\times\left(+\frac{4}{5}\right)$

$=+\left(12\times\frac{5}{6}\times\frac{4}{5}\right)=8$

⑤ $\left(+\frac{1}{2}\right)\div\left(+\frac{3}{2}\right)\div\left(-\frac{1}{3}\right)=\left(+\frac{1}{2}\right)\times\left(+\frac{2}{3}\right)\times(-3)$

$=-\left(\frac{1}{2}\times\frac{2}{3}\times3\right)=-1$

답 ①

20 $\left(+\frac{10}{9}\right)\div\left(-\frac{1}{2}\right)\div\left(-\frac{5}{3}\right)\div\left(+\frac{2}{3}\right)$

$=\left(+\frac{10}{9}\right)\times(-2)\times\left(-\frac{3}{5}\right)\times\left(+\frac{3}{2}\right)$

$=+\left(\frac{10}{9}\times2\times\frac{3}{5}\times\frac{3}{2}\right)=2$

답 ④

21 $\left(-\frac{3}{2}\right)^2\times\left(+\frac{1}{6}\right)\div\left(-\frac{3}{16}\right)=\left(+\frac{9}{4}\right)\times\left(+\frac{1}{6}\right)\times\left(-\frac{16}{3}\right)$

$=-\left(\frac{9}{4}\times\frac{1}{6}\times\frac{16}{3}\right)=-2$

답 ①

22 ① $\left(-\frac{4}{5}\right)\div\left(-\frac{4}{9}\right)\times\left(-\frac{5}{6}\right)=\left(-\frac{4}{5}\right)\times\left(-\frac{9}{4}\right)\times\left(-\frac{5}{6}\right)$

$=-\left(\frac{4}{5}\times\frac{9}{4}\times\frac{5}{6}\right)=-\frac{3}{2}$

② $\left(-\frac{5}{2}\right)\times\left(+\frac{3}{8}\right)\div\left(-\frac{5}{4}\right)=\left(-\frac{5}{2}\right)\times\left(+\frac{3}{8}\right)\times\left(-\frac{4}{5}\right)$

$=+\left(\frac{5}{2}\times\frac{3}{8}\times\frac{4}{5}\right)=\frac{3}{4}$

③ $(+2.8)\div(-2)^2\times(+10)=(+2.8)\div4\times(+10)$

$=\left(+\frac{14}{5}\right)\times\left(+\frac{1}{4}\right)\times(+10)$

$=+\left(\frac{14}{5}\times\frac{1}{4}\times10\right)=7$

④ $(-16)\div(-4)^2\times(+22)=(-16)\div16\times(+22)$

$=(-1)\times(+22)=-22$

⑤ $\left(-\frac{14}{3}\right)\times\left(+\frac{4}{7}\right)\div\left(-\frac{1}{3}\right)^2$

$=\left(-\frac{14}{3}\right)\times\left(+\frac{4}{7}\right)\div\frac{1}{9}$

$=\left(-\frac{14}{3}\right)\times\left(+\frac{4}{7}\right)\times(+9)$

$=-\left(\frac{14}{3}\times\frac{4}{7}\times9\right)=-24$

답 ③

23 $A=(-3)^3\times\left(+\frac{3}{4}\right)\div\left(-\frac{27}{2}\right)$

$=(-27)\times\left(+\frac{3}{4}\right)\times\left(-\frac{2}{27}\right)$

$=+\left(27\times\frac{3}{4}\times\frac{2}{27}\right)=\frac{3}{2}$ … ❶

$B=\left(+\frac{5}{6}\right)\div\left(-\frac{1}{2}\right)^4\div\left(-\frac{10}{9}\right)$

$=\left(+\frac{5}{6}\right)\div\frac{1}{16}\div\left(-\frac{10}{9}\right)$

$=\left(+\frac{5}{6}\right)\times(+16)\times\left(-\frac{9}{10}\right)$

$=-\left(\frac{5}{6}\times16\times\frac{9}{10}\right)=-12$ … ❷

$\therefore A\times B=\frac{3}{2}\times(-12)=-18$ … ❸

답 -18

채점 기준	배점
❶ A의 값 구하기	40%
❷ B의 값 구하기	40%
❸ $A\times B$의 값 구하기	20%

24 $-3^2-\left\{(-15)\times\left(\frac{2}{3}-\frac{7}{5}\right)-(-5)^2\right\}$

$=-9-\left\{(-15)\times\left(\frac{2}{3}-\frac{7}{5}\right)-25\right\}$

$=-9-\left\{(-15)\times\left(\frac{10}{15}-\frac{21}{15}\right)-25\right\}$

$=-9-\left\{(-15)\times\left(-\frac{11}{15}\right)-25\right\}$

$=-9-(11-25)$

$=-9-(-14)$

$=-9+14=5$

답 5

25 (2) $-3+\left\{\left(-\frac{1}{2}\right)^2\times\frac{1}{4}-\left(-\frac{3}{8}\right)\right\}\div\frac{7}{6}$

$=-3+\left\{\frac{1}{4}\times\frac{1}{4}-\left(-\frac{3}{8}\right)\right\}\div\frac{7}{6}$

$=-3+\left\{\frac{1}{16}+\left(+\frac{3}{8}\right)\right\}\div\frac{7}{6}$

$=-3+\left\{\frac{1}{16}+\left(+\frac{6}{16}\right)\right\}\div\frac{7}{6}$

$=-3+\left(+\frac{7}{16}\right)\times\frac{6}{7}$

$=-3+\left(+\frac{3}{8}\right)$

$=-\frac{24}{8}+\left(+\frac{3}{8}\right)$

$=-\frac{21}{8}$

답 (1) ㉡, ㉢, ㉣, ㉤, ㉠ (2) $-\frac{21}{8}$

26 (1) $13\div\left\{6\times\left(\frac{2}{6}-\frac{5}{12}\right)-6\right\}$

$=13\div\left\{6\times\left(\frac{4}{12}-\frac{5}{12}\right)-6\right\}$

$=13\div\left\{6\times\left(-\frac{1}{12}\right)-6\right\}$

$=13\div\left\{\left(-\frac{1}{2}\right)-6\right\}$

$=13\div\left(-\frac{13}{2}\right)$

$=13\times\left(-\frac{2}{13}\right)=-2$

(2) $4-\left[-8+\left\{(-6)^2\times\left(-\frac{1}{9}\right)-2\right\}\right]\div\frac{7}{5}$

$=4-\left[-8+\left\{36\times\left(-\frac{1}{9}\right)-2\right\}\right]\div\frac{7}{5}$

$=4-[-8+\{(-4)-2\}]\div\frac{7}{5}$

$=4-\{-8+(-6)\}\div\frac{7}{5}$

$=4-(-14)\div\frac{7}{5}=4-(-14)\times\frac{5}{7}$

$=4-(-10)=4+10=14$ 답 (1) -2 (2) 14

27 $A=(-1)^3\times\left[1-\left\{\left(-\frac{2}{3}\right)^2-\left(\frac{5}{2}-\frac{7}{3}\right)\right\}\right]\div\frac{1}{6}$

$=(-1)\times\left[1-\left\{\frac{4}{9}-\left(\frac{5}{2}-\frac{7}{3}\right)\right\}\right]\div\frac{1}{6}$

$=(-1)\times\left[1-\left\{\frac{4}{9}-\left(\frac{15}{6}-\frac{14}{6}\right)\right\}\right]\div\frac{1}{6}$

$=(-1)\times\left\{1-\left(\frac{4}{9}-\frac{1}{6}\right)\right\}\div\frac{1}{6}$

$=(-1)\times\left\{1-\left(\frac{8}{18}-\frac{3}{18}\right)\right\}\div\frac{1}{6}$

$=(-1)\times\left(1-\frac{5}{18}\right)\div\frac{1}{6}$

$=(-1)\times\frac{13}{18}\div\frac{1}{6}=(-1)\times\frac{13}{18}\times6=-\frac{13}{3}$ … ❶

따라서 A의 역수는 $-\frac{3}{13}$이다. … ❷

답 $-\frac{3}{13}$

채점 기준	배점
❶ A의 값 구하기	80%
❷ A의 역수 구하기	20%

28 $\left(-\frac{3}{8}\right)\div\square=-\frac{3}{2}$에서

$\square=\left(-\frac{3}{8}\right)\div\left(-\frac{3}{2}\right)=\left(-\frac{3}{8}\right)\times\left(-\frac{2}{3}\right)=\frac{1}{4}$ 답 $\frac{1}{4}$

29 $a\times\left(-\frac{6}{5}\right)=12$에서

$a=12\div\left(-\frac{6}{5}\right)=12\times\left(-\frac{5}{6}\right)=-10$ … ❶

$b\div\frac{9}{4}=-\frac{1}{3}$에서 $b=-\frac{1}{3}\times\frac{9}{4}=-\frac{3}{4}$ … ❷

$\therefore a\times b=-10\times\left(-\frac{3}{4}\right)=\frac{15}{2}$ … ❸

답 $\frac{15}{2}$

채점 기준	배점
❶ a의 값 구하기	40%
❷ b의 값 구하기	40%
❸ $a\times b$의 값 구하기	20%

30 $\square\times\left(-\frac{12}{5}\right)\div\frac{8}{3}=-\frac{1}{6}$에서

$\square\times\left(-\frac{12}{5}\right)\times\frac{3}{8}=-\frac{1}{6}$

$\square\times\left(-\frac{9}{10}\right)=-\frac{1}{6}$

$\therefore \square=-\frac{1}{6}\div\left(-\frac{9}{10}\right)=-\frac{1}{6}\times\left(-\frac{10}{9}\right)=\frac{5}{27}$ 답 $\frac{5}{27}$

31 $\left(-\frac{9}{4}\right)\div\square\times\left(-\frac{4}{3}\right)=-\frac{3}{5}$에서

$\left(-\frac{9}{4}\right)\div\square=-\frac{3}{5}\div\left(-\frac{4}{3}\right)$

이때 $-\frac{3}{5}\div\left(-\frac{4}{3}\right)=-\frac{3}{5}\times\left(-\frac{3}{4}\right)=\frac{9}{20}$이므로

$\left(-\frac{9}{4}\right)\div\square=\frac{9}{20}$

$\therefore \square=\left(-\frac{9}{4}\right)\div\frac{9}{20}=\left(-\frac{9}{4}\right)\times\frac{20}{9}=-5$ 답 -5

32 어떤 수를 $\square$라 하면 $\square\div\frac{4}{9}=-\frac{3}{2}$이므로

$\square=-\frac{3}{2}\times\frac{4}{9}=-\frac{2}{3}$

따라서 바르게 계산하면

$\left(-\frac{2}{3}\right)\times\frac{4}{9}=-\frac{8}{27}$ 답 ③

33 $A\times\left(-\frac{2}{3}\right)=-\frac{5}{6}$이므로

$A=-\frac{5}{6}\div\left(-\frac{2}{3}\right)=-\frac{5}{6}\times\left(-\frac{3}{2}\right)=\frac{5}{4}$

따라서 바르게 계산하면

$\frac{5}{4}\div\left(-\frac{2}{3}\right)=\frac{5}{4}\times\left(-\frac{3}{2}\right)=-\frac{15}{8}$ 답 $\frac{5}{4}$, $-\frac{15}{8}$

34 $A-\left(-\frac{2}{5}\right)=\frac{1}{15}$이므로

$A=\frac{1}{15}+\left(-\frac{2}{5}\right)=\frac{1}{15}+\left(-\frac{6}{15}\right)=-\frac{1}{3}$

따라서 바르게 계산하면

$B=\left(-\frac{1}{3}\right)+\left(-\frac{2}{5}\right)=\left(-\frac{5}{15}\right)+\left(-\frac{6}{15}\right)=-\frac{11}{15}$

$\therefore A\div B=\left(-\frac{1}{3}\right)\div\left(-\frac{11}{15}\right)$

$=\left(-\frac{1}{3}\right)\times\left(-\frac{15}{11}\right)=\frac{5}{11}$ 답 ③

35 ㄱ. $a-(-b)=a+b$의 부호는 알 수 없다.

ㄴ. $-a<0$이므로 $-a+b<0$

ㄷ. $-b>0$이므로 $a\times(-b)>0$

ㄹ. $-a<0$이므로 $(-a)\div b>0$

따라서 옳은 것은 ㄴ, ㄷ이다. 답 ④

36 ① $b-a>0$

② $-a>0$, $b^2>0$이므로 $-a+(-b)^2=-a+b^2>0$

③ $a^2>0$이므로 $a^2\times b>0$

④ $b^2>0$이므로 $a-b^2<0$

⑤ $a^2>0$이므로 $(-a)^2\div b=a^2\div b>0$ 답 ④

37 ①, ③ 부호를 알 수 없다.
② $-b>0$이므로 $a-b+c>0$
④ $a\times b\div c<0$
⑤ $-b>0$, $-c<0$이므로 $a\times(-b)\div(-c)<0$ 답 ②

38 $a>0$, $b<0$이고 $|a|<|b|$이므로 $a=1$, $b=-2$라 하면
① $a+b=1+(-2)=-1<0$
② $a^2-b=1^2-(-2)=1+2=3>0$
③ $-a-b=-1-(-2)=-1+2=1>0$
④ $a\times b=1\times(-2)=-2<0$
⑤ $(-a)\div(-b)=(-1)\div2=-\frac{1}{2}<0$ 답 ③

39 $a\div b>0$이므로 $a>0$, $b>0$ 또는 $a<0$, $b<0$
이때 $a+b>0$이므로 $a>0$, $b>0$
$a>0$이고 $a\div c<0$이므로 $c<0$ 답 ②

40 $a\times b>0$이므로 $a>0$, $b>0$ 또는 $a<0$, $b<0$ … ㉠
$b\div c>0$이므로 $b>0$, $c>0$ 또는 $b<0$, $c<0$ … ㉡
㉠, ㉡에서
$a>0$, $b>0$, $c>0$ 또는 $a<0$, $b<0$, $c<0$ … ❶
이때 $a+c<0$이므로 $a<0$, $b<0$, $c<0$ … ❷
따라서 $a^2>0$, $-b>0$, $c<0$이므로
$(a^2-b)\times c<0$ … ❸
답 $(a^2-b)\times c<0$

채점 기준	배점
❶ a, b, c의 부호가 될 수 있는 경우 구하기	50%
❷ a, b, c의 부호 구하기	30%
❸ $(a^2-b)\times c$의 부호 구하기	20%

41 두 수 $-\frac{7}{3}$과 $\frac{1}{5}$을 나타내는 두 점 사이의 거리는
$\frac{1}{5}-\left(-\frac{7}{3}\right)=\frac{1}{5}+\frac{7}{3}=\frac{3}{15}+\frac{35}{15}=\frac{38}{15}$
따라서 구하는 수는
$-\frac{7}{3}+\frac{38}{15}\times\frac{1}{2}=-\frac{7}{3}+\frac{19}{15}$
$=-\frac{35}{15}+\frac{19}{15}=-\frac{16}{15}$ 답 $-\frac{16}{15}$

42 두 점 A, B 사이의 거리는
$\frac{5}{2}-\left(-\frac{3}{5}\right)=\frac{5}{2}+\frac{3}{5}=\frac{25}{10}+\frac{6}{10}=\frac{31}{10}$
$p=-\frac{3}{5}+\frac{31}{10}\times\frac{1}{3}=-\frac{3}{5}+\frac{31}{30}=-\frac{18}{30}+\frac{31}{30}=\frac{13}{30}$
$q=\frac{13}{30}+\frac{31}{10}\times\frac{1}{3}=\frac{13}{30}+\frac{31}{30}=\frac{22}{15}$
$\therefore p\div q=\frac{13}{30}\div\frac{22}{15}=\frac{13}{30}\times\frac{15}{22}=\frac{13}{44}$ 답 $\frac{13}{44}$

Real 실전 유형 again 34~41쪽

06 문자의 사용과 식의 계산

01 ② $x\times x\times y\times(-0.1)\times3\times y$
$=(-0.1)\times3\times x\times x\times y\times y$
$=-0.3x^2y^2$
④ $y\times y\times y\times y\div x+5=y\times y\times y\times y\times\frac{1}{x}+5$
$=\frac{y^4}{x}+5$
⑤ $x\times x\div y\times\left(-\frac{3}{2}\right)=x\times x\times\frac{1}{y}\times\left(-\frac{3}{2}\right)$
$=-\frac{3x^2}{2y}$ 답 ①, ③

02 ④ $x\times(y+1)\div\frac{1}{2}=x\times(y+1)\times2=2x(y+1)$
⑤ $x\div(x-2)\times y+y\div\frac{1}{3}$
$=x\times\frac{1}{x-2}\times y+y\times3$
$=\frac{xy}{x-2}+3y$ 답 ④, ⑤

03 ① $a\times b\times c=abc$
② $a\div b\div c=a\times\frac{1}{b}\times\frac{1}{c}=\frac{a}{bc}$
③ $a\times b\div c=a\times b\times\frac{1}{c}=\frac{ab}{c}$
④ $a\div(b\div c)=a\div\frac{b}{c}=a\times\frac{c}{b}=\frac{ac}{b}$
⑤ $a\div b\times c=a\times\frac{1}{b}\times c=\frac{ac}{b}$ 답 ②

04 ② $x\times\frac{25}{100}=0.25x(\text{kg})$ 답 ②

05 ① $1\text{ mL}=\frac{1}{1000}\text{ L}=0.001\text{ L}$이므로
$x\text{ mL}=0.001x\text{ L}$
② $1\text{ kg}=1000\text{ g}$이므로 x g y kg은
$(x+1000y)$ g
③ $1\text{ km}=1000\text{ m}$이므로 x km 50 m는
$(1000x+50)$ m
④ 1시간=60분=3600초, 1분=60초
이므로 1시간 a분 20초는
$(3600+60a+20)$초, 즉 $(3620+60a)$초
⑤ $1\text{ L}=1000\text{ mL}$이므로 1.5 L의 x %는
$1500\times\frac{x}{100}=15x(\text{mL})$ 답 ①, ⑤

06 (외동인 남학생 수)$=300\times\frac{x}{100}=3x$

(외동인 여학생 수)$=280\times\frac{y}{100}=\frac{14}{5}y$ ··· ❶

(전체 학생 수)=(남학생 수)+(여학생 수)

$=300+280=580$ ··· ❷

따라서 외동이 아닌 학생 수는

(전체 학생 수)−(외동인 남학생 수)−(외동인 여학생 수)

$=580-3x-\frac{14}{5}y$ ··· ❸

답 $580-3x-\frac{14}{5}y$

채점 기준	배점
❶ 외동인 남학생 수와 여학생 수를 각각 문자를 사용한 식으로 나타내기	50%
❷ 전체 학생 수 구하기	20%
❸ 외동이 아닌 학생 수를 x, y를 사용한 식으로 나타내기	30%

07 ㄴ. (직육면체의 겉넓이)$=2ab+2bc+2ca(\text{cm}^2)$

ㄷ. (삼각형의 넓이)$=\frac{1}{2}\times\frac{1}{2}x\times x$

$=\frac{1}{4}x^2(\text{cm}^2)$

ㄹ. (사다리꼴의 넓이)$=\frac{1}{2}\times(a+b)\times 3$

$=\frac{3}{2}(a+b)(\text{cm}^2)$

따라서 옳지 않은 것은 ㄴ, ㄷ, ㄹ이다. 답 ㄴ, ㄷ, ㄹ

08 (정사각형의 한 변의 길이)$=\frac{2x}{4}=\frac{x}{2}(\text{cm})$이므로

(정사각형의 넓이)$=\frac{x}{2}\times\frac{x}{2}=\frac{x^2}{4}(\text{cm}^2)$ 답 $\frac{x^2}{4}\text{ cm}^2$

09 오른쪽 그림과 같이 사각형을 두 개의 삼각형으로 나누면 사각형의 넓이는

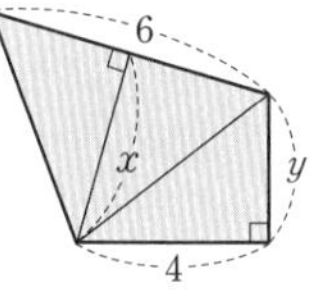

$\frac{1}{2}\times 6\times x+\frac{1}{2}\times 4\times y=3x+2y$

답 $3x+2y$

10 (핫도그 한 개의 할인 금액)$=1200\times\frac{x}{100}=12x$(원)이므로

(핫도그 한 개의 판매 가격)=(정가)−(할인 금액)

$=1200-12x$(원)

∴ (핫도그 5개의 가격)

=(핫도그 한 개의 판매 가격)×(핫도그의 개수)

$=(1200-12x)\times 5$

$=5(1200-12x)$(원) 답 ⑤

11 (사과 한 개의 가격)$=4000\div x=\frac{4000}{x}$(원)이므로 ··· ❶

(사과 y개의 가격)

=(사과 한 개의 가격)×(사과의 개수)

$=\frac{4000}{x}\times y=\frac{4000y}{x}$(원) ··· ❷

답 $\frac{4000y}{x}$원

채점 기준	배점
❶ 사과 한 개의 가격을 x를 사용한 식으로 나타내기	50%
❷ 지불해야 할 금액을 문자를 사용한 식으로 나타내기	50%

12 (할인 금액)=(정가)×(할인율)

$=x\times\frac{y}{100}=\frac{xy}{100}$(원)

(판매 가격)=(정가)−(할인 금액)

$=x-\frac{xy}{100}$(원)

∴ (거스름돈)=(낸 돈)−(판매 가격)

$=20000-\left(x-\frac{xy}{100}\right)$(원) 답 ⑤

13 시속 40 km로 x시간 동안 간 거리는 $40x$ km이므로 남은 거리는 $(100-40x)$ km이다. 답 ②

14 45분$=\frac{45}{60}$시간$=\frac{3}{4}$시간이므로

1시간 45분$=1\frac{3}{4}$시간$=\frac{7}{4}$시간

이때 (속력)$=\frac{(\text{거리})}{(\text{시간})}$=(거리)÷(시간)이므로 문자를 사용한 식으로 나타내면

$x\div\frac{7}{4}=x\times\frac{4}{7}=\frac{4}{7}x$, 즉 시속 $\frac{4}{7}x$ km이다.

답 시속 $\frac{4}{7}x$ km

15 a km의 거리를 시속 30 km로 갈 때 걸린 시간은 $\frac{a}{30}$시간이고, 40분은 $\frac{40}{60}=\frac{2}{3}$(시간)이므로 전체 걸린 시간은 $\left(\frac{a}{30}+\frac{2}{3}\right)$시간이다. 답 $\left(\frac{a}{30}+\frac{2}{3}\right)$시간

16 x %의 소금물 300 g에 들어 있는 소금의 양은

$\frac{x}{100}\times 300=3x(\text{g})$

y %의 소금물 200 g에 들어 있는 소금의 양은

$\frac{y}{100}\times 200=2y(\text{g})$

따라서 두 소금물을 섞어 만든 소금물에 들어 있는 소금의 양은 $(3x+2y)$ g이다. 답 ③

17 a %의 소금물 100 g에 들어 있는 소금의 양은

$\frac{a}{100}\times 100=a(\text{g})$

소금 100 g을 더 넣었을 때 소금의 양은 $(a+100)$ g

따라서 새로 만든 소금물 200 g의 농도는

$\frac{a+100}{200}\times100=\frac{a+100}{2}(\%)$ 답 ⑤

18 a %의 설탕물 200 g에 들어 있는 설탕의 양은

$\frac{a}{100}\times200=2a(\text{g})$ ··· ❶

b %의 설탕물 300 g에 들어 있는 설탕의 양은

$\frac{b}{100}\times300=3b(\text{g})$ ··· ❷

따라서 새로 만든 설탕물의 농도는

$\frac{2a+3b}{200+300}\times100=\frac{2a+3b}{5}(\%)$ ··· ❸

답 $\frac{2a+3b}{5}$ %

채점 기준	배점
❶ a %의 설탕물 200 g에 들어 있는 설탕의 양 구하기	30%
❷ b %의 설탕물 300 g에 들어 있는 설탕의 양 구하기	30%
❸ 새로 만든 설탕물의 농도를 a, b를 사용한 식으로 나타내기	40%

19 $\frac{27}{2(a+b)}-\frac{a}{b}$에 $a=-3$, $b=6$을 대입하면

$\frac{27}{2\times\{(-3)+6\}}-\frac{-3}{6}=\frac{9}{2}+\frac{1}{2}$

$=\frac{10}{2}=5$ 답 ⑤

20 주어진 각 식에 $x=-3$을 대입하면

① $3-x=3-(-3)=3+3=6$

② $2x+5=2\times(-3)+5=-6+5=-1$

③ $\frac{12}{x}-x=\frac{12}{-3}-(-3)=-4+3=-1$

④ $x^2-\frac{x}{3}=(-3)^2-\frac{-3}{3}=9+1=10$

⑤ $\frac{4x}{3}+\frac{6}{x}=\frac{4\times(-3)}{3}+\frac{6}{-3}$

$=(-4)+(-2)=-6$ 답 ④

21 주어진 각 식에 $x=-\frac{1}{2}$을 대입하면

① $-\frac{1}{x}=-1\div x=-1\div\left(-\frac{1}{2}\right)=-1\times(-2)=2$

② $\frac{1}{x}=-2$이므로

$\left(\frac{1}{x}\right)^2=(-2)^2=4$

③ $x^2=\left(-\frac{1}{2}\right)^2=\frac{1}{4}$

④ $-x^3=-\left(-\frac{1}{2}\right)^3=-\left(-\frac{1}{8}\right)=\frac{1}{8}$

⑤ $-\frac{1}{x}=2$이므로

$\left(-\frac{1}{x}\right)^3=2^3=8$ 답 ⑤

22 주어진 식을 간단히 하면

$\frac{x+z}{xz}-\frac{1}{y}=\frac{x}{xz}+\frac{z}{xz}-\frac{1}{y}=\frac{1}{z}+\frac{1}{x}-\frac{1}{y}$

이 식에 $x=\frac{1}{2}$, $y=-\frac{1}{3}$, $z=\frac{3}{4}$을 대입하면

$\frac{1}{z}+\frac{1}{x}-\frac{1}{y}$

$=1\div z+1\div x-1\div y$

$=1\div\frac{3}{4}+1\div\frac{1}{2}-1\div\left(-\frac{1}{3}\right)$

$=1\times\frac{4}{3}+1\times2-1\times(-3)$

$=\frac{4}{3}+2-(-3)=\frac{19}{3}$ 답 $\frac{19}{3}$

23 $331+0.6x$에 $x=30$을 대입하면

$331+0.6\times30=331+18=349(\text{m})$ 답 ③

24 $\frac{5}{9}(x-32)$에 $x=50$을 대입하면

$\frac{5}{9}\times(50-32)=\frac{5}{9}\times18=10(℃)$ 답 10 ℃

25 $50t-5t^2$에 $t=3$을 대입하면

$50\times3-5\times3^2=150-45=105(\text{m})$ 답 ④

26 (1) 한 모서리의 길이가 a cm인 정육면체의 부피는 a^3 cm³

한 모서리의 길이가 b cm인 정육면체의 부피는 b^3 cm³

$\therefore V=a^3+b^3$ ··· ❶

(2) $V=a^3+b^3$에 $a=3$, $b=5$를 대입하면

$V=3^3+5^3=7+125=152$ ··· ❷

답 (1) $V=a^3+b^3$ (2) 152

채점 기준	배점
❶ V를 a, b를 사용한 식으로 나타내기	40%
❷ a, b에 주어진 값을 대입하여 V의 값 구하기	60%

27 ② 항은 $\frac{x^2}{3}$, $-5x$, 7로 모두 3개이다.

④ x의 계수는 -5이다.

⑤ x^2의 계수는 $\frac{1}{3}$, 상수항은 7이므로 곱은 $\frac{1}{3}\times7=\frac{7}{3}$이다.

답 ④

28 다항식의 차수는 3이므로 $A=3$

x의 계수는 -3이므로 $B=-3$

상수항은 -8이므로 $C=-8$ ··· ❶

ABC에 $A=3$, $B=-3$, $C=-8$을 대입하면

$ABC=3\times(-3)\times(-8)=72$ ··· ❷

답 72

채점 기준	배점
❶ A, B, C의 값 구하기	70%
❷ ABC의 값 구하기	30%

29 ① $\frac{a+b+c}{2}=\frac{a}{2}+\frac{b}{2}+\frac{c}{2}$이므로 $\frac{a+b+c}{2}$는 단항식이 아니다.

② $2x-3y$에서 항은 $2x$, $-3y$의 2개이다.

③ $-7x^2+\frac{2}{x}-1$에서 $\frac{2}{x}$의 분모에 문자가 있으므로 다항식이 아니다.

④ a^2-4a+4에서 a의 계수는 -4, 상수항은 4이므로 합은 $-4+4=0$이다.

⑤ $\frac{5}{6}x^2+\frac{1}{2}x+3$에서 다항식의 차수는 2, x의 계수는 $\frac{1}{2}$이므로 곱은 $2\times\frac{1}{2}=1$이다.

답 ④

30 ② $2x-\frac{1}{2}x^2$ ➡ 차수가 2이므로 일차식이 아니다.

④ $\frac{3x^2-4}{x}=3x-\frac{4}{x}$

➡ $-\frac{4}{x}$의 분모에 문자가 있으므로 다항식이 아니다.

따라서 일차식이 아니다.

⑤ $0\times x-7=-7$ ➡ 차수가 0이므로 일차식이 아니다.

답 ①, ③

31 $\frac{4-3x}{5}=\frac{4}{5}-\frac{3}{5}x$

① 항이 $\frac{4}{5}$, $-\frac{3}{5}x$로 2개이므로 단항식이 아니다.

⑤ 상수항은 $\frac{4}{5}$이다.

답 ①, ⑤

32 ㄱ. $0.2x+0.5$ ➡ 일차식

ㄴ. x^2+x ➡ 차수가 2이므로 일차식이 아니다.

ㄷ. $\frac{3}{x}+1$ ➡ $\frac{3}{x}$의 분모에 문자가 있으므로 다항식이 아니다.

따라서 일차식이 아니다.

ㄹ. $\frac{x}{2}+2$ ➡ 일차식

ㅁ. $0\times x^2-x-3=-x-3$ ➡ 일차식

ㅂ. $\frac{2x+3}{6}=\frac{1}{3}x+\frac{1}{2}$ ➡ 일차식

따라서 일차식인 것은 ㄱ, ㄹ, ㅁ, ㅂ이다.

답 ㄱ, ㄹ, ㅁ, ㅂ

33 일차식이 되려면 x^2의 계수가 0이어야 하므로

$a-3=0$에서 $a=3$

답 3

34 ③ $-2(-10x+7)=(-2)\times(-10x)+(-2)\times7$

$=20x-14$

답 ③

35 $(12-8x)\div\left(-\frac{4}{5}\right)=(12-8x)\times\left(-\frac{5}{4}\right)$

$=12\times\left(-\frac{5}{4}\right)+(-8x)\times\left(-\frac{5}{4}\right)$

$=-15+10x$

답 $-15+10x$

36 $(2x-3)\div\left(-\frac{1}{6}\right)=(2x-3)\times(-6)$

$=-12x+18$

① $6(3-2x)=18-12x$

② $3(-4x+6)=-12x+18$

③ $(6-4x)\div(-3)=(6-4x)\times\left(-\frac{1}{3}\right)$

$=-2+\frac{4}{3}x$

④ $(6x-9)\div\left(-\frac{1}{2}\right)=(6x-9)\times(-2)$

$=-12x+18$

⑤ $(-4x+6)\div\frac{1}{3}=(-4x+6)\times3$

$=-12x+18$

답 ③

37 $-12\left(\frac{3}{4}x-2\right)=-9x+24$이므로 x의 계수는 -9이다.

$\therefore a=-9$ … ❶

$(8x-3)\div\left(-\frac{1}{4}\right)=(8x-3)\times(-4)$

$=-32x+12$

이므로 상수항은 12이다.

$\therefore b=12$ … ❷

$\therefore b-a=12-(-9)=21$ … ❸

답 21

채점 기준	배점
❶ a의 값 구하기	40%
❷ b의 값 구하기	40%
❸ $b-a$의 값 구하기	20%

38 ① $4x$, $-4x^2$ ➡ 차수가 다르므로 동류항이 아니다.

② $\frac{1}{2}y$, $\frac{1}{4}$ ➡ 문자와 차수가 다르므로 동류항이 아니다.

④ $9xy$, $7xz$ ➡ 문자가 다르므로 동류항이 아니다.

⑤ $\frac{3}{b}$, b ➡ $\frac{3}{b}$은 다항식이 아니다.

답 ③

39 문자가 x뿐이고 차수가 1인 것을 찾으면 ②이다.

답 ②

40 $-3b$와 문자와 차수가 각각 같은 것을 찾으면 $\frac{b}{2}$, $-0.5b$, $\frac{15b^2}{b}=15b$로 모두 3개이다.

답 3

41 ㄱ. $-x$, $-y$ ➡ 문자가 다르므로 동류항이 아니다.

ㅁ. $-0.4x$, $0.4x^2$ ➡ 차수가 다르므로 동류항이 아니다.

ㅂ. $5x^2z$, $-2xz^2$ ➜ 각 문자의 차수가 다르므로 동류항이 아니다.

따라서 동류항끼리 짝 지은 것은 ㄴ, ㄷ, ㄹ이다.

답 ㄴ, ㄷ, ㄹ

42 $4(2x-1)-(3x+5)=8x-4-3x-5$

$=5x-9$

따라서 $a=5$, $b=-9$이므로

$a-b=5-(-9)=14$ 답 14

43 $-(3x-7)-2(4x+1)=-3x+7-8x-2$

$=-11x+5$

따라서 상수항은 5이다. 답 5

44 ① $(2x+1)+(5x+7)=2x+1+5x+7$

$=7x+8$

② $(7x-3)-(-x+1)=7x-3+x-1$

$=8x-4$

③ $3(2x-3)-5(x-7)=6x-9-5x+35$

$=x+26$

④ $(3x-1)-\frac{4}{7}(7x+14)=3x-1-4x-8$

$=-x-9$

⑤ $\frac{1}{2}(2x+6)+16\left(\frac{5}{4}x-\frac{3}{4}\right)=x+3+20x-12$

$=21x-9$ 답 ②

45 $\frac{3}{4}(12x-8)-(9x-6)\div\frac{3}{5}=9x-6-(9x-6)\times\frac{5}{3}$

$=9x-6-15x+10$

$=-6x+4$

따라서 $a=-6$, $b=4$이므로

$a+2b=-6+2\times4=2$ 답 2

46 $5x-[8y-\{6x+3y-(-4x+2y)\}]$

$=5x-\{8y-(6x+3y+4x-2y)\}$

$=5x-\{8y-(10x+y)\}$

$=5x-(8y-10x-y)$

$=5x-(7y-10x)$

$=5x-7y+10x$

$=15x-7y$ 답 $15x-7y$

47 $6x-[5x-\{3x-5-(2-x)\}]$

$=6x-\{5x-(3x-5-2+x)\}$

$=6x-\{5x-(4x-7)\}$

$=6x-(5x-4x+7)$

$=6x-(x+7)$

$=6x-x-7$

$=5x-7$ ⋯❶

따라서 $a=5$, $b=-7$이므로

$ab=5\times(-7)=-35$ ⋯❷

답 -35

채점 기준	배점
❶ 주어진 식을 간단히 하기	80%
❷ ab의 값 구하기	20%

48 $\frac{2x+1}{3}-\frac{x-4}{5}=\frac{5(2x+1)}{15}-\frac{3(x-4)}{15}$

$=\frac{10x+5-3x+12}{15}$

$=\frac{7x+17}{15}$

$=\frac{7}{15}x+\frac{17}{15}$ 답 $\frac{7}{15}x+\frac{17}{15}$

49 $\frac{5x+3}{2}-\frac{2-x}{6}-3x=\frac{3(5x+3)}{6}-\frac{2-x}{6}-\frac{18x}{6}$

$=\frac{15x+9-2+x-18x}{6}$

$=\frac{-2x+7}{6}$

$=-\frac{1}{3}x+\frac{7}{6}$

따라서 $a=-\frac{1}{3}$, $b=\frac{7}{6}$이므로

$-18ab=-18\times\left(-\frac{1}{3}\right)\times\frac{7}{6}=7$ 답 7

50 $6(A+B)-3B=6A+6B-3B$

$=6A+3B$

$=6\left(2x-\frac{5}{6}\right)+3\left(\frac{2}{3}x+2\right)$

$=12x-5+2x+6$

$=14x+1$ 답 ⑤

51 $2A-5B=2(2x+4)-5(-x+3)$

$=4x+8+5x-15$

$=9x-7$ 답 ②

52 $B=4(-x+3)+2x=-4x+12+2x=-2x+12$

$\therefore -(-5A+B)-3B=5A-B-3B$

$=5A-4B$

$=5(3-2x)-4(-2x+12)$

$=15-10x+8x-48$

$=-2x-33$ 답 $-2x-33$

53 $A=\left(\frac{4}{9}x+\frac{2}{3}\right)\div\left(-\frac{1}{18}\right)$
$=\left(\frac{4}{9}x+\frac{2}{3}\right)\times(-18)=-8x-12$
$B=\frac{x+1}{2}-\frac{x-3}{4}$
$=\frac{2(x+1)}{4}-\frac{x-3}{4}$
$=\frac{2x+2-x+3}{4}$
$=\frac{x+5}{4}=\frac{1}{4}x+\frac{5}{4}$
$\therefore 5-\{-7A-4(-2A+3B)\}$
$=5-(-7A+8A-12B)$
$=5-(A-12B)$
$=5-A+12B$
$=5-(-8x-12)+12\left(\frac{1}{4}x+\frac{5}{4}\right)$
$=5+8x+12+3x+15$
$=11x+32$ 답 $11x+32$

54 어떤 식을 □라 하면
□$+3(2x-1)=4x+6$이므로
□$=4x+6-3(2x-1)$
$=4x+6-6x+3=-2x+9$ 답 ③

55 □$=4a-5-(9-7a)$
$=4a-5-9+7a=11a-14$ 답 ①

56 어떤 식을 □라 하면
□$-4(2x-3)=-\frac{1}{3}(9-2x)$이므로
□$=-\frac{1}{3}(9-2x)+4(2x-3)$
$=-3+\frac{2}{3}x+8x-12$
$=\frac{26}{3}x-15$ 답 $\frac{26}{3}x-15$

57 어떤 식을 □라 하면
□$+2(3-5x)=-(4x+7)$이므로 … ❶
□$=-(4x+7)-2(3-5x)$
$=-4x-7-6+10x=6x-13$ … ❷
따라서 바르게 계산하면
$6x-13-2(3-5x)=6x-13-6+10x$
$=16x-19$ … ❸
답 $16x-19$

채점 기준	배점
❶ 어떤 식을 □라 하여 식 세우기	20%
❷ 어떤 식 구하기	40%
❸ 바르게 계산한 식 구하기	40%

Real 실전 유형 again 42~49쪽

07 일차방정식의 풀이

01 ④ 다항식이다. 답 ④

02 ②, ⑤ 부등호가 있으므로 등식이 아니다.
③ 다항식이다. 답 ①, ④

03 ㄴ. 다항식이다.
ㄷ, ㅂ. 부등호가 있으므로 등식이 아니다.
따라서 등식인 것은 ㄱ, ㄹ, ㅁ이다. 답 ㄱ, ㄹ, ㅁ

04 ④ $8x=10$ 답 ④

05 ① $5x+7=x+10$
② $x-7=9-x$
③ $40x>120$
④ $800x=9600$
⑤ $7x=63$ 답 ③

06 (빵 한 개의 할인 금액)$=900\times\frac{20}{100}=180$(원)이므로
(빵 한 개의 판매 가격)$=900-180=720$(원)
∴ (빵을 사고 지불한 금액)$=720(x+8)$(원) … ❶
또, (우유를 사고 지불한 금액)$=700x$(원) … ❷
따라서 주어진 문장을 등식으로 나타내면
$720(x+8)=700x+100$ … ❸
답 $720(x+8)=700x+100$

채점 기준	배점
❶ 빵을 사고 지불한 금액을 문자를 사용한 식으로 나타내기	40%
❷ 우유를 사고 지불한 금액을 문자를 사용한 식으로 나타내기	30%
❸ 주어진 문장을 등식으로 나타내기	30%

07 주어진 방정식에 [ ] 안의 수를 각각 대입하면
① $2\times2+5=9$
② $-2+7\neq4\times2$
③ $3\times(-1+2)=-(-1)+2$
④ $\frac{3}{5}\times(-3)\neq-9$
⑤ $\frac{5}{8}\times\frac{1}{5}\neq\frac{1}{4}$ 답 ①, ③

08 주어진 방정식에 $x=-1$을 각각 대입하면
① $-2\times(-1)-2=0$
② $\frac{3}{4}\times(-1)-\frac{1}{4}=-1$
③ $-\frac{1}{2}\times\{-(-1)+1\}\neq1$
④ $5-\frac{3\times(-1)-1}{4}=6$
⑤ $\frac{5\times(-1)+3}{2}-\frac{1}{2}=-\frac{3}{2}$ 답 ③

09 주어진 방정식에 [ ] 안의 수를 각각 대입하면

① $9-4\times2=1$

② $-8\times(-2)=-2\times(-2)+12$

③ $\frac{1}{3}\times(2\times2-1)=1$

④ $4\times(-2+1)\neq-(-2-2)$

⑤ $3\times2-10=-\frac{4}{3}\times(2+1)$

답 ④

10 ④ $5x-5+1=5x-4$이므로 (좌변)=(우변)

따라서 항등식이다.

답 ④

11 x의 값에 따라 참이 되기도 하고 거짓이 되기도 하는 등식은 방정식이다.

① $-x+5x=4x$이므로 (좌변)=(우변)

따라서 항등식이다.

② 다항식이다.

④ 부등호가 있으므로 등식이 아니다.

⑤ $-\frac{1}{6}(2x-3)=-\frac{1}{3}x+\frac{1}{2}$이므로 (좌변)=(우변)

따라서 항등식이다.

답 ③

12 ㄷ. $2(x-4)=2x-8$이므로 (좌변)=(우변)

ㅂ. $\frac{2}{3}(3-x)=2-\frac{2}{3}x$이므로 (좌변)=(우변)

따라서 항등식인 것은 ㄷ, ㅂ이다.

답 ㄷ, ㅂ

13 x의 값에 관계없이 항상 참인 등식은 항등식이다.

② $-(6x-1)=-6x+1$이므로 (좌변)=(우변)

따라서 항등식이다.

⑤ $2(x+5)-3(-x+1)=2x+10+3x-3$

$=5x+7$

$7x-(2x-7)=7x-2x+7=5x+7$

이므로 (좌변)=(우변)

따라서 항등식이다.

답 ②, ⑤

14 $2(x-4)=-ax-b$에서 $2x-8=-ax-b$

이 등식이 항등식이 되려면 $2=-a$, $-8=-b$이어야 하므로

$a=-2$, $b=8$

답 ⑤

15 $3(4-6x)=12-3ax$에서 $12-18x=12-3ax$

이 등식이 항등식이 되려면 $-18=-3a$이어야 하므로

$a=6$

답 ④

16 $2(-x+1)+7=A-(x-3)$에서

$-2x+2+7=A-x+3$

$-2x+9=A-x+3$

$\therefore A=-x+6$

답 $-x+6$

17 $\frac{4-ax}{3}-2=\frac{1}{5}(x-2b)$에서

$-\frac{2}{3}-\frac{a}{3}x=\frac{1}{5}x-\frac{2b}{5}$

이 등식이 항등식이 되려면 $-\frac{a}{3}=\frac{1}{5}$, $-\frac{2}{3}=-\frac{2b}{5}$이어야 한다. … ❶

$\therefore a=-\frac{3}{5}$, $b=\frac{5}{3}$ … ❷

$\therefore ab=-\frac{3}{5}\times\frac{5}{3}=-1$ … ❸

답 -1

채점 기준	배점
❶ 주어진 등식이 항등식이 될 조건 구하기	50%
❷ a, b의 값 각각 구하기	30%
❸ ab의 값 구하기	20%

18 ① $3a=5b$의 양변을 15로 나누면

$\frac{a}{5}=\frac{b}{3}$

② $a-2=b$의 양변에 2를 더하면

$a=b+2$

③ $3a=2b+1$의 양변에 2를 곱하면

$6a=4b+2$

⑤ $a+x=b+y$의 양변에서 b를 빼면

$a+x-b=y$

이 식의 양변에서 x를 빼면

$a-b=y-x$

답 ④

19 ① $c=0$일 때, $ac-bc=0$이지만 $a\neq b$일 수도 있다.

예를 들어 $a=1$, $b=2$, $c=0$인 경우,

$1\times0-2\times0=0$이지만 $1\neq2$이다.

② $a=b$의 양변에 c를 곱하면

$ac=bc$

이 식의 양변에서 bc를 빼면

$ac-bc=0$

④ $a=b$의 양변을 4로 나누면

$\frac{a}{4}=\frac{b}{4}$

이 식의 양변에서 c를 빼면

$\frac{a}{4}-c=\frac{b}{4}-c$

⑤ $2a=3b$의 양변을 6으로 나누면

$\frac{a}{3}=\frac{b}{2}$

답 ①

20 ㄱ. $a=b$의 양변에 $\frac{3}{2}$을 더하면

$a+\frac{3}{2}=b+\frac{3}{2}$

ㄴ. $\frac{a}{3}=\frac{b}{6}$의 양변에 6을 곱하면

$2a=b$

ㄷ. $a=-b$의 양변에 4를 더하면

$a+4=-b+4=-(b-4)$

ㄹ. $a-2=2b+1$의 양변에 2를 더하면

$a=2b+3$

ㅁ. $3(a-2)=3(b-2)$의 양변을 3으로 나누면

$a-2=b-2$

이 식의 양변에 2를 더하면

$a=b$, 즉 $a-b=0$

ㅂ. $7a=2b$의 양변을 14로 나누면

$\frac{a}{2}=\frac{b}{7}$, 즉 $\frac{a}{2}-\frac{b}{7}=0$

따라서 옳은 것은 ㄱ, ㄷ, ㄹ이다. 답 ㄱ, ㄷ, ㄹ

21 $\frac{3}{4}x+1=\frac{7}{2}$) 양변에 4를 곱한다. (ㄷ)

$3x+4=14$) 양변에서 4를 뺀다. (ㄴ)

$3x=10$) 양변을 3으로 나눈다. (ㄹ)

$\therefore x=\frac{10}{3}$

따라서 이용되지 않은 등식의 성질은 ㄱ이다. 답 ㄱ

22 $9x-7=11$의 양변에 7을 더하면

$9x=18$ $\quad\therefore c=7$ 답 7

23 ① $x-2=5$의 양변에 2를 더하면

$x=7$

② $2x=-x+4$의 양변에 x를 더하면

$3x=4$

③ $-4x=-6$의 양변을 -4로 나누면

$x=\frac{3}{2}$

④ $4x-1=2$의 양변에 1을 더하면

$4x=3$

⑤ $\frac{2}{3}x-5=6$의 양변에 5를 더하면

$\frac{2}{3}x=11$ 답 ③

24 ① $x+1=4$ ➡ $x=4-1$

② $7+x=-7$ ➡ $x=-7-7$

③ $x=-3x-1$ ➡ $x+3x=-1$

④ $-7x-11=-2x$ ➡ $-7x+2x=11$ 답 ⑤

25 -4를 이항하면 $5x=7x+4$

ㄴ. $5x-4=7x$의 양변에 4를 더하면

$5x=7x+4$

ㄷ. $5x-4=7x$의 양변에서 -4를 빼면

$5x=7x+4$

따라서 결과가 같은 것은 ㄴ, ㄷ이다. 답 ㄴ, ㄷ

26 ① $-x+2=-3$ ➡ $-x=-3-2$

② $4x+1=3x$ ➡ $4x-3x=-1$

④ $-x+10=-8x-4$ ➡ $-x+8x=-4-10$

⑤ $9x-6=1+5x$ ➡ $9x-5x=1+6$ 답 ③

27 등식 $-3x+7=5x-9$에서 x를 포함하는 항은 좌변으로, 상수항은 우변으로 이항하면

$-3x-5x=-9-7$ $\quad\therefore -8x=-16$ …❶

따라서 $a=-8$, $b=-16$이므로

$a-b=-8-(-16)=8$ …❷

답 8

채점 기준	배점
❶ 이항하여 등식을 $ax=b$ 꼴로 고치기	70%
❷ $a-b$의 값 구하기	30%

28 ① $7=0$ ② $-3x-1=0$

③ 다항식이다. ④ $2x+8=0$

⑤ $-2=0$ 답 ②, ④

29 ㄴ. $-x+12=0$

ㄷ. $2x-16=0$

ㄹ. $3x=0$

ㅁ. $-\frac{5}{3}x-4=0$

ㅂ. $-8=0$

따라서 일차방정식은 ㄱ, ㄴ, ㄷ, ㄹ, ㅁ의 5개이다. 답 ⑤

30 $-3x^2+4ax=-bx^2+8x-1$에서

$(-3+b)x^2+(4a-8)x+1=0$ …❶

이 등식이 일차방정식이 되려면

$-3+b=0$, $4a-8\neq0$

이어야 하므로

$a\neq2$, $b=3$ …❷

답 $a\neq2$, $b=3$

채점 기준	배점
❶ 이항하여 등식을 간단히 하기	50%
❷ 일차방정식이 되기 위한 조건 구하기	50%

31 ① $x+3=-(2x+1)$에서

$x+3=-2x-1$, $3x=-4$

$\therefore x=-\frac{4}{3}$

② $3x+2=2(4-x)$에서

$3x+2=8-2x$, $5x=6$

$\therefore x=\frac{6}{5}$

③ $3(2x-1)=9-(3x+1)$에서

$6x-3=9-3x-1$, $9x=11$

$\therefore x=\frac{11}{9}$

④ $11-(1-x)=6x$에서

$11-1+x=6x$, $-5x=-10$

$\therefore x=2$

⑤ $-(7x+1)+2=3(4-x)+1$에서

$-7x-1+2=12-3x+1$, $-4x=12$

$\therefore x=-3$

답 ⑤

32 $-3(2x-1)=-x+5(x+3)$에서

$-6x+3=-x+5x+15$, $-10x=12$

$\therefore x=-\frac{6}{5}$

답 ①

33 $3(x+2)-3(5-x)=9$에서

$3x+6-15+3x=9$, $6x=18$

$\therefore x=3$

① $4x+5=-3$에서 $4x=-8$

$\therefore x=-2$

② $2(x-5)+7=3x$에서

$2x-10+7=3x$, $-x=3$

$\therefore x=-3$

③ $-(1-x)+2x=11$에서

$-1+x+2x=11$, $3x=12$

$\therefore x=4$

④ $2(x+2)=3(x+1)$에서

$2x+4=3x+3$, $-x=-1$

$\therefore x=1$

⑤ $2(x+3)-2(5-x)=8$에서

$2x+6-10+2x=8$, $4x=12$

$\therefore x=3$

답 ⑤

34 $4(2x+1)-3x=3-2(1-x)$에서

$8x+4-3x=3-2+2x$, $3x=-3$

$\therefore x=-1$ … ❶

따라서 $a=-1$이므로

$2a^2-a=2\times(-1)^2-(-1)=3$ … ❷

답 3

채점 기준	배점
❶ 일차방정식의 해 구하기	70%
❷ $2a^2-a$의 값 구하기	30%

35 $2.5x+4.5=-1+0.5(x-3)$의 양변에 10을 곱하면

$25x+45=-10+5(x-3)$

$25x+45=-10+5x-15$

$20x=-70$ $\quad\therefore x=-\frac{7}{2}$

답 ②

36 $\frac{4}{5}-\frac{3-x}{2}=\frac{1}{3}x$의 양변에 30을 곱하면

$24-15(3-x)=10x$, $24-45+15x=10x$

$5x=21$ $\quad\therefore x=\frac{21}{5}$

답 $x=\frac{21}{5}$

37 $\frac{1}{8}x+\frac{2x-3}{2}=0.5(x+2)$의 양변에 8을 곱하면

$x+4(2x-3)=4(x+2)$, $x+8x-12=4x+8$

$5x=20$ $\quad\therefore x=4$

답 ④

38 $\frac{3}{5}x+0.7=\frac{1}{10}x+1.3$의 양변에 10을 곱하면

$6x+7=x+13$, $5x=6$ $\quad\therefore x=\frac{6}{5}$

$\therefore a=\frac{6}{5}$ … ❶

$\frac{5(2x-1)}{6}=1.2x-\frac{2(2-x)}{3}$의 양변에 30을 곱하면

$25(2x-1)=36x-20(2-x)$

$50x-25=36x-40+20x$

$-6x=-15$ $\quad\therefore x=\frac{5}{2}$

$\therefore b=\frac{5}{2}$ … ❷

$\therefore ab=\frac{6}{5}\times\frac{5}{2}=3$ … ❸

답 3

채점 기준	배점
❶ a의 값 구하기	40%
❷ b의 값 구하기	40%
❸ ab의 값 구하기	20%

39 $(0.2x-5):4=\frac{3}{4}(x-1):5$에서

$5(0.2x-5)=4\times\frac{3}{4}(x-1)$, $x-25=3x-3$

$-2x=22$ $\quad\therefore x=-11$

답 ②

40 $(3x-8):(2x+1)=4:3$에서

$3(3x-8)=4(2x+1)$, $9x-24=8x+4$

$\therefore x=28$

답 28

41 $\frac{2x+1}{5}:\frac{4-3x}{3}=2:5$에서

$2x+1=\frac{2(4-3x)}{3}$

양변에 3을 곱하면

$3(2x+1)=2(4-3x)$, $6x+3=8-6x$

$12x=5$ $\quad\therefore x=\frac{5}{12}$

답 ④

42 $0.5(4-x):3=\frac{1}{5}(3x+2):2$에서

$4-x=\frac{3}{5}(3x+2)$

양변에 5를 곱하면

$5(4-x)=3(3x+2)$, $20-5x=9x+6$

$-14x=-14$ $\quad\therefore x=1$

따라서 $a=1$이므로

$a^2+1=1^2+1=2$ 답 2

43 $4(x+a)=2(x-2a)+3$에 $x=-1$을 대입하면

$4(-1+a)=2(-1-2a)+3$, $-4+4a=-2-4a+3$

$8a=5$ $\quad\therefore a=\frac{5}{8}$ 답 ⑤

44 $3(-x+a)=5x-7$에 $x=2$를 대입하면

$3(-2+a)=10-7$, $-6+3a=3$

$3a=9$ $\quad\therefore a=3$ 답 3

45 $\frac{3}{4}-\frac{7x+5a}{6}=\frac{2x-a}{4}$에 $x=-2$를 대입하면

$\frac{3}{4}-\frac{-14+5a}{6}=\frac{-4-a}{4}$

양변에 12를 곱하면

$9-2(-14+5a)=3(-4-a)$

$9+28-10a=-12-3a$

$-7a=-49$ $\quad\therefore a=7$ 답 ②

46 $2x-\frac{x-a}{3}=3a+1$에 $x=3$을 대입하면

$6-\frac{3-a}{3}=3a+1$

양변에 3을 곱하면

$18-(3-a)=3(3a+1)$, $18-3+a=9a+3$

$-8a=-12$ $\quad\therefore a=\frac{3}{2}$ …❶

$4(2-ax)+3x=-7$에 $a=\frac{3}{2}$을 대입하면

$4\left(2-\frac{3}{2}x\right)+3x=-7$, $8-6x+3x=-7$

$-3x=-15$ $\quad\therefore x=5$ …❷

답 $x=5$

채점 기준	배점
❶ a의 값 구하기	50%
❷ $4(2-ax)+3x=-7$의 해 구하기	50%

47 $\frac{1}{2}(3-x)=\frac{x-5}{4}-1$의 양변에 4를 곱하면

$2(3-x)=x-5-4$

$6-2x=x-9$, $-3x=-15$ $\quad\therefore x=5$

$0.2(2x-1)=0.3(x-4)+a$에 $x=5$를 대입하면

$0.2\times(10-1)=0.3\times(5-4)+a$

$1.8=0.3+a$, $-a=-1.5$

$\therefore a=1.5=\frac{3}{2}$ 답 ④

48 $\frac{x+1}{2}=3(x-2)+4$의 양변에 2를 곱하면

$x+1=6(x-2)+8$, $x+1=6x-12+8$

$-5x=-5$ $\quad\therefore x=1$

$4-ax=x-2a$에 $x=1$을 대입하면

$4-a=1-2a$ $\quad\therefore a=-3$ 답 -3

49 $\frac{3}{4}x-1=\frac{3-x}{2}$의 양변에 4를 곱하면

$3x-4=2(3-x)$, $3x-4=6-2x$

$5x=10$ $\quad\therefore x=2$

$4(x+2a)=6x-5$에 $x=2$를 대입하면

$4(2+2a)=12-5$, $8+8a=7$

$8a=-1$ $\quad\therefore a=-\frac{1}{8}$ 답 ②

50 $0.5x-0.4=0.15(x+2)$의 양변에 100을 곱하면

$50x-40=15(x+2)$, $50x-40=15x+30$

$35x=70$ $\quad\therefore x=2$

$a+\frac{x}{2}-\frac{4-ax}{3}=3$에 $x=2$를 대입하면

$a+1-\frac{4-2a}{3}=3$

양변에 3을 곱하면

$3a+3-(4-2a)=9$, $3a+3-4+2a=9$

$5a=10$ $\quad\therefore a=2$ 답 2

51 $3x-(a-x)=5-2x$에서

$3x-a+x=5-2x$, $6x=5+a$

$\therefore x=\frac{5+a}{6}$

$\frac{5+a}{6}$가 자연수가 되려면 $5+a$가 6의 배수가 되어야 한다.

따라서 주어진 수 중에서 이를 만족시키는 자연수 a의 값은 1, 7, 13이다. 답 ②, ⑤

52 $2(9-5x)=a-9x$에서

$18-10x=a-9x$ $\quad\therefore x=18-a$

따라서 $18-a$가 자연수가 되도록 하는 a는 1, 2, 3, …, 17의 17개이다. 답 17

53 $3x-\frac{1}{4}(7x+5a)=-5$의 양변에 4를 곱하면

$12x-7x-5a=-20$, $5x=5a-20$

$\therefore x=a-4$

따라서 $a-4$가 음의 정수가 되도록 하는 자연수 a의 값은 1, 2, 3이다. 답 ①

54 $3(6-x)=2a+x$에서

$18-3x=2a+x$, $-4x=2a-18$

$-2x=a-9$ $\quad\therefore x=\frac{9-a}{2}$ …❶

$\frac{9-a}{2}$가 자연수가 되려면 $9-a$가 2의 배수가 되어야 하므로

$a=1, 3, 5, 7$ … ❷

따라서 구하는 합은

$1+3+5+7=16$ … ❸

답 16

채점 기준	배점
❶ 일차방정식의 해를 a를 사용한 식으로 나타내기	40%
❷ a의 값 모두 구하기	50%
❸ 모든 a의 값의 합 구하기	10%

55 $ax+3=x-b$에서 $(a-1)x=-b-3$

이 방정식의 해가 무수히 많으므로

$a-1=0,\ -b-3=0$ $\therefore a=1,\ b=-3$

$\therefore a-b=1-(-3)=4$

답 ④

56 $5-ax=2x+b$에서 $(-a-2)x=b-5$

이 방정식의 해가 무수히 많으므로

$-a-2=0,\ b-5=0$

$\therefore a=-2,\ b=5$

답 ⑤

57 $\frac{2x+3}{3}-\frac{1-ax}{6}=x-\frac{1}{4}$의 양변에 12를 곱하면

$4(2x+3)-2(1-ax)=12x-3$

$8x+12-2+2ax=12x-3$

$\therefore (2a-4)x=-13$

이 방정식의 해가 존재하지 않으므로

$2a-4=0$ $\therefore a=2$

답 2

58 $\frac{x+1}{3}-\frac{1}{6}=\frac{ax-3}{6}$의 양변에 6을 곱하면

$2(x+1)-1=ax-3,\ 2x+2-1=ax-3$

$\therefore (2-a)x=-4$

이 방정식의 해가 없으므로

$2-a=0$ $\therefore a=2$ … ❶

$2(1-bx)=-2(3x+c)$에서

$2-2bx=-6x-2c$

$\therefore (6-2b)x=-2c-2$

이 방정식의 해가 무수히 많으므로

$6-2b=0,\ -2c-2=0$

$\therefore b=3,\ c=-1$ … ❷

$\therefore abc=2\times3\times(-1)=-6$ … ❸

답 −6

채점 기준	배점
❶ a의 값 구하기	40%
❷ b, c의 값 구하기	50%
❸ abc의 값 구하기	10%

Real 실전 유형 again 50~57쪽

08 일차방정식의 활용

01 어떤 수를 x라 하면 $\frac{1}{3}x=2(x-1)-3$

$x=6(x-1)-9,\ x=6x-6-9$

$-5x=-15$ $\therefore x=3$

따라서 어떤 수는 3이다.

답 ②

02 어떤 수를 x라 하면 $4(x-4)=2x$

$4x-16=2x,\ 2x=16$ $\therefore x=8$

따라서 어떤 수는 8이다.

답 8

03 작은 수를 x라 하면 큰 수는 $32-x$이므로

$32-x=5x+2$

$-6x=-30$ $\therefore x=5$

따라서 작은 수는 5이다.

답 5

04 (1) 어떤 수를 x라 하면 $5x-3=3x-5+8$ … ❶

$2x=6$ $\therefore x=3$

따라서 어떤 수는 3이다. … ❷

(2) 처음 구하려고 했던 수는

$3\times3-5=4$ … ❸

답 (1) 3 (2) 4

채점 기준	배점
❶ 어떤 수를 x라 하고 방정식 세우기	40%
❷ 어떤 수 구하기	30%
❸ 처음 구하려고 했던 수 구하기	30%

05 연속하는 세 자연수를 $x-1,\ x,\ x+1$이라 하면

$(x-1)+x+(x+1)=102$

$3x=102$ $\therefore x=34$

따라서 세 수 중 가장 큰 수는 $34+1=35$

답 ⑤

06 연속하는 두 자연수를 $x,\ x+1$이라 하면

$x+(x+1)=45$

$2x=44$ $\therefore x=22$

따라서 두 자연수는 22, 23이므로 곱은

$22\times23=506$

답 506

07 연속하는 두 짝수를 $x,\ x+2$라 하면

$x+(x+2)=3x-8$

$2x+2=3x-8,\ -x=-10$ $\therefore x=10$

따라서 두 짝수 중 작은 수는 10이다.

답 ④

08 연속하는 세 홀수를 $x-2,\ x,\ x+2$라 하면

$4(x-2)=x+(x+2)-4$ … ❶

$4x-8=2x-2$, $2x=6$ $\therefore x=3$

따라서 세 홀수 중 가장 큰 수는

$3+2=5$ … ❷

답 5

채점 기준	배점
❶ 방정식 세우기	50%
❷ 가장 큰 수 구하기	50%

09 처음 수의 십의 자리의 숫자를 x라 하면 일의 자리의 숫자가 5이므로 처음 수는 $10x+5$

십의 자리의 숫자와 일의 자리의 숫자를 바꾼 수는 $50+x$

바꾼 수는 처음 수보다 9만큼 크므로

$50+x=(10x+5)+9$

$-9x=-36$ $\therefore x=4$

따라서 처음 수는 45이다. 답 45

10 일의 자리의 숫자를 x라 하면 십의 자리의 숫자가 7이므로 두 자리 자연수는 $70+x$

이 자연수가 각 자리의 숫자의 합의 8배와 같으므로

$70+x=8(7+x)$

$70+x=56+8x$, $-7x=-14$ $\therefore x=2$

따라서 이 자연수는 $70+2=72$이다. 답 ②

11 십의 자리의 숫자를 x라 하면 일의 자리의 숫자는 $x+2$이므로 두 자리 자연수는

$10x+(x+2)=11x+2$

이 자연수가 각 자리의 숫자의 합의 4배보다 15만큼 크므로

$11x+2=4\{x+(x+2)\}+15$

$11x+2=4(2x+2)+15$

$11x+2=8x+8+15$, $3x=21$ $\therefore x=7$

따라서 이 자연수는 $11\times7+2=79$이다. 답 79

12 처음 수의 십의 자리의 숫자를 x라 하면 일의 자리의 숫자는 $13-x$이므로 처음 수는

$10x+(13-x)=9x+13$ … ❶

이 자연수의 일의 자리의 숫자와 십의 자리의 숫자를 바꾼 수는

$10(13-x)+x=130-10x+x=130-9x$ … ❷

바꾼 수는 처음 수보다 9만큼 크므로

$130-9x=(9x+13)+9$ … ❸

$130-9x=9x+22$

$-18x=-108$ $\therefore x=6$

따라서 처음 수는 $9\times6+13=67$이다. … ❹

답 67

채점 기준	배점
❶ 십의 자리 숫자를 x라 하고 처음 수를 x에 대한 식으로 나타내기	20%
❷ 바꾼 수를 x에 대한 식으로 나타내기	20%
❸ 방정식 세우기	30%
❹ 처음 수 구하기	30%

13 현재 어머니의 나이를 x세라 하면 딸의 나이는 $(53-x)$세이다. 11년 후 어머니의 나이가 딸의 나이의 2배가 되므로

$x+11=2\{(53-x)+11\}$

$x+11=2(-x+64)$, $x+11=-2x+128$

$3x=117$ $\therefore x=39$

따라서 현재 어머니의 나이는 39세이다. 답 39세

14 x년 후에 아버지의 나이가 아들의 나이의 3배가 된다고 하면

$42+x=3(12+x)$

$42+x=36+3x$, $-2x=-6$ $\therefore x=3$

따라서 3년 후에 아버지의 나이가 아들의 나이의 3배가 된다. 답 ②

15 현재 태호의 나이를 x세라 하면 큰아버지의 나이는 $4x$세이다. 7년 후 큰아버지의 나이가 태호의 나이의 3배가 되므로

$4x+7=3(x+7)$, $4x+7=3x+21$ $\therefore x=14$

따라서 현재 태호의 나이는 14세이다. 답 14세

16 현재 민수의 나이를 x세라 하면 아버지의 나이는 $(x+29)$세이다. 13년 후 아버지의 나이가 민수의 나이의 2배보다 9세 많으므로

$(x+29)+13=2(x+13)+9$ … ❶

$x+42=2x+26+9$, $-x=-7$ $\therefore x=7$

따라서 현재 민수의 나이는 7세이다. … ❷

답 7세

채점 기준	배점
❶ 민수의 나이를 x라 하고 방정식 세우기	50%
❷ 민수의 나이 구하기	50%

17 염소가 x마리 있다고 하면 닭은 $(62-x)$마리 있다.

다리의 수의 합이 164개이므로

$4x+2(62-x)=164$

$4x+124-2x=164$, $2x=40$ $\therefore x=20$

따라서 염소는 20마리 있다. 답 20마리

18 3점짜리 슛을 x개 넣었다고 하면 2점짜리 슛은 $(19-x)$개 넣었으므로

$3x+2(19-x)=45$

$3x+38-2x=45$ $\therefore x=7$

따라서 이 선수가 넣은 3점짜리 슛은 7개이다. 답 7

19 국화를 x송이 샀다고 하면 해바라기는 $(11-x)$송이 샀으므로

$700x+1200(11-x)=10000-800$

$700x+13200-1200x=9200$

$-500x=-4000 \quad \therefore x=8$

따라서 구입한 국화는 8송이이다. 답 ⑤

20 과자를 x개 샀다고 하면 도넛은 $(15-x)$개 샀으므로

$600x+800(15-x)+1500=11500$ …❶

$600x+12000-800x+1500=11500$

$-200x=-2000 \quad \therefore x=10$

따라서 과자는 10개, 도넛은 $15-10=5$(개) 샀다. …❷

답 과자: 10개, 도넛: 5개

채점 기준	배점
❶ 과자를 x개 샀다고 하고 방정식 세우기	50%
❷ 과자와 도넛의 수 구하기	50%

21 x일 후에 언니와 동생의 저금통에 들어 있는 금액이 같아진다고 하면

$4000+500x=2400+700x$

$-200x=-1600 \quad \therefore x=8$

따라서 8일 후에 언니와 동생의 저금통에 들어 있는 금액이 같아진다. 답 ④

22 x개월 후에 강인이의 예금액이 희주의 예금액의 3배가 된다고 하면

$3(10000+2000x)=42000+2000x$

$30000+6000x=42000+2000x$

$4000x=12000 \quad \therefore x=3$

따라서 3개월 후에 강인이의 예금액이 희주의 예금액의 3배가 된다. 답 3개월 후

23 x일 후에 성규가 가지고 있는 돈이 미애가 가지고 있는 돈의 2배가 된다고 하면

$36000-3000x=2(30000-3000x)$

$36000-3000x=60000-6000x$

$3000x=24000 \quad \therefore x=8$

따라서 8일 후에 성규가 가지고 있는 돈이 미애가 가지고 있는 돈의 2배가 된다. 답 ②

24 원가를 x원이라 하면

(정가)=(원가)+(이익)$=x+\frac{20}{100}x=\frac{6}{5}x$(원)

(판매 가격)=(정가)$-900=\frac{6}{5}x-900$(원)

이익이 원가의 8 %이므로

(판매 가격)−(원가)=(원가)$\times\frac{8}{100}$에서

$\left(\frac{6}{5}x-900\right)-x=x\times\frac{8}{100}$

$\frac{1}{5}x-900=\frac{2}{25}x,\ 5x-22500=2x,\ 3x=22500$

$\therefore x=7500$

따라서 이 상품의 원가는 7500원이다. 답 ②

25 정가를 x원이라 하면

(판매 가격)=(정가)−(할인 금액)

$=x-\frac{30}{100}x=\frac{7}{10}x$(원)

이익이 원가의 12 %이므로

$\frac{7}{10}x-5000=5000\times\frac{12}{100}$

$\frac{7}{10}x=5600 \quad \therefore x=8000$

따라서 이 상품의 정가는 8000원이다. 답 ④

26 원가에 x %의 이익을 붙여 정가를 정했으므로

(정가)=(원가)+(이익)

$=30000+30000\times\frac{x}{100}=300x+30000$(원)

(판매 가격)=(정가)−(할인 금액)

$=(300x+30000)-(300x+30000)\times\frac{10}{100}$

$=300x+30000-30x-3000$

$=270x+27000$(원)

이익이 2400원이므로 (판매 가격)−(원가)=2400에서

$(270x+27000)-30000=2400$

$270x=5400 \quad \therefore x=20$ 답 20

27 작년 남학생 수를 x라 하면 여학생 수는 $580-x$이다.

(올해 증가한 남학생 수)$=\frac{4}{100}x$

(올해 감소한 여학생 수)$=\frac{5}{100}(580-x)$

올해 감소한 전체 학생이 2명이므로

$\frac{4}{100}x-\frac{5}{100}(580-x)=-2$

$4x-5(580-x)=-200,\ 4x-2900+5x=-200$

$9x=2700 \quad \therefore x=300$

따라서 올해 남학생 수는

$300+\frac{4}{100}\times300=312$ 답 ⑤

28 작년 입사 지원자 수를 x라 하면

$x+\frac{15}{100}x=2875$

$100x+15x=287500,\ 115x=287500 \quad \therefore x=2500$

따라서 작년 입사 지원자 수는 2500이다. 답 2500

29 작년 여자 회원 수를 x라 하면

(올해 증가한 여자 회원 수)$=\frac{10}{100}x=\frac{1}{10}x$

(올해 전체 증가한 회원 수)$=\frac{2}{100}\times150=3$

이므로 $-4+\frac{1}{10}x=3$

$\frac{1}{10}x=7 \quad \therefore x=70$

따라서 올해 여자 회원 수는

$70+\frac{1}{10}\times70=77$ 답 77

30 작년 남학생 수를 x라 하면 여학생 수는 $1220-x$이다.

(올해 감소한 남학생 수)$=\frac{3}{100}x$

(올해 증가한 여학생 수)$=\frac{5}{100}(1220-x)$

$=61-\frac{1}{20}x$

(올해 증가한 전체 학생 수)$=1233-1220=13$

이므로 $-\frac{3}{100}x+\left(61-\frac{1}{20}x\right)=13$ … ❶

$-3x+6100-5x=1300$

$-8x=-4800$

$\therefore x=600$ … ❷

따라서 올해 남학생 수는

$600-\frac{3}{100}\times600=582$ … ❸

답 582

채점 기준	배점
❶ 작년 남학생 수를 x라 하고 방정식 세우기	50%
❷ 방정식 풀기	30%
❸ 올해 남학생 수 구하기	20%

31 학생 수를 x라 하면 $2x+4=3x-6$

$-x=-10 \quad \therefore x=10$

따라서 공책의 수는 $2\times10+4=24$ 답 ④

32 (1) 텐트의 수를 x라 하면 6명씩 잘 경우 6명이 모두 자는 텐트의 수는 $x-1$이므로

$5x+3=6(x-1)+2$ … ❶

$5x+3=6x-6+2$, $-x=-7 \quad \therefore x=7$

따라서 텐트의 수는 7이다. … ❷

(2) (은지네 반 학생 수)$=5\times7+3=38$ … ❸

답 (1) 7 (2) 38

채점 기준	배점
❶ 텐트의 수를 x라 하고 방정식 세우기	50%
❷ 텐트의 수 구하기	30%
❸ 은지네 반 학생 수 구하기	20%

33 긴 의자의 수를 x라 하면 한 의자에 10명씩 앉는 경우 10명이 모두 앉는 의자의 수는 $x-2$이므로

$8x+2=10(x-2)+6$

$8x+2=10x-20+6$

$-2x=-16 \quad \therefore x=8$

따라서 관객 수는 $8\times8+2=66$ 답 66

34 전체 대청소의 양을 1이라 하면 언니와 동생이 1시간 동안 할 수 있는 청소의 양은 각각 $\frac{1}{2}$, $\frac{1}{4}$이다.

언니와 동생이 함께 청소한 시간을 x시간이라 하면

$\frac{1}{2}\times1+\left(\frac{1}{2}+\frac{1}{4}\right)x=1$

$\frac{3}{4}x=\frac{1}{2} \quad \therefore x=\frac{2}{3}$

따라서 언니와 동생이 함께 청소한 시간은 $\frac{2}{3}$시간, 즉 40분이다. 답 40분

35 전체 일의 양을 1이라 하면 A, B가 하루 동안 할 수 있는 일의 양은 각각 $\frac{1}{10}$, $\frac{1}{14}$이다.

B가 x일 동안 일을 하였다고 하면

$\frac{1}{10}\times5+\frac{1}{14}x=1$

$\frac{1}{14}x=\frac{1}{2} \quad \therefore x=7$

따라서 B는 7일 동안 일하였다. 답 7일

36 물탱크의 용량을 1이라 하면 A, B 두 호스로 1시간 동안 받을 수 있는 물의 양은 각각 $\frac{1}{5}$, $\frac{1}{3}$이다.

A, B 두 호스로 동시에 물을 받는 시간을 x시간이라 하면

$\frac{1}{3}\times1+\left(\frac{1}{5}+\frac{1}{3}\right)x=1$

$\frac{8}{15}x=\frac{2}{3} \quad \therefore x=\frac{5}{4}$

따라서 두 호스로 동시에 $\frac{5}{4}$시간, 즉 1시간 15분 동안 받아야 한다. 답 ②

37 가로의 길이와 세로의 길이의 비가 6 : 5이므로 가로의 길이를 $6x$ cm라 하면 세로의 길이는 $5x$ cm이다.

직사각형의 둘레의 길이가 66 cm이므로

$2(6x+5x)=66$

$22x=66 \quad \therefore x=3$

따라서 직사각형의 가로의 길이는 $6\times3=18$(cm), 세로의 길이는 $5\times3=15$(cm)이므로 그 넓이는

$18\times15=270(\text{cm}^2)$ 답 ⑤

38 (정사각형의 한 변의 길이)$=20\div4=5$(cm) … ❶

(늘인 가로의 길이)$=5+x$(cm)

(줄인 세로의 길이)$=5-2=3$(cm)
직사각형의 넓이가 24 cm^{2}이므로
$3(5+x)=24$ … ❷
$15+3x=24$, $3x=9$ $\therefore x=3$ … ❸
답 3

채점 기준	배점
❶ 정사각형의 한 변의 길이 구하기	20%
❷ x에 대한 방정식 세우기	50%
❸ x의 값 구하기	30%

39 닭장의 세로의 길이를 x m라 하면 가로의 길이는 $(x+0.8)$ m이다.
철망의 길이가 8 m이므로
$(x+0.8)+2x=8$
$3x+0.8=8$
$3x=7.2$ $\therefore x=2.4$
따라서 이 닭장의 세로의 길이는 2.4 m이다. 답 2.4 m

40 정우네 집에서 할머니 댁까지의 거리를 x m라 하면
(동생이 이동한 시간)$-$(정우가 이동한 시간)
$=$1시간 10분$=$70분
이므로 $\frac{x}{120}-\frac{x}{150}=70$
$5x-4x=42000$ $\therefore x=42000$
따라서 정우네 집에서 할머니 댁까지의 거리는 42000 m, 즉 42 km이다. 답 ⑤

41 두 지점 A, B 사이의 거리를 x km라 하면
(갈 때 걸린 시간)$+$(올 때 걸린 시간)$=$(총 걸린 시간)
이므로 $\frac{x}{5}+\frac{x}{2}=7$
$2x+5x=70$
$7x=70$ $\therefore x=10$
따라서 두 지점 A, B 사이의 거리는 10 km이다.
답 10 km

42 내려온 거리를 x km라 하면 올라간 거리는 $(x-2)$ km이다.
(올라갈 때 걸린 시간)$+$(내려올 때 걸린 시간)
$=$(총 걸린 시간)
이므로
$\frac{x-2}{2}+\frac{x}{3}=4\frac{20}{60}$
$\frac{x-2}{2}+\frac{x}{3}=\frac{13}{3}$, $3(x-2)+2x=26$
$5x=32$ $\therefore x=6.4$
따라서 내려올 때 걸은 거리는 6.4 km이다. 답 6.4 km

43 나현이네 집에서 서점까지의 거리를 x km라 하면
(갈 때 걸린 시간)$+$(책을 산 시간)$+$(올 때 걸린 시간)
$=$(총 걸린 시간)
이므로 $\frac{x}{4}+\frac{30}{60}+\frac{x}{3}=3$
$3x+6+4x=36$
$7x=30$ $\therefore x=\frac{30}{7}$
따라서 나현이네 집에서 서점까지의 거리는 $\frac{30}{7}$ km이다.
답 $\frac{30}{7}$ km

44 2.1 km$=$2100 m이고, 두 사람이 출발한 지 x분 후에 만난다고 하면
(세훈이가 걸은 거리)$+$(광석이가 걸은 거리)
$=$(호수의 둘레의 길이)
이므로 $80x+60x=2100$
$140x=2100$ $\therefore x=15$
따라서 두 사람이 처음으로 다시 만나는 것은 출발한 지 15분 후이다. 답 15분 후

45 동생이 출발한 지 x분 후에 형을 만난다고 하면
(동생이 자전거를 타고 달린 거리)$=$(형이 걸은 거리)
이므로 $210x=70(x+10)$
$210x=70x+700$
$140x=700$ $\therefore x=5$
따라서 동생은 출발한 지 5분 후에 형을 만나게 된다.
답 5분 후

46 두 사람이 출발한 지 x분 후에 처음으로 다시 만난다고 하면
(준혁이가 걸은 거리)$-$(세인이가 걸은 거리)
$=$(트랙의 둘레의 길이)
이므로 $110x-90x=600$
$20x=600$ $\therefore x=30$
따라서 준혁이와 세인이가 처음으로 다시 만나는 것은 출발한 지 30분 후이다. 답 30분 후

47 B가 걸은 거리를 x km라 하면 A가 걸은 거리는 $(2.8-x)$ km이다.
(A가 이동한 시간)$=$(B가 이동한 시간)이므로
$\frac{2.8-x}{4}=\frac{x}{3}$ … ❶
$3(2.8-x)=4x$, $8.4-3x=4x$
$84-30x=40x$, $-70x=-84$
$\therefore x=1.2$
따라서 B가 걸은 거리는 1.2 km이다. … ❷
답 1.2 km

채점 기준	배점
❶ B가 걸은 거리를 x km라 하고 방정식 세우기	50%
❷ B가 걸은 거리 구하기	50%

48 열차의 길이를 x m라 하면 속력이 일정하므로

$\frac{x+1500}{70}=\frac{x+600}{30}$

$3(x+1500)=7(x+600)$

$3x+4500=7x+4200$

$-4x=-300 \quad \therefore x=75$

따라서 열차의 길이는 75 m이다. 답 75 m

49 열차의 길이를 x m라 하면

$\frac{x+1700}{48}=40$

$x+1700=1920 \quad \therefore x=220$

따라서 열차의 길이는 220 m이다. 답 220 m

50 기차의 길이를 x m라 하면 속력이 일정하므로

$\frac{x+110}{4}=\frac{x+290}{8}$

$2(x+110)=x+290$

$2x+220=x+290 \quad \therefore x=70$

따라서 열차의 길이는 70 m이고 속력은 초속

$\frac{70+110}{4}=\frac{180}{4}=45$(m)이다. 답 초속 45 m

51 더 넣을 물의 양을 x g이라 하면

$\frac{6}{100}\times300=\frac{4}{100}\times(300+x)$

$1800=1200+4x$

$-4x=-600 \quad \therefore x=150$

따라서 더 넣을 물의 양은 150 g이다. 답 ④

52 증발시킬 물의 양을 x g이라 하면

$\frac{12}{100}\times400=\frac{15}{100}\times(400-x)$

$4800=6000-15x$

$15x=1200 \quad \therefore x=80$

따라서 증발시킬 물의 양은 80 g이다. 답 80 g

53 8 %의 소금물의 양을 x g이라 하면

$\frac{8}{100}\times x+12=\frac{10}{100}\times(x+12)$ … ❶

$8x+1200=10x+120$

$-2x=-1080 \quad \therefore x=540$

따라서 8 %의 소금물의 양은 540 g이다. … ❷

답 540 g

채점 기준	배점
❶ 8 %의 소금물의 양을 x g이라 하고 방정식 세우기	50%
❷ 8 %의 소금물의 양 구하기	50%

54 처음 설탕물의 농도를 x %라 하면 나중 설탕물의 농도는 $4x$ %이다.

(처음 설탕물의 설탕의 양)+(더 넣은 설탕의 양)

=(나중 설탕물의 설탕의 양)

이므로 $\frac{x}{100}\times300+150=\frac{4x}{100}\times450$

$300x+15000=1800x$

$-1500x=-15000$

$\therefore x=10$

따라서 처음 설탕물의 농도는 10 %이다. 답 10 %

55 5 %의 소금물의 양을 x g이라 하면 10 %의 소금물의 양은 $(200-x)$ g이므로

$\frac{5}{100}\times x+\frac{10}{100}\times(200-x)=\frac{8}{100}\times200$

$5x+2000-10x=1600$

$-5x=-400 \quad \therefore x=80$

따라서 5 %의 소금물의 양은 80 g이다. 답 ②

56 $\frac{x}{100}\times120+\frac{10}{100}\times180=\frac{12}{100}\times300$

$120x+1800=3600$

$120x=1800 \quad \therefore x=15$ 답 15

57 9 %의 소금물의 양을 x g이라 하면 4 %의 소금물의 양은 $(400-x)$ g이므로

$\frac{9}{100}\times x+\frac{4}{100}\times(400-x)=\frac{6}{100}\times400$

$9x+1600-4x=2400$

$5x=800 \quad \therefore x=160$

따라서 9 %의 소금물의 양은 160 g이다. 답 160 g

58 더 부은 물의 양을 x g이라 하면 10 %의 소금물의 양은 $(160-x)$ g이므로

$\frac{6}{100}\times200+\frac{10}{100}\times(160-x)=\frac{5}{100}\times360$ … ❶

$1200+1600-10x=1800$

$-10x=-1000 \quad \therefore x=100$

따라서 더 부은 물의 양은 100 g이다. … ❷

답 100 g

채점 기준	배점
❶ 더 부은 물의 양을 x g이라 하고 방정식 세우기	50%
❷ 더 부은 물의 양 구하기	50%

Real 실전 유형 again 58~63쪽

09 좌표평면과 그래프

01 $A\left(-\frac{4}{3}\right)$, $B\left(\frac{5}{2}\right)$이므로 $a=-\frac{4}{3}$, $b=\frac{5}{2}$

$\therefore 3ab=3\times\left(-\frac{4}{3}\right)\times\frac{5}{2}=-10$ 답 ③

02 ① $A\left(-\frac{14}{3}\right)$ 답 ①

03 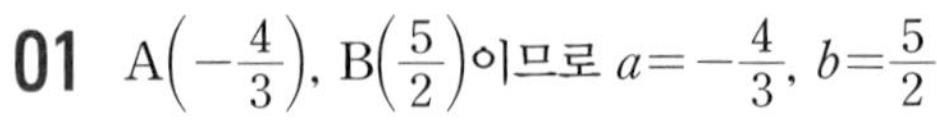

따라서 점 Q의 좌표는 Q(4)이다. 답 Q(4)

04 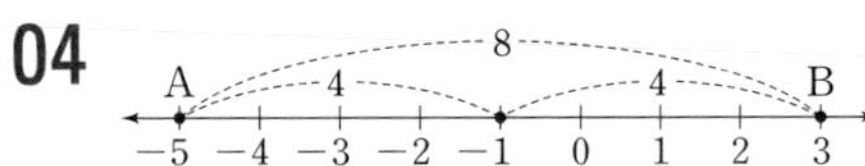

두 점 A, B 사이의 거리가 8이므로 점 C는 점 A에서 오른쪽으로 4만큼 떨어져 있다.

$\therefore C(-1)$ 답 C(−1)

05 ⑤ E(3, −3) 답 ⑤

06 $-3a-1=1-4a$에서 $a=2$ ⋯ ❶

$4-3b=b+2$에서 $-4b=-2$ $\therefore b=\frac{1}{2}$ ⋯ ❷

$\therefore ab=2\times\frac{1}{2}=1$ ⋯ ❸

답 1

채점 기준	배점
❶ a의 값 구하기	40%
❷ b의 값 구하기	40%
❸ ab의 값 구하기	20%

07 답 LEFT

08 $a=-2$, $b=0$, $c=0$, $d=9$이므로

$a-b+c-d=-2-0+0-9=-11$ 답 −11

09 답 ④

10 점 $A(4-5a, 1-3a)$가 x축 위에 있으므로

$1-3a=0$ $\therefore a=\frac{1}{3}$ ⋯ ❶

점 $B(-2b+8, 3+2b)$가 y축 위에 있으므로

$-2b+8=0$ $\therefore b=4$ ⋯ ❷

$\therefore 3a-b=3\times\frac{1}{3}-4=1-4=-3$ ⋯ ❸

답 −3

채점 기준	배점
❶ a의 값 구하기	40%
❷ b의 값 구하기	40%
❸ $3a-b$의 값 구하기	20%

11 점 $A(a, b)$가 y축 위에 있으므로

$a=0$

이때 점 $A(a, b)$가 원점이 아니므로

$b\neq0$ 답 ③

12 세 점 $A(-1, 3)$, $B(-1, -1)$, $C(2, 0)$을 좌표평면 위에 나타내면 오른쪽 그림과 같으므로

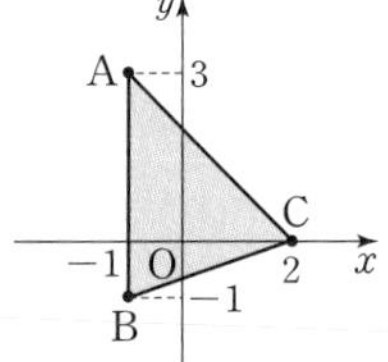

(삼각형 ABC의 넓이)

$=\frac{1}{2}\times\{3-(-1)\}\times\{2-(-1)\}$

$=\frac{1}{2}\times4\times3$

$=6$ 답 ⑤

13 네 점 $A(0, 3)$, $B(-5, 0)$, $C(0, -3)$, $D(5, 0)$을 좌표평면 위에 나타내면 오른쪽 그림과 같으므로

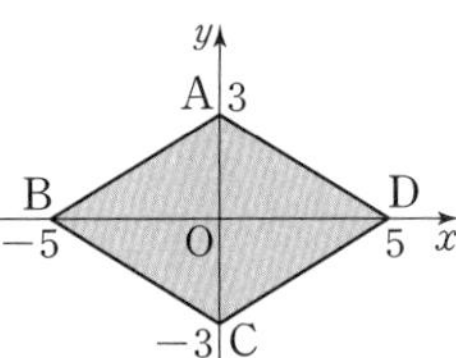

(사각형 ABCD의 넓이)

$=\frac{1}{2}\times\{5-(-5)\}\times\{3-(-3)\}$

$=\frac{1}{2}\times10\times6$

$=30$ 답 ④

14 네 점 $A(-2, 4)$, $B(-1, -2)$, $C(4, -2)$, $D(4, 4)$를 좌표평면 위에 나타내면 오른쪽 그림과 같으므로

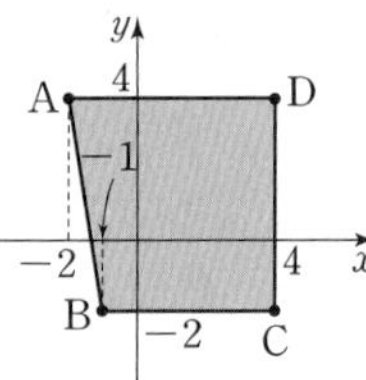

(사각형 ABCD의 넓이)

$=\frac{1}{2}\times[\{4-(-2)\}+\{4-(-1)\}]\times\{4-(-2)\}$

$=\frac{1}{2}\times(6+5)\times6$

$=33$ 답 33

15 세 점 $P(-1, 2)$, $Q(-2, -2)$, $R(2, -1)$을 좌표평면 위에 나타내면 오른쪽 그림과 같으므로 ⋯ ❶

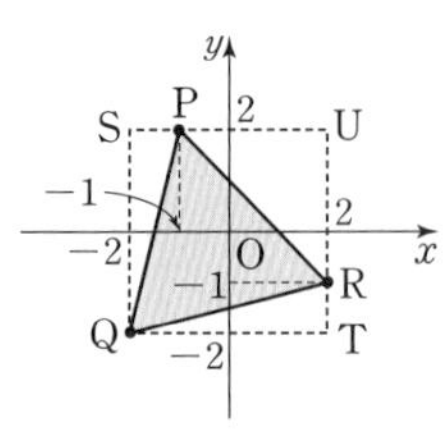

(삼각형 PQR의 넓이)
=(사각형 SQTU의 넓이)
−(삼각형 PSQ의 넓이)−(삼각형 QTR의 넓이)
−(삼각형 PRU의 넓이) … ❷

$=\{2-(-2)\}\times\{2-(-2)\}$
$-\frac{1}{2}\times\{-1-(-2)\}\times\{2-(-2)\}$
$-\frac{1}{2}\times\{2-(-2)\}\times\{-1-(-2)\}$
$-\frac{1}{2}\times\{2-(-1)\}\times\{2-(-1)\}$
$=4\times4-\frac{1}{2}\times1\times4-\frac{1}{2}\times4\times1-\frac{1}{2}\times3\times3$
$=16-2-2-\frac{9}{2}$
$=\frac{15}{2}$ … ❸

답 $\frac{15}{2}$

채점 기준	배점
❶ 세 점을 좌표평면 위에 나타내기	30%
❷ 삼각형 PQR의 넓이를 구하는 방법 이해하기	30%
❸ 삼각형 PQR의 넓이 구하기	40%

16 ⑤ x축 위의 점이므로 어느 사분면에도 속하지 않는다.

답 ⑤

17 ① 제2사분면
② 제3사분면
④ 제1사분면
⑤ y축 위의 점이므로 어느 사분면에도 속하지 않는다.

답 ③

18 ① 점 A$(-3, 6)$은 제2사분면 위에 있다.
② 점 B$(-1, 0)$은 x축 위의 점이므로 어느 사분면에도 속하지 않는다.
④ 점 D$(4, 4)$는 제1사분면 위에 있다.
⑤ 점 E$(8, -3)$은 제4사분면 위에 있다. 답 ③

19 제2사분면 위의 점 ➡ $(-, +)$ 답 ②

20 $ab>0$이므로
$a>0$, $b>0$ 또는 $a<0$, $b<0$
이때 $a+b>0$이므로
$a>0$, $b>0$
따라서 $-a<0$, $-b<0$이므로 점 $(-a, -b)$는 제3사분면 위의 점이다. 답 ③

21 $ab<0$이므로
$a>0$, $b<0$ 또는 $a<0$, $b>0$
이때 $a<b$이므로
$a<0$, $b>0$
① $(-b, -a)$ ➡ $(-, +)$ ➡ 제2사분면
② $(b, -a)$ ➡ $(+, +)$ ➡ 제1사분면
③ $(-a, -b)$ ➡ $(+, -)$ ➡ 제4사분면
④ $(a, -b)$ ➡ $(-, -)$ ➡ 제3사분면
⑤ (a, b) ➡ $(-, +)$ ➡ 제2사분면 답 ④

22 $ab>0$이므로
$a>0$, $b>0$ 또는 $a<0$, $b<0$
이때 $a+b<0$이므로
$a<0$, $b<0$ … ❶
$a<0$, $-\frac{a}{b}<0$이므로 점 $\mathrm{P}\left(a, -\frac{a}{b}\right)$는 제3사분면 위의 점이다. … ❷
$-ab<0$, $-b>0$이므로 점 Q$(-ab, -b)$는 제2사분면 위의 점이다. … ❸

답 점 P: 제3사분면, 점 Q: 제2사분면

채점 기준	배점
❶ a, b의 부호 구하기	40%
❷ 점 P가 제몇 사분면 위의 점인지 구하기	30%
❸ 점 Q가 제몇 사분면 위의 점인지 구하기	30%

23 $ab<0$이므로
$a>0$, $b<0$ 또는 $a<0$, $b>0$
이때 $a>b$이므로
$a>0$, $b<0$
$-a<0$, $-\frac{b}{a}>0$이므로 점 $\left(-a, -\frac{b}{a}\right)$는 제2사분면 위의 점이다. 답 ③

24 점 $(-a, b)$가 제4사분면 위의 점이므로
$-a>0$, $b<0$
$\therefore a<0$, $b<0$
① $(-b, -a)$ ➡ $(+, +)$ ➡ 제1사분면
② $(-b, a)$ ➡ $(+, -)$ ➡ 제4사분면
③ $(-a, -b)$ ➡ $(+, +)$ ➡ 제1사분면
④ $(-a, b)$ ➡ $(+, -)$ ➡ 제4사분면
⑤ (a, b) ➡ $(-, -)$ ➡ 제3사분면 답 ⑤

25 점 (a, b)가 제2사분면 위의 점이므로
$a<0$, $b>0$
① 알 수 없다.

③ $ab<0$

④ $\frac{b}{a}<0$ 답 ②, ⑤

26 점 A$(-4, a)$가 제3사분면 위의 점이므로
$a<0$
점 B$(2, -b)$가 제1사분면 위의 점이므로
$-b>0$ $\therefore b<0$
따라서 $-a>0$, $ab>0$이므로 점 P$(-a, ab)$는 제1사분면 위의 점이다. 답 제1사분면

27 점 $(a, -b)$가 제1사분면 위의 점이므로
$a>0$, $-b>0$ $\therefore a>0$, $b<0$
따라서 $\frac{b-a}{3}<0$, $-ab>0$이므로 점 $\left(\frac{b-a}{3}, -ab\right)$는 제2사분면 위의 점이다. 답 ②

28 두 점 $(6-5a, -b+3)$, $(-1, -7-3b)$가 y축에 대칭이므로
$6-5a=1$, $-b+3=-7-3b$
$\therefore a=1$, $b=-5$ 답 ④

29 답 ④

30 점 $(a-2, -3)$과 x축에 대칭인 점의 좌표는
$(a-2, 3)$
점 $(-5, 7-4b)$와 y축에 대칭인 점의 좌표는
$(5, 7-4b)$
따라서 $a-2=5$, $3=7-4b$이므로
$a=7$, $b=1$
$\therefore a-b=7-1=6$ 답 6

31 두 점 $(-1+2a, -6b-5)$, $(3, -9)$가 x축에 대칭이므로
$-1+2a=3$, $-6b-5=9$
$\therefore a=2$, $b=-\frac{7}{3}$ … ❶
따라서 점 P의 좌표는 $\left(-2, \frac{3}{7}\right)$이므로 점 P는 제2사분면 위의 점이다. … ❷
답 제2사분면

채점 기준	배점
❶ a, b의 값 구하기	60%
❷ 점 P가 제몇 사분면 위의 점인지 구하기	40%

32 (1) 재희와 지수가 만나는 것은 두 사람 사이의 거리, 즉 y의 값이 0일 때이다.
따라서 재희와 지수는 동시에 출발한 지 10분 후에 처음으로 다시 만난다.
(2) 재희와 지수가 한 번 만났을 때는 공원 둘레를 반 바퀴씩 돌았을 때이고, 두 번 만났을 때가 한 바퀴 돌았을 때이다. 재희와 지수는 출발한 후 6번을 만났으므로 공원 둘레를 3바퀴 돌았다. 답 (1) 10분 후 (2) 3바퀴

33 ㄴ. 진수가 집에서 출발하여 학교까지 가는 데 이동한 총 거리는
$300+300+800=1400(\text{m})$ ➜ 1.4 km 답 ㄴ

34 공원까지 갈 때 동생이 자전거를 타고 간 시간은 15분이고, 언니가 걸어간 시간은 25분이다.
따라서 동생이 공원에 도착한 지 $25-15=10$(분) 후에 언니가 공원에 도착하였다. 답 10분 후

35 (1) 두 그래프가 만나는 점의 x좌표가 20, 35이므로 두 사람의 순위가 바뀌는 것은 출발한 지 20초 후, 35초 후이다. … ❶
(2) 출발한 지 40초 후 출발점으로부터 민우는 350 m, 성원이는 400 m 떨어져 있으므로 두 사람 사이의 거리는
$400-350=50(\text{m})$ … ❷
(3) 성원이는 45초가 걸리고 민우는 55초가 걸렸으므로 결승점에 먼저 도착한 사람은 성원이다. … ❸
답 (1) 20초 후, 35초 후 (2) 50 m (3) 성원

채점 기준	배점
❶ 두 사람의 순위가 바뀌는 것은 몇 초 후인지 구하기	30%
❷ 출발한 지 40초 후 두 사람 사이의 거리 구하기	40%
❸ 결승점에 먼저 도착한 사람 말하기	30%

36 집으로부터의 거리가 점점 멀어지다가 친구를 만나 멈추어 서서 이야기를 하는 동안에는 집으로부터의 거리가 변함이 없고, 다시 문구점을 향해 출발하면 집으로부터의 거리가 점점 멀어진다. 답 ㄷ

37 건물 옥상에서 지면으로 공을 던지면 공이 지면에 닿았다가 다시 튀어 오르는 것을 반복하다가 멈추게 된다. 답 ⑤

38 수면의 반지름의 길이가 점점 짧아지다가 어느 순간부터 일정해지므로 물의 높이가 점점 빠르게 증가하다가 일정하게 증가한다. 답 ⑤

39 세 그릇의 부피는 모두 같고, 밑면의 반지름의 길이가 긴 것부터 나열하면 A, C, B이므로 일정한 속력으로 물을 넣을 때, 물의 높이는 B, C, A 순서로 같은 시간 동안 빠르게 높아진다.
답 A－ㄱ, B－ㄷ, C－ㄴ

Real 실전 유형 again 64~71쪽

10 정비례와 반비례

01 ㄹ. $\frac{y}{x}=\frac{1}{4}$에서 $y=\frac{1}{4}x$

ㅁ. $xy=-8$에서 $y=-\frac{8}{x}$

따라서 y가 x에 정비례하는 것은 ㄱ, ㄹ이다. 답 ㄱ, ㄹ

02 x와 y 사이의 관계는 정비례 관계이다.

② $\frac{y}{x}=6$에서 $y=6x$

⑤ $xy=7$에서 $y=\frac{7}{x}$ 답 ④, ⑤

03 ① $xy=5000$, 즉 $y=\frac{5000}{x}$ ➡ y가 x에 정비례하지 않는다.

② $y=\frac{3}{x}$ ➡ y가 x에 정비례하지 않는다.

③ $2(x+y)=40$, 즉 $y=20-x$ ➡ y가 x에 정비례하지 않는다.

④ $xy=300$, 즉 $y=\frac{300}{x}$ ➡ y가 x에 정비례하지 않는다.

⑤ $y=\frac{1}{2}\times x\times 8$, 즉 $y=4x$ ➡ y가 x에 정비례한다.

답 ⑤

04 관계식을 $y=ax\ (a\neq 0)$로 놓고 $x=-\frac{2}{3}$, $y=6$을 대입하면

$6=-\frac{2}{3}a \qquad \therefore a=-9$

$y=-9x$에 $x=-3$을 대입하면

$y=-9\times(-3)=27$ 답 ⑤

05 관계식을 $y=ax\ (a\neq 0)$로 놓고 $x=2$, $y=12$를 대입하면

$12=2a \qquad \therefore a=6 \qquad \therefore y=6x$ 답 ⑤

06 관계식을 $y=ax\ (a\neq 0)$로 놓고 $x=-\frac{1}{8}$, $y=1$을 대입하면

$1=-\frac{1}{8}a \qquad \therefore a=-8$

따라서 x와 y 사이의 관계식은 $y=-8x$ … ❶

$y=-8x$에 $x=-4$, $y=A$를 대입하면

$A=-8\times(-4)=32$

$y=-8x$에 $x=B$, $y=-\frac{1}{4}$을 대입하면

$-\frac{1}{4}=-8B \qquad \therefore B=\frac{1}{32}$

$y=-8x$에 $x=2$, $y=C$를 대입하면

$C=-8\times 2=-16$ … ❷

$\therefore AB+C=32\times\frac{1}{32}+(-16)=-15$ … ❸

답 -15

채점 기준	배점
❶ x와 y 사이의 관계식 구하기	30%
❷ A, B, C의 값 구하기	60%
❸ $AB+C$의 값 구하기	10%

07 (1) (A의 톱니의 개수)×(A의 회전수)

=(B의 톱니의 개수)×(B의 회전수)

이므로 $24x=36y$

$\therefore y=\frac{2}{3}x$

(2) $y=\frac{2}{3}x$에 $x=9$를 대입하면

$y=\frac{2}{3}\times 9=6$

따라서 톱니바퀴 A가 9바퀴 회전하는 동안 톱니바퀴 B는 6바퀴 회전한다. 답 (1) $y=\frac{2}{3}x$ (2) 6

08 y가 x에 정비례하므로 x와 y 사이의 관계식을 $y=ax\ (a\neq 0)$로 놓자.

볼펜 4자루의 값이 2000원이므로 $y=ax$에 $x=4$, $y=2000$을 대입하면

$2000=4a \qquad \therefore a=500$

$\therefore y=500x$ 답 $y=500x$

09 (1) 세훈이와 은지가 하루 동안 하는 일의 양은 각각 $\frac{1}{6}$, $\frac{1}{8}$이므로 세훈이와 은지가 함께 하루 동안 하는 일의 양은

$\frac{1}{6}+\frac{1}{8}=\frac{7}{24}$이다. … ❶

세훈이와 은지가 함께 x일 동안 하는 일의 양이 y이므로

$y=\frac{7}{24}x$ … ❷

(2) $y=\frac{7}{24}x$에 $x=3$을 대입하면 $y=\frac{7}{24}\times 3=\frac{7}{8}$

따라서 세훈이와 은지가 함께 3일 동안 하는 일의 양은 $\frac{7}{8}$이다. … ❸

답 (1) $y=\frac{7}{24}x$ (2) $\frac{7}{8}$

채점 기준	배점
❶ 세훈이와 은지가 함께 하루 동안 하는 일의 양 구하기	40%
❷ x와 y 사이의 관계식 구하기	30%
❸ 세훈이와 은지가 함께 3일 동안 하는 일의 양 구하기	30%

10 ⑤ x의 값이 증가하면 y의 값도 증가한다. 답 ⑤

11 $y=-\frac{3}{5}x$의 그래프는 원점과 점 $(5,\ -3)$을 지나는 직선이다. 답 ①

더블북

12 ㄴ. $a>0$일 때, 오른쪽 위로 향하는 직선이다.
ㄷ. $a<0$일 때, 제2사분면과 제4사분면을 지난다.
따라서 옳지 않은 것은 ㄴ, ㄷ이다. 답 ㄴ, ㄷ

13 $\frac{1}{3}<a<4$ 답 ①, ⑤

14 $y=ax$의 그래프는 a의 절댓값이 클수록 y축에 가깝다.
$|-2|>\left|\frac{7}{4}\right|>|1|>\left|-\frac{2}{3}\right|>\left|\frac{1}{6}\right|$이므로 y축에 가장 가까운 것은 ①이다. 답 ①

15 $a<0$인 그래프는 ①, ②이고, a의 절댓값이 클수록 y축에 가까우므로 a의 값이 두 번째로 작은 것은 ①이다. 답 ①

16 $y=-\frac{1}{3}x$에 $x=-a$, $y=2a+1$을 대입하면
$2a+1=\frac{1}{3}a$, $\frac{5}{3}a=-1$ $\quad\therefore a=-\frac{3}{5}$ 답 $-\frac{3}{5}$

17 ④ $y=-4x$에 $x=-\frac{3}{8}$, $y=\frac{2}{3}$를 대입하면
$\frac{2}{3}\neq-4\times\left(-\frac{3}{8}\right)$이므로 점 $\left(-\frac{3}{8}, \frac{2}{3}\right)$는 $y=-4x$의 그래프 위의 점이 아니다. 답 ④

18 $y=ax$에 $x=-6$, $y=-3$을 대입하면
$-3=-6a$ $\quad\therefore a=\frac{1}{2}$
② $y=\frac{1}{2}x$에 $x=-4$, $y=-2$를 대입하면
$-2=\frac{1}{2}\times(-4)$이므로 점 $(-4, -2)$는 $y=\frac{1}{2}x$의 그래프 위의 점이다. 답 ②

19 $y=\frac{2}{5}x$에 $x=-a$, $y=2$를 대입하면
$2=-\frac{2}{5}a$ $\quad\therefore a=-5$ … ❶
$y=\frac{2}{5}x$에 $x=10$, $y=b$를 대입하면
$b=\frac{2}{5}\times10=4$ … ❷
$\therefore a+b=-5+4=-1$ … ❸
답 -1

채점 기준	배점
❶ a의 값 구하기	40%
❷ b의 값 구하기	40%
❸ $a+b$의 값 구하기	20%

20 원점과 점 $(-5, 4)$를 지나는 직선이므로 구하는 식을 $y=ax$ $(a\neq0)$로 놓고 $x=-5$, $y=4$를 대입하면
$4=-5a$ $\quad\therefore a=-\frac{4}{5}$
$\therefore y=-\frac{4}{5}x$ 답 $y=-\frac{4}{5}x$

21 원점과 점 $(3, 1)$을 지나는 직선이므로 그래프가 나타내는 식을 $y=ax$ $(a\neq0)$로 놓고 $x=3$, $y=1$을 대입하면
$1=3a$ $\quad\therefore a=\frac{1}{3}$ $\quad\therefore y=\frac{1}{3}x$
② $y=\frac{1}{3}x$에 $x=-2$, $y=-\frac{2}{3}$를 대입하면
$-\frac{2}{3}=\frac{1}{3}\times(-2)$
④ $y=\frac{1}{3}x$에 $x=\frac{1}{2}$, $y=\frac{1}{6}$을 대입하면
$\frac{1}{6}=\frac{1}{3}\times\frac{1}{2}$ 답 ②, ④

22 원점과 점 $(-2, 5)$를 지나는 직선이므로 그래프가 나타내는 식을 $y=ax$ $(a\neq0)$로 놓고 $x=-2$, $y=5$를 대입하면
$5=-2a$ $\quad\therefore a=-\frac{5}{2}$
$\therefore y=-\frac{5}{2}x$ … ❶
이 그래프가 점 $(6, m)$을 지나므로 $y=-\frac{5}{2}x$에 $x=6$, $y=m$을 대입하면
$m=-\frac{5}{2}\times6=-15$ … ❷
답 -15

채점 기준	배점
❶ 그래프가 나타내는 식 구하기	50%
❷ m의 값 구하기	50%

23 ㄹ. $\frac{x}{y}=4$에서 $y=\frac{1}{4}x$
ㅁ. $xy=9$에서 $y=\frac{9}{x}$
따라서 y가 x에 반비례하는 것은 ㄱ, ㅁ이다. 답 ㄱ, ㅁ

24 x와 y 사이의 관계는 반비례 관계이다.
③ $xy=\frac{3}{4}$에서 $y=\frac{3}{4x}$
⑤ $\frac{y}{x}=17$에서 $y=17x$ 답 ②, ⑤

25 ① $y=8x$ ➡ y가 x에 정비례한다.
② $y=10x$ ➡ y가 x에 정비례한다.
③ $y=3000-3000\times\frac{x}{100}$, 즉 $y=3000-30x$
④ $y=\frac{50}{x}$ ➡ y가 x에 반비례한다.
⑤ $y=\frac{x}{100}\times400$, 즉 $y=4x$ ➡ y가 x에 정비례한다.
답 ④

26 관계식을 $y=\frac{a}{x}$ $(a\neq0)$로 놓고 $x=4$, $y=-1$을 대입하면
$-1=\frac{a}{4}$ $\quad\therefore a=-4$ $\quad\therefore y=-\frac{4}{x}$

$y=-\frac{4}{x}$에 $x=-6$을 대입하면

$y=-\frac{4}{-6}=\frac{2}{3}$ 답 ④

27 관계식을 $y=\frac{a}{x}$ $(a\neq0)$로 놓고 $x=-4$, $y=\frac{3}{2}$을 대입하면

$\frac{3}{2}=\frac{a}{-4}$ $\quad\therefore a=-6$

$\therefore y=-\frac{6}{x}$

ㄹ. $y=-\frac{6}{x}$에 $y=12$를 대입하면

$12=-\frac{6}{x}$ $\quad\therefore x=-\frac{1}{2}$

따라서 옳은 것은 ㄱ, ㄴ, ㄷ이다. 답 ㄱ, ㄴ, ㄷ

28 관계식을 $y=\frac{a}{x}$ $(a\neq0)$로 놓고 $x=-2$, $y=9$를 대입하면

$9=\frac{a}{-2}$ $\quad\therefore a=-18$

따라서 x와 y 사이의 관계식은

$y=-\frac{18}{x}$ … ❶

$y=-\frac{18}{x}$에 $x=3$, $y=A$를 대입하면

$A=-\frac{18}{3}=-6$

$y=-\frac{18}{x}$에 $x=B$, $y=-\frac{6}{7}$을 대입하면

$-\frac{6}{7}=-\frac{18}{B}$ $\quad\therefore B=21$ … ❷

$\therefore A+B=-6+21=15$ … ❸

답 15

채점 기준	배점
❶ x와 y 사이의 관계식 구하기	40%
❷ A, B의 값 구하기	50%
❸ $A+B$의 값 구하기	10%

29 (1) 매분 x L씩 물을 넣어 물탱크에 물을 가득 채우는 데 y분이 걸리므로

$xy=336$ $\quad\therefore y=\frac{336}{x}$

(2) 매분 8 L씩 흘러나오는 수돗물을 이용하여 물을 가득 채우므로 $y=\frac{336}{x}$에 $x=8$을 대입하면

$y=\frac{336}{8}=42$

따라서 물을 가득 채우는 데 걸리는 시간은 42분이다.

답 (1) $y=\frac{336}{x}$ (2) 42분

30 (A의 톱니의 개수)×(A의 회전수)

=(B의 톱니의 개수)×(B의 회전수)

이므로 $15\times4=x\times y$

$\therefore y=\frac{60}{x}$ 답 $y=\frac{60}{x}$

31 (1) (설탕의 양)$=\frac{(\text{설탕물의 농도})}{100}\times$(설탕물의 양)이므로

$15=\frac{x}{100}\times y$ $\quad\therefore y=\frac{1500}{x}$

(2) $y=\frac{1500}{x}$에 $y=300$을 대입하면

$300=\frac{1500}{x}$ $\quad\therefore x=5$

따라서 설탕물이 300 g일 때의 농도는 5 %이다.

답 (1) $y=\frac{1500}{x}$ (2) 5 %

32 ① 원점을 지나지 않는다.

③ 제2사분면과 제4사분면을 지난다.

⑤ 각 사분면에서 x의 값이 증가하면 y의 값도 증가한다.

답 ②, ④

33 반비례 관계 $y=\frac{6}{x}$의 그래프는 제1사분면과 제3사분면을 지나고, 점 $(2, 3)$을 지나는 한 쌍의 곡선이다. 답 ⑤

34 ㄴ. 원점을 지나지 않으며 좌표축에 한없이 가까워지는 한 쌍의 매끄러운 곡선이다.

ㄹ. $a<0$일 때, 각 사분면에서 x의 값이 증가하면 y의 값도 증가한다.

따라서 옳지 않은 것은 ㄴ, ㄹ이다. 답 ㄴ, ㄹ

35 $y=\frac{a}{x}$의 그래프가 제2사분면과 제4사분면을 지나므로

$a<0$

이때 $y=\frac{a}{x}$의 그래프가 $y=-\frac{4}{x}$의 그래프보다 원점에 가까우므로 $-4<a<0$ 답 ③

36 반비례 관계 $y=\frac{a}{x}$ $(a\neq0)$의 그래프는 a의 절댓값이 클수록 원점에서 멀고, a의 절댓값이 작을수록 원점에 가깝다.

$|-11|>|9|>|-5|>|3|>|-1|$이므로 원점에서 가장 먼 그래프는 ①이다. 답 ①

37 $y=\frac{a}{x}$, $y=\frac{b}{x}$의 그래프는 제2사분면과 제4사분면을 지나므로

$a<0$, $b<0$

이때 $y=\frac{b}{x}$의 그래프가 원점에 더 가까우므로 $|b|<|a|$

$\therefore a<b<0$ …… ㉠ … ❶

$y=\frac{c}{x}$의 그래프는 제1사분면과 제3사분면을 지나므로

$c>0$ …… ㉡ … ❷

따라서 ㉠, ㉡에서 $a<b<c$ …❸

답 $a<b<c$

채점 기준	배점
❶ a, b의 대소 비교하기	40%
❷ c의 부호 구하기	40%
❸ a, b, c의 대소를 부등호를 사용하여 나타내기	20%

38 $y=-\frac{2}{x}$에 $x=-1$, $y=3a-4$를 대입하면

$3a-4=-\frac{2}{-1}$, $3a-4=2$, $3a=6$

$\therefore a=2$

답 2

39 ⑤ $y=\frac{10}{x}$에 $x=8$, $y=\frac{4}{5}$를 대입하면 $\frac{4}{5}\neq\frac{10}{8}$이므로 점 $\left(8, \frac{4}{5}\right)$는 $y=\frac{10}{x}$의 그래프 위의 점이 아니다. 답 ⑤

40 $y=\frac{a}{x}$에 $x=3$, $y=-4$를 대입하면

$-4=\frac{a}{3}$ $\therefore a=-12$ $\therefore y=-\frac{12}{x}$

② $y=-\frac{12}{x}$에 $x=-6$, $y=2$를 대입하면 $2=-\frac{12}{-6}$이므로 점 $(-6, 2)$는 $y=-\frac{12}{x}$의 그래프 위의 점이다.

답 ②

41 $y=-\frac{14}{x}$에 $x=a$, $y=-7$을 대입하면

$-7=-\frac{14}{a}$ $\therefore a=2$ …❶

$y=-\frac{14}{x}$에 $x=3$, $y=-2b$를 대입하면

$-2b=-\frac{14}{3}$ $\therefore b=\frac{7}{3}$ …❷

$\therefore a-3b=2-3\times\frac{7}{3}=-5$ …❸

답 -5

채점 기준	배점
❶ a의 값 구하기	40%
❷ b의 값 구하기	40%
❸ $a-3b$의 값 구하기	20%

42 그래프가 나타내는 식을 $y=\frac{a}{x}$ $(a\neq0)$로 놓고 $x=3$, $y=-1$을 대입하면

$-1=\frac{a}{3}$ $\therefore a=-3$

$\therefore y=-\frac{3}{x}$

$y=-\frac{3}{x}$의 그래프가 점 $(m, 2)$를 지나므로

$2=-\frac{3}{m}$ $\therefore m=-\frac{3}{2}$

답 $-\frac{3}{2}$

43 그래프가 나타내는 식을 $y=\frac{a}{x}$ $(a\neq0)$로 놓고 $x=-2$, $y=-2$를 대입하면

$-2=\frac{a}{-2}$ $\therefore a=4$

$\therefore y=\frac{4}{x}$

③ $y=\frac{4}{x}$에 $x=-1$, $y=-4$를 대입하면

$-4=\frac{4}{-1}$

⑤ $y=\frac{4}{x}$에 $x=6$, $y=\frac{2}{3}$를 대입하면

$\frac{2}{3}=\frac{4}{6}$

답 ③, ⑤

44 그래프가 나타내는 식을 $y=\frac{a}{x}$ $(a\neq0)$로 놓자.

$x=1$을 대입하면

$y=\frac{a}{1}=a$ $\therefore A(1, a)$ …❶

$y=\frac{a}{x}$에 $x=5$를 대입하면

$y=\frac{a}{5}$ $\therefore B\left(5, \frac{a}{5}\right)$ …❷

두 점 A, B의 y좌표의 차가 4이므로

$a-\frac{a}{5}=4$, $\frac{4}{5}a=4$ $\therefore a=5$

따라서 구하는 식은 $y=\frac{5}{x}$ …❸

답 $y=\frac{5}{x}$

채점 기준	배점
❶ 점 A의 y좌표를 a에 대한 식으로 나타내기	30%
❷ 점 B의 y좌표를 a에 대한 식으로 나타내기	30%
❸ 그래프가 나타내는 식 구하기	40%

45 $y=4x$에 $x=2$를 대입하면

$y=4\times2=8$ $\therefore A(2, 8)$

$y=\frac{a}{x}$에 $x=2$, $y=8$을 대입하면

$8=\frac{a}{2}$ $\therefore a=16$

답 ④

46 $y=-\frac{3}{7}x$에 $x=b$, $y=3$을 대입하면

$3=-\frac{3}{7}b$ $\therefore b=-7$ …❶

$y=\frac{a}{x}$에 $x=-7$, $y=3$을 대입하면

$3=\frac{a}{-7}$ $\therefore a=-21$ …❷

$\therefore a-b=-21-(-7)=-14$ …❸

답 -14

채점 기준	배점
❶ b의 값 구하기	40%
❷ a의 값 구하기	40%
❸ $a-b$의 값 구하기	20%

47 $y=\frac{5}{4}x$에 $x=2$, $y=b$를 대입하면

$b=\frac{5}{4}\times 2=\frac{5}{2}$ $\quad\therefore \text{A}\left(2,\ \frac{5}{2}\right)$

$y=\frac{a}{x}$에 $x=2$, $y=\frac{5}{2}$를 대입하면

$\frac{5}{2}=\frac{a}{2}$ $\quad\therefore a=5$ $\quad\therefore y=\frac{5}{x}$

$y=\frac{5}{x}$에 $x=c$, $y=1$을 대입하면

$1=\frac{5}{c}$ $\quad\therefore c=5$

$\therefore ac-10b=5\times 5-10\times\frac{5}{2}=0$ 답 0

48 점 A의 y좌표가 -3이므로 $y=x$에 $y=-3$을 대입하면

$-3=x$ $\quad\therefore \text{A}(-3,\ -3)$

점 B의 y좌표가 -3이므로

$y=-\frac{3}{4}x$에 $y=-3$을 대입하면

$-3=-\frac{3}{4}x$ $\quad\therefore x=4$

$\therefore \text{B}(4,\ -3)$

따라서 삼각형 OAB의 넓이는

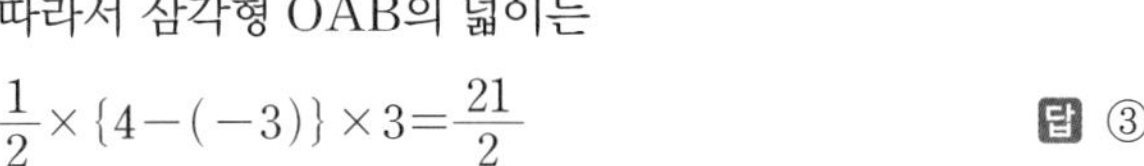

$\frac{1}{2}\times\{4-(-3)\}\times 3=\frac{21}{2}$ 답 ③

49 점 A(6, 0)과 점 P의 x좌표가 같으므로 $y=\frac{a}{x}$에 $x=6$을 대입하면

$y=\frac{a}{6}$

$\therefore \text{P}\left(6,\ \frac{a}{6}\right)$

직사각형 OAPB의 넓이가 9이므로

$6\times\frac{a}{6}=9$ $\quad\therefore a=9$ 답 9

50 점 A의 x좌표가 -3이므로 $y=\frac{a}{x}$에 $x=-3$을 대입하면

$y=-\frac{a}{3}$

$\therefore \text{A}\left(-3,\ -\frac{a}{3}\right)$

점 C가 점 A와 원점에 대칭이므로

$\text{C}\left(3,\ \frac{a}{3}\right)$

직사각형 ABCD의 넓이가 16이므로

$\{3-(-3)\}\times\left(-\frac{a}{3}-\frac{a}{3}\right)=16$

$-4a=16$ $\quad\therefore a=-4$ 답 -4

• Memo •

NE능률 교재 부가학습 사이트
www.nebooks.co.kr

NE Books 사이트에서 본 교재에 대한 상세 정보 및 부가학습 자료를 이용하실 수 있습니다.

* **교재 내용 문의** : contact.nebooks.co.kr

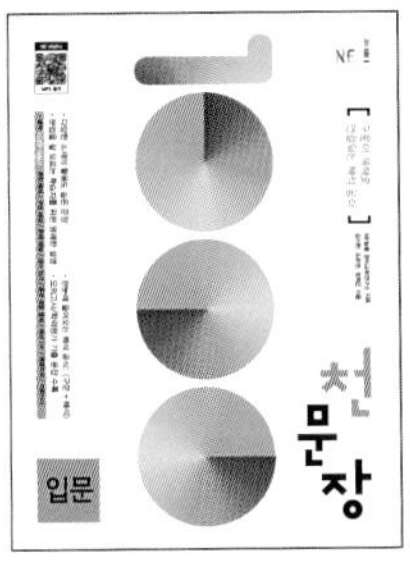

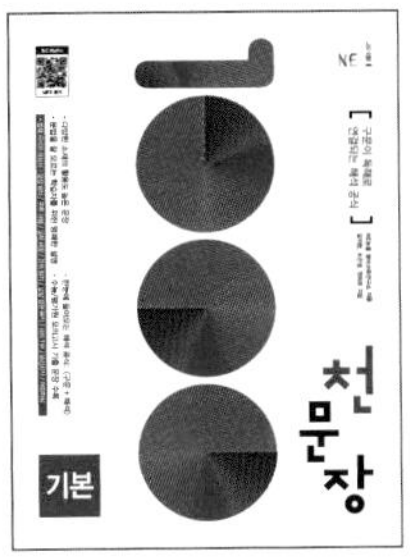

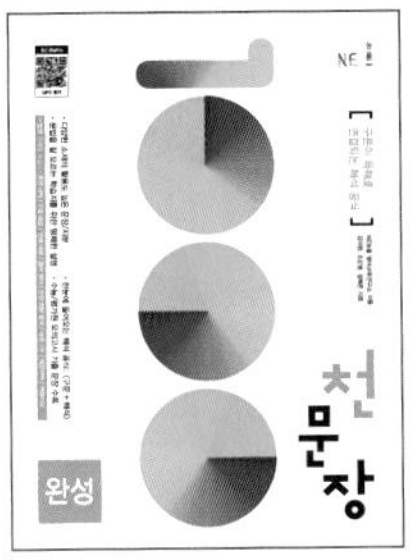